Das Mikroskop

und seine Anwendung

Handbuch der praktischen Mikroskopie
und Anleitung zu mikroskopischen Untersuchungen

nach

Dr. Hermann Hager

in Gemeinschaft mit

Dr. O. Appel
Prof. u. Geh. Regierungsrat, Direktor der Biolog. Reichsanstalt für Land- und Forstwirtschaft zu Berlin-Dahlem

Dr. G. Brandes
ehemals Prof. der Zoologie an der Tierärztlichen Hochschule, Direktor des Zoologischen Gartens zu Dresden

Dr. E. K. Wolff
Privatdozent für allgem. Pathologie u. spez. pathol. Anatomie an der Universität Berlin

neu herausgegeben von

Dr. Friedrich Tobler
Professor der Botanik an der Technischen Hochschule
Direktor des Botanischen Instituts und Gartens zu Dresden

Dreizehnte, umgearbeitete Auflage

Mit 482 Abbildungen im Text

Springer-Verlag Berlin Heidelberg GmbH
1925

ISBN 978-3-662-35812-2 ISBN 978-3-662-36642-4 (eBook)
DOI 10.1007/978-3-662-36642-4

Ursprünglich erschienen bei Julius Springer in Berlin 1925.
Softcover reprint of the hardcover 3rd edition 1925

Vorwort zur dreizehnten Auflage.

Das Buch des Praktikers Dr. Hermann Hager († 24. I. 1897), war in seiner Anlage als Handbuch der Mikroskopie mit den bekanntesten Beispielen aus der Pharmakognosie und Lebensmitteluntersuchung gedacht und bewährt. Es fand seinen fortdauernden und anerkannten Ausbau nach dem Tode des Verfassers durch die Hand von Professor Dr. Carl Mez in der 8. bis 12. Auflage (1899—1920). Die letzte Auflage ist seit längerer Zeit vergriffen, das Buch indessen begehrt geblieben, sein Wiedererscheinen daher wohl gerechtfertigt. Auf Wunsch des Verlages habe ich es übernommen, das Werk nach der längeren Pause dem gegenwärtigen Stande der Wissenschaft und meinem Ermessen anzupassen. Indessen habe ich zum Teil in der 13. Auflage noch nicht alles das ändern zu können geglaubt, was vielleicht in Zukunft zum Besten des Werkes geschehen kann, weil die Neuherausgabe sich nicht allzulange verzögern sollte. Doch wird schon diesmal zu erkennen sein, abgesehen von Berichtigungen, wo und wie ich mir das Ziel gesteckt habe. Die Bearbeitung des zoologischen Teiles übernahm wiederum G. Brandes, die Abschnitte über Pflanzenkrankheiten O. Appel, während die medizinischen Abschnitte von E. Wolff vollkommen neu hergestellt wurden. Infolge seiner Abwesenheit in Mexiko fiel, wenigstens für dieses Mal, P. Lindner als Mitarbeiter aus, seine Abschnitte unterzog O. Appel einer Durchsicht. Meinen Mitarbeitern danke ich für die Bereitwilligkeit, mit der sie meinen Wünschen folgten, nicht nur durcharbeiteten oder berichtigten, wo es nottat, sondern auch strichen, was Zweck und Ziel nicht entsprach, um so das Buch zu verbessern. Unsere Bemühungen haben vor allem auch den Abbildungen gegolten, die gerade für ein auch Anfängern gewidmetes Buch so gut wie möglich sein müssen, ein Bestreben, in dem wir auch weiterhin fortzufahren beabsichtigen.

Das Buch ist ein Handbuch der praktischen Mikroskopie, bestimmt für einen jeden, der mit dem Mikroskop umzugehen lernen will oder umgehen muß: es ist gedacht für Studierende der Naturwissenschaften, für Lehrer, Apotheker und Mediziner, gebildete Landwirte und Gärtner, Nahrungsmitteluntersucher, Chemiker, Mineralogen, und zwar besonders für solche, die sich ohne Lehrer in der Handhabung des Mikroskops ausbilden oder vervollkommnen wollen, weiterhin für Liebhaber der Kleinwelt, die sich oder andern deren Schätze vor Augen führen wollen, und es wird auch solchen, die praktischen Unterricht an der Hand eines biologischen Faches genossen haben, einerseits über die Optik mehr Aufklärung bieten, als dort meist gegeben wird, andrerseits auch später in der Weiterbildung ein Nachschlagewerk für Einrichtungen und Theorie bleiben.

Auf dem Gebiet der Optik, Theorie und Einrichtungen bieten die sogenannten Praktika (botanische, zoologische, bakteriologische u. a.) im allgemeinen weniger, als hier vorgeführt wird, hat sich doch schon bisher hierfür der Hager seinen Platz zu halten gewußt. Im übrigen aber vermag er natürlich nicht die Handbücher des mikroskopischen Wissens auf solchen Gebieten zu ersetzen, will also nicht an die Stelle der Praktika selbst treten. Doch sind diese in vielem für manche der oben genannten Benutzer zu umfangreich und weitgehend: hier will das Werk eine Auswahl von Gegenständen geben, die einmal dem praktischen Bedürfnis, also dem Vorkommen mikroskopischer Untersuchung des Alltages, sodann aber auch dem Gesichtspunkt der leichten Erreichbarkeit für mikroskopische Lehr- und Liebhaberarbeit entsprungen ist. Mit dieser Absicht sind die eingefügten Bemerkungen über Gewinnung und Behandlung des Untersuchungsstoffes erklärt. Im übrigen sind auch Angaben über andere Werke zur Vertiefung in einzelnen Untersuchungsrichtungen daher nicht unterlassen. Das Mikroskop ist heute weder ein so schwer und kostspielig erreichbares, noch ein auf einen engeren Kreis von Wissenschaftlern und Praktikern beschränktes Werkzeug: längst hat auch die Schule es in das Bereich ihrer Lehrmittel gezogen und dadurch die Selbstverständlichkeit seiner Nutzung für Belehrung und Untersuchung in weite Kreise getragen. Seiner Ausbreitung will dies Buch folgen, zu seiner ergiebigen Benutzung beitragen und damit an seinem Teil der wissenschaftlichen Erkenntnis einen Dienst leisten. Möge ihm das vergönnt sein und seine erzieherische Absicht zu Recht bestehen!

Der Verlag hat keine Mühe gescheut, die Erneuerung und Ausstattung des Buches zu fördern, vor allem auch durch erstmalige Beigabe von neuen und farbigen Abbildungen, wie sie heute für einzelne Gegenstände geboten erschienen und verbesserter Technik in der Wiedergabe entsprechen. Dafür sei ihm gebührend gedankt.

Bei der Durchsicht der Korrekturen und der Herstellung des Schlagwortverzeichnisses hat mir Herr Prof. Dr. Schwede große Dienste geleistet, wofür ich ihm bestens danke.

Die theoretischen Angaben bedurften der Ergänzung durch Hinweise auf die Quellen, aus denen optische und andere Werkzeuge zu beziehen sind, doch sei hierzu die Bemerkung gestattet, daß ich mich zwar von dem Entgegenkommen mancher Firmen insofern abhängig weiß, daß ich ihre Neuerungen, soweit ich sie nicht sonst kennen lernte, mir stets gern zur Kenntnis bringen lasse, sogar darum bitte, dies zu tun, aber grundsätzlich mir völlige Freiheit in der Anführung und Beurteilung vorbehalte. Jedenfalls wird kein Werkzeug und keine Neuerung von mir aufgenommen, die ich nicht selbst geprüft habe. Für die vorliegende Auflage danke ich den Firmen Leitz, Seibert und Zeiß für ihre Unterstützung sowie zur Verfügung gestellte Abbildungen. Ob eine Abbildung eines Werkzeuges von dieser oder jener Firma stammt, bedeutet keine einseitige Empfehlung. Man weiß, was unsere deutschen optischen Werkstätten leisten, weniger, daß sie auf Patentierung im allgemeinen großzügig verzichten: daher kann in vielen Fällen der gleiche Gegenstand von verschiedenen Seiten bezogen werden. Für mich und den Leser ist es deshalb ohne Belang, wer ihn zur Zeit erzeugt; Vorhandensein und Gebrauch der Einrichtung sind Gegenstand des Buches, nicht geschichtliche Forschung und Entscheidung im Wettbewerb. Wo indessen Unterschiede im hier vorliegenden Gebrauch sich ergaben, habe ich sie erwähnen zu müssen geglaubt, ohne damit ein allgemeines Urteil über die Güte der Einrichtung fällen zu wollen. Ich hoffe, daß die der mikroskopischen Praxis dienenden Erzeuger mir für diese Handhabung Dank wissen und vielleicht sogar Anregungen davon entnehmen, um gemeinsam mit dem Gebraucher so wie bisher weiter zu arbeiten.

Dresden, im Oktober 1925.

Friedrich Tobler.

Inhaltsverzeichnis.

A. Die Theorie des Mikroskops.

Das Mikroskop ist ein optisches Werkzeug, mit dem man Gegenstände, die wegen ihrer Kleinheit undeutlich oder gar nicht sichtbar sind, sichtbar und deutlich macht.

Man bedient sich dazu der Hilfe von Glaslinsen, denen allgemein die Fähigkeit zukommt, von kleinen Gegenständen größere Bilder zu entwerfen. Voraussetzung ist hinreichende Beleuchtung. Nach Verwendung der Lichtstrahlen gibt es zwei Arten des Mikroskops: das einfache (die Lupe) benutzt auffallendes, das zusammengesetzte (häufig Mikroskop, im engeren Sinne, genannt) meist das durchfallende Licht. Für das Verständnis des optischen Vorgangs ist eine Erklärung der Linsenwirkungen das Wesentlichste.

I. Die Linsen.

Linsen werden Körper aus durchsichtigem, klarem Glase genannt, die durch zwei Kugelflächen oder eine kugelförmige und eine ebene Fläche begrenzt sind (Abb. 1, 2).

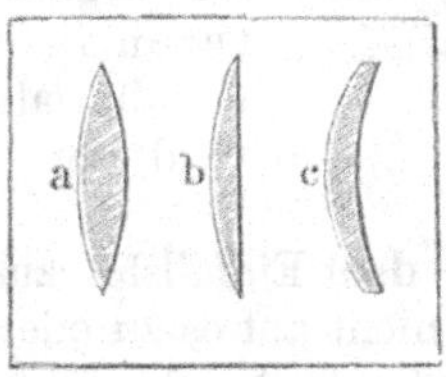

Abb. 1. Sammellinsen.

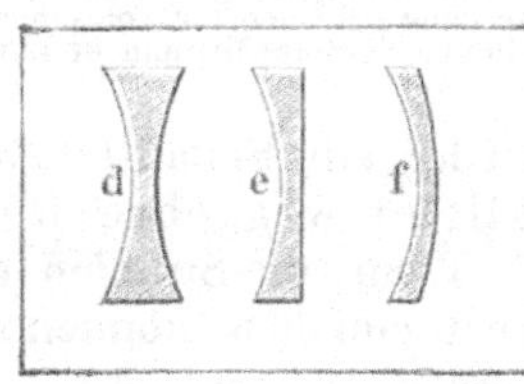

Abb. 2. Zerstreuungslinsen.

Die kugelförmigen Flächen können positiv (konvex) oder negativ (konkav) sein; hiernach teilt man die Linsen ein in bikonvexe (*a*), plankonvexe (*b*), konkavkonvexe (*c*), bikonkave (*d*), plankonkave (*e*), konvex-konkave (*f*).

Linsen, bei denen die Konvexfläche vorherrscht, heißen Sammellinsen oder Vergrößerungsgläser; solche mit überwiegender Konkavfläche Zerstreuungslinsen oder Verkleinerungsgläser.

Daraus folgt, daß in Abb. 1 und 2 die durch zwei konvexe Kugelflächen begrenzte Linse *a*, sowie die durch eine konvexe Kugelfläche und eine Ebene begrenzte Linse *b* als Sammellinsen bezeichnet werden müssen; ebenso sind die durch zwei Konkavflächen bzw. eine solche und eine Ebene begrenzten Linsen *d*, *e* Zerstreuungslinsen. Bei *c* und *f* aber kommt es auf die Krümmung der beiden Flächen an. Ist (*c*) die Krümmung der konvexen Fläche stärker als diejenige der Konkavfläche, so wirkt die Linse als Sammellinse; ist dagegen (*f*) die Krümmung der konvexen Seite schwächer als diejenige der konkaven, so herrscht letztere vor und die Linse wirkt als Zerstreuungslinse.

Um dies zu verstehen, müssen wir auf einige optische Gesetze eingehen.

II. Die Brechung der Lichtstrahlen.

Wenn ein Lichtstrahl aus Luft schief auf eine Glasplatte fällt, so geht er nicht geradlinig hindurch, sondern erleidet sowohl beim Eintritt in das „dichtere Medium" wie beim Austritt aus demselben eine Richtungsänderung, es erfolgt eine Brechung der Strahlen.

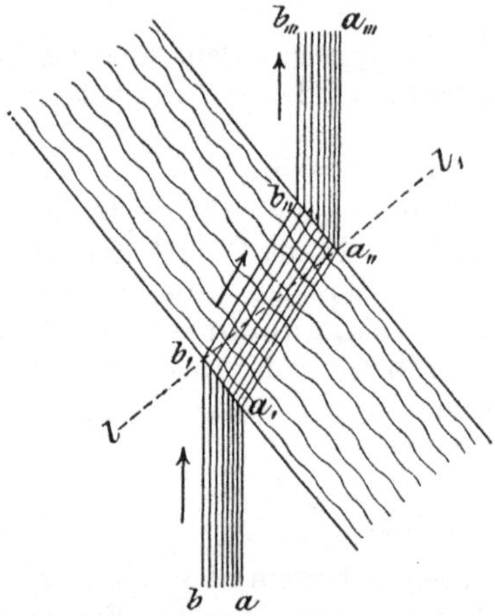

Abb. 3. Schematische Darstellung der Strahlenbrechung bei Übergang von einem dünneren in ein dichteres Medium und umgekehrt.

Errichten wir in einem Punkte, wo ein Lichtstrahl aus einem dünneren Medium (Luft) in ein dichteres (Glas) einfällt, also (Abb. 3) beispielsweise in b, eine senkrechte Linie, so wird diese die „Lotrechte im Einfallspunkt" oder kurz das Einfallslot genannt. Dieses Einfallslot ist $b_{\prime} - l$. Wie die Abbildung zeigt, findet beim Übergang eines Lichtstrahls aus dünnerem in dichteres Medium eine Brechung nach dem Einfallslote zu statt.

Errichten wir an einem Punkt, wo ein Lichtstrahl aus einem dichteren in ein dünneres Medium einfällt (also beispielsweise in $a_{\prime\prime}$), wieder ein Einfallslot ($a_{\prime\prime} - l_{\prime}$), so wird der Strahl von dem Einfallslot weggebrochen.

Wenn die Strahlen mit dem Einfallslot zusammenfallen, also senkrecht einfallen, können sie nicht auf es zu oder von ihm weg gebrochen werden: ein senkrecht auffallender Strahl geht ungebrochen durch das dichtere Medium hindurch.

III. Theoretische Konstruktion von Strahlengang und Bild in Sammellinsen.

1. Strahlengang in Sammellinsen.

Treffen die Strahlen a, b, c (Abb. 4) eines fernliegenden Punktes senkrecht auf eine plankonvexe Linse, so gehen sie durch diese bis zur konvexen Seite ungebrochen hindurch; dann aber ist zwischen den Strahlen a, c und dem Strahl b zu unterscheiden.

Der Strahl b tritt bei dem Punkte f ungebrochen wieder aus, weil seine Richtung mit dem Einfallslot im Punkte f zusammenfällt. Die Strahlen a und c dagegen werden an ihren Austrittspunkten von dem Einfallslot (z. B. el) hinweggebrochen, und zwar nach dem Strahl bfp zu. Diesen schneiden sie im Punkte o. Wir folgern daraus:

Jeder nicht durch den Mittelpunkt der Linse gehende Strahl wird aus seiner ursprünglichen Richtung abgelenkt, und zwar um so mehr, je weiter er vom Linsenmittelpunkt entfernt ist. Aus letzterem Grunde werden alle parallel auf eine Sammellinse auffallenden Strahlen nach ihrem Durchgange in einem Punkt (*o*) vereinigt, den man, da in ihm nicht nur die Licht-, sondern auch die Wärmestrahlen zusammentreffen, den Brennpunkt (Fokus) der Linse genannt hat.

Derjenige Strahl (*bfop*), der den Brennpunkt mit dem Mittelpunkt der Linse verbindet, stellt die optische Achse der Linse dar. Die Entfernung des Brennpunktes von der Linse (also *of*) heißt die Brennweite (Fokaldistanz) dieser Linse. Die Brennweite wird nach Zentimetern oder Millimetern gemessen.

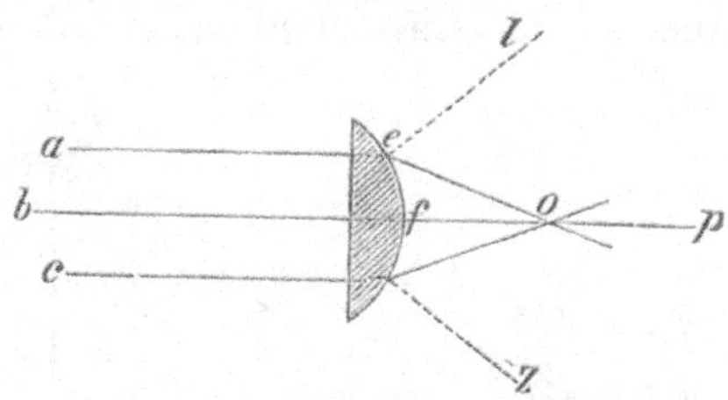

Abb. 4. Strahlengang in einer plankonvexen Linse.

Bei einer bikonvexen Linse, wie wir sie in jeder einfachen Lupe vor uns haben, findet eine zweimalige Brechung der Strahlen statt. Die parallel mit der optischen Achse *bp* (Abb. 5) auf die Linse fallenden Strahlen (z. B. *as*) werden beim Eintritt in dieselbe dem Einfallslote (*le*) zu gebrochen und würden, erführen sie weiter keine Brechung, die optische Achse in *r* schneiden; jedoch in *s* treffen sie auf die zweite brechende Fläche. Sie werden hier wieder gebrochen, und zwar vom Einfallslote *ms* hinweg, und durchschneiden die Achse in dem Punkte *o*, der der Brennpunkt dieser Linse ist. Der Abstand des Punktes *o* von der Linse ist also die Brennweite derselben.

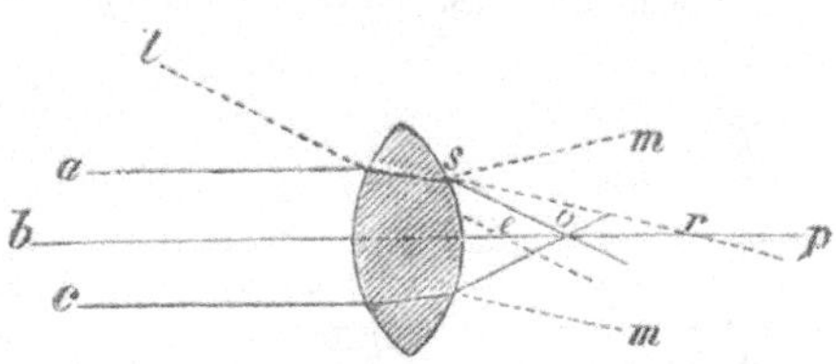

Abb. 5. Strahlengang in einer bikonvexen Linse.

2. Bildkonstruktion bei Sammellinsen.

Da sich alle von einem Punkt ausgehenden Strahlen wieder in demselben Punkte vereinigen, in dem sich zwei derselben schneiden, so läßt sich, wenn man den Strahlengang in Linsen kennt, das Bild eines Gegenstandes, das durch den Einfluß einer Linse entsteht, konstruieren.

Man unterscheidet zwei Arten von Bildern, reelle und virtuelle. Bei reellen Bildern (Abb. 6) konvergieren die Strahlen und erzeugen ein Bild, das auf einem Schirm aufgefangen werden kann. Bei virtuellen (Abb. 7) divergieren die Strahlen; erst ihre Rückwärtsverlängerung schneidet sich im Bilde. Deshalb sind virtuelle Bilder nur subjektiv vorhanden, sie können nicht auf einem Schirm aufgefangen werden.

Wählen wir von der Anzahl der verschiedenen Fälle, die durch die Lage des Objekts zur Linse entstehen, nur die beiden aus, die für unsere Zwecke in Betracht kommen, nämlich:

1. daß das Objekt wenig außerhalb der Brennweite einer Bikonvexlinse liegt (dies ist, wie wir sehen werden, beim Objektiv des zusammengesetzten Mikroskops der Fall) und

2. daß das Objekt innerhalb der Brennweite einer solchen Linse liegt (wie bei der Lupe und beim Mikroskopokular).

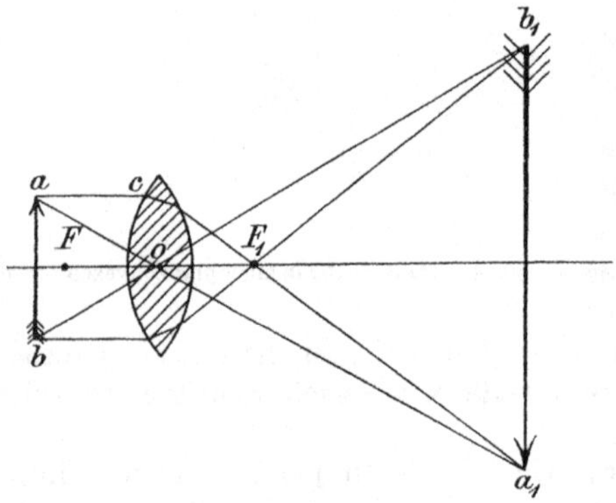

Abb. 6. Bildkonstruktion bei wenig außerhalb der Brennweite liegendem Objekt — reelles Bild.

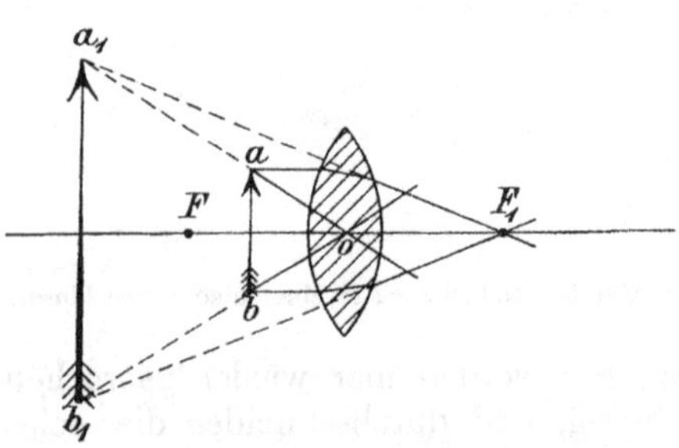

Abb. 7. Bildkonstruktion bei innerhalb der Brennweite liegendem Objekt — virtuelles Bild.

1. Der parallel zur optischen Achse auffallende Strahl ac (Abb. 6) wird bei seinem Durchgang durch die Linse so abgelenkt, daß er den Brennpunkt F_1 trifft und von da geradlinig weiter verläuft. Der Strahl ao wird, da er durch den Mittelpunkt geht, nicht gebrochen. Er schneidet den ersten Strahl in a_1. Alle Strahlen, die von a ausgehen, vereinigen sich in a_1; a_1 ist also der Bildpunkt von a. Auf dieselbe Weise lassen sich die Bildpunkte aller Punkte zwischen a und b konstruieren. Da a und a_1 auf verschiedenen Seiten der optischen Achse liegen, wird das Bild $a_1 b_1$ umgekehrt, es ist reell und vergrößert.

2. Auf ähnliche Art erfolgt die Konstruktion in Abb. 7, wo das Objekt ab innerhalb der Brennweite liegt. Dem auf der andern Linsenseite beobachtenden Auge scheinen die Strahlen nicht von der Strecke ab, sondern von $a_1 b_1$ her zu kommen. Das Bild ist aufrecht, vergrößert und virtuell.

3. Strahlengang und Bildkonstruktion bei Lupe und zusammengesetztem Mikroskop in ihrer einfachsten Form.

Strahlengang und Bildkonstruktion bei der Lupe sind ohne weiteres aus Abb. 7 und der dazu gegebenen Erläuterung ersichtlich. Das kleine Objekt ab sendet durch die Linse Strahlen aus, die in unser Auge gelangen. Dieses sucht das Bild stets in der Richtung der das Bild darstellenden Strahlen. Da nun, wie aus Abb. 7 hervorgeht, ein reelles Bild nach dem Durchgang der Strahlen durch die Linse nicht entsteht, muß das Bild ein virtuelles sein. Dasselbe ($a_1 b_1$) scheint auf der gleichen Seite der Linse zu liegen wie das Objekt, nur in weiterer Entfernung.

a) Die Lupe und das „einfache Mikroskop".

Wir sind der Lupe und ihrer Wirkung bereits oben (S. 4) begegnet. Mit einer guten Lupe kann insbesondere der Praktiker mehr erreichen, als man meist annimmt.

Sie ist unentbehrlich bei Beobachtung einzelner Gegenstände in der Natur, fern von Laboratorien, z. B. zum Bestimmen von Tieren, Pflanzen, Mineralien; sie kann auch bei praktischen Untersuchungen, z. B. von Drogen und Nahrungsmitteln, sehr nützlich und bequem sein, ohne daß Herrichtung der Gegenstände (Anfertigung von Präparaten) nottut. Ihre Güte und Handhabung ist daher nicht zu vernachlässigen.

Als Lupe wird jede Linse oder Linsenkombination bezeichnet, die ein Objekt dem Auge direkt als virtuelles, vergrößertes Bild sichtbar macht. Der Strahlengang in ihr ist in Abb. 7 (S. 4) angegeben.

Je näher man das Auge an irgendeinen Gegenstand bringt, um so größer erscheint das Bild dieses Gegenstandes, weil für die Größe desselben die äußersten von ihm ausgesandten und auf die Netzhaut des Auges fallenden Strahlen bestimmend sind. Diese Strahlen bilden miteinander einen Winkel, der als Sehwinkel bezeichnet wird. Je größer der Sehwinkel, um so größer das auf der Netzhaut entstehende Bild, wie aus Abb. 8 hervorgeht.

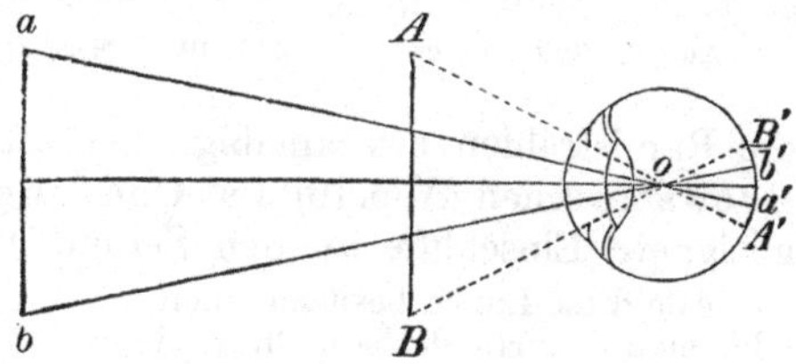

Abb. 8. Strahlengang im menschlichen Auge.

In dieser Abbildung stellt ab einen großen, weit entfernten Gegenstand (z. B. eine Telegraphenstange), AB dagegen ein nahes kleineres Objekt (z. B. ein Streichholz) dar. Man sieht, daß der entfernte große Gegenstand ab infolge des kleinen Gesichtswinkels, unter dem er erscheint, ein kleineres Bild auf der Netzhaut liefert als der viel kleinere, aber nähere Gegenstand AB.

Es ist daher vorteilhaft, das Auge der Lupe soviel als möglich zu nähern, um das Bild möglichst groß zu bekommen.

Die Vergrößerung einer Lupe erhält man durch das Verhältnis der Bildentfernung zur Objektentfernung, oder indem man die deutliche Sehweite (in der Regel zu 250 mm angenommen) durch die Brennweite dividiert. $V = \frac{250}{f}$.

Diese Formel ist nur richtig, wenn das Auge direkt an der Lupe ist; bei einer Entfernung derselben wird die Vergrößerung kleiner. Aus der Gleichung geht hervor, daß je kleiner die Brennweite, um so stärker die Vergrößerung ist. Da für jedes Auge die deutliche Sehweite verschieden ist (beim Kurzsichtigen ist sie kleiner, beim Weitsichtigen größer als 250 mm), so ist die vom Optiker angegebene Lupenvergrößerung nur für ein normales Auge richtig und für ein anderes entsprechend zu ändern.

Eine einfache Bikonvexlinse mit gleichen Krümmungsradien eignet sich als Lupe wegen ihrer bedeutenden sphärischen Aberration am wenigsten. Man kann bei ihr nur einen kleinen Teil des Gesichtsfeldes benutzen. Vorteilhafter verwendet man Plankonvexlinsen oder „Linsen der besten Form" (vgl. S. 1), deren ebenere Seite man dem Objekt zukehrt. Da sphärische Aberration und Krümmung des Gesichtsfeldes mit stärkerer Wölbung zunehmen, so eignen sich gewöhnliche einfache Linsen nur für schwächere Lupen. Besser wird die Aberration durch die Zylinder-, Brewstersche oder Coddingtonsche Lupe aufgehoben. Die Zylinderlupe (Abb. 9) besteht aus einem Glaszylinder, an dessen Enden verschieden gekrümmte Linsenflächen angeschliffen sind. Die schwächer gewölbte Seite wird dem Objekt zugewandt; durch die verhältnismäßig große Länge der Linse werden

Abb. 9. Zylinderlupe.

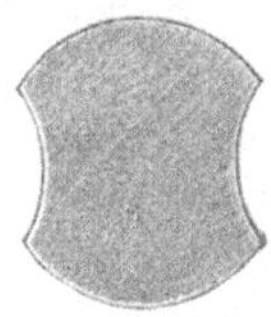
Abb. 10. Brewsters Lupe.

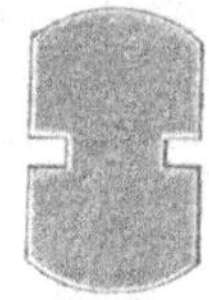
Abb. 11. Coddingtons Lupe.

die Randstrahlen zweckmäßig abgehalten. Letzteres geschieht bei der Brewsterschen (Abb. 10) und Coddingtonschen Lupe (Abb. 11) durch geeignete Einschliffe an den Seiten.

Alle diese Lupen besitzen einen kleinen Objektabstand und kleines Gesichtsfeld, man erreicht deshalb die Bildkorrektion am besten (ebenso wie beim Objektiv des zusammengesetzten Mikroskops) durch Vereinigung mehrerer Linsen. Ein solches System ist die sogenannte aplanatische Linse von Steinheil (Abb. 12), die sich durch ihr sehr ebenes und farbenreines Bild vorzüglich als Lupe eignet und als solche häufig Verwendung findet. Sie ist derart zusammengesetzt, daß eine bikonvexe Kronglaslinse von zwei konvexkonkaven Linsen aus Flintglas eingeschlossen wird.

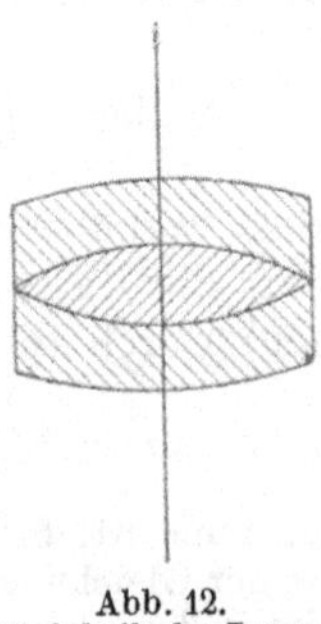
Abb. 12. Steinheilsche Lupe.

Abb. 13. Dreiteilige Einschlaglupe.

Bei Duplets werden zwei plankonvexe Linsen verwendet, deren gewölbte Seiten entweder gegeneinander gerichtet oder beide vom Objekt abgekehrt sind.

Die Brückesche Lupe besteht aus einer oder zwei Konvexlinsen und einer Konkavlinse als Okular in einem kurzen Auszugsrohr. Die Okularlinse hat den Zweck, die durch die untern Linsen konvergierenden Strahlen (zur Erzielung eines größeren Objektabstandes) vor ihrer Vereinigung divergent zu machen und in deutlicher Sehweite zu vereinigen. Die Brückesche Lupe ist eigentlich im strengen Sinne keine Lupe, sondern ein Galileisches Fernrohr mit relativ kurzer Objektdistanz. Ihres weiten Objektabstandes wegen wird sie von Ärzten bei der Untersuchung von Hautkrankheiten benutzt.

Gute Lupen werden von den Erzeugern der Mikroskope (s. S. 53) angefertigt. Bei ihrer Anschaffung ist je nach dem Zweck Handlichkeit (Taschengröße) und verhältnismäßige Größe des Gesichtsfeldes wohl zu beachten.

Die Linsen einer Lupe erhalten Fassungen, schwächere solche zum Einschlagen in Schutzschalen von Horn oder besser von Metall, stärkere werden an Stativen angebracht. Bei Einschlaglupen (Abb. 13) sind in der Regel 2—3 verschieden vergrößernde Linsen verwendet, die einzeln und auch zusammen übereinander benutzt werden können.

Wie soeben erwähnt, werden stärkere Lupen an Stativen angebracht (Stativlupen). Die Lupenstative bestehen aus einem schweren Fuß, auf dem sich ein Lupenträger mit in Höhe und Länge verstellbarem Arm erhebt.

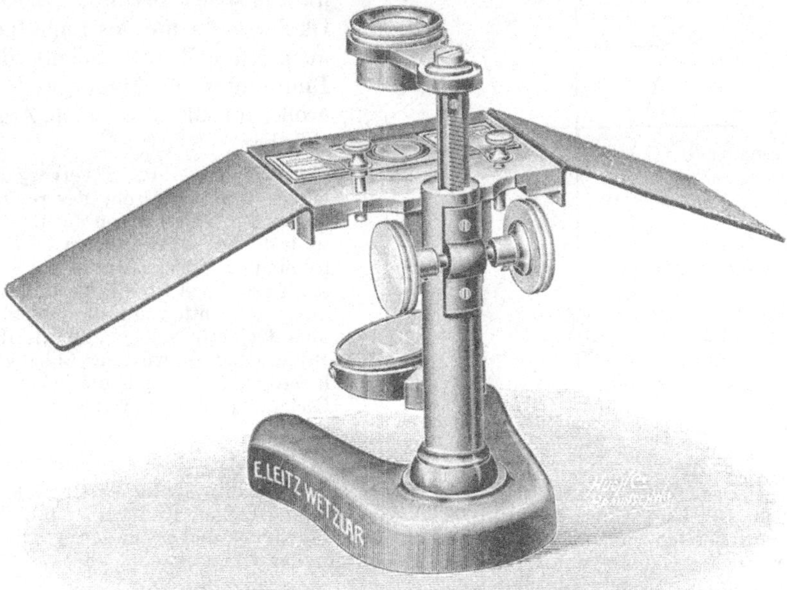

Abb. 14. Einfaches Lupenmikroskop.

Da diese Stativlupen zum Präparieren mikroskopischer Objekte dienen, heißen sie auch Präpariermikroskope oder einfache Mikroskope.

Bei dem sogenannten „Präpariermikroskop" befindet sich die Lupe an einem Arm über dem Objekttisch, der durch Triebwerk zum Einstellen des Objektes gehoben und gesenkt wird. Das „Präpariermikroskop" wird von allen Mikroskopverfertigern in ungefähr gleicher Form hergestellt. Die zu beiden Seiten des Objekttisches angebrachten, abnehmbaren Ausleger dienen als Armstützen (Abb. 14).

(Über „binokulare Lupen" s. S. 39.)

b) Das zusammengesetzte Mikroskop.

Das zusammengesetzte dioptrische Mikroskop (schlechthin Mikroskop genannt) besteht aus zwei Linsensystemen, die man sich in ihren Wirkungen als zwei einfache Linsen mit gemeinsamer optischer Achse denken kann.

Die eine der Linsen (A in Abb. 15) ist dem Objekt ab zugekehrt und wird Objektiv genannt; die andre B ist nach dem Auge des Beschauers gerichtet und heißt Okular.

Das Objektiv besitzt eine relativ kurze Brennweite; es ist deshalb leicht, das Objekt so außerhalb derselben zu legen, daß ein umgekehrtes, reelles und vergrößertes Bild in $a'b'$ entsteht (vgl. auch Abb. 6). Dieses fällt zwischen das Okular und seinen Brennpunkt. Das Okular wirkt nun als Lupe (vgl. auch Abb. 7) und macht das Bild unter nochmaliger Vergrößerung als $a''b''$ dem Auge sichtbar.

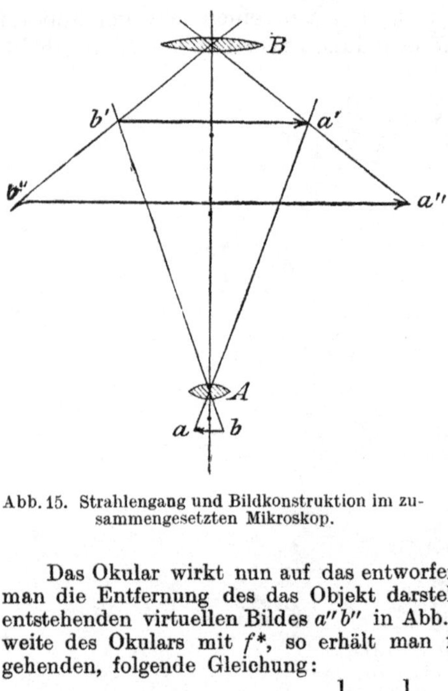

Abb. 15. Strahlengang und Bildkonstruktion im zusammengesetzten Mikroskop.

Wie aus Abb. 15 hervorgeht, hängt Lage und Größe des reellen Bildes $a'b'$ lediglich von der Brennweite des Objektivs und von der Entfernung des Objektes vom Objektiv ab. Bezeichnen wir die Brennweite mit f, die Entfernung des Objektes vom Objektiv mit p und die des Bildes mit $p_{,}$, so wird das Abhängigkeitsverhältnis durch die bekannte Gleichung ausgedrückt:

$$\frac{1}{p} + \frac{1}{p_{,}} = \frac{1}{f}.$$

Das Okular wirkt nun auf das entworfene reelle Bild als Lupe. Bezeichnet man die Entfernung des das Objekt darstellenden reellen Bildes $a'b'$ und des entstehenden virtuellen Bildes $a''b''$ in Abb. 15 mit p^* und $p_{,}^*$ und die Brennweite des Okulars mit f^*, so erhält man für das Okular, analog der vorhergehenden, folgende Gleichung:

$$\frac{1}{p^*} + \frac{1}{p_{,}^*} = \frac{1}{f^*}.$$

Die Vergrößerung einer Linse wird durch das Verhältnis der Bildentfernung zur Objektentfernung ausgedrückt; wir haben demnach für das Objektiv das Verhältnis $\frac{p_{,}}{p}$ und für das Okular $\frac{p_{,}^*}{p^*}$. Die Gesamtvergrößerung eines Mikroskops (V) wird also durch die Gleichung: $V = \frac{p_{,}}{p} \cdot \frac{p_{,}^*}{p^*}$ bestimmt.

Das Objektiv.

Strahlengang und Bildkonstruktion in Objektiven (Systemen von Sammellinsen).

Vorstehende Gesetze des Strahlenganges gelten nur für unendlich dünne Linsen, deren Dicke also ihren Krümmungsradien gegenüber vernachlässigt werden darf; bei Linsen von einiger Dicke werden sie etwas modifiziert. Da in der Praxis die Konvexlinsen mit stark gekrümmter Oberfläche häufig eine erhebliche Dicke besitzen, beziehen sich alle folgenden Betrachtungen auf Linsen, deren Dicke nicht vernachlässigt werden darf.

Mikroskopobjektive (Abb. 16) sind aus einer Anzahl einfacher und doppelter usw. Linsen zusammengesetzt, um auf diese Weise erhebliche Fehler der Bilder (wovon später) möglichst abzuschwächen. Wir können uns nun ein solches aus einer Anzahl von Linsen bestehendes System als eine einzige dickere Linse denken, die die Äquivalentbrennweite und sonstigen Eigenschaften des Systems besitzt. Ein nach dem Mittelpunkte einer derartigen Linse zielender Strahl geht zwar auch ungebrochen weiter, aber er erleidet eine gewisse Verschiebung. Die Stelle des Mittelpunktes vertreten nämlich zwei um eine gewisse Strecke voneinander entfernte Punkte. Bei einer gleichseitigen Bikonvexlinse liegen diese um etwa $1/3$ der Linsendicke von den Scheiteln entfernt; bei anders geformten Linsen ist ihre jeweilige Lage eine entsprechend veränderte. Sie werden Hauptpunkte und die in ihnen

Abb. 16. Längsdurchschnitt eines Objektivs.

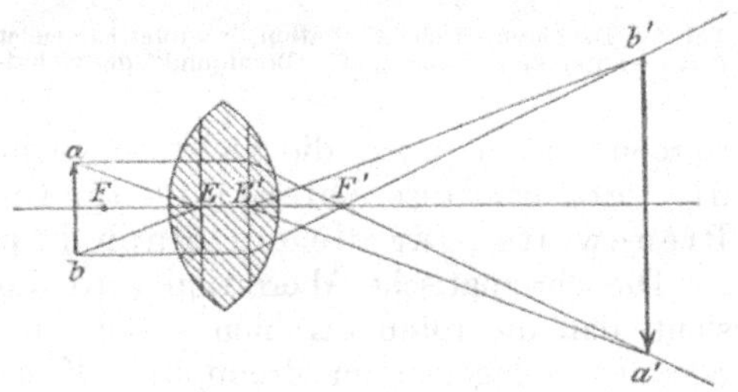

Abb. 17. Verschiebung der Strahlen in dicken Linsen und Linsensystemen.

errichteten auf der optischen Achse senkrechten Ebenen werden Hauptebenen genannt. Von ihnen aus werden die Brennweiten gemessen. Wollte man die Brennweite vom Linsenscheitel zum Brennpunkt rechnen (vgl. S. 3), so würde man unter Umständen einen recht erheblichen Fehler begehen.

Aus Abb. 17 ersehen wir die Konstruktion des Bildes, das von einem außerhalb der Brennweite liegenden Objekt entsteht. Die Strahlen aE und $E'a'$ sind zwar noch parallel, aber um die Strecke EE' verschoben. E übernimmt die Stelle des Mittelpunktes für den einfallenden, E' die für den ausfallenden Strahl. In ähnlicher Weise weichen alle übrigen Strahlen ab.

Praktisch wichtige Abweichungen des Strahlengangs in Objektiven (Fehler der Objektive).

Fehler des Objektivs an sich.

Ein Bild, das von einer einfachen Linse entworfen wird, ist nicht unter allen Umständen rein und deutlich. Es treten störende Wirkungen der Linse auf, die durch die chromatische und die sphärische Aberration (Abweichung) hervorgerufen werden.

Die chromatische Aberration.

Bei Besprechung des Strahlenganges in Linsen haben wir stillschweigend die Annahme gemacht, daß der Lichtstrahl etwas Einheitliches sei. In Wirklichkeit ist dies aber nicht der Fall.

Chromatische Aberration wird der Fehler genannt, der durch die Zerlegung des weißen Sonnenlichtes in seine Farben beim Durchgang durch Linsen entsteht. Diese Zerlegung des Lichtes wird dadurch bedingt, daß Strahlen verschiedener Wellenlängen verschieden abgelenkt werden, und zwar um so mehr, je kleiner ihre Wellenlänge ist. Die roten Strahlen werden also weniger, die violetten mehr gebrochen. Also bedingt die verschiedene Ablenkung der Lichtstrahlen verschiedene Brennweiten für die einzelnen Farben.

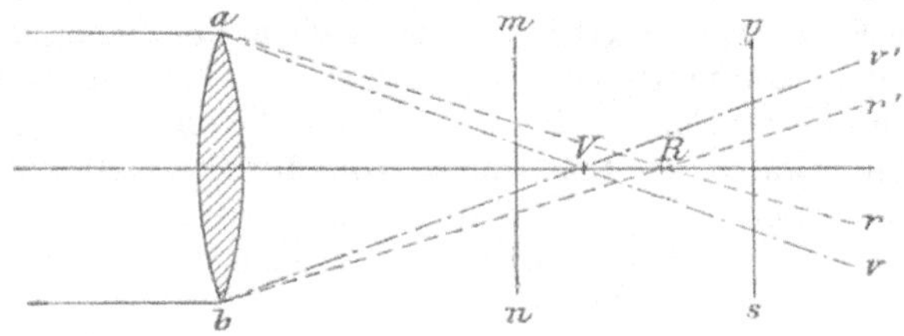

Abb. 18. Die chromatische Aberration. r = rote, v = violette Strahlen, R = Brennpunkt der roten, V = Brennpunkt der violetten Strahlen.

Die chromatische Aberration wird durch Abb. 18 dargestellt; man sieht, daß die roten Strahlen r sich im Brennpunkt R, die violetten Strahlen v dagegen im Brennpunkt V schneiden.

Nimmt man nun einen Schirm und schiebt ihn (beispielsweise in der Ebene mn) zwischen Linse und Brennpunkt, so sieht man, daß der von parallel auffallenden Strahlen gebildete Kreis einen roten Saum hat; schiebt man den kleinen Schirm dagegen jenseits des Brennpunktes (beispielsweise in ps) ein, so hat der Kreis einen violetten Rand.

Die Folge der chromatischen Aberration ist also, daß die Bilder nicht in einer Ebene liegen und je nach ihrer Lage verschieden groß werden (sich also nicht vollständig decken) und das Gesamtbild deswegen farbig umsäumt erscheint.

Um diesen Fehler zu beseitigen, kombiniert man eine Konvex- und eine Konkavlinse aus verschiedenen Glassorten, die bei geringer Verschiedenheit im Brechungsvermögen ein ungleiches Zerstreuungsvermögen besitzen, in der Weise, daß die eine die Farbenzerstreuung der andern aufhebt und doch noch eine Brechung erheblich zugunsten der Konvexlinse übrigbleibt. Eine solche Doppellinse nennt man achromatische Linse.

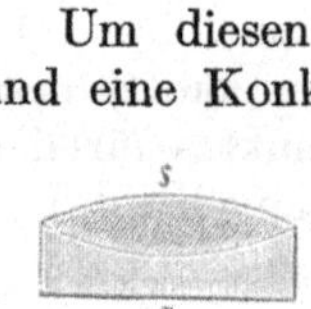

Abb. 19. Achromatische Doppellinse, kombiniert aus einer Kronglas-Sammellinse s und einer Flintglas-Zerstreuungslinse z.

Geeignete Glassorten für derartige Linsenkombinationen haben wir in den als Kron- (Crown-) und Flintglas bezeichneten. Bei nur etwa 0,1 bis 0,2 höherem Brechungsexponent ist das Zerstreuungsvermögen des Flintglases (z in Abb. 19) mehr als doppelt so groß als das des Kronglases (s in Abb. 19). So läßt sich also ein

Verhältnis der Brennweiten zweier Linsen aus diesen Gläsern finden, für das sich die Farbenzerstreuungen beider aufheben, ohne daß die Doppellinse den Charakter einer Sammellinse verliert.

Da das Zerstreuungsverhältnis von Kron- und Flintglas nicht für alle Wellenlängen gleich ist, läßt sich eine vollständige Vereinigung der Strahlen nicht für alle, sondern nur für zwei verschiedene Farben erzielen. Die Herstellung einer gänzlich achromatischen Glasdoppellinse ist deshalb nicht möglich. Die Farbenreste aber, die bei geeigneter Linsenzusammenstellung noch übrig bleiben (das sogenannte sekundäre Spektrum), können in der Praxis vernachläßigt werden.

Liegt bei einer Linsenkombination der Schnittpunkt der violetten Strahlen weiter als der der roten Strahlen, so heißt sie überverbessert; im umgekehrten Falle nennt man sie unterverbessert.

Eine vollständige Vereinigung der Strahlen zweier Farben ist übrigens auch nur für eine ganz bestimmte Neigung derselben möglich und ändert sich bei jeder andern. Daher zeigen bei schiefer Beleuchtung auch die bestkorrigierten Systeme farbige Säume, die bei gerader Beleuchtung nicht in dem Maße hervortreten.

Die sphärische Aberration.

Bei der theoretischen Konstruktion von Strahlengang und Bild haben wir die Voraussetzung gemacht, daß wirklich alle parallel auf eine Sammellinse auffallenden Strahlen genau im Brennpunkt vereinigt werden.

Dies ist aber nur bei Linsen von geringer Krümmung oder nur bei solchen, die kleine Teile einer Kugeloberfläche darstellen, der Fall. Bei andern Linsen ist die Brennweite der Randstrahlen kleiner als die der Strahlen in der Nähe der optischen Achse. So entsteht also kein Brennpunkt, sondern eine Brennlinie (oder genauer ein Brennraum).

Dieser zweite Hauptfehler der Bilder wird um so größer, je mehr die Flächen gekrümmt sind, je mehr also eine Konvexlinse der Kugelgestalt sich nähert; diese Art der Abweichung wird daher sphärische Aberration genannt; sie bewirkt, daß die Zeichnung der Bilder verwaschen erscheint.

Auf einfache Weise könnte man diesen Fehler durch Abblendung der Randstrahlen vermindern; bei Linsensystemen läßt sich dieses Mittel indessen wegen des dadurch hervorgerufenen bedeutenden Lichtverlusts und der Einbuße an Auflösungsvermögen nicht anwenden, namentlich nicht für stärkere Vergrößerungen. Bei jeder Vergrößerung nimmt das Licht in quadratischem Verhältnis zur Vergrößerung ab; man muß bei starker Vergrößerung also, um das Bild hell genug zu bekommen, womöglich die ganze Linsenöffnung benutzen.

Unter Öffnung oder Öffnungswinkel einer Linse versteht man den Winkel, der, mit dem Brennpunkt der Linse als Scheitel, von den äußersten die Linse treffenden Randstrahlen gebildet wird.

Die sphärische Aberration nimmt mit der Öffnung der Linse zu und steht mit dem Krümmungsradius, also auch mit der Brennweite, in umgekehrtem Verhältnis.

In Abb. 20 falle ein Lichtstrahl parallel zur Achse auf eine plankonvexe Linse und werde nach seinem Durchgang nach i abgelenkt. Die Entfernung im, in welcher dieser Strahl die Achse trifft, ist: $im = \frac{bm}{\operatorname{tg}\delta}$. Aus dem rechtwinkligen Dreieck bmc erhält man den Wert $bm = bc \cdot \sin\alpha = r \cdot \sin\alpha$, also ist: $im = r \cdot \frac{\sin\alpha}{\operatorname{tg}\delta}$.

Da man nun für einen beliebigen Einfallswinkel α immer nach der Gleichung $\frac{\sin\alpha}{\sin\beta} = \frac{1}{n} = \frac{2}{3}$, die man nach dem Brechungsgesetz erhält, wenn $n = 1{,}5$ für das Glas angenommen wird, den Wert von β und daraus den für $\delta = \beta - \alpha$ finden kann, so lassen sich leicht alle Werte, die im für verschiedene Einfallswinkel α annimmt, berechnen.

So ist z. B. für $\alpha = 1^\circ$ im nahezu $= 2r$, für $\alpha = 30^\circ$ aber nur $1{,}5\,r$. Denkt man sich um den Mittelpunkt einer Linse eine Anzahl konzentrischer Kreise gezogen, so zeigt die Gleichung, daß Strahlen mit gleichen Einfallswinkeln, also alle Strahlen eines jeden der konzentrischen Kreise, sich in einem besonderen Punkte vereinigen. Auf dieselbe Weise kann man für jede weitere brechende Fläche, für die der Bildpunkt der vorhergehenden der Objektpunkt wird, den Weg jeden Strahls mit jedem beliebigen Einfallswinkel berechnen und so den Korrektionszustand eines Systems feststellen.

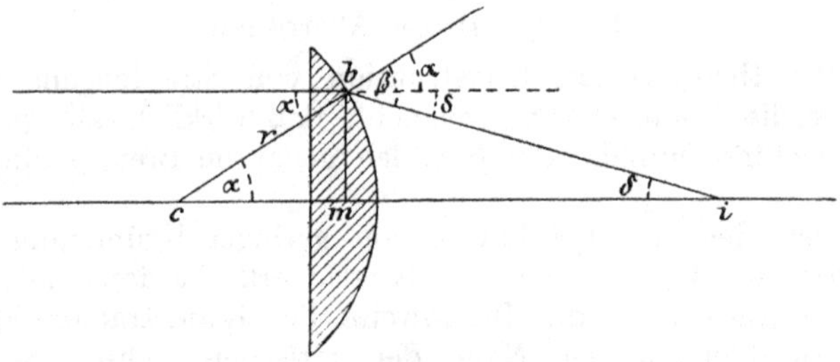

Abb. 20.

Das sicherste Mittel zur gänzlichen Vermeidung der sphärischen Aberration wäre die Anwendung von Linsen anderer als kugeliger Form. Dem genauen Schleifen dieser Linsen stellen sich aber solche Schwierigkeiten entgegen, daß sie bisher nur gelegentlich für Beleuchtungszwecke in Gebrauch gekommen sind.

Der Optiker kann indessen auch auf andere Weise die Abweichung fast vollständig beseitigen. Die Krümmungen der beiden Oberflächen einer bikonvexen Linse lassen sich zunächst in einem solchen Verhältnis herstellen, daß die sphärische Abweichung ein Minimum beträgt. Man nennt einen Glaskörper, bei dem dies der Fall ist, Linse der besten Form.

Bei Glas vom Brechungsindex 1,5 erhält man die „Linse der besten Form" für parallel auffallende Strahlen, wenn der Radius der den einfallenden Strahlen zugekehrten Fläche sich zu dem der abgekehrten wie 1 : 6 verhält. Besitzt das verwendete Glas den Brechungsexponenten 1,6, so müssen sich die bezüglichen Radien wie 1 : 14 verhalten; ist $n = 1{,}686$, so ist das Verhältnis $= 1 : \infty$, die „Linse der besten Form" ist also in diesem Falle eine Plankonvexlinse.

Es ist also nicht gleichgültig, welche Seite dem Objekt zugewandt ist. Liegt das Objekt sehr weit entfernt, so muß zur möglichsten Einschränkung der Abweichung die stärker gekrümmte Fläche nach dem Objekt gerichtet werden. Liegt hingegen, wie beim Mikroskopobjektiv, das Objekt annähernd im Brennpunkt der Linse, fallen also divergierende Strahlen auf diese, so ist die Abweichung am kleinsten, wenn die weniger gewölbte Linsenfläche den auffallenden Strahlen zugekehrt wird.

Da weiter die sphärische Aberration um so geringer wird, je größer das Brechungsvermögen der Linse bei gleicher Brennweite ist, so kann man, wie bei der Aufhebung der chromatischen Aberration, die Kombination zweier verschieden brechender Glassorten zu dieser Korrektur benutzen, indem man durch geeignete Wahl der Radien die von der einen Linse stärker gebrochenen Randstrahlen von der andern im entgegengesetzten Sinne ablenken läßt.

Das aplanatische Objektiv.

Ist in einem optischen Systeme für das von dem Objektpunkt P (s. Abb. 21) ausgehende und in dem Bildpunkt P^* zur Wiedervereinigung gelangende Strahlenbündel, das Achsenbündel, die sphärische und chromatische Korrektur erreicht, so genügt dies noch nicht, um auch die Objektpunkte Q, R usw., die auf der in Punkt Q senkrechten Ebene liegen, in der auf P^* errichteten Bildebene in den Punkten Q^*, R^* usw. scharf und lagerichtig wiederzugeben.

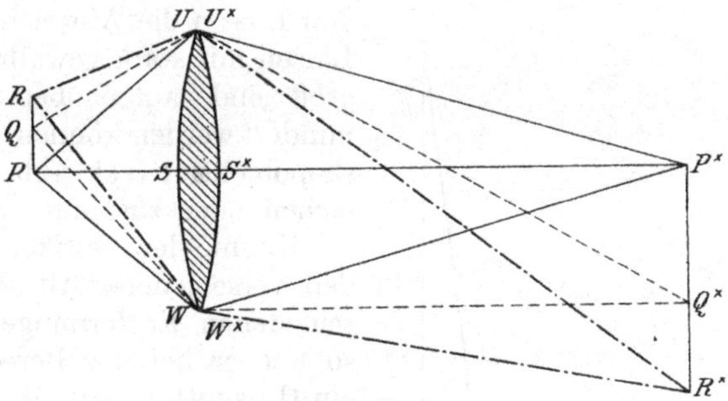

Abb. 21.

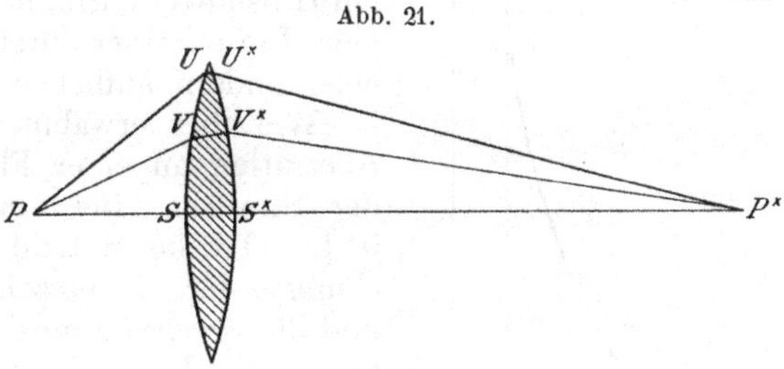

Abb. 22.

Es wird nämlich nicht nur verlangt, daß die von den Objektpunkten Q, R usw. ausgehenden Strahlen der seitlichen Bündel sich wieder in der Bildebene in den Punkten Q^*, R^* usw. schneiden, sondern auch, daß das Bild unverzerrt und dem Objekt ähnlich erscheint. Dies geschieht, wenn in der Objektebene das Verhältnis der Strecken PQ und PR proportional ist den entsprechenden Strecken in der Bildebene P^*Q^* und P^*R^* und somit der Gleichung genügt wird:

$$\frac{PQ}{PR} = \frac{P^*Q^*}{P^*R^*}.$$

Handelt es sich um die Abbildung eines seitlich beschränkten in dem Achsenpunkt P liegenden Objektes, wie es meist beim Mikroskop geschieht, so bietet für die Schärfe und Ähnlichkeit seiner Wiedergabe die Erfüllung der sogenannten Sinus-Bedingung in den Achsenbündeln PUU^*P^*, PVV^*P^* usw. (s. Abb. 22) eine Gewähr.

Diese Bedingung fordert, daß das Verhältnis des Sinus der Winkel, die die von P ausgehenden und zu P^* hinführenden Strahlen mit der Achse bilden, für sämtliche Strahlen konstant ist. Es soll sein

$$\frac{\sin SPU}{\sin S^*P^*U^*} = \frac{\sin SPV}{\sin S^*P^*V^*}.$$

Ist das Achsenbündel eines Systems sphärisch korrigiert und in ihm auch die Sinus-Bedingung erfüllt, so wird das System aplanatisch genannt.

Die Immersionsobjektive.

Bekanntlich wirkt die Zusammenstellung verschiedener Linsen mit schwächerer Krümmung gleich einer einzelnen Linse mit stärker gewölbten Flächen. Da nun durch geeignete Kombination einer Anzahl von Linsen die Abweichungen, die gerade für Linsen mit stark gewölbten Flächen besonders groß sind, aufgehoben oder doch stark vermindert werden können, so bestehen alle Mikroskopobjektive (vgl. Abb. 16) aus mehreren einfachen oder zusammengesetzten Linsen.

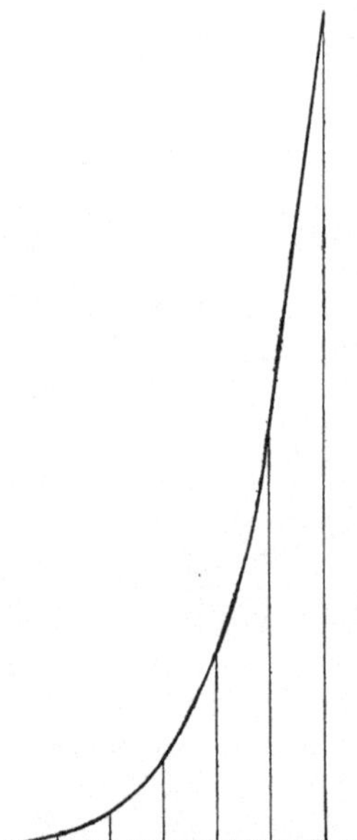

Abb. 23.

Kennt der Optiker den Strahlengang in den verschiedenen Glassorten und für die verschiedenen Entfernungen des Objekts genau, so hat er bei der Berechnung der Objektive ein Hilfsmittel darin, daß er die Abweichungen einer Linse immer durch die entgegengesetzten einer andern aufheben läßt.

Wie oben erwähnt, wächst die sphärische Aberration an einer Fläche mit der Öffnung der Strahlen. Bei einem gewöhnlichen Objektiv (Trockensystem) werden diese Abweichungen für die einzelnen Teile der Öffnung und die Brechung an der untersten Planfläche durch eine Linie dargestellt, die in der Richtung der Kurve in Abb. 23 verläuft, wenn man als Abszisse den Öffnungswinkel und als Ordinate die zugehörige Abweichung einträgt. Um letztere aufzuheben, müßte an einer anderen Fläche eine gleichgroße, aber entgegengesetzte Abweichung hervorgebracht werden. Letzteres ist nicht möglich, weil keine andere Fläche nur annähernd unter demselben Winkel getroffen wird.

Dieser Umstand war es zunächst, der für starke Vergrößerungen zur Konstruktion der Immersionssysteme (Eintauchlinsen) führte.

Durch Zwischenschalten einer Flüssigkeit von größerem Brechungsexponenten als dem der Luft (wie z. B. Wasser) zwischen Deckglas und Frontlinse wird bei diesen Objektiven die Brechung an der untersten Linsenfläche vermindert und bei Systemen für homogene Immersion ganz aufgehoben. Systeme für homogene Immersion heißen solche, bei denen zwischen dem das Präparat bedeckenden Glasplättchen (Deckglas s. S. 18) und der Frontlinse eine Flüssigkeit von gleichem Brechungsexponenten wie der der beiden Gläser (Zedernholzöl) verwendet wird. Bei derartigen Systemen wird natürlich die Brechung an der untersten Linsenfläche ganz aufgehoben, somit auch die Abweichung beseitigt. Die erste Brechung findet dann an der halbkugeligen hinteren Fläche der untersten Linse statt. Da nun das Objekt wegen der geringen Brennweite dieser Objektive nicht weit von dem Mittelpunkt der Kugelfläche entfernt ist, so ist auch hier die Brechung und mit ihr die Abweichung nicht bedeutend.

Schon bei den ersten Immersionssystemen suchte man, zur möglichsten Vermeidung einer Brechung an der planen Frontfläche derselben, Flüssigkeiten als Zwischenmedium in Anwendung zu bringen, deren Brechungsvermögen sich dem des Glases näherte. Amici, der Verfertiger der ersten Eintauchlinsen, benutzte hierzu

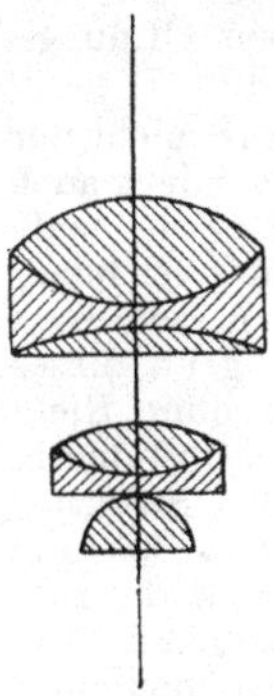

Abb. 24. Schema der Amicischen Mohnöl-Immersionssysteme.

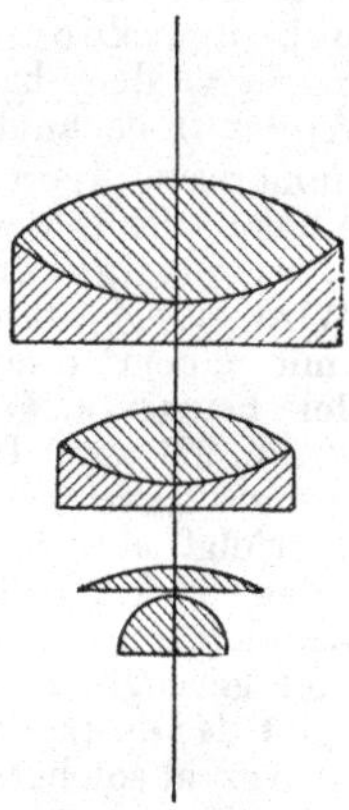

Abb. 25. Schema eines Immersionsobjektivs mit Duplexfront.

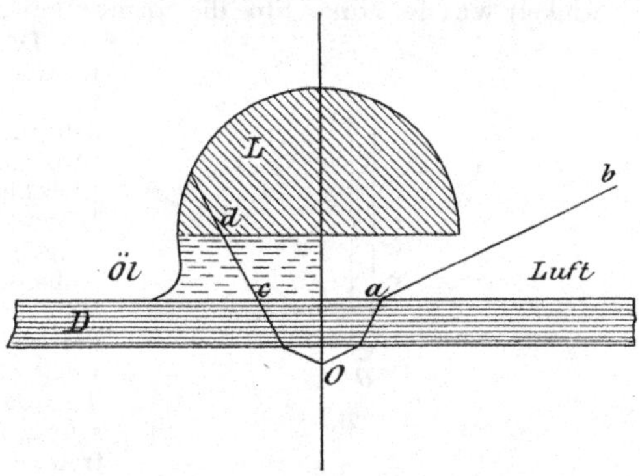

Abb. 26. Darstellung der Wirkung von Immersionsflüssigkeiten.

Mohnöl, später stellten Gundlach und Seibert Immersionssysteme für Glyzerin her. Diese Systeme leisteten jedoch sämtlich nicht mehr als die für Wasser. Ihr Konstruktionstypus geht aus Abb. 24 hervor.

Der Boden für die jetzt fast zur Alleinherrschaft unter den stärksten Objektiven gelangte homogene Immersion wurde durch die von den Amerikanern Spencer und Tolles eingeführte sogenannte Duplexfront geschaffen. Diese besteht aus einer einfachen Halbkugel mit einer darüberliegenden flacheren plankonvexen Linse, beide sind aus Kronglas. Der Typus eines Objektivs für homogene Immersion ist in Abb. 25 dargestellt. Derselbe läßt natürlich die mannigfachsten Variationen mit doppelten und dreifachen Linsen zu. Die unteren nur sind stets die beiden einfachen Kronglaslinsen der Duplexfront.

Außer der Vermeidung einer Brechung an der vorderen Linsenfläche besitzen diese Systeme einen weiteren Vorzug, auf den man erst später aufmerksam wurde. Es ist dies die Möglichkeit, Strahlenkegel von größerem Öffnungswinkel zur Abbildung zu verwenden und dadurch sowohl hellere wie auch mehr Einzelheiten zeigende Bilder zu erzielen.

Ein Blick auf Abb. 26 erklärt das erstere ohne weiteres. *D* ist das Deckglas, *O* das Objekt und *L* die Frontlinse des Objektivs.

Tritt ein Strahl bei *a* in Luft, so verläuft er nach *b* weiter, gelangt also nicht in das Objektiv. Ist aber der Raum zwischen Linse und Deckglas mit einem Medium ausgefüllt, dessen Brechungsexponent dem des Glases gleich ist, so erleidet der unter gleichen Verhältnissen wie *Oa* bis *Oc* verlaufende Strahl keine weitere Ablenkung, sondern gelangt bei *d* in das Objektiv.

Für Luft als Zwischenmedium ist natürlich die äußerste Grenze der in das Objektiv gelangenden Randstrahlen ein Winkel von 90° mit der optischen Achse. Diese äußerste Grenze kann selbstredend nicht ganz erreicht werden, da hierbei das Objekt in der untersten Linsenfläche liegen müßte. Der Sinus von 90° beträgt 1; in einem stärker brechenden Medium nun wird der Sinus in dem Verhältnis seines Brechungsexponenten zu 1 kleiner; es können also solange weitere Strahlen eintreten, bis der Sinus des Winkels wieder = 1 ist. Auf diese Weise können Strahlenkegel benutzt werden, deren ganze Öffnung, auf Luft reduziert, weit mehr als 180° beträgt. Die auf Luft reduzierte Größe, der Sinus des Winkels, den der äußerste Randstrahl mit der optischen Achse bildet, multipliziert mit dem Brechungsexponenten des betreffenden Zwischenmediums ($a = n \cdot \sin u$; u = dem halben Öffnungswinkel) wurde von Abbe die numerische Apertur genannt.

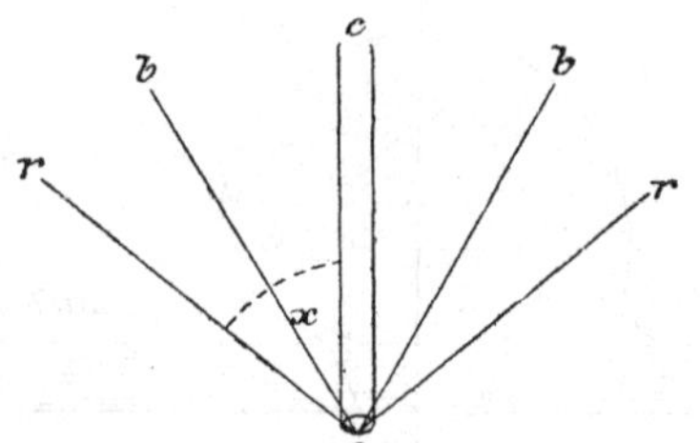

Abb. 27.

Die numerische Apertur ist nicht nur für die Helligkeit des Bildes, sondern auch für das Auflösungsvermögen maßgebend. Wird ein Objekt mit sehr feiner Struktur mit einem dünnen, zentralen Lichtbündel beleuchtet, so geht dieses Bündel *c* (Abb. 27) zum Teil ohne Richtungsänderung durch des Objekt hindurch. Außerdem erfolgt aber an den Strukturelementen des Objekts auch eine Beugung der Lichtstrahlen, und zwar wird das rote Licht stärker gebeugt als das blaue. Die Theorie ergibt das Zustandekommen einer sehr großen Anzahl solcher Beugungsspektren zu beiden Seiten des zentralen Strahlenbündels. Man nennt sie Beugungsmaxima und bezeichnet das direkte Bündel *c* als nulltes, die übrigen als erstes, zweites usf. Maximum. Die Gesamtheit aller dieser Beugungsmaxima stellt die Gesamtheit der von der Objektstruktur auf das auffallende Lichtbündel ausgeübten Einwirkungen dar. Je größer also die Anzahl der vom Objektiv noch aufgenommenen Beugungsmaxima ist, desto ähnlicher wird das Bild dem Objekt. Ein Objektiv, das von den gesamten Beugungsmaximis nur das nullte (*c*) aufnimmt, läßt von den inneren Einzelheiten des Objekts nichts erkennen. Erst durch Aufnahme von mindestens noch einem Beugungsmaximum wird eine Auflösung der Struktur bewirkt. Die Größe des Winkels x, den das nullte Maximum mit dem ersten bildet, hängt von der Feinheit der Strukturen (der Streifen) des Objekts ab. Die Abhängigkeit wird in Luft durch die Gleichung $\sin x = \frac{\lambda}{b}$ ausgedrückt, wobei λ die Wellenlänge des Lichts und b die Entfernung der Streifen bedeutet. Je feiner also die Details, um so mehr rücken die Beugungsspektren auseinander, um so größer muß die Apertur sein, um die Zeichnung sichtbar zu machen. Wie aus Abb. 27 hervorgeht, kann man die Ordnungszahl der vom Objektiv aufgenommenen Beugungsmaxima erhöhen, wenn man dafür sorgt, daß das zentrale Bündel schief auf das Präparat einfällt. Durch schiefe Beleuchtung erhält man also eine Erhöhung der Auflösung.

Sehr schön sieht man die Beugungsspektren im Mikroskop bei dem häufig als Testobjekt benutzten *Pleurosigma angulatum,* wenn man zunächst das Objekt scharf einstellt, dann das Okular entfernt und ohne dieses in den Tubus blickt.

Man sieht dann die Objektivöffnung erleuchtet, in der Mitte ein weißes Bild der Lichtquelle und am Rande sechs farbige Spektren nach innen blau, nach außen rot (Abb. 28). Daß gerade sechs Beugungsspektren entstehen, kommt daher, daß bei Pleurosigma drei Streifensysteme als Beugungsgitter wirken.

Je weiter die Blendenöffnung des Beleuchtungsapparats ist, desto größer werden Mittelbild und Beugungsspektren. Die Zeichnung erscheint am deutlichsten, wenn sich diese im Öffnungsbild gerade berühren. Bei weiterer Öffnung wird das Bild verschwommen. Es geht hieraus hervor, daß es nicht bei allen Objekten vorteilhaft ist, die volle Öffnung der beleuchtenden Strahlen zu benutzen. Diese soll immer nur so groß sein, wie der Natur des Objekts entspricht.

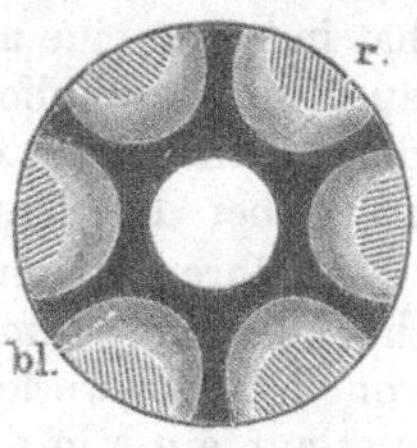

Abb. 28.
r. = rot. *bl.* = blau.

Die Apochromatobjektive.

Apochromatobjektive nennt man solche achromatische Objektive, bei denen der als „sekundäres Spektrum" (vgl. oben S. 11) bezeichnete Farbenrest beseitigt ist.

Es wurde bei Besprechung der chromatischen Aberration und ihrer Aufhebung erwähnt, daß bei Achromatlinsen aus gewöhnlichem Kron- und Flintglas ein Farbenrest, das sogenannte „sekundäre Spektrum" übrig bleibt, das, wenn auch unbedeutend, dennoch etwas die Schärfe und Reinheit der Bilder beeinträchtigt. Auch diesen Farbenrest suchte man zu beseitigen und erreichte dies bei den seit 1886 zuerst von Zeiss in Jena verfertigten Apochromaten fast vollständig. Diese feinere Farbenkorrektion erzielte man, indem man eine oder bei starken Objektiven mehrere sammelnde Linsen, die sonst aus Kronglas bestehen, durch Linsen aus Flußspat, der sich durch seine außerordentlich geringe Dispersion auszeichnet, ersetzte. Zur Achromatisierung des Objektives vermeidet man hierdurch die Linsen aus stark zerstreuendem Flintglas, deren Spektren mit denen der Kronglaslinsen nur unvollkommen sich vereinigen lassen.

Auch die sphärische Aberration ist bei diesen Systemen vollkommener gehoben. Bei der Berechnung bleiben schließlich noch zwei Fehler, die sphärische Aberration für andere als die mittleren Wellenlängen (von Abbe chromatische Differenz der sphärischen Aberration genannt) und die ungleiche Brennweite für verschiedene Wellenlängen. Einer dieser Fehler läßt sich nur unter Vermehrung des anderen verbessern. Man wählte bessere Aufhebung der sphärischen Aberration für verschiedene Farben und erzielte so, daß wohl in der optischen Achse keine Farbenabweichung besteht, daß aber die blauen Bilder größer wie die roten sind und deshalb dunkle Objekte am Rande des Sehfeldes mit einem gewöhnlichen Okular betrachtet innen blau, außen rot oder gelb erscheinen.

Zur Aufhebung dieses Fehlers konstruierte man besondere Okulare, die die roten Bilder mehr vergrößern als die blauen. Auf diese Weise sind die zuletzt aus dem Okular in das Auge tretenden Strahlen nach allen Richtungen möglichst vollkommen korrigiert. Diese Okulare nennt man, da sie einen dem Objektiv noch verbleibenden geringen Fehler kompensieren, Kompensationsokulare.

Die Apochromate, die in Deutschland von Zeiss in Jena, von Leitz und Seibert in Wetzlar verfertigt werden, kann man nach dem heutigen Stand der Wissenschaft und Technik als vollkommen bezeichnen, so daß eine wesentliche Verbesserung, wenigstens auf dem bisher eingeschlagenen Weg, kaum zu erwarten ist. Ihr verhältnismäßig hoher Preis hat indessen eine allgemeine Verbreitung bisher nicht zugelassen, zumal auch die gewöhnlichen achromatischen Systeme der genannten und anderer Firmen hervorragendes leisten und so die teueren Apochromate, außer bei den feinsten Untersuchungen, ersetzen können.

In ihren Eigenschaften den Apochromaten sehr nahestehend sind die „Fluoritsysteme", bei denen durch weitgehende Ausnutzung der von den Glaswerken gebotenen Schmelzen die Benutzung von Flußspat auf ein Minimum herabgesetzt ist. Die Anschaffungskosten dieser Systeme sind daher bedeutend niedriger als die der mehrere Flußspatlinsen enthaltenden Apochromate.

Bei dem Streben nach immer weiter gehender Vervollkommnung auch der achromatischen Systeme sind die Objektive für homogene Immersion dieser Art ebenfalls in bezug auf die sphärische Aberration nach oben angegebener Richtung hin korrigiert; man kann dieselben also auch mit den Kompensationsokularen benutzen, nicht aber die achromatischen Trockensysteme.

Auch die letzteren haben infolge der Verwendung der Erzeugnisse des Glaswerkes Schott und Gen. in Jena, das sich speziell mit der Herstellung optischer Gläser beschäftigt, fortlaufende Verbesserungen erfahren, so daß die Linsensysteme aus den namhafteren deutschen Werkstätten die Fabrikate des Auslandes übertreffen.

Die Zentrierung der Linsen.

Außer der Erreichung der Achromasie und der Erfüllung der sphärischen Korrektion in und außer der Achse muß der Optiker eine möglichst vollständige Zentrierung aller Linsen eines Systems erstreben, d. h. er muß alle Kugelzentren und alle Linsenscheitel auf eine Linie, die optische Achse, zu verlegen suchen. Bei einem schlecht zentrierten System kommen die Bilder der einzelnen Linsen nicht vollständig zur Deckung, und es entsteht so ein verwaschenes Gesamtbild.

Optisches Verhalten von Objektiv und Deckglas.

Wie später genauer zu beschreiben, werden die zu untersuchenden Objekte auf eine rechteckige Glasplatte (den Objektträger) gelegt und mit einem dünnen und kleineren Glasplättchen (dem Deckglas) bedeckt.

Bei schwächeren Objektiven, die eine große Brennweite und somit auch großen Objektabstand haben, ist die Dicke des Deckglases ohne Einfluß. Bei stärkeren Linsen darf dieselbe nicht die Größe des Objektabstandes überschreiten, um noch ein scharfes Einstellen des Objekts zu ermöglichen. Aber dies ist nicht die einzige Bedeutung der Dicke des Deckglases bei starken Trocken- oder Wasserimmersionssystemen. Abb. 29 zeigt den Strahlengang vom Objekt O durch das planparallele Deckglas nach dem Objektiv.

Ein von O nach a_1 verlaufender Strahl wird nach seinem Austritt aus dem Deckglas bei b_1 parallel mit Oa_1 nach c_1 weitergehen. Der Strahl Oa_2b_2 wird nach c_2 abgelenkt. Es leuchtet nun ein, daß die in das Objekt gelangenden Strahlen b_1c_1 und b_2c_2 nicht von O, sondern von O_1 und O_2 herzukommen scheinen und daß Strahlen, die noch andere Winkel mit der optischen Achse bilden, von anderen Punkten herzukommen scheinen, die alle entweder über oder unter O_1 gelegen sind. Der Punkt O wird also in dem vom Objektiv entworfenen Bild nicht als ein Punkt, sondern als eine Reihe von Punkten dargestellt, die eine Linie bilden, die um so länger wird, je größer die Dicke des Deckglases und die Öffnung des Objektivs ist.

Da beim Deckglas die näher nach dem Rand zu liegenden Strahlen von immer höheren Punkten herzukommen scheinen, während die Randstrahlen einer kugeligen Fläche stärker gebrochen werden als die der Mittelzone und so anscheinend von tiefen Punkten ausgehen, wirkt die Dicke des Deckglases auf die sphärische Aberration des Objektivs überkorrigierend.

Um diesen Einfluß des Deckglases zu beseitigen, muß das Objektiv einen gewissen Grad von Unterkorrektion besitzen. Die Objektive ohne besondere

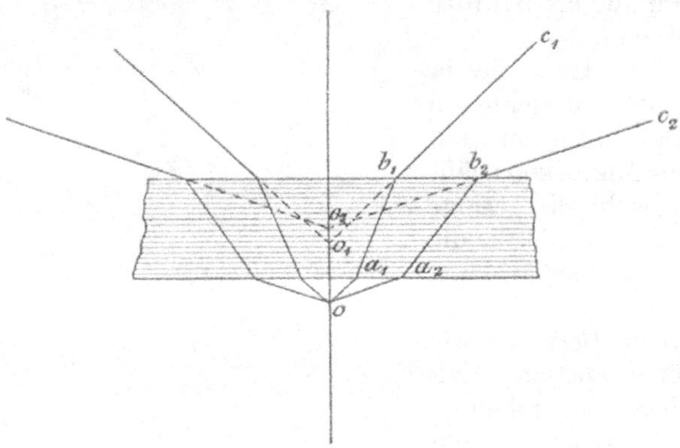

Abb. 29. Strahlengang vom Objekt durch das Deckglas.

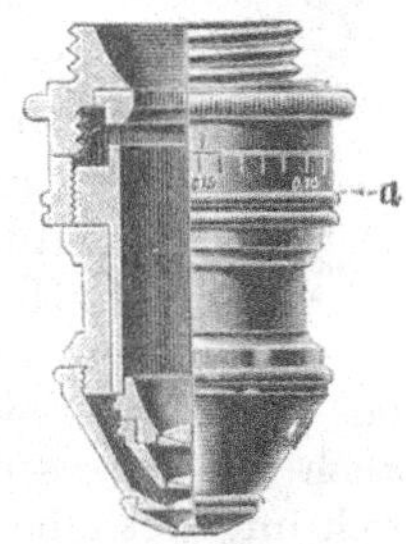

Abb. 30. Objektiv mit Korrektionsfassung.

Korrektionsvorrichtung werden für eine bestimmte Dicke des Deckglases (0,15 bis 0,18 mm) adjustiert. Klar ist, daß die durch das Deckglas bedingte Abweichung und die absichtlich hervorgerufene Unterverbesserung des Objektivs sich nur bei einer ganz bestimmten Dicke aufheben. Um nun auch Deckgläser anderer Dicke vorteilhaft anwenden zu können, hat man den Einfluß der Entfernung der einzelnen Linsen voneinander auf die Beseitigung der sphärischen Aberration benutzt und sogenannte Korrektionsfassungen konstruiert. Bei diesen wird durch Drehen eines Ringes die Entfernung der oberen Linsenkombination von der unteren variiert und so der schädliche Einfluß des Deckglases ausgeglichen. Abb. 30 zeigt die halbaufgeschnittene Korrektionsfassung der starken Seibertschen Objektive. Durch Drehen des Ringes *a* werden die hinteren Linsen gehoben oder gesenkt. Eine Teilung auf dem Ringe zeigt, wenn das Objektiv günstig eingestellt ist, gleichzeitig die betreffende Deckglasdicke in hundertstel Millimetern an.

Naturgemäß sind die Objektive für homogene Immersion von der Deckglasdicke so gut wie unabhängig (wenn diese nur den Arbeitsabstand des Objektivs nicht übersteigt, so daß eine scharfe Einstellung möglich ist), da keine Brechung der Lichtstrahlen nach ihrem Eintritt in das Deckglas mehr stattfindet wegen des gleichen Brechungsvermögens von Deckglas, Zedernholzöl (als Zwischenmedium) und Frontlinse des Systems.

Das Okular.

Obgleich das Objektiv der bei weitem wichtigste Teil eines Mikroskops ist, so darf doch das Okular in seiner Konstruktion und in seinen Wirkungen nicht vernachlässigt werden. Es sei indessen gleich hier betont, daß das Okular nur die Aufgabe hat, das vom Objektiv entworfene Bild zu vergrößern, nicht aber das Bild des Gegenstandes oder Teile davon deutlicher zu machen.

Das gewöhnliche oder Huyghenssche (sprich: Heugens) Okular (Abb. 31) besteht aus zwei Linsen, der Augenlinse (*a*) und dem Kollektiv (*c*). Die Augenlinse ist die eigentliche Lupe (vgl. S. 4), die das vom Objektiv entworfene reelle Bild, unter gleichzeitiger mäßiger Vergrößerung, dem Auge sichtbar macht. Um das Gesichtsfeld scharf zu begrenzen, ist an der Stelle *b* im Okular, wo das reelle Bild liegt, eine Messingplatte mit entsprechender Öffnung als Blende angebracht.

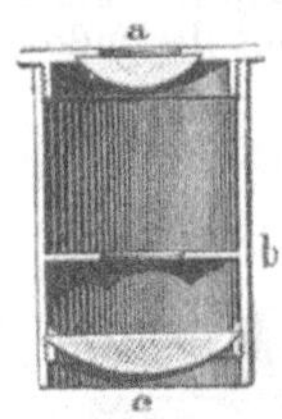

Abb. 31. Huyghenssches Okular im Längsschnitt.

An der Hand des in Abb. 32 gezeichneten Strahlenganges im Okular des Mikroskops läßt sich sowohl die geringe Anforderung, die für die Hebung der sphärischen Abweichung an das Okular gestellt zu werden braucht, wie auch die zweckmäßige optische Einrichtung desselben leicht verstehen.

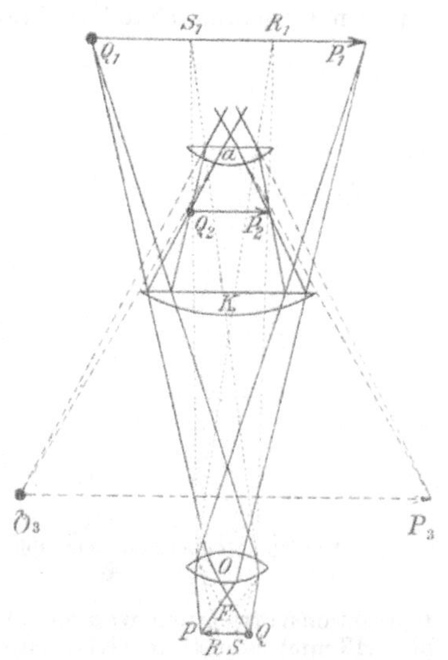
Abb. 32.

Jedes der gezeichneten, von den Objektpunkten *P* und *Q*, *R* und *S* ausgehenden Strahlenbündel füllt das ganze Objektiv *O*. Diese Bündel werden lang und schmal, wenn sie die im Verhältnis zur Objektebene von dem Objektiv so weit entfernte Bildebene erreichen wollen. Sie durchsetzen nur kleine Flächenstücke der Linsen des Okulars *A* und *K*. Innerhalb dieses engen Flächenraums findet keine sphärische Abweichung statt, die noch einer Korrektion seitens des Okulars bedürfte. Hieraus läßt sich der aus zwei einzelnen Linsen hergestellte so einfache Bau des Okulars verstehen.

Der Gang der zwei von den Punkten *P* und *Q* am Rande des Objektes ausgehenden Bündel zeigt, daß dieselben durch das Kollektiv *K* der Augenlinse *A* zugebrochen werden und daß ohne Mitwirkung des Kollektives diese Strahlen nicht in das Gesichtsfeld gelangen könnten. Bei Anwendung nur der Augenlinse würden am Rand des Bildes die beiden Punkte *R* und *S* erscheinen, wie die punktierten von ihnen ausgehenden Strahlenbündel, die gerade noch die Augenlinse passieren, zeigen. Hieraus ergibt sich der Zweck des Kollektivs, das Gesichtsfeld zu vergrößern. Man kann sich von dieser Wirkung leicht überzeugen, wenn man das Kollektiv des Okulars abschraubt und das Bild durch die Augenlinse allein betrachtet.

Die durch die Kollektivlinse gebrochenen Strahlen der Bündel P und Q kommen in den Punkten P_2 und Q_2 zum Schnitt: es liegt also ein reelles Bild innerhalb des Okulars. Dieses Bild wird durch die Augenlinse, die als Lupe wirkt, vergrößert. Die von der Augenlinse gebrochenen Strahlen gelangen rückwärts verlängert in den Punkten P_3 und Q_3 zum Schnitt. $P_3 Q_3$ ist das virtuelle Bild, das schließlich zur Beobachtung gelangt.

Durch die Vereinigung zweier Linsen zu einem Okular ergeben sich noch weitere Vorteile.

Erst durch die Kombination der beiden in einem genau gewählten Abstand voneinander sitzenden Linsen läßt sich eine Achromasie des Okulars erzielen und mit Erfolg einer sonst leicht durch ungünstig gewählte Gläser auftretenden Verzerrung der Bilder begegnen.

Es sind dies Eigenschaften, die sich durch die Anwendung einer einzelnen Linse nicht erreichen lassen, denn das Bild einer solchen ist verzerrt und farbig.

Von verschiedenen Firmen wurden, um dem Gesichtsfeld noch eine größere Ausdehnung und Ebenheit zu geben, sogenannte aplanatische, orthoskopische, periskopische usw. Okulare konstruiert, die alle auf ähnlichen Prinzipien beruhen. Man verwendet nämlich überkorrigierte Augenlinsen, die am Rande größere Brennweite als in der Mitte haben, und deshalb das gewölbte Bild ebener zeigen. Wegen des ebeneren Sehfeldes kann man dieses in größerer Ausdehnung benutzen.

Auf die Mitte des Sehfeldes haben indessen die Okulare, wie sie auch konstruiert sein mögen, keinen Einfluß, sie können diese nicht verbessern. Die Leistungsfähigkeit eines Mikroskops hängt eben in erster Linie von dem Objektiv ab.

Eine vollständige Ebenheit des Bildes ist übrigens ebensowenig zu erlangen wie eine gänzliche Beseitigung der Aberrationen; man wird stets den Rand des Gesichtsfeldes etwas tiefer einstellen müssen als die Mitte. Aber bei den Mikroskopen guter Werkstätten ist der Unterschied so gering und der Teil der Randzone, der nicht zugleich mit der Mitte scharf erscheint, im Verhältnis zur Gesamtgröße des Sehfeldes so unbedeutend, daß er praktisch nicht in Betracht kommt.

Eine wesentliche Milderung der Wölbung des Bildfeldes geben heutzutage die sogenannten periplanatischen Okulare, bei denen die Augenlinse eine doppelte ist: sie besteht aus negativer Flint- und positiver Kronglaslinse, deren Brennweiten so gewählt sind, daß Korrektur der Wölbung dabei erfolgt. Sie geben in der Farbenverbesserung die gleichen Vorteile wie die Kompensationsokulare und sind für den Gebrauch bei stärkeren Objektiven empfehlenswert.

Je vollkommener die Ebnung ist, die schon durch das Objektiv angestrebt wird, um so besser eignen sich Systeme zur Mikrophotographie. Einzelne Institute liefern besondere mikrophotographische Objekte, bei denen hierauf besonderes Gewicht gelegt ist. Die von den Firmen Leitz, Seibert und Zeiss hergestellten Objektive zeigen sich in dieser Hinsicht so vollkommen korrigiert, daß sie sich ebenso brauchbar zur Mikrophotographie wie zur gewöhnlichen Beobachtung erweisen. (Über besondere Okularsysteme für Mikrophotographie s. S. 47.)

Außer dem Huyghensschen ist noch das Ramsdensche Okular, namentlich als Mikrometerokular, zuweilen im Gebrauch. Während beim ersteren beide ebenen Linsenflächen nach oben gerichtet sind (vgl. Abb. 31), haben beim Ramsdenschen Okular die Linsen derart ungleiche Lage, daß die Konvexflächen einander zugewandt sind. Hier erscheint das Bild nicht zwischen Okular und Kollektiv, sondern unterhalb des letzteren, also zwischen Kollektiv und Objektiv.

Erwähnt sei noch das bildaufrichtende Okular und das Abbesche stereoskopische Doppelokular bzw. der binokulare Tubusaufsatz. Bei ersterem wird die Wiederaufrichtung des Bildes durch ein Prisma mit geneigten Winkeln, bei letzterem die stereoskopische Wirkung durch drei Prismen erreicht. Die Teilung der Strahlenbündel nach beiden Augen geschieht in den Prismen, die Bildaufrichtung gleichfalls durch diese oder durch Linsen.

Die Kompensationsokulare (zum Gebrauch mit apochromatischen Objektiven) wurden oben (S. 17) erwähnt. Sie sind in ihren schwächeren Nummern nach dem Prinzip der Huyghensschen, in den stärksten nach dem der Ramsdenschen Okulare hergestellt. Das Kollektiv ist hierbei eine dreifache achromatische Sammellinse. Sie sind heute durch die erwähnten periplanatischen Okulare eigentlich überholt.

B. Die mechanische Einrichtung des Mikroskops.

Wenn auch das optische Leistungsvermögen eines Mikroskops der bei weitem wichtigste Faktor für die Brauchbarkeit des ganzen Instrumentes ist, so darf doch nicht außer acht gelassen werden, daß zweckmäßige Anordnung aller Einzelteile und sorgfältige Ausführung des mechanischen Teils für alle Untersuchungen von größter Wichtigkeit sind, und daß ungenau bzw. unzweckmäßig gearbeitete Stative die vollständige Ausnutzung des optischen Apparats bedeutend erschweren, wenn nicht ganz unmöglich machen.

I. Die Teile des Mikroskops und ihre Benennung.

Abb. 33 mag mit den beigefügten Buchstaben und der Zeichenerklärung die einzelnen Teile des Mikroskops und ihre Benennung vorführen. Das abgebildete Instrument gehört zu den größeren und bestausgerüsteten und enthält somit ziemlich alle gegenwärtig gebräuchlichen Einrichtungen.

II. Der optische Apparat.

Unter dem optischen Apparat eines Mikroskops verstehen wir die Objektive, die Okulare und die Beleuchtungsvorrichtungen, und zwar handelt es sich jetzt darum, die Art und Weise kennen zu lernen, in der die theoretisch bereits uns bekannten Teile gegenseitig angeordnet werden, um ihre Zwecke voll zu erfüllen.

1. Die Fassung der Objektive.

Die Linsen eines Objektivsystems sind in solide Messingröhren in der Weise gefaßt, daß ein Auseinanderschrauben des Objektivs nur so weit ohne Schwierigkeit möglich ist, als es das Reinigen der äußeren Linsen erfordert.

Mit dem Tubus (der das Muttergewinde trägt) werden die Objektive in der Regel durch Anschrauben verbunden. Die namhaften optischen Werkstätten haben als Tubusgewinde das etwa 20 mm im

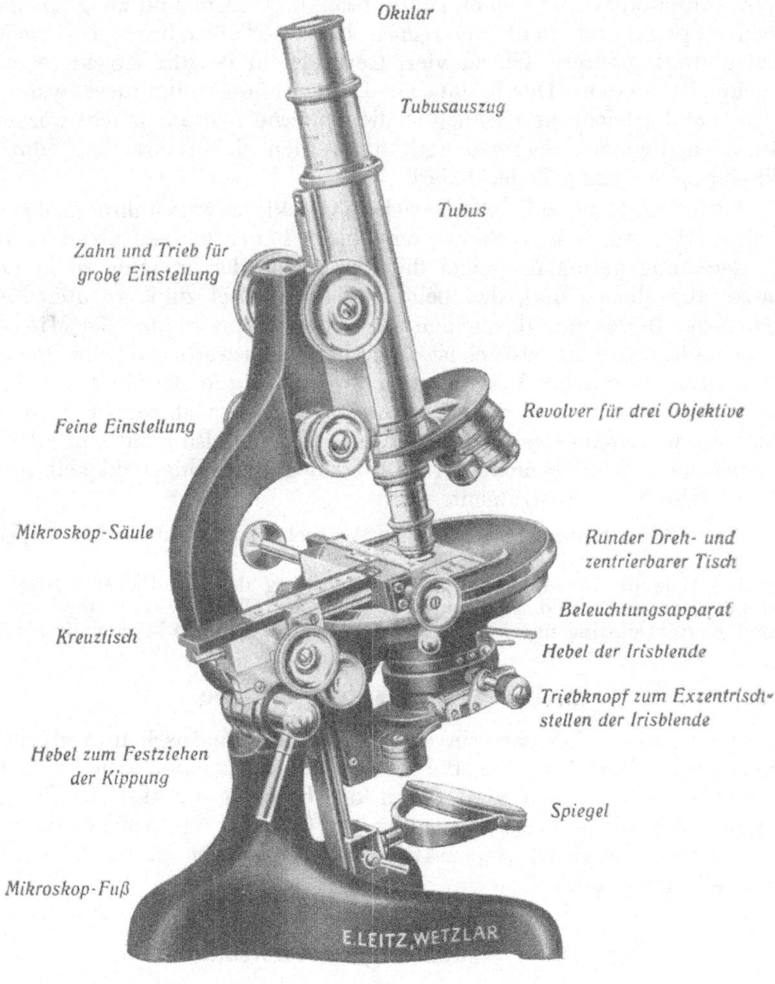

Abb. 33. Mikroskop mit Bezeichnung seiner Teile (Stativ A).

äußeren Durchmesser haltende englische Standardgewinde (society screw) angenommen, so daß Objektive aller dieser Institute an jedem aus ihren Werkstätten stammenden Stativ verwendet werden können.

Da das häufige An- und Abschrauben verschiedener Systeme mühselig und zeitraubend ist, da ferner eine bestimmte Stelle im Objekt (namentlich bei starker Vergrößerung) bei erneuter Einstellung nicht ganz leicht wiedergefunden wird, so rüstet man größere und mittlere Mikroskope jetzt fast ausnahmslos mit dem Revolver-Objektivträger (kurz „Revolver“ genannt) aus.

Der „Revolver“ besteht aus zwei Metallplatten, die um ihren gemeinsamen Mittelpunkt drehbar sind. Die eine dieser Platten wird durch Anschrauben mit dem Tubus fest verbunden, und zwar so, daß der Drehpunkt außerhalb der Längsachse des Tubus liegt. Die zweite Platte trägt mehrere (bis zu vier) Gewinde, in die die Objektive eingeschraubt werden. Durch einfaches Drehen können nun diese Systeme nacheinander leicht und schnell in die optische Achse gebracht werden. Bei Einnahme der richtigen Stellung werden sie in ihrer Lage durch Einschnappen einer Feder fixiert.

Auch dem Umstand, daß schwächere Objektive (wegen ihrer größeren Brennweite) größeren Abstand vom Objekt haben müssen als stärkere, ist Rechnung getragen, indem die Fassungen der Systeme so in der Länge abgeglichen sind, daß beim Objektivwechsel zum erneuten Einstellen des Bildes im allgemeinen nur noch die Anwendung der Mikrometerschraube erforderlich ist. Eine bemerkenswerte Stelle im Objekt, die man bei schwacher Vergrößerung zweckmäßig in die Mitte des Sehfeldes bringt, hat man dann bei Anwendung des stärkeren Systems ebenfalls wieder im Gesichtsfeld, braucht dieselbe also nicht von neuem aufzusuchen. Ist das nicht der Fall, so liegt eine Ungenauigkeit oder Beschädigung des Instruments vor.

Ältere Vorrichtungen zum schnellen Wechseln der Objektive sind Objektivzange und Schlittenvorrichtung.

Der Korrektionsfassungen zur Beseitigung des schädlichen Deckglaseinflusses, die sich von den Fassungen gewöhnlicher Objektive durch ihren drehbaren Korrektionsring unterscheiden, haben wir oben (S. 19) Erwähnung getan.

2. Die Fassung der Okulare.

Die Okulare bestehen in der Regel aus zylindrischen, vernickelten Messingröhren, in die die Linsenfassungen eingeschraubt sind. Die Länge der Röhren wird durch die Brennweite, also die Stärke der Linsen bedingt. Je schwächer ein Okular ist, um so länger ist es. (Nur bei den Kompensationsokularen können grade die stärksten sehr lang sein.)

3. Die Beleuchtungsvorrichtungen.

a) Der Mikroskopspiegel.

Die Beleuchtungsvorrichtung aller Mikroskope für durchfallendes Licht besteht zunächst aus einem nach allen Seiten verstellbaren Spiegel unter dem Objekttisch. Die eine Seite des Spiegels ist eben und wird für Untersuchungen in parallelem Licht benutzt; die andere ist konkav für das Beobachten in konvergentem Licht. Der Spiegel wirft das parallele oder konvergente Licht durch das Loch des Objekttisches auf das Objekt und macht dieses so sichtbar.

b) Die Blenden.

Der Durchmesser des Loches im Objekttisch beträgt in der Regel etwa 20 mm und kann, wenn diese Öffnung zu groß erscheint, verkleinert (und dadurch das Licht abgeblendet) werden. Dies geschah früher durch eine drehbare Scheibe mit verschieden weiten Öffnungen; jetzt sind bei kleineren Stativen die Zylinderblenden üblich. Letztere sind kurze, offene Röhren, auf deren oberes Ende man runde Scheiben mit Löchern von verschiedener Weite aufsetzt (Abb. 34). Das Ganze wird in eine federnde Messinghülse unter dem Tischloch eingeschoben.

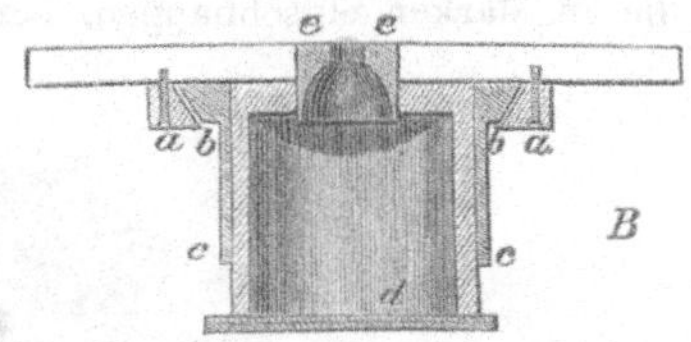

Abb. 34. Objekttisch mit eingesetzter Zylinderblende im Längsschnitt. *aa* Falz für den Schlitten, *b* Schlitten, *c* Hülse am Schlitten, *d* Zylinder, *e* Blende.

Diese Messinghülse ist in der Regel einem Schlitten eingefügt, welcher in eine schwalbenschwanzförmige Ausfräsung des Objekttisches paßt.

Bei größeren Mikroskopen wird die Iriszylinderblendung verwendet (vgl. Abb. 35 *Z*). Bei dieser trägt die Messingröhre, auf welche sonst die verschieden große Löcher tragenden Scheiben (Diaphragmen) aufgesetzt werden, in ihrem oben dem Objekt zugewendeten Ende halbmondförmige, gewölbte Stahllamellen, welche durch Verschieben eines seitlichen Knöpfchens so bewegt werden können, daß Öffnungen der Blende entstehen, welche sich stetig von der Weite des Tischlochs bis zur fast vollständigen Schließung der Lamellen ändern lassen. Der Vorteil dieser Blendung ist offenbar, daß erstens ein Auswechseln der Diaphragmen unnötig, zweitens daß ein Abblenden in jeder beliebigen Abstufung möglich ist. Eine solche Blende ist für die Benutzung stärkerer Objektive so gut wie unentbehrlich.

c) Die Beleuchtungslinsen.

An die Stelle der einfachen Spiegelbeleuchtung tritt heute (vor allem bei den viel Licht benötigenden stärkeren Objektiven) der von Abbe erfundene Beleuchtungsapparat. Dieser hat sich durch seine hervorragende Brauchbarkeit, namentlich mit Immersionslinsen und anderen sehr starken Objektiven, jetzt so allgemein eingebürgert, daß er einen erheblichen Bestandteil jedes größeren Mikroskops bildet und man sich ein solches Instrument ohne ihn oder ohne einen der ihm ähnlichen einfacheren Beleuchtungsapparate kaum noch denken kann.

Die einzelnen Teile des Abbeschen Beleuchtungsapparates und ihre gegenseitige Anordnung gehen aus Fig. 35 hervor.

Der wichtigste Teil ist das Kondensorsystem, welches aus zwei oder mehreren Linsen besteht und eine Brennweite von 10—15 mm besitzt. Der obere dem Objekt zugekehrte Brennpunkt liegt wenig über der obersten Linse, also etwa in der Objektebene.

Der Kondensor besitzt je nach seiner Bauart eine numerische Apertur von 1,20 bzw. 1,40. Für viele Arbeiten, namentlich in der Mikrophotographie, ist es erwünscht, Kondensoren mit chromatischer und sphärischer Korrektion zu benutzen. Die für diese Zwecke konstruierten aplanatischen Kondensoren ergeben bei hoher numerischer Apertur (1,40) eine besonders gleichmäßige und farbenreine Beleuchtung.

Die Blendvorrichtung ist um einen seitlichen Arm drehbar befestigt und kann leicht vollständig zur Seite geschlagen werden. Ein Triebwerk dient zum Verschieben desselben, wenn schiefe Beleuchtung erzielt werden soll. Zwei Federn, die in Marken einschnappen, bezeichnen die Stellung der Blende, in welcher

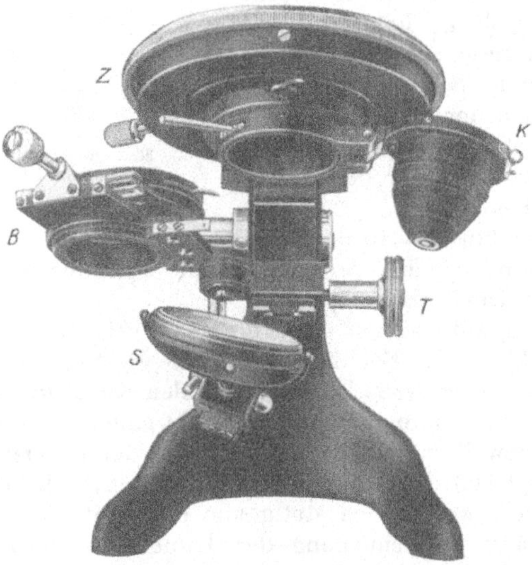

Abb 35. Großer Beleuchtungsapparat nach Abbe (Modell a, Leitz). Z = Zylinderirisblende. K = Kondensor. B = Blendenträger mit Irisblende, exzentrisch verschiebbar und drehbar. T = Trieb zum Heben und Senken des Beleuchtungsapparates. S = Planspiegel mit Hohlspiegel.

sie mit der optischen Achse zentriert ist. Die Blende selbst ist eine Irisblende. Oben auf ihr befindet sich eine Ausdrehung, in welcher ein blaues oder mattes Glas zum Arbeiten bei Lampenlicht oder eine Zentralblende zum Abhalten der Achsenstrahlen eingelegt werden kann.

III. Das Stativ.

Das Stativ bildet den Träger des optischen Apparats und hat außerdem den Zweck, dem Objekt eine feste und für die Untersuchung geeignete Lage zu geben. Zu ersterem dient der Tubus, zu letzterem der Objekttisch. Der Tubus ist eine zylindrische Messingröhre, die in ihrem unteren Ende das Objektiv, in ihrem oberen das Okular aufnimmt. Der Objekttisch besteht aus einer kräftigen Messing- oder Hartgummiplatte, deren Ebene senkrecht zur Längsachse des Tubus liegt. Beide sind in der Weise fest miteinander verbunden, daß eine Bewegung des Tubus nur genau in der Richtung der optischen Achse möglich ist.

Tisch und Tubus ruhen auf einer massiven Säule, die sich auf der Grundlage des Ganzen, dem Fuß, erhebt.

Die Formen der heutigen Stative (geschichtlich ausgehend von dem Konstruktionstypus Oberhäuser-Hartnack) sind ziemlich einheitlich. Daß die kleineren (mit weniger Nebeneinrichtungen versehenen) Instrumente eine einfachere Form haben, ist selbstverständlich. Sehr große Instrumente (früher namentlich englische und amerikanische, dabei optisch weniger gut ausgestattete!) können unbequem im Gebrauch werden. Für die Leistungsfähigkeit des Mikroskops kommt es in allererster Linie auf die von unsern deutschen Optikern am vorzüglichsten hergestellten Linsen an. Nichtsdestoweniger vernachlässigen auch die deutschen Mikroskopfabrikanten die äußere Form nicht; ihre Stative haben, auch was die Eleganz der Ausstattung anbetrifft, in neuerer Zeit erhebliche Fortschritte gemacht. Als Prüfstein für die Güte der mechanischen Arbeit mag übrigens auch das Aussehen eines Instruments (namentlich verdeckter Teile) gelten, denn ein Stativ mit schlecht polierten Messingteilen und windschiefen Flächen wird selten sorgfältig gearbeitete Bewegungsvorrichtungen besitzen.

1. Der Fuß.

Der Fuß soll von solcher Größe und Schwere sein, daß das ganze Mikroskop durch ihn eine sichere Grundlage gewinnt und selbst (bei Instrumenten, die derartige Einrichtungen besitzen) bei umgelegtem Oberteil nicht nach hinten überkippt.

Allgemein wird in Deutschland jetzt der Hufeisenfuß angewandt, der auf drei Stützpunkten ruht und so auf jedem Tisch sicher steht.

2. Die Säule.

Die Säule, die fest mit dem Fuß verbunden, sich auf diesem erhebt, soll ein massives Messingstück von solcher Stärke sein, daß ein Verbiegen selbst durch starken Stoß oder Fall ausgeschlossen ist. Die Höhe der Säule, die die Entfernung des Objekttisches vom Fuß bedingt, muß so abgemessen sein, daß einerseits die Handhabung der Apparate unter dem Tisch (Beleuchtungs- und Blendvorrichtung usw.) bequem möglich ist, anderseits aber auch die Gesamthöhe des Stativs nicht unnötig vergrößert wird.

Am oberen Ende der Säule befindet sich bei größeren und mittleren Stativen ein Scharnier, das ein Hintenüberlegen des Oberteils gestattet. Dieses Umlegen ist beim Beobachten in sitzender Stellung häufig wünschenswert; für die Verwendung des Mikroskops mit einem horizontalen mikrophotographischen oder Projektionsapparat ist es direkt erforderlich, da in diesem Falle die optische Achse des Instruments in eine horizontale Lage gebracht werden muß.

Doch muß stets bedacht werden, daß die Schrägstellung des Oberteils nur bei solchen Präparaten möglich ist, die sich dadurch nicht verschieben; daher ist diese Art der Benutzung gebräuchlicher bei Dauerpräparaten, weniger, ja unmöglich bei Untersuchung lebender Gegenstände in flüssigen Medien. Der Mikroskopiker sollte daher namentlich als Anfänger sich gewöhnen, ohne dies Hilfsmittel auszukommen und es mehr als einen Luxus anzusehen. Daß die Abbildungen in den Verzeichnissen unsrer Erzeuger von Mikroskopen die Schrägstellung zu zeigen pflegen, verleitet zu der Annahme, sie sei für den Gebrauch selbstverständlich, dient indes nur zur Angabe über die vorhandene Einrichtung, die im übrigen heute auch bei einfachen Stativen allgemein ist.

3. Der Objekttisch.

Von Wichtigkeit für die Brauchbarkeit eines Mikroskops ist die Beschaffenheit des Objekttisches. Derselbe muß so groß sein, daß Objektträger jeder Ausdehnung bis zu ganzen Kulturplatten sichere Auflage finden. Durch die heute übliche bogige Krümmung des Stativs wird die Fläche des Tisches vergrößert. Seine Oberfläche ist sorgfältig geebnet und dauerhaft geschwärzt, meist mit Hartgummi belegt. Für chemische Zwecke gibt es besondere Ausrüstungen (Säuremikroskope), die weniger empfindliche Flächen haben.

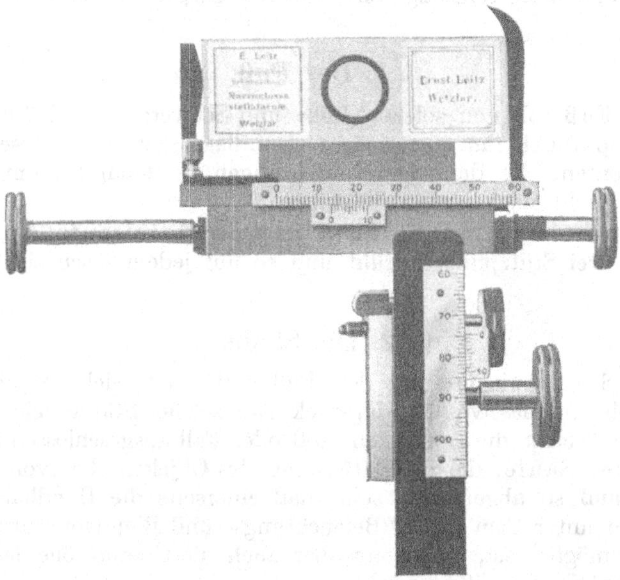

Abb. 36. Beweglicher Objekttisch.

Größere Stative sind in der Regel mit einem drehbaren Objekttisch ausgerüstet. Durch Drehen desselben kann man bequem bei schiefer Beleuchtung ein Objekt nacheinander von allen Seiten den schief auffallenden Strahlen aussetzen, ohne es aus dem Gesichtsfeld zu verlieren. Für Winkelmessungen ist häufig der Rand des Drehtisches mit Gradteilung versehen.

Der Tisch kann durch zwei feingeschnittene Schrauben und einen Federgegendruck zentriert werden; diese Zentriervorrichtung kann etwa 3 mm zum Bewegen des Objekts dienen, eine Entfernung, die bei starker Vergrößerung meist vollständig ausreicht.

Bewegliche Objekttische, die weitere Verschiebungen des Objekts, ungefähr bis 50 mm gestatten, sind in vielen Fällen, z. B. bei der mikroskopischen Nahrungsmitteluntersuchung, von hohem Wert. Sie sind teils mit dem Objekttisch eines größeren Instruments fest verbunden, teils können sie beliebig aufgesetzt und abgenommen werden. Alle diese Tische bewegen durch feine Schrauben oder Triebwerk den Objektträger nach zwei zueinander senkrechten Richtungen und somit nach allen Seiten. Zwei Millimeterskalen mit Nonien lassen eine bestimmte Stelle im Objekt leicht wiederfinden, wenn man sich die Lage der Skalen gemerkt hat. Einzelne Firmen konstruieren noch besondere Findervorrichtungen, die jedoch alle verhältnismäßig geringe Verbreitung gefunden haben. — Abb. 36 zeigt den von Leitz und Seibert hergestellten beweglichen Objekttisch zum Abnehmen in etwa $^1/_2$ natürlicher Größe.

Um ein Ausgleiten des Objektträgers bei schiefgestelltem Stativ zu vermeiden und um ihm überhaupt eine feste Lage geben zu können, befinden sich auf jedem Objekttisch federnde Klammern, unter die das Präparat geschoben wird. Die Klammern bestehen aus Stahl und sollen stets leicht abnehmbar sein. — Die Größe des Objekttisches findet ihre Begrenzung in dem Umstand, daß — namentlich bei seiner Ausdehnung zur Lichtquelle hin — deren Nutzung erschwert wird. Es braucht aber die Durchbrechung des Tisches durch die Blende nicht in seiner Mitte zu liegen.

4. Der Tubus.

Der Tubus ist durch den Tubusträger mit dem Tisch verbunden. Er trägt, wie schon erwähnt, an seinem unteren Ende das Muttergewinde für die Aufnahme der Objektive oder des Revolvers. In sein oberes Ende werden die Okulare eingeschoben.

Zum Abhalten störender Lichtstrahlen, die von den Wänden reflektiert werden können und nicht zur Bilderzeugung dienen, ist das Tubusinnere geschwärzt und sind darin Blenden angebracht.

Der Tubus ist bei den deutschen Instrumenten auf eine Länge von 16 oder 17 cm abgeglichen, die der Objektivkonstruktion der einzelnen Werkstätten entspricht. In der Regel ist der Tubus mit einem fernrohrartigen Auszug versehen. Dieser hat Millimeterteilung und zeigt so die jeweilige Gesamtlänge des Tubus an; er dient zum Herstellen der für das Leistungsvermögen des Objektivs und für den jeweiligen Zweck günstigen Tubuslänge. Er gestattet, die durch den Revolver-Objektivträger hervorgerufene Verlängerung auszugleichen, wenn dies nicht schon durch den Optiker geschehen ist. Ferner bewirkt er eine gewisse Veränderung in der Vergrößerung eines Mikroskops, indem die Vergrößerung bei Anwendung desselben Objektivs und Okulars proportional der Tubuslänge ist. Endlich kann er (innerhalb gewisser Grenzen) zum Ausgleich des schädlichen Einflusses des Deckglases (vgl. S. 19) bei starken Trocken- und Wasserimmersions-Systemen ohne Korrektionsvorrichtung dienen, indem man ihn bei zu dickem Deckglas etwas verkürzt oder bei zu dünnem etwas verlängert.

Der Tubus wird zum Einstellen des Objekts bei sehr einfachen oder alten Mikroskopen in einer federnden Messinghülse auf und ab geschoben, meist besitzt er hierzu Triebwerk.

Das Triebwerk besteht aus einer Triebwalze mit seitlichen großen Knöpfen zum bequemen Drehen derselben. Die Triebwalze ist mit dem Tubusträger verbunden und greift mit ihren Zähnen in eine am Tubus befestigte Zahnstange. Der Tubus gleitet beim Drehen über eine Führungsfläche am Tubusträger. Genaue Arbeit und schräg gestellte Zähne lassen diese Vorrichtung so exakt funktionieren, daß ein scharfes Einstellen selbst mittlerer Objektive noch allein hierdurch möglich ist.

Jedes Mikroskop, außer den allereinfachsten, besitzt neben der groben Einstellung (durch freie Schiebung oder Zahn und Trieb) noch eine weitere Vorrichtung zur genauen Einstellung bei Anwendung stärkerer Systeme, die sogenannten Mikrometereinstellung (Abb. 37,

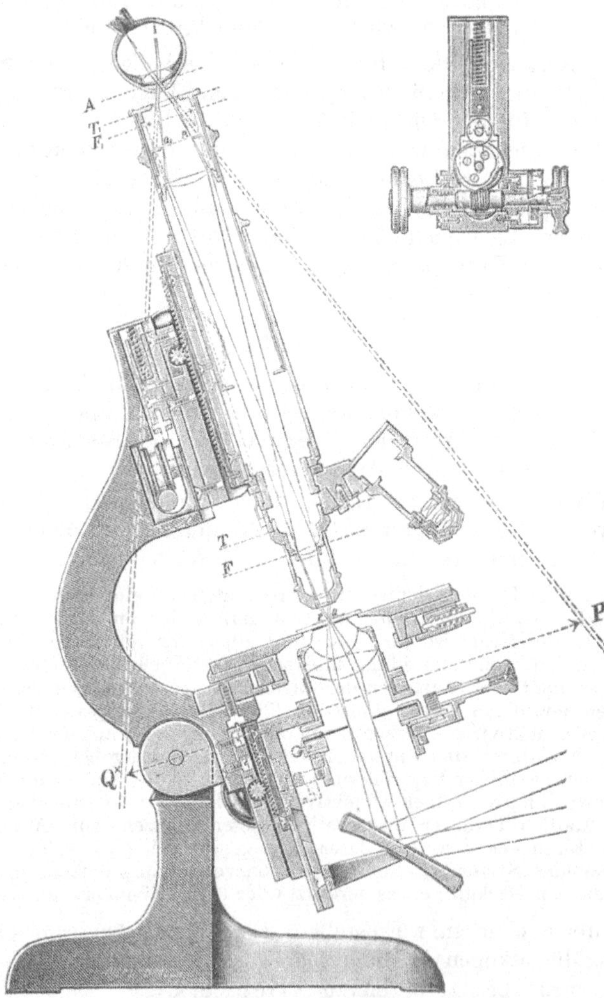

Abb. 37. Strahlengang im Mikroskop und Auge. Oben rechts: Einrichtung der Mikrometerbewegung im Durchschnitt.

oben rechts). Diese hat ihren Namen daher erhalten, daß sie häufig auch gleichzeitig zur Dickenmessung kleiner Objekte dient. Diese Mikrometerbewegung wird in mannigfachen Formen ausgeführt, von denen wir nur auf einige hinweisen wollen.

Früher kam fast allgemein nur die säulenförmige, prismatische Feinbewegung zur Anwendung. Die Säule ist fest und unverrückbar mit dem Objekttisch verbunden, und zwar in einer Stellung, daß die optischen Achsen des Okulars, des Objektivs und des Beleuchtungsapparats, ferner die Mittelpunkte aller Blendenöffnungen genau in eine Linie fallen. Da die Prismenkanten der Feinbewegungsvorrichtung parallel der optischen Achse verlaufen, wird der Tubus durch Drehen der Mikrometerschraube nur in der Richtung dieser Achse verschoben. Der Kopf der Mikrometerschraube, der sich in der Regel über dem Prisma befindet, ist bei größeren Stativen mit einer Teilung versehen, die genaue Messungen bis 0,01 mm gestattet; die Ablesung wird durch einen am Tubushalter hervorragenden Zeiger erleichtert, der auf den Rand der die Teilung tragenden Platte einspielt. Da die Teilstriche ziemlich weit auseinander stehen, ist eine annähernde Dickenbestimmung durch Schätzen bis 0,001 mm möglich.

Eine Dickenmessung wird mit Hilfe dieser Vorrichtung in der Weise ausgeführt, daß man zunächst die untere Fläche eines Objekts, das bei geringer Dicke im Mikroskop durchsichtig erscheint, scharf einstellt und dann so lange zurückschraubt, bis die obere Fläche scharf eingestellt ist. Liest man nun die Strecke, die der Schraubenkopf hierbei zurückgelegt hat, an der Teilung in Hundertstel Millimeter ab und schätzt den Zwischenraum zwischen letztem Teilstück und Index nach Tausendstel, so erhält man die Dicke des Objekts, wenn man die abgelesene Verschiebung noch mit dem Brechungsindex des Objekts multipliziert.

In neuerer Zeit ist die säulenförmige Feinbewegung zum großen Teil durch eine Mikrometerbewegung verdrängt worden, die sich direkt hinter der groben Einstellung durch Zahn und Trieb befindet und es durch ihre Lage ermöglicht, den Tubus (für Mikrophotographie, Projektion usw.) erheblich weiter zu machen (vgl. Abb. 33). Aus demselben Grunde kann der Tubusträger mehr nach hinten ausgebildet und der Tisch beliebig, wenigstens soweit es an der Einstellvorrichtung liegt, vergrößert werden. Ein weiterer Vorzug ist, daß alle Teile im Innern des Tubusträgers liegen, also besser gegen äußere Einflüsse geschützt sind. Der Tubusträger selbst bietet eine bequeme Handhabe für das Mikroskop. Die Triebknöpfe für die Bewegung befinden sich seitlich zu beiden Seiten des Tubusträgers, die eine ist für Dickenmessungen geteilt und zeigt Höhenunterschiede der Einstellung von 0,001 mm oder 0,002 mm an. Diese Feinbewegung wird entweder als endlose (z. B. Herzmikrometerschraube von Leitz) oder als nicht endlose Mikrometerschraube (z. B. Kugelmikrometerschraube von Leitz) ausgeführt. Beide haben im Gebrauch ihre Vor- und Nachteile gegeneinander.

IV. Der Strahlengang im Mikroskop.

Nachdem wir uns mit der optischen und mechanischen Einrichtung des Mikroskops im einzelnen vertraut gemacht haben, empfiehlt es sich, den gesamten Strahlengang innerhalb des Instruments an einem Längsschnitt desselben vorzuführen (Abb. 37). Zur Erläuterung sei bemerkt: Oben ist im Durchschnitt die Herzmikrometereinrichtung dargestellt. Der gesamte optische Apparat des Instruments ist in der Zeichnung zur Darstellung gebracht worden. Er besteht aus dem Plan- und Hohlspiegel, dem Abbeschen zweigliedrigen Kondensor, dem mittelstarken Objektiv — z. B. in der Abbildung: Leitz Nr. 3 — das eingestellt ist, dem Ölimmersionsobjektiv (kenntlich an der Duplexfront) am Seitenarm des Revolvers und einem Okular II.

Der Planspiegel ist so geneigt, daß er das diffuse Tageslicht auffängt und nach dem Kondensor des Beleuchtungsapparates reflektiert. Die halbgeöffnete Irisblende bringt ein Strahlenbündel zur Wirkung, dessen Öffnungswinkel dem des eingestellten Objektives 3 entspricht.

Wir verfolgen die von den beiden Punkten P und Q am Rande des Objekts ausgehenden Strahlenbündel; von ihnen sind je die beiden äußersten Strahlen gezeichnet, die noch das Objektiv passieren. Sie schließen den Öffnungswinkel ein, auf dessen Größe die Helligkeit und die Auflösung des Objektives beruhen. Es besteht das Wesen des Mikroskopobjektivs darin, daß der vordere Objektpunkt dem betreffenden Linsenscheitel sehr nahe liegt, der Bildpunkt dagegen von der Hinterlinse einen sehr weiten Abstand im Vergleich mit jenem besitzt. Es bilden deswegen die aus dem Objektiv austretenden Strahlenbündel lange schmale Lichtkegel, deren Basis die Fläche der Hinterlinse bildet. Diese beiden divergent zur Achse des Mikroskops verlaufenden Kegel würden etwa in der Ebene F_1 zum reellen Schnitt gekommen sein, wenn sie nicht in der Kollektivlinse des Okulars gebrochen würden, so daß jetzt der Schnitt in die Blende des Okulars fällt. Hier entsteht nahezu in der vorderen Brennebene der Augenlinse ein reelles Bild $Q_1 P_1$, das durch die Augenlinse, die als Lupe wirkt, betrachtet wird. Das virtuelle Bild, dessen Lage umgekehrt der des Objektes ist, kommt in deutlicher Sehweite bei $P^* Q^*$ zustande. Wir haben es also mit einem umgekehrten virtuellen Bilde des Gegenstandes zu tun.

An der Stelle des reellen Bildes innerhalb des Okulars sehen wir eine Blende angebracht, die erstens eine scharfe Begrenzung des Gesichtsfeldes herbeiführt und zweitens falsche Reflexe im Tubus abhält, welchem Zweck auch die am unteren Ende des Tubusauszuges befindliche Blende dient.

V. Das binokulare Mikroskop.

Erfahrungsgemäß strengt nicht nur der dauernde Gebrauch bloß eines Auges den mit zwei sehtüchtigen Augen begabten Beobachter erheblich an, sondern wir können ohne Zweifel auch mit geringerer Anstrengung mit beiden Augen mehr erkennen als mit einem. Bemühungen, das beidäugige Sehen auch an Mikroskopen auszunützen, reichen daher weit zurück; von bleibendem Erfolg sind sie jedoch erst in jüngerer Zeit gekrönt worden. Sehr verbreitet ist ein auf Anregung vom Greenough entstandenes stereoskopisches Mikroskop. Es sind daran zwei vollständige Mikroskoptuben mit bildaufrichtenden Prismen — nach Art der Prismenfeldstecher — vorhanden; Objektive und Augenachsen sind der sich bei Nahbeobachtung ergebenden Konvergenz der Augenachsen entsprechend unter etwa 14° gegeneinander geneigt. Infolge des relativ kurzen Objektabstandes der mittleren und stärkeren Systeme bleibt jedoch die Anwendung auf schwächere bis mittlere Vergrößerungen beschränkt, da sich stärkere Objektive nicht so eng nebeneinander anordnen lassen, als dies erforderlich wäre. Daher sind auch Instrumente dieses Grundsatzes gebaut worden, bei denen der Objekttisch in Fortfall kommt. Dadurch wird es möglich, dies Instrument zur besten Durchsicht von Glasschalen mit Inhalt, zur Betrachtung von oberflächlich auf Erde oder andern Körpern vorkommenden Teilen höchst erfolgreich zu verwenden. Da hierbei auffallendes Licht in Frage kommt, sind diese Instrumente im Gebrauch den Lupen verwandt und werden daher wohl auch als binokulare Lupen bezeichnet. Ähnlich den Präparierlupen werden die binokularen Mikroskope auch benutzbar mit Seitenstützen zum Auflegen der Hände bei der Arbeit. (Abb. 38 u. 39.) Die Bedeutung des stereoskopischen Sehens für die Erkennbarkeit von Strukturen nimmt übrigens in dem Maße ab, wie

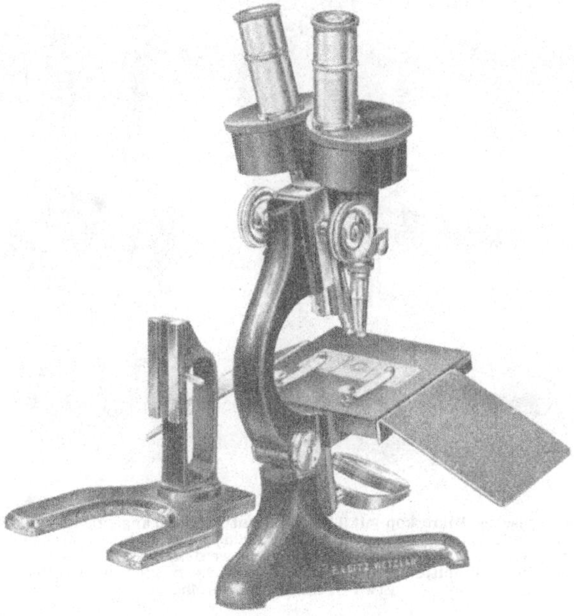

Abb. 38. Stereoskop-Binokular-Mikroskop (Leitz). Das Oberteil läßt sich abnehmen und kann auf besonderen Fuß (in der Abbildung links) auf größere Objekte unmittelbar aufgesetzt werden.

man zu stärkerer Vergrößerung übergeht; denn schon bei mittleren Vergrößerungen ist die Tiefe des Sehraums in der Größenordnung des Auflösungsvermögens so, daß stereoskopische Betrachtung dann einen nennenswerten Gewinn bei der Auflösung räumlicher Strukturen nicht mehr mit sich bringt.

Für viele Beobachter ist übrigens die mit der Benützung des Instrumentes verknüpfte Konvergenzstellung der Augenachsen bei dauerndem Gebrauch ermüdend und lästig.

Theoretische Überlegungen und Beobachtungen haben zu dem Ergebnis geführt, daß eine Konvergenzstellung der Okulare für das Zustandekommen eines stereoskopischen Eindruckes durchaus nicht wesentlich ist, so daß neuere Ausführungen mit Vorteil wenig oder gar nicht gegeneinander geneigte Okulare erhalten. An solchen Instrumenten treten unbeschadet der guten stereoskopischen Wirkungen Ermüdungserscheinungen in weit geringerem Maße auf.

Abgesehen von dem stereoskopischen Effekt, bietet die binokulare Beobachtung in physiologischer und psychologischer Hinsicht überaus große Vorteile vor der monokularen Beobachtung. In dieser Erkenntnis sind, genau genommen unter Verzicht auf stereoskopische Wirkung, binokulare Mikroskope mit parallelen Sehlinien konstruiert worden, bei denen zwei Okulare, aber nur ein Objektiv zur Geltung kommen (Abb. 40). Beiden Augen wird genau das gleiche Bild des

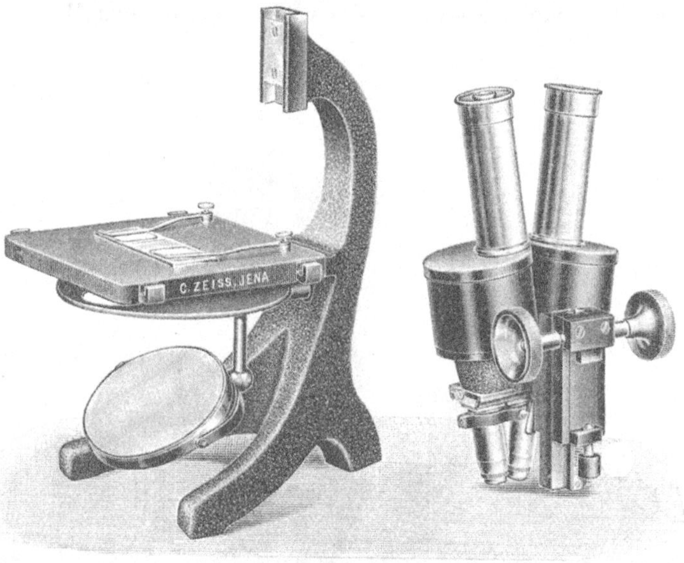

Abb. 39. Stereoskopisches Mikroskop mit Tisch und unter diesem angebrachter drehbarer Schwarz-Weiß-Scheibe (zur Betrachtung mit auffallendem Licht). Der Doppeltubus kann leicht herausgenommen und an einem tischlosen Stativ angebracht werden, wodurch Betrachtung von Schalen oder Gegenständen unmittelbar in auffallendem Licht möglich wird („Dermatoskop"). Etwa $1/4$ natürlicher Größe.

Präparats zugeführt. Der Augenabstand kann für den Benutzer durch eine zwischen den Okularen stehende Schraube geregelt werden. Dadurch, daß beide Augen zur Auffassung des Bildes benutzt werden, wird die Qualität des empfundenen Bildes erhöht; denn es ist bekannt, daß unsre beiden Augen in der Regel ungleich sehtüchtig sind. Das eine vermag besser feine Strukturen zu unterscheiden, das andere besser geringe Farbdifferenzen wahrzunehmen. Ferner erweist sich die binokulare Beobachtung bei weitem nicht in demselben Maße ermüdend wie die monokulare. Die oft prachtvolle Plastik der Bilder beruht nicht auf stereoskopischer Wirkung, sondern ist psychologisch zu begründen und heute vielfach zum dauernden Gebrauch beliebt.

Dasselbe kann ferner erreicht werden durch binokulare Tubusaufsätze (wie Abb. 41), die an die Stelle des einfachen Okulars eingesteckt werden. Die dargestellte Einrichtung von **Zeiss** gestattet auch bequem die Regelung des Augenabstandes so wie bei Prismengläsern heute üblich. Komplizierte Instrumente ermöglichen sogar den steten Wechsel von einfachem und doppeltem Okular. Aufgesetzte **Halbblenden** (Okulardeckel) ergeben, **wenn die abgeblendeten Hälften einander zugekehrt** sind, sogar **volle stereoskopische Wirkung.**

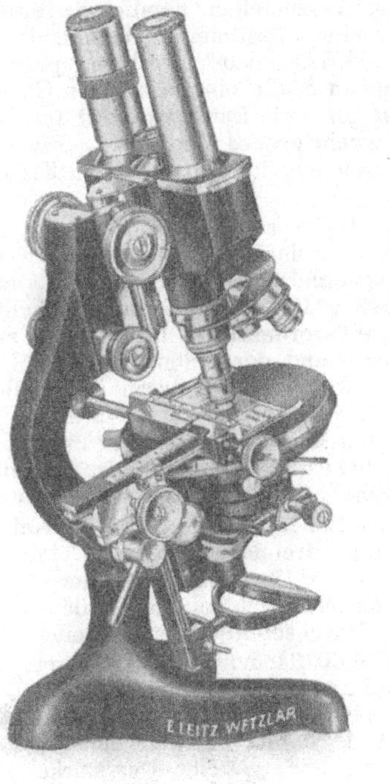

Abb. 40. Binokulares Mikroskop mit parallelen Augenachsen.

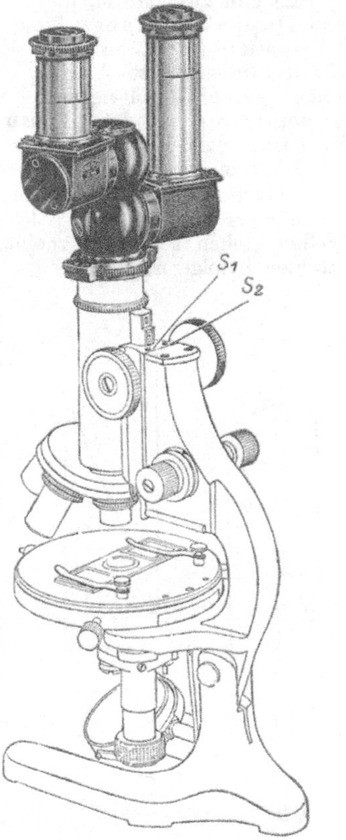

Abb. 41. Binokularer Tubusaufsatz von **Zeiss**. *n* der Messingring, mittels dessen der statt der Schiebhülse des Ausziehtubus eingesetzte Aufsatz festgesetzt wird. Eine Negativlinse im unteren Teil des Aufsatzes gleicht die verlängerte mechanische Tubuslänge aus. Durch Anziehen der Schrauben S_1 und S_2 kann der Gang des Triebwerks, das bei der größeren Belastung nachgeben könnte, ausgeglichen werden. Die Einstellung der Okulare auf Augenabstand erfolgt durch Drehen der Tubushälften um ihre Achse (in den Kugelstellen).

VI. Das Polarisationsmikroskop.

Bekanntlich ist das Licht eine Wellenbewegung. Den Stoff, in welchem diese Bewegung erfolgt, der den ganzen Weltraum erfüllt und alle Körper durchdringt, hat man Weltäther genannt. Wenn auch das Vorhandensein dieses Äthers eine Hypothese ist, so lassen sich doch auf Grund dieser Annahme alle optischen Erscheinungen auf das vollkommenste erklären. Man kann die Länge der Lichtwellen (etwa von 0,0004 bis 0,0007 mm) messen und weiß genau, wie schnell sich ein Lichtstrahl fortbewegt (im leeren Raum und in Luft etwa 300000 km in der Sekunde). Hieraus resultiert die über alle menschliche Begriffe schnelle Schwingung der Wellen (750 bis 450 Billionen in der Sekunde).

Die Lichtschwingungen erfolgen transversal, d. h. senkrecht zur Fortpflanzungsrichtung der Lichtstrahlen. Im gewöhnlichen Licht ist keine Richtung in der Transversalebene auf dem Lichtstrahl bevorzugt; daher werden in sehr kurzen Zeitabständen Schwingungen in verschiedenster Richtung innerhalb der Transversalebene ausgeführt. Solches Licht heißt „nicht polarisiert“.

Licht, in dem die Schwingungen nur nach einer Richtung erfolgen, nennt man polarisiert. Nur so weit kann hier auf das Wesen der Polarisation eingegangen werden, als zum Verständnis des Polarisationsmikroskops nötig ist.

Es gibt zwei Mittel, polarisiertes Licht herzustellen, nämlich Spiegelung und Doppelbrechung. Licht, das unter einem bestimmten Winkel, dem sog. Polarisationswinkel, an einer Glasplatte reflektiert wird, ist linear polarisiert. Um die Intensität zu steigern, nimmt man an Stelle einer einzelnen Glasplatte einen ganzen Glasplattensatz. Ein derartiger Polarisator wird oft für Durchmusterungen verwendet, da man damit ein sehr großes Feld erhält. Für feinere Untersuchungen verwendet man Polarisatoren aus doppelbrechenden Kristallen, und zwar in erster Linie aus Kalkspat.

Natürliches Licht wird beim Eintritt in Kalkspat in zwei Teile zerlegt, von denen jeder für sich linear polarisiert ist. Die Polarisationsebenen dieser beiden Wellen stehen senkrecht zueinander. Der eine der beiden so entstandenen Strahlen befolgt nicht mehr die gewöhnlichen Brechungsgesetze und heißt daher der außerordentliche Strahl, der andere dementsprechend der ordentliche Strahl. Der ordentliche Strahl wird durch Totalreflexion an einer eingefügten Balsamschicht beseitigt, so daß aus dem Kalkspatprisma nur linear polarisiertes Licht austritt. Diese Polarisatoren heißen nach ihrem Erfinder Nicolsche Prismen.

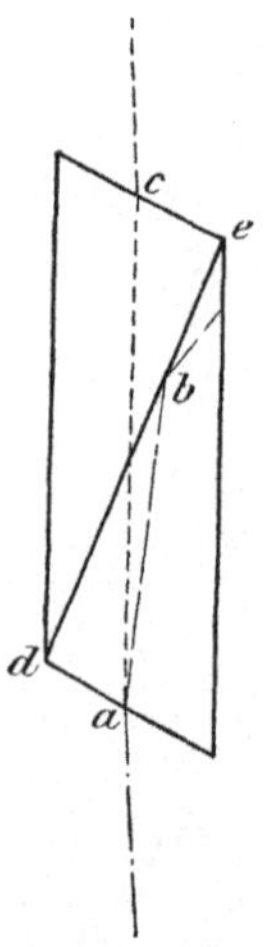

Abb. 42.

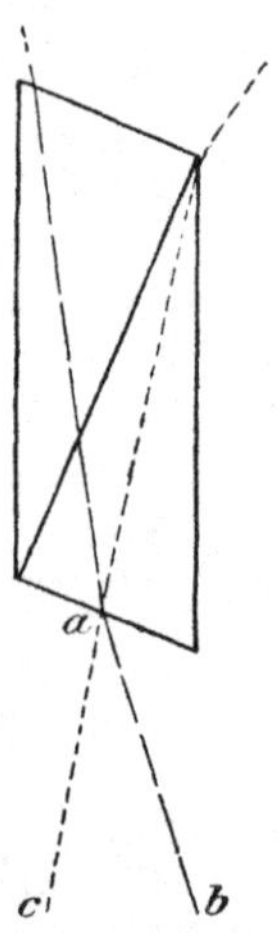

Abb. 43.

Nicol ließ ein Spaltstück von Kalkspat, dessen Länge dreimal so groß wie eine seiner Seitenflächen ist, in der Richtung der optischen Achse durchschneiden und die Endflächen senkrecht zur Durchschnittsfläche schleifen.

Die Schnittflächen *ed* (Abb. 42) werden mit Kanadabalsam wieder zusammengekittet. Ein bei *a* in das Prisma eintretender gewöhnlicher Lichtstrahl wird hier in zwei zueinander senkrecht schwingende geteilt. Der stärker gebrochene ordentliche Strahl hat größeren Brechungsindex als der Kanadabalsam, erleidet bei *b* totale Reflexion und wird dann von den schwarz lackierten Seitenflächen des Prismas verschluckt. Der weniger brechbare außerordentliche Strahl durchsetzt die Balsamschicht und tritt bei *c* aus dem Prisma: er schwingt in der Richtung der kleinen Diagonale der rautenförmigen Endflächen des Prismas und ist vollkommen polarisiert. Die Ebene senkrecht zur Schwingungsebene nennt man Polarisationsebene.

Ist (Abb. 43) der einfallende Strahl *ba* mehr geneigt zur Prismenfläche, so kommt eine Grenze, an der der ordentliche Strahl ebenfalls die Balsamschicht durchsetzt. Ist der Strahl von der anderen Seite mehr geneigt (*ca*), so wird schließlich auch der außerordentliche Strahl reflektiert. Das benutzte Licht muß sich also, um vollständig polarisiert zu sein, innerhalb dieser Grenzen halten. Den Winkel *cab*, der durch die noch benutzbaren Grenzstrahlen gebildet wird, nennt man den nutzbaren Öffnungswinkel; er beträgt beim Nicolschen Prisma 27—28°. Heut sind die mannigfachsten Prismenkonstruktionen in Gebrauch. Die besten sind die nach Glan-Thompson und die nach Ahrens. Ihre Endflächen stehen senkrecht zur Längsachse des Prismas. Sie liefern ein sog. normal polarisiertes Gesichtsfeld, d. h. die Schwingungsrichtungen liegen in allen Punkten des Gesichtsfeldes einander parallel.

Schaltet man am Mikroskop in den Weg der beleuchtenden Strahlen einen Nicol, so unterscheidet sich das jetzt mit vollkommen polarisiertem Licht beleuchtete Objekt kaum von einem durch gewöhnliches Licht erhellten. Nur ist die Helligkeit um mehr als die Hälfte geringer. Zur Untersuchung des Pleochroismus, d. h. der Eigenschaft der Kristalle, das Licht in verschiedenen Richtungen verschieden zu absorbieren, kann das eine Prisma allein dienen. Anders aber gestaltet sich die Sache, wenn das Licht nach dem Durchgang durch das Objekt durch einen zweiten Nicol geht und das Objekt selbst doppeltbrechende Eigenschaften besitzt.

Das Prisma im Wege der beleuchtenden Strahlen heißt Polarisator (Abb. 44), das über dem Objekt befindliche Analysator. Letzteres wird entweder direkt über dem Objektiv in den Tubus eingeschaltet oder es wird in einer Hülse über das Okular gesteckt.

Stehen die Prismen von Polarisator und Analysator so, daß die Polarisationsebenen in beiden parallel sind, so ist das Gesichtsfeld hell, bei gekreuzten Schwingungsebenen dagegen schwarz, weil in dem Falle kein Licht durch das Analysatorprisma gehen kann. Die Beobachtungen im polarisierten Licht finden meist bei gekreuzten Nicols statt, weil auf dem schwarzen Hintergrunde die Polarisationserscheinungen mehr zur Geltung kommen, als wenn dieselben durch daneben vorbeigehendes Licht gestört werden.

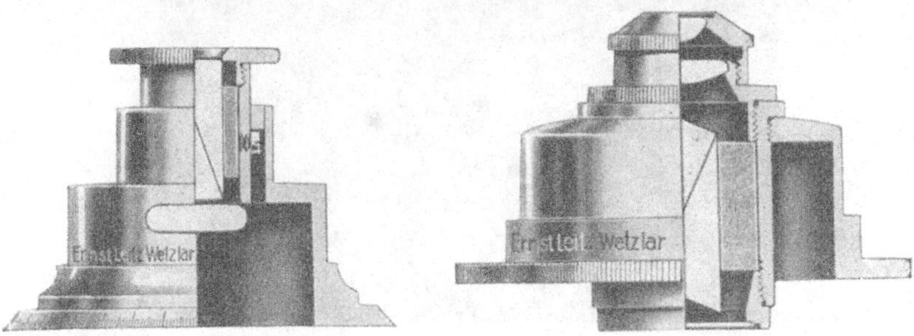

Polarisator. Analysator.

Abb. 44. Einfacher Polarisationsapparat.

Bei Polarisationsinstrumenten soll der Objekttisch drehbar sein, um das Objekt leicht in die richtige Lage zu den Schwingungsebenen bringen und sein Verhalten beim Drehen beobachten zu können.

Nehmen wir nun ein Objekt, das ganz durchsichtig, weiß oder gleichmäßig gefärbt ist, das aber im Innern Einzelheiten besitzt, die verschieden polarisierend auf das durchgehende Licht wirken, so wird man bei gewöhnlicher Beleuchtung kaum etwas hiervon merken; im polarisierten Licht werden sofort alle Details sichtbar. Ein kleiner polarisierender Körper im Objekt wird beim Durchgang des Lichts dieses ebenfalls in zwei aufeinander senkrechte Richtungen zerlegen (Abb. 45). Fällt eine dieser Richtungen mit der des Polarisators zusammen, so übt der Körper keinen Einfluß auf den Gang der Lichtstrahlen aus, er erscheint schwarz im schwarzen Felde. Bilden aber seine Schwingungsrichtungen mit der des Polarisators einen Winkel, dann wird der ihn treffende geradlinig polarisierte Strahl nach dem Gesetz des Parallelogramms der Kräfte in zwei zerlegt, die den Richtungen im Objekt entsprechen. Beim Durchgehen durch den Analysator werden die beiden Strahlen wieder zu einem vereinigt, wobei sich durch Interferenz die lebhaftesten Farben bilden können.

Unzählige Objekte des Tier- und Pflanzenreichs, besonders aber Mineralien, erfordern zu ihrer genauen Untersuchung polarisiertes Licht. Das Erkennen schwach polarisierender Eigenschaften wird erleichtert, wenn man außer dem Objekt noch eine entsprechende Quarzplatte, ein dünnes Gips- oder Glimmerplättchen einschaltet. Diese werden entweder in einen Schlitz über dem Objektiv oder in einen Schlitz unter dem Aufsatzanalysator eingeschoben. Hierbei sollen die Polarisationsebenen in den Plättchen, die durch Pfeile bezeichnet sind, einen Winkel von 45° mit denen der Nicols bilden.

Sollen an den Objekten nur polarisierende Eigenschaften erkannt, aber keine Messungen vorgenommen werden, so genügt ein einfacher Polarisationsapparat, der jedem Mikroskop angepaßt werden kann, und wie ihn Leitz und Seibert liefern. Der Polarisator wird in die Hülse des Diaphragmenhalters unter dem Objekttisch eingeschoben, der Analysator besteht aus Okular mit Fadenkreuz und aufsetzbarem Nicol, der mit einer gröberen Teilung versehen ist.

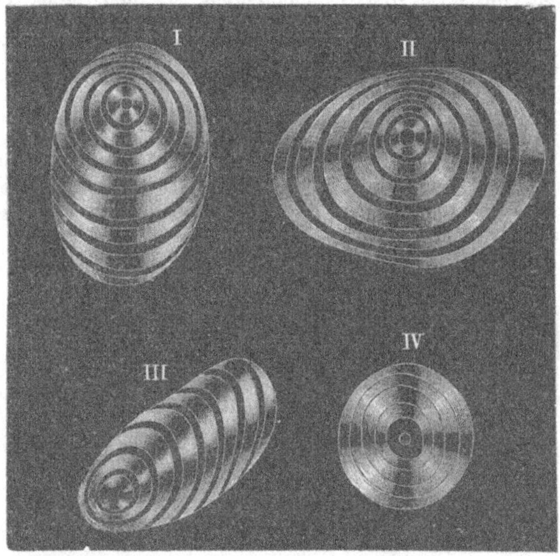

Abb. 45. Stärkemehlkörnchen, vergrößert im polarisierten Licht. Ein dunkles Kreuz durchzieht die Schichten vom Kerne aus.

Namentlich bei Benutzung stärkerer Objektive wird auch zwischen gekreuzten Nicols das Gesichtsfeld nicht vollkommen dunkel, weil die stark gekrümmten Linsenflächen das Licht depolarisieren.

In ihren Lösungen drehen viele Substanzen die Polarisationsebenen entweder rechts oder links; man bezeichnet sie daher als zirkularpolarisierend.

\+ oder rechtsdrehend sind z. B. Rohrzucker, Traubenzucker (Dextrose, Glykose) Harnzucker, Galaktose, Laktose (Milchzucker), Dextrin, Kampfer (in weingestiger Lösung).

— oder linksdrehend sind z. B. Laevulose (Fruchtzucker), arabisches Gummi, Bassorin, Terpentinöl, Zitronenöl, Kirschlorbeerwasser.

r	*l*
l	*r*

Abb. 46.

Befindet sich eine derartige Substanz zwischen den beiden Nicols, so wird im weißen Licht das Feld in den verschiedensten Farben erscheinen je nach der Stellung des Analysators und der Dicke der drehenden Schicht. Das Drehungsvermögen ist für die verschiedenen Substanzen verschieden und wächst mit der Konzentration der Lösung. Man benutzt deshalb das Polarisationsmikroskop zur Bestimmung des Zuckers in seinen Lösungen, auch des Harnzuckers im diabetischen Harn. Zur genauen Messung ist hierbei am Analysator ein Kreis, geteilt in einzelne Grade, mit Nonius erforderlich. Zur Messung der Drehung bedient man sich der von Bertrand angegebenen Quarzplatte (Abb. 46). Dieselbe besteht aus vier Teilen von je 2,5 mm Dicke. Zwei gegenüberliegende Teile sind rechts-, die anderen beiden linksdrehend.

Für genauere Messungen im einfarbigen Licht kommen Halbschattenvorrichtungen in Frage. Die Lösungen werden in ein 200 mm langes Glasrohr gefüllt. Die Drehung der Polarisationsebene läßt sich auf diese Weise bis auf wenige Minuten genau bestimmen.

Ist sonach die Anwendung polarisierten Lichts für die Untersuchung der Pflanzen- und Tiergewebe ein bedeutendes Hilfsmittel, so ist es für den Mineralogen, Geologen und Petrographen ganz unentbehrlich. Die Objekte aus dem Mineralreich können nur in ganz dünnen Schliffen (0,03—0,05 mm Dicke) untersucht werden. Für diese Zwecke sind besondere Instrumente konstruiert worden, bei denen der Wechsel zwischen gewöhnlichem und polarisiertem Licht sehr erleichtert ist. Näheres über diese Instrumente findet sich in den betr. Fachschriften, z. B. F. Rinne, Elementare Anleitung zu kristallographisch-optischen Untersuchungen vornehmlich mit Hilfe des Polarisationsmikroskops; E. Weinschenk, Anleitung zum Gebrauch des Polarisationsmikroskops.

Für laufende Arbeiten im polarisierten Licht ist ein Polarisationsmikroskop mit Tubusanalysator einem solchen mit Aufsatzanalysator vorzuziehen, weil der Aufsatzanalysator die Einstellung des Auges in den Okularkreis beim Arbeiten behindert. Die Tubusanalysatoren werden ganz neuerdings von Leitz mit anastigmatischer Korrektion hergestellt, welcher Vorteil besonders bei der Mikrophotographie sehr stark ins Gewicht fällt (Abb. 47).

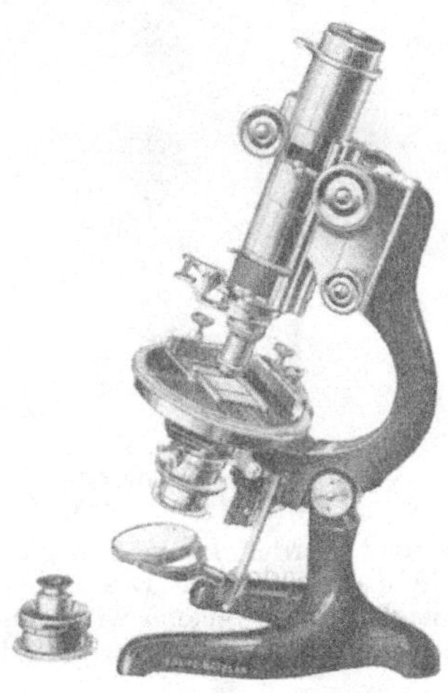

Abb. 47. Polarisationsmikroskop C. M. von Leitz.

Die Polarisationsmikroskope sind natürlich nach Ausschaltung des Analysators auch für biologische Untersuchungen im nicht polarisierten Licht einschließlich der Dunkelfeldmethoden zu verwenden.

Entsprechend den Eigenarten der Untersuchungen im polarisierten Licht weisen die Polarisationsmikroskope gegenüber den für biologische Zwecke bestimmten Mikroskopen schon äußerlich eine Reihe von Unterscheidungsmerkmalen auf, deren wichtigste sind: Polarisator im Beleuchtungsapparat; drehbarer Objekttisch; zentrierbare Objektivwechselvorrichtungen; Schlitz im unteren Tubusende zum Einschalten von Kompensatoren; Analysator im Tubus ein- und ausschaltbar oder Aufsatzanalysator; Betrandsche Hilfslinie, unterhalb des Okulars einschiebbar, zur Betrachtung der Achsenbilder; Okulare mit Fadenkreuz.

VII. Nebenapparate.

1. Zeichenapparate.

Für das Nachzeichnen der Objekte ist eine große Anzahl von Hilfsmitteln konstruiert worden, die sämtlich darauf beruhen, daß durch Brechung oder Reflexion an Prismen und Spiegeln das Bild auf die Zeichenfläche geworfen und so gleichzeitig Objekt und Spitze des Bleistifts dem Auge sichtbar gemacht werden.

Am häufigsten im Gebrauch sind heute der Abbesche Zeichenapparat, das Leitzsche Zeichenokular, etwas seltener das (ältere) Zeichenprisma (Camera lucida). Das Zeichenokular ist zwar bequem und am schnellsten zur Einstellung und Arbeit bereit (also für lebende Gegenstände, soweit sie den Ort im Präparat nicht wechseln, aber durch Veränderung des Präparats, Verdunstung am Rande usw. sich verschieben könnten, sehr geeignet), hat aber die feste Verbindung mit dem einen Okular (N. 1), während die beiden andern mit jedem beliebigen Okular in Verbindung gebracht werden können.

Zur Darstellung des Prinzips der Zeichenapparate sei hier das Zeichenokular von Leitz gewählt (Abb. 48). Alle Zeichenapparate beruhen darauf, daß die Zeichenfläche bzw. der Zeichenstift so mit dem Bild des Objekts zur Deckung

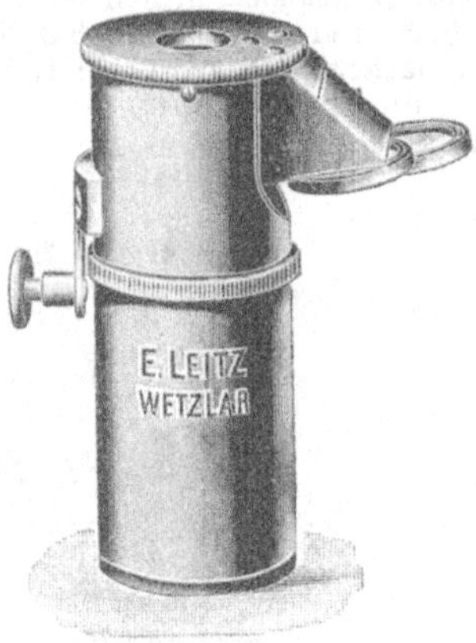

Abb. 48. Zeichenokular von Leitz.

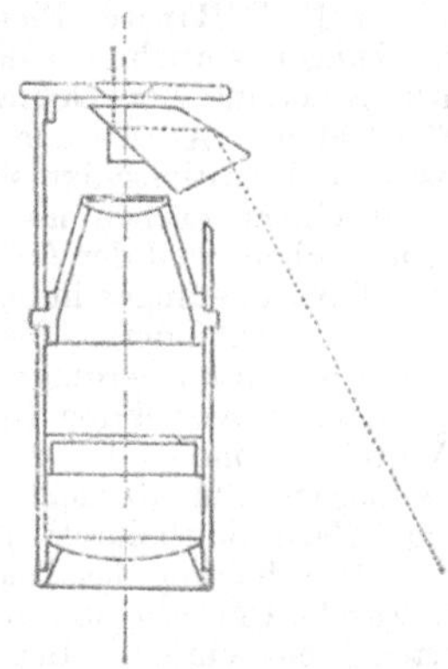

Abb. 49. Strahlengang im Zeichenokular.

gebracht werden kann, daß ein Nachfahren der Konturen mit dem Stift ohne weiteres möglich ist. Die Art, wie dies geschieht, wird durch Abb. 49 deutlich gemacht. Das Objekt *o* wird durch das Okular direkt beobachtet. Die Zeichenfläche und die Stiftspitze befinden sich unterhalb *z* zur Seite des Mikroskops;

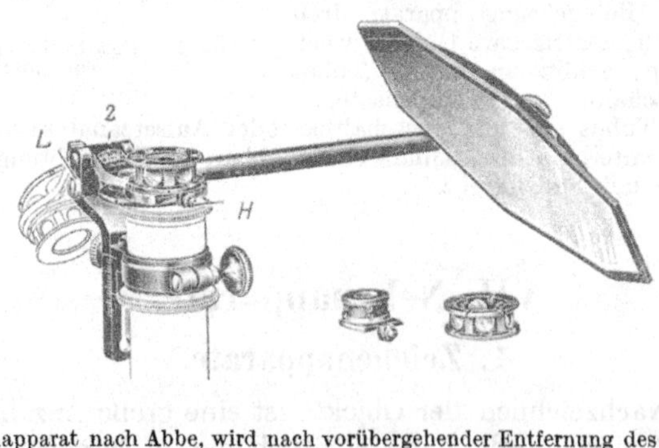

Abb. 50. Zeichenapparat nach Abbe, wird nach vorübergehender Entfernung des Okulars mit dem Klemmring am Tubus befestigt. Nach dem Verschieben des Klemmrings kann das Loch im Silberbeschlag des Prismas in die gleiche Höhe mit der Austrittspupille des Mikroskops gebracht, durch die Schrauben *L* und *H* die Zentrierung bewirkt werden. Um die Achse 2 ist das ganze Gehäuse mit Prisma und Rauchgläsern seitlich abdrehbar.

die letztere wird durch zweimalige totale Reflexion an den Flächen des über der Augenlinse sitzenden Prismas nach dem Auge reflektiert. Da die vom Objekt ausgehenden Strahlen und die reflektierten Lichtstrahlen der Zeichenfläche zuletzt die gleiche Richtung haben, scheinen Objekt und Zeichenspitze dieselbe Lage zu haben und können leicht zur Deckung gebracht werden.

Als Zeichenfläche soll das unter Winkel von 45° neigbare Zeichenpult dienen, das auch (z. B. nach Anlage der Umrisse zur Ausführung) horizontal benutzt werden kann.

Der Abbesche Zeichenapparat besteht aus zwei rechtwinkligen Prismen, deren Hypotenusenflächen aneinander gekittet sind. Die eine dieser Flächen hat Spiegelbelag, der in der Mitte zu einer kleinen, runden Öffnung weggekratzt ist. Dieses Doppelprisma wird auf das Okular aufgesetzt. Das Objekt kann hierbei durch die kleine Öffnung im Belag beobachtet werden; Zeichenfläche und Stift werden gleichzeitig mit dem Objekt durch Reflexion an einem durch einen seitlichen Arm getragenen Spiegel und dem Spiegelbelag des Prismas sichtbar. — Der Apparat wird von allen namhaften Optikern geliefert, von Zeiss auch in besonderer Ausstattung für großes Sehfeld. Das Gehäuse mit dem Prisma kann nach Anbringung am Tubus umgeklappt oder zur Seite gedreht werden, um vorübergehend mit dem Okular allein beobachten zu können (Abb. 50).

Das Zeichenprisma (z. B. von Zeiss) gestattet gleichfalls das Umklappen wie beim Abbeschen Zeichenapparat, ist in Bau und Wirkung aber dem Zeichenokular Leitz verwandt. Es erfordert gleichfalls schräge Zeichenebene, die im allgemeinen (vom Benutzer aus) hinter das Stativ gelegt wird, wodurch die Handhabung etwas mühsamer wird. Dadurch wird es andererseits aber möglich, auch beim Zeichnen mit Apparat wechselnd beide Augen zu benutzen.

Alle Zeichenapparate werden nur zur korrekten, in Verhältnissen und Größen genauen Darstellung der Umrißlinien mikroskopischer Bilder, nicht aber zur Ausführung feinerer Details benutzt. Ferner ist der Zeichenapparat auch das geeignetste Mittel zur Messung mikroskopischer Objekte, indem man dieselben in der Ebene des Tisches zeichnet, dann die Skala eines Objektmikrometers (s. unten, S. 42) an Stelle des Präparats auf den Objekttisch legt und sie bei gleicher Vergrößerung und Tubuslänge ebenfalls in der Ebene des Tisches zeichnet. Diese Zeichnung der Skala kann dann ein für allemal als für die gleiche Vergrößerung bei gleicher Länge des Tubus und gleicher Entfernung des Zeichenblattes anwendbarer, direkter Maßstab benutzt werden.

2. Mikrometer.

Zum Messen mikroskopischer Objekte bedient man sich des aus einem Glasplättchen, auf das eine Skala entweder eingeritzt oder photographiert ist, bestehenden Mikrometers (Abb. 51). Im letzteren Fall wird zum Schutz des Photogramms über dasselbe ein zweites Glasplättchen gekittet. In der Regel ist bei der Skala das Millimeter in 10 oder 20 Teile geteilt, je nachdem das Mikrometer einem schwachen oder starken Okular beigegeben wird. Das Mikrometer wird an die Stelle im Okular eingelegt, an der das reelle Bild des Objekts erscheint; es kann auf diese Weise mit letzterem verglichen werden. Die Augenlinse vergrößert beide gleichzeitig und macht sie dem Auge sichtbar.

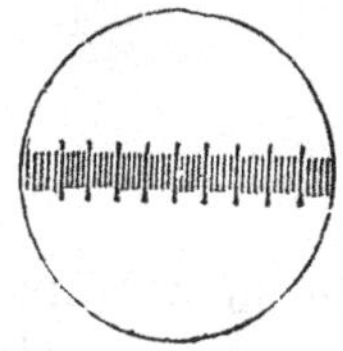

Abb. 51. Okularmikrometer.

Die Fassung der Augenlinse ist, um ein scharfes Einstellen des Mikrometers für jedes Auge zu ermöglichen, in ein Röhrchen eingeschraubt, durch dessen Verschiebung im Okularrohr die Entfernung zwischen Linse und Mikrometer etwas verändert werden kann. Aus der Anzahl der Teilstriche nun, die das Objekt einnimmt, und dem vom Optiker angegebenen Mikrometerwert des benutzten Objektivs erhält man durch Multiplikation die Größe des Objekts. Als Maßeinheit gilt das Mikromillimeter oder Mikron (Plural: Mikra) = 0,001 mm (als Zeichen μ).

Bewegliche Okularmikrometer, die Objekt und Skala bequemer zur Deckung bringen lassen, werden von den Optikern zu mäßigem Preis verfertigt.

Das Objektmikrometer besteht aus einer Platte von Neusilber, in deren Mitte ein Glasplättchen mit sehr feiner Teilung, meist 1 mm in 100 Teile, eingelassen ist. Es wird wie ein Präparat auf den Objekttisch mit der Teilung nach oben gelegt und dient hauptsächlich zum Bestimmen der Vergrößerungen sowie (s. oben S. 41) zu Messungen mit Hilfe des Zeichenapparats.

3. Zeiger- und Doppelokulare.

Sie werden an Stelle eines gewöhnlichen Okulars in den Tubus eingesetzt und dienen dazu, bestimmte Stellen eines Präparates andern während einer Beobachtung zu bezeichnen oder zu beschreiben. Sie sind also als Hilfsmittel für den Unterricht, für Demonstration usw. nicht zu unterschätzen. Beim Doppelokular ist ein zweites Bild (ähnlich wie beim mikrophotographischen Aufsatz S. 47) gleichzeitig und so entfernt von dem ersten wahrnehmbar, daß ohne störende Engigkeit des Raumes Beobachtung durch zwei Personen möglich wird. Durch

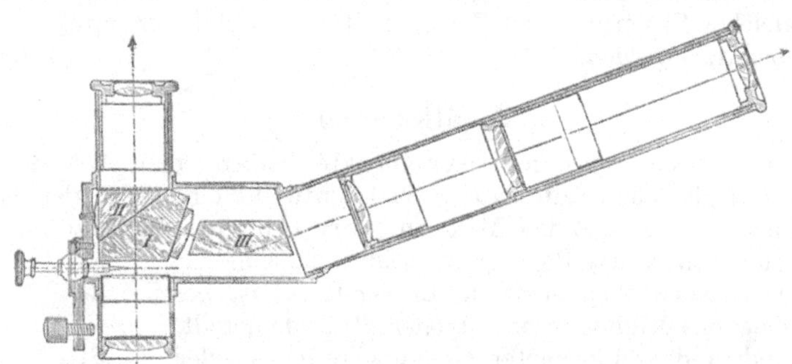

Abb. 52.

die in Abb. 52 veranschaulichte Weise werden die vom Objektiv gebildeten Strahlenkegel zerlegt. Es entstehen hierdurch zwei gleich scharfe Bilder von derselben Vergrößerung. Der an diesen Bildern erscheinende bewegliche Zeiger, mit dem jede Stelle des Bildes bzw. des Präparates markiert werden kann, dient wesentlich dazu, die gegenseitige Verständigung zweier Beobachter zu erleichtern.

Ein Doppelokular von Zeiss gestattet sofortige Rückkehr zum einfachen Okular: beide Beobachter blicken (wie Abb. 53a u. b zeigen) neben dem Tubus in Okulare, sobald der die Prismenkonstruktion tragende Behälter über das einfache Okular geklappt wird. Verbindung mit Zeigerokular ist möglich. Einfacher und in der Benutzung sehr bequem ist statt dessen das Zeigerokular von Zeiss, das — allerdings nur als Nr. 1 gebaut — ermöglicht, bestimmte Stellen eines Sehfeldes durch einen von außen stellbaren Zeiger ohne längere Beschreibung klar zu bezeichnen und so nacheinander zwei Beobachtern (im Unterricht) die Verständigung über einen Gegenstand leicht macht.

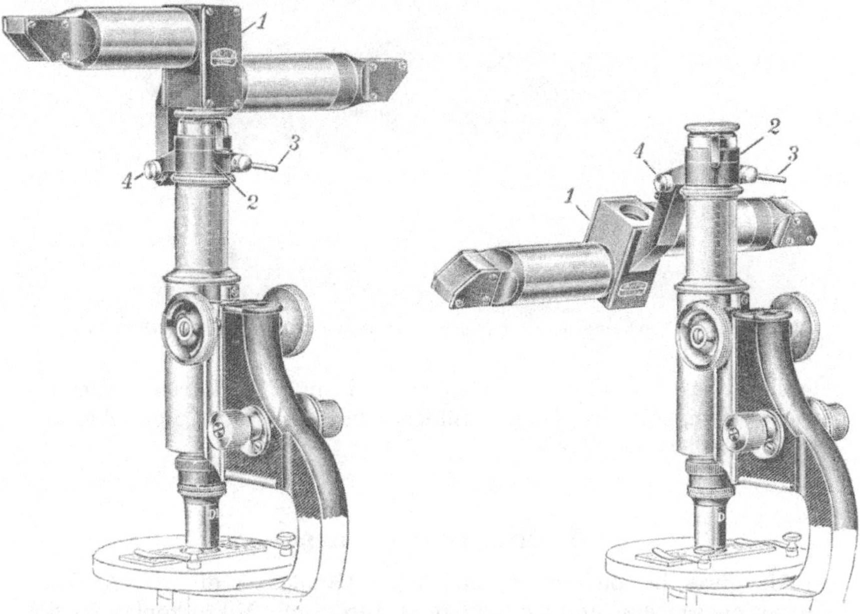

Abb. 53a. Abb. 53b.
Doppelokular von Zeiss, in Benutzung für zwei Beobachter und heruntergeklappt zu einfacher Beobachtung. (1/5 natürlicher Größe.)

Der im Gesichtsfeld angebrachte Zeiger bestreicht, obwohl natürlich nur mit einem Drehpunkt versehen, bei Drehung des Okulars im Tubus jede Stelle des Gesichtsfeldes. Ohne besondere Hilfsmittel kann man sich als Ersatz für diese Einrichtungen auch des Mikrometerokulars bedienen: durch Drehung stellt man eine bestimmte Ziffer in die Nähe des zu bezeichnenden Punktes ein. Doch verdeckt im übrigen dann die Skala das Gesichtsfeld störend.

4. Vergleichs-Doppelokular.

Mit Hilfe von Prismen hat man auch die Möglichkeit, Gegenstände aus zwei Präparaten in einem Gesichtsfeld zu vereinigen und dadurch zum genauesten Vergleich zu bringen. Es geschieht das durch brückenartige Einrichtungen (von Leitz und von Zeiss), die auf zwei gleichartige Stative aufgesetzt, die Betrachtung eines geteilten Gesichtsfeldes aus zwei Präparaten ergeben. Dies ist eine große Annehmlichkeit für manche schwierige Unterscheidungen (vgl. S. 113 u. 173). Wird man im allgemeinen auch gleiche Vergrößerung der zu vergleichenden verschiedenen Gegenstände wählen, so ist doch auch verschiedene Vergrößerung

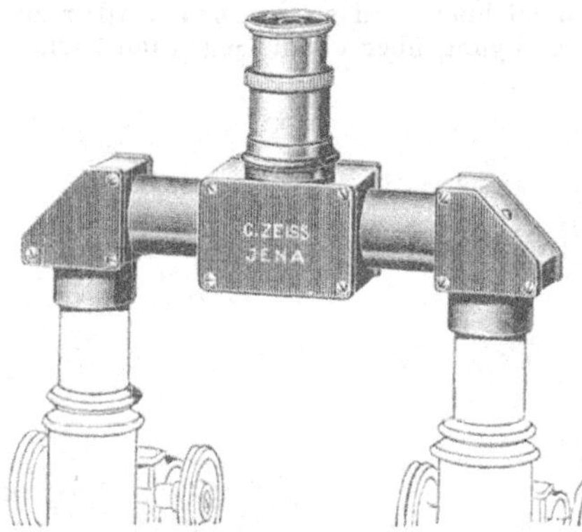

Abb. 54. Vergleichsokular auf zwei Stative aufgesetzt. $^1/_3$ natürlicher Größe.

gleicher Präparate damit ermöglicht und oft von Nutzen. Die ungleiche Helligkeit der beiden Bilder kann durch das Betrachtungsokular reguliert werden.

5. Mikroskopierlampe.

Als gutes Beispiel einer einfacheren Lampe sei die von Arthur Meyer angegebene und von Seibert verfertigte Mikroskoplampe für Gaslicht angeführt. Die Strahlen einer Glühlampe werden durch einen Parabolspiegel annähernd parallel auf eine matte Scheibe geworfen. Hierdurch entsteht eine helle gleichmäßige Beleuchtung, welche dem von einer weißen Wolke ausgehenden Licht sehr ähnlich ist. Ein Schirm schützt die Augen und den Objekttisch gegen direkt auffallendes Licht. Es gibt auch noch heute brauchbare Lampen für Petroleum, die Tageslicht mehr oder weniger ersetzen.

Ist elektrischer Strom vorhanden, so kann man sich der Mikroskopierlampe von Leitz bedienen (Abb. 55). Sie besitzt Augenschutzschirm und Lichtfilterhalter und ist mittels Steckkontakt an jede Hausleitung anschließbar. Ähnliches leistet die kleine Kalklichtlampe von Zeiss. Beachtung verdient eine Beleuchtungseinrichtung zum Anklemmen an den Tubus mit Trockenbatterie und kleinem, dabei Objekt oder Spiegel schadlos sehr nahe zu bringendem Lämpchen (von E. Leitz), verwendbar für durchfallendes und auffallendes Licht.

Von Zeiss werden ferner kleine Bogenlampen für den gleichen Zweck gebaut, die — besonders mit dem Uhrwerk zur selbsttätigen Regulierung der Kohlenabstände und natürlich mit Widerständen in Verbindung — für stärkere Vergrößerungen und Mikrophotographie wertvoll sind.

Die meisten künstlichen Lichtquellen geben aber erhebliche und dem Präparate oft nachteilige, z. B. die Verdunstung von Flüssigkeiten

Abb. 55. Mikroskopierlampe.

beschleunigende Wärmestrahlung. Sie werden daher, so die Bogenlampen, zur Einschaltung von Kühlküvetten zwingen, wie sie von Zeiss gleichfalls geliefert werden.

6. Mikrophotographische Apparate.

a) Apparate für gewöhnliches Licht.

Die Erfindung der Trockenplatte und die dadurch gegebene wesentliche Erleichterung der photographischen Technik übte einen außerordentlich fördernden Einfluß auch auf die Mikrophotographie aus.

Das Bestreben des Optikers, den Wünschen und Bedürfnissen des Photographen entgegenzukommen, schuf hier die lichtstarken Anastigmate, denen Zeiss Bahn gebrochen hat, auf dem Gebiet der Mikrophotographie die Objektive zur Aufnahme größerer Präparate bei schwacher Vergrößerung, mit welchen Leitz zuerst die Kluft zwischen photographischen und mikrophotographischen Objektiven überbrückt hat.

Wer die verschiedenen mikrophotographischen Apparate, die uns in der Literatur und den Katalogen der Fabrikanten begegnen, vergleicht, wird über die großen Unterschiede in ihrer Form und Größe und in ihrem Preis erstaunen. Diese Unterschiede ergeben sich hauptsächlich aus der Art des zur Verwendung gebrachten Lichts und der Benutzung des Okulars oder dem Verzicht auf dasselbe bei den Aufnahmen. Wesentlich kürzer wird der Apparat, wenn man die vergrößernde Kraft des Okulars mit zu Hilfe nimmt, wesentlich billiger, wenn man auf die teuren starken Lichtquellen wie elektrisches Bogenlicht, Drummondsches Kalklicht, Zirkonlicht usw., verzichtet und sich als Lichtquelle der Petroleumlampe oder besser des Auerschen Gasglühlichtes bedient.

Wir geben im folgenden eine kurze Beschreibung eines der verbreitetsten von E. Leitz und im Grundsatz ähnlich, doch kräftiger und teurer von Zeiss u. a. ausgeführten mikrophotographischen Apparates, der eine vielseitige Benutzung zuläßt. Abb. 56 zeigt seine Aufstellung bei vertikaler Stellung. Bei horizontaler Stellung des Mikroskops, die der Apparat ebenfalls zuläßt, ist mit dem längeren Balgauszug eine stärkere Vergrößerung zu erzielen. Auf der Fußbank, die auf vier z. T. mit Stellschrauben versehenen Beinen ruht, läßt sich der Tisch, der zur Aufnahme des Mikroskops dient, verschieben. Eine kleine optische Bank am Tisch trägt die Auerlampe und eine große Beleuchtungslinse. Beide sind in verschiedener Richtung verstellbar eingerichtet. Die Aufstellung solcher Apparate soll bei vertikaler Stellung unter Tischhöhe auf einer festen Bank von etwa 40—50 cm Höhe liegen, damit bequemer Einblick ins Mikroskop und in die Camera möglich ist. Auch geben von Zeiss und Leitz erhältliche Druckschriften Aufklärung. Als photographische Platten eignen sich für Zeitaufnahmen in der Mikrophotographie solche geringerer Empfindlichkeit, z. B. „Sigurd“, photomechanische Trockenplatten (schwarz-weiß oder orthochromatisch), von Richard Jahr, Dresden, für bewegte Gegenstände und Momentaufnahmen „Agfa“-Extrarapidplatten oder „Agfa“-Chromoplatten. Das von der Lampe ausgehende Licht gelangt durch die Beleuchtungslinse von 100 mm Durchmesser auf den Spiegel des Mikroskops. Vor den Reflektor der Lampe lassen sich Glasscheiben anbringen; sie sind mattgeschliffen. Zur Schaffung von nur diffusem Licht dient die helle Scheibe, noch zum Färben desselben die grüne und gelbe Scheibe. Diese Lichtfilter kommen an dieser Stelle meist bei schwacher Vergrößerung zur Verwendung. Die Beleuchtungslinse reguliert das Licht, konzentriert dasselbe und schützt das Mikroskop vor direkter Bestrahlung. Das Gelingen der Aufnahmen ist dadurch wesentlich gefördert, daß an dem vor den Wärmestrahlen geschützten Mikroskop sich die feine Einstellung leichter erhält und das verstärkte Licht die Expositionszeit verkürzt.

Abb. 56. Mikrophotographischer Apparat in aufrechter Stellung.

Von dem Spiegel, der aber bei umgelegtem Stativ, wo die Lichtquelle, die Achse der Beleuchtungslinse und die des Mikroskops in einer Geraden liegen, in Fortfall kommt, gelangt der Beleuchtungskegel durch den Abbeschen Beleuchtungsapparat zum Objekt. Dies Beleuchtungssystem kommt aber erst von Objektiv 4 an zur Anwendung, während für schwächere Objektive eine ausreichend starke und gleichmäßige Beleuchtung durch die große Beleuchtungslinse geboten wird. Bei starker Vergrößerung wird vielfach ein achromatischer Kondensor dem gewöhnlichen Abbeschen vorgezogen, weil mit ihm die Abbildung der Lichtquelle schärfer und farbenreiner erfolgt. Die gute Regulierung der Lichtquelle trägt viel bei zum Gelingen des Bildes; die Struktur der Lichtquelle selbst darf nicht im Präparat zur Abbildung kommen; der Lichtkegel des Kondensors darf weder zu breit sein, weil dann leicht eine Unschärfe eintritt, aber auch nicht zu schmal, weil dann störende Bilder von den im Strahlengang zwischen Lichtquelle und Präparat befindlichen Strahlenbegrenzungen (Fassungen der Linsen, Blenden usw.) zu befürchten sind. Die Hebung der Kontraste im Bilde geschieht wieder durch Lichtfilter; hier sind es kleine runde grüne und gelbe Glasscheiben, die auf die Irisblende gelegt werden. Die regelmäßige Verwendung der Farbenilter und die Erzielung eines fast monochromatischen Lichts läßt die bessere Farbenkorrektion der Apochromate nicht zur Geltung kommen. Vielfach bieten sogar die Achromate durch ihre gute ebene Zeichnung, die nicht immer von den Apochromaten erreicht wird, vor letzteren in dieser Beziehung einen Vorteil. Außer den für die Mikrophotographie eigens konstruierten Projektionsokularen I, II und III kommen noch als besonders brauchbar die Huyghensschen Okulare 0, I, II zur Verwendung.

Der große mikrophotographische Apparat I (Abb. 57) ist ebenfalls zur Aufnahme bei aufrechter oder horizontaler Stellung des Mikroskops eingerichtet. Er zeichnet sich durch seine Stabilität aus und läßt infolge seines längeren Balgauszugs eine noch größere Variation der Vergrößerung zu als der vorige Apparat. Als Lichtquelle ist eine kleine Bogenlampe von 4 Ampere vor-

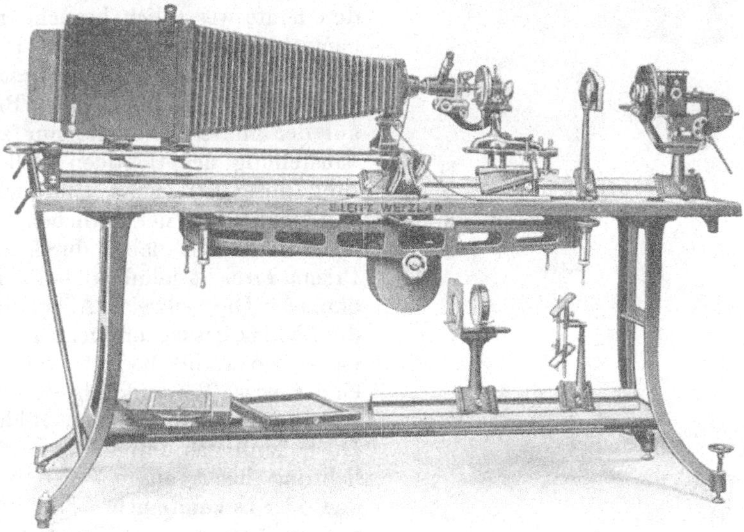

Abb. 57. Mikrophotographischer Apparat in horizontaler Stellung.

gesehen, die nach Einschaltung eines Widerstandes an jede elektrische Lichtleitung angeschlossen werden kann.

Abb. 62 ist mit dem Apparat im Dunkelfeld aufgenommen.

Zur Aufnahme ausgedehnter Präparate bei schwacher Vergrößerung werden die Mikrosummare von 24—120 mm Brennweite verwandt. Das sind Anastigmate vom Öffnungsverhältnis $F:4{,}5$. Sie ergeben bei einem Mattscheibenabstand von 25 cm eine 9- bis 10fache Vergrößerung. Auch Stereoskopaufnahmen können mit beiden mikrophotographischen Apparaten hergestellt werden.

Wer sich mit der Mikrophotographie näher beschäftigen will, sei auf die Lehrbücher über Mikrophotographie von Neuhauss und Kaiserling verwiesen.

Die bisher beschriebenen Einrichtungen zur Mikrophotographie sind umständlich, setzen vor allem eine Neueinstellung, vielleicht ein mühsames Wiederaufsuchen des zu photographierenden Gegenstandes voraus, der am Mikroskopiertisch gefunden wurde und nun erst zur optischen Bank gebracht werden soll. Dies ist für lebende Präparate, die schnelles Handeln verlangen, wie für in beweglicher (und gar verdunstender) Flüssigkeit befindliche, so häufig botanische, Gegenstände geradezu unmöglich.

Es ist deshalb zu begrüßen, daß es auch einfache **Aufsatzkameras** gibt, die ohne jede Störung, Berührung oder Erschütterung des vorhergebrachten Mikroskops und des Präparates diesofortige Aufnahme möglich machen. Sie sind dazu einfach und billig. Ihr Zweck wird erfüllt, wenn der Tubus des Mikroskops und der (zur Vergrößerung des Bildes erwünschte) Aufsatz lichtdicht schließen und den Tubus nicht so belasten, daß eine Senkung unter unbeabsichtigter Rückdrehung der Mikromterschraube erfolgt. Sie werden heute wesentlich brauchbarer gemacht dadurch, daß **seitlich** ein Beobachtungsokular angebracht wird, dessen Gesichtsfeld dem Bild auf der Mattscheibe (die nur zur Einstellung der richtigen Belichtung nötig ist) genau entspricht. Die Möglichkeit der seitlichen Beobachtung wird dabei durch ein Prisma erreicht (ähnlich dem Binokular). Die teilweise Ablenkung des Lichtes, das von unten im Tubus nach oben strahlt, bedeutet an sich eine gewisse Verdunklung des auf die Platte zu bringenden Bildes. Doch kann das durch längere Belichtung leicht ausgeglichen werden oder es kann auch — bei kurzen Belichtungen — das Prisma durch eine Druckauslösung für die Zeit der Aufnahme abgedreht und das volle Licht damit für das Bild gesichert werden. Jedenfalls ist im Augenblick der Aufnahme oder sogar während dieser eine Prüfung des Bildes, so wie es von der photographischen Platte aufgenommen wird, durch Beobachtung und seine Verbesserung durch Einstellen mit der Mikrometerschraube auszuführen.

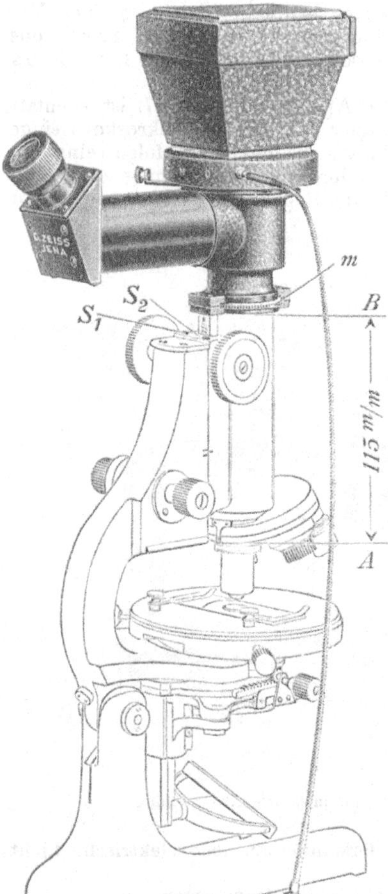

Abb. 58. „Phoku", mikrophotographischer Aufsatz von Zeiss. *m* Messingschraube zum Festschrauben des an Stelle der Tubusschiebehülse eingesetzten Apparats. Die Schrauben S_1 und S_2 dienen zur Erschwerung des Triebganges, falls bei der Belastung nötig.

Bei dem **Zeiss**schen Photographischen Okular (Phoku, Abb. 58) muß die Schiebhülse des Tubus abgeschraubt werden, die Länge des Außentubus einschließlich der Wechselvorrichtung ist feststehend 15 cm, nach Aufsetzen des Apparates aber 23 cm. Die damit gegenüber der sonstigen veränderte Tubuslänge macht die beim Apparat vorhandenen verschiedenen achromatischen Negativlinsen nötig, die unten in ihn eingeschraubt werden. Die Leistung der Linsen ist ähnlich Kompensationsokularen, die Vergrößerung des Bildes, das das Objektiv entwirft, 5 mal. Durch das eingeschaltete Beobachtungsokular wird nur ein kleiner Teil des Lichtes aus dem Tubus entnommen, der größere fällt auf die Platte. (Daher ist das Bild im Beobachtungsokular etwas dunkel.) Der Art der Okulare entsprechend ist die Verwendung von apochromatischen Objektiven am vorteilhaftesten. — Diese Einrichtung ist allerdings geeignet, ähnlich zu dienen wie größere mikrophotographische Apparate. Da sie Abschrauben der Tubushülse erfordert, ist sie für schnell aufzunehmende Funde beim Beobachten oder leicht verschiebbare Gegenstände nicht immer so bequem wie die noch einfacheren Apparate, die Leitz als mikrophotographischen Aufsatz (Micca und Miccam, Abb. 59) in den Handel gebracht hat. Diese Einrichtung verzichtet auf alle Veränderungen am Arbeitsstativ mit Ausnahme der Entfernung des Okulars, das durch den Aufsatz sofort ersetzt wird. Allerdings bietet sich damit nur die Möglichkeit, mit dem darin enthaltenen Okular 1 zu photographieren. Daß das Beobachtungsokular an der Seite hier mehr Licht erhält, ist deshalb für die Aufnahme belanglos, weil das Prisma während der Belichtung jederzeit durch Druck auf einen Auslöser ausgeschaltet werden kann. Das Arbeiten hiermit ist für frische und vergängliche Präparate sehr bequem; in kürzester Zeit kann unmittelbar vor der ersten Beobachtung bei einer Untersuchung zur photographischen Aufnahme gelangt werden.

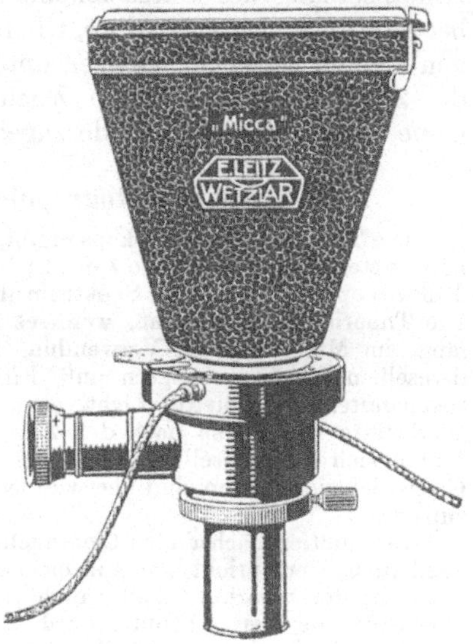

Abb. 59. „Micca", mikrophotographischer Aufsatz von Leitz.

Die Mikrophotographie ist bisweilen auch in ihrer Bedeutung überschätzt worden. Ein mit den erwähnten Apparaten, die mechanisches Nachzeichnen — mindestens der Umrisse und Größenverhältnisse — gestatten, ausgeführtes Bild wird vielfach mehr zu bieten vermögen als eine noch so gute Mikrophotographie. Diese vermag ja doch nur eine optische Ebene zu geben, während der Zeichner durch das bei jeder mikroskopischen Beobachtung selbstverständliche dauernde Bewegen der Mikrometerschraube sich das Bild allseitig vertieft und diese Einzelheiten einzutragen imstande ist. Eine „Fälschung" des Bildes darf in dieser Vereinigung der Bilder mehrerer Ebenen keinesfalls gesehen werden, denn unbewußt vereinigen Auge und Verstand auch bei jeder Beobachtung verschiedene Ebenen und Bilder zu einer wertvolleren Vorstellung als sie die Mikrophotographie geben kann. Wo es sich indessen um Mikrotomschnitte und einfache Gewebsbilder handelt, kann sie nützlich sein. Nur darf sie nicht zu viel bieten wollen (meist unter starker Erklärung und Deutung!) und nicht durch Eleganz des Äußeren über Inhalt täuschen. Häufig entspringt ihre Anwendung zeichnerischer oder gar beobachterischer Unfähigkeit und wird zum Selbstzweck unter Hintansetzung des Darzustellenden. Anders liegt die Sache natürlich bei sehr verwickelten Bildern, Übersichten von Geweben, Ansammlungen von kleinen verschiedenartigen und unübersichtlichen Teilen, bei denen der Zeichner auch mit dem Zeichenapparat leicht ins Schematisieren käme oder nicht alles wiederzugeben in der Lage wäre.

b) Die Mikrophotographie mit ultraviolettem Licht.

Die Theorie des Mikroskops ergibt, daß die Auflösung im umgekehrten Verhältnis steht zur Wellenlänge λ des Lichts. Diese Wellenlänge beträgt im hellsten Teil des optisch wirksamen Spektrums bei gewöhnlicher Beobachtung etwa 0,6 μ. Die Theorie lehrt also, daß, wenn es möglich ist, Licht von kürzerer Wellenlänge im Mikroskop zur Verwendung zu bringen, sich auch die Auflösung in demselben Verhältnis steigern muß. Ein für Licht von der Wellenlänge $\lambda = 0{,}3\ \mu$, sogenanntes ultraviolettes Licht, eingerichtetes Mikroskop ist in der optischen Werkstätte von Zeiss nach den Angaben von A. Köhler hergestellt worden. Es ließ sich von demselben die doppelte Auflösung gegen die bisherige erwarten. Große Schwierigkeiten sind überwunden worden, den Apparat zweckdienlich auszubauen.

Es mußte zunächst eine Lichtquelle beschafft werden, die der gewünschten Wellenlänge entspricht und hinreichend monochromatisch ist, wie es die nur bezüglich der sphärischen, aber nicht der chromatischen Aberration korrigierten Objektive, die hierbei benutzt werden, erfordern. Sämtliche optischen Bestandteile, die Kondensoren, die Objektive, Okulare, ferner Objektträger und Deckgläser sind aus Material hergestellt, das für diese Strahlen durchlässig ist. Hierzu dient Quarz, zu dem bei der Konstruktion der Objektive zur besseren Erreichung der sphärischen Korrektion noch Fluorit getreten ist.

Es sind mit dem Apparat, dessen durch chemisch wirksame Strahlen erzeugte Bilder nur die photographische oder fluoreszierende Platten wiederzugeben vermögen, bis jetzt schon prächtige Aufnahmen erzielt worden. Dieselben übertreffen aber die mit gewöhnlicher Beleuchtung gewonnenen nicht in dem Maß, wie es die Theorie erwarten ließ. Die schwierige Behandlung des Apparates und sein teurer Preis haben seine Benutzung bislang nur beschränkten Kreisen ermöglicht.

7. Dunkelfeldbeleuchtung.

In vielen Fällen, besonders wenn es sich um die Untersuchung kleiner, schwach oder gar nicht gefärbter Objekte handelt, ist die Dunkelfeldbeleuchtung von größter Bedeutung. Obwohl schon 1829 von Reade zuerst angewandt, erlangte sie ihre heutige Verbreitung erst durch die Konstruktion der Spiegelkondensoren. Allen nur eine Fläche verwendenden Kondensoren sind die mit zwei spiegelnden Flächen weit überlegen.

Das Prinzip der Dunkelfeldbeleuchtung besteht darin, daß die das Objekt beleuchtenden Strahlen nicht direkt zur Abbildung beitragen können. Die ältere Methode, durch eine Zentralblende im Objektiv die geradlinig durch das Objekt hindurchgehenden Strahlen abzublenden, hat man wieder verlassen, da dabei höchst störende Beugungserscheinungen auftreten. Man richtet vielmehr heute den Strahlenverlauf stets so, daß die Beleuchtungsstrahlen das Objekt sehr schräg durchsetzen, so daß sie am Rande des Objektivs vorbeilaufen, ohne in dasselbe einzudringen (bei Trockensystemen). Immersionssysteme müssen auf eine etwas niedere Apertur abgeblendet werden. Bei dem neuen bizentrischen Spiegelkondensor von E. Leitz braucht diese Abblendung nur bis auf die Apertur 1,15 zu erfolgen. Man benutzt hierzu am besten ein Objektivzwischenstück mit Irisblende, welches sich an die Objektivkappe anschrauben läßt und zweckmäßiger ist als die früher gebrauchten Trichterblenden. Bei dicken und dichten Präparaten muß man die Irisblende weiter schließen als bei dünnen und leeren.

Der neue bizentrische Spiegelkondensor ist in Abb. 60 dargestellt. Das von einer Lampe kommende und durch eine Linse parallel gemachte Strahlenbündel 3,4—4,3 wird an zwei Kugelflächen S_1, S_2 derart gespiegelt, daß es im Objekt O mit außerordentlicher Präzision wieder vereinigt wird, dabei aber nur mit den Aperturen zwischen 1,20 und 1,33 auftritt. Das Beobachtungsobjektiv muß also auf eine Apertur, die kleiner als 1,20 ist (etwa 1,15) abgeblendet werden.

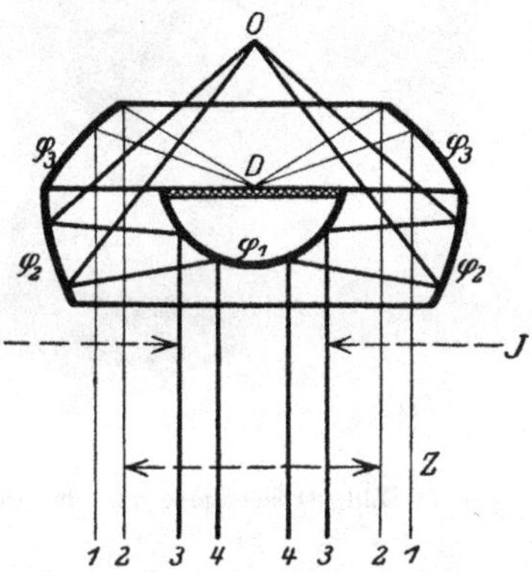

Abb. 60.

Die in Abb. 60 dargestellte Ausführungsform kann auch zur orientierenden Beobachtung im Hellfeld benutzt werden. Durch einen Hebel wird gleichzeitig eine Zentralblende Z eingeschaltet und die Irisblende J geöffnet, so daß nunmehr die Strahlen 1,2—2,1 in den Kondensor eintreten können. Nach Spiegelung an S_3 treffen diese Strahlen auf eine diffus reflektierende Fläche D und erleuchten von dort aus das Objekt mit kleiner Apertur.

Die Dunkelfeldkondensoren werden an Stelle des gewöhnlichen Abbeschen Kondensors in den Beleuchtungsapparat eingeschoben. Kleine Ausführungsformen sind auf genaue Zentrierung sehr empfindlich und werden deshalb mit einer besonderen Zentriervorrichtung ausgestattet. Zwischen Kondensor und Objektträger muß ein Tropfen Öl getan werden.

Zur Beleuchtung verwendet man am besten eine kleine elektrische Bogenlampe von 4—6 Ampere Stromstärke (Abb. 61) oder mit gutem Erfolg auch eine Glühbirne von 100—200 Watt.

Abb. 62 zeigt ein im Dunkelfeld aufgenommenes Bild der *Spirochaete pallida*.

Das ultramikroskopische Beobachten ist durch eine neue Konstruktion, den Ultrakondensor sehr vereinfacht worden. Ein danach gebauter Apparat von E. Leitz-Wetzlar kann auf jedes größere Mikroskop ohne weiteres aufgesetzt werden.

Das von einer kleinen elektrischen Bogenlampe mit Linse ausgehende parallele Lichtbündel fällt direkt auf denebenen Spiegel des

Mikroskopstatives und wird von diesem in den in Gestalt einer kleinen Dose auf den Objekttisch gesetzten „Ultrakondensor“ reflektiert. Den weiteren eigentümlichen Strahlenverlauf zeigt Abb. 63. Während nämlich bei dem bisherigen Spalt Ultramikroskop der Beleuchtungskegel nur von einer Seite herkommt, läuft hier auf einen einzigen Punkt zu Licht von allen Seiten her. Jeder Strahl wird dabei viermal gespiegelt, zweimal bevor und zweimal nachdem er das „Ultrateilchen“ erregt hat. Auf diese Weise verlassen sämtliche Strahlen — bis auf einen kleinen Teil — den Ultrakondensor auf derselben Seite, auf der sie eingetreten sind. Um den Vereinigungspunkt herum ist eine Hohlkugelfläche eingeschliffen, die die Untersuchungssubstanz: Gase, Dämpfe oder Flüssigkeiten aufzunehmen hat. Das Ganze ist in eine Metalldose fest eingekittet, deren mit einem einfachen Bajonettverschluß versehener Deckel sich mit einer Gummidichtung fest auf den Glaskörper aufsetzt. Zwei kleine Röhrchen am Deckel ermöglichen die Zuführung von Gasen oder Flüssigkeiten. In der Mitte des Deckels ist ein kleines Quarzplättchen eingefaßt, durch das hindurch beobachtet wird.

Abb. 61. Liliputbogenlampe mit Uhrwerkregulierung.

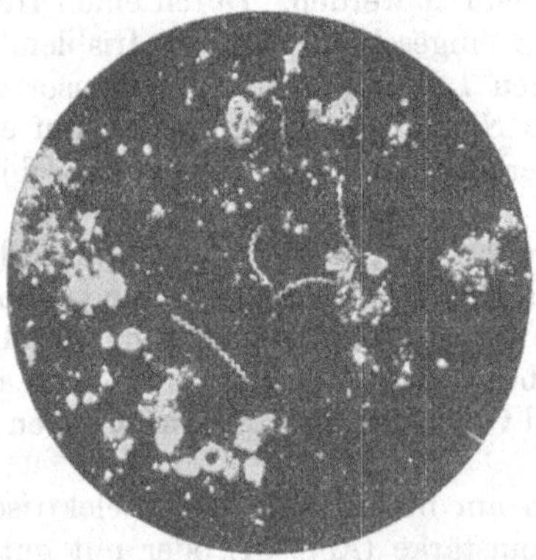

Abb. 62. *Spirochaete pallida* im Dunkelfeld.

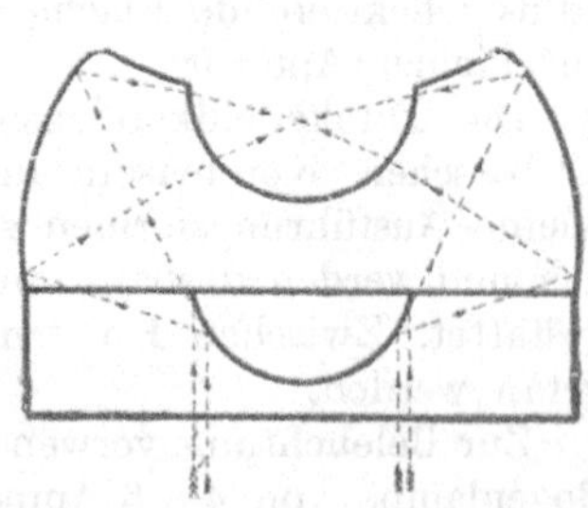

Abb. 63.

Zum Gebrauch setzt man den „Ultrakondensor“ einfach auf den Objekttisch, nachdem man bis auf den Spiegel alle anderen Beleuchtungsvorrichtungen entfernt hat. Es genügt, den Kondensor aus der freien Hand zu zentrieren, was auch ohne Übung sofort zu gelingen pflegt. Die endgültige Zentrierung des Lichtfleckes findet durch den

Spiegel statt. Bläst man nun durch eines der kleinen Röhrchen etwas Tabakrauch in den Hohlraum, so sieht man sofort einen leuchtenden Punkt frei darin schweben, der sich unter dem Mikroskop in eine große Zahl kleiner Partikel auflöst, die in lebhafter Bewegung begriffen sind.

Zur Untersuchung von Flüssigkeiten stellt man eine Schlauchvorrichtung her, die Regelung des Zuflusses erfolgt dabei durch einen Quetschhahn. Man beobachtet mit schwachen Objektiven, aber starken Okularen.

Das Ultramikroskop hat, weil es über inframikroskopische Körper nur bezüglich ihrer Anwesenheit, nicht aber ihrer Beschaffenheit Auskunft gibt, bisher in der Biologie noch wenig Anwendung gefunden. Dagegen ist es mehrfach von Physikern und Chemikern benutzt worden, hauptsächlich um Größe und Anordnung von feinen, in festen oder flüssigen Medien verteilten Partikelchen zu studieren.

C. Ankauf und Prüfung des Mikroskops.

I. Allgemeine Bemerkungen über den Ankauf.

Ein Mikroskop ist selbst in Großstädten im allgemeinen nicht fertig im Laden zu kaufen und sollte nicht lediglich nach Vorschlag des nicht immer hinreichend sachverständigen Wiederverkäufers zusammengestellt werden. Wo nicht eine Fabrikniederlage der bekannten großen optischen Werke erreichbar ist, kann nicht dringend genug geraten werden, sich die Verzeichnisse und Preislisten erst genau darauf anzusehen, was Zweck und Mitteln am besten entspricht. Denn der Ankauf ist eine so bedeutende Ausgabe für die meisten Benutzer, die Ansprüche und Bedürfnisse sind so verschiedene, daß Vorsicht am Platze ist. Am besten zieht der nicht Sachkundige einen geübten Mikroskopiker vorher hinzu und nimmt unter Umständen auch mit ihm eine Prüfung des erworbenen Instruments vor. Jedenfalls lasse man sich nicht durch Anpreisungen, billigen Preis oder angeblich starke Vergrößerung (s. S. 8) täuschen. Will man längeren und ernsthaften Gebrauch von dem Instrument machen, so wähle man bei beschränkten Mitteln ein besseres Stativ und ergänze die Optik erst allmählich. Es werden von den führenden deutschen Firmen ständig zweckmäßige Neuerungen herausgebracht, alte Instrumente sind daher vielfach zu haben, aber bedeuten, auch wenn tadellos, oft geringe Bequemlichkeit für die Handhabung. Das gilt mehr vom Stativ und Zubehör, während gute Linsen der Firmen Carl Zeiss-Jena, Ernst Leitz-Wetzlar, W. & H. Seibert-Wetzlar bei guter Behandlung so wertvoll und

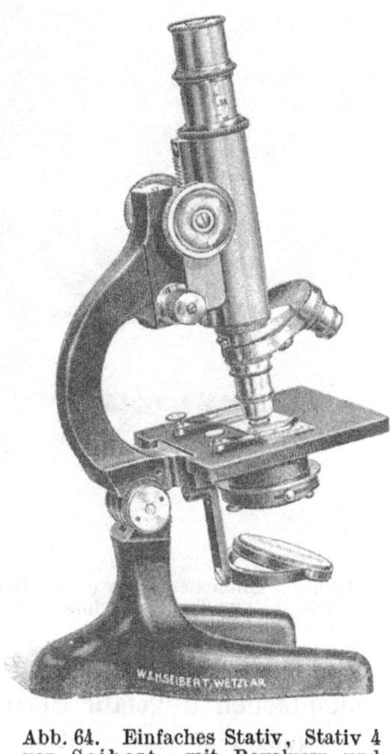

Abb. 64. Einfaches Stativ, Stativ 4 von Seibert, mit Revolvern und Beleuchtungsapparat. Etwa 1/4 nat. Größe.

verwendungsfähig bleiben, daß sie auch von alten an neue Stative übernommen werden können.

Instrumente, Teile oder gar Linsen ohne Firmenbezeichnung sollten von Vernünftigen schon deshalb gemieden werden, weil die besseren Firmen etwaige mit oder ohne Schuld des Benutzers eintretende Veränderungen und Schäden entgegenkommend zu beheben vermögen.

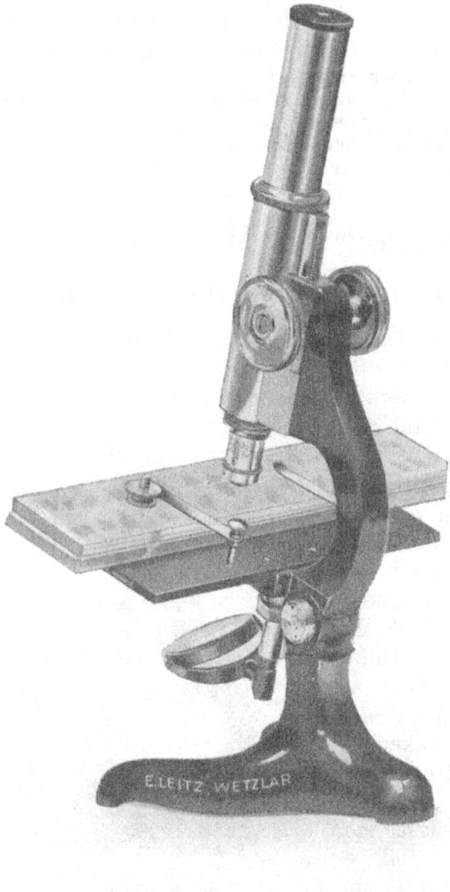

Abb. 65. Einfaches Stativ (ohne Mikrometerbewegung) zur Trichinenschau, von Leitz.

II. Empfehlenswerte Mikroskopformen.

Als einfacheres Stativ sei das von Seibert Nr. 4 vorgeführt. Es ist für Arbeit wie Unterricht gleich empfehlenswert. Es hat bequemen Handgriff und Umlegegelenk, Triebwerk und horizontale Mikrometerschraube. Der Tubus ist ausziehbar und mit Teilung, der Spiegel (Hohl- und Plan-) allseitig bewegbar. Mit festem Tisch (wie Abb. 64), ohne Objektive, Okulare, Revolver und Beleuchtungsapparat kostet das Stativ im Schränkchen gegenwärtig Mk. 85.—. Es ist als Ergänzungsstativ gedacht, d. h. es lassen sich alle wichtigen Teile wie Beleuchtungsapparat, Irisblende, Revolver und beweglicher Tisch nachträglich anbringen, wodurch dann selbst feinsten Arbeiten genügt wird. Diesem Stativ entsprechen ungefähr Stativ Zeiss A und Leitz G.

Noch einfachere Stative, z. B. solche ohne Mikrometerbewegung kommen nur noch für einzelne Sonderzwecke und sehr geringe Vergrößerung in Frage, namentlich bei stets wiederkehrenden ganz gleichartigen Präparaten und Untersuchungen (z. B. zur Trichinenschau Abb. 65).

Größere Arbeitsmikroskope werden beispielsweise durch die Typen Leitz C oder Zeiss B, auch Seibert 1 vorgestellt. Sie haben meist größere, selbstverständlich bewegliche Objekttische als die einfacheren, Beleuchtungsapparat, Revolver und Irisblende.

Noch größere (Zeiss A, s. bei Abb. 66, oder Leitz AA, auch Seibert 1) sind vor allem in den Ausmaßen einzelner Teile, z. B. Tisch, Tubusdurchmesser, Beleuchtungsapparat) von den vorigen verschieden. Sie sind für ständige Arbeit nicht immer bequemer, für Mikrophotographie und höchste optische Leistung indessen wertvoll. Zugleich setzen sie aber festen Stand voraus, sind also nicht für jeden Benutzer und jeden Zweck zu empfehlen.

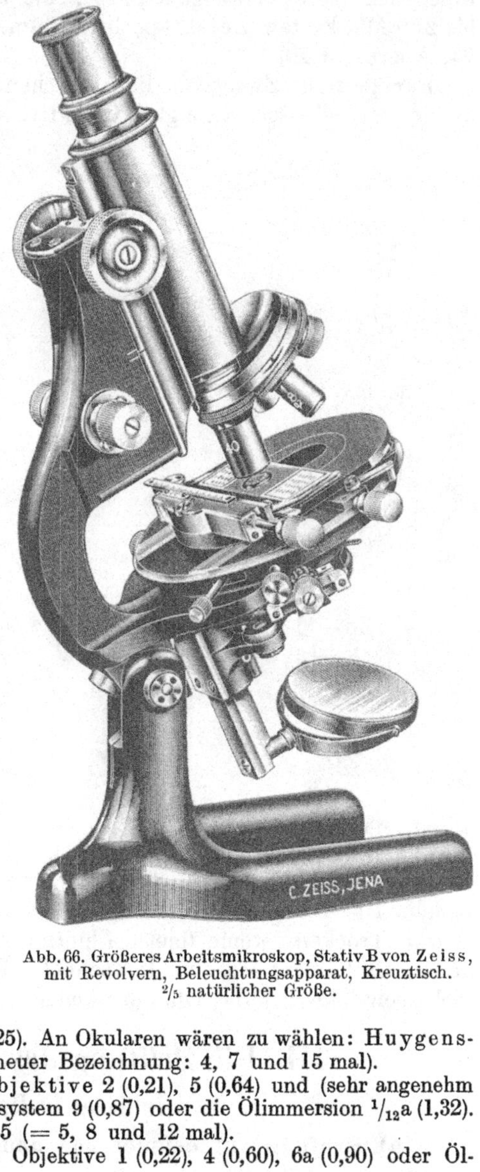

Abb. 66. Größeres Arbeitsmikroskop, Stativ B von Zeiss, mit Revolvern, Beleuchtungsapparat, Kreuztisch. $^2/_5$ natürlicher Größe.

Das Stativ hat Hufeisenfuß und ist umlegbar. Der Tisch ist dreh- und zentrierbar. Die runde Säule des Oberteils dient als bequeme Handhabe. Die grobe Einstellung geschieht durch Zahn und Trieb, die feine Einstellung durch die neue ohne Ende wirkende Mikrometereinrichtung mit seitlicher Schraube und Trommelteilung. Jeder Teilstrich bedeutet $^2/_{1000}$ mm. Der ausziehbare Tubus hat Millimeterteilung. Der große Abbesche Beleuchtungsapparat kann durch Zahn und Trieb in der Richtung der Achse gehoben und gesenkt werden. Die Irisblende besitzt Trieb zur seitlichen Bewegung derselben.

Über die für Arbeitszwecke erwünschten Linsen ist es schwer, allgemeinere Vorschläge zu machen. Man bedarf in der Regel eines schwachen, eines mittleren und eines starken Objektivs, dazu einer Reihe von Okularen, mindestens wohl deren zwei. An Zusammenstellungen seien hier nur genannt:

1. Zeiss: Achromatische Objektive (in älterer Bezeichnung) *A*, *D*, *F* oder Ölimmersion $^1/_{12}''$; in neuerer Bezeichnung, die zugleich die Einzelvergrößerung und numerische Apertur angibt: 8 (0,20), 40 (0,65), 90 (0,90, Fluoritsystem) oder 90 (1,25). An Okularen wären zu wählen: Huygenssche 1, 3 und etwa 5 (d. h. in neuer Bezeichnung: 4, 7 und 15 mal).

2. Leitz: Achromatische Objektive 2 (0,21), 5 (0,64) und (sehr angenehm im Gebrauch) das Fluorittrockensystem 9 (0,87) oder die Ölimmersion $^1/_{12}$a (1,32). Huygenssche Okulare: 1, 3, 5 (= 5, 8 und 12 mal).

3. Seibert: Achromatische Objektive 1 (0,22), 4 (0,60), 6a (0,90) oder Ölimmersion $^1/_{12}$ (1,30).

Diese Sätze entsprechen einander so ungefähr. Der Anschaffungspreis schwankt für die drei Trockensysteme zusammen zwischen 100 und 125 Mk., die Immersionen kosten 80—130 Mk. (sind zur Zeit mit oder ohne Fluorit, dann auch in Leistung verschieden zu haben!), die Okulare kosten je 5—6 Mk.

Apochromatische Systeme und Kompensationsokulare sind wesentlich teurer (Vorzüge s. S. 17); eine allerstärkste Immersion kann bis 250 Mk. kosten (Zeiss' apochr. Ölimmersion mit Einzelvergrößerung 94, Apertur 1,40).

Für gewisse Zwecke z. B. Aufsuchen von Organismen in Flüssigkeiten sind sehr schwache gute Objektive willkommen; sie bieten durch

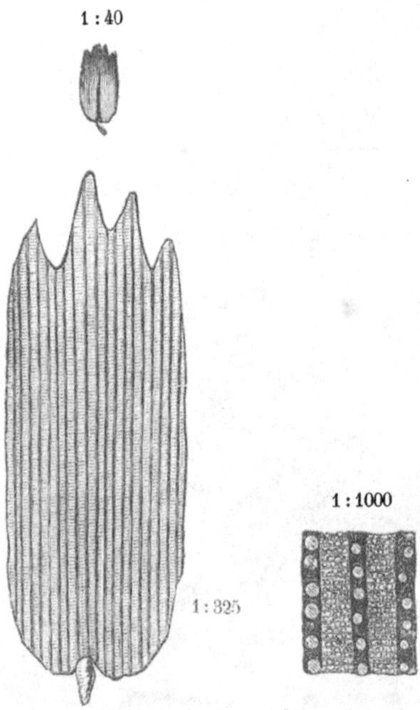

Abb. 67. Flügelschuppe von *Epinephele janira.*

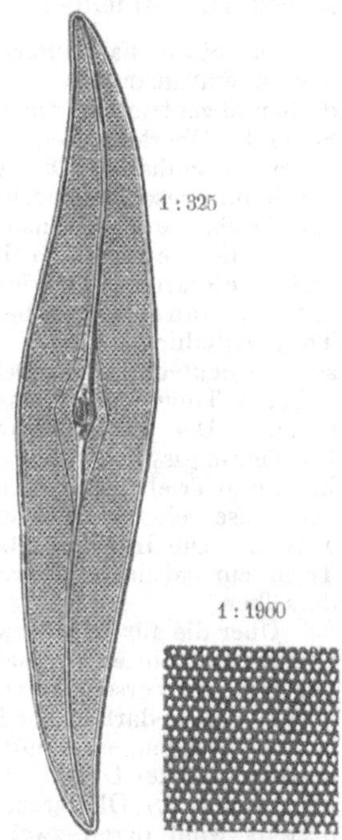

Abb. 68. *Pleurosigma angulatum.*

Verstellbarkeit der Fassungen auch wechselnde Vergrößerungen, beliebt ist Zeiss a* (Vergröß. 1,2—2,4, Objektivabstand 33/7 mm). Starke Trockensysteme (meist Fluoritsysteme) sind im Gebrauch nicht zu unterschätzen: sie sind für schnelle Einstellung und den Wechsel viel geeigneter als die Ölimmersionen.

III. Die Prüfung des Mikroskops.

1. Die direkte Prüfung.

a) Prüfung auf definierende und penetrierende Kraft.

Wer ein Mikroskop braucht, hat vor allem an der allgemeinen Leistungsfähigkeit desselben ein Interesse. Die beste Art der Prüfung ist deshalb der Vergleich mit einem andern zweifellos guten Instrument derselben Art, wobei darauf zu achten ist, daß Beleuchtung, Objektiv- und Okularvergrößerung bei den zu vergleichenden Mikroskopen möglich gleich ist.

Man unterscheidet definierende Kraft, d. h. die Fähigkeit, alle Objekte klar und scharf begrenzt zu zeigen, und penetrierende Kraft (oder Abbildungsvermögen), d. h. die Fähigkeit, kleine Einzelheiten (wie innere Strukturverhältnisse) bis zu einer möglichst weit reichenden Grenze der Kleinheit sichtbar zu machen.

Die definierende Kraft ist abhängig von der tunlichst vollkommenen Vereinigung aller von einem Punkte des Objekts ausgehenden Strahlen.

Die penetrierende Kraft ist, wie aus unsern früheren Betrachtungen hervorgeht, eine Funktion des Öffnungswinkels, nebenbei aber auch der möglichst vollkommenen Korrektur der Aberrationen. Ein mangelhaft korrigiertes System wird kleine Strukturen nicht oder nur unvollständig erkennen lassen, auch wenn es einen großen Öffnungswinkel besitzt.

Die Prüfung geschieht durch sogenannte Testobjekte (Probeobjekte).

Allgemein im Gebrauch sind die organischen Testobjekte, nämlich die Schmetterlingsschuppen und die Kieselschalen der Diatomeen. Letztere bieten die mannigfachsten Abstufungen in der Feinheit der Zeichnung und somit in der Schwierigkeit, dieselbe aufzulösen.

Im folgenden sind die wichtigsten Testobjekte nach der zunehmenden Schwierigkeit der Auflösung geordnet.

1. *Epinephele (Hipparchia) janira* ist ein in Deutschland gemeiner Wiesenschmetterling, der im Juli und August fliegt. Als Testobjekte sind besonders geeignet die Schüppchen von den Flügeln des Weibchens.

Dieselben haben (Abb. 67) feine Längsstreifen, die bei etwa 40facher Vergrößerung schon gut gesehen werden müssen; ihre Entfernung beträgt ungefähr 2μ. Bei etwa 150facher Vergrößerung und zentraler Beleuchtung treten zwischen den Längslinien feinere Querstreifen hervor, deren Entfernung voneinander weniger als 1μ beträgt. Die Längslinien erscheinen bei 800- bis 1000facher Vergrößerung doppelt und in ihnen werden Reihen von kleinen runden Körperchen sichtbar. Ebenso werden die Querlinien als Doppelstreifen aufgelöst, zwischen denen zwei bis drei fast runde Körperchen nebeneinander liegen. Diese Körperchen machen bei entsprechender schiefer Beleuchtung den Eindruck weiterer feinerer Längslinien, daher die unrichtigen Abbildungen, die man davon in manchen Büchern findet.

2. *Pleurosigma angulatum* (Abb. 68); Testobjekt für Vergrößerungen von 200fach an aufwärts. Auf der Kieselschale dieser Diatomee sieht man mit Objektiven von num. Apert. über 0,80 bei etwa 250facher Vergrößerung und zentraler Beleuchtung drei Streifensysteme. Zwei derselben schneiden sich unter ungefähr 58^0 und stoßen mit gleichen, spitzen Winkeln auf die Mittelrippe; das dritte Streifensystem steht senkrecht zur Mittelrippe. Die Entfernung der Streifen beträgt ungefähr $0{,}5\mu$.

Bei stärkeren Vergrößerungen erscheinen die Felder als runde Perlen. (Es war lange zweifelhaft, ob sie rund oder sechseckig seien; die Apochromatobjekte haben aber deutlich dargetan, daß sie rund sind.) Diese Felder sind wahrscheinlich Hohlräume im Innern der Schalenwand.

Durch die ganz regelmäßige Anordnung der Perlen erscheinen die Zwischenräume als gerade Linien, wenn die Vergrößerung noch nicht stark genug ist, um die eigentliche Form erkennen zu lassen. Bei normaler Einstellung sehen die Felder hell, bei höherer oder tieferer schwarz aus. Dies ist eine Folge der Lichtbrechung im Objekt.

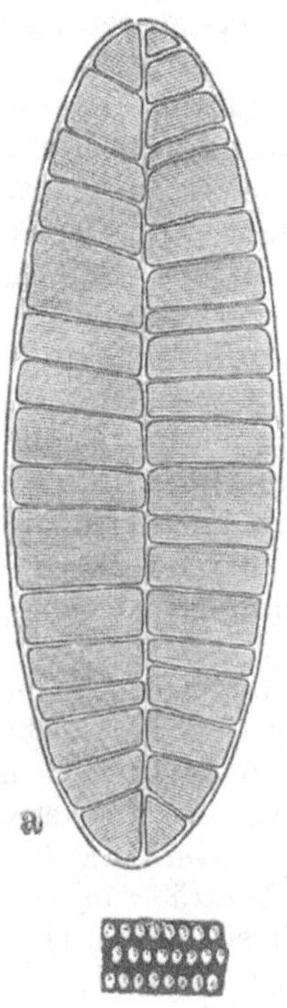

Abb. 69. *Surirella gemma.* a $^1/_{350}$, b $^1/_{2200}$.

3. *Surirella gemma* (Abb. 69) dient als Testobjekt für homogene Immersion. Zu beiden Seiten der Mittelrippe befinden sich unregelmäßige Querleisten, zwischen diesen und parallel mit ihnen sehr feine Linien. Letztere haben eine Entfernung von etwa 0,44 μ voneinander, man sieht sie bei etwa 350facher Vergrößerung mit guten Trockensystemen. Bei stärkerer Vergrößerung mit Objektiven für homogene Immersion lösen sich die Querstreifen in Reihen von ovalen Punkten auf. Die Größe derselben beträgt in der Längsrichtung etwa 0,44, in der Querrichtung etwa 0,32 μ. Auch hierbei bringt schiefe Beleuchtung, wenn das Licht auf die Richtung der Mittelrippe senkrecht einfällt, den Eindruck von weiteren Längslinien hervor, die aber nicht gerade verlaufen, weil die Perlen wohl in der Querrichtung, nicht aber parallel der Mittelrippe in geraden Reihen geordnet sind. Am besten tritt die Zeichnung hervor, wenn man die volle Kondensoröffnung bei zentraler Beleuchtung benutzt.

An trocken liegenden (von Luft umgebenen) Objekten sieht man nur an den Stellen der Schale Zeichnung, welche das Deckglas berühren. Dies erklärt sich folgendermaßen: Da die Längsstreifen bzw. die Perlen in der Querrichtung näher zusammenstehen als die Wellenlänge des Lichts ist, müßte nach der Gleichung

$$\sin x = \frac{\lambda}{b}$$

$\sin x$ größer als 1 werden, was nicht möglich ist, d. h. die Beugungsmaxima, welche zur Bilderzeugung notwendig sind, können nicht austreten, wenn sie nicht direkt in ein stärker brechendes Medium, in diesem Falle das Deckglas, gehen können.

b) Verzerrung des Bildes.

Ein weiterer Gegenstand für die direkte Prüfung ist die Verzerrung des Bildes und die Krümmung der Bildfläche. Tritt ersterer Fehler auf, so ist die Vergrößerung nicht über das ganze Sehfeld dieselbe. Sie kann am Rande entweder größer oder kleiner als in der Mitte sein.

Stellt man auf eine gerade Linie ein und führt diese durch das Gesichtsfeld, so muß sie überall gerade bleiben. Ein in Quadrate geteiltes Mikrometer muß auch im Bild genaue Quadrate zeigen, wie Abb. 70*a*. Ist die Vergrößerung am Rande stärker, so erhält das Bild die in Abb. 70*b* dargestellte Form; ist sie schwächer, so erscheint das Mikrometer wie in Abb. 70*c*. — Die Ursache dieses Fehlers ist mangelhafte Konstruktion sowohl des Objektivs als auch des Okulars.

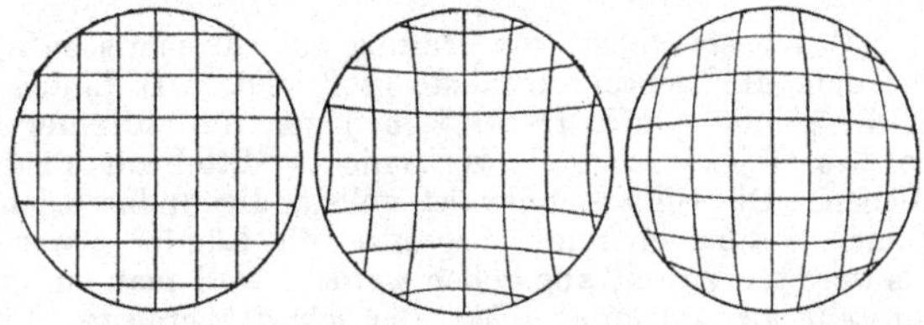

a *b* *c*

Abb. 70.

Wie oben genauer ausgeführt, hat jedes Mikroskop ein etwas gewölbtes Gesichtsfeld; man muß bei scharfer Einstellung der Mitte den Tubus etwas senken um am Rande deutlich zu sehen. Solange dieser Fehler gewisse Grenzen nicht überschreitet, wirkt er nicht störend. Es ist bisher nicht möglich gewesen, von Bildfeldkrümmung gänzlich freie Objektive zu konstruieren.

c) Prüfung auf sphärische und chromatische Aberration.

Ist das Instrument auf seine Leistungen durch den Vergleich mit einem guten Mikroskop geprüft und gut befunden, so wird man sich im allgemeinen hiermit begnügen können, da es gleichzeitig bei diesen Prüfungen zutage tritt, wenn Abweichungen im optischen Apparat bestehen.

Wir wollen deshalb im folgenden nur kurz anführen, wie ein Instrument auf sphärische und chromatische Aberration besonders geprüft wird.

Am störendsten ist die sphärische Aberration; ein vorzügliches Mittel, dieselbe zu erkennen, bieten die Probeobjekte. Hat man den Rand und die Mittelrippe z. B. von *Pleurosigma angulatum* scharf eingestellt, so soll zu gleicher Zeit die Zeichnung am deutlichsten erscheinen und die Felder sollen hell sein. Beim Höher- und Tieferschrauben soll die Zeichnung gleich schnell verschwinden. Ist nun das Objektiv in bezug auf die sphärische Aberration unterkorrigiert, so scheint die Zeichnung tiefer zu liegen, der Tubus muß also, wenn die Umrisse scharf eingestellt sind, gesenkt werden, um die Zeichnung deutlich zu erhalten. Beim Schrauben nach unten bleibt dieselbe daher noch eine Weile sichtbar, während sie nach oben rasch verschwindet. Bei Überkorrektion scheint die Zeichnung gleichsam über der Schale zu schweben, sie verschwindet beim Hinabschrauben schnell und bleibt beim Hinaufschrauben länger sichtbar. Für diese Untersuchung benutzt man mit Vorteil ein starkes Okular; die Methode läßt bei einiger Übung selbst kleine Fehler erkennen.

Die chromatische Aberration erkennt man leicht an jedem Objekt bei schiefer Beleuchtung. Stellt man den Spiegel nach links und betrachtet ein dunkles Objekt im hellen Sehfeld, so wird dieses links rötlich gelb, rechts blau erscheinen, falls das Objektiv unterkorrigiert ist. Bei Überkorrektion zeigen sich die Farben umgekehrt. Man benützt hierbei ein schwächeres Okular.

Das beste Objekt zur Prüfung auf chromatische Aberration ist ein solches, bei dem die Lichtunterschiede groß sind, z. B. Linien in einer berußten Platte. Abbe schlug hierfür Deckgläschen vor, die auf einer Seite versilbert sind. Ein solches Objekt kann als vorzügliches Mittel zur Prüfung beider Aberrationen dienen. Die Silberschicht ist vollständig undurchsichtig, und die eingeritzten Linien erscheinen scharf begrenzt, die Ränder etwas gezackt. Letzteres kann als weiterer Vorteil angesehen werden, weil man auf eine gezackte Linie leichter einstellt als auf eine vollständig scharf begrenzte. Für die Prüfung der chromatischen Aberration genügt schon der einfache Hohlspiegel, wenn man das Licht schief und senkrecht zu den Streifen einfallen läßt. Nur die Apochromatsysteme zeigen dann fast keine Farben. Bei gut korrigierten Achromaten dürfen nur schmale Farbsäume sekundärer Art (gelblichgrün und violett oder rosa) sichtbar sein. Bei der Untersuchung auf die sphärische Aberration ist der Abbesche Beleuchtungsapparat vorzuziehen. Der beleuchtende Strahlenkegel soll dieselbe Öffnung haben, wie das benutzte Objektiv. Sieht man von oben ohne Okular in den Tubus, so muß die ganze freie Objektivöffnung hell erleuchtet sein. Dann nimmt man eine enge Blende, welche indessen auch nicht zu eng sein darf, stellt bei zentraler Stellung derselben auf die Streifen in der Silberschicht ein und bewegt dann durch das Triebwerk des Blendenträgers die Blende nach der Seite. Muß nun die Einstellung geändert werden, damit die Streifen wieder scharf erscheinen, so ist das System nicht genügend korrigiert. Bei bestehender Unterverbesserung muß der Tubus gesenkt, bei Überverbesserung gehoben werden.

2. Die Messung von Vergrößerung und Brennweite.

Die Vergrößerungsziffer steht im geraden Verhältnis zu der Entfernung, in welcher das virtuelle Bild erscheint, so daß der doppelten Entfernung auch die doppelte Vergrößerung entspricht. Es ist deshalb notwendig, die Vergrößerungen auf dieselbe Entfernung zu beziehen. Letztere wird in neuerer Zeit ziemlich allgemein als 250 mm angenommen.

Das Messen der Vergrößerung erfolgt nun, indem man eine feine Teilung auf Glas, deren Strichentfernung man genau kennt, als Objekt einstellt, das Bild mit Hilfe des Zeichenapparates nachzeichnet und die Entfernung der Striche auf der Zeichnung durch die wirkliche Entfernung derselben im Objekt dividiert. Ist z. B. die Skala in $\frac{1}{20}$ mm geteilt und die Entfernung zwischen zwei Strichen in der Zeichnung = 50 mm, so ist die Vergrößerung eine tausendfache.

Als Zeichenapparat kann natürlich nur ein solcher verwendet werden, dessen Prinzip auf Spiegelung beruht, also nicht der Oberhäusersche. Außerdem ist darauf zu achten, daß die Zeichenfläche in der Entfernung von 25 cm steht, und zwar darf diese Entfernung nicht etwa direkt gemessen werden, sondern muß z. B. beim Abbeschen Zeichenapparat sich als die Summe der Teile der gebrochenen Linie vom Zeichenblatt zum großen Spiegel, von da zum Würfelchen und dann zum Augenort darstellen.

Da die Vergrößerung von der Brennweite des Objektivs abhängig ist, soll eine einfache Methode zur Bestimmung derselben angegeben werden. Man nimmt wieder ein Mikrometer als Objekt, entfernt das Okular und legt an seine Stelle eine matte Glasscheibe auf den Tubus; auf dieser erscheint das Bild. In diesem Bild mißt man nun die Entfernung der Striche, ferner die Entfernung des Bildes von der oberen Hauptebene des Objektivs. Man kennt zwar ohne Rechnung die Lage der letzteren nicht genau, aber eine kleine Differenz kommt bei der relativ großen Bildentfernung nicht in Betracht.

Sei nun d die Größe des Objekts, D die Größe des Bildes, p die Entfernung des Objekts und p_1 die Entfernung des Bildes, so kann man aus den beiden Gleichungen

$$\frac{d}{D} = \frac{p}{p_1} \text{ und } \frac{1}{p} + \frac{1}{p_1} = \frac{1}{f},$$

worin f die Brennweite ist, da die Größen d, D und p_1 bekannt sind, leicht die beiden anderen berechnen. Man erhält für die Brennweite

$$f = p_1 \frac{d}{D + d}.$$

Ist die Brennweite des Objektivs sehr groß, in welchem Fall es meist aus nur einer achromatischen Linsenkombination besteht, so mißt man besser die Entfernung vom Objekt zum Bild, also die Größe $p + p_1$; man hat dann die Gleichung

$$\frac{p + p_1}{d + D_1} = \frac{d}{p_1},$$

woraus leicht p_1 berechnet und in die Gleichung für f eingesetzt werden kann. Eine Differenz von einigen Millimetern bei der nicht genau meßbaren Größe p_1 gibt, wenn p_1 größer als 200 mm ist, in der Brennweite nur einen Unterschied in der zweiten Dezimale.

D. Die Behandlung des Mikroskops.

Hat man ein gutes Instrument in Besitz, so muß man durch zweckmäßige Behandlung dafür sorgen, daß es in gutem Zustand bleibt.

Wenn man das Mikroskop dem Schrank oder Kasten entnimmt, so fasse man es stets an der Säule, deren Oberteil heute ja als Handgriff ausgestaltet zu sein pflegt, oder der Prismenhülse (der älteren Stative), zweckmäßig auch gleichzeitig mit der Rechten an der Säule, mit der Linken unterstützend am Fuß an. Niemals hebe man es, indem man am Tubus zufaßt, weil letzterer leicht aus seiner Führung gleiten und das Instrument zu Boden fallen kann. Auch würde der Tubus, wenn er häufiger als Handhabe benutzt würde, allmählich durch den Zug des schweren Stativs seine genaue Zentrierung mit der optischen Achse verlieren.

Beim Arbeiten mit Säuren und ätzenden Flüssigkeiten sei man vorsichtig, weil diese das gute Aussehen des Instruments verderben und ein Rosten der Eisenteile herbeiführen. — Orte, an denen Schwefelwasserstoffentwicklung stattfindet (chemische Laboratorien), sind keine geeigneten Aufbewahrungsstellen für Mikroskope, da Bleigehalt der Linsen und Metallteile der Stative leicht angegriffen werden.

Vor allem ist vor einem Auseinanderschrauben einzelner Teile des Stativs, namentlich der Trieb- und Mikrometervorrichtung, zu warnen. Hierdurch wird fast immer die für Zentrierung und guten Gang der Bewegung vorgenommene Adjustierung gestört.

Häufig scheint die Mikrometerschraube ihren Dienst zu versagen. Dies ist in der Regel dadurch bedingt, daß sie nach der einen Seite ihre äußerste Stellung einnimmt, d. h. vollständig herab- oder hinaufgeschraubt ist und dann natürlich in einer Richtung nicht mehr weiter geht. In diesem Fall muß man für mittlere Stellung des feinen Bewegungsapparates sorgen, das Objekt mit grober Einstellung suchen und kann dann wieder die Mikrometerschraube benutzen. — Die neueren Mikrometerschrauben werden von verschiedenen Firmen „endlos“ konstruiert, dann ist diese Gefahr vermieden.

Sollten im Laufe der Zeit Unregelmäßigkeiten zutage treten, so unterlasse man jeden persönlichen Eingriff und schicke das Instrument in die Werkstätte, von der es bezogen, zur Reparatur zurück. Hierdurch vermeidet man am leichtesten schwere Schädigungen des Mechanismus.

Um das Mikroskop vor dem lästigen und den exakten Gang der Bewegungen gefährdenden Staub zu schützen, stelle man es stets nach dem Gebrauch in seinen Schrank zurück oder bedecke es mit einer auf ihrer Unterlage dicht schließenden Glasglocke. Am Revolver befestigte Objektive zum häufigen Gebrauch können ruhig daran verbleiben, wenn das Instrument sonst geschützt wird. Nur die Immersionen pflegt man abzunehmen, da sie ja ohnehin gereinigt werden müssen.

Die Messingteile des Mikroskops können mit Leinwand oder Leder abgerieben werden, die Schrauben (Zahn und Trieb, Mikrometerschraube) bedürfen gelegentlich einer Spur von Knochen-(Uhrmacher-)Öl, nachdem Schmutzansatz entfernt ist. Spiritus ist für den Lack der Außenteile zu vermeiden, da er löst.

Auch bei den Objektiven ist ein Auseinanderschrauben, außer zum Abnehmen des Trichterstücks behufs bequemer Reinigung der Vorderfläche der obersten Linse, durchaus zu unterlassen. Etwa entstehende Schäden an den Systemen können nur durch die Werkstätte, aus der sie stammen, mit gutem Erfolg repariert werden.

Zum Reinigen der Okularlinsen kann man die Fassungen derselben aus der Röhre schrauben, nur muß man sich das Rohrende, an dem sich Augenlinse bzw. Kollektiv befand, merken.

Alles Schrauben muß mit leichter Hand, gewissermaßen spielend, geschehen. Die feinen Schraubgewinde werden nur zu leicht überdreht.

Das Putzen der Gläser geschieht am besten mit einem weichen Pinsel und feinem, nicht gekalktem Wildleder. Weniger eignet sich hierzu Leinwand, da solche oft fusselt. Alle Putzlappen müssen **sorgfältigst** vor Staub geschützt werden, da dieser häufig Quarzsplitterchen enthält, die die Linsen zerkratzen. Fester anhaftende Schmutzteile lassen sich durch wiederholtes Anhauchen und Nachwischen entfernen.

Die Objektive für homogene Immersion müssen jedesmal nach dem Gebrauch vollständig von dem Öl befreit werden, damit es nicht festtrocknet. Hierbei verfährt man in der Weise, daß man zunächst mit Fließpapier die Flüssigkeit abtupft und dann mit benzingetränktem Putzleder rasch nachwischt. Da die Frontlinsen mit Kanadabalsam festgekittet sind, müssen alle denselben lösenden oder erweichenden Putzmittel (Spiritus, Xylol usw.) streng vermieden werden.

E. Der Gebrauch des Mikroskops.

Zur Eingewöhnung in das Wesen und den Gebrauch des Instruments eignet sich, besonders für den Anfänger, das Studium einiger einfacher Objekte. Bis wir uns selbst Präparate anfertigen können, benutzen wir das vom Optiker mitgegebene, die Flügelschuppen der *Epinephele janira* enthaltende Präparat (Abb. 67).

I. Aufstellung des Mikroskops und Einstellung des Objekts.

Haben wir das Instrument im Schrank oder Kasten, so fassen wir das Stativ aus den soeben (S. 61) angegebenen Gründen an der Säule oder dem Fuß an und nehmen es heraus. Wir stellen es auf einen festen, mäßig hohen Tisch von solcher Plattengröße, daß auf ihm außer dem Mikroskop auch noch bequem Platz zum Auflegen der Unterarme sowie für die beim Arbeiten gebrauchten Utensilien sich findet. Dieser Tisch soll höchstens 1 m vom Fenster entfernt sein, damit das Tageslicht nicht allzu schräg auf den Spiegel auffällt.

Die zum Mikroskopieren erforderliche Sitzgelegenheit muß zur Tischhöhe und jeweiligen Höhe des Mikroskops (gerade oder schräg, mit oder ohne Tubusauszug, mit binokularem Aufsatz usw.) geregelt werden können: der Arbeitende soll stets bequem und ohne Anstrengung von oben hereinsehen können. Drehbare Schemel sind zweckmäßig.

Darauf ziehen wir aus dem Stativ den Tubus heraus, schrauben das Objektiv ab und stellen das Instrument so auf, daß der Spiegel nach dem Fenster gerichtet ist und die vordere Objekttischkante der Fensterebene parallel läuft.

Dann sieht man in den leeren Tubus hinein, faßt den Spiegel und dreht ihn so, daß er erstens gerade in der Mittellinie des Objekttisches sich befindet und zweitens volles Tageslicht in den Tubus hineinwirft.

Das verwendete Licht darf niemals direktes, grelles Sonnenlicht sein, weil dieses für die Augen schädlich ist. Dagegen ist der Spiegel in der richtigen Lage, wenn man von oben hineinblickend den blauen Himmel oder helle Wolken sieht. Abbilder von Baumästen, Fensterkreuzen usw. sind schädlich. — Bei Benutzung des Lampenlichts stellt man die Flamme ungefähr $^3/_4$ m von dem Mikroskop entfernt auf und läßt das Licht durch eine blaue Glasscheibe, die auf den Beleuchtungsapparat des Mikroskops gelegt wird, oder durch eine Schicht Kupfersulfatlösung hindurchgehen.

Ist dies geschehen, so schrauben wir das Objektiv ein, blicken nochmals in den Tubus, ob dasselbe nun gleichmäßig hell erscheint, setzen das Okular auf und haben damit das Instrument gebrauchsfertig gemacht.

Nun legen wir das Präparat auf den Objekttisch, und zwar so, daß das zu betrachtende Objekt über die Mitte des runden Ausschnitts zu liegen kommt, und beginnen einzustellen.

Dies tun wir in der Weise, daß wir von der Seite (nicht durch das Okular) sehend, mit Hilfe von Zahn und Trieb (oder, wenn solcher nicht vorhanden, den Tubus schiebend) die Systeme soweit senken, daß die Frontlinse fast das Deckglas berührt. Dabei ist zu bemerken, daß wir, je stärker das Objektiv ist, um so näher an das Deckglas heran müssen. Die Stärke des Objektivs erkennt man leicht an der Größe der Frontlinse: je größer diese ist, um so schwächer ist die Vergrößerung und umgekehrt.

Nun blickt man aufmerksam in das Okular und hebt den Tubus ganz langsam, bis das Bild erscheint.

Eine Einstellung von oben her, gegen das Objekt hin, ist namentlich für stärkere Systeme deshalb nicht zu empfehlen, weil hierbei leicht das Objektiv auf das Deckglas aufgestoßen, dieses zertrümmert und die Frontlinse beschädigt werden kann.

Man lernt sehr rasch den Objektabstand seiner Systeme kennen; dadurch wird das Einstellen dann erheblich erleichtert.

Hat man auf diese Weise mittels der groben Einstellung das Objekt gefunden, so greift man an die Mikrometerschraube und stellt nun, diese benutzend und in das Okular sehend, das Bild genau ein.

Mit besonderer Vorsicht hat man zu verfahren, wenn man mit einem Objektiv für homogene Immersion arbeitet. Ganz besonders bei teueren Systemen wird man sich dessen bewußt sein, daß ein Aufstoßen der Frontlinse auf das Deckglas schweren Schaden bringen kann.

Bei solchen Systemen verfährt man folgendermaßen: Man bringt einen (nicht zu kleinen) Tropfen Zedernöl auf das Deckglas und senkt nun, von der Seite zusehend, das Objektiv, bis die Frontlinse gerade den Tropfen berührt. Wann dies der Fall ist, erkennt man leicht daran, daß eine vollkommene Gestaltveränderung des Tropfens eintritt. Dann blickt man in das Okular und senkt mit der Mikrometerschraube vorsichtig den Tubus, bis man das Bild scharf eingestellt hat.

Bei den Einstellungsversuchen kann nun der Fall eintreten, daß man überhaupt kein Objekt zu sehen bekommt. Dies wird besonders bei stärkerer Vergrößerung häufiger vorkommen und kann drei Ursachen haben:

Entweder war man mit der Bewegung des Tubus zu hastig, das Bild erschien zwar, verschwand aber wieder ebenso schnell und kam nicht zum Bewußtsein — in diesem Fall mangelte die Aufmerksamkeit des Untersuchers. Oder es war überhaupt kein Objekt im Gesichtsfeld; dann muß man das Präparat so lange rücken, bis man das Gewünschte sieht.

Schließlich kann aber noch der Fall eintreten, daß man bei starken Trockensystemen überhaupt kein Bild bekommt, mag man so nahe auf das Deckglas herabgehen wie man kann. Tritt dies ein, so ist das Deckglas zu dick, gestattet deshalb kein Einstellen mehr und muß durch ein dünneres (0,15—0,18 mm Dicke) ersetzt werden.

II. Betrachtung mikroskopischer Bilder.

Hat man auf diese Weise ein Objekt eingestellt, so muß man zunächst sich darüber klar werden, ob die Beleuchtung für seine Betrachtung vorteilhaft ist. Günstige Beleuchtung ist ein Haupterfordernis für das Mikroskopieren.

Allgemein gültige Vorschriften zum Erzielen der besten Beleuchtungsarten lassen sich nicht geben; am leichtesten sammelt man hierin Erfahrung, indem man in jedem einzelnen Falle alle möglichen Arten der Beleuchtung durchprobiert, durch Anwendung von Plan- und Hohlspiegel in verschiedenen Stellungen, Benutzung verschieden starker Abblendung, gerader oder schiefer Beleuchtung. Letztere erreicht man beim Abbeschen Apparat durch Verschiebung der Blendvorrichtung mittels ihres Triebwerkes, bei andern Vorrichtungen, indem man den Spiegel schief stellt. Diese Art der Beleuchtung ist zuweilen für das Erkennen feiner Strukturen dienlich.

Alle mikroskopischen Bilder werden in Strukturbilder und Farbenbilder unterschieden. Farbenbilder sollen nur die einfachen Umrisse und die Farbentöne (besonders künstlich gefärbter Objekte) zeigen. Durch Schatten im Präparat würden unrichtige Nuancen der Färbung entstehen, teilweise auch die Grenzen der gefärbten Partien undeutlich werden. Deswegen sind für die Betrachtung eines Farbenbildes die Strahlen der hellsten Mikroskopbeleuchtung um so besser geeignet, je genauer senkrecht sie das Objekt durchdringen. Das Strukturbild dagegen kommt durch Licht und Schatten im Präparat zustande; diese suchen wir durch Abblenden oder schiefe Beleuchtung hervorzurufen.

Jedenfalls sei man sich darüber klar, daß die hellste Beleuchtung nicht immer die beste ist. — Objektive für homogene Immersion sowie überhaupt stark vergrößernde Systeme werden nur mit Beleuchtungsapparaten vollständig ausgenutzt.

Häufig kann es zweckmäßig sein, das auf den Objekttisch von oben her auffallende Licht durch einen Schirm abzuhalten, damit man nur durchfallende Strahlen erhält. Dies ist namentlich für Untersuchungen in polarisiertem Licht beachtenswert.

Haben wir nun für unser Objekt *(Epinephele janira)* die günstigste Beleuchtung ausgesucht, so beginnen wir mit der Betrachtung.

Wir benutzen zuerst die schwächste zur Verfügung stehende Vergrößerung, blicken in das Okular, fassen mit der linken Hand das Präparat an und schieben es ein wenig. Hierbei beobachten wir die Erscheinung, daß die Bilder immer von links nach rechts wandern, wenn wir das Präparat von rechts nach links schieben und umgekehrt.

Unsere erste Erfahrung ist also, daß das Mikroskop die Bilder umdreht. Diese Erscheinung erklärt sich ohne weiteres durch die Überlegung, in welcher Weise das Bild überhaupt zustande kommt (vgl. S. 30, Abb. 37). Wir müssen uns mit dieser Eigentümlichkeit des Mikroskops beim Aufsuchen eines Objekts vertraut machen, müssen immer in der entgegengesetzten Richtung verschieben als diejenige ist, in der wir ein Bild suchen; daran gewöhnt man sich aber sehr rasch.

Während des Beobachtens haben wir die rechte Hand stets an der Mikrometerschraube und bewegen dieselbe andauernd, um auf diese Weise den Tubus zu heben und zu senken. Im allgemeinen erkennt man den Anfänger im Mikroskopieren daran, daß er die Mikrometerschraube nicht genügend benutzt. Dies ist aber durchaus notwendig, und zwar aus folgenden Gründen:

Das Mikroskop kann uns nur eine einzige Ebene des Objekts scharf zeigen; was über oder unter dieser liegt, erscheint entweder verwaschen oder geht vollständig verloren. Unsere Objekte sind aber Körper: deswegen muß fortwährend bei der Betrachtung die Einstellung geändert werden, um die verschiedenen Ebenen zu einem Körper kombiniert zum Bewußtsein zu bekommen.

Damit wir diejenige Ebene des Objekts, die wir untersuchen wollen, scharf sehen, müssen wir ein scharfes Bild auf unserer Netzhaut erzeugen. An der Konstruktion dieses Bildes ist sowohl das Linsensystem des Mikroskops als auch das Auge des Betrachters beteiligt. Es könnte daher die jeweilige Scharfeinstellung (innerhalb gewisser Grenzen) einerseits durch entsprechende Einstellung des Mikroskops, andererseits durch eine scharfe Einstellung des Auges (Akkommodationsmechanismus) bewirkt werden. Dieser letztbezeichnete Weg ist fehlerhaft; es empfiehlt sich, stets die Mikrometerschraube zu benutzen und den Akkommodationsmechanismus des Auges völlig außer Tätigkeit zu setzen, d. h. den dioptrischen Apparat desselben so einzustellen, als ob das Auge dauernd in die Ferne sähe. Unterstützen wir nämlich die Scharfeinstellung durch die Akkommodation (wechselnde Krümmung und Brechkraft der Augenlinse), so strengen wir die hierbei mitwirkenden Muskeln an und ermüden das Auge besonders rasch. Dies ist dagegen weniger der Fall, wenn wir bei völliger Erschlaffung der Akkommodationsmuskeln (Ferneinstellung des Auges) die verschiedenen Ebenen des Objekts nur durch Änderungen der mikroskopischen Einstellung scharf auf unserer Netzhaut abbilden und auch nur auf diese Weise eine körperliche Vorstellung des Objekts zu gewinnen suchen.

Auch durch langes Sehen ins Mikroskop ermüdet das Auge, selbst wenn man dasselbe nicht über Gebühr anstrengt; der Anfänger ermüdet sehr viel rascher als der Geübte. Deswegen lasse man das Auge öfters ausruhen; sobald man beim Beobachten Ermüdung oder auch nur eine Spur von Schmerz empfindet, breche man mit der Arbeit auf kurze Zeit ab.

Dringend notwendig ist es, beim Mikroskopieren beide Augen offen zu lassen. Wer das eine, unbeschäftigte Auge zukneift, drückt auf dessen Augapfel und durch den Druck entsteht ein Schmerzgefühl, das sich dem offenen, beobachtenden Auge mitteilt. Nur im ersten Anfang stören die Bilder, die das offene unbeschäftigte Auge sieht; sehr bald aber lernt man, die ganze Aufmerksamkeit auf das Bild des zu betrachtenden Objekts zu konzentrieren und hat dann von dem, was das nicht ins Mikroskop blickende Auge sieht, gar kein Bewußtsein mehr. Zweckmäßig ist, beide Augen gleichmäßig an das Mikroskopieren zu gewöhnen und bei der Arbeit abwechseln zu lassen. Irgendwelche Schädigungen des Auges durch vernünftiges, mit nicht über Bedarf grellem Licht betriebenes und nicht allzu lang ausgedehntes Mikroskopieren sind nicht zu befürchten.

Als einer beim Mikroskopieren häufigen Sehstörung sei des „Mückensehens“ Erwähnung getan. In Form rundlicher, perlschnurähnlicher oder schlingenförmiger Bilder ziehen die „mouches volantes“ über das Sehfeld weg. Dieselben entstehen durch das Auge selbst, und zwar hauptsächlich durch die schleimigen Absonderungen der Meibomschen Drüsen. Diese „mouches volantes“ geben keine Ursache zur Besorgnis ab. Werden sie lästig, so unterbricht man das Sehen ins Okular auf einige Minuten, wäscht das Auge mit warmem Wasser oder riecht an Salmiakgeist.

Das Auge kann an das richtige mikroskopische Sehen erst durch längere Übung gewöhnt werden; hat man diese erlangt, so sieht man sehr häufig feine Streifungen usw. mit Leichtigkeit, die man vorher nicht erblicken konnte. Insbesondere aber ist zum Erlernen des richtigen Sehens das Zeichnen der Objekte von allerhöchster Bedeutung. Nur das hat man gesehen, was man durch (vielleicht ungeschickte) Zeichnung darstellen kann; nur durch die beim Zeichnen unumgänglich nötige Vertiefung in die Objekte kann man eine gewisse Flüchtigkeit des Sehens bekämpfen, die das Resultat der übergroßen Menge von Gesichtseindrücken ist, die jeder Mensch tagtäglich empfängt.

Nach diesen Vorbemerkungen und unter Beachtung der darin gegebenen Anweisungen wird nun das Präparat (*Epinephele janira*) der Reihe nach mit immer stärkeren Vergrößerungen betrachtet und versucht, alle S. 57 von demselben angeführten Eigenschaften genau zu sehen.

Dabei wird man die Berechtigung folgender Anweisungen einsehen: Da die Gesamtheit des Bildes nur bei schwachen Vergrößerungen erscheint, bei starken aber nur Teile der Objekte sichtbar sind, durchmustere man das Präparat zunächst mit Hilfe eines schwächern Systems und untersuche dann Einzelheiten mit stärkerer Vergrößerung. Eine starke Vergrößerung stellt man besser durch starke Objektive und schwächere Okulare her, als umgekehrt. Eine 1000- bis 1200fache Vergrößerung ist für alle Fälle ausreichend. Überhaupt wähle man stets nur eine so hohe Vergrößerung, wie sie für den betreffenden Fall erforderlich ist, und beachte, daß Bildschärfe, Lichtstärke und Ausdehnung der untersuchten Fläche immer bei schwächeren Linsen größer sind als bei starken.

III. Die Herstellung von Präparaten.

Aus der Benennung unseres Instrumentes „Mikroskop“ geht nicht nur hervor, daß es kleine Gegenstände vergrößert sichtbar macht, sondern auch, daß nur kleine Gegenstände mit demselben betrachtet werden können. Nur in einer verschwindenden Minderzahl von Fällen benutzt man zur Erleuchtung der mikroskopischen Objekte auffallendes Licht; allermeist wendet man durchfallendes Licht an. Dies hat zur Voraussetzung, daß die Objekte durchsichtig dünn sein müssen.

Jedes für die mikroskopische Schau bestimmte Objekt muß dazu präpariert werden; das dergestalt hergerichtete Objekt nennt man ein Präparat.

1. Der Herstellung von Präparaten dienende Utensilien, Instrumente, Chemikalien.

a) Utensilien zur Fertigstellung (Montierung) der Präparate.

Objektträger. Jedes Präparat wird auf eine rechtwinklige Platte aus ziemlich kräftigem Glas gelegt, die Objektträger genannt wird.

Je nach der Größe unterscheidet man englisches Format (76 × 26 mm), Gießener oder Vereinsformat (48 × 28 mm) und Leipziger Format (70 × 35 mm). Von diesen Formaten ist das „englische" das beste und weitaus am meisten im Gebrauch.

Objektträger sollen aus fehlerfreiem, weißem Glas geschnitten sein; häufig sind die Kanten zur Schonung der Putztücher abgeschliffen[1]). Als Putztücher dienen am besten ausgewaschene ältere Taschentücher.

Deckgläser. Um zarte Objekte zu schützen und in Flüssigkeiten eingelegte vor dem Eintrocknen zu bewahren, wird jedes Präparat mit einem Deckglas bedeckt. Auch die Deckgläschen sind in verschiedenen Formaten im Handel; am meisten werden gegenwärtig die quadratischen Formen gekauft. Ihre Größe variiert zwischen 10 und 24 mm^2; für fast alle Zwecke genügend sind die handlichen 18 mm^2 messenden Deckgläschen, die als gebräuchlichste Sorte zu bezeichnen sind. Runde dienen für Dauerpräparate, ohne größere Vorteile zu bieten.

Beim Einkauf der Deckgläser achte man erstens auf fehlerfreies Glas, zweitens aber besonders auf die Dicke, denn (vgl. S. 18) für stärkere Trockenobjekte lassen sich dicke Deckgläser nicht verwenden. Der Anfänger freut sich allerdings über starke Deckgläser, weil diese nicht so leicht brechen, wie die guten, dünnen; der Geübtere dagegen wird stets danach streben, Deckgläser von 0,15—0,18 mm Dicke zu erhalten.

Das Putzen der Deckgläser will gelernt sein, wenn sie dabei nicht zerbrechen und doch völlig sauber werden sollen. Man faßt sie zwischen Daumen und Zeigefinger der Linken an den Kanten, taucht in Wasser und reibt mit Daumen und Zeigefinger der Rechten trocken und klar, wechselt vielleicht auch die Haltung des Gläschens durch Drehung um 90°. Die gereinigte Fläche, vor allem ihre Mitte darf nicht mit den Fingern berührt werden!

Schutzleisten. Rechteckige Kartonstücke von etwa 2 mm Dicke, die es ermöglichen, Präparate übereinander zu legen, ohne daß die Deckgläser und Objekte zerdrückt werden. Je eines dieser Kartonstücke wird rechts und links vom Präparat aufgeklebt; diese Schutzleisten dienen zugleich als Etiketten, auf die Name, Fundort usw. sowie Präparationsweise und Präparationsdatum des Objekts notiert wird.

b) Instrumente zur Herstellung von Präparaten.

Alle mikroskopischen Präparate müssen außerordentlich dünn und so eben wie möglich sein. Diese Erfordernisse erfüllen gute S c h n i t t e. Solche werden mit verschiedenen Instrumenten hergestellt.

---

[1]) Wie alle Glassachen usw. zu beziehen von den Lieferanten mikroskopischer Apparate, z. B. von der für den Einzelhandel auch dieser Bedürfnisse reichhaltig ausgebauten Niederlage von E r n s t L e i t z in Berlin NW 6, Luisenstr. 47, in jeder Hochschulstadt von entsprechenden Geschäften, vielfach auch denen, die Bedarf für ärztliche Praxis führen.

Rasiermesser. Am allgemeinsten in Anwendung und für alle einfacheren Zwecke durchaus genügend sind die Rasiermesser. Man hält sich deren mindestens zwei, nämlich eines mit keilförmigem Schliff für harte Gegenstände (Hölzer usw.) und eines mit beiderseits hohl geschliffener Klinge für zarte Objekte. Derartige Rasiermesser sind überall für geringen Preis zu erwerben.

Streichriemen. Um seine Messer stets in gutem Zustand zu erhalten, ist ein Streichriemen nötig, und zwar kauft man sich vorteil-

Abb. 71. Mikrotom von M. Schanze, Modell C.

haft den vierkantigen Zimmerschen chinesischen Streichriemen Nr. 1[1]), dessen Seiten mit verschiedenem Schleifmaterial versehen sind. Seite 1 wird nur zum Ausschleifen etwa entstandener Scharten verwendet; Seite 2 und 3 zum Anschleifen ganz stumpfer Messer; die Lederseite 4 dagegen ist die eigentliche Abziehseite. — Beim Schleifen und Abziehen halte man das Messer so flach wie möglich, also so, daß Rücken und Schneide zu gleicher Zeit den Streichriemen berühren und drehe beim Abziehen am Ende des Streichriemens jeweils auf

[1]) C. Zimmer, Berlin W., Taubenstr. 39, liefert auch gute Messer.

dem Messerrücken um, andernfalls wird die Fläche des Riemens (und das Messer) schadhaft.

Mikrotome. Die Schwierigkeit, größere Objekte in Serien ganz gleichmäßiger Schnitte mit bloßer Hand zu zerlegen, hat zur Konstruktion der Mikrotome geführt. Mit diesen Instrumenten werden auf mechanische Weise Schnitte von beliebiger Feinheit leicht hergestellt. In selbsttätiger Weise wird durch eine Schraubenvorrichtung das zu schneidende Objekt nach jedem Schnitt um ein bestimmtes Maß in die Höhe gerückt, so daß das hobelartig darüber geführte Messer stets gleichstarke Lamellen abschneidet. (Schlittenmikrotom von Jung oder Schanze, Abb. 71.)

Bei anderer Konstruktion steht das Messer fest, während das eingebettete und auf eine Platte aufgekittete oder in einem Halter befindliche Objekt durch ein Kurbelrad dauernd auf und ab, zugleich aber — der Schnittdicke entsprechend — vorwärts bewegt wird. (Schaukelmikrotom nach Minot von E. Zimmermann.)

Ausstattung und Größe der Mikrotome sind sehr verschieden. Empfohlen werden können als Quellen: R. Jung, Heidelberg, Hebelstr.; M. Schanze, Leipzig, Brüderstr. 63; E. Zimmermann, Leipzig, Roscherstr. 23; Ernst Leitz, Wetzlar. Die Preise sind recht verschieden, die nötigen Messer in Güte oft entscheidend. Die Gewöhnung an verschiedene Typen gibt oft den Grund für die wechselnden Urteile bei den Gebrauchern.

Wenn auch die Nutzung der Mikrotome mehr für größere wissenschaftliche Arbeiten in Frage kommt, so ist doch auch neben dem für viele Dinge unentbehrlichen Handschnitt heute das kleinere Mikrotom (besonders Reisemikrotom von E. Zimmermann) deshalb wichtig auch für bescheidenere Zwecke geworden, weil man eine bequeme neue Einbettung ohne längere Vorbereitung erfunden hat: zarte Gegenstände, wie kleine Pflanzenteile, werden in frische Kartoffelstückchen eingesenkt und mit diesen durch Chloräthyl zum Gefrieren gebracht und in diesem Zustand erhalten und geschnitten. (Gefriermikrotom.)

Der Wert aller Mikrotomschneidearbeit gegenüber Handschnitten liegt in der Vermeidung des Verlustes einzelner Schnitte aus einer Reihe, d. h. dem Erlangen von Schnittserien.

c) Der Aufbewahrung von Präparaten dienende Einschlußmassen.

Eine ganze Anzahl von Objekten wird vorteilhaft trocken aufbewahrt, d. h. in keine Flüssigkeit eingeschlossen. Dies sind z. B. Präparate von Säugetierhaaren, Vogelfedern, Insektenschuppen und -flügeln, sowie nicht hygroskopische Kristalle.

Die Überzahl der Präparate dagegen wird in besondere Einschlußmassen zwischen Objektträger und Deckglas eingelegt.

Allen Einschlußmassen muß gemeinsam sein, daß sie die Präparate vor Fäulnis und sonstigem Verderben (Schrumpfen usw.) bewahren. Im Gebrauch haben sich bewährt:

Glyzerin, das Universaleinschlußmittel für wasserhaltige Objekte. Wird vorteilhaft in verdünntem Zustande angewandt, und zwar Glyzerin konz. 70, destilliertes Wasser 28, Karbolsäure konz. 2.

Glyzeringelatine. Die bequemste Modifikation der Glyzerinverwendung. Sie wird folgendermaßen hergestellt: 300 g trockene feinste Gelatine werden 2 Stunden lang in 1000 ccm Wasser aufgeweicht; dann auf 50° C erwärmt, 10 ccm konz. Karbolsäure und 500 ccm Glyzerin zugegeben; bei der Temperatur von 50° gehalten, bis die auf den Karbolzusatz entstandenen Flocken verschwunden sind; im Heißwassertrichter durch doppeltes Papierfilter (oder durch Flanell) filtriert.

Chlorkalziumlösung. Für viele zarte, wasserhaltige Objekte ein zweckmäßiges Einschlußmittel. Wird hergestellt: Chlorkalzium I, Wasser 3, einige Tropfen Salzsäure (um die Bildung von Kristallisationen zu verhindern).

Holzessig. Ausgezeichnete Einschlußflüssigkeit für mikroskopische Wasserorganismen, insbesondere Protozoen und Algen. Verwendung findet das Acetum pyrolignosum rectificatum der Apotheken.

Sublimat. Einschlußflüssigkeit für viele zarte zoologische Objekte (Blutkörperchen, Gehirn- und Rückenmarkschnitte usw.), doch auch für Protozoen und Algen sehr zweckmäßig. Man verwendet Sublimat 1, Wasser 500.

Kanadabalsam. Das Universalmittel zum Einschluß wasserfreier Präparate. Man verwende in Xylol oder Chloroform gelösten Kanadabalsam; die Lösung in Terpentinöl, die vielfach empfohlen wird, hat meist den Nachteil, daß sie zu langsam fest wird. Der gebrauchsfertige Balsam sei hell weingelb, dickflüssig und vollkommen klar; von Zeit zu Zeit ist ein Ersatz des verdunstenden Lösungsmittels notwendig. Kanadabalsam wird jetzt häufig in Tuben gebrauchsfertig in den Handel gebracht. Wer sich denselben selbst herstellen will, bewahre ihn in weithalsiger, mit Glaskappe versehener Flasche (Abb. 72) auf. Alle Objekte, die noch wasserhaltig sind, trüben diese Flüssigkeit. Sie müssen daher durch Entwässerung (S. 84) vorbereitet sein!

Abb. 72. Glas für Kanadabalsam.

Lack zum Abschluß der Präparate. Um die in Einschlußmassen liegenden Präparate gegen die Einwirkung der Luft zu bewahren, insbesondere aber um die Verdunstung wässeriger Einschlußmittel zu verhüten, wird um das Deckglas herum ein Lackrand gelegt, der sowohl auf den Objektträger wie auf das Deckglas übergreift. Der Lackabschluß der Präparate ist für in Kanadabalsam liegende Objekte zwar nicht absolut notwendig, aber doch sehr empfehlenswert. Es ist durchaus nicht gleichgültig, welche Lackart man benutzt, denn ungleichmäßige Kompositionen fließen entweder nicht genügend oder erhärten nicht rasch genug oder werden besonders bei längerem Aufbewahren der Präparate) rissig.

Sehr empfehlenswert ist als Abschlußlack der überall erhältliche sogenannte Maskenlack. Er wird mit einem feinen Haarpinsel aufgestrichen.

Einfach im Gebrauch, z. B. für Glyzerinpräparate, ist der Krönigsche Deckglaskitt (zu haben durch E. Leitz, Berlin u. a.), ein festes Gemenge von Kolophonium und Wachs, das mit besonders geformtem, angewärmten Spatel aus dem Behälter entnommen und aufgetragen wird.

Gleichfalls vielfach im Gebrauch und durch die Eigenschaft, auch an mit Einschlußflüssigkeit etwas verunreinigten Glasflächen zu haften ausgezeichnet ist eine sirupdicke Lösung von Kanadabalsam in Xylol oder Chloroform.

d) Reagenzien.

Alle in der Mikroskopie verwendeten Reagenzien lassen sich leicht in zwei Gruppen einteilen; in Mittel, die nur im allgemeinen das Präparat für die Betrachtung tauglicher, insbesondere durchsichtiger machen sollen — dies sind die Aufhellungsmittel — und in Reagenzien, die zum Nachweis bzw. zum Sichtbarmachen ganz bestimmter Teile des Präparats verwendet werden — dies sind die eigentlichen Reagenzien.

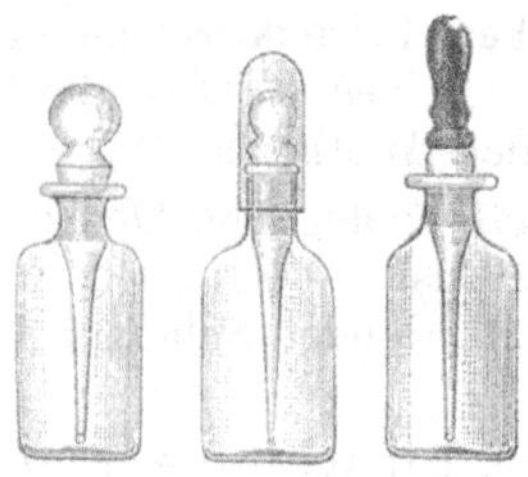

Abb. 73. Flaschen für Reagenzien und Farbstoffe.

Alle nicht zähflüssigen Reagenzien werden am zweckmäßigsten in den in Abb. 73 dargestellten Flaschen aufbewahrt. Diesen Gefäßen ist eigen, daß ihr eingeschliffener Stöpsel direkt in einen Fortsatz ausläuft, der den gewöhnlich zur Entnahme der Reagenzien benutzten Glasstab ersetzt. Dadurch wird die bei raschem Arbeiten nicht eben seltene Verunreinigung der Reagenzien vermieden und Zeit gewonnen. — Abb. 73*b* unterscheidet sich von *a* durch aufgesetzte Glaskappe; bei *c* ist der Stöpsel und Glasstab durchbohrt und steht mit einer Gummikappe in Verbindung, mit deren Hilfe die Reagenzien in größerer Quantität angesogen und beliebig dosiert wieder abgegeben werden können.

Diese Flaschen werden zweckmäßig in einen Holzblock mit passend ausgebohrten Löchern nebeneinandergestellt.

Aufhellungsmittel.

Auch die Aufhellungsmittel können in zwei Hauptgruppen geordnet werden: die einen sind stark lichtbrechende Flüssigkeiten, die die Objekte selbst nicht angreifen, sondern nur physikalisch aufhellen sollen; die andern dagegen sind chemisch scharf wirkende Substanzen, die durch Wegschaffung störender Teile andere deutlicher hervortreten lassen.

Physikalische Aufhellungsmittel.

Die physikalische Aufhellung eines Objekts beruht darauf, daß in einer Flüssigkeit liegende Körper nicht gesehen werden können, wenn sie gleiches Lichtbrechungsvermögen wie diese Flüssigkeit besitzen. In stark lichtbrechenden Flüssigkeiten verschwinden also z. B. die einen beträchtlich höheren Brechungsexponenten als Wasser besitzenden Zellwände, Stärkekörner usw. viel mehr als in einer schwach das Licht brechenden; man kann deshalb die Betrachtung anderer Teile des Präparats dadurch sehr erleichtern, daß man gerade die genannten Teile möglichst wenig in Erscheinung treten läßt. Bei Verwendung stark lichtbrechender Einschlußflüssigkeiten für die Präparate werden diese heller; man nennt die Mittel, welche dies bewirken, Aufhellungsmittel.

Glyzerin (vgl. oben S. 70). Das als Einschlußmittel bereits empfohlene Glyzerin hat außer den oben genannten Vorteilen auch noch den, daß es ein vorzügliches physikalisches Aufhellungsmittel darstellt, und zwar wächst die aufhellende Kraft mit der Konzentration des Glyzerins.

Kanadabalsam (vgl. S. 71). Ein besonders wirksames Aufhellungsmittel stellt der Kanadabalsam dar, weil sein Brechungsexponent noch beträchtlich höher ist als der des Glyzerins. Die Art und Weise, in der die Anwendung des Kanadabalsams stattfindet, wird unten bei Besprechung der Anfertigung von Dauerpräparaten besprochen werden. Außer Kanadabalsam können auch andere Balsame, Harzlösungen und ätherische Öle (z. B. Nelkenöl) von hohem Brechungsexponent als Aufhellungsmittel Verwendung finden.

Chemische Aufhellungsmittel.

Um wenig durchsichtige Objekte dadurch zur Betrachtung vorzubereiten, daß man durch Zerstörung von Farbstoffen, Beseitigung von Stärke usw. die Strukturen der starreren Teile (das Zellgefüge) klarer heraustreten läßt, benutzt man eine Anzahl von Mitteln, die man als chemische Aufhellungsmittel zusammenfassen kann. Die wichtigsten derselben sind:

Kalihydrat oder Natronhydrat (Ätzkali oder Ätznatron). Das gewöhnlichst angewendete Aufhellungsmittel, welches dadurch wirkt, daß es die Stärke verkleistert, die Eiweißstoffe auflöst und die Fette verseift. Beachtet sei, daß das Kalihydrat nicht nur klärend, sondern auch quellend wirkt, daß insbesondere die Zellmembranen ihre Dimensionen und manchmal auch ihre Gestalt durch die Anwendung dieses Reagens verändern.

Das Ätzkali für mikroskopischen Gebrauch wird durch Auflösen von Kali caust. fusum 33 in Wasser 67 hergestellt. Bei dieser Auflösung erfolgt eine starke Wärmeentwicklung; man stelle daher das Gefäß in ein anderes mit kaltem Wasser gefülltes. Durch Einwirkung der Luftkohlensäure verliert das Ätzkali allmählich seine Wirksamkeit; es wird Kaliumkarbonat gebildet, das insbesondere zwischen Hals und Glasstöpsel der Flasche sich in Menge festsetzt und den Stöpsel bald unlösbar einkittet. Um dies zu vermeiden, überziehe man die Verschlußstelle mit geschmolzenem Paraffin oder Vaseline.

Ferner sei hier darauf aufmerksam gemacht, daß bei dem manchmal nötigen Kochen von Objekten in Kalilauge leicht durch daß „Stoßen" der Lauge Verletzungen der Augen entstehen können, wenn man das Ende des Reagenzglases nicht vom Gesicht abkehrt.

Eau de Javelle und Eau de Labarraque (Liq. Kalii hypochlorosi, Liq. Natrii hypochlorosi). Diese stark chlorhaltigen Flüssigkeiten sind geradezu souveräne Aufhellungsmittel für alle gefärbten Pflanzenteile. Sowohl ganze Blätter oder Blattfragmente wie Schnitte werden, erstere nach 1—24 Stunden, letztere nach wenigen Minuten, vollkommen entfärbt und zur Betrachtung tauglich gemacht. Auch mit Gerbsäurefarbstoffen gefärbte Objekte (Rindenpartikel, Samenteile usw.) werden rasch und vollständig gebleicht. — Zu stark gebleichte Objekte können (nach Abspülen in Wasser) durch Safranin usw. nachgefärbt werden.

Man bereitet diese Reagenzien, indem man in zwei Flaschen bringt:

1. Flasche: Chlorkalk 20, Wasser 100. — Öfters umschütteln, einen Tag stehen lassen.

2. Flasche: Kaliumkarbonat (bzw. Natriumkarbonat) 25, Wasser 25.

Hat das Salz in Flasche 2 sich gelöst, so werden beide Flüssigkeiten zusammengegossen, in fest verschlossener Flasche einen Tag stehen gelassen und dann sorgfältig vom Bodensatz abgegossen. — Das Reagens muß vor Licht geschützt aufbewahrt werden.

Chloralhydrat. Die Anwendung des allermeist empfohlenen Chloralhydrats (konz. wässerige Lösung) zum Aufhellen gefärbter Objekte liefert nicht immer so rasch und sicher gutes Resultat wie diejenige des Eau de Javelle, ist aber doch besonders bei zarteren Objekten vielfach am Platze.

Essigsäure. Wird konzentriert als Eisessig (Acid. acetic. glaciale) angewandt. Hauptsächlich bei tierischen Objekten ein wichtiges Aufhellmittel, für die Darstellung von Bindegewebe, Muskelfasern, Nervenendigungen, Zellkernen usw. vorteilhaft benutzbar.

Die eigentlichen Reagenzien.

Äther. Wird in der käuflichen Form als Reagens auf Fette verwendet, die er löst.

Alkohol, absoluter. Reagens auf ätherische Öle und Harze, die gelöst werden, während Fette meist unbeeinflußt bleiben und erst durch Äther gelöst werden müssen.

Jod-Jodkalium. Reagens auf Stärke, die erst blau, dann rasch blauschwarz gefärbt wird.

Dieses Reagens wird bereitet, indem man Jodkalium 1,3 in Wasser 100 löst und kristallisiertes Jod 0,3 zufügt. Abgesehen von der spezifischen Wirkung auf die Stärke läßt Jod-Jodkalium (wie überhaupt alle freies Jod enthaltenden Reagenzien) die Eiweißstoffe daran erkennen, daß sie durch Speicherung des Jods sich tief gelb oder gelbbraun färben.

Chlorzink-Jod. Reagens auf Zellulose, die violett gefärbt wird.

Man bereitet dieses Reagens, indem man löst: Chlorzink 25, Jodkalium 8 in Wasser 8,5 und dann soviel Jod beifügt, als sich auflöst. Die zu untersuchenden Schnitte werden direkt in das Reagens eingelegt. An Stelle dieser Reaktion kann man die etwas umständlichere mit Jod-Schwefelsäure verwenden, die in der Weise angewandt wird, daß man den Schnitt erst mit der oben angegebenen Lösung von Jod-Jodkalium tränkt und dann verdünnte Schwefelsäure (2 H_2SO_4 konzentr., 1 H_2O) zufügt. Bei solcher Behandlung bläuen sich Zellulosemembranen.

Kupferoxyd-Ammoniak. Reagens auf Zellulose bei Untersuchung von Textilstoffen und Papier. — Löst die Zellulose auf, während sowohl verholzte und verkorkte Pflanzenmembranen wie tierische Fasern nicht angegriffen werden. Da das Reagens sehr rasch unwirksam wird, muß es fast stets vor Gebrauch neu dargestellt werden:

Aus einer konzentrierten Lösung von Kupfersulfat wird mit Kalilauge das Kupferhydroxyd gefällt, ausgewaschen, getrocknet und vor Licht geschützt aufbewahrt. Soll Kupferoxyd-Ammoniak verwendet werden, so wird etwas von diesem Kupferhydroxyd mit konzentriertem Ammoniak übergossen. Dadurch ensteht das blau gefärbte Reagens.

Kupfersulfat. In Verbindung mit Kalilauge Reagens auf Zucker. Ist in Zellen Traubenzucker enthalten und werden Schnitte erst mit konzentrierter Kupfersulfatlösung getränkt, dann rasch in Wasser abgewaschen und in heißer Kalilauge geschwenkt, so entsteht in den zuckerhaltigen Zellen ein roter Niederschlag von Kupferoxydul. Diese Reaktion tritt nur ein, wenn ein reduzierender Zucker vorhanden ist; bei Anwesenheit von Rohrzucker sind die denselben enthaltenden Zellen schön blau gefärbt.

Schulzesches Mazerationsgemisch. Lösungsmittel für Pektinstoffe (und Zellulose). Besteht aus Salpetersäure und Kaliumchlorat (etwa erbsengroße Menge auf 2 ccm) und wird in der Weise angewandt, daß die zu mazerierenden Objekte (insbesondere Hölzer) darin gekocht werden. Dadurch werden die Pektinstoffe, die die Interzellularlamellen bilden und die Zellwände zusammenkitten, gelöst und die Zellen können leicht getrennt werden. — In gleicher Weise wird das Gemisch (bei vorsichtiger Anwendung!) zur Isolierung von Muskelfasern angewandt.

Phlorogluzin-Salzsäure. Reagens auf sogenannte Holzsubstanzen. Um mit Ligninen imprägnierte Membranen nachzuweisen, wird eine konzentrierte alkoholische Lösung von Phlorogluzin gleichzeitig mit konzentrierter Salzsäure angewandt. Die „Holzsubstanz" färbt sich violettrot oder ziegelrot.

Anilinsulfat. Reagens auf sogenannte Holzsubstanz (bei deren wenig klarer und einheitlicher Natur im Ausfall nicht immer mit dem vorigen übereinstimmend!) Man benutzt 1proz. wässerige Lösung des Salzes und setzt auch wohl noch 2proz. Schwefelsäure im Präparat zu: die verholzten Wände färben sich (gold)gelb.

Kaliumpermanganat. Reagens auf „Holzsubstanzen" in Verbindung mit Salzsäure und Ammoniak. Man behandelt das Objekt 5 Minuten mit der Lösung, wäscht mit Wasser aus, gibt verdünnte Salzsäure 1—2 Minuten und dann einen Tropfen Ammoniak zu. Die Holzsubstanzen färben sich (ebenfalls nicht immer mit den vorigen Reaktionen übereinstimmend!) rot. (Mäulesches Reagens.)

Eisenchlorid. Reagens auf Gerbstoffe. Wird (um nicht zu tiefe Färbung hervorzurufen) in dünnen (2—5proz.) Lösungen angewandt und färbt Gerbstoff oder damit imprägnierte Zellen entweder tief grünschwarz (Eisen-grünender Gerbtsoff) oder tief blauschwarz (Eisenbläuender Gerbstoff). — Wie Ferrichlorid kann auch Ferrosulfat Anwendung finden.

Schwefelsäure, konzentrierte. a) Reagens auf verkorkte Membranen, die durch die Säure nicht oder nicht wesentlich angegriffen werden. — **b)** Reagens auf Kalksalze (außer Gips), die durch Schwefelsäure in Gips übergeführt werden. Dieser ist durch eine nadelbüschelartige Kristallisation dann unter dem Mikroskop auf den ersten Blick erkennbar.

Tusche, chinesische. Reagens auf Pflanzenschleim: Werden schleimhaltige Objekte in trockenem Zustand geschnitten und die

Schnitte dann in einer Verreibung von chinesischer Tusche unter das Mikroskop gebracht, so quillt der Schleim und treibt die Kohlenflitterchen, aus denen die Tusche besteht, vor sich her. Es entstehen dadurch im sonst dunklen Gesichtsfeld wasserhelle Stellen, die daran, daß sie beim Verschieben des Deckglases an den Pflanzenschnitten hängen bleiben, leicht als Schleim erkannt werden.

e) Farbstoffe.

Die Anwendung der Farbstoffe in der Mikroskopie hat in den letzten Dezennien eine außerordentlich weite Verbreitung gefunden. Insbesondere für das Studium der feinen Zellstruktur wie für die bakteriologische Untersuchung sind Farbstoffe, und zwar besonders Anilinfarbstoffe, in größter Mannigfaltigkeit angewandt worden und haben die Forschung in intensivster Weise unterstützt. Es kann natürlich nicht unsere Aufgabe sein, alle oder auch nur die Mehrzahl dieser Farbstoffe hier zu behandeln; es muß genügen, wenn nur einige, und zwar die wichtigsten, angeführt werden. Für spezielle Zwecke notwendige Farbstoffe werden unten jeweils bei Beschreibung der Untersuchungsmethoden aufgeführt.

Alkannin. Reagens auf Fette: Dieser Farbstoff hat die Eigentümlichkeit, in allererster Linie die Fette (wie auch ätherische Öle, Harze, Kautschuk) intensiv rot zu färben, während andere Körper viel schwächer oder gar nicht tingiert werden.

Um das Reagens darzustellen, löst man das in Teigform käufliche Alkannin in absolutem Alkohol, setzt das gleiche Volum Wasser zu und filtriert.

Sudan-Glyzerin. Bestes Reagens auf verkorkte Membranen, Fette und ätherische Öle. Färbt die bezeichneten Teile leuchtend orangerot und wird angewandt, indem man die zu untersuchenden Schnitte im Uhrschälchen oder auf dem Objektträger ein- bis zweimal darin aufkocht.

Man löst Sudan III 0,01 g in 96 proz. Alkohol 5 g und fügt Glyzerin 5 ccm zu. Das Reagens ist gut haltbar.

Hämatoxylin. Dieser Farbstoff eignet sich für fast alle Fälle, in denen im allgemeinen Färbung die Deutlichkeit mit einfachen Mitteln vergrößern soll, denn er färbt sowohl die Membranen wie die Eiweißstoffe der Gewebe, und zwar in einer gut differenzierenden und zugleich diskreten Weise. Mit keinem andern Farbstoff ist es so leicht, schöne Bilder zu erzielen, wie mit Hämatoxylin.

Dieses wird vorzugsweise nach der von Delafield angegebenen Weise bereitet: Hämatoxylin 4 wird in Alkohol 25 gelöst, dann wird Ammonalaun 400 (konzentr. wässerige Lösung) zugefügt, 3—4 Tage an der Luft stehen gelassen, filtriert, 100 Glyzerin und 100 Methylalkohol zugesetzt, wieder mehrere Tage stehen gelassen und dann nochmals filtriert. Dies Hämatoxylin wird mit längerem Stehen immer besser; es färbt schön violettblau. Ist eine Färbung zu stark geworden, so zieht man den Farbstoff durch Einlegen des Präparats in 2 proz. Alaunlösung wieder aus.

Karmin nach Grenacher. Grenachers Karmin hat die für manche Zwecke (z. B. Untersuchung der niedersten Wassertiere) höchst wichtige Eigentümlichkeit, bei nicht über 5 Minuten dauernder Einwirkung nur oder fast nur die Zellkerne zu färben; deswegen ist dies Mittel vielfach von großer Wichtigkeit.

Es wird folgendermaßen hergestellt: Karmin wird 15 Minuten lang mit einer 2,5 proz. Alaunlösung gekocht, nach dem Abkühlen filtriert und behufs Konservierung mit einigen Tropfen Karbolsäure versetzt.

Karbolfuchsin nach Ziehl. Ein besonders in der Bakteriologie fast universal verwendbares, höchst intensives Tinktionsmittel, das besonders auch für den Nachweis der Tuberkelbazillen im Sputum der Phthisiker und für die Färbung der Bakteriensporen Anwendung findet.

Dasselbe wird hergestellt: Fuchsin 1 mit wässeriger 5 proz. Karbolsäurelösung 100 unter allmählichem Zusatz von Alkohol 10 verrieben. Dieser Farbstoff ist gut haltbar.

Methylenblau. Gleichfalls in der Bakterienforschung viel angewandt.

Wird am besten als konzentrierte wässerige Lösung gebraucht. Für manche Zwecke empfiehlt es sich, noch 1 vH. Kalilauge zuzugeben.

Die Anwendung der Reagenzien und Farbstoffe geschieht in der Mikroskopie am häufigsten in der Weise, daß man sie dem fertigen Objekt zusetzt und ihre Wirkung direkt beobachtet. Zu diesem Zweck ist es allermeist nur nötig, einen Tropfen des Reagens an den Rand des Deckglases zu bringen, um ihn dann unter dasselbe diffundieren oder (bei trockenen Präparaten) kapillar eindringen zu lassen. Rasch eingesaugt werden die Zusätze, wenn man gegenüber an das Deckglas ein längliches, 1 cm breites Stück Filtrierpapier anlegt. Für diese Ausführungen ist es zweckmäßig, wenn sich das Präparat (nur eines!) auf der Mitte des Objektträgers befindet, auch sind hierbei — infolge des leichter zu regelnden Durchflusses der Zusätze — eckige, mit ihren Kanten denen des Objektträgers parallel liegende Deckgläser den runden entschieden vorzuziehen.

(Für einzelne Vorschriften und Mittel vgl. Schneider-Zimmermann, Botan. Mikrotechnik, Jena 1922.)

2. Anfertigung eines einfachen Trockenpräparates.

Unter einem Trockenpräparat verstehen wir ein Präparat von Objekten, die nicht in irgendeine Einschlußmasse eingelegt werden, sondern dauernd von Luft umgeben sind. Derart präpariert zu werden eignen sich nur trockene Gegenstände (z. B. Haare, Federn, Schuppen von Insekten) und nicht hygroskopische Salze.

Wollen wir uns von den mikroskopischen Kristallisationen des Kochsalzes ein Präparat verschaffen, so verfahren wir folgendermaßen:

Wir reinigen einen Objektträger mit einem Tuche vollständig blank und bringen einen großen Tropfen destilliertes Wasser darauf. In diesem wird ein ganz kleines Körnchen Kochsalz gelöst und nun der Objektträger unter eine Glasglocke gelegt, um jede Verunreinigung des Objekts durch Staub usw. zu verhindern. Das Wasser soll recht langsam verdunsten, deshalb sei die Operation an einem kühlen Ort ausgeführt. — Sieht man am Rand des Wassertropfens beginnende Kristallisation, so nimmt man den Objektträger und schleudert durch einmaliges rasches Schwenken die Hauptmenge der Flüssigkeit ab, um nicht die zu Ende des Kristallisationsprozesses verworren werdenden Kristallformen zu erhalten. Dann läßt man den Rest des Wassers verdunsten.

Ist dies geschehen, so legt man ein Deckglas auf das gewonnene Präparat, klebt dasselbe mit gummiertem Papier ringsum fest, setzt an die Enden des Objektträgers Schutzleisten (S. 68), schreibt darauf Name und Herstellungsweise des Präparats und hat dieses damit fertig gemacht.

In völlig analoger Weise werden Präparate von Haaren usw. angefertigt. Ein Verdunstenlassen von Flüssigkeit ist dabei natürlich nicht nötig, dafür hat man aber darauf zu achten, daß die Haare nicht in wirrem Knäuel liegen, so daß die Betrachtung ihrer Einzelheiten nachher gestört wird, sondern daß alle ordentlich parallel und voneinander in angemessener Entfernung angeordnet sind.

3. Anfertigung der Präparate von wasserhaltigen Objekten.

a) Untersuchungspräparate.

Allermeist hat man es bei der Untersuchung mikroskopischer Objekte mit wasserhaltigen Gegenständen zu tun. Entweder sind direkt Teile lebender oder in Alkohol konservierter Pflanzen und Tiere zu betrachten oder wir haben trockene Objekte (Drogen usw.) vor uns, die behufs Präparation durch Wasser vor der Verarbeitung erweicht (gekocht usw.) werden müssen.

Nehmen wir an, es sei uns die Aufgabe gestellt, eine Probe chinesischen Tees auf seine Echtheit zu prüfen und wir hätten zu diesem Behuf Präparate des Teeblattes anzufertigen.

Um dies zu bewirken, suchen wir uns vorteilhaft aus der Menge zusammengerollter Blätter ein recht großes heraus, werfen es in eine Schale mit Wasser und lassen es über der Flamme einmal ordentlich aufwallen, wobei wir darauf achten, daß das Blattstück durch und durch naß wird. Dadurch verliert es seine Sprödigkeit und kann leicht geschnitten werden. Ein so kleines Objekt können wir nun schwer halten, um Schnitte davon zu machen; wir bedienen uns deshalb der abgestorbenen jungen Sprosse des Holunders (*Sambucus nigra*). Solche verschaffen wir uns, schälen mit einem scharfen Messer das Mark heraus und schneiden es in handliche Stückchen. Dann nehmen wir das Rasiermesser, ziehen es vor dem Gebrauch auf dem Streichriemen noch einmal sorgfältig ab, fassen ein Holundermarkstückchen und schneiden von oben her mit dem Messer so weit ein, daß wir das Blattstück einschieben können. Beim Einschieben müssen wir überlegen, in was für einer Richtung die Schnitte geführt werden sollen. Wollen wir Querschnitte normaler Art haben, so orientieren wir das Blatt derartig, daß seine Mittelrippe, die wir beim Aufrollen leicht erkennen, in der Längsachse des Holundermarkstückchens, also senkrecht zur Schnittfläche, liegt. Ist in dieser Weise das Objekt für das Schneiden hergerichtet, so gießen wir in ein Uhrglas einige Tropfen Eau de Javelle. Darauf fassen wir das Holundermarkstückchen mit der linken Hand, richten die das Objekt enthaltende Spalte so, daß sie parallel dem schneidenden Messer verläuft, schneiden mit dem Rasiermesser zunächst einen groben Span senkrecht zur Mittellinie des Holundermarkstückchens ab und haben dadurch eine ebene Schnittfläche gewonnen, die durch Halten in Augenhöhe geprüft wird. Nun schneiden wir, das vorher mit einem Tropfen Wasser befeuchtete Messer durch das Objekt ziehend (nicht drückend!), mehrere feinste Lamellen von dem Holundermark und mit ihm vom zu präparierenden Blatt ab. — Das oft sehr lästige Brechen des Holundermarks wird leicht dadurch vermieden, daß man die Markstücke vor dem Gebrauch platt drückt.

Die Blattquerschnitte nehmen wir mit einem feinen Haarpinsel vom Messer ab und bringen sie in das Eau de Javelle. Hier verweilen sie, bis sie vollkommen weiß (gebleicht) sind, was nach 4—10 Minuten (je nach der Dicke der Schnitte) der Fall zu sein pflegt.

Inzwischen reinigt man einen Objektträger spiegelblank, bringt genau in seine Mitte einen kleinen Tropfen verdünntes Glyzerin und legt die einzeln zuvor mit einer feinen Pinzette am Ende gefaßten und in destilliertem Wasser geschwenkten Schnitte in das Glyzerin ein, wobei man darauf achtet, daß sie sich nicht kreuzen und dadurch die Betrachtung stören. Endlich wird ein spiegelblank gereinigtes Deckglas aufgelegt.

Hat man nun die Größe des Glyzerintropfens richtig bemessen (was man sehr rasch lernt), so füllt er den Raum zwischen Objektträger und Deckglas vollständig aus, ohne über den Rand des letzteren herauszutreten. Sollte dies aber dennoch der Fall sein, so muß die überschüssige Flüssigkeit sorgsam weggewischt werden, weil sie sonst leicht auch auf das Deckglas gelangen und die Betrachtung des Präparats stören würde.

Betrachtung des Untersuchungspräparates

Indem auf das oben (S. 63—67) über die Einstellung und Betrachtung mikroskopischer Objekte im allgemeinen Gesagte verwiesen wird, genügt es, an dieser Stelle nur einige spezielle Ausführungen über bei nassen Präparaten besonders häufige Erscheinungen im Gesichtsfeld sowie über das vorliegende Objekt zu machen.

Luftblasen. Infolge der im Objekt eingeschlossenen oder dem Glase adhärierenden Luft bilden sich in der Einschlußflüssigkeit häufig Luftbläschen, die man nicht als mikroskopische Objekte ansehen darf. Sie (vgl. Abb. 74) sind durch ihre runde Form und die an ihnen stattfindende starke Brechung des Lichts leicht kenntlich. Bei wechselnder Einstellung verschieden aussehend, ist ihr Rand bei mittlerer Einstellung durch seine tiefdunkle Farbe und die scharfe Abgrenzung nach außen hin gekennzeichnet, während die Mitte vollkommen klar und sehr stark beleuchtet ist.

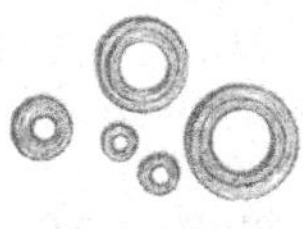

Abb. 74. Vergrößerte Luftbläschen.

Eingeschlossen in Gewebsteilen, z. B. Hohlräumen von Zylinder- oder anderer Form, nehmen sie natürlich deren äußere Gestalt an und wollen auch dann erkannt oder entfernt werden.

Das eigenartige Aussehen der Luftblasen kommt daher, daß die Lichtstrahlen, die aus dem dichteren Medium in die Luftblase eintreten, mit Ausnahme der in der Mitte verlaufenden so stark gebrochen werden, daß sie nicht mehr ins Objektiv gelangen. Je weiter man den Mikroskoptubus senkt, um so breiter wird der schwarze umgebende Ring.

Tritt dagegen das Licht aus einem dünneren in ein dichteres Medium (z. B. aus Wasser in Öltröpfchen im Präparat), so wird beim Heben des Tubus der Ring breiter.

Die Anwesenheit der Luftblasen im Präparet ist häufig außerordentlich störend für die Betrachtung mikroskopischer Bilder. Je nach der Natur der Präparate können verschiedene Wege zu ihrer Entfernung eingeschlagen werden. Wo immer das Objekt es erlaubt, werden Luftblasen vermieden durch Einlegen des Präparats in Alkohol, der dann von der Seite des Deckglases her durch Wasser oder Glyzerin ersetzt wird. Auch können derbe und in der Hitze sich nicht verändernde Objekte durch Erhitzen in Wasser (bis Dampfblasen aufsteigen) auf dem Objektträger von Luftblasen befreit werden. Das schonendste Mittel zu ihrer Entfernung stellt die Luftpumpe dar, in deren Rezipient die Blasen schon nach wenigen Kolbenstößen verschwinden.

Molekularbewegung. Als R. Brownsche Molekularbewegung wird die Erscheinung bezeichnet, daß in Flüssigkeiten liegende kleinste Objekte (Körnchen, Öltröpfchen, Bakterienzellen usw.) sich andauernd in tanzender Bewegung befinden. Diese Bewegung ist eine rein passive und kommt toten wie lebenden kleinsten Objekten gleichmäßig zu. Mit dem Maße der Vergrößerung wächst scheinbar die Schnelligkeit dieser wie überhaupt jeder unter dem Mikroskop betrachteten Bewegung. Wir werden im späteren Verlauf unserer Ausführungen eigenbewegliche Objekte kennen lernen. Wenn ein Gegenstand z. B. bei 500facher Linearvergrößerung den Raum des Gesichtsfeldes durchschwimmt, so ist man verleitet anzunehmen, daß er sich fast pfeilschnell fortbewege, während er in Wirklichkeit nur ganz kurze Strecken vorankommt.

Das Objekt. Nun wollen wir zu einer vorläufigen Betrachtung des Präparats (Abb. 75) übergehen und dabei nur die technisch (für die Anfertigung der Präparate) wichtigen Punkte hervorheben; im übrigen werden wir später die Anatomie und Erkennung des Tees noch zu behandeln haben.

Die erste Frage ist jetzt für uns, ob das Präparat für die Betrachtung tauglich sein wird. Dies erkennen wir daran, daß die Zellen sich klar und deutlich voneinander abheben und alle wichtigen Einzelheiten sichtbar sind.

1. Gewöhnlich tun sie dies bei von Anfängern angefertigten Präparaten nicht in vollkommener Weise, was darin seinen Grund zu haben pflegt, daß die Schnitte zu dick sind. Bei zu dicken Schnitten ist erstens die mit durchfallendem Licht bewirkte Durchleuchtung der Präparate eine ungenügende, zweitens werden von den tiefer liegenden Zellschichten störende Schatten in die Bildebene geworfen und drittens verwirren die nicht klar einstellbaren tieferen oder höheren Partien durch ihre von Zellwänden usw. herrührenden Linien das Bild. — Hat man erkannt, daß das Präparat zu dick ist, so suche

man an den Rändern des Schnittes, ob diese vielleicht dünn genug sind; ist dies aber nicht der Fall, so müssen eben neue dünnere Schnitte angefertigt werden. Nur Übung verhilft zur Meisterschaft.

2. Ferner achte man bei dem Präparat darauf, daß die Gewebe nicht zerrissen sind, sondern daß die Zellen ihren natürlichen Zusammenhang bewahrt haben. Bei unserem Objekt finden sich in der unteren Hälfte des Blattgewebes natürliche, der Atmung der Pflanze dienende Lücken; in anderen Fällen dagegen schließen die Zellen lückenlos aneinander. Man wird bei jedem Bild allermeist leicht merken, ob Zerreißungen vorgekommen sind oder nicht. Solche machen häufig die Präparate für die Betrachtung unbrauchbar. — Um diese Störungen zu vermeiden, suche man die Schnitte mit möglichst leichter Hand anzufertigen. Jedes Drücken, jedes schwere Anlegen des Messers an das zu schneidende Objekt kann zu Zerreißungen führen. Insbesondere aber treten sie regelmäßig ein, wenn die Schnitte mit nicht genügend scharfem Messer gemacht werden.

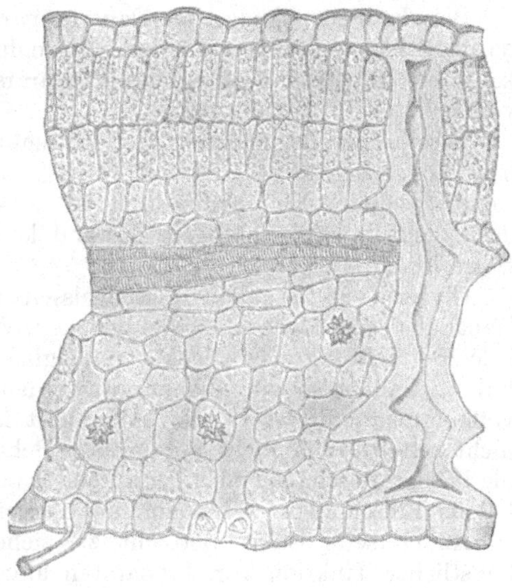

Abb. 75. Querschnitt durch das Teeblatt. Vergr. 250 : 1

3. Ein weiterer Fehler, der sich häufig findet, kennzeichnet sich dadurch, daß die Zellwände (insbesondere die zähen äußersten) lappig zerrissene Ränder aufweisen. Abgesehen von stumpfem Messer wird dieser Fehler hauptsächlich dadurch hervorgebracht, daß die Schneide nicht, wie oben empfohlen wurde, ziehend, sondern drückend durch das zu schneidende Objekt hindurchgeführt wurde.

4. Ferner weisen die Schnitte oft schief verlaufende Linien auf, die daher kommen, daß das Rasiermesser keine ebene Schneide, sondern größere oder kleinere Scharten aufweist.

5. Endlich ist von allergrößter Wichtigkeit, daß die Gewebe wirklich auch in der von uns gewünschten Richtung durchschnitten sind. Unregelmäßig, schief geschnittene Präparate erlauben es nicht in richtiger Weise, die Gestalt der Einzelelemente zu erkennen, besonders wenn diese langgestreckter Natur sind. Solcher langgestreckter Zellen haben wir in unserem Objekt recht typische, nämlich die großen Röhren, die in der Mittelrippe des Blattes liegen (die Gefäße des dort verlaufenden Gefäßbündels). Bei einem gut angefertigten Querschnitt (wie wir ihn machen wollten) müssen diese Röhren alle genau senkrecht

getroffen sein; ihre Wandungen dürfen nicht bei wechselnder Einstellung verschiedene Konturen haben und die Abbildung ihrer Querschnitte muß kreisförmig oder polyedrisch sein, darf keine Ellipsen oder andere langgezogene Formen darstellen.

Wenn das Präparat allen diesen Anforderungen entspricht, so ist es für die Untersuchung tauglich und kann später auch als Dauerpräparat behandelt und aufgehoben werden.

In sinngemäßer Weise diese Vorschriften je nach den Eigenschaften des gerade vorliegenden Objekts abändernd, wird man alle wasserhaltigen Untersuchungspräparate anzufertigen lernen.

b) Dauerpräparate.

Bei der Anfertigung von Dauerpräparaten hat man sich zunächst darüber klar zu werden, welche Einschlußmasse zu wählen ist; dies kann für die Brauchbarkeit des Präparats wie für dessen Haltbarkeit von größter Bedeutung sein.

Bereits bei Besprechung der Einschlußmittel wurde auf Glyzerin bzw. Glyzeringelatine und auf Kanadabalsam hingewiesen. Die Anwendung dieser Einschlußmedien ist wesentlich davon abhängig, ob das Objekt in wasserhaltigem Zustand konserviert werden soll oder in wasserlosem.

Glyzerin ist in allen Verhältnissen mit Wasser klar mischbar; Kanadabalsam dagegen erträgt gar kein Wasser bzw. bildet damit eine jede Betrachtung des Objekts unmöglich machende Emulsion. Der Balsam kann also nur angewandt werden, nachdem man die Objekte vollkommen entwässert hat. Allermeist ist es ein zeitraubendes und nicht selten (wenn nicht mit größter Behutsamkeit vorgegangen wird) die Präparate schädigendes Verfahren, das zur Entwässerung der Objekte behufs Einschluß in Kanadabalsam vorgenommen werden muß.

Andererseits ist in Betracht zu ziehen, daß die meisten behufs künstlicher Tinktion von Präparaten angewendeten Farbstoffe in Glyzerin (besonders in verdünntem Glyzerin) löslich sind. Man hat also, um die allmähliche Entfärbung der Objekte zu vermeiden, vielfach nur den Ausweg, sie in Balsam einzulegen.

Nur in selteneren Fällen ertragen die Objekte direkt ein Austrocknen; dies ist (außer bei Mikrotomschnitten) bei fast allen Bakterienpräparaten und ähnlichen kleinsten Gegenständen (z. B. Sperma usw.) der Fall. Solche Objekte werden stets gefärbt und in Kanadabalsam eingeschlossen.

Glyzerinpräparate.

Flüssiges Glyzerin. Das nach der oben (S. 78) gegebenen Anweisung hergestellte Untersuchungspräparat (wie überhaupt alle Glyzerinpräparate) kann sehr einfach dadurch in ein Dauerpräparat verwandelt werden, daß man es durch einen um das Deckglas gelegten Lackring von der Luft abschließt. Dies geschieht in folgender Weise:

Man legt das Präparat vor sich auf den Tisch, schiebt das Objekt ordentlich in die Mitte des Objektträgers und wischt nun mit einem

Leinenläppchen aufs sorgfältigste alles unter dem Deckglasrand hervortretende Glyzerin ab. Bei diesem Vorgehen sei man sehr gründlich, denn die geringste Spur von Glyzerin verhindert das Festhalten des Lacks und bewirkt, daß das Präparat sehr rasch verdirbt.

Ist alle überschüssige Flüssigkeit vollkommen entfernt, so taucht man einen feinen Haarpinsel in den Abschlußlack (vgl. S. 71) ein und legt längs des ganzen Deckglasrandes einen dünnen, schmalen Lackring, der sowohl auf die Oberfläche des Deckglases wie auf den Objektträger übergreifen muß. Ist dies geschehen, so stellt man das Präparat unter eine Glasglocke, um den Lack antrocknen zu lassen. — Bei dieser Manipulation lasse man sich nicht dadurch stören, daß hier und dort im ersten Lackring noch kleine Stellen vorhanden sind, die den vollständigen Abschluß des Präparats unterbrechen. Denn wenn der Lack etwas fest geworden ist, was nach einem Tage der Fall zu sein pflegt, so überstreicht man den ersten Lackstreifen mit einem zweiten, etwas breiteren, der wieder auf Deckglas und Objektträger übergreift. Dieser zweite Abschluß macht dann das Dauerpräparat fertig.

In vollkommen gleicher Weise verfährt man, wenn irgendeine andere Flüssigkeit (z. B. Chlorkalziumlösung) als Einschlußmittel gewählt wurde.

Eine durch Einfachheit und Sicherheit ausgezeichnete Modifikation dieses Verfahrens ist folgende: Man verwendet einen Wachsfaden (käufliche, zum Knäuel gerollte dünne Wachskerze), erwärmt das Wachs durch Anzünden, löscht wieder aus und legt durch Auftupfen des Wachses zunächst die 4 Ecken des Deckglases fest. Dann erst entfernt man die überschüssige Flüssigkeit, erwärmt den Wachsfaden wieder und legt den ersten Abschlußring mit Wachs, indem man mit der abgelöschten Kerze einfach die Ränder des Präparats umzieht. Der zweite Abschluß wird mit Asphaltlack über den ersten Wachsring gestrichen.

Glyzeringelatine. Viel weniger umständlich als der Einschluß der Präparate in flüssiges Glyzerin ist derjenige in Glyzeringelatine; deswegen wird dies Mittel jetzt ganz allgemein zur Anfertigung wasserhaltiger Präparate verwendet. Um solche herzustellen, verfährt man folgendermaßen:

Das Gefäß, in dem die Glyzeringelatine aufbewahrt wird, kommt in auf 45° C erwärmtes Wasser. Dadurch wird der Inhalt vollkommen flüssig. Dann holt man mit einem Glasstab einen Tropfen heraus, verfährt genau wie oben für Glyzerin angegeben und legt das Deckglas auf. Ist die Gelatine schon fest geworden, so kann man durch schwaches Erwärmen für vollkommenes Ausfließen zwischen Deckglas und Objektträger sorgen. Dann läßt man die Gelatine erstarren und legt nun, ohne durch etwaiges Verrücken des Deckgläschens gestört werden zu können, den Lackabschluß (wie oben beschrieben) an. Unter dem Deckglas vorgetretene Einschlußmasse wird durch Messer und feuchtes Läppchen leicht beseitigt.

Kanadabalsampräparate.

Sollte (wozu unser vom Teeblatt gemachtes Präparat sich aber nicht besonders eignet) das zuerst in Glyzerin untersuchte Präparat nachher in Kanadabalsam eingeschlossen werden, so müßte es erst von

Glyzerin und Wasser befreit werden. Dies könnte man am einfachsten in der Weise bewerkstelligen, daß man die Schnitte durch Auswaschen in Wasser von Glyzerin befreite und sie dann an der Luft trocknen ließe. Dieser Weg wäre aber für unser Objekt durchaus unzweckmäßig, denn bei einem solchen Austrocknen würden die Zellen mit ihren Inhaltskörpern derartig unregelmäßig zusammenschrumpfen, daß schließlich an den Schnitten gar nichts mehr zu sehen wäre. Man muß deshalb zur Entwässerung solcher Objekte einen anderen, langwierigen aber sicheren Weg einschlagen. Zunächst kommen die Schnitte in sehr stark verdünnten Alkohol (25 vH.), bleiben in diesem etwa 1 Stunde und werden dann stufenweise (immer mit einstündigen Stationen in den einzelnen Flüssigkeiten) in 60 vH., 80 vH., absoluten Alkohol, Mischung von absolutem Alkohol und Xylol (1 Alkohol, 3 Xylol) und schließlich reines Xylol überführt. Da diese letztgenannte Flüssigkeit ein vorzügliches Lösungsmittel des Kanadabalsams ist, können die Schnitte nun ohne weiteres aus dem Xylol in den Balsam übertragen werden.

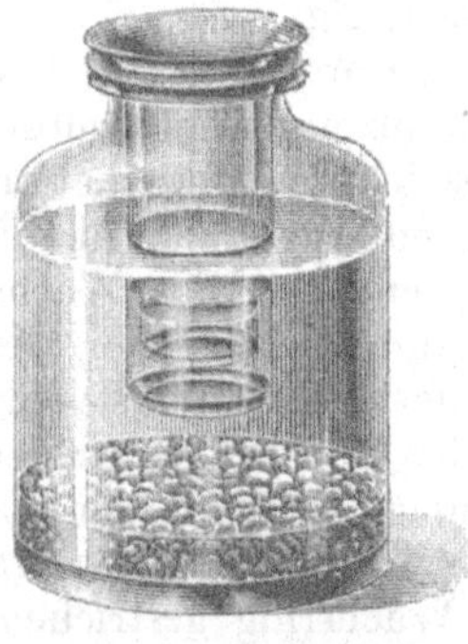

Abb. 76. Entwässerungsgefäß nach F. E. Schulze.

In einfacherer Weise wird die Entwässerung mikroskopischer Objekte auf osmotischem Weg im F. E. Schulzeschen Entwässerungsgefäß (Abb. 76) bewirkt. Die Einrichtung dieses Apparats, den jeder sich selbst leicht herstellen kann, ist sehr einfach. Er besteht aus einer großen Flasche, in der sich absoluter Alkohol befindet; eine am Boden liegende Schicht geglühten Kupfersulfats erhält den Alkohol andauernd wasserfrei. In diesen wird eine unten mit durchlässiger Membran (feinem, stark geleimten Papier) verschlossene Röhre eingesenkt, die 50 vH. Alkohol enthält; schließlich taucht in diese Röhre eine etwas engere, gleichfalls mit Papierboden versehene ein, in die das zu entwässernde Objekt in 10 vH. Alkohol liegend eingebracht wird. Durch die osmotische Strömung des Wassers in den absoluten Alkohol und in das Kupfersulfat wird in ganz langsamer, die Objekte außerordentlich schonender Weise die Entwässerung vollzogen. Nach 24 Stunden ist sie ohne weitere Manipulationen fertig. Stets seien dann aber die aus dem absoluten Alkohol kommenden Objekte noch in Xylolalkohol und erst aus diesem in Xylol gebracht.

Außerordentlich viel einfacher ist die Anfertigung der Kanadabalsampräparate, wenn es sich um Objekte handelt, die unbeschadet ihrer Struktur lufttrocken gemacht werden dürfen. Derartige Objekte sind z. B. die Bakterien.

Um ein Präparat zu erhalten, welches gewöhnlich viele Sorten verschiedener Bakterien enthält, werfen wir in ein Glas mit Wasser irgendeinen fäulnisfähigen Pflanzen- oder Tierteil (z. B. eine halbe Erbse, ein Stückchen Fleisch) und lassen das Wasser stehen, bis es deutlich getrübt ist. Dann nehmen wir mit dem Glasstab einen Tropfen heraus, bringen ihn mitten auf einen gut gereinigten Objektträger und lassen ihn (ohne irgend etwas weiteres daran zu machen) an der Luft eintrocknen. Ist dies geschehen, so bringen wir auf die eingetrocknete, grau aussehende Stelle einen Tropfen einer der oben als für bakteriologische Zwecke empfehlenswert bezeichneten Anilinfarbenlösungen (z. B. Karbolfuchsin) und lassen ihn drei Minuten lang einwirken. Nach dieser

Zeit wird das ganze Präparat in reinem Wasser abgespült. Durch das Abwaschen wird aller Farbstoff von dem Objektträger entfernt: nur die Bakterienzellen halten davon so viel fest, daß sie intensiv rot gefärbt sind. Darauf wischen wir mit einem Läppchen das an dem Objektträger befindliche Wasser ab, wobei wir uns nur davor hüten, an das Präparat zu kommen, legen das Ganze unter eine Glasglocke und warten, bis das Wasser vollkommen verdunstet ist. Wenn dieser Zeitpunkt erreicht ist, erwärmen wir das Präparat über der Flamme ein wenig (auf 35—45° C) und bringen einen in seiner Größe richtig bemessenen Tropfen Kanadabalsam darauf. Ist nun das sauber gereinigte Deckglas aufgelegt und sind Schutzleisten aufgeklebt, so ist das Dauerpräparat fertig. Zur Vorsicht versehen wir es nach einigen Tagen noch mit einem Lackring.

4. Anfertigung von Schliffpräparaten.

Alle Objekte, die nicht an sich klein genug sind oder durch Schneiden für die mikroskopische Schau verkleinert werden können, müssen zu Dünnschliffen verarbeitet werden. In dieser Weise wird vorzugsweise bei der Anfertigung mikroskopischer Präparate von Gesteinen, Knochen usw. vorgegangen.

Bei der Anfertigung von Schliffpräparaten hat man von Anfang an das Objekt daraufhin zu betrachten, ob es wohl das Schleifen ertragen kann, ohne dabei zu zerbröckeln. Die allermeisten Gesteine lassen sich ohne weiteres schleifen, weil ihre Teile einen innigen Zusammenhang besitzen. Mehrfach aber hat man es auch mit Objekten zu tun, die porös sind (z. B. Kreide, Knochen usw.) und die unmöglich in dem natürlichen, vorliegenden Zustand präpariert werden können. Solche poröse Körper lege man zunächst in reines Xylol und bringe sie dann, wenn sie vollständig durchtränkt sind, in dickflüssigen Kanadabalsam. Haben sie darin 1—3 Tage verweilt, so sind sie imprägniert, werden herausgenommen, an der Luft getrocknet und dann in gewöhnlicher Weise weiter behandelt.

Diese Präparationsweise besteht darin, daß man von weicheren Objekten mit der Laubsäge dünne, parallelflächige Täfelchen absägt, bei harten Gesteinen durch geeignetes Schlagen mit dem Hammer flache Splitter absprengt. Hat man auf diese Weise die Objekte vorbereitet, so beginnt man, sie auf einem feinkörnigen, drehbaren Schleifstein (aber nicht auf der gekrümmten Vorderfläche, sondern auf einer der ebenen Seiten) oder auf einer drehbaren Schmirgelscheibe anzuschleifen. Dies geschieht in der Weise, daß man sie mit dem Zeigefinger andrückt und dabei dafür sorgt, daß die ganze Lamelle gleichmäßig dick ausfällt. Das Anschleifen erfolgt auf beiden Seiten, und zwar unter fortwährender Benetzung des Schleifsteins mit Wasser. Hat man den Schliff auf diese Weise etwa bis zur Dicke von 1 mm gebracht, so kittet man ihn mit Kanadabalsam fest auf einen Objektträger und legt ihn unter das Mikroskop, um zu sehen, wieviel noch weiter abgeschliffen werden muß, um ihn genügend hell zu machen. Dies zu beurteilen, lernt man rasch.

Nun geht man zum Schleifen des aufgekitteten Objekts auf einem feinkörnigen, harten Abziehstein über, wobei man ebenfalls für andauernde Benetzung der Schleiffläche mit Wasser sorgt. Es ist dabei nicht zu empfehlen, in gerader Linie zu schleifen, sondern kreisförmig geschlossene oder 8-artige Bewegungen auszuführen. In diesem Stadium des Schleifens wird für vollkommene Ebenmäßigkeit des Schliffs gesorgt, indem man Unebenheiten, dicke Stellen usw. besonders stark andrückt und dadurch abschleift. — Indem man von Zeit zu Zeit unter dem Mikroskop die Durchsichtigkeit des Objekts prüft, merkt man leicht, wann mit dem Abziehen aufgehört werden darf. Ist dieser Zeitpunkt erreicht, so geht man zum Polieren der einen Präparatenseite über, und zwar verwendet man dazu aufgespanntes weiches Wildleder, das mit feingeschlämmtem Tripel (wasserhaltiger Kieselsäure) eingerieben ist. Das Polieren geschieht ohne Anwendung von Wasser und ist fertig, wenn die polierte Fläche unter das Mikroskop gebracht keine Linien, Risse usw. erkennen läßt. Ist man so weit gekommen, so löst man durch leichtes Erwärmen des Kanadabalsams den Schliff von dem Objektträger ab und verfährt nun mit der andern, erst roh vorgeschliffenen Seite genau wie mit der fertigen, d. h. man geht damit auf den Abziehstein und poliert sie nachher.

In dieser Weise hergestellte Schliffpräparate werden in Kanadabalsam eingelegt und mit Deckglas bedeckt, wie dies oben für Kanadabalsampräparate angegeben wurde.

IV. Die mikroskopische Beobachtung undurchsichtiger Objekte.

Während im allgemeinen durchfallendes Licht, also geringe Dicke der Gegenstände, Grundlage für die Arbeit mit dem zusammengesetzten Mikroskop ist, darf nicht vergessen werden, daß die ältesten Instrumente dieser Art auffallendes Licht benutzten, und daß mit zunehmender Leistung bequemer Lichtquellen und besonderer Objektive auch für andere Zwecke die Benutzungsmöglichkeit sich zu steigern scheint.

Um bei der mikroskopischen Beobachtung undurchsichtiger Objekte Bilder von ausreichender Helligkeit zu erzielen, sind besondere Beleuchtungsvorrichtungen Opak-(Vertikal-)Illuminatoren nötig; von größter Bedeutung sind sie für die Metallographie und die Untersuchung von Erzen geworden. Neuerdings auch bei der Untersuchung animalischer Hartsubstanzen mit Erfolg angewendet, steht ihre Einführung auch auf anderen Gebieten der Biologie in Aussicht.

Die mikroskopische Untersuchung der Metalle ergänzt nicht nur durch Schlüsse auf den Herstellungsprozeß und dabei etwa unterlaufende Mängel, die aus dem beobachteten Gefüge gezogen werden können, die chemische Analyse, sondern ermöglicht bisweilen sogar mit einem Blick Aufschlüsse über Beimengungen, die der Chemiker auf Grund langwieriger, sorgfältigster Arbeit kaum zu geben vermöchte.

Ähnlich günstig sind die Erfolge der Mikroskopie der Erzlagerstätten, insbesondere, wenn dabei von polarisiertem Licht Gebrauch gemacht wird.

An dem Material, das untersucht werden soll, wird eine Fläche angeschliffen, poliert und zur Hervorhebung der Struktur in der Regel angeätzt. Die so vorbereitete Oberfläche des Probestückes wird dem Objektiv zugewendet und genau senkrecht zur optischen Achse des Mikroskops auf den Objekttisch gelegt. Das genaue Ausrichten geschieht mit Hilfe einer besonderen Presse, wie sie etwa von der Firma L e i t z geliefert wird.

Bei Benutzung schwächerer Objektive erfolgt die Beleuchtung mit Hilfe eines zwischen das Metallstück und das Objektiv unter 45° Neigung eingefügten planparallelen dünnen Glasplättchens *Sp*, das mittels eines Halters am Objektiv befestigt wird (Abb. 77). Das von der in der Abbildung rechts zu denkenden Lichtquelle herrührende Tages- oder künstliche Licht, welches auf das Plättchen *Sp* auffällt, wird zum Teil gegen O_1O_2 hin reflektiert, um nach abermaliger teilweiser Zurückwerfung an der Oberfläche des Objektes ins Objektiv zu gelangen.

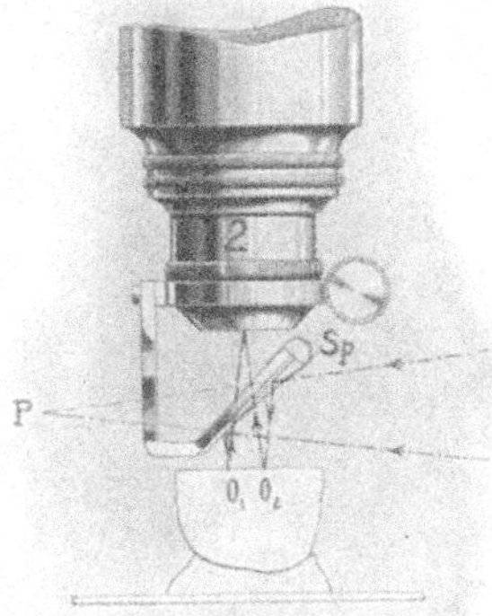

Abb. 77. Strahlengang im Opak-Illuminator bei schwachen Objektiven.

Schon bei mittleren und insbesondere den stärkeren Objektiven ist wegen deren geringen freien Abstandes vom Objekt diese Beleuchtungsanordnung nicht mehr ausführbar. Man ordnet in diesem Fall das

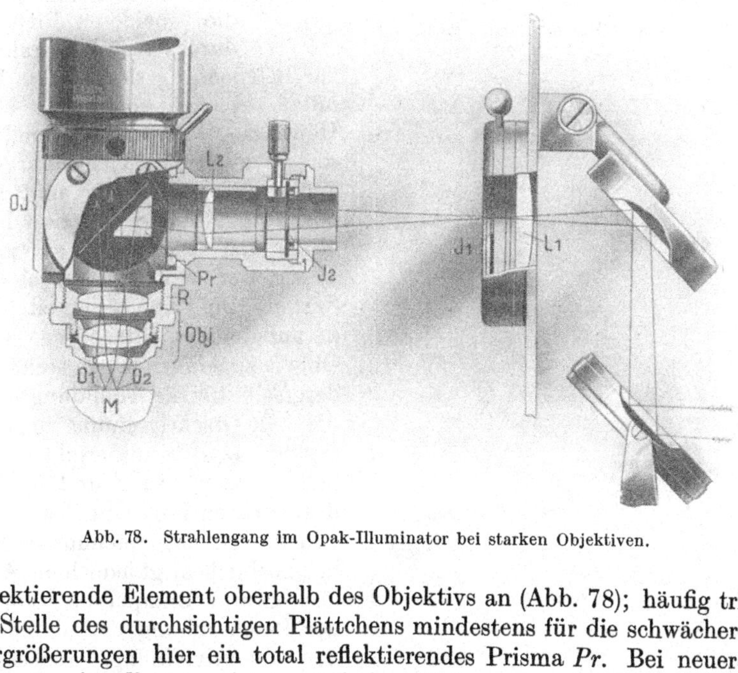

Abb. 78. Strahlengang im Opak-Illuminator bei starken Objektiven.

reflektierende Element oberhalb des Objektivs an (Abb. 78); häufig tritt an Stelle des durchsichtigen Plättchens mindestens für die schwächeren Vergrößerungen hier ein total reflektierendes Prisma *Pr*. Bei neueren Bauarten ist dieses meist in einfacher Weise gegen das Plättchen (in der Abbildung im Hintergrund angedeutet) auswechselbar. Beide Teile sind von dem Illuminatorgehäuse *OJ* umschlossen, welches an den Tubus angeschraubt wird und seinerseits am anderen Ende das Objektiv aufnimmt. Die Lichtzufuhr erfolgt durch ein seitliches Ansatzrohr, in dem eine kleine Linse L^2 in engen Grenzen verschiebbar angebracht ist. Die in der Abbildung angedeuteten Blenden J^2 und J^1 dienen zur Begrenzung der Größe der beleuchteten Fläche einerseits, der Regelung der Beleuchtung nach Art der Blende im Abbeschen Beleuchtungsapparat andererseits.

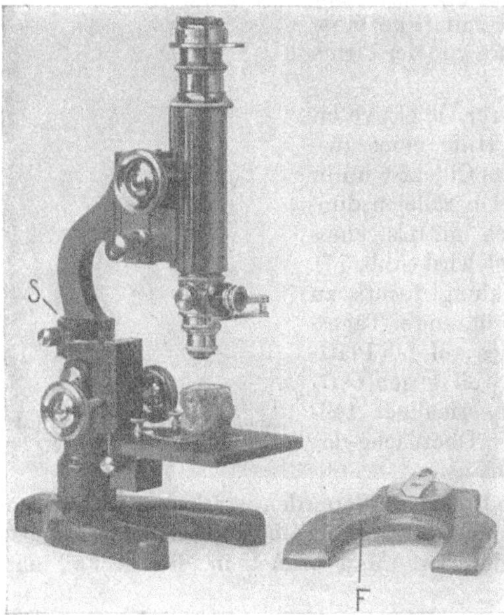

Abb. 79 Kleines Metallmikroskop von Leitz, Wetzlar.

Bei Verwendung des Prismas werden infolge der Totalreflexion alle die beiden Blenden durchsetzenden Strahlen zur Beleuchtung des Objekts benützt; es dient dann die eine Hälfte des Objektivs als Kondensorsystem zur Beleuchtung, die andere der Abbildung und Beobachtung. Verwendet man hingegen das Plättchen, so wird wegen der bloß teilweisen Reflexion nur ein Bruchteil der darauffallenden Strahlung dem Objekt zugeführt. Doch steht andererseits für die Abbildung auch die volle Objektivöffnung zur Verfügung. Das Prisma ergibt etwas hellere Beleuchtung und infolge des schrägen Lichteinfalles unter Umständen ein erkennbares Relief, beeinträchtigt jedoch die Auflösung und Bildqualität infolge der Beschränkung der abbildenden Objektivöffnung. Insbesondere für Zwecke der Mikrophoto-

Abb. 80.
Dasselbe Stativ für Untersuchung großer Platten.

graphie und bei stärkerer Vergrößerung ist daher das Plättchen stets vorzuziehen.

Abb. 79 zeigt ein für metallographische und Erzuntersuchungen besonders geeignetes Spezialinstrument der Firma Leitz-Wetzlar in Verbindung mit dem Opak-Illuminator. Damit bei Änderungen der Höhenlage des Tubus, wie sie beim Grobeinstellen sonst vorgenommen werden müssen, die Beleuchtung nicht jedesmal nachgestellt werden muß, pflegt man an solchen Instrumenten den Tisch mittels Zahn und Trieb der Höhe nach verstellbar zu machen; die Grobeinstellung wird also hier mit der Tischbewegung vorgenommen. Das abgebildete Mikroskop ist wegen seiner Vielseitigkeit beachtenswert. Um es, was bei Metalluntersuchungen sehr häufig vorkommt, auch auf größere schwer transportable Stücke aufsetzen zu können, um an ihnen gewisse Stellen metallographisch untersuchen zu können, ohne ein Probestück ausschneiden zu müssen, ist sein Oberteil abnehmbar und auf einen besonderen Fuß (Abb. 80) aufsetzbar. In Verbindung mit diesem kann es leicht transportiert und zur Untersuchung größerer Stücke verwendet werden. Schließlich ist der Tisch des Mikroskopes auch durch einen mit der gewöhnlichen Beleuchtungseinrichtung für durchfallendes Licht versehenen ersetzbar, wie Abb. 81 zeigt. Das Instrument ist somit nicht nur für Untersuchungen im auffallenden, sondern auch im durchfallenden und je nach Hinzunahme einer Hilfseinrichtung in beiden Fällen, für Untersuchungen in natürlichem Licht sowohl als auch in polarisiertem geeignet.

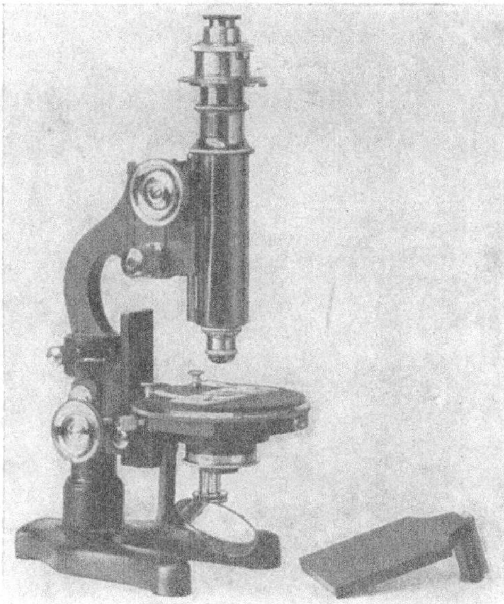

Abb. 81.
Dasselbe Stativ für Untersuchungen im durchfallenden Licht.

Für die oft weitgehenden Anforderungen wissenschaftlicher Forschung und Betriebskontrolle werden auch noch Spezialinstrumente von besonders hoher Vollkommenheit hergestellt. Abb. 82 zeigt solch ein großes Metallmikroskop der Gesamtanordnung von Le Chatelier. Es ist besonders für Zwecke der Mikrophotographie eingerichtet, aber auch ebenso bequem für subjektive Beobachtung geeignet. Abgesehen von Tisch und optischer Bank unterscheiden wir im wesentlichen drei Teile:

1. Rechts die Lichtquelle mit dem Beleuchtungssystem,
2. in der Mitte das Mikroskop mit dem Opak-Illuminator und
3. links die photographische Kamera.

Von den sonst insbesondere für biologische Zwecke gebrauchten gewöhnlichen Mikroskopen unterscheidet sich das vorliegende schon nach seinem gesamten Aufbau. Der Objekttisch liegt hier oberhalb des nach oben gerichteten Objektives, auf das hier unter Vermittelung eines Spiegels ein horizontaler Mikroskoptubus folgt. Für subjektive Beobachtung ist ein zweiter schwenkbarer Tubus an den photographischen angelenkt. Er kann durch eine einfache bequeme Bewegung in den Strahlengang gebracht und wieder ausgeschaltet werden. In ersterer

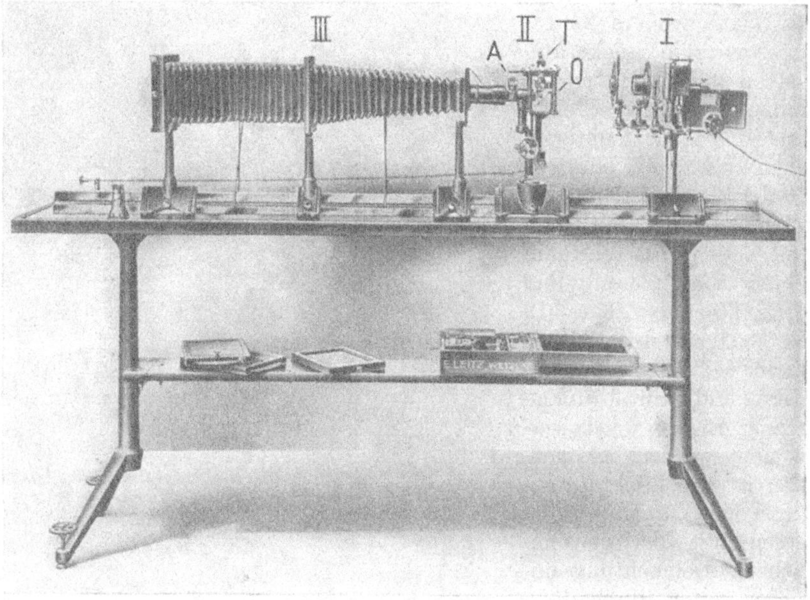

Abb. 82. Großes Metallmikroskop von Leitz mit photographischer Kamera.

Stellung wird subjektiv beobachtet, in der zweiten den Strahlen der Weg zur photographischen Kamera freigegeben.

Die Objekte werden mit der angeschliffenen Fläche nach unten auf den mechanisch bewegbaren Objekttisch gelegt. Ein Ausrichten des Schliffes senkrecht auf die Mikroskopachse erübrigt sich bei dieser Anordnung.

Da Metallschliffe stets ohne Deckglas untersucht werden, müssen hierfür besonders korrigierte Mikroskopobjektive verwendet werden, da solche, wie sie an biologischen Mikroskopen verwendet werden, stets nur bei bedecktem Objekt einwandfreie Ergebnisse liefern.

Die in Abb. 83 u. 84 dargestellten Mikrophotographien sind mit dem oben beschriebenen Metallmikroskop gefertigt.

Abb. 83 stellt Eisenguß mit normaler Gefügezusammensetzung dar. In gutem Guß, wie er für die Anfertigung von Konstruktionsteilen im Maschinenbau benötigt wird, ist der lamellare Perlit, das Eutektoid von Ferrit (kohlenstofffreies Eisen) und Zementit (Eisenkarbid Fe_3C), der vorherrschende Gefügebestandteil. Das Strukturbild zeigt außerdem noch den teils in langen Adern, teils in kleinen Nestern kristallisierenden Graphit neben Ferrit (weiße Fläche im Bild). Ferner macht das mikroskopische Bild Einschlüsse sichtbar; ein solcher, im Mikroskop blaugrau aussehend, ist hier in Form eines Schwefel-Mangan-Kristalls zu sehen. Von welcher Bedeutung die mikroskopische Prüfung für die Erkennung von abnormen Bestandteilen in Metallen ist, beweist das Schliffbild des Kupfers in Abb. 84. Die sauerstoffhaltigen Kupferoxydulverunreinigungen, deren Nachweis durch chemische Analyse viel zu zeitraubend ist, stellt die mikroskopische Untersuchung schon im ungeätzten Schliff auf den ersten Blick fest. Diese sind sehr leicht an ihrer bläulichen Farbe erkenntlich und liegen in einem aus Kupfer und Kupferoxydul gebildeten Eutektikum (feine Pünktchen), dessen Auflösung und Wiedergabe auf der photographischen Platte nur mit Hilfe einer vorzüglichen Ölimmersion möglich ist.

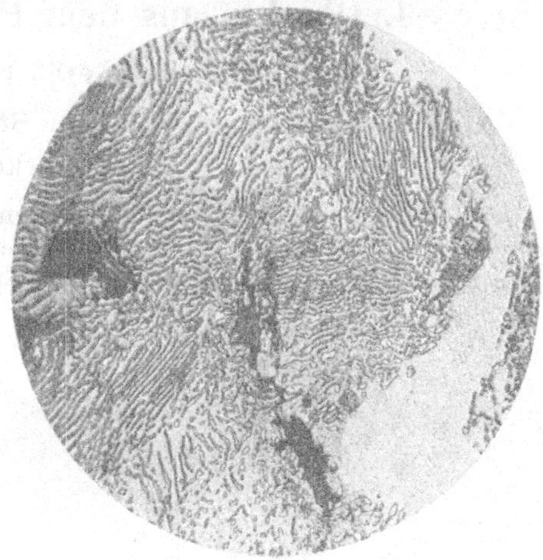

Abb. 83. Eisenguß 600:1. 1/7 a-Ölimmersion. Periplanokular 8 ×. (E. Leitz.)

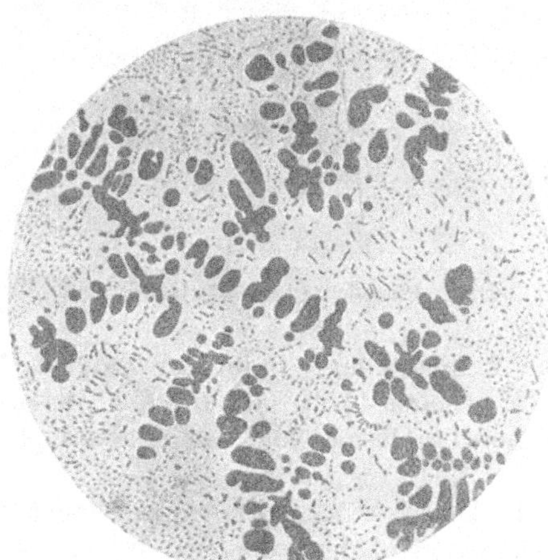

Abb. 84. Kupfer mit Kupferoxydul 100:1. 16 mm-Ölimmersion. Periplanokular 8 ×. (E. Leitz.)

F. Mikroskopische Objekte.

I. Objekte aus dem Pflanzenreiche.

1. Höhere (Gefäß-)Pflanzen.

a) Von Früchten, Samen, Knollen, Stämmen stammende Objekte.

Mehl, Stärke.

Das Mehl besteht seiner überwiegenden Masse nach aus Stärkekörnern; außer diesen finden sich aber in jedem Mahlprodukt noch Reste der Fruchthülle (Kleienbestandteile). Die Art des Mehls ist durch die Form der Stärkemehlkörner, die größtenteils sehr charakteristisch ist, sowie durch die Untersuchung der Kleienbestandteile bestimmbar.

Abb. 85. Kartoffelstärke. — Vergrößerung $^{375}/_{1}$.

Das Stärkekorn. Alle Stärkekörner werden im Innern der Zellen gebildet und stellen Inhaltsbestandteile, keine ganzen Zellen dar.

Um recht charakteristische Stärkekörner kennen zu lernen, nehmen wir eine Kartoffel, schneiden von derselben ein Stück ab, schaben mit einem Skalpell ein klein wenig die Schnittfläche und bringen die weißliche Flüssigkeit, welche am Skalpell hängt, in einem Tropfen Wasser unters Mikroskop.

Wir sehen (Abb. 85) dann fast wasserhelle, lichtbrechende, elliptische Körner im Gesichtsfeld, an denen mehrere Beobachtungen zu machen sind:

1. Diese Stärkekörner sind nicht homogen, sondern wir unterscheiden an jedem deutlich einen (bei der Kartoffelstärke nicht im Zentrum gelegenen) Mittelpunkt, der weniger dicht ist als die umgebende Masse des Korns und daher aus optischen Gründen dunkler und häufig etwas rötlich gefärbt aussieht.

2. Auch die um den Mittelpunkt (Kern) des Stärkekorns gelegene Masse ist keineswegs homogen, sondern zeigt (bei der Kartoffelstärke besonders schön sichtbar) hellere und dunklere Streifen, die von einer Schichtung des Korns, d. h. von übereinanderliegenden wasserreicheren und wasserärmeren Stärkelagen herrühren.

3. Wenn wir die Stärkekörner in polarisiertem Licht betrachten, (Abb. 45 auf Seite 38), so zeigen sie bei gekreuzten Nicols vier dunkle,

vom Kern ausgehende Streifen. Dies beweist, daß die Körner doppeltbrechend sind, und beweist, daß die kleinsten Stärketeilchen einen kristallartigen Bau haben müssen.

4. Wird den Stärkekörnchen Speichelflüssigkeit zugesetzt, so beobachtet man, daß sie durchsichtiger werden, ohne doch vollkommen zu verschwinden, im Gegenteil, ihre ganze Gestalt bleibt bestehen. Daraus erkennt man, daß durch das Speichelferment etwas aus den Körnern herausgelöst wird, was einer andersartigen, die Gestalt des Korns bedingenden Grundmasse eingelagert war. Wenn wir zu geeigneter Zeit die gleich anzugebende Jodreaktion ausführen, so werden die Körner dann nicht mehr blau, sondern weinrot oder schließlich gelb. Die Stärke ist dann ausgezogen und ein dem Stärkekorn gleichgestaltetes Skelett (wahrscheinlich von Amylodextrin) blieb übrig.

5. Wenn wir den Stärkekörnern einen Tropfen Kalilauge zusetzen, so quellen sie zunächst auf und lösen sich dann vollständig. Ein Gleiches tritt durch Kochen in Wasser ein (Verkleisterung). Diese Erscheinung ist manchen mehlartigen Handelserzeugnissen typisch eigen: Sago z. B. ist oft verkleisterte Stärke (s. S. 111).

Ebenso verhält sich die Stärke nach dem Verbacken, so daß die Untersuchung von Brot nicht die gleiche Deutlichkeit der Bilder ergibt wie die des Mehls (s. S. 110).

6. Die hauptsächlichste Reaktion der Stärke besteht in ihrer Eigenschaft, sich mit Jod behandelt blau zu färben. Dabei ist zu bemerken, daß diejenigen Jodreagenzien, die mehr Jodwasserstoff oder Jodkalium enthalten, öfter keine rein blaue, sondern eine violett-braune Farbe ergeben, ebenso ist wichtig, daß das Blau bei starkem Jodzusatz momentan in ein tiefes Blauschwarz übergeht.

Kartoffelstärke. (Abb. 85). Die Stärkekörnchen der Kartoffeln, die wir eben genauer betrachtet haben, sind durch die bedeutende Größe (die großen 70—100 μ), durch den deutlichen Kern und die exzentrische, sehr deutliche Schichtung, ihre meist unregelmäßige, entweder an einem Ende schmälere (keilförmige) oder drei- bis viereckige Gestalt unzweifelhaft charakterisiert. Aber außer diesen großen, ausgewachsenen Körnern enthält die Kartoffel stets auch noch kleinere, runde Körner, die kaum von den Stärkekörnern des Roggens oder Weizens unterschieden werden können. Man halte sich deswegen bei der Diagnose stets an die großen Körner, die bei jeder Kartoffelstärke enthaltenden Probe erkennbar sind.

Die Kartoffelstärke wird gelegentlich dem Mehl zugesetzt, meist bis 4 vH., höchstens 10 vH. Durch diesen mikroskopisch leicht nachweisbaren Zusatz soll die Backfähigkeit und Frisch- (Feucht-)haltung des Brotes erhöht werden. Im Kriege hatten erheblichere Zusätze (aus gekochten Kartoffeln oder Trockenpräparaten) eine gewisse Bedeutung erlangt (K-Brot).

Bedeutung hat die Verwendung der Kartoffelstärke ferner zur Tapioka-Fabrikation. Als „Sago“ oder auch „Tapioka“ werden halbverkleisterte Fabrikate bezeichnet, die aus verschiedenen Stärkearten hergestellt werden; die echte Tapioka hat als Material das Mehl von Manihot utilissima (Abb. 117), das durch Siebe gepreßt, dadurch zu Körnern geformt und dann in offenen Pfannen erhitzt wird. In der Kartoffel-Tapioka lassen sich stets noch leicht die Kartoffelstärkekörner erkennen.

Roggenmehl (Abb. 86). Die Stärkekörner des Roggens sind stets in der Weise in ihrer Größe verschieden, daß man im selben Mehl zwei Sorten von Stärkekörnern, nämlich große und kleine, unterscheiden kann. Dies hat seine Ursache darin, daß in den Zellen des Roggenkorns einige Körner jeweils sich gut ausbilden, während sehr viele dies nicht können und als Füllmaterial zwischen den großen Körnern und den Zellwänden liegen. Nur die großen Stärkekörner sind charakteristisch; sie sehen allermeist rund aus, messen meist 0,03 bis 0,035 mm und zeigen zarte (oft kaum wahrnehmbare) konzentrische Schichtung. Ganz besonders bemerkenswert ist, daß sie bisweilen drei

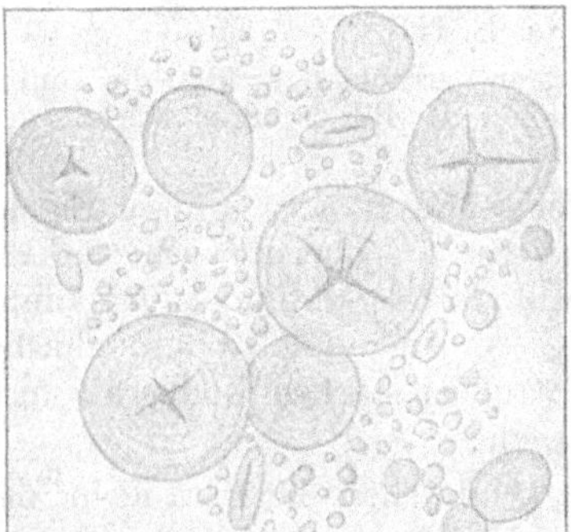

Abb. 86. Roggenstärke. — Vergrößerung 280/1.

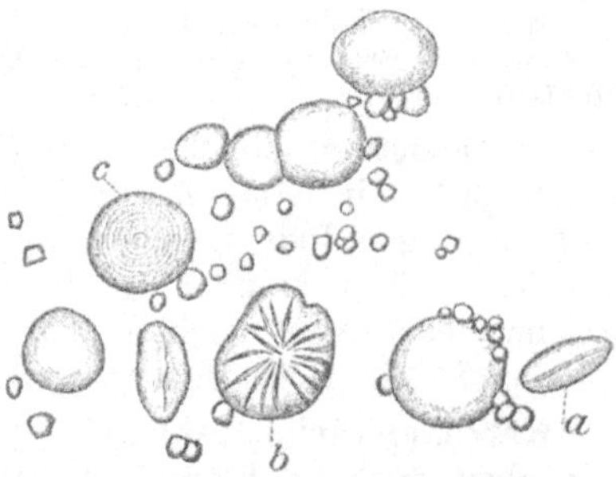

Abb. 87. Weizenstärke. — Vergrößerung 280/1. Bei *a* Korn in der Seitenansicht; *b* gequetschtes Korn; *c* Korn mit sichtbarer Schichtung.

bis fünf breite und kurze vom Zentrum ausgehende Spalten aufweisen.

Diese Gestalt der Stärkekörner ist aber nicht genügend verschieden von derjenigen, die bei Weizen und Gerste vorkommt, um zu sicherer Entscheidung zu kommen, wenn man Mehlmischungen vor sich hat. In diesem Fall müssen noch andere, unten gekennzeichnete, der Fruchtschale der Getreidearten entnommene Merkmale zur Beurteilung mit herangezogen werden.

Weizenmehl (Abb. 87). Weizenstärke ist der Roggenstärke ganz außerordentlich ähnlich; gleichwie bei jener kommen auch beim Weizen zwei durch ihre Größe scharf geschiedene Sorten von Stärkekörnern vor. Die großen Stärkekörner, die allein bei der Untersuchung beachtenswert sind, zeigen nur in Ausnahmefällen schwache Schichtung; auch kommt bei ihnen nur sehr selten die vom Zentrum ausgehende spaltenförmige Zerklüftung vor, die bei der Roggenstärke häufiger ist. Die großen Körner sind bis 0,04 mm breit.

Nachweis von Mehlmischungen.

Der Nachweis einer Mischung des Weizenmehls mit Roggenmehl hat für die Praxis der Nahrungsmitteluntersuchung große Bedeutung. Wenn Weizenmehl mit Roggenmehl versetzt wurde, wird das Auftreten der in Abb. 86 dargestellten, starke Spalten aufweisenden Stärkekörner einen Hinweis auf derartige Verfälschung bieten, doch ist diesem Merkmal keine ausschlaggebende Bedeutung beizumessen.

Bessere Unterscheidung kann durch die Untersuchung der Kleienbestandteile gewonnen werden, die in jedem Mehl je nach seiner Nummer in größerer oder geringerer Zahl vorhanden sind.

Selbst in besseren Mehlen sind unbeabsichtigte Vermischungen, von der Tenne oder den Säcken usw. herrührend, nicht unmöglich, dürften indes als solche um so leichter erkannt werden, wenn für die Fällung des Urteils über eine Mehlsorte mehr als ein Präparat durchmustert und in jedem mehr als eine Stelle genau untersucht wird.

Hat man ein Mehl darauf zu untersuchen, ob es ein Gemisch von Roggen- und Weizenmehl ist, so verfährt man folgendermaßen:

1. Man tropft auf einen Objektträger etwas Wasser, bringt in diese Flüssigkeit eine Spur von dem zu untersuchenden Mehl, legt ein Deckglas auf und betrachtet die Stärkekörner auf ihre oben angegebenen Eigenschaften.

2. Eine geringe Menge (1 g) Mehl wird in reichlich Wasser (250 ccm) gekocht. Von dem an der Oberfläche sich bildenden Schaum werden auf mehreren Objektträgern Ausstrichpräparate gemacht; diese läßt man trocknen, gibt einen Tropfen Kanadabalsam oder Nelkenöl unter das Deckglas und identifiziert die Spelzenbestandteile sowie die hier besonders reichlich auftretenden Haare nach den gleich zu machenden Angaben. — Diese Behandlung verändert die Zellen der Spelzenbestandteile am wenigsten und liefert die sichersten Untersuchungsergebnisse.

3. Man nimmt 2 g Mehl, rührt dasselbe mit etwas Wasser zu einem Brei und gibt während des Umrührens 220 ccm Wasser zu. Die so entstandene dünne Flüssigkeit setzt man auf die Flamme, kocht sie und fügt während des Kochens allmählich 2 ccm konzentrierter Salzsäure zu. Durch das Kochen mit der verdünnten Säure wird die Stärke in Zucker übergeführt. Hat die dauernd trübe bleibende Flüssigkeit etwa zehn Minuten gekocht, so läßt man absitzen und gießt den Bodensatz mit möglichst wenig Wasser in ein kleines Spitzglas. Dann läßt man nochmals eine halbe Stunde stehen. — Ist dies geschehen, so saugt man mit einer Pipette von dem Satz etwas auf, bringt den Tropfen auf einen Objektträger, bedeckt mit Deckglas und betrachtet ihn nun unter dem Mikroskop.

In diesem Präparat, dem wir vorsichtig ein ganz klein wenig Kalilauge zusetzen, sowie in dem nach 2. gewonnenen Präparat sehen wir vor allem zwei verschiedene Bestandteile, nämlich röhrenförmige Gebilde, welche Haare oder Haarfragmente darstellen, und zerrissene, flächenartige oder hautartige Teile, dies sind Kleienteile.

Um nun diesen Detritus für die Diagnose zu verwerten, müssen wir uns mit der Anatomie der Getreidekörner genauer vertraut machen.

Wenn wir ein, zweckmäßig vorher in Glyzerinwasser erweichtes, Getreidekorn (Weizen Abb. 88, Roggen Abb. 89) quer schneiden und die Randpartie des Schnittes betrachten, so lassen sich zunächst auf den ersten Blick die Zellen des eigentlichen Korns und diejenigen der Umhüllung voneinander unterscheiden.

Das ganze Innere des Korns wird von den dünnwandigen Stärkezellen eingenommen. Rings um das Korninnere herum liegt eine einfache Reihe großer, dickwandiger Zellen, die mit Jod sich gelbbraun färbenden Inhalt haben und als Kleberzellen bekannt sind.

Gehen wir nun weiter nach außen, so folgen drei Zellschichten, die allermeist nur wenig deutlich sind und auch für die Diagnose nicht in Betracht kommen;

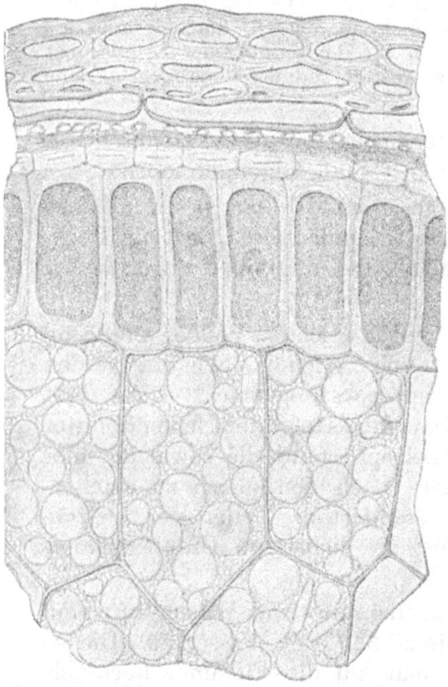

Abb. 88. Querschnitt durch die äußeren Partien des Weizenkorns. — Vergrößerung $^{280}/_{1}$.

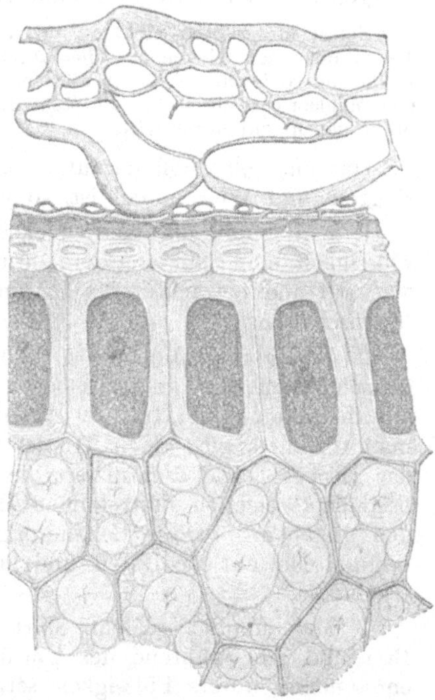

Abb. 89. Querschnitt durch die äußeren Partien des Roggenkorns. — Vergrößerung $^{280}/_{1}$.

dies ist die nur Andeutungen von Zellhöhlungen zeigende hyaline Schicht, die wenig differenzierte braune Schicht und die gleichsam von freiliegenden Ringen gebildete Schlauchzellschicht. Die Zellen dieser drei Schichten sind sehr zart; sie pflegen nur bei subtilster Präparation deutlich gesehen zu werden und treten bei Kleienbestandteilen aus Mehl nur in den seltensten Ausnahmefällen hervor.

Dagegen sind die nun nach außen folgenden drei Zellschichten für die Diagnose von der höchsten Bedeutung; sie sind in den durch Kochen mit verdünnter Säure erhaltenen Kleienbestandteilen allermeist gut erhalten und können leicht erkannt werden. Um ihr für die Mehluntersuchung charakteristisches Bild zu gewinnen, muß man sie aber in der Flächenansicht betrachten.

Macht man einen feinen Längsschnitt von der oberflächlichsten Lage des Roggenkorns und betrachtet denselben, so sieht man, daß die beiden äußeren Zellschichten aus in der Längsrichtung des Korns gestreckten Zellen bestehen.

Die dritte dagegen (die Querzellenschicht) besteht aus in der Querrichtung des Korns gestreckten Zellen (vgl. Abb. 90).

Auch beim Weizen (Abb. 91) sind die gleichen Schichten der Kornumhüllung vorhanden und werden bei gleicher Präparation in den Kleienbestandteilen aufgefunden. In der Ausbildung der Zellwände dieser Schichten liegt das Hauptunterscheidungsmerkmal zwischen Weizen- und Roggenmehl.

Beim Weizen sind die Zellen, sowohl die Längs- wie die Querzellen, dickwandig und so stark getüpfelt, daß sie wie aus einer Perlenkette gebildet aussehen; beim Roggen dagegen sind diese Zellwände viel dünner und schwächer getüpfelt. Den Gegensatz von Weizen und Roggen stellen die Abb. 90—93 dar. Dabei ist zu beachten, daß die Längszellen des Weizens meist ebenso lang sind wie die Querzellen, während beim Roggen die Längszellen allermeist viel länger sind als die Querzellen. Ferner, und auf dies Merkmal ist das größte Gewicht zu legen, sind die Zellwände der Querzellen dort, wo sie aneinander stoßen (also die kurzen Seiten dieser Zellen), wie Abb. 90 deutlich zeigt, besonders stark verdickt und tragen keine Tüpfel, während beim Weizen diese Wände (Abb. 91) nicht besonders verdickt sind.

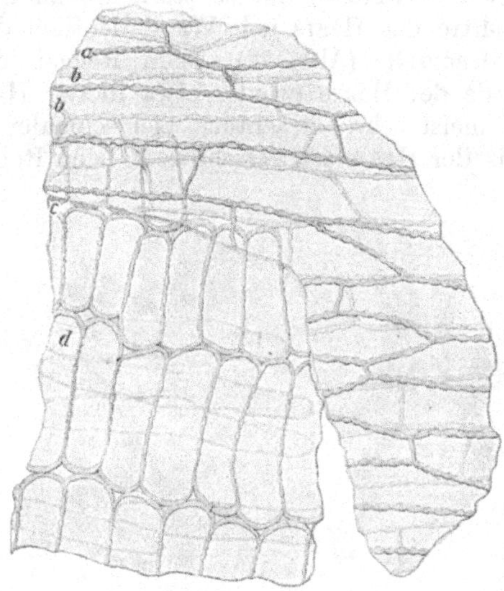

Abb. 90. Spelzenbestandteile des Roggens. *a* Epidermis, *b* Längszellen, *c* Querzellen, *d* Schlauchzellen. — Vergr. 190/1.

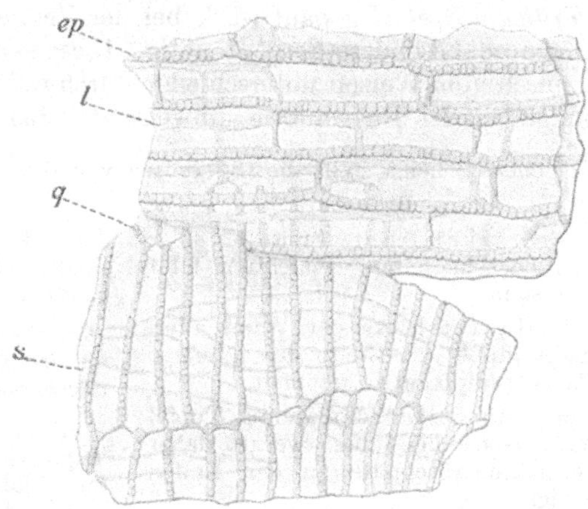

Abb. 91. Spelzenbestandteile des Weizens. *ep* Epidermis, *l* Längszellen, *q* Querzellen, *s* Schlauchzellen. — Vergrößerung 190/1.

Auf das Verhalten der in der Flächenansicht der Kleienbestandteile ohne weiteres sichtbaren äußersten Kleienzellschichten ist hauptsächlich der Unterschied zwischen Roggen- und Weizenmehl bzw. der Nachweis einer Mischung beider zu begründen.

Wenn die Querzellschicht (über ihr Aussehen usw. orientiere man sich unter Zuhilfenahme der eben gegebenen Beschreibungen an rasch angefertigten Präparaten von Weizen- und Roggenkörnern) durchbrochene kurze (Quer-)Wände hat, so gehört das betreffende Kleienpartikel zum Weizen; sind die Querwände aber stärker verdickt als die

Längswände und zugleich nicht durchbrochen, so hat man es mit Roggen zu tun.

Ein fernerer wichtiger Unterschied besteht in der Beschaffenheit der Haare beider Getreidesorten. Beim Weizen sind alle Haare, ausgenommen wenige ganz besonders große (die als „bandförmige Haare" bezeichnet werden) mit so starken Wandungen versehen, daß etwa in der Mitte des Haars jede Wand deutlich dicker ist als der Innenraum der Haarzelle (Abb. 92). Beim Roggen dagegen (Abb. 93) sind die Wände der Haare (wieder etwa in der Haarmitte gemessen) deutlich und meist sehr beträchtlich viel schmaler als die Höhlung. Auch die Basis der Haare ist verschieden: beim Roggen gerundet und nicht getüpfelt, beim Weizen stumpfkantig und getüpfelt. Hat man ein Roggenmehl oder Weizenmehl, in dem mehr als 5 vH. der Haarformen nicht zu dem Typus der betreffenden Getreidefrucht gehören, so wird man mit Vorsicht die Fälschung des Mehls behaupten können. Sicherheit gewinnt man dann durch das Studium der Querzellen. Doch ist in Gegenden, wo Spelz *(Triticum Spelta)* gebaut wird, bei der Verwendung der Haare für die Diagnose besondere Sorgfalt nötig. Diese seltenere Getreideart ist anatomisch vom Weizen unterschieden durch weitlumigere, zahlreiche Übergänge zu der Roggenform aufweisende Haar.

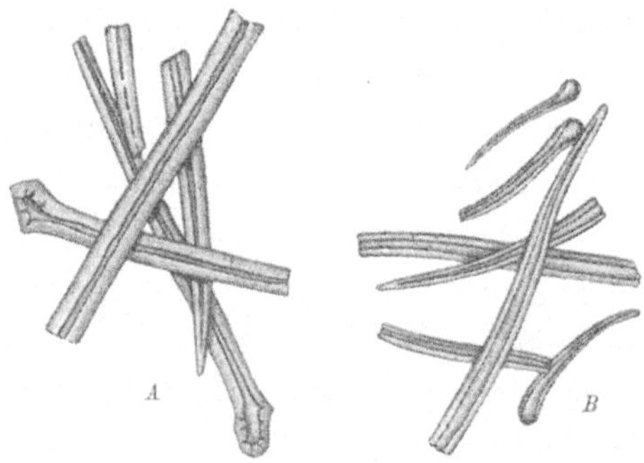

Abb. 92 und 93. Haare: *A* vom Weizen, *B* vom Roggen. Vergrößerung 125/1.

Folgendes Schema stellt die Differenzen von Weizen und Roggen in Gegensatz:

Weizen.	*Roggen.*
a) Stärkekörner: Breite bis 40 μ; Spalten sehr selten; Schichtung fehlt fast stets.	a) Stärkekörner: Breite bis 55 μ; Spalten häufiger; Schichtung häufig sichtbar.
b) Haare: Dicke der Wand allermeist größer als Breite des Lumens; Basis stumpfkantig, getüpfelt.	b) Haare: Dicke der Wand geringer als Breite des Lumens; Basis gerundet, ungetüpfelt.
c) Längszellen: dickwandig; Tüpfel stark, nach außen kaum erweitert, daher verdickte Abschnitte an den Enden eckig.	c) Längszellen: dünnerwandig; Tüpfel schwächer, nach außen erweitert, daher verdickte Abschnitte an den Enden gerundet.
d) Querzellen: Dicke und Tüpfelung wie bei den Längszellen; länger als diese oder ungefähr gleich lang, nur selten kürzer; Querwände (Enden) mit breiten Tüpfeln oder unverdickt, meist dachig auslaufend.	d) Querzellen: Dicke und Tüpfelung wie bei den Längszellen; kürzer als diese oder nur selten gleich lang; Querwände (Enden) verdickt, ungetüpfelt und bogenartig gerundet.
e) Kleberzellen: Maximal 32—40 μ breit und 56—72 μ lang.	e) Kleberzellen: Maximal 23—40 μ breit und 40—64 μ lang.

Werden durch den Mahlprozeß zu viele Großkörner beschädigt, so wird das Mehl („schliffiges" im Gegensatz zu „griffigem" Mehl) weniger fähig Wasser aufzunehmen und von den Bäckern geringer bewertet. In schliffigem Mehl findet man viele zerquetschte (vgl. Abb. 87 b) und gebrochene Stärkekörner.

Verdorbenes Getreidemehl.

Ausgewachsenes und Schobergetreide. Minderwertig ist Mehl, wenn das Mahlgut wesentliche Veränderungen erlitten hat.

Wenn das Getreide infolge ungünstiger Witterung nicht rechtzeitig eingebracht werden kann, so beginnt in den Körnern der Keimungsprozeß; die Stärkekörner werden behufs Ernährung des wachsenden Keimlings durch das Diastaseferment angegriffen. Die Lösung der Stärkekörner wird deutlich besonders daran erkannt, daß die Schichtungen außergewöhnlich klar hervortreten und zugleich unregelmäßige Spalten entstehen (Abb. 94). Von den normalen Spalten unterscheiden sich die bei der Auflösung der Stärkekörner sich bildenden leicht dadurch, daß jene auch beim Roggen niemals bis in die äußersten Schichten des Korns vordringen, während die Lösungsspalten dies tun, ja häufig direkt die Oberfläche des Stärkekorns zerklüften.

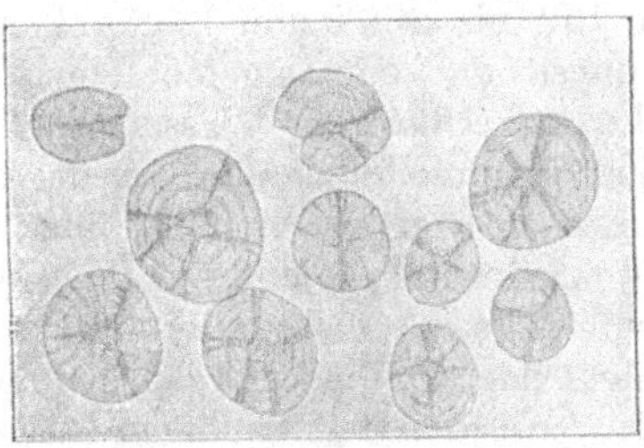

Abb. 94. Stärkekörner von ausgewachsenem Roggen. Vergrößerung $^{250}/_{1}$.

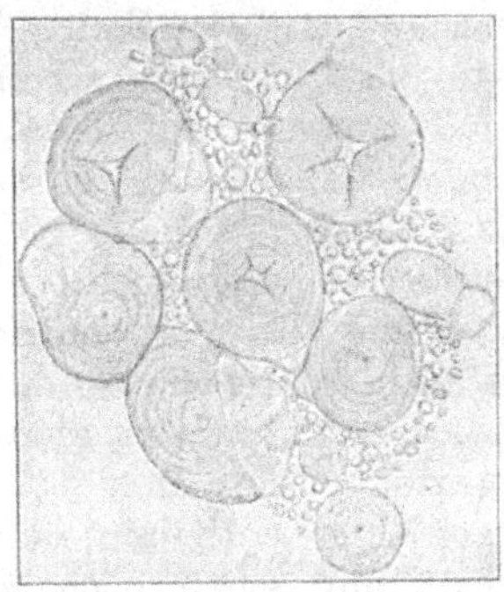

Abb. 95. Stärkekörner von verdorbenem Schoberroggen. — Vergrößerung $^{280}/_{1}$.

Wird das Getreide auf dem Felde zunächst in Schober gesetzt, um später gedroschen zu werden, so ist es bei ungünstiger Witterung sowohl dem Auswachsen wie häufig auch der Selbsterhitzung unterworfen. Mehl aus verdorbenem Schobergetreide ist mikroskopisch leicht zu erkennen. Neben normalen Körnern finden sich viele, ja häufig die Überzahl, deren Randpartien strukturlos erscheinen und hervorquellen (Abb. 95). Dies sind infolge von feuchter Wärme teilweise verkleisterte Körner. Auch vollkommen verkleisterte Stärkekörner lassen sich nachweisen. Solches Mehl ist durch dumpfigen Geruch und Klumpenbildung ausgezeichnet. — Man halte sich bei der Beurteilung sowohl des ausgewachsenen wie des durch Selbsterhitzung geschädigten Getreides an die Großkörner, weil diese allein die Veränderungen unverkennbar zeigen. Beide Fehler kommen beim Roggen am häufigsten vor.

Dumpfiges Mehl. Durch feuchtes Lagern wird das Mehl dumpfig und verliert seinen Wohlgeschmack. Die Ursache dieser Erscheinung sind tierische Schädlinge (siehe unten) oder Schimmelpilze, die sich im Mehl angesiedelt haben und mit ihren spezifischen, übel schmeckenden und dumpfig riechenden Stoffwechselprodukten das Verderben des Mehls bewirken. Man kann diese Schimmelpilze bei der einfachen mikroskopischen Untersuchung als feine, farblose, doppelt konturierte Fäden manchmal nachweisen; meist ist es aber empfehlenswert, sie durch Kultur direkt sichtbar zu machen.

Zu diesem Zweck nimmt man reinsten, grobkörnigen Quarzsand und digeriert denselben zwei Stunden lang in einem Kolben mit konzentrierter Schwefelsäure. An Stelle des Sandes können auch Glasperlen genommen werden. Dann gießt man die Säure ab und wäscht den Sand unter der Wasserleitung so vollständig aus, daß alle Säure entfernt ist. Von diesem Sand füllt man so viel in eine große Kristallisierschale, daß der Boden $^1/_2$ cm hoch bedeckt ist und legt eine Glasplatte als Deckel auf. Dann erhitzt man zwecks Sterilisation das ganze Gefäß entweder im Trockenschrank oder auf offener Flamme (was weniger zweckmäßig ist) auf etwa 150 bis 200° und läßt abkühlen. Die Prüfung des Mehls geschieht nun so, daß man 5 g Mehl mit 50 g destilliertem, ausgekochtem und dadurch sterilisiertem Wasser unter Beobachtung aller Vorsicht (damit keine Schimmelpilzkeime von der Luft aus dazu kommen) anrührt, den dünnen Brei gleichmäßig über den sterilen Sand schüttet, die Glasplatte wieder auflegt und das Wachstum abwartet. Gutes Mehl soll Schimmelpilzkeime nicht oder nur in geringer Menge enthalten; dumpfiges Mehl dagegen bedeckt sich bei dieser Behandlung schon nach 24 Stunden mit den feinflaumigen Räschen der Schimmelformen.

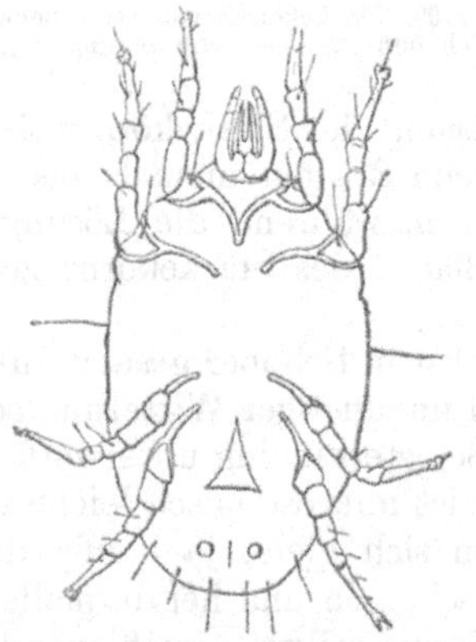

Abb. 96. Mehlmilbe. Stark vergrößert. (Nach Maurizio.)

Milbiges Mehl erkennt man bei 50-facher Vergrößerung, ein stark milbiges sogar mit guter Lupe, denn die dauernde Bewegung der ausgewachsen bis etwas über 1 mm großen Milben ist auffallend. Das beste Mittel, reichlicher vorhandene Milben zu finden, ist folgendes: Man drückt einen polierten Gegenstand gegen die Mehloberfläche, so daß dadurch eine vollkommen ebene Fläche entsteht. Diese betrachtet man nun aufmerksam mit der Lupe. Die sich an die Oberfläche des Mehls herausarbeitenden Milben heben sich von der glatten Umgebung sofort ab und können so nicht übersehen werden. Auch entstehen durch die Bewegung der Tiere auf der glatten Oberfläche oder an Glaswänden des Gefäßes, in dem man die Mehlprobe aufbewahrt, mit der Lupe leicht kenntliche, oft netzartige anastomosierende linienförmige Spuren.

Sind Milben nur in geringer Anzahl vorhanden, so ist ihr Nachweis schwierig. Oft gelingt es, sie zu finden, indem man eine Messerspitze Mehl im Reagenzglas mit Wasser schüttelt, kurz stehen läßt und die auf die Oberfläche steigenden Milben und Milbenbälge mit dem Skalpell sammelt. Das sicherste Mittel die Milben nachzuweisen ist aber, das zu untersuchende Mehl 2—3 Wochen stehen zu lassen, um den Tieren Zeit zu ausgiebiger Vermehrung zu lassen.

Die gemeine Mehlmilbe (auch Zuckermilbe genannt: *Tyroglyphus [Acarus] farinae* Abb. 96) hat einen weißlichen Körper und hellbraune bis rötlichgelbe Beine; ihre Oberfläche ist mit steifen Borsten besetzt. *Acarus plumiger* ist durch lange federartige Haare ausgezeichnet. Der Kot der Milben färbt das Mehl mit der Zeit dunkel. Milbiges Mehl ist nicht gesundheitsschädlich, aber durch dumpfigen oder bei starker Vermehrung der Tiere widerlich süßlichen Geruch verdorben.

Vermottetes Mehl ist durch die Anwesenheit von Larven, Gespinst und Kot von Kleinschmetterlingen verdorben und zeigt oft sehr stark dumpfigen Geruch. Folgende Arten der Schädlinge sind zu unterscheiden:

Ephestia Kühniella (*Mehlzünsler*), ungefähr 10 mm lang, spannt 24—27 mm. Vorderflügel bleigrau mit einigen schwarzen Wellenlinien und unregelmäßigen Flecken; Hinterflügel weißlich mit verwaschener grauer Randlinie. Raupe mit dunkelgelbem Kopf, hellem Leib und vier Reihen dunkelbrauner Punkte. Puppe ockergelb.

Tinea granella (*Kornmotte*); etwa 6 mm lang, spannt 15 mm. Das Tier ist der Kleidermotte sehr ähnlich. Vorderflügel hell mit mehreren unregelmäßigen dunkleren Fleckchen; Hinterflügel dunkler mit hellem Rand; Rand aller Flügel sehr lang gefranst.

Tinea hordei (*französische Getreidemotte*); von gleicher Größe wie die vorige. Vorderflügel trüb lehmgelb mit schwachem, graubraunem Anflug und gelbbraunen Fransen; Hinterflügel grau.

Diese Motten richten öfters großen Schaden an. Zu ihrer Bekämpfung wird das Getreide vorsichtig bei 50° gedarrt; die Ritzen in Böden und Wänden sind mit Kitt zu verstreichen; für starken Luftzug ist zu sorgen, und die Säcke sind während der Flugzeit der Schmetterlinge mit scharfen Bürsten abzubürsten, um die Eier zu entfernen.

Nachweis fremder Bestandteile im Mehl.

Mineralbestandteile. Die verschiedensten Mahlprodukte weißer Mineralien wurden bereits als Mehlverfälschungen gefunden. Wenn man in den Mehlpräparaten durch ihre scharfen Kanten, unregelmäßigen Flächen, ihr starkes Lichtbrechungsvermögen ausgezeichnete Körner sieht, so läßt man zunächst die mikroskopische Untersuchung und beginnt die Bestimmung der Aschenbestandteile. Auch ist die Anwendung der Chloroformprobe empfehlenswert, die derart ausgeführt wird, daß man etwas Mehl mit der zehnfachen Menge Chloroform im Reagenzglas schüttelt. Die mineralischen Verfälschungen setzen sich dann beim Stehen ab. — Als häufigste Mehlverfälschungen mineralischer Art sind kohlensaurer Kalk, Gips und Schwerspat zu nennen. Besonders bemerkt sei, daß mineralische braune Körner, die sich häufig im Mehl finden, keineswegs immer absichtliche Fälschung erschließen lassen, sondern von den Mühlsteinen stammen.

Alaun und Kupfersulfat. Von den Fälschungen des Mehls mit löslichen Mineralbestandteilen hat hauptsächlich diejenige mit Alaun, der vielfach, um die Backfähigkeit zu erhöhen („amerikanisches Backpulver") beigesetzt wird, Bedeutung. Zum Nachweis rührt man etwa 10 g des Mehls mit 50 ccm Wasser zu einem dünnen Brei, filtrirt und setzt dem Filtrat einige Tropfen alkoholische Cochenilletinktur zu. Ist Alaun vorhanden, so färbt sich die ursprünglich gelbrote Cochenilletinktur sofort schön karminrot. — Auch Kupfersulfat wird zur Verbesserung der Backfähigkeit manchmal dem Mehl zugesetzt. Seine Anwesenheit wird leicht erkannt, wenn man ein Quantum Mehl mit Wasser anrührt und in den Brei ein blankes Eisengerät steckt, das sich bei Anwesenheit von Kupfersulfat mit metallischem Kupfer überzieht.

Mutterkorn. Als Mutterkorn werden durch das Wachstum eines Kernpilzes *(Claviceps purpurea)* gebildete, schwarzgefärbte Pseudomorphosen der Getreidekörner bezeichnet. Die Entwickelung des Mutterkorns aus dem jungen Fruchtknoten des Getreides sowie das Aus-

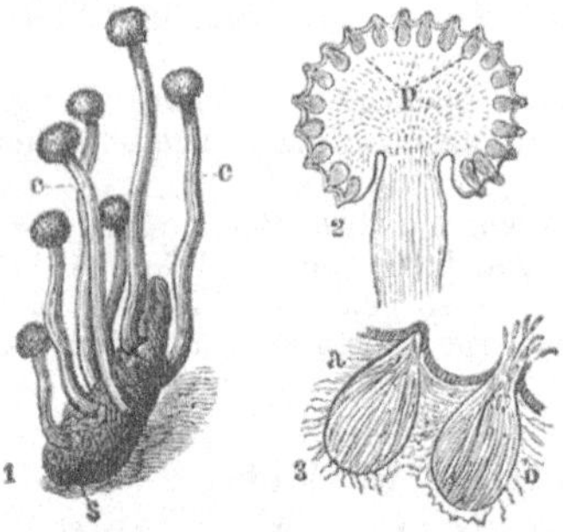

Abb. 97. Mutterkornpilz (*Claviceps purpurea*). 1. Sklerotium mit Sammelfruchtkörpern; 2. ein solcher längs durchschnitten; 3. zwei Einzelfruchtkörper.

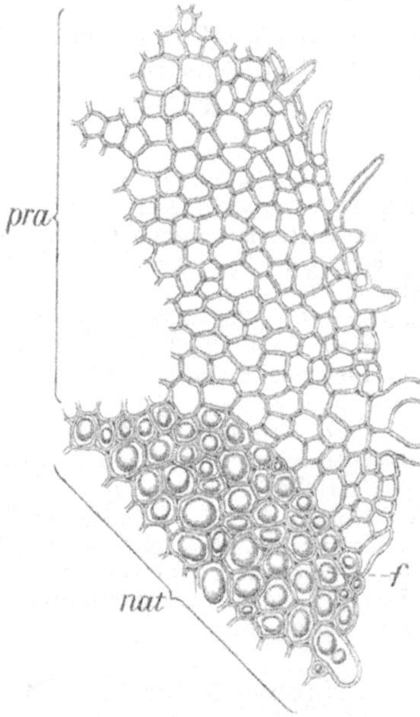

Abb. 98. Mutterkorn. Schnitt durch die Randpartie des Sklerotium. Vergr. $^{385}/_{1}$. — *nat* Gewebe mit Fettinhalt; *pra* Fettropfen durch Chloralhydrat entfernt; *f* Fettropfen.

sehen desselben wird durch Abb. 97 dargestellt. Als „Mutterkorn" wird das Gebild bezeichnet wegen der spezifischen Wirkung eines in ihm enthaltenen Giftstoffes (Cornutin) auf den gebärenden weiblichen Organismus. Bei der starken Giftwirkung des Mutterkorns (es ist die Ursache der besonders im Mittelalter in furchtbarster Weise aufgetretenen Kriebelkrankheit [Antoniusfeuer]) ist auch eine kleine Beimischung von Mutterkorn zum Mehl gefährlich. In Mengen von 0,2 vH. ab kann es gesundheitsschädlich sein; nach Handelsgebrauch werden noch 0,25—0,3 vH. toleriert, doch tritt Hanausek für eine Maximalgrenze von 0,03 vH. als höchsten zulässigen Mutterkorngehalt des Mehles ein. Das eigentliche Mutterkorn wird aus sterilem Pilzgeflecht gebildet und als Sklerotium bezeichnet; selbst kleine Fragmente desselben sind im Mehl leicht nachzuweisen.

Ist in einem Mehl Mutterkorn vorhanden, so ist der nach Behandlung des Mehls mit Salzsäure (vgl. S. 95) erhaltene Bodensatz nicht gelb gefärbt, sondern weist rote Pünktchen auf. Wird in der oben bezeichneten Weise dieser Filterrückstand mikroskopisch geprüft, so sind die Gewebetrümmer des Mutterkorns rosenrot und erscheinen bei schwacher Vergrößerung als Haufen sehr stark lichtbrechender Kügelchen. Nimmt man stärkere Vergrößerung, so sieht man (Ab. 98, *f*), daß diese Kügelchen Öltröpfchen sind, die teils in den Zellen des Mutterkorns, teils um die Fragmente desselben herumliegen. Läßt man ein Präparat eintrocknen, extrahiert mit Äther und betrachtet dasselbe dann, so sind die Tröpfchen verschwunden (Abb. 98, *pra*). Als Öl werden, außer durch die Löslichkeit in Äther, die Tröpfchen durch die Alkanna- oder Sudanreaktion (vgl. S. 76) erkannt. — Auch zum direkten Nachweis des Mutterkorns im Mehl ist die Sudanreaktion

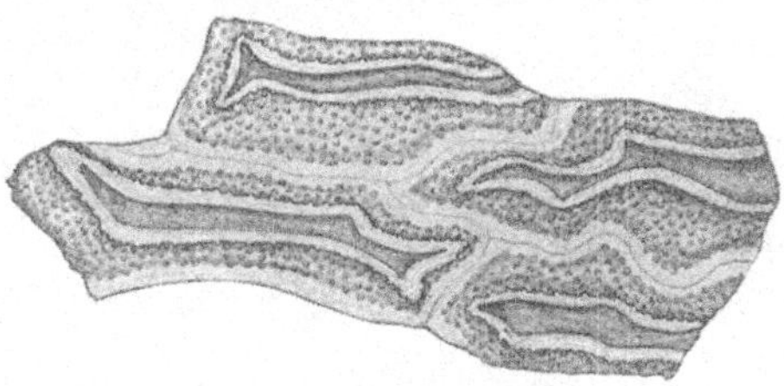

Abb. 99. Epidermis der Kornrade; die Spitzen der Zellen sind abgeschnitten. — Vergrößerung $^{190}/_{1}$.

Abb. 100. Stärkekörper der Kornrade. — Vergr. $^{250}/_{1}$.

als rasch und überaus scharf bestimmend warm zu empfehlen. Trägt man ein kleines Mehlquantum in die Farbstofflösung ein, kocht etwa 1 Minute lang und mikroskopiert dann, so heben sich die tief dunkelroten Mutterkornfragmente sehr typisch von den fast ungefärbten Stärkekörnern und den gelbroten Spelzenbestandteilen ab. — Besonders der nach oben (S. 95) gegebener Anweisung gewonnene Bodensatz eignet sich vorzüglich zum Nachweis selbst kleiner Mutterkornbeimengungen mittels der Sudanreaktion.

Kornrade. Auch die Samen der Kornrade *(Agrostemma githago)* haben toxische Wirkung. Der für gesundheitsschädliche Wirkung von Radesamen erforderliche Maximalgehalt des Mehles scheint sehr verschieden zu sein, doch ergaben bei Versuchen mit frischem Radepulver Gewichtsmengen von 3 g ab stets wenigstens leichte Störungen. — Sowohl die Backhitze wie besonders die Säuerung des Brotes mindern die Giftigkeit der wirksamen Saponinkörper. Bei der Prüfung des Mehls auf Kornrade kommen als charakteristische Teile derselben sowohl die Fragmente der Samenschale wie die Stärkekörner in Betracht.

Sehr leicht kenntlich sind die Stückchen der Samenschale, die beim Lösungsverfahren des Mehls als braune Körnchen oft schon dem unbewaffneten Auge sichtbar werden. Unter dem Mikroskop erscheinen sie (Abb. 99) gleichfalls braun, unregelmäßig mit Zacken und Höckern versehen; die Wände der Zellen sind gewellt, ihre ganze Oberfläche ist mit feinen Wärzchen besetzt.

Die Stärkekörper der Kornrade (Abb. 100) sind allermeist langgestreckt, eiförmig oder ellipsoidisch; sie bestehen aus wahrscheinlich in Schleim und Saponin eingebetteten kleinsten Stärkekörnern. Um sie leicht aufzufinden, verfährt man folgendermaßen: Man beleuchtet das im Wasser liegende Mehlpräparat nicht von unten, sondern dreht den Spiegel des Mikroskops ab, so daß nur auffallendes Licht vorhanden ist. Dann erscheinen die Stärkekörner des Weizens oder Roggens auf schwarzem Grund als dünne, weiße Ringe bzw. als Haufen von solchen, die Radekörper dagegen sehen glänzend weiß, wie Zuckerbrocken aus. Diese Methode ist zum Auffinden der Kornradeverunreinigung des Mehls sehr brauchbar, doch kommen ähnliche, aber kleinere Stärkekörper auch bei anderen Caryophyllaceen und in verwandten Familien vor. Stärkekörper, deren Größe 70 μ übersteigt, gehören sicher zur Kornrade.

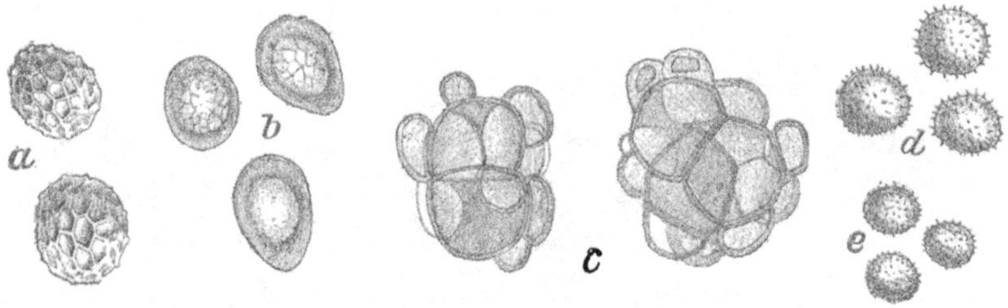

Abb. 101. Sporen von Getreidebrandpilzen *a* Tilletia tritici; *b* Tilletia laevis; *c* Urocystis occulta *d* Ustilago Maydis; *e* Ustilago hordei. — Vergrößerung $^{650}/_{1}$.

Brandpilzsporen. Von den Sporen der Schmarotzerpilze, die Getreidekrankheiten hervorrufen, kommen hauptsächlich diejenigen von *Tilletia tritici (= T. caries)* und von *Ustilago hordei*, selten die von *Tilletia laevis* und *Urocystis occulta* auch im Mehl vor. Früher waren sie häufiger in den Mahlprodukten, doch werden diese Pflanzenkrankheiten nun mehr und mehr zurückgedrängt, und bei der vollkommenen Reinigung des Mahlguts werden die mit Pilzsporen erfüllten („brandigen") Getreidekörner von dem Mahlprozeß ausgeschieden.

Sind Brandpilzsporen im Mehl, so findet man sie in den auch dem Aufsuchen der anderen Verunreinigungen dienenden Präparaten, und zwar als bräunliche, dickwandige, rundliche Zellen. Die genannten hauptsächlich vorkommenden Arten sind leicht zu unterscheiden:

Tilletia tritici (Schmierbrand, Abb. 101, *a*) ist unverkennbar bezeichnet durch elegante, netzmaschige Leisten auf der äußeren Sporenhaut; die Sporen sind allermeist 0,01 mm breit, trüb olivenbraun.

Tilletia laevis (Abb. 101, *b*) hat kugelige, elliptische oder eiförmige, nicht selten auch unregelmäßig längliche oder eckige Sporen, die (die länglichen) bis 0,028 mm lang werden. Die Sporen sehen hellbraun aus und haben kein Maschennetz.

Urocystis occulta (Abb. 101, *c*) ist daran leicht erkenntlich, daß um die lebende Spore stets ein Mantel abgestorbener Sporenzellen herum liegt, daß also keine Einzelsporen sondern Knäuel zur Anschauung gelangen.

Ustilago hordei (Abb. 101, *e*; Flugbrand oder Rußbrand) hat kugelige oder längliche, öfters gleichfalls unregelmäßig eckige, glatte oder undeutlich punktierte, gelblich olivenbraune Sporen, die meist 0,0045 bis 0,006 mm messen.

Brandpilzsporen in reichlicher Menge enthaltendes Mehl oder Brot besitzt einen widerlichen Geruch nach Trimethylamin. In großen Quantitäten an Haustiere verfütterte Brandpilzsporen waren unschädlich oder sollen nur bei tragenden Tieren in manchen Fällen Aborte hervorgerufen haben. Schädigungen des Menschen wurden noch nicht beobachtet.

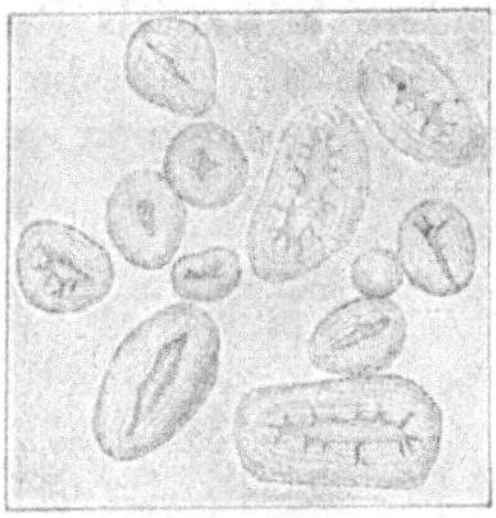

Abb. 102. Stärkekörner der Linse. Vergrößerung $^{280}/_{1}$.

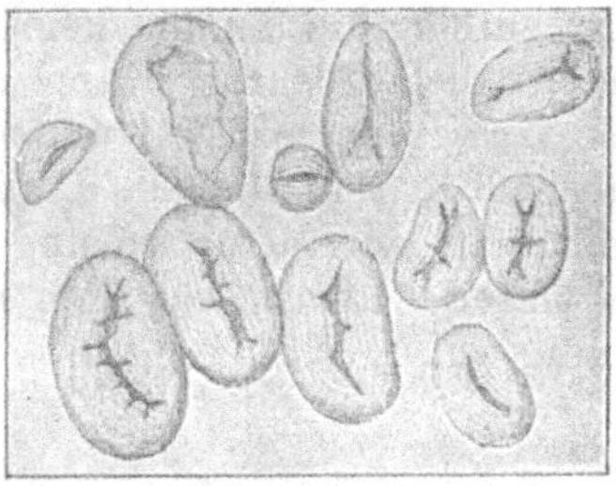

Abb. 103. Stärkekörner der Bohne. Vergrößerung $^{280}/_{1}$

Leguminosenmehl. Gleich dem Kartoffelmehl (vgl. S. 93) wird manchmal auch ein geringes Quantum Bohnenmehl (2—3 vH.) besonders dem Weizenmehl beigemischt, um angeblich die Backfähigkeit desselben zu erhöhen. In nicht sorgfältig gereinigtem Mahlgut bleiben manchmal Wickensamen, die vermahlen sich sowohl durch ihre besonderen Stärkekörner wie durch den auffallenden Bau der Samenschale verraten. Die Stärkekörner der Leguminosen, die in Betracht kommen können (Erbse, Bohne, Linse, Wicke), sind alle so gleichmäßig gestaltet, daß ihre Unterscheidung nur schwer möglich ist. Allen kommt gemeinsam (Abb. 102—104) eine dickgedrungene Gestalt und ganz besonders ein starker Spalt im Innern zu, von dem aus kurze, breite Spalten nach der Peripherie des Stärkekorns ausstrahlen.

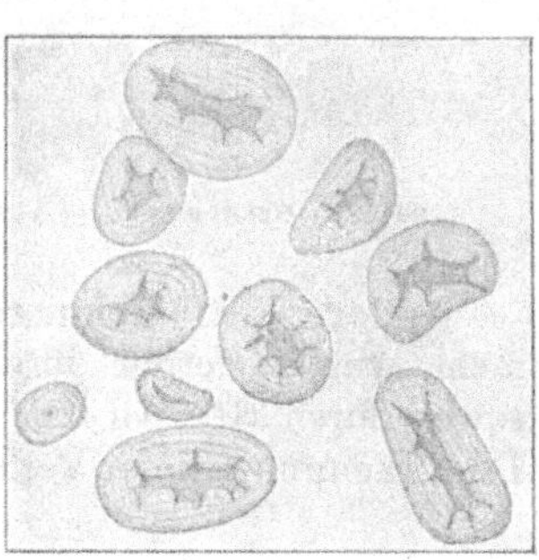

Abb. 104. Stärkekörner der Erbse. Vergrößerung $^{280}/_{1}$.

Die Leguminosenstärkekörner werden bei aufmerksamer Betrachtung der Mehlpräparate unschwer gefunden. Auch sei darauf aufmerksam gemacht, daß in Wasserpräparaten das mit der Stärke in den Cotyledonen dieser Leguminosen vergesellschaftete Aleuron große Klumpen zu bilden pflegt, die sich mit Jod tief braun färben. Wenn nicht geschälte Leguminosensamen vermahlen wurden, sind die Elemente ihrer Samenschalen sehr leicht unter den Kleienbestandteilen des Mehls aufzufinden. Kann man dort garbenartig zusammenliegende, dickwandige, kurz pfahlförmige Zellen oder Gewebereste feststellen, deren Zellen große Luftlücken zwischen sich frei lassen und mit vorgestreckten Enden sternförmig zusammenhängen, so sind dies Elemente der Leguminosensamenschalen.

Von den genannten Leguminosenmehlen unterscheidet sich das Mahlprodukt der Lupinensamen in sehr wesentlichen Punkten. Zunächst enthält die Lupine keine Stärke, sondern besitzt als Reservematerial allein Aleuron; dann aber ist zu beachten, daß die nicht durch Wässerung und auf andere Weise entgifteten Lupinen gesundheitsschädlich sein können. Lupinenmehl ist nicht als zur Mehlstreckung verwertbares Material anzusehen; über seine Erkennung vgl. S. 120.

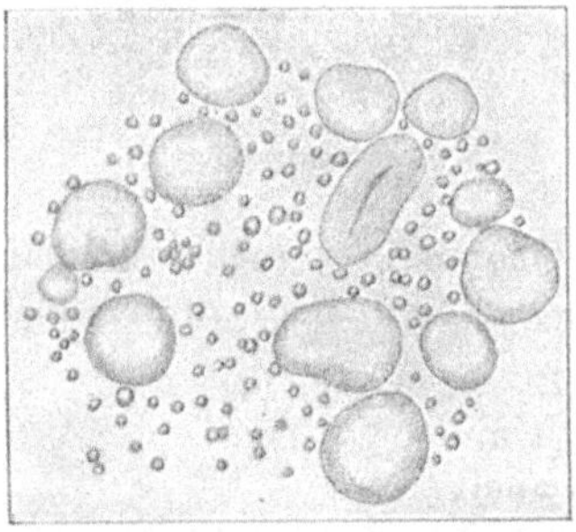

Abb. 105. Gerstenmehl. — Vergrößerung 280/1.

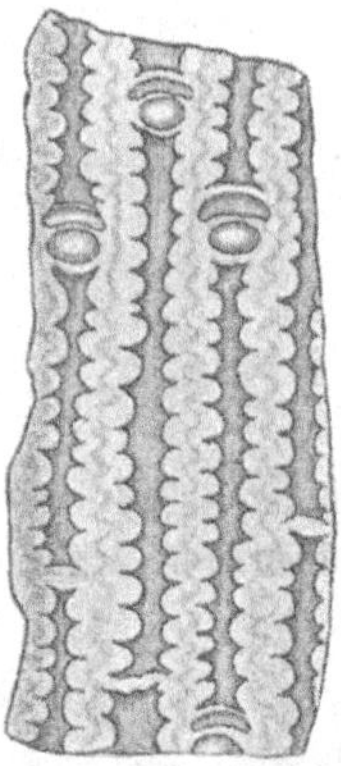

Abb. 106. Epidermis der Gerstenspelze, Flächenansicht. — Vergr. 280/1.

Andere Verfälschungen. Grobe Mehlsorten, insbesondere Futtermehl, wurden ferner durch Preßkuchenmehl von *Arachis hypogaea* sowie durch Steinnußmehl in seltenen Fällen verfälscht gefunden. Die Erkennung dieser Verfälschungsmittel wird unten (S. 121) behandelt.

Stärkemehl von anderen Getreidearten.

Gerste. Am leichtesten mit den Stärkekörnern des Weizens zu verwechseln sind diejenigen der Gerste. Auch im Gerstensamen sind Groß- und Kleinkörner vorhanden und auf den ersten Blick zu unterscheiden (Abb. 105). Die Großkörner sind gestaltet wie die großen Stärkekörner des Weizens, doch sind sie dadurch ausgezeichnet, daß sie kaum jemals über 0,035 mm breit und häufig einseitig (etwas bohnenförmig) eingebuchtet sind, sowie daß bei ihnen Zerklüftungen bzw. Risse noch seltener vorkommen als beim Weizen. Wenn Risse sich finden, sind dieselben fast stets auf einen einfachen feinen Spalt beschränkt. Immerhin wäre die bei hohen Weizen- und Roggenpreisen wichtige Unterscheidung von Gersten- und Weizenmehl nach den Stärkekörnern allein sehr schwierig, wenn nicht noch ein anderes Merkmal das Gerstenmehl charakterisierte. Bei den allermeisten Formen der Gerste umschließt die Spelze das Korn dauernd und ist mit ihm verwachsen. Deswegen finden sich in jedem Gerstenmehl die nach der (S. 95) angegebenen Methode im Bodensatz der verzuckerten Mehlproben zu suchenden Spelzenteile. Diese zeichnen sich (Abb. 106) durch die dicken, sehr stark gewellten Zellen ihrer Epidermis unverkennbar aus. Da sie verkieselt sind, werden sie beim Veraschen nicht unkenntlich und vorteilhaft in der weißgebrannten Asche des Satzes gesucht.

Hafer. Die Stärkekörner des Hafers bieten einen ganz anderen Anblick durch das regelmäßige massenhafte Vorkommen großer zusammengesetzter Stärkekörner neben kleinen spindel- oder birnförmigen Einzelkörnern. Ein ähnliches Aussehen besitzen Reisstärkekörner. (Unterschiede unten, S. 114.)

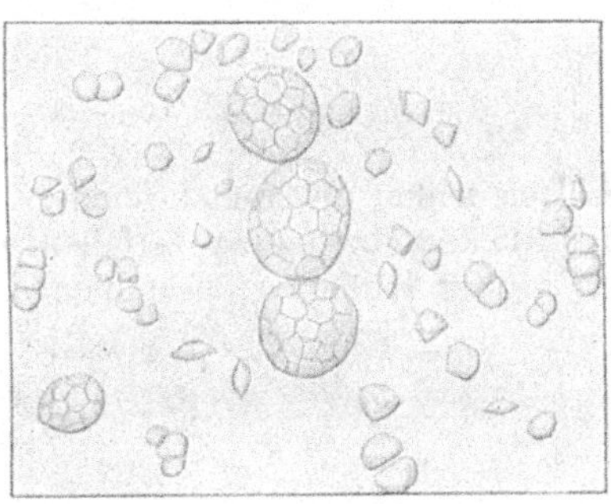

Abb. 107. Hafermehl. — Vergrößerung $^{280}/_{1}$.

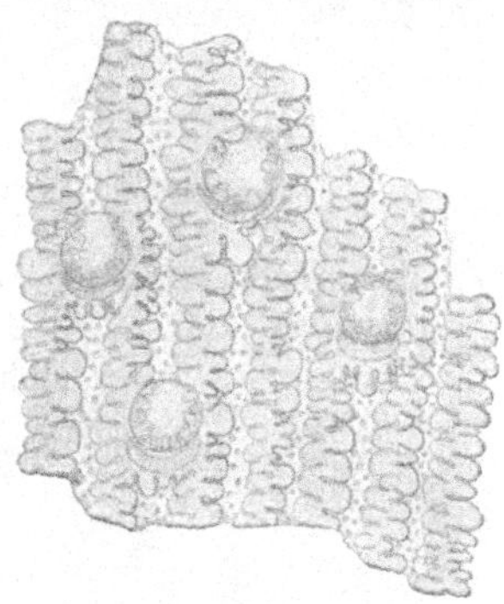

Abb. 108. Epidermis der Haferspelze, Flächenansicht. — Vergr. $^{290}/_{1}$.

Im Hafermehl unterscheiden wir unter dem Mikroskop (vgl. Abb. 107) auf den ersten Blick sehr große und sehr kleine Körner. Die großen, die ungefähr die Ausdehnung der Großkörner des Weizens besitzen, erweisen sich bei genauerer Betrachtung als aus vielen kleinen, fast stets spaltenlosen Körnchen zusammengesetzt. Durch den Mahlprozeß werden sie häufig zertrümmert; ihre scharfkantigen Konstituenten bilden die Hauptmasse der kleinen Körnchen. Außer diesen Fragmenten kommt aber dem Hafer noch eine Form von Kleinkörnern regelmäßig zu: beiderseits zugespitzte spindelförmige Körnchen. Auch im Hafermehl sind meist Fragmente der Spelzen (Abb. 108) vorhanden, die höchst charakteristisch und durch die stärkere Verzahnung ihrer Längswände von dem ähnlichen Spelzenbau der Gerste leicht unterscheidbar sind. Sie werden gleichfalls am leichtesten in der weißgebrannten Asche der Kleienbestandteile gefunden.

Ferner müssen die keinem Hafermehl fehlenden, sehr langen (bis über 2 mm) aber meist zerbrochenen, mit engem, auf weite Strecken sich gleichbleibendem Innenraum versehenen Haare für die Diagnose Verwertung finden.

Reis (Abb. 109). Die Reisstärke ist der Haferstärke so ähnlich gebaut, daß eine Unterscheidung beider, wenn es sich (was kaum vorkommt) um ein Gemisch handeln sollte, schwierig ist. Dagegen ist reines Reismehl von reinem Hafermehl leicht zu unterscheiden, und zwar erstens daran, daß einfache, den kleinen, spindelförmigen Körnchen des Hafers gleichgestaltete Körner (natürlich abgesehen von den kleinen eckigen Körnchen, die durch Zertrümmerung der großen

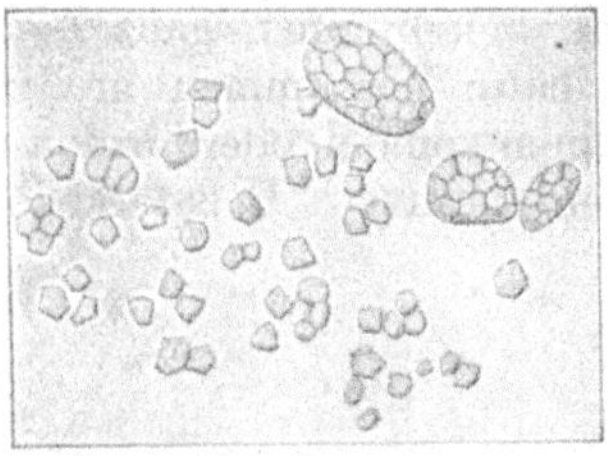

Abb. 109. Reismehl. — Vergr. $^{280}/_{1}$.

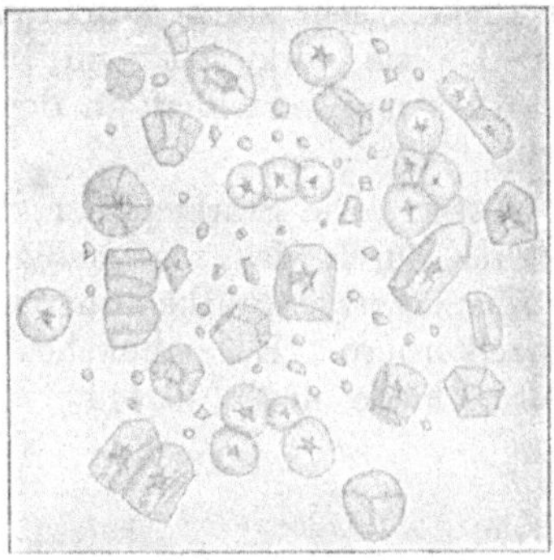

Abb. 110. Maismehl. — Vergr. $^{280}/_{1}$.

zusammengesetzten entstehen) dem Reis fehlen, zweitens besonders charakteristisch daran, daß die Reisstärkekörnchen zwar zerfallen sind, ihre Fragmente aber sich leicht zu großen Klumpen zusammenballen.

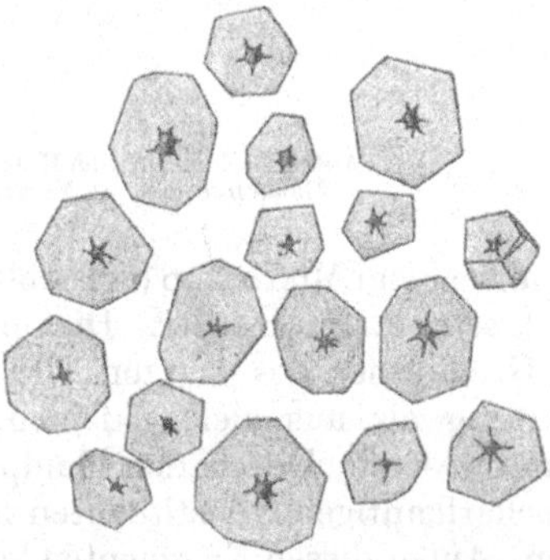

Abb. 111. Hirse (*Andropogon Sorghum*). Stärkekörner. Vergrößerung $^{500}/_{1}$

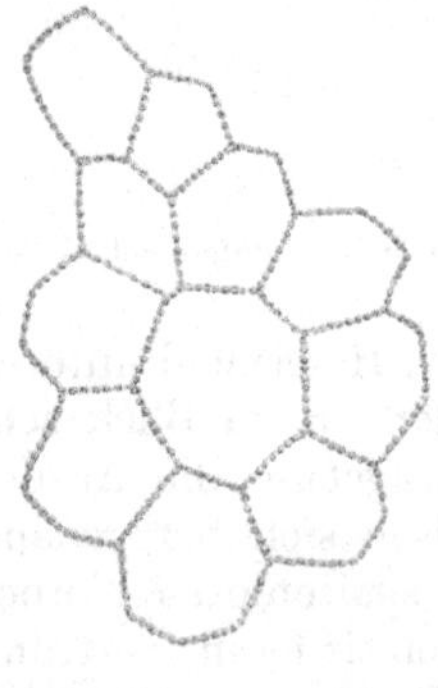

Abb. 112. Geperltes Netz zwischen den Stärkekörnern. Vergrößerung $^{500}/_{1}$.

Reismehl wird vielfach der Kleinheit der Körner wegen als bester Puder, für Wäschestärke, aber auch als Verfälschung von Kakao, Gewürzen usw. verwendet und ist in diesen Fällen leicht zu erkennen.

Mais (Abb. 110). Das Maismehl ist durch die scharfeckige polyedrische Form vieler Körner, den meist deutlichen Kern und die fehlende Schichtung sowie die geringere Größe der Stärkekörner von Weizen-, Roggen- und Gerstenmehl unterschieden. Auch eine Verwechslung mit dem Hafer- und Reismehl ist ausgeschlossen, da erstens beim Maismehl keine zusammengesetzten Körner vorhanden sind, zweitens die Größe derselben (bis 0,035 mm) diejenige der genannten Zerealien-Stärkekörner beträchtlich übertrifft.

Hirse (Abb. 111/112). Unter diesem Namen werden die Früchte verschiedener Gramineen, besonders von *Andropogon Sorghum* Sorgho-Hirse, Mohrhirse, Besenhirse), *Panicum miliaceum* (Rispenhirse) und *Setaria* (*ialica* (Kolbenhirse, deutsche Hirse) zusammengefaßt.

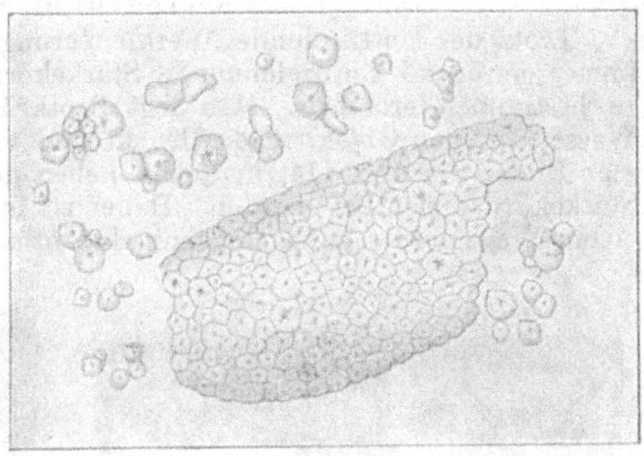

Abb. 113. Buchweizenmehl. Vergrößerung 280/1.

Die Stärke aller Hirsesorten (Abb. 111) ist im Aussehen der Maisstärke sehr ähnlich; insbesondere sind die Stärkekörnchen auch durch eine kristallartige Form und die große Höhlung im Innern ausgezeichnet. Auch bezüglich der Größe sind die *Sorghum*-Stärkekörner vom Mais nicht zu unterscheiden, während die Körner der beiden anderen Hirsesorten kleiner sind (vgl. S. 114).

Ein wesentlicher Unterschied gegenüber allen anderen Zerealien besteht darin, daß die Hirsestärke einem geperlten Netz von Eiweißstoffen eingelagert ist. Man suche in den Mahlprodukten größere Stärkeklumpen, die reichlich vorhanden sind, und lasse, ohne zu erwärmen, verdünnte Kalilauge zufließen. Dann wird das in Abb. 112 gezeichnete Bild sichtbar.

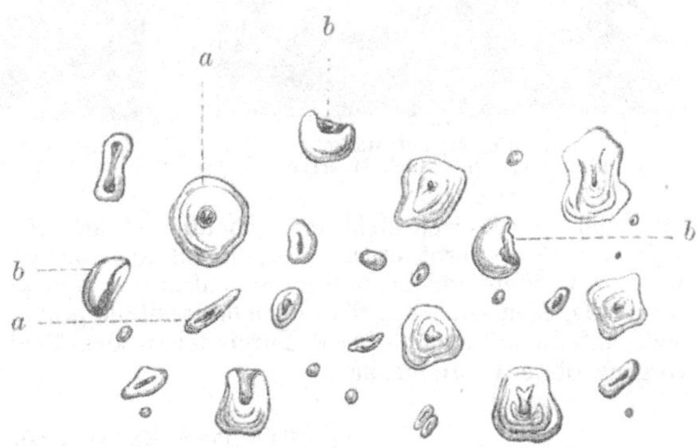

Abb. 114. Stärkekörner aus Weizenbrot. *a* typisch, *b* gebrochen, gequollen. (Nach Moeller.)

Alle Mahlprodukte der Hirsesorten sind durch das reichliche Vorhandsein von dicken, sehr stark gekrümmten, fast holzigen Spelzenbestandteilen ausgezeichnet. Über ihre Unterscheidung vgl. S. 114.

Buchweizen (Abb. 113). Im Buchweizenmehl (von *Fagopyrum esculentum* und *F. tataricum* stammend) sieht man zunächst massenhaft große Stärkeklumpen, die den aus lauter aneinandergepreßten polyedrischen Körnchen gebildeten Inhalt von Endospermzellen darstellen. Außerdem wird das Mehl von den Konstituenten dieser Klumpen gebildet.

Die Einzelkörnchen sind stets eckig und sehr klein. Buchweizenmehl gleicht daher sehr dem Reismehl, unterscheidet sich aber durch die Größe der Körner (Durchmesser der Einzelkörper beim Buchweizen 3—14 μ, durchschnittlich 9 μ; beim Reis 3—7 μ, Durchschnitt 5 μ) sowie dadurch, daß fast jedes Korn im Innern eine Höhle zeigt. Schichtung fehlt den Stärkekörnern des Buchweizens.

Untersuchung von Brot.

Trotz der stattfindenden Verkleisterung des Mehles beim Backen sind noch immer genügend kennzeichnende Stärkekörner zu finden, die die Bestandteile zu bestimmen erlauben. Man legt Brotkrümchen von Stecknadelkopfgröße in Wasser auf den Objektträger, drückt und reibt mit dem Deckglas, dann erhält man Bilder wie Abb. 114, in denen neben normalen gequollene und zerbrochene Stärkekörner sichtbar werden. Dabei ist leichter möglich zu entscheiden, ob in einem Weizenbrote auch Roggenmehl enthalten ist, als umgekehrt, da im letzteren viele von Weizen nicht unterscheidbare Stärkekörner vorkommen. (Übrigens ist jedem Roggenbrot etwas Weizenmehl aus Backgründen beigegeben.) Auch Mais-, Kartoffel- und Leguminosenmehlzusätze sind gut erkennbar, Reis, Hafer, Gerste dagegen schwerer. Die Kleiebestandteile grober (schwarzer) Brote bleiben noch auffallend, auch andere Unreinheiten des Mehles überstehen den Backvorgang ohne Veränderung.

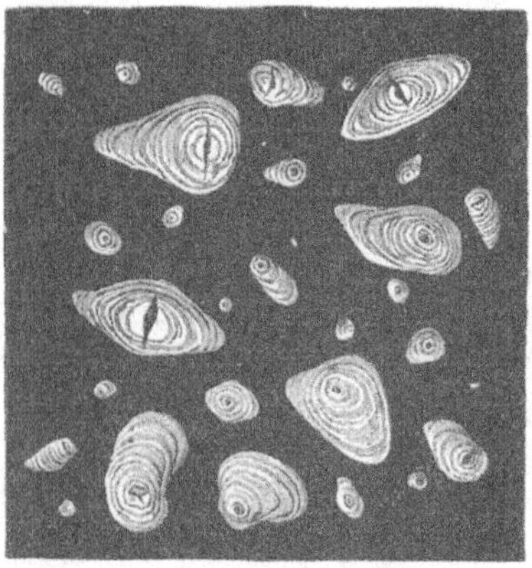

Abb. 115. Marantastärke. Vergrößerung $^{280}/_{1}$. (Nach Moeller.)

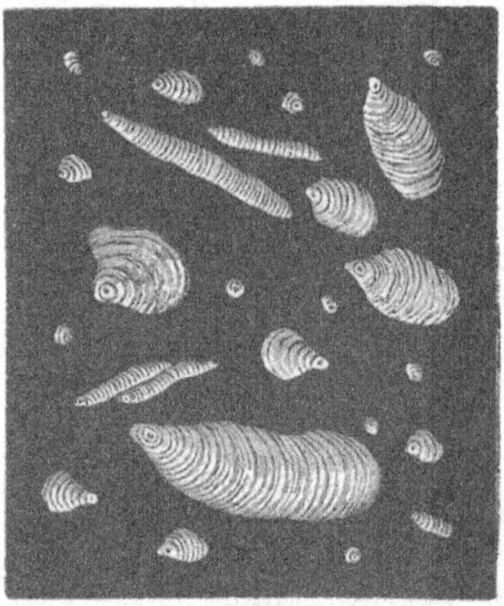

Abb. 116. Ostindisches Arrowroot (Curcuma). Vergrößerung $^{250}/_{1}$. (Nach Moeller.)

Andere Stärkesorten.

Abgesehen von der Kartoffelstärke, die bereits oben (S. 92) als Studienobjekt für Stärkekörner im allgemeinen behandelt wurde, kommen im Handel noch eine Anzahl anderer, ausländischer Stärkesorten vor, die Knollen- und Stammorganen von Pflanzen entstammen.

Arrowroot. Im Handel wird hauptsächlich das Westindische Arrowroot (Abb. 115) geführt, das von *Maranta*-Arten (hauptsächlich *Maranta arundinacea*) stammt. Es ist der Kartoffelstärke recht ähnlich und wird gewöhnlich mit ihr vermengt bzw. verfälscht. Bei genauerer Untersuchung ist die *Maranta*-Stärke jedoch hauptsächlich durch folgende Merkmale von der Kartoffelstärke zu unterscheiden:

1. Die bei der Kartoffelstärke allermeist sehr deutliche Schichtung ist bei der *Maranta*-Stärke sehr schwach, oft kaum zu erkennen. 2. Die Stärkekörner der *Maranta* zeigen allermeist zwei Spalten, die infolge ihres Luftgehaltes schwarz aussehen und vom Kern so ausgehen, daß sie eine gerade Linie oder einen sehr stumpfen Winkel (eine ⌣-förmige Figur) bilden. Große Stärkekörner mit dieser Spalte kommen bei der Kartoffel nicht vor. 3. Die *Maranta*-Stärkekörner werden nur in seltenen Ausnahmefällen über 0,05 mm groß, während dies bei den Kartoffelstärkekörnern sehr häufig der Fall ist.

Ostindisches Arrowroot-Mehl (von *Curcuma*-Arten) zeigt besonders starke Schichtung, sehr bezeichnende Form und Lage des Kerns. Die Körner, stets einfach, sind flach, stehen daher bisweilen auf der Kante (das sind in Abb. 116 die schmalen). — Brasilianisches Arrowroot oder Kassawemehl (von *Manihot utilissima*) zeigt starke Zusammensetzung aus 2—7 Teilkörnern, die an den Berührungsstellen

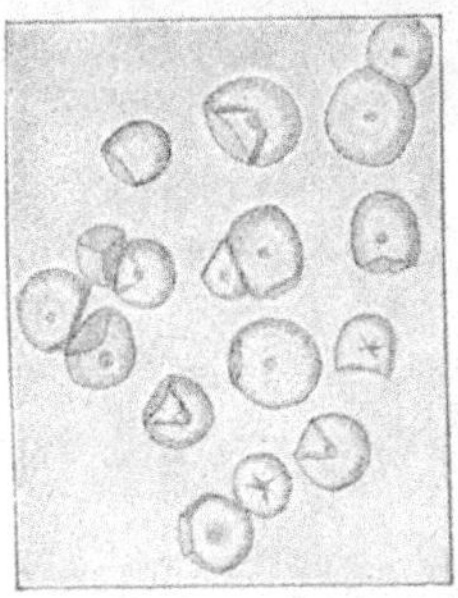

Abb. 117. Manihotstärke. Vergr. $^{280}/_{1}$.

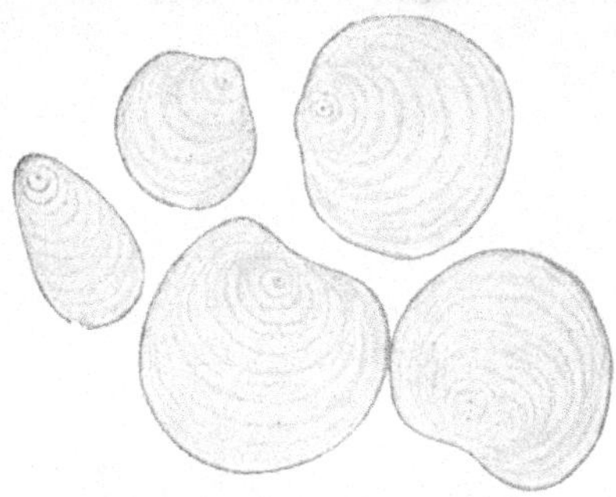

Abb. 118. Cannastärke. Vergrößerung $^{200}/_{1}$.

abgeflacht sind. (Abb. 117). In der Handelsware sind sie meist zerfallen oder bestehen nur noch aus 2—3 Stücken. (Größe 0,018—0,0230 mm für die Einzelkörner.) In echter Tapioca, die daraus hergestellt wird, sind die Körner trotz Verkleisterung noch kenntlich. — Queensland-Arrowroot (Abb. 118). Stärke aus den Rhizomen mehrerer *Canna*-Arten, ausgezeichnet durch die Größe (50—180 μ) der Körner sowie durch deren Gestalt. Cannastärke ist unverkennbar. Die flachen Körner sind sehr stark und sehr deutlich exzentrisch geschichtet; öfters kommen Exemplare vor, die zwei Kerne enthalten.

Sago (Abb. 119). Echter Sago stellt mehr oder weniger verkleistertes Stärkemehl aus Stämmen von Palmen (hauptsächlich *Sagus Rumphii* und *Borassus flabelliformis*) und Cycadaceen (*Cycas*- und *Zamia*-Arten) dar. Da die Palmenstärke aus den weichen Innengeweben der Stämme gewonnen wird, führt sie stets in recht bedeutender Menge Trümmer von Geweben sowie Kristalle von Kalkoxalat; nicht selten begegnet man auch Haaren. Auf diese Bestandteile des Handelsartikels wird man achten, wenn man die Diagnose stellen soll, ob eine Ware als echter Sago anzusehen ist oder nicht. Man löst zu diesem Zweck das Stärkemehl (vgl. S. 95) und untersucht den Bodensatz. Dabei wird man bei echtem Palmensago Gewebereste sowie drusen-, nadelförmige und schön ausgebildete säulenförmige Kristalle von Calciumoxalat finden. Auch die Stärkekörner als solche sind charakteristisch. Soweit sie durch den Verkleisterungsprozeß noch nicht bis zur Formlosigkeit verändert wurden, zeigen sie einen sehr großen Kern und an der Oberfläche erhöhte Stellen, die mit glatten Flächen enden und beweisen, daß die Körner ursprünglich zusammengesetzt waren. — Palmsago ist nur noch selten im Handel; als echter Sago wird fast ausschließlich Tapioka verkauft.

Bananenmehl (Abb. 120) (von der Mehlbanane — Musa paradisiaca — gewonnen, aber auch, wenngleich weniger reichlich in den Obstbananen enthalten) besitzt flache, flaschen-, wurst-, ei- oder keulenförmige Körner, oft auch verkürzte, die an die Gestalt von Blutegeln erinnern. Größe meist 0,02 bis

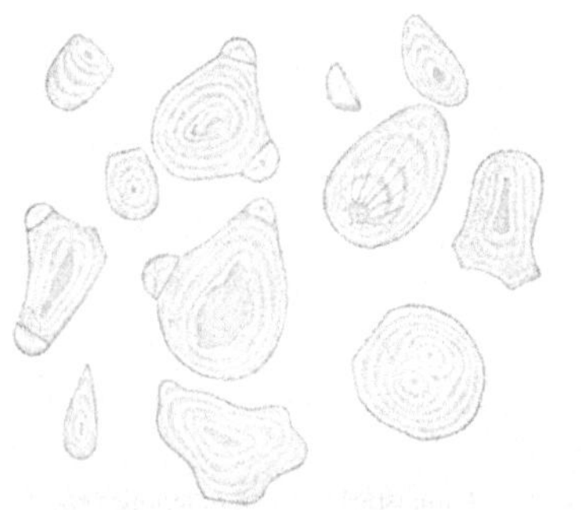

Abb. 119. Sago. — Vergrößerung $^{280}/_{1}$.

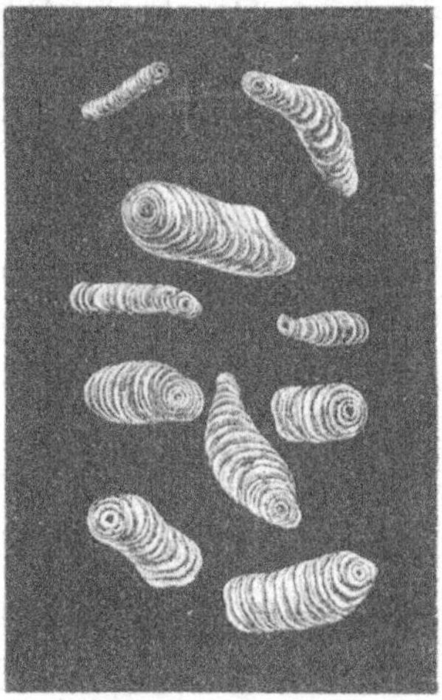

Abb. 120. Bananenstärke. — Vergr. $^{250}/_{1}$. (Nach Moeller.)

0,04 mm, Kern exzentrisch (nahe dem Ende), Schichten deutlich. Als Begleitelemente kommen neben (rötliche Farbe des Mehls hervorrufenden) Gewebsteilen Kristallnadeln vor.

Übersicht der praktisch wichtigen Stärke- und Mehlsorten.

Man untersuche die Proben in Wasser und gebe nur soviel Material in den Tropfen, daß die Stärkekörner getrennt liegen. Haufen stören die Übersicht und sind oft die Ursache von Täuschungen! Ferner beachte man, daß nicht alle Stärkekörner der Proben die unten als charakteristisch bezeichneten Merkmale aufzuweisen pflegen, sondern daß diese meist nur an gut ausgebildeten, oft erst nach längerem Suchen aufzufindenden Körnern sichtbar sind.

A. Bei Behandlung von 1 g Mehl mit 200 ccm 5proz. Kalilauge sind im Bodensatz Nadeln von Kalkoxalat nachweisbar.

I. Nadeln sehr groß und dick, balkenförmig (meist zerbrochen); Stärkekörner vielfach mit hufeisenförmig angeordneten Spalten (Abb. 192):
Veilchenwurzelpulver (*Iris*).

II. Nadeln sehr fein, beiderseits allmählich scharf zugespitzt.

a) Begleitelemente der Stärkekörner stets zartwandig; diese gestreckt, ziemlich gleichförmig, mit sehr deutlicher und extrem exzentrischer Schichtung, ohne Ansatzflächen kleiner Körner; nicht verkleistert (Abb. 120): Bananenstärke (*Musa*).

b) Begleitelemente oft dickwandig (Steinzellen usw.); Stärkekörner ungleichförmig, die größeren ungefähr isodiametrisch und diese nicht exzentrisch geschichtet; mit Ansatzflächen kleinerer Körner; verkleistert (Abb. 119). Sago (*Sagus* usw.).

B. Neben den Stärkekörnern nur wenig andersartige Elemente; nie Kristallnadeln.

I. Die großen Stärkekörner sind weder zusammengesetzt noch weisen sie im Umriß gerade Flächen (Ansatzstellen abgelöster Teilkörner) auf.

a) Große Körner mit stark exzentrischer Schichtung oder mit stark exzentrisch liegendem Kern (Schichtungszentrum).

1. Schichtung meist undeutlich; Schichtungszentrum durch einen ◡-förmigen Spalt markiert (Abb. 115): Westind. Arrowroot (*Maranta*).

2. Schichtung deutlich; Schichtungszentrum in der Regel ohne den bezeichneten Spalt.

α) Viele große Körner über 75 μ breit.

* Nur wenige Körner messen bis 100 μ (Abb. 85): Kartoffel (*Solanum tuberosum*).

** Viele Körner messen über 100 μ (Abb. 118): Queensland-Arrowroot (*Canna*).

β) Große Körner 50—70 μ messend.

* Kern liegt in dem spitzen Ende der Stärkekörner (Abb. 116): Ostind. Arrowroot (*Curcuma*).

** Kern liegt etwas von dem abgerundeten Ende entfernt: Guyana-Arrowroot (*Dioscorea*).

b) Große Körner mit zentralem Schichtungszentrum oder vom Zentrum ausgehenden Spalten.

1. Auffallende Größenverschiedenheit zwischen großen und ganz kleinen Stärkekörnern.

α) Schichtung der Großkörner bisweilen deutlich; Spalten vorhanden (Abb. 86): Roggen (*Secale*).

β) Schichtung der Großkörner nicht oder undeutlich sichtbar; Spalten meist fehlend.

* Großkörner bis 40 μ breit; im veraschten Präparat keine welligen Epidermiszellen (Abb. 87): Weizen (*Triticum*).

** Großkörner bis 35 μ breit; im veraschten Präparat charakteristische, verkieselte Epidermiszellen (Abb. 105): Gerste (*Hordeum*).

2. Die größten Körner werden mit den kleinsten durch allmähliche Übergänge verbunden.

α) Viele Körner über 30 μ groß; reichlich Körner mit vielen Spalten.

* Größte Körner bis 40 μ (Abb. 104, 102): Erbse (*Pisum*), Linse (*Lens*).

** Größte Körner bis 60 μ (Abb. 103): Bohne (*Phaseolus*).

*** Größte Körner bis 70 μ: Saubohne (*Vicia Faba*).

β) Körner höchstens 30 μ groß.

* Ohne deutlichen Kern; ziemlich viel Körner zusammengesetzt: Roßkastanie (*Aesculus*).

** Mit deutlichem, wenigstens bei den größeren Körnern als Schatten sichtbarem Kern; wenige Körner zusammengesetzt.

§ Körner ziemlich gleichmäßig, alle rundlich (Abb. 128): Eiche (*Quercus*).

§§ Körner sehr ungleich, viele spitz (Abb. 129): Echte Kastanie (*Castanea*).

II. Die größeren Körner sind entweder zusammengesetzt oder zeigen im Umriß eine bis mehrere ebene Flächen oder das ganze Mehl besteht aus kleineren, etwas kantigen Körnchen.

a) Nur wenige Körnchen mit deutlich gewölbten Flächen.
1. Bei Behandlung der brockenförmigen Stärkekörner-Konglomerate mit sehr verdünnter Kalilauge bleibt ein geperltes Netz von Eiweißstoffen zurück.
α) Stärkekörner messen bis 30 μ (Abb. 112): Mohrenhirse (*Sorghum*).
β) Stärkekörner messen unter 20 μ.
* Im Mahlprodukt sind gerunzelte Spelzenreste vorhanden: Kolbenhirse (*Setaria italica*).
** Im Mahlprodukt nur glatte Spelzenreste: Rispenhirse (*Panicum miliaceum*).
2. Bei Anwendung von Kalilauge ist kein geperltes Netz sichtbar zu machen.
α) Körner meist 15 μ, maximal bis 35 μ groß (Abb. 110): Mais (*Zea Mays*).
β) Körner maximal 15 μ groß.
* Kern der Körner nie deutlich, Einzelkörner meist 3—8 μ.
§ Einzelkörner kantig, zusammengesetzte oft angebrochen (Abb. 109): Reis (*Oryza*).
§§ Einzelkörner bisweilen spindelförmig, zusammengesetzte häufiger ganz erhalten (Abb. 107): Hafer (*Avena*).
** Körner bilden große Klumpen; Kern wenigstens an den größeren deutlich (Abb. 113): Buchweizen (*Fagopyrum*).
b) An jedem Stärkekorn deutlich gewölbte Flächen sichtbar.
1. Körner bis 30 μ groß, Zahl der ebenen Flächen 1—3, sehr selten mehr; Schichtung nicht wahrnehmbar (Abb. 117): Brasilian. Arrowroot (*Manihot utilissima*).
2. Körner bis 50 μ groß; Zahl der ebenen Flächen allermeist über 3; Schichtung meist deutlich: Batatenstärke (*Batatas edulis*).

Kaffee.

Die mikroskopische Untersuchung hat nur beim gemahlenen Kaffee einen Zweck, hier aber ist sie höchst wichtig, da dieser außerordentlich häufig verfälscht wird.

Die Kaffeebohne besteht aus dem Endosperm der Frucht von *Coffea arabica*. Ihre wohlbekannte Form zeigt in der Mitte der flachen Seite eine tiefe Längsfurche und in dieser finden sich festgeklemmt Reste der Samenschale. Reines Kaffeepulver darf also keine weiteren Bestandteile enthalten als die Gewebe des Endosperms (und des bei der Untersuchung nur sehr selten zu Gesicht kommenden, daher zu vernachlässigenden winzigen Keimlings) sowie der Samenschale. Diese Gewebe sind so charakteristisch, daß die Frage, ob ein Kaffeepulver rein sei oder nicht, eine der leichtesten ist, die bei der Nahrungsmitteluntersuchung gestellt werden kann. Schwieriger zu entscheiden pflegt zu sein, womit eine etwa auftretende Fälschung bewirkt wurde.

a) Vorprüfung. 2 g Kaffeepulver wird in 500 g kaltes Wasser eingerührt. Bis auf die bei der Röstung verbrannten Teilchen schwimmt der Kaffee oben, während die gebräuchlichen Surrogate und Verfälschungen allermeist untersinken. Diese werden dann gesondert mikroskopisch untersucht.

Eine andere, nicht nur für Kaffee, sondern für fast alle Nahrungsmittel- und Gewürzpulver höchst empfehlenswerte Vorprüfungsmethode ist folgende:

Das Pulver wird sehr locker auf eine Glasscheibe ausgebreitet und einer Voruntersuchung mit der Lupe unterworfen. Dabei fallen durch

Glanz, Größe, Farbe usw. von der Norm abweichende und deshalb verdächtige Partikel auf. Diese sondere man vom normalen Pulver, bette sie in Paraffin ein, indem man eine erweichte Paraffinkerze auf sie drückt, fertige feine Schnitte an, befreie dieselben mittels Xylol vom Paraffin und untersuche mit stärkerer Vergrößerung.

b) Mikroskopische Untersuchung. Man trocknet den gemahlenen Kaffee bei 100° und zerreibt im Porzellanmörser etwa $^1/_4$ g so lange, bis sich das Pulver eben noch körnig anfühlt. Dieses Kaffeemehl noch mehr zu zerkleinern, ist nicht praktisch, da sonst die Partikel keine genügend zusammenhängenden Bilder mehr gewähren. Dann übergießt man das Pulver in einem Uhrschälchen mit Eau de Javelle und läßt dies $^1/_2$—$1\,^1/_2$ Stunden lang einwirken. Darauf wird die Flüssigkeit vorsichtig abgesogen, durch reines Wasser ersetzt, und nun werden aus dem Bodensatz Präparate gemacht.

Bei Betrachtung derselben sieht man, daß die Körnchen unregelmäßig eckig sind. Die kleineren sind gebleicht, bei den größeren trifft dies wenigstens an den Rändern zu und die Zellstruktur ist erkennbar.

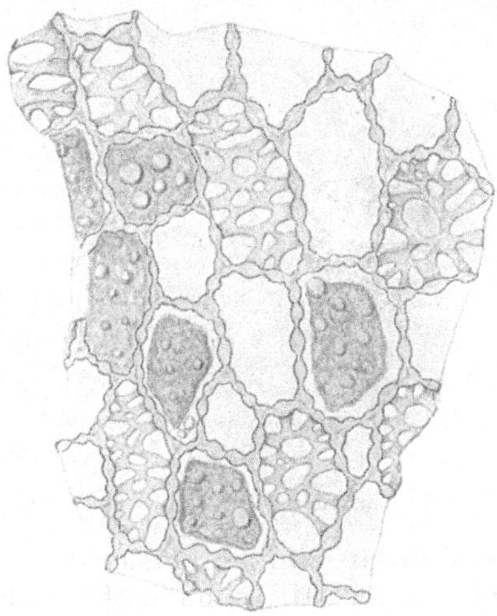

Abb. 121. Endosperm des Kaffees. Vergrößerung $^{250}/_1$.

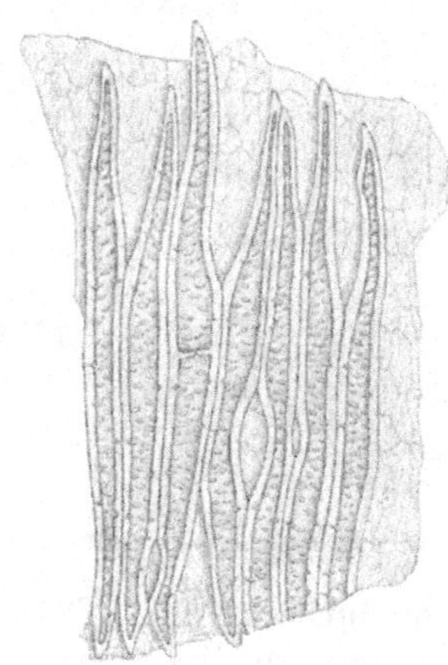

Abb. 122. Steinzellen mit Resten der Samenschale des Kaffees. — Vergr. $^{125}/_1$.

Die Körner des gemahlenen Kaffees müssen aus einem Gewebe gebildet sein, das (vgl. Abb. 121) starke, auffallend knotenartig verdickte Wände aufweist. Bei Zellen die in der Fläche gesehen werden, scheinen große und kleinere, meist etwas breit gezogene Löcher in der Zellwand zu sein. Aus derartig aussehenden Zellen gebildetes Kaffeepulver ist unbedingt echt. In den Zellen finden sich die gebräunten Überreste des Protoplasmas oft in großen Klumpen, sowie stark lichtbrechende Öltropfen.

Das Gewebe der Samenhaut (Abb. 122), die natürlich nur in vereinzelten Fragmenten vorliegen kann, ist durch sehr charakteristische, langgestreckte, hier und da mit stumpfen, kurzen Auswüchsen versehene Zellen gekennzeichnet. Diese Zellen besitzen meist schief gestellte sehr deutliche Poren (Tüpfel); sie haben für die Untersuchung große Bedeutung.

Ein Kaffeepulver darf nur diese beiden Gewebeelemente enthalten; jede andere unter dem Mikroskop hervortretende Erscheinung (abgesehen von sehr spärlich auftretendem, den Keimlingen entstammendem Parenchym) weist auf eine Verfälschung hin.

Kaffee-Ersatz.

Die Zahl der neuerdings verwendeten Kaffeesurrogate ist sehr groß; nur die häufiger vorkommenden können angeführt werden.

Vom Kaffee selbst kommen als Beimischung zu den gemahlenen Bohnen die getrockneten, gerösteten und gemahlenen Schalen der Kaffeefrucht vor, die aber weder Koffeïn noch die dem Kaffee eigenen Aromastoffe enthalten und deshalb im Werte keines der anderen Surrogate übertreffen („Sakka-Kaffee"), zu erkennen an der Epidermis (Abb. 123, *a*), die aus geradwandigen, tiefbraunen Inhalt enthaltenden Zellen besteht. Höchst charakteristisch sind die Spaltöffnungen, die von nur zwei dem Spalt parallelen Nebenzellen umgeben sind. Ferner ist das aus wirr durcheinander gelagerten Fasern (Abb. 123, *b*) gebildete Endokarp ein besonders wichtiges Merkmal.

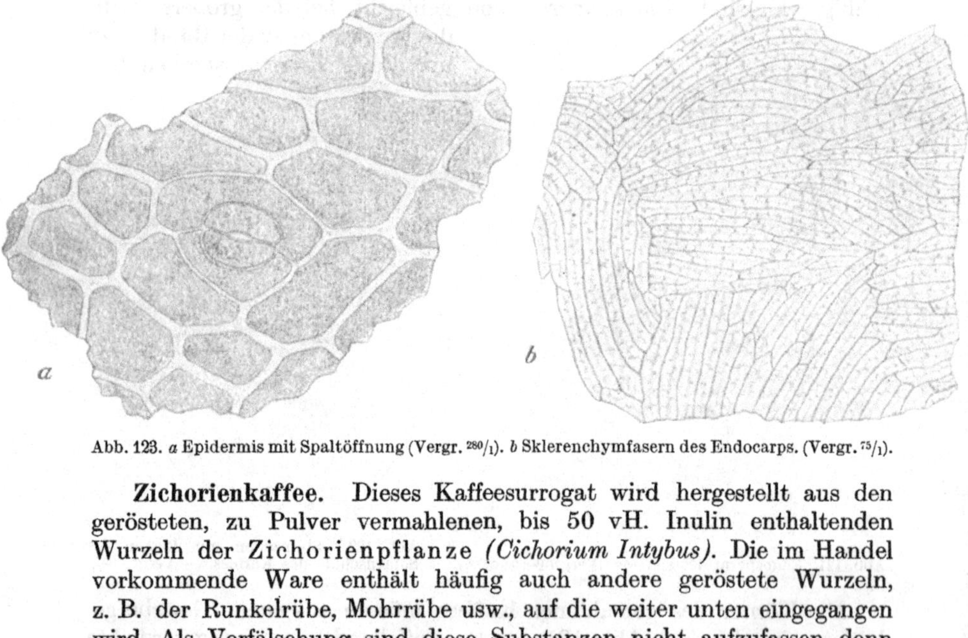

a *b*

Abb. 123. *a* Epidermis mit Spaltöffnung (Vergr. $^{280}/_{1}$). *b* Sklerenchymfasern des Endocarps. (Vergr. $^{75}/_{1}$).

Zichorienkaffee. Dieses Kaffeesurrogat wird hergestellt aus den gerösteten, zu Pulver vermahlenen, bis 50 vH. Inulin enthaltenden Wurzeln der Zichorienpflanze *(Cichorium Intybus)*. Die im Handel vorkommende Ware enthält häufig auch andere geröstete Wurzeln, z. B. der Runkelrübe, Mohrrübe usw., auf die weiter unten eingegangen wird. Als Verfälschung sind diese Substanzen nicht aufzufassen, denn solche Stoffe in ihrer Mischung liefern eine Ware, welche manchen Konsumenten besonders gefällt. Es wird daher als Zichorienkaffee nicht allein gemahlene Zichorienwurzel, sondern ein Kaffeesurrogat häufig verschiedener Mischung bezeichnet.

Soll Zichorienpulver nachgewiesen werden, so verwendet man mit Eau de Javelle gebleichte (siehe S. 73) Proben und achtet auf folgende Merkmale: 1. In der dicken Rinde der Zichorienwurzel sind reichlich Milchsaftschläuche vorhanden, die auch im Untersuchungsobjekt aufzusuchen sind. Diese Schläuche (Abb. 124) sind durch ihren dunkleren, körnigen Inhalt kenntlich, sie laufen meist zu mehreren oder vielen ungefähr parallel nebeneinander her, anastomosieren vielfach und treten in den gebleichten Geweben meist deutlich hervor; sie besitzen keine Querscheidewände. Dabei ist zu bemerken, daß auch die Siebröhren dunkler aussehen und langgestreckte Gebilde sind; diese werden aber leicht daran erkannt, daß sie nie anastomosieren und deutliche Querwände besitzen.

2. Von ebenso großer Bedeutung für die Erkennung des Zichorienkaffees sind die Holzzellen (Tracheiden), die auch in kleinsten Fragmenten deutlich beobachtbar und charakteristisch sind. Man achte (Abb. 125) auf derbwandige, breite Zellen, deren Wände mit schmal elliptischen (loch- oder netzartig aussehenden) Tüpfeln versehen sind. Diese Tüpfel selbst sind selten mehr als $^1/_3$ des Zelldurchmessers breit.

Hat man die gleichen Gewebeelemente (also Milchsaftschläuche, Parenchymzellen und Tracheiden) vor sich, erreicht die Breitenerstreckung der Tüpfel aber die halbe Breite der Tracheidenzellen oder übertrifft sie, so hat man es nicht mit aus *Cichorium Intybus,* sondern aus der Wurzel des Löwenzahns (*Taraxacum officinale*) hergestelltem Zichorienkaffee zu tun. Einem derartigen Kaffeesurrogat begegnet man allerdings nur selten.

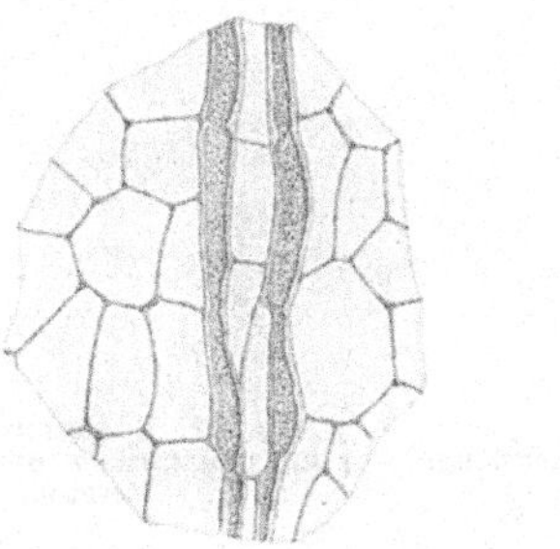

Abb. 124. Milchsaftschläuche der Zichorie. Vergrößerung $^{125}/_1$.

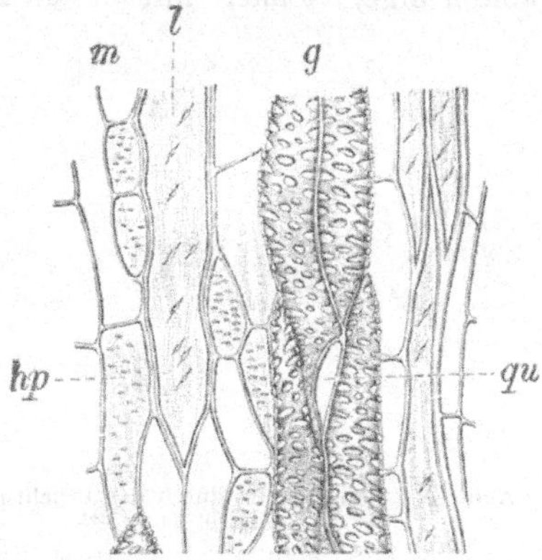

Abb. 125. Holz der Zichorie. *g* Gefäße mit Tüpfeln *qu*, *hp* Holzparenchym, *l* Holzfasern, *m* Markstrahl. — Vergrößerung $^{125}/_1$.

Rübenwurzeln. Wie oben bemerkt, sind in vielen Zichorienkaffeesorten Rübenwurzeln *(Beta vulgaris)* in größerer oder geringerer Menge vorhanden. Das hauptsächlichste Merkmal des Rübenkaffees ist, daß ihm die Milchsaftschläuche abgehen und daß die Gefäßelemente (Tracheiden und Tracheen) durchaus zurücktreten, während sie bei der Zichorie (und Löwenzahnwurzel) reichlich vorhanden sind.

Hat man Zichorienkaffee, in dem geröstete Rübenwurzel nachgewiesen werden soll, so bleicht man das Präparat mit Eau de Javelle und sucht dann nach Gewebepartikeln, welche keine Milchsaftschläuche enthalten. Bestehen diese aus Parenchymgewebe ohne Tracheiden oder Gefäße und sind deren Zellen durchschnittlich über 0,08 mm breit (während diejenigen der Zichorie nur sehr selten 0,04 mm überschreiten), so ist der Zusatz von Rübenwurzel festgestellt.

Feigenkaffee. Dieses vornehmste Kaffeesurrogat besteht aus gerösteten zerstampften Feigen (Fruchtstand von *Ficus Carica*). Die Untersuchung des Feigenkaffees hat große praktische Bedeutung, da er häufig mit minderwertigen Kaffeesurrogaten verfälscht wird. Der Feigenkaffee (Abb. 126) besitzt wie die Zichorie Milchsaftschläuche, dagegen nur wenige Tracheen bzw. Tracheiden; überdies sind letztere häufig mit schön spiraliger Wandverdickung versehen und viel schmäler als bei Zichorie und Löwenzahn. Die Parenchymzellen enthalten sehr häufig morgensternförmige Drusen von Kalkoxalat. Ferner sind in der Feige massenhaft kleine Früchtchen (Kerne) enthalten, die in den meisten Fällen noch mit bloßem Auge sichtbar sind (das Publikum verlangt diese Kernchen als Kriterium für die Echtheit des Feigenkaffees), von denen zwar viele zerstampft wurden, aber selbst in Fragmenten noch ohne weiteres erkennbar sind. Ihre Samenschale besteht aus Steinzellen, die nur einen sehr kleinen (rundlichen oder gestreckten) Hohlraum im Innern besitzen, von dem zahlreiche fein strichförmige Poren wie Spinnenbeine durch die dicke Wand hindurchgehen. Schließlich finden sich (vereinzelt) im Feigenkaffee noch große, keilförmige, vielfach mit einem Zystolithen von Kalziumkarbonat ver-

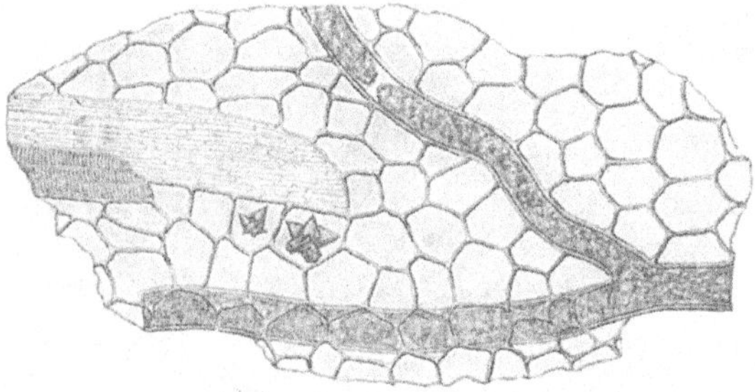

Abb. 126. Längsschnitt durch das Fruchtfleisch der Feige. Vergrößerung $^{250}/_{1}$.

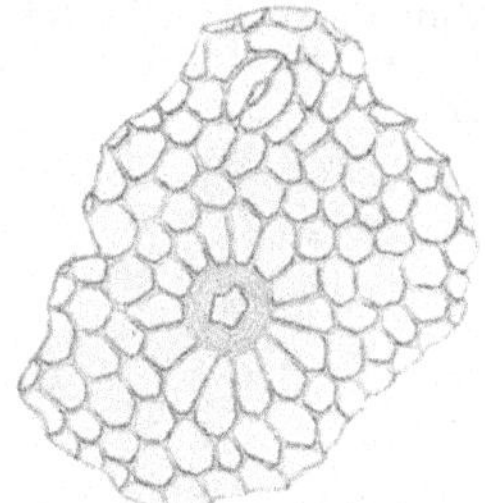

Abb. 127. Epidermis der Feige mit Haaransatz und Spaltöffnung. — Vergrößerung $^{250}/_{1}$.

sehene Haare. Auch die Ansatzstellen der abgefallenen Haare in der Epidermis (Abb. 127) sind leicht kenntlich. Sie stellen einen Kreis mit stark verdickter Wand dar, auf welchen radial eine große Anzahl von Zellwänden zulaufen. Da der Zellinhalt der Feige wesentlich aus Zucker besteht, fehlen im Feigenkaffee Stärkekörner. — Sehr häufig kommen im Feigenkaffee Pilzsporen und -Fäden sowie Milben vor.

Wird die Frage nach einer Verfälschung des Feigenkaffees gestellt, so handelt es sich meistens um Beimengung von Zichorie oder Rübenwurzeln. Um die Untersuchung auszuführen, entfernt man den Zucker durch Auslaugen des Pulvers mit reichlich Wasser im Spitzglas, wobei sich die Elemente nach ihrer Schwere geordnet absetzen und untersucht mit Jodzusatz, um Stärkebeimengung zu finden. Dann untersucht man die mit Eau de Javelle gebleichten Gewebereste und achtet besonders auf Zichorie (S. 116), Rüben (S. 117), Birnen (S. 122), Lupinen und andere Hülsenfrüchte (S. 120), sowie Zerealienstärke (S. 95, 106 bis 109).

Eichelkaffee. Diesem Kaffeesurrogat begegnet man unter seinem richtigen Namen sowie in verschiedenen Nährpräparaten. Eichelkaffee besteht aus den gerösteten und gemahlenen Kotyledonen verschiedener *Quercus*-Arten. In der Hauptmasse besteht er aus den Stärkekörnchen und Stärkeklumpen (Abb. 128), die im allgemeinen den Stärkekörnern der Leguminosen ziemlich ähnlich sehen, sich von denselben aber dadurch unterscheiden, daß radiale Spalten nicht oder nur selten und dann nur in geringer Zahl (1—4) vorkommen. Behandelt man die Stärke des Eichelkaffees mit Eisenchlorid, so färbt sie sich infolge ihres Gerbsäuregehaltes hell, aber deutlich schmutzig blaugrün. Diese Reaktion tritt besonders schön bei Stärkekörner-Klumpen und großen Einzelkörnern auf; sie ist 2—3 Minuten nach Einwirkung des Reagens unverkennbar, muß aber mit ziemlich starker Vergrößerung beobachtet werden. Eichelkaffee wird mit Zerealienmehl (S. 94, 94—95), Hülsenfrüchten (S. 105), Birnen (S. 122) und Rübenwurzeln (S. 117) verfälscht.

Kastanienkaffee. Hauptsächlich in den Mittelmeerländern wird auch die Edelkastanie (*Castanea vesca*) als Kaffeesurrogat verwendet. Da das aus den Samen gewonnene Mehl auch nicht selten in Deutsch-

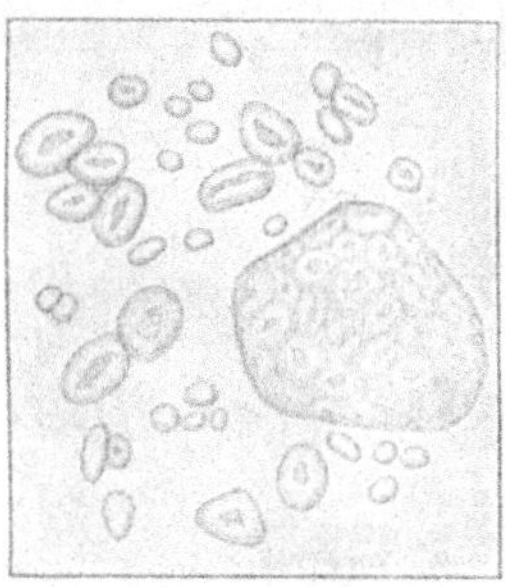

Abb. 128. Stärke des Eichelkaffees. Vergrößerung 250/1.

Abb. 129. Stärke der Edelkastanie. Vergrößerung 375/1.

land zur Untersuchung kommt, sei darauf hingewiesen, daß es (Abb. 129) sich durch die außerordentlich verschiedene Größe der Stärkekörner sowie durch deren variable Gestaltung auszeichnet. Insbesondere charakteristisch sind massenhaft vorkommende Körner, die an einem Ende oder beiderseitig spitz zulaufen. — Kastanienstärke gibt die Blaufärbung mit Eisenchlorid fast ebenso schön wie Eichelstärke.

Getreidekaffee. Alle Getreidearten einschließlich des Mais werden entweder in normalem oder gekeimtem Zustand (Malz) geröstet und als Kaffeesurrogate verwendet. Ihr Nachweis ist infolge des Stärkereichtums dieser Samen sehr leicht; die Unterscheiduug wird nach den oben (95, 101 ff.) gegebenen Anweisungen ausgeführt.

Leguminosenkaffee. Eine ganze Anzahl von Leguminosensamen werden als Surrogate oder zur Verfälschung des Kaffees verwendet. Es kann hier nicht unsere Absicht sein, alle irgendwie schon beobachteten derartigen Vorkommnisse kennen zu lernen; nur die häufiger vorkommmenden Surrogate bzw. Verfälschungen seien angeführt. Als solche sind zu nennen:

Erbsen, Bohnen, Linsen. Das Mehl dieser drei Hülsenfrüchte wird recht häufig in Kaffeesurrogaten, seltener in gemahlenem Kaffee gefunden. Da (mit Ausnahme des Getreidekaffees und des Eichelkaffees) weder die gebräuchlichen Surrogate noch die Kaffeebohne Stärke in größeren Mengen, jedenfalls aber keine großen Stärkekörner enthalten, ist der Nachweis der genannten Leguminosensamen, wenn Anwesenheit von Aleuron und Struktur der Stärkekörner auf sie hinweist (vgl. oben, S. 105), sichergestellt. Außer diesen Stärkekörnern bieten aber auch noch in den allermeisten Fällen die Reste der Samenschale Erkennungsmerkmale hervorragender Art. Die Samenschale der Leguminosen wird in ihrer äußersten Schicht aus einer Lage langer, palissadenartig dicht nebeneinander stehender, sehr starkwandiger Zellen gebildet. Diese Zellen (Makrosklereiden) kommen in allen Mahlprodukten der Leguminosen als garbenähnliche, sehr auffallende Gebilde zur Ansicht; sie werden bei Besprechung des Lupinenkaffees genauer beschrieben werden.

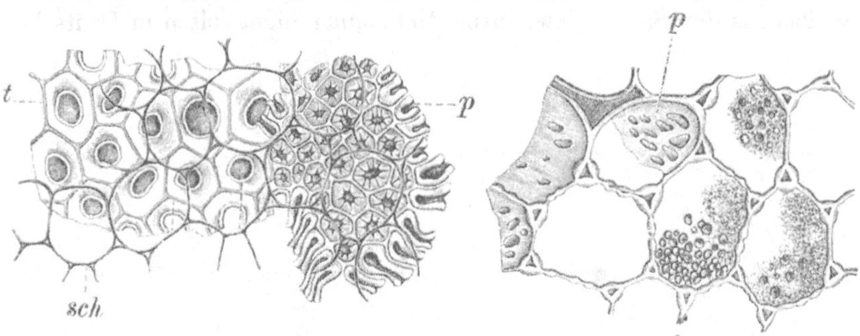

Abb. 130. Lupinenkaffee. Vergr. 190/1. (Nach Moeller.) *a* Schale (*t* Trägerzellen, *p* Palisaden, *schw* Schwammparenchym), *b* Kotyledonen (*p* Poren).

Lupinen. Als Fälschung, aber auch als Surrogat werden die Lupinensamen dem Kaffee beigemengt; dies geschieht entweder, indem man die giftigen Lupinensamen direkt in geröstetem Zustand zerkleinert, oder indem man ihnen zuvor den Giftstoff entzieht und sie dann verarbeitet. Gleich den eben abgehandelten Leguminosensamen besitzt die Lupine (oder vielmehr die Lupinenarten, da mehrere derselben als Kaffeesurrogat Verwendung finden) die pallissadenförmige äußerste Schalenschicht, deren Zellen einzeln oder meist garbenförmig zusammengelagert im Präparat (Abb. 130) liegen. Hat man derartige Bilder gefunden, so kann noch irgend ein anderer Leguminosensamen vorliegen; zur weiteren Diagnose der Lupine verhilft der Umstand, daß die Sklereiden aller Lupinenarten gekniet sind, die der übrigen in Betracht kommenden Leguminosen nicht, sowie daß die Lupine keine Stärke, sondern Aleuron und etwas Fett als Reservestoff führt. Die Aleuronkörner müssen in Alkohol oder konzentriertem Glyzerin untersucht werden, da sie durch Wasser desorganisiert werden. Sie stellen glänzende, gelbe oder bräunliche, unregelmäßig kugelige oder ellipsoidische Körnchen dar, die mit Jod behandelt eine tiefbraune Färbung annehmen. Ferner sind die Parenchymzellen der Kotyledonen bei der Lupine dadurch charakterisiert, daß ihre Wände vielfach große, breite Interzellularräume führen, die streckenweise schlauchartig zwischen den Zellen liegen.

Palmkernmehl. Wegen der sehr ähnlichen Struktur der Endospermgewebe ist das manchmal zur Verfälschung von gemahlenem Kaffee verwendete Preßkuchenmehl der Palmkerne *(Elaeeis guineensis)* besonders wichtig. Wie beim Kaffee treffen wir auch hier (Abb. 131)

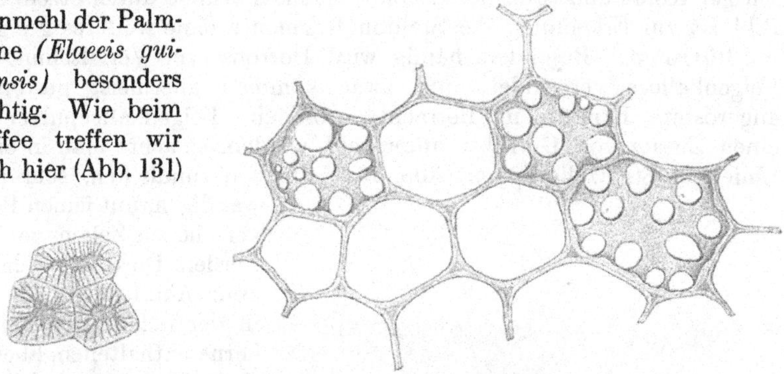

Abb. 131. Palmkernkuchen. Links Steinzellen der Samenschale, rechts Zellen des Endosperms. Vergrößerung 250/1.

Endospermzellen mit großen Tüpfeln, die aber im (Gegensatz zu den vielfach breitgezogenen des Kaffees) meist genau fast kreisrund sind. Auch sind die Wände dieser Palm-Endospermzellen viel weniger stark knotig, Steinzellen der Samenschale mit sehr vielen feinsten, strichförmigen, meist verzweigten Tüpfeln kommen vor.

Steinnußmehl. Das bei der Verarbeitung der Steinnuß *(Phytelephas macrocarpa)* zu Knöpfen abfallende Mehl wurde öfters als Verfälschungsmittel des Kaffeepulvers verwendet. Abgesehen von den äußeren Gewebeschichten der Steinnuß, die viel seltener zu Gesicht kommen, sind im Steinnußmehl in größter Menge die auf den ersten Blick kenntlichen Endospermzellen vorhanden. Diese (Abb. 132) zeichnen sich durch eine ganz unglaublich dicke Zellhaut aus (der Reservestoff des Samens ist Zellulose und wird eben als dicke Zellwand gespeichert). In den scharfkantigen Fragmenten des Steinnußkerns pflegen, besonders wenn eine Behandlung mit Jod vorhergeht, schmale (wie mit Beinen versehene, tausendfußartige) gelbe Körper in einer

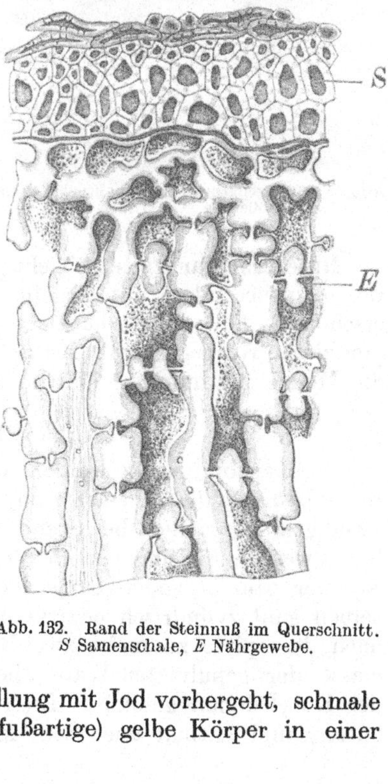

Abb. 132. Rand der Steinnuß im Querschnitt. *S* Samenschale, *E* Nährgewebe.

gleichmäßig hellen Masse eingebettet zu erscheinen. Die gleichmäßige Masse stellt die Zellwände dar, die gelben Körper aber die mit eiweißhaltigen Inhaltstoffen versehenen Zellhöhlungen. Die Linien, die von den Körpern ausgehen, sind die dünnen Tüpfel, die behufs gegenseitiger Kommunikation der Zellen die dicken Wände durchsetzen. Dies Bild ist zur Erkennung der Steinnußfragmente ohne weiteres geeignet.

Dörrobst. Besonders häufig wird Dörrobst zur Verfälschung des Feigenkaffees verwendet, und zwar kommen allermeist gestoßene, angeröstete Birnen in Betracht. Soll ein Feigenkaffeepulver auf einen Zusatz von Dörrobst untersucht werden, so achte man in erster Linie auf Steinzellgruppen (Abb. 133), die von rundlichen, sehr dickwandigen, mit feinen Poren versehenen Zellen gebildet werden. Diese Zellen haben zwar Ähnlichkeit mit den in der Schale der Feigenkerne enthaltenen, aber sie sind viel größer und liegen niemals in einer Schicht, sondern stets als körperhafte Klumpen beisammen. Ferner sei beachtet, daß im Parenchymgewebe der Obstsorten keine Milchsaftschläuche und keine Kristalldrusen vorkommen, während beide bei der Feige massenhaft vorhanden sind und auch in kleinen Bruchstücken zur Anschauung gelangen.

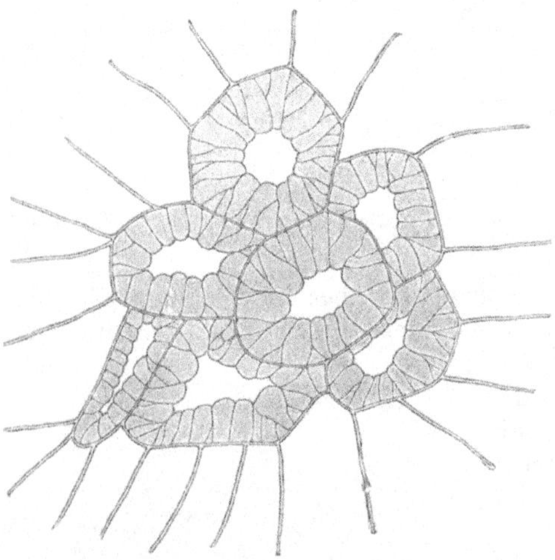

Abb. 133. Steinzellgruppe aus dem Fruchtfleisch der Birne. Vergrößerung 160/1. (Nach Strasburger.)

Mineralbestandteile. Nicht selten wird Kaffeepulver mit Mineralien, insbesondere mit Ziegelmehl verfälscht. Unter dem Mikroskop erscheinen die eckigen, kantigen, unregelmäßigen Körner, die für anorganische Körper charakteristisch sind. Der weitere Nachweis, sowie die Mengenbestimmung fällt in das Gebiet der chemischen Analyse.

Kakao, Schokolade.

Die Kakaopräparate werden aus den gepulverten Kotyledonen des Kakaobaumes *(Theobroma Cacao)* hergestellt, die von großen, aus dünnwandigem Parenchym bestehenden, tief zerklüfteten Gewebemassen gebildet werden. Sie sind mit einer feinen Epidermis überkleidet (Abb. 134), aus der ganz besonders bemerkenswerte Haargebilde entspringen. Dieselben sind zylindrisch oder keulenförmig und bestehen aus einer oder nach der Spitze zu meist zwei Reihen breiter Zellen. Die große Übermasse der gepulverten Ware aber wird von dem Parenchymgewebe der Kotyledonen gebildet. Dieses ist vollgepfropft mit Fett (Kakaobutter) und enthält auch sehr kleine (4—12 μ) Stärkekörnchen; nur einzelne Zellen sind ohne körnigen Inhalt und werden von einem schön violetten, selten braunen oder braungelben Klumpen eines mit den Gerbstoffen verwandten Farbstoffs eingenommen. Kalilauge färbt diese Körper blaugrün, verdünnte Schwefelsäure oder Chloralhydrat blutrot. Selten erscheinen die Elemente der noch nicht vollkommen entwickelten Gefäßbündel, nämlich kleine Fragmente von Spiralgefäßen.

Durch mikroskopische Untersuchung werden bei Kakaopulver zwei wichtige Fragen, nämlich nach der Größe der Teilchen und nach der Reinheit des Präparats entschieden.

Je feiner die Einzelteilchen sind, um so leichter lassen sie sich in Wasser aufschwemmen („Löslichkeit“ des Kakao); von der Zerkleinerung hängt die Ausgiebigkeit des Pulvers ab. Untersuchungen und Messungen in dieser Richtung werden am nicht entfetteten Wasserpräparat vorgenommen.

Hat man Kakaopulver (Abb. 135) auf seine Reinheit zu untersuchen, so entfette man eine Messerspitze voll durch Äther

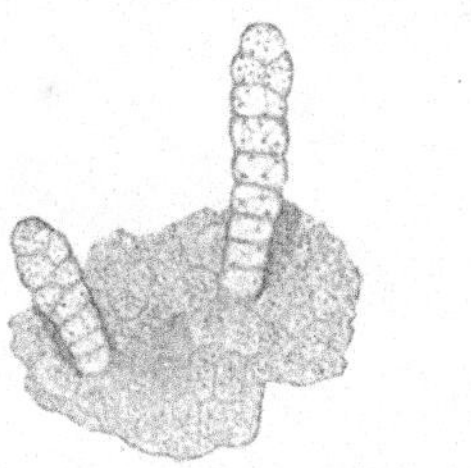

Abb. 134. Epidermis der Kakao-Kotyledonen mit zwei Haaren. Vergrößerung $^{125}/_{1}$.

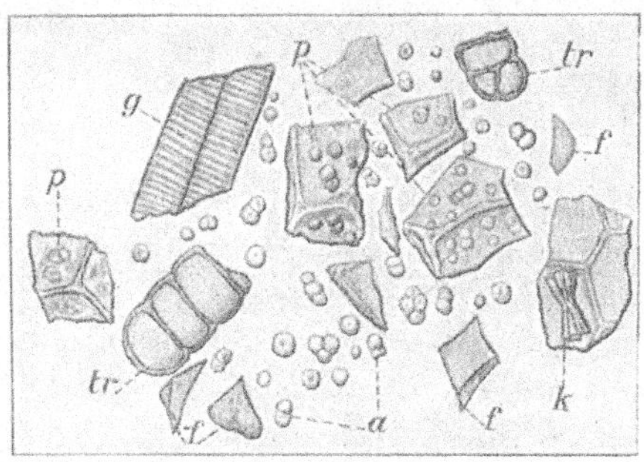

Abb. 135. Kakaopulver. *p* Parenchym; *g* Tracheiden; *tr* Haare; *a* Stärkekörnchen; *f* Farbstoffsplitter; *k* Theobrominkristalle. Vergrößerung $^{875}/_{1}$.

und spüle mit Alkohol absol. nach. Die Kakaobutter macht die mikroskopischen Bilder unklar und hemmt die Reaktionen. Von dem völlig entfetteten Pulver mache man Wasserpräparate und achte darauf, daß diese nur zertrümmertes Parenchym, spärliche Haarfragmente, vereinzelte Farbstoffzellen und Farbstoffklumpen, kleinste rundliche, einfache oder aus 2—4 Teilkörnern zusammengesetzte Stärkekörner sowie spärliche, zarte Spiraltracheiden enthalten dürfen. An einem Präparat wird durch Jodlösung die Stärke identifiziert, mehrere andere werden durch Chloralhydrat aufgehellt, wobei auf die Lösung des Farbstoffs zu achten ist.

Verfälschungen des Kakaopulvers. Kakao wird hauptsächlich durch Mehlzusatz verfälscht. Auf die großen Stärkekörner der Zerealien ist zu achten. Auch die kleine Eichelstärke (vgl. S. 119, Abb. 128) ist immer noch wesentlich größer (bis 30 μ) als die Kakaostärke (bis 12 μ) und verrät sich insbesondere durch die charakteristischen Klumpen, während die Kakaostärkekörnchen stets einzeln liegen.

Eine weitere Verfälschung wird häufig durch das Zumengen der Kakaoschalen bewirkt. Diese sind aber auch allein als Schalenkakao oder Kakaotee zur Herstellung eines Aufgußgetränks im Handel.

Die Kakaokotyledonen sind mit (als Kakaotee bekannten) holzig-pergamentartigen Samenschalen bedeckt, die zwar eine geringe Menge von Theobromin (0,75 vH.), aber kein Aroma enthalten.

Kakaoschalen weisen zwei Merkmale auf, die zusammen selbst in feinstgemahlenem Kakao noch mit Sicherheit ihre Anwesenheit erkennen lassen: sie enthalten reichliche Mengen von Pflanzenschleim und von verholzten Elementen. Zur Untersuchung fertige man von dem entfetteten Pulver zweierlei Präparate an: zunächst verreibe man chinesische Tusche auf dem Objektträger in einem Wassertropfen, streue etwas trockenes Kakaopulver auf und bedecke mit dem Deckglas. Ist Pflanzenschleim vorhanden, so entstehen in dem schwarzen Objekt helle Punkte, die von dem zähen, aufquellenden Schleim gebildet werden. Zu einem anderen Präparat füge man Phlorogluzinlösung und Salzsäure. Die verholzten Elemente färben sich damit

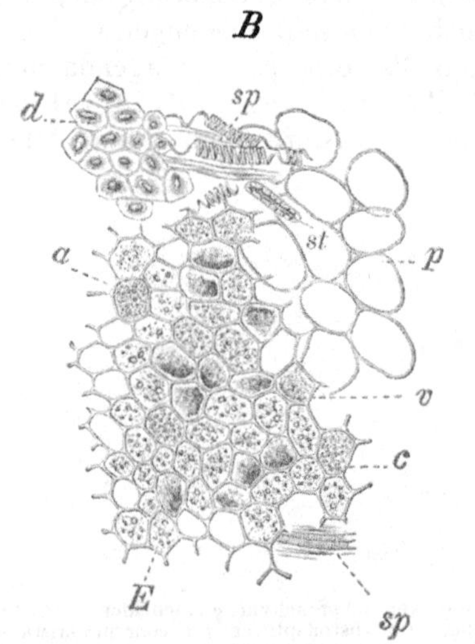

Abb. 136. Gewebe des Kakaos. *d* Sklereiden der Samenschale; *E* Parenchym der Kotyledonen der Stärke, Fett, Aleuron (*a*), Farbstoffzellen (*v*); *sp* Spiralgefäße, — Vergr. $^{160}/_{1}$. (Nach Moeller.)

Abb. 137. Epidermis der Samenschale der Erdnuß. — Vergrößerung $^{250}/_{1}$.

rot, eine Färbung, die aber leider oft durch das natürliche Braun des Objekts verdeckt wird. Unter allen Umständen sind die verholzten Elemente aber als Steinzellen durch ihre stark verdickten Wände kenntlich. — Beim Eintreten der Schleimreaktion sowie durch den Nachweis der Steinzellen (vgl. Abb. 136, *d*) ist die Verfälschung mit Kakaoschalen nachgewiesen. Man achte aber darauf, nicht Luftblasen für Schleim zu halten.

Untersuchung der Schokolade. Die Schokolade wird durch das Verreiben der fettreichen Kakaosamen mit einem Zusatz von (50 vH. oder mehr) Zucker und Gewürzen hergestellt. In dem dergestalt hergestellten Produkt sind die Zellelemente mehr zerkleinert als im Kakaopulver; dementsprechend ist es schwieriger, aus Schokolade charakteristische Bilder zu erhalten.

Um Schokolade zu untersuchen, zieht man zunächst durch Erwärmen mit Äther das Fett aus, löst dann mit kaltem oder lauwarmem (30—35°) Wasser den Zucker; der in Äther und Wasser unlösliche

Rückstand wird der mikroskopischen Betrachtung in gleicher Weise unterworfen, wie man dies mit dem Kakaopulver (S. 123) macht. Außer den Elementen des Kakaosamens dürfen sich nur finden Reste der Gewürze, wenn die Schokolade nicht mit Vanillin oder Perubalsam gewürzt war. Man achte in den Präparaten auf große, feine Nadeln von Kalkoxalat und auf die später zu beschreibenden Samen der Vanille; beides beweist eine Zumengung von Vanille. Auch die Bestandteile anderer Gewürze (Zimt, Gewürznelken, Muskatnuß, Macis, Kardamomen) finden sich manchmal; ihre Erkennung wird weiter unten bei Behandlung dieser Gewürze beschrieben werden.

Verfälschungen der Schokolade. Es war ein sehr weit verbreiteter Gebrauch, der Schokolade ein geringes Quantum Mehl zuzusetzen, und zwar geschah dies, um das daraus bereitete Getränk etwas schleimig zu machen. Ob ein solcher Mehlzusatz, wenn er sich in bescheidenen Grenzen hält, als Fälschung anzusehen sei, wurde von vielen bestritten, von anderen bejaht. Diese Frage ist aber erledigt durch den Beschluß der deutschen Schokoladefabrikanten, daß unter Schokolade nur ein Gemisch von Kakao, Zucker und Gewürzen zu verstehen sei. Dementsprechend ist auch der Zusatz von Mehl als Fälschung zu betrachten. Hauptsächliche weitere Verfälschungen sind: 1. Kakaoschalen (vgl. oben S. 124); diese werden wie im Kakaopulver aufgesucht und erkannt. 2. Nicht selten kommt es vor, daß die Samen der Erdnuß *(Arachis hypogaea)* mit den Kakaobohnen zugleich vermahlen werden; diese Verfälschung ist sehr leicht zu entdecken. Die Samenschale der Erdnuß (vgl. Abb. 137) wird nämlich von drei Zellschichten gebildet, deren oberste aus pflasterartig festgefügten, rotbraunen Zellen mit dicht zahn- oder kammartig gestellten Verdickungen der Wände besteht. Auch das kleinste Fragment der kammartig verdickten Zellwände kann kaum übersehen werden und beweist die Anwesenheit der Erdnuß. 3. Färbung mit Santelholzpulver ist nicht selten. Die Holzstruktur dieser Materie sowie der Umstand, daß der Santelfarbstoff sich in Kalilauge tief rot löst, machen die Erkennung leicht. 4. Häufig kommt eine Verfälschung der Schokolade mit Mineralsubstanzen, insbesondere mit rotem Bolus und feinst gemahlenem Ziegelmehl vor. Die Mineralkörnchen werden ohne weiteres unter dem Mikroskop erkannt, die Menge des Zusatzes aus dem Aschengewicht bestimmt. Dabei ist zu bemerken, daß bei Anwesenheit von (mikroskopisch nachzuweisenden) Kakaoschalen der Aschengehalt bis 9 vH. steigen kann, ohne daß absichtlich Mineralsubstanzen als Verfälschungsmittel angewendet wurden.

Kolanuß.

Die Kolanuß besteht aus den großen Kotyledonen von *Cola acuminata*, die in getrocknetem Zustand 0,8—2,41 vH. Koffein und Theobromin enthalten; zur Untersuchung gelangt dieselbe in sehr zerkleinertem Zustand.

Die Fragmente bestehen (Abb. 138) aus einer kleinzelligen Epidermis, großzelligem, mit Stärke gefülltem Parenchym und zerstreuten, sehr feinen Gefäßbündeln. Charakteristisch sind zunächst die in ihrer Größe nur wenig variablen Stärkekörner, die fast alle im Innern zerklüftet sind und (in Wasser betrachtet) oft deutliche konzentrische Schichtung aufweisen. Viel wichtiger aber für die Erkennung der Droge selbst im Pulverzustand ist die gelbe (braungelbe) Farbe aller Zellwände, sowie besonders die Erscheinung, daß alle Wände nach den Interzellularräumen zu zerstreute knopfige oder leistenförmige Auswüchse zeigen. Dies für die Diagnose entscheidende Merkmal wird vorteilhaft am Kalipräparat studiert, indem man sich recht große Interzellularräume aufsucht und deren Grenzwände mit starker Vergrößerung betrachtet. In solchen Präparaten treten häufig lange Koffeinnadeln, meist in Büschel angeordnet, entgegen.

Pfeffer.

Pfeffer, die Beerenfrucht des in Ostindien heimischen Kletterstrauches *Piper nigrum*, ist das am stärksten konsumierte

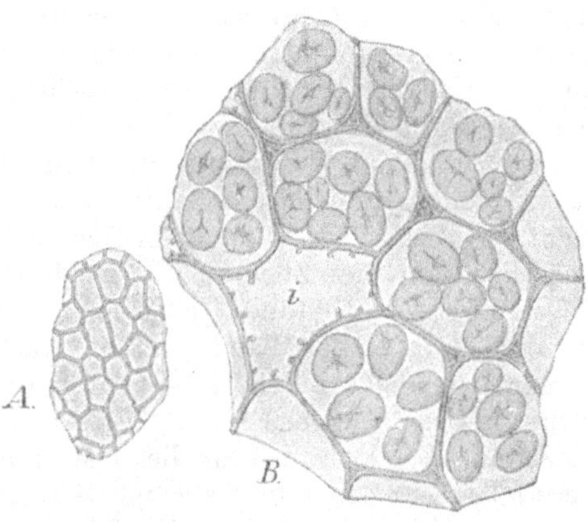

Abb. 138. Schnitte durch die Kolanuß. *A* Epidermis; *B* Parenchym der Kotyledonen; *i* Interzellularraum. — Vergr. 250/1.

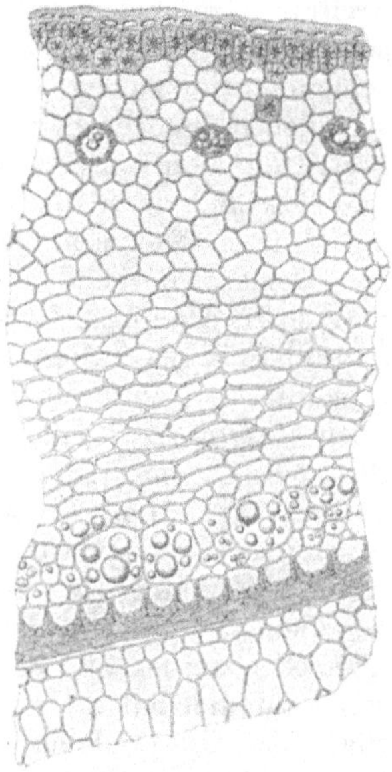

Abb. 139. Querschnitt durch den schwarzen Pfeffer. — Vergr. 150/1.

Gewürz. Der sogenannte schwarze Pfeffer ist die nicht völlig reife, an der Sonne oder in Öfen getrocknete, der weiße Pfeffer die reife, nach dem Einweichen in Meer- oder Kalkwasser vom Fleisch befreite Frucht. Jener hat einen schärfer brennenden Geschmack als der reine Pfeffer.

Das Pfefferpulver des Kleinhandels ist allgemein Fälschungen ausgesetzt. Wer Pfeffer und andere Gewürze auf Verfälschungen untersuchen soll, muß sich an einer eigens gepulverten Ware genaue Kenntnis des Aussehens der darin normalerweise vorkommenden Gewebeelemente verschaffen, sowie die Fälschungsmittel gleichfalls in Pulverform zum Vergleich bereitstehen haben.

Über die Elemente, die im Pfefferpulver vorkommen dürfen, orientiert man sich leicht aus dem Querschnitt (Abb. 139). Man sieht, daß die Frucht eine Epidermis besitzt, unter der eine starke Lage von Steinzellen sich findet; dann folgt eine dicke Lage von Parenchym, deren obere Hälfte große Ölzellen führt, während in der unteren Hälfte das Öl in Tropfen fast in jeder nicht besonders gestalteten Zelle enthalten ist. Zwischen äußerer und innerer Schicht dieses Parenchyms begegnen streckenweise spiralwandige Tracheiden, die Reste rudimentärer Gefäßbündel. Nach innen grenzt das Parenchym an eine Lage hauptsächlich nach innen verdickter Steinzellen.

Zwei schwerer erkennbare Zellagen stellen die Samenschale dar, darauf folgt das aus unregelmäßig polyedrischen, dünnwandigen Zellen gebildete Endospermgewebe des Samens. Dieses Endosperm, die Hauptmasse des Pfefferkorns, ist erfüllt mit sehr kleinen, zusammengesetzten, kantigen Stärkekörnchen; einzelne Zellen desselben aber sind frei von diesem Inhaltsstoff und enthalten gelbe Harzklümpchen.

Für die Untersuchung des Pfeffers eignet sich Chloralhydrat als Aufhellungsmittel besser als Eau de Javelle. In reinem Pfefferpulver, das 24 Stunden lang in Chloralhydrat gelegen hat, unterscheidet man leicht Elemente, die dreierlei verschiedene Färbungen aufweisen, nämlich: 1. graue oder grauweiße Klümpchen. Diese erkennen wir bei Jodzusatz leicht als die stärkeerfüllten Endospermzellen. 2. dunkelbraune Körner; in ihnen suche man die peripheren gelben Steinzellen, denn diese Körner stellen die äußeren Lagen der Pfefferfrucht dar. 3. braungelbe oder gelbe Fragmente, durch die einseitig verdickten, darin enthaltenen Steinzellen als der innersten Lage der Fruchtschale angehörig gekennzeichnet. Außerdem kommen aus ihrem Zusammenhang vollständig herausgerissene Zellelemente aller in Betracht kommenden Gewebe sowie lose kleinste Stärkekörnchen reichlich vor.

Auch das aus dem weißen Pfeffer gewonnene Pulver unterscheidet sich meist nicht wesentlich von demjenigen des schwarzen Pfeffers, da erfahrungsgemäß gerade die unvollkommen geschälten und deshalb unansehnlichen Körner vorzugsweise gepulvert werden. Die Elemente der Fruchtschale treten gegenüber denen des Endosperms zurück.

Verfälschungen des Pfefferpulvers und anderer Gewürzpulver.

Jedes Pfefferpulver, das andere als die beschriebenen Zell- bzw. Gewebeteile enthält, ist verfälscht. Große Schwierigkeit kann es allerdings bereiten, die Art der Verfälschung zu bestimmen, da bereits die seltsamsten Dinge darin gefunden wurden. Im folgenden werden die häufiger vorkommenden Verfälschungen beschrieben.

Pfefferspindeln. Die Früchte sitzen dicht gedrängt in ährigen Fruchtständen, deren Achsen (Fruchtspindeln) oft massenhaft in der nicht ausgelesenen Rohware vorkommen. Werden diese mit gepulvert, so erscheinen im Gewürz viele Bastfasern und bis 10 μ weite Gefäße sowie insbesondere höchst charakteristische, aus einreihigen kurzen Zellen gebildete Haare (Abb. 140).

Paprika. Bei Verwendung der im folgenden beschriebenen Fälschungsmittel vermindert sich die Schärfe des Pfefferpulvers. Sehr häufig wird deshalb zugleich mit den geschmacklosen Unterschiebungen noch Paprika beigemengt. Zellen, die hochrote Öltröpfchen enthalten (vgl. S. 133), lassen die Fälschung erkennen.

Brot, Mehl. Insbesondere trockenes, gemahlenes Brot wird im Pfefferpulver sehr häufig gefunden. Um dasselbe zu erkennen, setze man dem Präparat vom Rand her sehr vorsichtig stark verdünnte Jodlösung zu. Bräunliche oder gelbliche Schollen, die sich allmählich vollständig blau, schließlich schwarzblau färben, deuten mit Sicherheit auf Brotkrümel. — Auch Mehl ist (besonders im weißen Pfefferpulver) sehr häufig nachzuweisen. Die Gestalt der Stärkekörner läßt Kartoffel-, Weizen-, Roggen-, Gerstenmehl sofort erkennen (vgl. S. 92ff.); schwieriger ist die Frage zu entscheiden, ob Reismehl beigemengt wurde. Zur Sicherheit kommt man durch den Vergleich einer Reismehlprobe: die Stärkekörner des Reis sind deutlich größer, sehr viel scharfkantiger als die des Pfeffers.

Kleie. Findet man im Pfeffer feine Häute mit dem oben (S. 96) geschilderten charakteristischen Bau der Getreidesamenschalen und zugleich mit gelbem, bei Jodzusatz sich tiefer bräunendem Inhalt erfüllte dickwandige Zellen (Kleberzellen), so ist die Fälschung mit Kleie nachgewiesen. An Stelle der Kleie werden mehrfach auch gemahlene Biertreber zur Verfälschung verwendet. Deren Elemente sind von denen der Kleie nicht verschieden; vgl. oben S. 107 über die Spelzenbestandteile der Gerste.

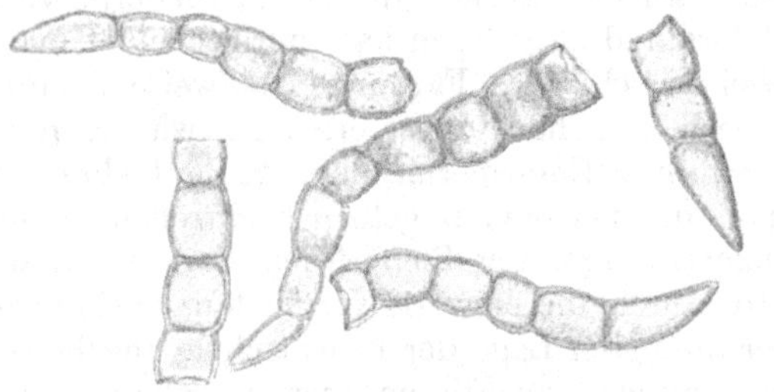

Abb. 140. Haare der Pfefferspindel. — Vergr. $^{150}/_{1}$.

Sägemehl. Auf den ersten Blick erkennt man unter dem Mikroskop eine etwaige Beimischung dieser kleinsten Holzfragmente an den langen Holzfasern, den Hoftüpfeln der Tracheiden usw. — Um sich einen Überblick über etwa vorhandenes Sägemehl in der Gewürzprobe zu verschaffen, wende man die Phlorogluzin-Salzsäurefärbung an. Zellkomplexe, die sich rot färben, betrachte man genauer. Sind sie aus langgestreckten Elementen gebildet und kann man nun die Tüpfel erkennen, so ist die Diagnose auf Sägemehl gesichert.

Baumrinde. Auch die Baumrinden enthalten oft große Bündel mit Phlorogluzin-Salzsäure sich rot färbender Fasern, daneben (und oft mit letzteren in Zusammenhang) aber auch große Steinzellen. Da solche auch im Pfeffer vorkommen, sind sie nur dann charakteristisch, wenn sie eben mit Fasern zusammenliegen. Ganz besonders bezeichnend für Rinden aber ist, daß sie stets große Gruppen meist ziemlich dünnwandiger Zellen enthalten, die von konzentrierter Schwefelsäure nicht angegriffen werden. Dies sind Korkzellen. Hat man den Verdacht geschöpft, daß eine Verfälschung des Pfeffers mit Baumrinde vorliegt, so kocht man etwas von dem Pulver mit Sudan-Glyzerin auf. Sind nach dieser Behandlung tafelförmige oder isodiametrische hochrote Zellen vorhanden, deren ganze Struktur als Korkzellen erkannt wird, so ist die Fälschung nachgewiesen.

Nußschalen. Verhältnismäßig schwer mit Sicherheit festzustellen ist eine Verfälschung des Pfeffers mit gepulverten Nußschalen. Diese Fälschung kommt besonders in Süddeutschland nicht selten vor. Hat man ein Präparat gemacht und findet Gruppen von Steinzellen, die nicht gelb, sondern weiß aussehen, so erregt dies den Verdacht, daß sie von Nußschalen stammen könnten. Die Steinzellen der Nußschale sind recht verschieden gestaltet, je nachdem sie aus den äußersten, mittleren oder inneren Schichten stammen.

Um die Diagnose sicher zu stellen, mustere man eine große Anzahl (20—30) Präparate (Abb. 141) durch. Alle Steinzellgruppen, die in organischer Verbindung mit dünnwandigem Parenchymgewebe stehen, gehören der Nußschale nicht an, ebenso Steinzellen, die nur nach einer Seite hin verdickte Wand aufweisen. Dagegen beweist das häufige Vorkommen weißer, nicht in Verbindung mit Parenchym stehender Zellen die Anwesenheit von Nußschalenpulver.

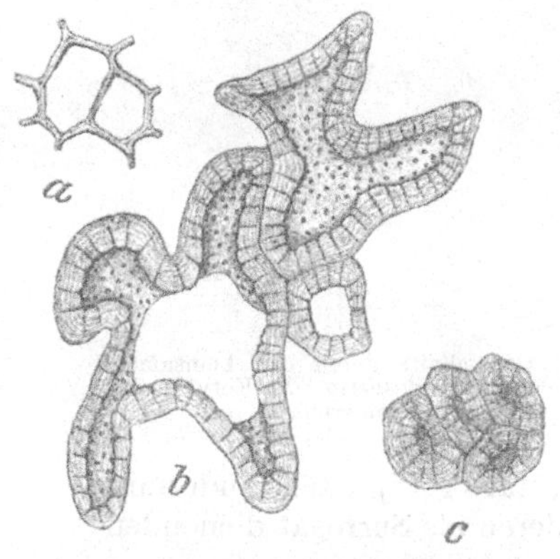

Abb. 141. Elemente der Nußschalen: *a* von der innersten, *b* von der mittleren, *c* von der äußeren Schicht. — Vergrößerung $^{250}/_{1}$.

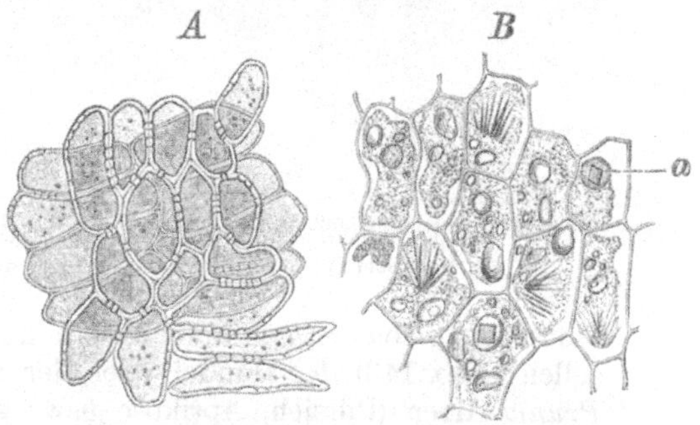

Abb. 142. Samengewebe der Kokosnuß. *A* Schalengewebe. *B* Nährgewebe mit Fettnadeln und Aleuron *a*.

Palmkernmehl. Weitaus die wichtigste Verfälschung des Pfeffers ist die mit dem Preßrückstand fetthaltiger Palmkerne. Als solche kommen hauptsächlich die Preßkuchen der Ölpalme (*Elaeis guineensis*, S. 121, Ab. 131) und der Kokospalme (*Cocos nucifera*, Abb. 142) in Betracht. So häufig diese Fälschung ist, so leicht ist sie zu entdecken. Zunächst verraten sich die Preßrückstände aller Ölsamen durch Tropfen fetten Öls (Alkanninprobe, vgl. S. 76); ferner sind die großen, teils dunkel-undurchsichtigen, teils glashellen Schollen im Präparat höchst verdächtig. Um zur Sicherheit zu gelangen, extrahiere man das Fett eines kleinen Quantums des zu untersuchenden Pulvers mit Äther, spüle mit Alc. absol. nach und mache dann Präparate. Sind Parenchymzellen ohne Stärkeinhalt vorhanden, deren Wandungen ganz ähnlich wie diejenigen der Kaffeebohne (vgl. Abb. 121, S. 115) runde große Tüpfel aufweisen, so ist der Nachweis vom Palmkernmehl (*Elaeis*) geliefert. Haben diese Zellen dagegen keine derartig verdickten Wände und besteht ihr Inhalt aus einem großen Klumpen von Eiweißsubstanz (färbt sich mit Jod gelb), so gehören sie zur Kokosnuß.

Erdnüsse. Wie zur Verfälschung von Mehl und Kakao (vgl. S. 106 u. 125), so auch zu der des Pfeffers wird die Erdnuß (*Arachis hypogaea*) wendet. Das oben angegebene Merkmal der säge- oder kammartig ververdickten Samenhautzellwände (Abb. 137) läßt die Preßrückstände der *Arachis* leicht erkennen.

Mandel-Preßkuchen. Die Preßrückstände, die bei der Gewinnung des Mandelöls bleiben, sind stets und leicht an den großen, unter dem

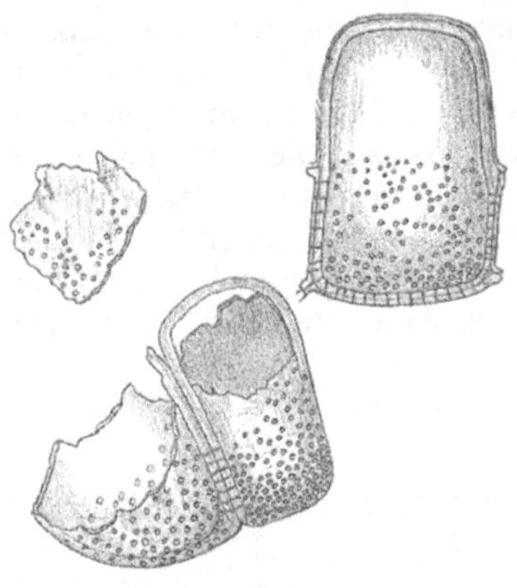

Abb. 143. Mandel-Preßkuchen. Braune dickwandige Epidermiszellen. Vergrößerung $^{165}/_{1}$.

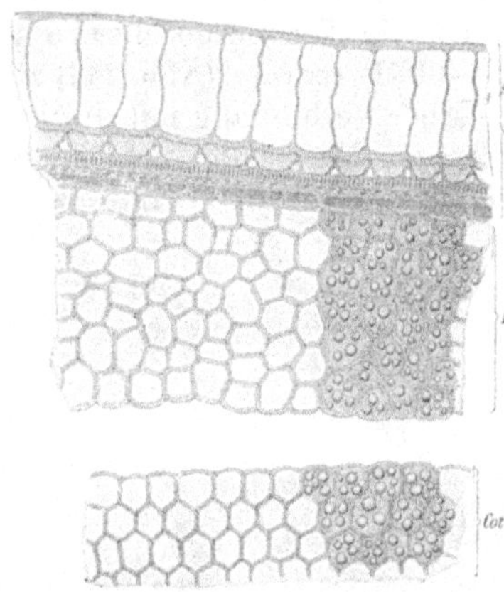

Abb. 144. Querschnitt durch den Leinsamen. *S* Samenschale; *E* Endosperm; *Cot* Kotyledonargewebe; *sch* Schleimepidermis.—Vergr. $^{125}/_{1}$.

Mikroskop gelb oder gelbbraun aussehenden, stark getüpfelten Epidermiszellen (Abb. 143) der Mandel oder der anderen als Surrogat dienenden *Prunus*-Arten (Pfirsich, Aprikose usw.) zu erkennen.

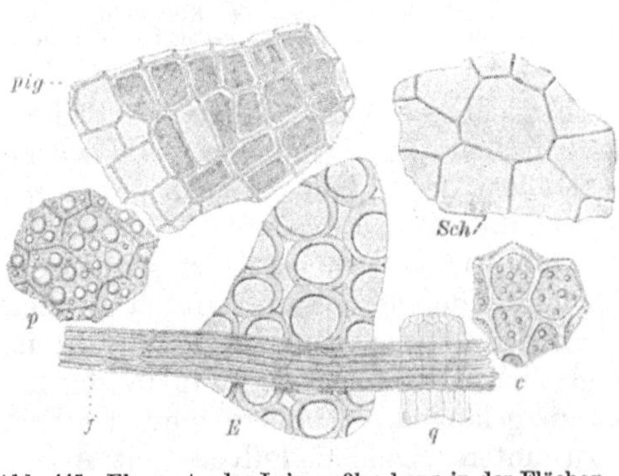

Abb. 145. Elemente des Leinpreßkuchens in der Flächenansicht. *pig* Pigmentschicht; *Sch* Schleimepidermis; *p* Embryonalgewebe; *f* Faserschicht; *c* Endosperm; *E* Ringzellen. — Vergrößerung $^{190}/_{1}$.

Leinkuchen, Rapskuchen. Die Anwesenheit dieser beiden verhältnismäßig häufig vorkommenden Verfälschungen wird auf sehr einfache Weise unter dem Mikroskop erkannt, wobei zum Vergleich ein Querschnitt durch ein Leinkorn dienen kann (Abb. 144). Sowohl die Lein- wie die Rapssamen enthalten größere Mengen von Pflanzenschleim, der mittels der Tuschereaktion nachgewiesen wird. Man verfährt dabei in der oben (S. 75) angegebenen Weise. Überall, wo ein Stückchen der Samenoberhaut von Lein oder Raps liegt, entsteht nach wenigen Minuten ein durchsichtiger Fleck, der durch das Zurückdrängen der Tuscheflitterchen durch den aufquellenden Pflanzenschleim gebildet wird. Hat man auf diese Weise die Anwesenheit des einen der beiden Verfälschungsmittel erkannt, so ist nun die Unterscheidung derselben nicht schwer. Die leichtest kenntlichen Elemente der Leinkuchen sind in Abb. 145 dargestellt. Es sind dies viereckige Zellen, erfüllt mit dunkelbraunem Farbstoffinhalt (*pig*) sowie in Bündeln liegende Faserzellen (*f*), die von sehr feinen und durchsichtigen Querzellen (*q*) gekreuzt werden.

Derartige Elemente fehlen dem Rapskuchen vollständig. Dort sind (vgl. Abb. 146) zwar auch dunkelbraun gefärbte Gewebe vorhanden, aber diese zeigen niemals ähnlich viereckigen Bau der einzelnen Zellen; insbesondere das mit *a* bezeichnete Gewebe, die Palissadenschicht des Rapssamens, ist durch die sehr stark verdickten Zellwände leicht kenntlich.

Schließlich sei noch auf einen Unterschied hingewiesen, der es erlaubt, die beiden Verfälschungen bei einiger Übung sehr leicht zu erkennen. Sowohl bei Raps wie bei Lein kommen rein weiße Gewebefetzen vor (Abb. 145*p*; 146*c*), die mit Öltropfen versehen sind, dagegen keine Stärke führen und daran leicht

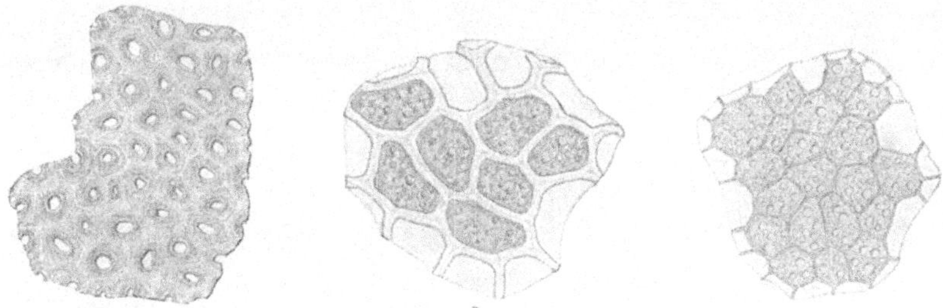

Abb. 146. Elemente des Raps-Preßkuchens in der Flächenansicht. *a* Palisadenschicht; *b* Kleberschicht; *c* Embryonalgewebe. — Vergrößerung $^{250}/_{1}$.

als nicht zum Pfeffer gehörig erkannt werden. Diese Gewebestückchen stammen von den Embryonen der Pflanzen. Sie sind ohne weiteres nicht unterscheidbar, fügt man aber einen Tropfen Kalilauge zu, so werden diese Zellfetzen sofort schön gelb, wenn sie zum Raps gehören, bleiben dagegen farblos, wenn sie vom Lein stammen.

Sonnenblumensamen. Preßkuchen, die bei der Gewinnung des Öls von *Helianthus annuus* abfallen, wurden gleichfalls bereits als Gewürzverfälschung aufgefunden. Die Samenschale der Sonnenblume ist leicht charakterisiert durch dünnwandige und einzellige Haare, die stets zu zweien dicht nebeneinander entspringen, sowie durch Epidermiszellen, die teilweise mit einer dunkelbraunen Masse (Pigment) erfüllt sind.

Mineralische Beimengungen. Ihre Anwesenheit zeigt das Mikroskop ohne weiteres; über Natur und Menge gibt die Aschebestimmung Auskunft. Schwarzer Pfeffer darf nicht über 8 vH., weißer nicht über 4 vH. Asche liefern.

Piment.

Als Piment oder Nelkenpfeffer (Abb. 147, 148) sind die Früchte von *Pimenta officinalis* im Gebrauch. Sie sehen den Pfefferkörnern ungefähr ähnlich, unterscheiden sich aber leicht durch bedeutendere

Größe (bis 7 mm), gekörnte (nicht runzelige) Außenfläche, vierzähligen Kelchrand auf dem Scheitel und besonders (was beim Durchschneiden sofort sichtbar wird) durch die von einer Scheidewand durchzogene, gedoppelte Höhlung im Innern.

Auch Piment wird als Pulver verkauft und ist in diesem Zustand das Objekt häufiger Fälschungen. Behufs Untersuchung wird das Gewürzpulver im Mörser soweit zerkleinert, daß seine Fragmente bequem unter dem Deckglas Platz haben, dann bleicht man es ein bis zwei Stunden in Eau de Javelle.

Bei der Untersuchung findet man im unverfälschten Piment folgende Elemente: 1. einfache, sehr kleine Härchen, die sich auf der Epidermis der Frucht befanden. Diese Härchen sind sehr charakteristisch, aber nur spärlich vorhanden. 2. Der voluminöseste Bestandteil sind große Steinzellen (Abb. 148). Sie stammen aus der Fruchtschale; ihre Mem-

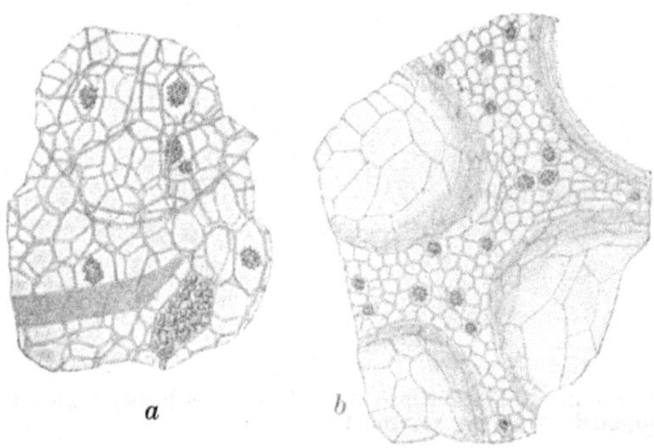

Abb. 147. Gewebe des Piments. *a* Scheidewand der Frucht; *b* Parenchym der Fruchtschale mit Ölräumen. — Vergr. $^{190}/_{1}$.

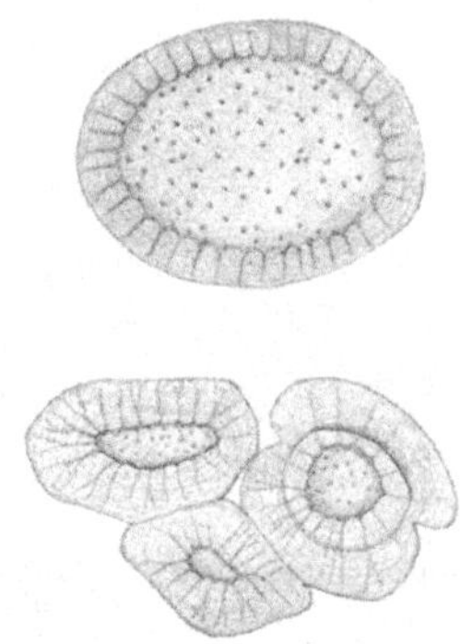

Abb. 148. Steinzellen des Piments. Vergrößerung $^{190}/_{1}$.

bran ist verschieden stark verdickt; die Porenkanäle, die die Membranen der stärkst verdickten durchsetzen, sind verästelt. Die Steinzellen des Piment sind, in Wasser betrachtet, weiß (nicht gelb) und niemals faserig verlängert. 3. Sehr auffallend pflegen in den Pulverproben dünne Gewebefetzen (Abb. 147 b) zu sein, die deutlich gewölbt sind und eine zellartige Netzzeichnung aufweisen: die Wände der großen Ölräume, die das ätherische Öl der Pimentfrucht enthalten. Bei Betrachtung in Wasser sind diese Gewebestücke tief braun. 4. Gleichfalls braun oder rotbraun sind zartwandige Zellen, die sowohl aus dem Fruchtfleisch wie aus der Scheidewand der Fruchthöhle stammen. Mehrfach sind diese Zellen fast ganz erfüllt mit trümmerartigen Einzelkristallen von Kalkoxalat (Abb. 147 a). 5. In Wasserpräparaten können besonders bei Jodzusatz die reichlich vorhandenen, sehr kleinen Stärkekörner nicht übersehen werden. 6. Sehr auffällig sind ferner die Tropfen des grünlich gefärbten ätherischen Öls, die sich reichlich im Präparat vorfinden. 7. Endlich enthält das Pimentpulver auffällig massenhaft kleine Kristalldrusen von Kalziumoxalat.

Verfälschungen des Pimentpulvers. Fast alle beim Pfeffer aufgeführten und beschriebenen Verfälschungen kommen auch beim Piment vor. Außer ihnen ist aber für Piment von besonderer Wichtigkeit der Zusatz gepulverter Nelkenstiele (vgl. Abb. 160). Diese Fälschung ist sehr leicht zu entdecken. Auch die Nelkenstiele enthalten reichlich dickwandige Zellelemente, die mit den Steinzellen des Piments eine gewisse Ähnlichkeit haben, doch sind sie beim Nelkenstielpulver stets gelb gefärbt, beim Piment dagegen farblos. Ferner begegnen im Nelkenstielpulver massenhafte, langgestreckte, sehr dickwandige Fasern, während die Steinzellen des Piments nicht langgestreckt sind. Auf dies Merkmal achte man besonders aufmerksam, da das Vorhandensein von Fasern auch auf die Fälschung des Pimentpulvers mit Holz- und Rindenbestandteilen verschiedenster Herkunft hinweist und solche leicht erkennen läßt.

Paprika.

Das beißend scharfe Gewürz, das als Paprika oder spanischer Pfeffer (Cayennepfeffer usw.) bezeichnet wird, stammt allermeist von *Capsicum annuum*, seltener von *Capsicum fastigiatum*.

Die tiefrote Farbe der Paprikafrucht wird durch massenhaft vorhandene rote (mit konz. Schwefelsäure indigoblau gefärbte) Öltropfen in den äußern Schichten des Fruchtfleisches bedingt. Diese Öltropfen sind das beste Erkennungsmittel für die allermeisten Gewebepartikel, die bei der mikroskopischen Untersuchung von Paprikapulver begegnen. Es gibt zwar auch nicht tiefrote, ja sogar grüne Sorten von Paprika, die nicht weniger scharf schmecken als die roten. Als Pulver kommen diese Sorten im Handel aber nicht vor, da das Publikum das Pulver der roten Formen verlangt.

Seiner größten Menge nach besteht das Paprikapulver aus den zerkleinerten Geweben des Fruchtfleisches; Reste der Samen treten zurück, werden aber doch bei aufmerksamerem Suchen stets gefunden. Das hervorstechendste Merkmal des Pulvers bei mikroskopischer Betrachtung stellen die roten Öltröpfchen dar. Sie liegen teils in Zellen eingeschlossen, teils frei im Präparat und werden durch Wasser nicht verändert. Deshalb untersucht man Paprikapulver zweckmäßig als Wasserpräparat.

Ferner ist als negatives Merkmal beachtenswert, daß größere Partien von Gefäßbündeln und anderen sehr langgestreckten Elementen im Paprikapulver vollständig oder fast vollständig fehlen (die kleineren Gefäßbündel desselben kommen kaum in Betracht, doch können als seltene Erscheinung bei der Untersuchung sich Bruchstücke des Holzkörpers des Fruchtstiels zeigen); endlich sind die Stärkekörner der Paprikafrucht nur in recht geringer Zahl vorhanden und außerordentlich klein. Alle Stärke, die deutliche große Körner darstellt oder die in einiger Menge vorhanden ist, deutet auf Verfälschung.

Ganz besonders charakteristisch aber sind die Fragmente der Samenschale von *Capsicum*. Dieselben stellen (vgl. Abb. 149) derbwandige Fetzen von ganz eigentümlicher Struktur dar. An dem gekröseartigen Aussehen, das die Flächenansicht bietet, werden diese Fragmente der Samenschale leicht erkannt.

Die Untersuchung des Paprikapulvers wird in folgender Weise bewirkt: Man nimmt eine Prise des Pulvers und weicht sie 24 Stunden lang in Wasser (dem zweckmäßig einige Tropfen Ammoniakflüssigkeit zugesetzt sind); darauf fertigt man Präparate und durchmustert dieselben zunächst ohne Zusatz eines Reagens.

Alle Gewebeteile, die rote oder gelbe Punkte (Öltropfen) enthalten, sowie farblose dünnwandige Parenchymfetzen sind ebensowenig zu beanstanden wie die als Fragmente der Samenschale erkannten Gekrösezellen. Dagegen sind langgestreckte, dünnwandige sowie alle als Steinzellen sich charakterisierenden Elemente verdächtig. Ebenso dürfen im Paprikapulver sich keine Kristalle vorfinden. Ferner werden unter dem Mikroskop sofort alle Elemente, die braun gefärbt sind, den Verdacht erregen, daß eine Fälschung vorliegt, da die Paprikafrucht keine braunen Teile enthält.

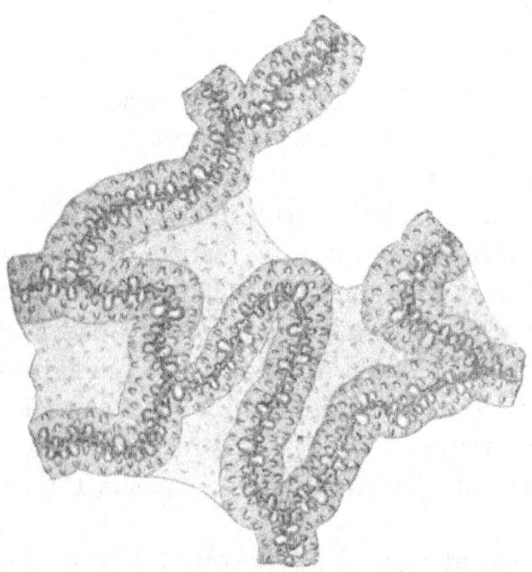

Abb. 149. Gekrösezellen der Paprikasamenschale. Vergrößerung $^{190}/_{1}$.

Hat man auf diese Weise sich mit dem Präparat völlig vertraut gemacht, so setzt man etwas Jod zu, um auf Stärke zu prüfen.

Welcher Art eine Verfälschung ist, wird, wenigstens was die verbreiteteren Fälschungsmittel betrifft, aus unsern oben beim Pfeffer gegebenen Ausführungen leicht bestimmt werden. Man achte vorzüglich auf Zusatz von Mehl, klein gestoßener Brotrinde, auf Preßrückstände von Ölsamen, Rindenmehl, Holzmehl und Ziegelmehl. — Der Aschengehalt darf 6,5 vH. nicht übersteigen.

Senf.

Eine mikroskopische Untersuchung von Senf sowie von zu Genußzwecken bestimmtem, präpariertem Senfpulver könnte nur den Zweck haben, darin Substanzen zu bestimmen, die den Nahrungs- und Genußmitteln nicht angehören und genossen nachteilige Wirkungen haben. Ferner könnte es sich eventuell darum handeln, die Gegenwart des Pulvers der Senfsamen festzustellen für den Fall, daß der Geschmack des Präparats dies zweifelhaft erscheinen ließe. Speisesenf wie Speisesenfpulver sind zusammengesetzte Genußmittel, die nur den Ansprüchen des Geschmacks entsprechen sollen. Zur Erreichung dieses Zwecks ist die Vermischung des Senfpulvers mit Salz, allen möglichen Gewürzen, Mehl, Essig, Wein, Zucker usw. allgemein gebräuchlich. Solche Beimischungen können nicht als ungehörige oder als Fälschungen angesehen werden, da man den Wert der Senfpräparate nach der äußeren Beschaffenheit und dem Geschmack beurteilt und eine einfache Mischung von reinem Senfpulver mit Wasser, Wein oder Essig keineswegs wohlschmeckend ist. Mehl gibt die schleimige Konsistenz des Präparats.

Anders verhält es sich mit dem Senfmehl, das für Arzneizwecke (Senfumschläge usw.) bestimmt ist oder das im Großhandel als Rohstoff für die Senfbereitung verkauft wird. Dieses muß selbstverständlich rein sein.

Senfmehl stellt die gemahlenen Samen mehrerer der *Cruciferen*-Familie angehöriger Pflanzen, nämlich von *Sinapis alba* (weißer Senf), *Brassica Besseriana* (Sareptasenf) und *Brassica nigra* (schwarzer Senf) dar. Je nach den verschiedenen gebräuchlichen Fabrikationsweisen wird der geschälte oder ungeschälte, der durch Auspressen seines Öls großenteils entledigte oder der ölhaltige Samen gemahlen. Dementsprechend kann Qualität und mikroskopisches Bild verschiedener Senfmehle sehr variabel sein.

Bekanntlich ist die scharf schmeckende Verbindung, die den Senf zum häufig gebrauchten Gewürz eignet (Senföl), nicht als solche in den Senfsamen enthalten, sondern entsteht erst bei der Zubereitung. Im schwarzen und im Sareptasenf ist ein Sinigrin genanntes Glykosid enthalten, das durch die Einwirkung eines in besonderen Zellen der Senfsamen sich befindenden Ferments (Myrosin) gespalten wird und das Senföl entwickelt. Ebenso ist im weißen Senf ein anderes Glykosid von ähnlichen Eigenschaften, das Sinalbin enthalten.

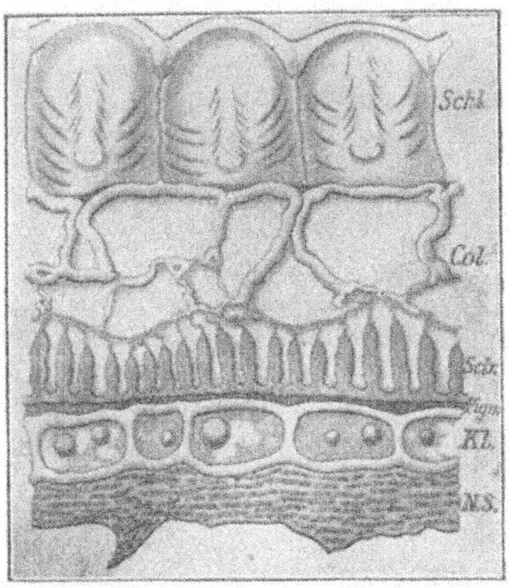

Abb. 150. Weißer Senf. Querschnitt durch die äußeren Partien des Samens. *Schl* Schleimepidermis; *Col* Collenchymschicht; *Scl* Palisadenschicht; *Pigm* Pigmentschicht; *Kl* Aleuronschicht; *NS* Endosperm. — Vergr. 250/1. (Nach Rosen.)

Die Hauptmasse des Senfpulvers wird von den dünnwandigen Parenchymzellen des Keimlings gebildet. Diese Zellen enthalten Aleuronkörner von beträchtlicher Größe sowie reichliches fettes Öl in kleinen Tröpfchen. Stärke findet sich im Senfsamen nicht; wenn solche im Präparat auftritt, ist sie beigemengt worden. — An den Zellelementen des Keimlings können die verschiedenen Senfarten und ebenso die Beimischung von Rapskuchen zum Senfmehl nicht unterschieden werden. Dementsprechend wäre es unmöglich, die Stammpflanze eines aus geschälten Samen hergestellten Senfpulvers auf mikroskopischem Wege zu ermitteln, wenn nicht erfahrungsgemäß doch immer noch genug Schalenfragmente vorhanden wären, die die Erkennung ermöglichen.

Die Anatomie der Senfschalen erhellt aus Abb. 150. Zu oberst liegen als Epidermis (*schl*) große farblose und glänzende Zellen. Die Haupteigentümlichkeit derselben besteht darin, daß aus der Membran entstandener Schleim die ganzen Zellen ausfüllt. Legt man trockenes Senfpulver in der S. 75 beschriebenen Weise in Tuscheverreibung, so kann man das Aufquellen dieser Schleimschicht aufs deutlichste beobachten. — Diese Zellschicht kommt den sämtlichen Senfarten zu.

Unter der Epidermis liegt eine bisweilen kollenchymartige Parenchymschicht (*par*), deren Bedeutung für die Diagnose (ebenso wie diejenige der aus dünnwandigen Parenchymzellen gebildeten, weiter nach innen gelegenen Schichten) gering ist. Dagegen ist die aus dicht gestellten, radial verlängerten Zellen gebildete Zellage von großer Wichtigkeit.

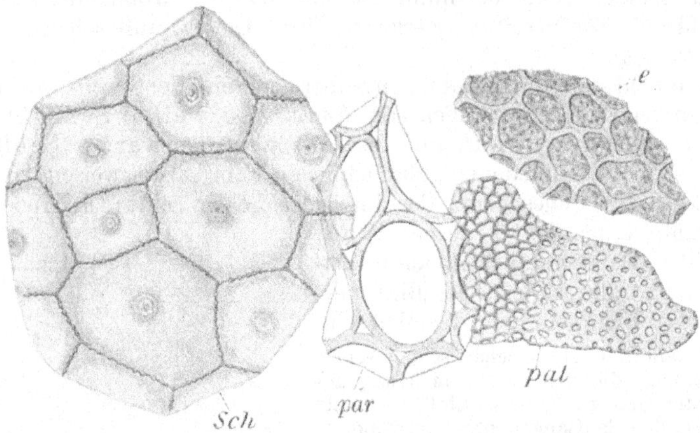

Abb. 151. Gewebe des weißen Senfs in der Flächenansicht. *Sch* Schleimepidermis; *par* Parenchymschicht; *e* Embryonalgewebe; *pal* Palisadenschicht. — Vergrößerung $^{250}/_{1}$.

Wie Abb. 150 zeigt, besteht diese Schicht (auch als Becher- oder Palisadenschicht bezeichnet) aus Zellen, deren Innenwände vollständig, deren Seitenwände bis über die Mitte stark verdickt sind, während die Außenwände und die übrige Hälfte der Seitenwände unverdickt blieben. Diese Palisadenzellen sind bei schwarzem und Sareptasenf dunkelrotbraun, beim weißen Senf dagegen fast ungefärbt. Die intensive Färbung dieser Schicht (sowie der darunter liegenden), die das verschiedene Aussehen der dunklen Samen von *Brassica nigra* und *B. Besseriana* sowie die helle Farbe der Körner der *Sinapis alba* erklärt, bietet das beste Merkmal für die Unterscheidung der Sorten.

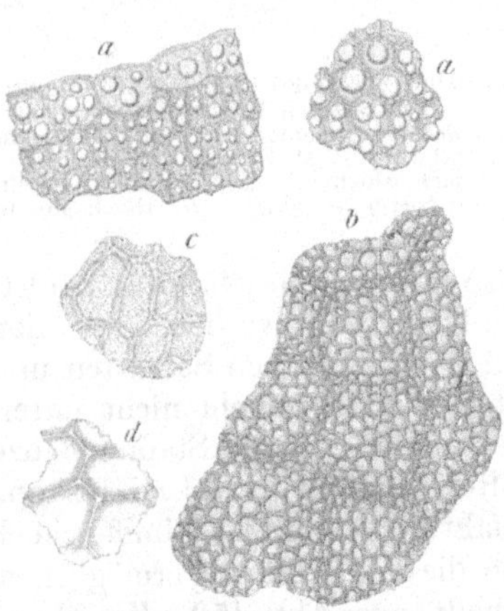

Abb. 152. Gewebe des schwarzen Senfs. *a* Embryonalgewebe; *b* Palisadenschicht; *c* Aleuronschicht; *d* Schleimepidermis. — Vergr. $^{200}/_{1}$.

In Abb. 151 und 152 sind die Flächenansichten dieser Gewebe geboten, wie sie im Untersuchungspräparat hervortreten (wobei zu bemerken, daß das Embryonalgewebe weitaus am massenhaftesten vorhanden ist). — Es fallen insbesondere die bei den dunkeln Senfsorten dunkel, bei *S. alba* hell gefärbten Fragmente der Palisadenschicht auf; auch die Zellen der Kleberschicht sind sehr leicht zu finden und zu erkennen. Ist daneben noch durch Tusche nachzuweisende Schleimepidermis vorhanden, so ist die Diagnose gesichert.

Einzig die nicht eben selten als Verfälschung des Senfpulvers verwendeten Samen von Raps und Rübsen (*Brassica oleracea, B. Napus*) bzw. ihre Preßrückstände, die Rapskuchen, zeigen so vollkommen gleichartige Elemente wie diejenigen des Senf, daß eine in der Praxis durchführbare sichere Unterscheidung der aus den verschiedenen *Brassica*-Arten gewonnenen Mahlprodukte unmöglich ist. Abweichend ist allein die schwer kontrollierbare Verdickung der Palisadenzellen.

Dagegen ist eine Beimischung anderer Verfälschungmittel, vorzüglich der Leinpreßrückstände nach dem Charakter ihrer Zellelemente (vgl. S. 130, Abb. 145) und von Curcumapulver (vgl. unten) ebenso leicht festzustellen wie diejenige von mineralischen Verfälschungsmitteln.

Nochmals bemerkt sei aber, daß selbst bei Anwesenheit nicht zugehöriger Bestandteile von Verfälschung nicht gesprochen werden kann, wenn dem Geschmack entsprechender Speisesenf zur Untersuchung vorliegt.

Muskatnuß und Macis.

Die Muskatnuß ist der Samenkern des tropischen Kulturbaums *Myristica fragrans (Myristicaceae)*; Macis (Muskatblüte) der Samenmantel (Arillus) derselben *Myristica*. Da sowohl Muskatnuß wie Macis selten als Pulver im Handel sind, werden sie kaum verfälscht; sie begegnen bei der Nahrungsmitteluntersuchung nur ausnahmsweise.

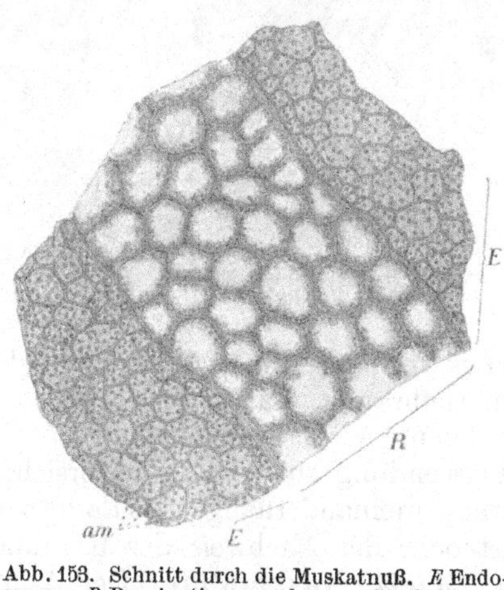

Abb. 153. Schnitt durch die Muskatnuß. *E* Endosperm; *R* Ruminationsgewebe; *am* Stärkekörner. Vergrößerung 50/1.

Bekanntlich ist die Muskatnuß des Handels stets mit einem wenigstens in den Furchen festhaftenden weißen Überzug versehen. Dieser besteht aus Kalk und rührt von dem Gebrauch her, die Kerne vor dem Export zu kalken. Im wesentlichen bestehen die Muskatnüsse aus dem großen Endosperm; der kleine Embryo liegt als braunes Körperchen in einer nahe dem Nabel gelegenen Höhlung. Auf dem Schnitte der Bruch zeigt die Muskatnuß ein zierlich marmoriertes Gefüge; dies rührt daher, daß die braune Samenhaut in tiefen Falten und Schleifen in das graugelbliche Endospermgewebe hineinwächst (zerklüftetes [ruminates] Endosperm).

Der Nachweis gepulverter Muskatnuß (besonders häufig als Würze der Schokolade verwendet) ist nicht leicht, da ihre Zellformen nichts Auffallendes haben.

Die Gewebe des Endosperms und der von außen in dasselbe eindringenden braunen Zerklüftungsleisten sind sehr verschieden. Die

Leisten (Abb. 153, *R*) zeigen nur einen direkt den tiefbraunen Zellwänden anliegenden Protoplasmabelag ohne weiteren Inhalt, die Endospermzellen (*E*) dagegen sind dicht mit (oft deutlich nadelartig kristallinischem) Fett (Myristinsäure) und Stärkekörnern erfüllt. Fragmente, die das Aneinandergrenzen dieser beiden Gewebearten zeigen, sind unbedingt charakteristisch. Die Myristinsäure wird durch Kalilauge rasch verseift, von Säuren dagegen nicht angegriffen. Alkannafärbung derselben gelingt gut bei längerer Einwirkung des Reagens (oder wenn man das Fett durch Schmelzen auf dem Objektträger in Tropfen geteilt hat, schon nach kurzer Zeit). Schwer aufzufinden sind Eiweißkristalloide, die kleine Würfel oder Oktaëder darstellen und am besten durch Fuchsinfärbung nachgewiesen werden.

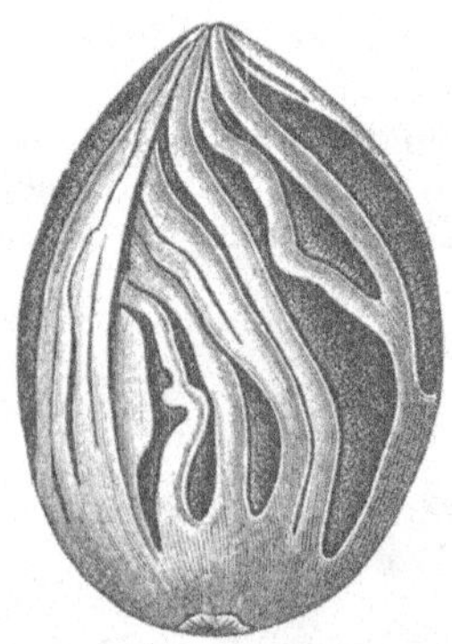

Abb. 154. Muskatnuß mit Macis. (Nach Moeller.)

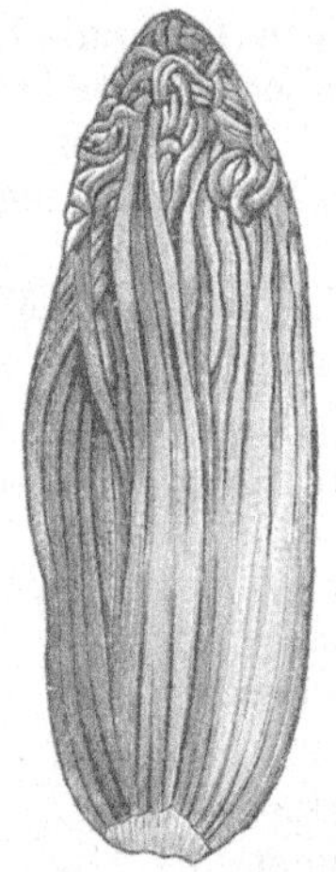

Abb. 155. Bombay-Muskatnuß mit Arillus. (Nach Moeller.)

Die Stärke ist dadurch ausgezeichnet, daß sie stets aus zwei bis vier (selten mehr) kleinen ($\pm$ 10 μ großen) Teilkörnchen zusammengesetzt ist.

Um den Muskatnußzusatz zur Schokolade nachzuweisen, verwendet man (vgl. S. 124) den Rückstand, der bei der Behandlung der Schokolade mit Äther übrig geblieben ist. Derselbe wird mit Jod tingiert und läßt dadurch die Stärkekörner sowie die etwa vorhandenen Eiweißkristalloide (erstere in blauschwarzer, letztere in tiefbrauner Farbe) hervortreten. Da die Stärkekörner der Kakaobohnen gleichfalls manchmal zusammengesetzt sind, sei man mit ihrer Verwendung zur Diagnose vorsichtig. Diese ist dagegen feststehend, wenn aneinanderhängendes Endosperm- und Ruminationsgewebe sichtbar ist oder der Nachweis der Kristalloide gelingt.

Macis, Muskatblüte. Der Arillus von *Myristica* ist nach oben in bandartige Lappen zerschlitzt (Abb. 154). Er besteht aus dünnwandigem, große Ölzellen enthaltendem Parenchym, ist stärkefrei und wird nach außen durch eine sehr dickwandige Epidermis begrenzt. Die Zellen enthalten hauptsächlich Fett. Nach Ätherextraktion werden sehr zahlreiche kleine Amylodextrinkörnchen (mit Jod rotbraun gefärbt) sichtbar.

In Pulverform wird Macis an den sehr langgestreckten und dickwandigen, mit Chlorzink-Jod reine Zellulosereaktion gebenden Zellen der Oberhaut, denen da und dort Parenchym mit Ölzellen anhängt, erkannt.

Verfälscht wird Macis durch Unterschiebung des geschmacklosen Arillus von *Myristica malabarica* (Bombay-Macis). In der ganzen

Droge wird diese Verfälschung sofort daran erkannt, daß die Arilluszweige der Bombay-Macis nach oben schmaler und wurmförmig gestaltet sind, sich auch nach der Spitze zu einer Kappe verflechten (vgl. Abb. 154 und 155). Der Inhalt der Ölzellen der Bombay-Macis wird mit Kalilauge blutrot, während die Ölzellen der echten Macis bei gleicher Behandlung die Farbe kaum ändern. An dieser Reaktion wird die Unterschiebung auch in Pulverform erkannt.

Kardamomen.

Dies selten zur Untersuchung gelangende Gewürz stammt von *Elettaria Cardamomum (Zingiberaceae)*; von dieser Art (Malabar-Kardamomen) ist die nach der Fruchtgestalt auf den ersten Blick unterscheidbare *Elettaria major* (Ceylon-Kardamomen) spezifisch verschieden. Auch im Geschmack sind beide Formen derart different, daß die Ceylon-Kardamomen als minderwertig zu bezeichnen sind.

Der klarst erkennbare Unterschied der beiden Sorten wird durch ihre Größe gebildet: die echten Kardamomen sind etwa 1, selten bis 2 cm lang und fast 1 cm dick; die Ceylonware dagegen wird zwar nicht dicker als die Malabar-Kardamomen, ist aber stets 3—4 cm lang. Wie die Kapseln, so sind auch die Samen von *E. major* größer (etwa doppelt so groß) als diejenigen der echten Pflanzen.

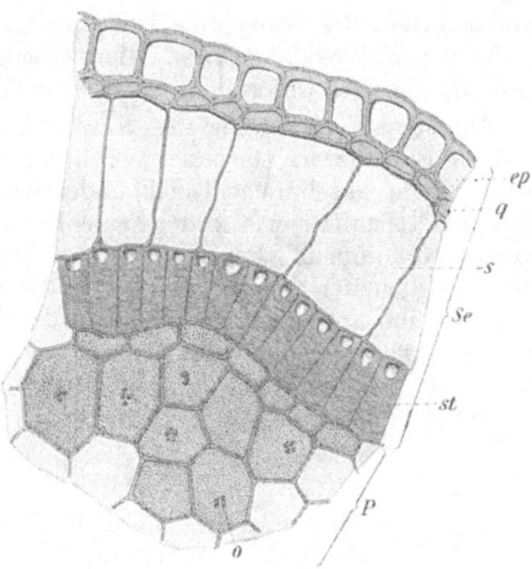

Abb. 156. Querschnitt durch den äußersten Teil des Kardamomensamens. *ep* Epidermis; *q* Querzellenschicht; *s* Sekretzellen; *st* Steinzellen; *P* Perisperm; *o* Kalkoxalatkristalle; *Se* Samenschale. — Vergrößerung $^{110}/_{1}$.

Das Kardamomenpulver des Handels wird aus der ganzen Frucht hergestellt, obgleich die Schale viel weniger aromatisch ist als die Samen.

Reichlich finden sich in den Zellen der Schale beider Arten gelbe bis braune Harzklumpen; Fragmente, die solche enthalten, betrachte man bei der Untersuchung genau daraufhin, ob an ihnen vielleicht ein Rest der Fruchtepidermis sichtbar ist. Da die Epidermis der Frucht von *E. major* behaart ist, diejenige von *E. Cardamomum* dagegen nicht, ist das Auffinden von Haaren geeignet, Aufschluß darüber zu geben, welcher Spezies das Pulver angehört. Die zu suchenden Haare sehen wie die kleinen Haare des Roggens (S. 98, Abb. 93 *B*) aus. Ferner sei beachtet, daß aus den Figuren, die aneinanderstoßende Zellwände der Oberhaut bilden, das Vorhandensein von Haaren auch dann erschlossen werden kann, wenn diese bereits abgefallen sind. Bei den echten Kardamomen stoßen nie mehr als vier Zellwände in einem Punkt zusammen; bei den Ceylon-Kardamomen dagegen zeigt die Epidermis in Menge Stellen, wo fünf bis sieben Zellwände auf einen Punkt (die Haarbasis) zulaufen und sich in einem kleinen Kreis vereinigen. Ferner kann in einem Ceylon-Kardamomen enthaltenden Pulver der besondere Bau der Umhüllung des Samens nicht entgehen (Abb. 156). Man achte auf Zellen, die fast vollständig sklerosiert, d. h. fast bis zum Verschwinden des Lumens verdickt sind. Hat man solche gefunden, so untersuche man, ob eine schmale Zellwand von der Verdickung vollständig freigeblieben ist (*E. Cardamomum*) oder ob die Verdickung auch auf diese Zellwand übergreift und nur ein kleiner Raum in ihrer Mitte frei geblieben ist (*E. major*). — Höchst bezeichnend für das Kardamomenpulver ist, daß die dicht mit kleinsten Stärkekörnern erfüllten Zellen des Perisperms im Zentrum je eine Gruppe kleiner Kristalle von Kalkoxalat führen. Man erkennt dieselben besonders nach Anwendung von Chloralhydrat leicht als dunkle Punkte.

Um eine Verfälschung des Kardamomenpulvers mit völlig fremdartigen Substanzen zu erkennen, beachte man, daß in der Fruchtschale recht ansehnliche Gefäßbündel (von nicht besonders charakteristischer Gestalt) sowie in der Samenhülle Kristalldrusen von Kalziumoxalat vorkommen. Ferner wird der Hauptteil guten Pulvers von den Geweben der Samen gebildet, in denen hornartig festgepreßt teils Aleuron und fettes Öl, teils außerordentlich kleine, aber zu großen Klumpen zusammengeballte Stärkekörner sich finden. — Alle anderen Elemente gehören nicht in das Gewürzpulver und deuten auf Verfälschung.

Vanille.

Die mikroskopische Erkennung der Vanille hat verhältnismäßig geringe Bedeutung, da die Verwendung des künstlich dargestellten Vanillins allmählich den Gebrauch der Droge mehr und mehr einschränkt, anderseits die Frucht unzerkleinert in den Handel kommt. Allein in Schokolade und andern Süßigkeiten kann unter Umständen ein Nachweis gefordert werden.

Vanille ist die vor der vollständigen Reife gepflückte und getrocknete Frucht der *Vanilla planifolia* (*Orchidaceae*), einer ursprünglich in Mexiko heimischen, nun in den Tropen vielfach kultivierten Pflanze. Drei Hauptmerkmale sind unter den Umständen, die für den Nachweis der Vanille in der Praxis Geltung haben, besonders zu betonen, nämlich:

1. Die Oberhaut der Vanille ist mit kleinen, rundlichen Spaltöffnungen versehen. Man suche in einer auf Vanille zu prüfenden Warenprobe nach länglichen, braunen Gewebefetzen, die aus derbwandigen, hier und dort mit schmalen, einfachen Tüpfeln versehenen Zellwänden gebildet werden, und achte, wenn man solche gefunden hat, darauf, ob Spaltöffnungen sichtbar sind. Gemeinsam mit den beiden

folgenden Merkmalen sichert das Auffinden von Spaltöffnungen führender Epidermis die Diagnose.

2. Man suche, am besten mit Hilfe des Polarisationsapparates, nach langen, nadelförmigen, an beiden Enden scharf zugespitzten Kristallen. Wie sehr viele monokotyle Pflanzen enthält auch die Vanille sogenannte Raphiden (Kristallnadeln) von Kalkoxalat. Diese oder ihre Bruchstücke geben bei der Untersuchung ein vorzügliches Merkmal ab.

3. Schließlich bilden die 0,4 mm langen und 0,3 mm breiten fast schwarzen Samen (Abb. 157) ein sehr wichtiges diagnostisches Merkmal. Diese erscheinen unter dem Mikroskop als vollkommen undifferenzierte Körner, fügt man aber Kalilauge bei und kocht das Präparat mit ihr auf, so zerplatzt der Same bei genügendem Druck auf das Deckglas und man erkennt seine zellige Struktur.

Abb. 157. Same der Vanille. Vergr. 25/1.

Eine Unterscheidung der echten Vanille in dem Zustand, in dem sie als Gewürz zerkleinert zur Untersuchung gelangt, von dem selten im Handel vorkommenden Vanillon (*Vanilla Pompona*) hat für die Praxis der Nahrungsmitteluntersuchung kaum mehr Bedeutung.

b) Von Blüten und Blütenteilen stammende Objekte.

Gewürznelken.

Die Gewürznelken sind die Blütenknospen von *Eugenia aromatica* (*Myrtaceae*). Sie kommen meist unzerkleinert in den Handel.

Eine mikroskopisch nicht kontrollierbare, betrügerische Verfälschung der Gewürznelken besteht darin, daß durch Destillation ihres Öls beraubte Ware der vollwertigen beigemengt wird. Derartige Nelken (sowie alte, minderwertige Ware) erkennt man daran, daß sie bei einem Druck des Fingernagels kein Öl auf die Oberfläche gelangen lassen was bei guter Ware der Fall ist) und daß sie auf Wasser schwimmen, während tadellose Nelken untersinken. Diese auf das hohe spezifische Gewicht guter Nelken begründete Prüfungsmethode läßt sich auch (mit Vorsicht) auf die Beurteilung von Nelkenpulver anwenden. Wird gutes Nelkenpulver auf Wasser geschüttet, so sinkt es sofort unter, und nur sehr wenige Partikel verbleiben im Niveau des Wassers. Ist dies dagegen dicht mit einer Partikelschicht bedeckt, so liegt auch Verfälschung vor. Pulver aus durch Destillation beraubten Nelken verhält sich so, daß es in Wasser eingerührt anfangs oben bleibt, nach etwa einer halben Stunde aber abwärts sinkt.

Bei Kenntnisnahme vom anatomischen Bau der Gewürznelken muß man sich darüber klar sein, daß man es mit einer ganzen Blüte, also mit einer Summe von recht verschiedenartigen Organen zu tun hat. Der „Stiel" der Gewürznelke ist ein fast bis zur Spitze unfruchtbarer Fruchtknoten oder besser das Rezeptakulum desselben; die vier derben Zipfel am obern Ende des „Stiels" stellen Kelchblätter dar; die kugelige Kuppe wird gebildet durch vier Blumenblätter, die eine große Zahl von Staubgefäßen und den Griffel umschließen.

Der Bau des die Hauptmasse der Droge ausmachenden Stiels wird durch Abb. 158 erläutert. Die Mitte wird eingenommen durch ein parenchymatisches Mark, dessen Rand durch einen Ring von Gefäßbündeln gebildet wird (dieser Teil fehlt auf der Abbildung). Um dies Mark liegt eine Zone von reihenweise geordneten und große Zwischenzellräume zwischen sich lassenden Zellen, daran schließt sich weiter nach außen ein Kranz von kleinen, von einzelnen Sklerenchymfasern begleiteten Gefäßbündeln. In dem unter der Oberfläche gelegenen Gewebe begegnet man großen, mit gelbem mehr oder weniger eingetrocknetem Öl versehenen Ölräumen; die Oberfläche selbst wird von einer lederigen, nach außen sehr dickwandigen Epidermis gebildet. Die Kelchblätter bestehen aus Parenchym, das gleichfalls große Sekreträume führt; ihre Epidermis weist zerstreute Spaltöffnungen auf. Von

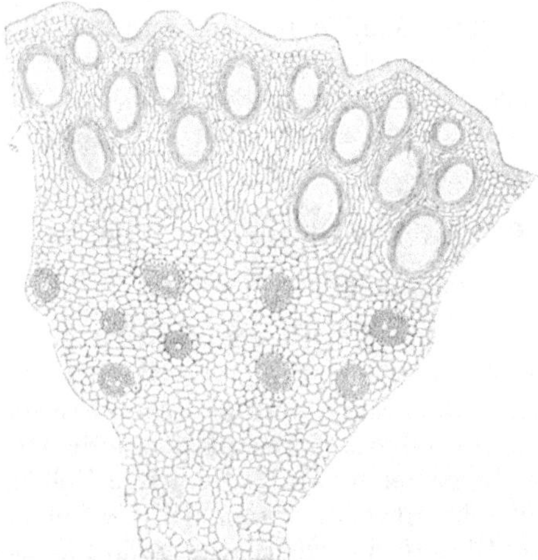

Abb. 158. Querschnitt durch den äußeren Teil des „Stieles“ der Gewürznelke. *s* Sekretbehälter. — Vergrößerung $^{60}/_{1}$.

Abb. 159. Nelkenstiel in natürlicher Größe.

Blumenblättern und Staubgefäßen begegnen im Gewürzpulver durch zarte Struktur und massenhaft vorhandene Kristalldrusen kenntliche Reste; auch Pollenkörner, die als kleine, gleichseitige Dreiecke im Präparat liegen, sind zu finden. Die Ecken dieser Pollenkörner zeigen für den Durchtritt der Pollenschläuche bestimmte Poren. Sehr bemerkenswert ist, daß außer dem meist nur sehr sparsam Oxalat führenden Stiel sämtliche Teile der Gewürznelke in reichlichster Menge kleine Kristalldrusen von Kalkoxalat enthalten.

Für die Untersuchung des Pulvers ist dies Kalkoxalat von großer Wichtigkeit; nicht weniger bedeutsam ist, das die Gewürznelke durchaus keine Stärke enthalten darf, daß die Ölräume deutlich erkennbar sind, daß vereinzelte Sklerenchymfasern und feine Spiralgefäße, aber weder Steinzellen noch netz- oder leiterförmig verdickte Gefäße vorkommen. Ferner bietet die außerordentlich dicke, oft Spaltöffnungen führende Epidermis ein beachtenswertes Merkmal.

Kommt im Präparat Stärke vor (Jodreaktion!), oder finden sich Steinzellen, Treppengefäße, überhaupt reichlicher sehr dickwandige Elemente, so liegt ohne Zweifel Betrug vor.

Die häufigste Verfälschung des Nelkenpulvers wird mit stärkemehlhaltigen Samen ausgeführt; insbesondere wurde manchmal Eichelkaffee als Fälschung bemerkt. Derartige Ware ist leicht zu erkennen. Ferner wird ein Teil des Gewürznelkenbaumes selbst zur Fälschung verwendet, nämlich die Nelkenstiele (Stipites oder Festucae Caryophyllorum). Es sind dies (vgl. Abb. 159) die Blütenbestandteile, von denen die Blüten abgenommen sind. Diese Nelkenstiele enthalten auch ätherisches Öl, doch viel weniger als die Nelken selbst; sie sind im Pulver an ihren massenhaft vorhandenen dickwandigen Elementen (Abb. 160), insbesondere den Steinzellen, Bastfasern und den durch ihre regelmäßige Tüpfelung höchst auffallenden, charakteristisch polygonalen Treppengefäßen leicht zu erkennen.

Im übrigen sind im Nelkenpulver (Aschengehalt höchstens 8 vH.) so ziemlich alle häufiger als Gewürzverfälschungen bekannten Beimengungen schon gefunden worden. Man vergleiche darüber S. 127. Auch Piment (vgl. S. 131) wird häufig beigemengt.

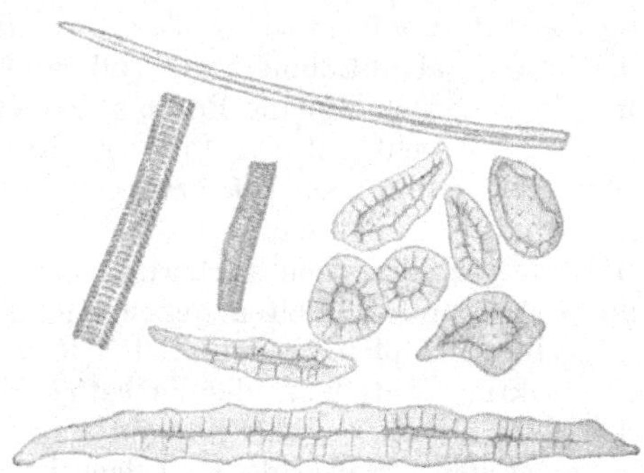

Abb. 160. Verholzte Elemente des Nelkenstielpulvers. Vergrößerung $^{170}/_{1}$.

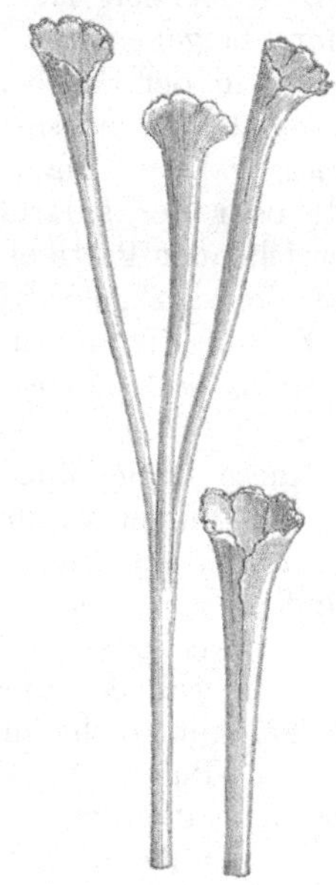

Abb. 161. Griffel vom echten Safran.

Safran.

Safran wird von den getrockneten Narben des *Crocus sativus* (*Iridaceae*) gebildet; er gelangt sowohl unzerkleinert wie gepulvert in den Handel. Die ganze Ware ist sehr häufig, die gepulverte fast stets verfälscht.

Nur die tief gelbrot gefärbten Narben (Abb. 161) stellen den Safran dar; der Griffel, der je drei Narben trägt, ist minderwertig oder wertlos. Deshalb soll bei guter Ware möglichst wenig vom Griffel vorhanden sein. Trotzdem ist dies allermeist der Fall, ja, die Griffel (Feminell genannt) werden nicht nur besonders gesammelt, sondern auch künstlich gefärbt und der Ware beigemengt. Außer dem „Feminell“

finden sich gewöhnlich die gelben Blumen einiger Kompositen, insbesondere der Ringelblume, *Calendula officinalis* (auch diese Verfälschung führt häufig den Namen Feminell), sowie des Safflors *Carthamus tinctorius*, seltener der Arnika, *Arnica montana* und Paprikapulver im Safran. Aber auch andere Fälschungsmittel, wie z. B. rotes Santelholz, künstlich gefärbte Teile aller möglichen Pflanzen (besonders Maisgriffel) werden häufig in dem teuren Safran gefunden.

Wer Safran zur Untersuchung erhält, streue die Probe in der Weise auf einen stark benetzten Bogen weißen Filtrierpapiers, daß die einzelnen Partikel durch möglichst weite Zwischenräume getrennt sind. Nach sehr kurzer Zeit ist dann leicht folgendes zu beachten: die als Fälschung beigemengten Kompositenblüten nehmen ebenso wie die Safrannarben in der Feuchtigkeit ihre natürliche Gestalt an. Zugleich sieht man, daß um jedes echte Safranstückchen herum sich ein gelber Hof bildet, während um andere Partikel diese Erscheinung gar nicht eintritt oder der gefärbte Hof karminrot bzw. curcumagelb ist. Diese abweichenden Partikel stellen Verfälschungen dar, werden herausgesucht und für sich geprüft. Keine Farben geben an das nasse Papier ab die Kompositenblüten und Santelholz; mit karminrotem Hof sind alle künstlich (mit Fuchsin) gefärbten Fälschungsmittel umgeben.

Auch für die Untersuchung des Safranpulvers ist es höchst wichtig, daß diese Droge ihre Farbe an Wasser abgibt, und zwar vollständig. Um dies Pulver zu untersuchen, legt man eine kleine Probe einen Tag lang in Wasser, filtriert dann ab und wäscht auf dem Filter nochmals gründlich aus. Ist der Filterrückstand dann noch rot bzw. gelb oder zeigt er wenigstens einzelne rote Punkte, so ist damit eine Fälschung erwiesen, weil Safran seinen Farbstoff vollkommen verliert. Gefärbte Partikel untersuche man 1. auf Stärke und Verhalten gegen Alkalien (*Curcuma*-Pulver, S. 111); 2. auf gelbe Öltropfen in den Zellen (*Calendula* oder Paprika); 3. auf Holzstruktur (Santelholz, der Farbstoff löst sich in Kalilauge tief rot). Liegt keine dieser Fälschungen vor, so ist die Diagnose auf *Carthamus* zu stellen. Maisgriffel sind flach bandartig und weisen zwei den Rändern parallel verlaufende Nerven auf.

Auch die entfärbten Partien des Pulvers mustere man dann genau. Sie müssen beim Safran aus lauter sehr dünnwandigen, insbesondere nur sehr zarte Tracheiden führenden Geweben bestehen.

Beschwerung mit Mineralstoffen ist durch die Aschebestimmung (Safran bis 4,5 vH.) nachzuweisen.

Insektenpulver.

Mehrere *Chrysanthemum*-Arten (*Compositae*) liefern Blütenköpfchen, die in getrocknetem oder gemahlenem Zustand imstande sind, Insekten zu töten. In hervorragendster Weise ist dies bei dem in Dalmatien und Montenegro häufigen *Chrysanthemum cinerariifolium* sowie bei dem kaukasisch-armenischen *Chrysanthemum roseum* der Fall. Die jungen Blütenköpfe der ersten Art liefern das d a l m a t i n e r, die der zweiten das k a u k a s i s c h e („p e r s i s c h e“) I n s e k t e n p u l v e r.

Die mikroskopische Untersuchung des Insektenpulvers ist ziemlich leicht zu bewirken, da eine ganze Anzahl von leicht kenntlichen Elementen vorhanden sind, die es charakterisieren (vgl. Abb. 162, 163). Das Präparat wird mit Wasser hergestellt, da die Teile genügend durchsichtig sind, um ohne Reagenzien erkannt zu werden. Höchstens kann man etwas Chloralhydrat beifügen.

Zunächst fallen im Pulver die in reichlichster Menge enthaltenen Pollenkörner auf. Dieselben sind gelbbraun und an ihrer allseits bestachelten Membran leicht zu erkennen. Die Pollenkörner bieten ein gutes Mittel zur Kontrolle der Güte des Insektenpulvers. Dieses soll aus noch geschlossenen Blütenköpfen gewonnen sein. In den bereits geöffneten, ein weniger wirksames Präparat liefernden ist stets schon eine Menge Pollen verloren gegangen. Deshalb beweist eine reichliche Pollenmenge im Pulver die Verwendung junger Blütenköpfe.

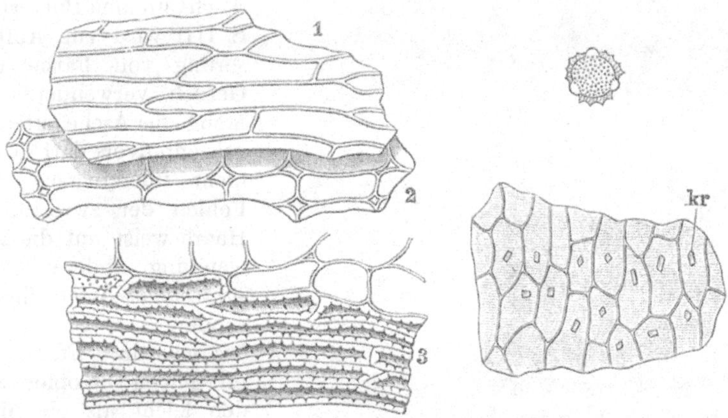

Abb. 162. Längsschnitt durch ein äußeres Hüllkelchblatt von *Chrysanthemum cinerariifolium*. Links: 1 Epidermis, 2 unverdickte Mittelschicht, 3 Sklerenchymschicht. Rechts oben: Pollenkorn, unten: Stück eines Blumenblattes mit Kristallen (*kr*) von Kalkoxalat. (Nach Tschirch und Oesterle.)

Ein ferneres Erkennungszeichen bieten die „zweiarmigen" Haare, die ursprünglich an den Hüllblättern der Blütenköpfe saßen, im Pulver aber überall reichlich vorhanden zu sein pflegen. Diese Haare stellen große, dünnwandige, nach beiden Enden zu allmählich zugespitzte Schläuche dar, die ursprünglich wie Wagebalken quer auf einem kurzen Stiel saßen, in dem Pulver aber meist vom Stiel losgelöst sind. Bei genauem Suchen wird man in der Mitte dieser wasserhell aussehenden (seltener gelblich gefärbten) Haare einen Schlitz oder einen feinen Ring (die Ansatzstelle des Stiels) finden.

Besitzt der Untersucher einen Polarisationsapparat, so möge er diesen nun einschalten, um nach den Kristallen von Kalkoxalat zu suchen, die für das echte Insektenpulver charakteristisch sind. Die Blumenblätter der Insektenpulverpflanzen besitzen eine aus ziemlich regelmäßig gestellten Zellen gebildete Epidermis, deren Zellen je einen Kristall von Kalkoxalat enthalten. Auch in den Sklerenchymzellen der Hüllkelchblätter findet man meist einen solchen Kristall eingeschlossen.

Bei der Untersuchung merke man, daß dickwandige Zellen des Insektenpulvers stets nur einfache, ganz feine Poren aufweisen und höchstens zehnmal so lang als breit sind. Andere dickwandige Elemente müssen fehlen; die Hauptmasse des Pulvers muß unter dem Mikroskop aus dünn-durchscheinenden Partikeln bestehen.

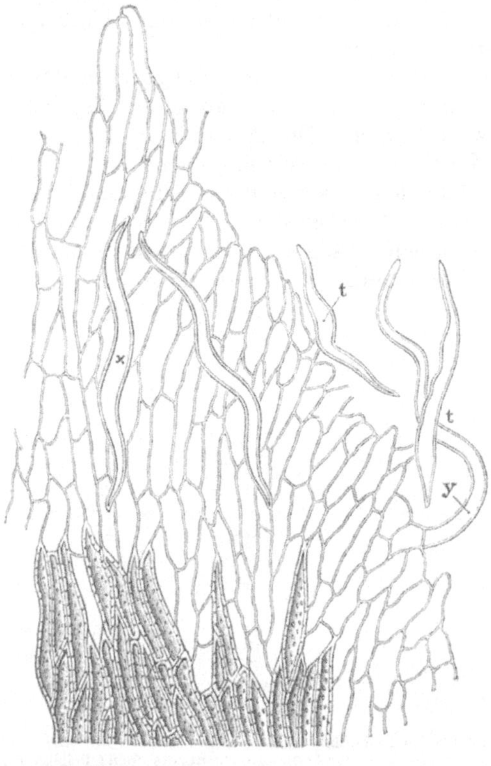

Abb. 163. Flächenansicht des Randes eines inneren Hüllkelchblattes von *Chrysanthemum cinerariifolium*. *t*, *x* zweiarmige Haare, *y* einfaches Haar. (Nach Tschirch und Oesterle.)

Als Fälschung kommen in erster Linie mineralische Beimengungen zum Pulver vor (Chromgelb, Bariumchromat). Auch Curcuma-Pulver (vgl. S. 111) wird zur Aufbesserung von Farbe und Geruch verwendet. Die Menge der Asche guten Insektenpulvers darf 7,6vH. nicht übersteigen. Das Fehlen der zweiarmigen Haare weist auf die Verwendung anderer *Chrysanthemum*-Arten (insbesondere von *Chr. corymbosum*) hin. Fragmente mit gelben Öltropfen werden leicht als die nicht selten beigemengten Reste von *Calendula*-Blüten erkannt.

c) Von Blättern stammende Objekte.

Tee.

Die Blätter der in Ostasien seit undenklicher Zeit angebauten *Thea chinensis* (*Ternstroemiaceae*) liefern den Tee. Wir haben bereits oben (S. 81) die anatomischen Eigentümlichkeiten des Teeblattes kennen gelernt. Dieselben bieten so ausgezeichnete Erkennungsmerkmale für den Teestrauch, daß die Untersuchung dieses Genußmittels eine der leichtesten ist, die in der Praxis gefordert werden.

Als charakteristisch für die Teeblätter sind in erster Linie die Spikularzellen (Sklerenchymzellen) zu nennen, die das ganze Blatt von einer zur andern Epidermis durchsetzen und dickwandige, in seltsamer und bezeichnender Weise ausgebildete, knorrige Zellen (Abb. 164, 165) darstellen. Diese Spikularzellen kommen von allen überhaupt bei der Teeuntersuchung in Betracht kommenden Blättern einzig und allein dem Teestrauch zu, sie sind in jedem Blatt, am sichersten in und bei der Mittelrippe, zu finden.

Das zweite Kennzeichen des Tees stellen lange, einzellige, dickwandige Haare mit sehr weit vor der Spitze verschwindendem Lumen dar. Diese kommen in größter Massenhaftigkeit bei den aus ganz jungen Blättern gefertigten Pecco-Tees vor, während sie in Tee, zu dem ältere Blätter verwendet wurden, nicht mehr so häufig sind. Immerhin wird man keine Teeprobe vergeblich nach ihnen durchsuchen.

Um Tee auf seine Echtheit zu untersuchen, verfährt man folgendermaßen: Man übergießt die Blätter mit heißem Wasser und legt die Blattstücke auf einem weißen Porzellanteller flach auseinander, um die scharfen Sägezähne mit der Lupe

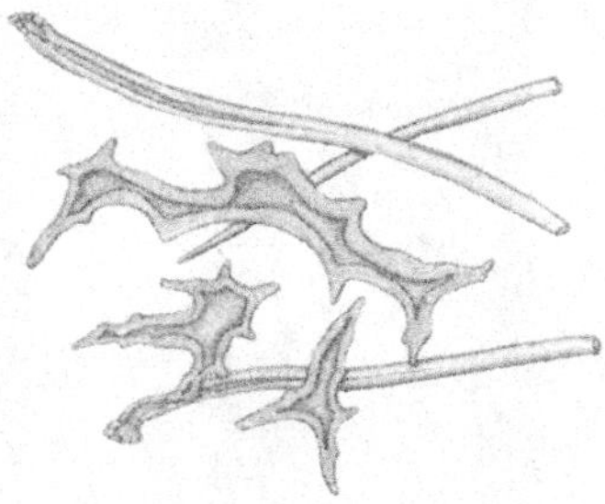

Abb. 165. Spikularzellen und Haare des Teeblatts. — Vergrößerung $^{125}/_{1}$.

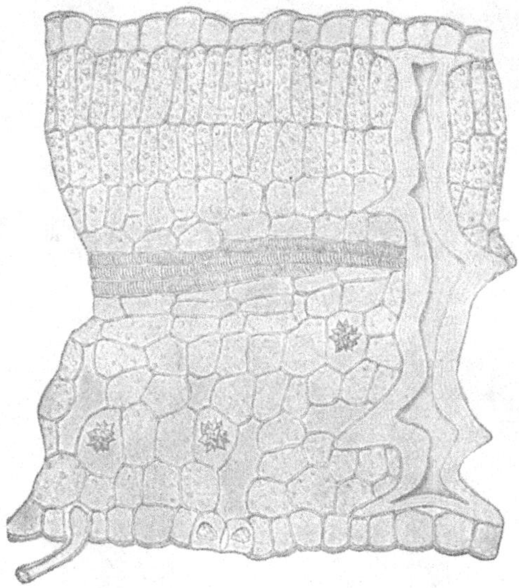

Abb. 164. Querschnitt durch das Teeblatt. Vergrößerung $^{250}/_{1}$.

Abb. 166. Chinesischer Tee. (*Thea sinensis.*)

zu betrachten. Auch achte man darauf, daß beim Teeblatt die Hauptnerven ziemlich entfernt vom Rand durch starke Bogen verbunden sind (Abb. 166).

Zweitens prüfe man die Dicke der so aufgeweichten Blätter, indem man sie zwischen die Finger nimmt. Nicht lederartig anzufühlende Blätter gehören dem Tee nicht an.

Die mikroskopische Prüfung wird zweckmäßig in der Weise vorgenommen, daß man ein die Mittelrippe enthaltendes Fragment der (gebrühten) Blätter mit Kalilauge aufkocht, dann auf den Objektträger legt und mit dem Deckplas zerpreßt. In dergestalt gewonnenen Präparaten liegen außer anderen auch die in Abb. 165 dargestellten charakteristischen Elemente.

Eine andere, gleichfalls vorzügliche Prüfungsmethode ist, daß man die zu untersuchenden Blätter so lange in Eau de Javelle legt, bis sie weiß gebleicht sind. Dann werden sie mit durchfallendem Licht

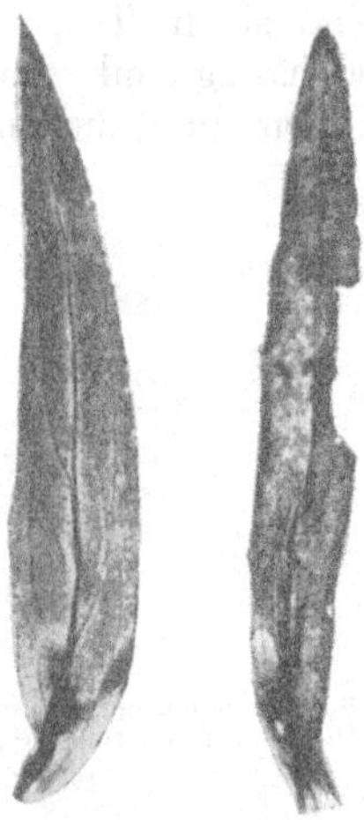

Abb. 167. Blätter von *Lithospermum officinale.* (Figur links nach Moeller.)

Abb. 168. Weidenröschen (*Epilobium angustifolium.*)

Abb. 169. Blatt von *Epilobium hirsutum.*

Abb. 170. Weidenblatt. (*Salix alba.*)

Abb. 171. Teilblättchen der Erdbeere. (*Fragaria vesca.*)

Abb. 172. Schlehe. (*Prunus spinosa.*)

Abb. 173. Kirschblatt. (*Prunus avium.*)

Abb. 174. Esche; Teilblatt. (*Fraxinus excelsior.*)

betrachtet und lassen außer den bereits bezeichneten charakteristischen Elementen auch die massenhaft im Teeblatt vorhandenen Kristalldrusen von Kalkoxalat leicht erkennen.

Ein bereits gebrauchter Tee läßt sich auf mikroskopischem Wege von noch nicht gebrauchtem nicht unterscheiden.

Hat man im Tee dünne Blätter ohne die charakteristischen Elemente gefunden, so ist damit die Fälschung bewiesen. Anatomische Charaktere solcher Fälschungen hier angeben zu wollen, würde zu weit führen.

Dagegen ist es auch ohne anatomische Untersuchung, nur nach den Gestaltungs- und Aderungsverhältnissen der aufgeweichten Blätter, häufig leicht, sich über ihre Abstammung Klarheit zu verschaffen. Die Abb. 166—179 stellen Blätter des echten Tees und seiner häufigsten Verfälschungen bzw. Surrogate dar. Die besonders im Kriege in Aufnahme gekommenen einheimischen Tees als Genußmittel sind vielfach auch Mischungen, unter deren Teilen Heidelbeer- und Brombeerblätter, sowie Blütenknospen des Heidekrauts (*Calluna vulgaris*) eine besondere Rolle spielen. Die meisten Bestandteile solcher Tees sind mikroskopisch oder mit der Lupe leicht kenntlich.

Abb. 175. Rosenblätter; Teilblätter.

Abb. 176. Spierstaude. (*Spiraea ulmaria.*) Teilblatt.

Abb. 177. Eschen-Ahorn. (*Acer negundo.*) Teilblättchen.

Abb. 178. Heidelbeere. (*Vaccinium Myrtillus.*)

Abb. 179. Eberesche; Teilblätter. (*Sorbus aucuparia.*)

Mate.

Eine ganze Anzahl von *Ilex*-Arten des südlichen Brasilien und der La Plata-Staaten liefern in ihren getrockneten und zerstoßenen Blättern die Mate (Paraguay-Tee), der auch bei uns an der Wasserkante Nordwestdeutschlands gern getrunken wird.

Mate ist anatomisch charakterisiert (Abb. 180) durch zweischichtige oder wenigstens an einzelnen Stellen durch verschleimte Membranen scheinbar zweischichtige Epidermis der Oberseite und breitgezogenes, meist sehr große Interzellularen aufweisendes Schwammparenchym. Dabei achte man darauf, daß bei vielen Sorten große, kaminförmige Interzellularräume besonders von den Spaltöffnungen aus ins Innere des Blattes gehen. Die (nur auf der Blattunterseite vorkommenden) Spaltöffnungen sind größer als die Epidermiszellen.

Bemerkenswert ist, daß in Brasilien eine giftige Blätter liefernde *Ilex*-Art (*Ilex amara*) vielfach in Mate gefunden wurde. Die Blätter dieser Spezies zeichnen sich durch bittern Geschmack aus und verursachen Übelkeit und Leibschmerzen. Sie werden in folgender Weise erkannt:

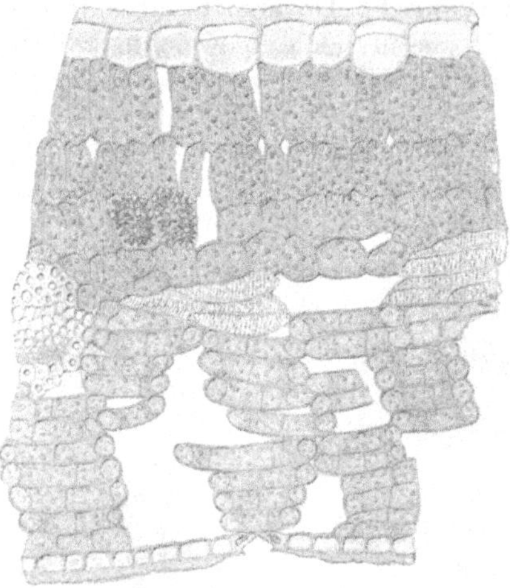

Abb. 180. Querschnitt durch ein Mateblatt (*Ilex paraguayensis*). — Vergrößerung 190/1.

Der besten, die meiste Droge liefernden Matepflanze (*Ilex paraguayensis*) fehlen braune oder schwärzliche, mit der Lupe leicht sichtbare Punkte (Korkwarzen) an den Blättern. Mehrere gleichfalls gute Mate liefernde Arten haben diese (z. B. *I. pseudothea, I. dumosa* usw.), aber auch bei *I. amara* sind sie vorhanden.

Tabak.

Mehrere Arten der Gattung *Nicotiana* (*Solanaceae*), insbesondere *N. tabacum* und *N. rustica*, liefern die Tabakblätter. Diese werden in verschiedenster Weise (Fermentation, Beizung usw.) vor der Verarbeitung behandelt; trotzdem bleiben ihre charakteristischen Merkmale stets so deutlich sichtbar, daß die mikroskopische Erkennung des Tabaks niemals größere Schwierigkeiten bietet.

Hat man Tabak (außer Schnupftabak) zu untersuchen, so verfährt man folgendermaßen: Man weicht das Objekt in warmem Wasser auf und trennt die einzelnen Blätter mit den Fingern so gut es geht. Dann sucht man sich möglichst verschieden aussehende Blätter heraus und schneidet von diesen mit der Schere je $^1/_2$ qcm große Stückchen ab. Diese legt man in Eau de Javelle, bis sie weiß gebleicht sind. Ist dieser Zeitpunkt erreicht, so nimmt man die Stückchen heraus, wäscht sie in Wasser ab und legt je eines auf einen Objektträger. Darauf wird jedes Stückchen mit dem Skalpell halbiert, die eine Hälfte umgedreht, Deckglas aufgelegt, Wasser zugefügt und betrachtet. Bei derart bereiteten Objekten ist man sicher, Ober- und Unterseite des Blattes zu Gesicht zu bekommen.

Am gebleichten Tabakblatt (Abb. 181) sieht man nun bei durchfallendem Licht dunkle (fast schwarze) Punkte oder bei stärkerer Vergrößerung Zellen, die mit Kristallsand (kleinsten Kriställchen) von Kalkoxalat dicht erfüllt sind. Diese Kristallsandzellen, die in keinem vom Tabak gemachten Präparat fehlen, sind eines der vorzüglichsten Erkennungsmittel desselben.

Nachdem man nun das Licht genügend abgeblendet, durchmustre man die Epidermis der Ober- und der Unterseite des Blattes. Diejenige der Oberseite wird an den fast geradlinigen Zellwänden erkannt; die Epidermiszellen der Unterseite dagegen haben stark buchtig gewellte Ränder, auch treten die Nerven deutlich nach der Blattunterseite hervor. Beim Tabakblatt muß es gelingen, auch auf der Blattoberseite Spaltöffnungen nachzuweisen. Zwar sind sie hier nicht so reichlich wie auf der Unterseite, immerhin aber werden sie bei einigem Suchen aufgefunden werden.

Schließlich beachte man an beiden Hälften des Präparats die Haarformen, die der Epidermis aufsitzen (Abb. 182). Man unterscheidet leicht zwei verschiedene Haupttypen von Haaren am Tabakblatt, nämlich solche mit deutlich abgesetztem, mehrzelligem Kopf (Drüsenhaare) und gewöhnliche, nicht sezernierende Haare.

Die Drüsenhaare des Tabaks (von denen man bei genauerer Durchmusterung des Präparats lang- und kurzgestielte Formen unterscheiden kann) bestehen allermeist aus einem von farblosen, durchsichtigen, nach oben allmählich schmäler werdenden Zellen gebildeten Stiel und einem von meist gelblichem, ölartigen Inhalt erfüllten ellipsoidischen, mehrzelligen Kopf. Die nicht sezernierenden Haare sind gleichfalls mehrzellig, laufen gleichfalls nach der Spitze allmählich zu, entbehren aber des Drüsenkopfes. Dieselben sind manchmal gabelig verzweigt. — Andere Haarformen, insbesondere einzellige Haare, kommen beim Tabak nicht vor.

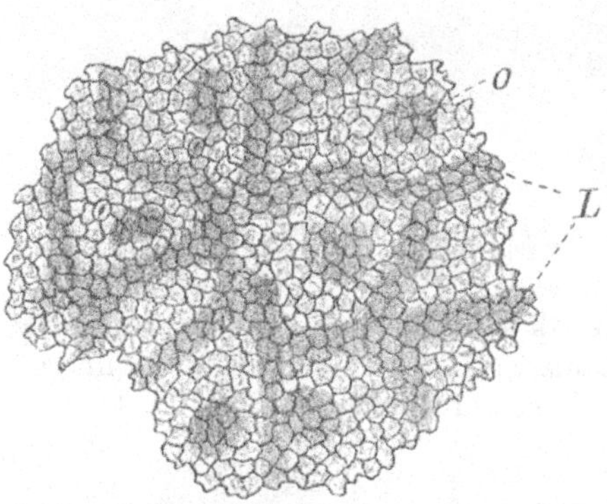

Abb. 181. Tabakblatt. Gebleichtes Blattstückchen. *L* Leitbündel; *o* Kristallsandzellen. — Vergr. $^{115}/_{1}$.

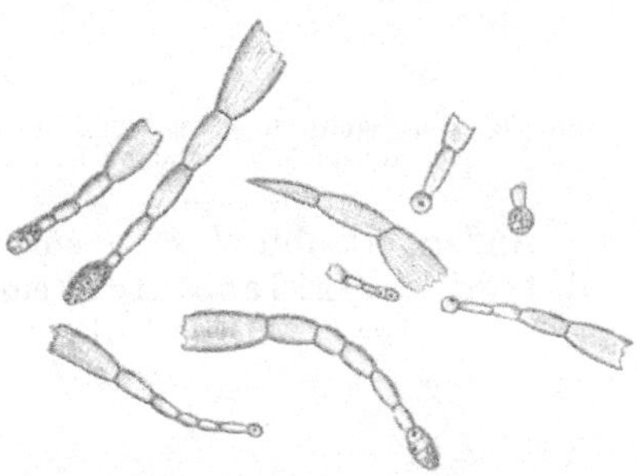

Abb. 182. Haare des Tabakblattes. Vergrößerung $^{60}/_{1}$.

Bei der Untersuchung müssen diese drei angegebenen Merkmale des Tabaks gefunden werden, um das Tabakblatt mit Sicherheit zu erkennen. Insbesondere die Kristallsandzellen sind von höchster Wichtigkeit. Andere Formen von Kalziumoxalat (abgesehen von winzigen spärlichen Drusen in den Köpfchen der Drüsenhaare), also größere, deutlich unterscheidbare Einzelkristalle, Drusen oder Raphiden kommen im Tabak nicht vor; sie weisen stets auf Surrogate oder Fälschungen hin, wenn sie in den Präparaten erscheinen.

Die erlaubten Surrogate und Riechstoffe des Tabaks.

Im Gebiet des Deutschen Reiches waren schon vor dem Krieg durch Bundesratsbeschluß eine ganze Anzahl von Surrogaten des Tabaks und von Zusätzen zu den Fabrikaten erlaubt, die bestimmt sind, den Geschmack des Produkts zu beeinflussen. Am deutlichsten tritt das Parfüm bei den als Cincinnati und Shag bezeichneten geschnittenen Rauchtabaken hervor, die mit den Blättern der Vanillewurzel (*Liatris odoratissima*) versetzt sind.

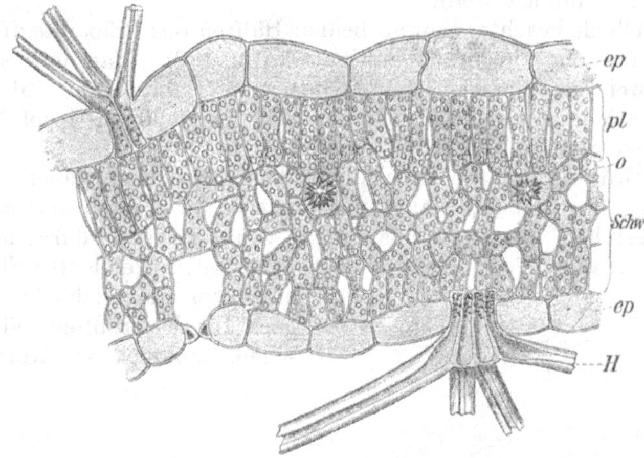

Abb. 183. Querschnitt durch das Eibischblatt. *ep* Epidermis; *pl* Palisadenparenchym; *o* Kalkoxalatdruse; *Schw* Schwammparenchym; *H* Büschelhaar. — Vergrößerung $^{260}/_{1}$.

Andere erlaubte Zusätze zum Tabak sind: Kirsch- und Weichselblätter, Steinkleeblüten, eingesalzene Rosenblätter, Veilchenwurzelpulver, Eibischblätter, Wegerichblätter, Huflattich-

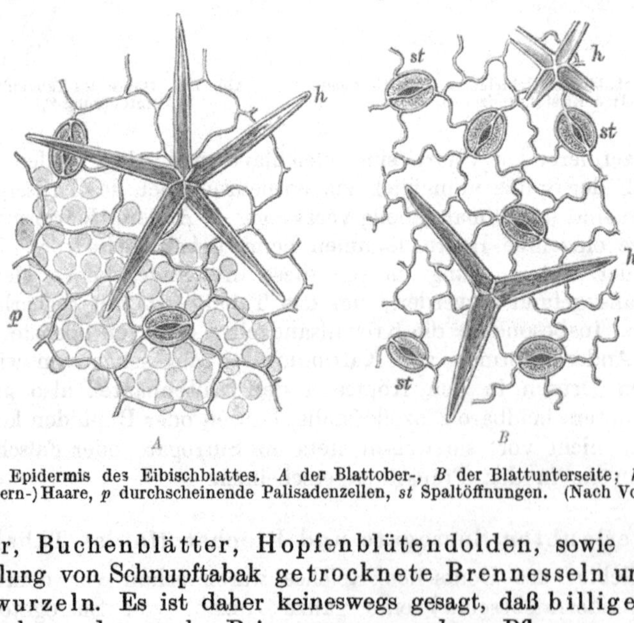

Abb. 184. Epidermis des Eibischblattes. *A* der Blattober-, *B* der Blattunterseite; *h* Büschel-(Stern-)Haare, *p* durchscheinende Palisadenzellen, *st* Spaltöffnungen. (Nach Vogl.)

blätter, Buchenblätter, Hopfenblütendolden, sowie bei der Herstellung von Schnupftabak getrocknete Brennesseln und Baldrianwurzeln. Es ist daher keineswegs gesagt, daß billige Tabaksorten eher oder mehr Beimengungen anderer Pflanzen enthalten.

Der Tabak, besonders der in Deutschland gebaute, enthält mehr Nikotin, als dem Geschmack und der Bekömmlichkeit des Produktes zusagt. Ein Teil des Nikotins wird den Blättern während der Fabrikation durch Einweichen entzogen. In den dadurch entstehenden Soßen werden die genannten Streckungsmittel getränkt und dadurch nikotinhaltig gemacht.

Alle anderen Surrogate und Parfüms, insbesondere auch das häufig gebrauchte Waldmeisterkraut, Kartoffelkraut sowie Lavendelblüten, sind Fälschungen.

Eibischblätter (Abb. 183 und 184). Schon durch beiderseitige, dichte, angedrückt-sammetartige, graue Behaarung sind die Blätter von *Althaea officinalis* sofort sowohl von Tabakblättern wie von den Tabaksurrogaten außer den nur unterseits weißfilzigen Huflattichblättern zu unterscheiden. Diese Behaarung bietet auch mikroskopisch das vorzüglichste Erkennungsmerkmal der Eibischblätter. Die starkwandigen Haare stehen in Büschel vereinigt derart, daß zwei bis sieben mit ihren Basalteilen dicht aneinander gedrückt in der Epidermis stecken (vgl. Abb. 183), während die Haarschäfte dann sich weit auseinanderspreizen. Dadurch entstehen auf der Flächenansicht (Abb. 184) ganz regelmäßige, sternartige Figuren. Außer diesen Büschelhaaren kommen noch mehrzellige, farblose oder gelbliche, fast ungestielte Drüsenhaare vor. Im Blattgewebe sind reichlich Kristalldrusen von Kalkoxalat vorhanden. Ferner ist das Blatt ausgezeichnet durch reiche Mengen von Pflanzenschleim, der vermittelst der S. 75 beschriebenen Tuschereaktion leicht nachgewiesen wird.

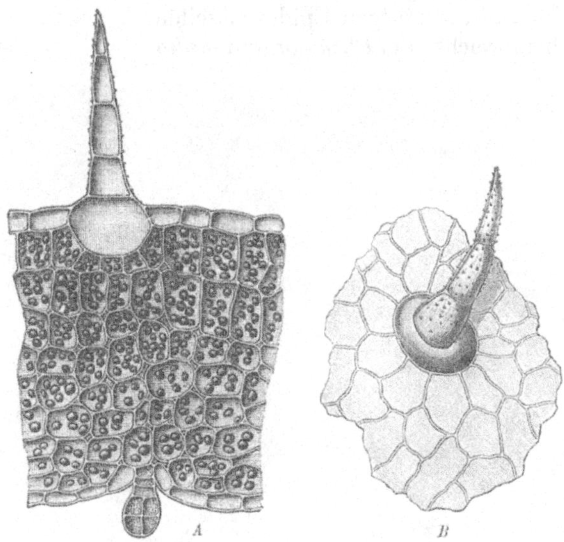

Abb. 185. Blatt des großen Wegerichs. (*Plantago major*.) *A* Querschnitt, *B* Stück der Oberhaut mit Haar. — Vergrößerung $^{200}/_{1}$.

Wegerichblätter (Abb. 185). In Betracht kommen vorzüglich die Blätter von *Plantago major* und *Pl. media*, weniger diejenigen von *Pl. lanceolata.* Liegen größere Blattstücke zur Untersuchung vor, so weist schon der parallele Verlauf der großen Nerven auf die Abstammung hin: bei kleinen Fragmenten fällt dies Merkmal weg. Dann achte man bei der Lupenbetrachtung darauf, daß bei Wegerichblättern nur die Haupt- und die von ihnen abzweigenden Nerven ersten Grades deutlich vorspringend sichtbar sind, während vom feineren Nervennetz nichts bemerkbar ist.

Ferner bieten die anatomischen Querschnitts- und Flächenbilder ein recht charakteristisches Aussehen. Am Querschnitt (Abb. 185,*A*) sieht man, daß ein ausgeprägtes Palisadengewebe nicht vorhanden ist, sondern daß die gesamten Zellen des Mesophylls ungefähr gleich groß sind; die kleinen Nerven, die der Querschnitt zeigt, liegen als vollkommen kreisförmige Gebilde im Mesophyll eingeschlossen. Besonders aber sei auf die ziemlich spärlichen Haare (Abb. 185,*B*) aufmerksam gemacht. Die einen, häufigeren, sind kegelförmig, drei- bis fünfzellig und zeichnen sich dadurch unverkennbar aus, daß ihre Basis als große, zwiebelförmige Zelle tief unter das Niveau der übrigen Epidermiszellen herabreicht. Bei *Pl. major* und *media*

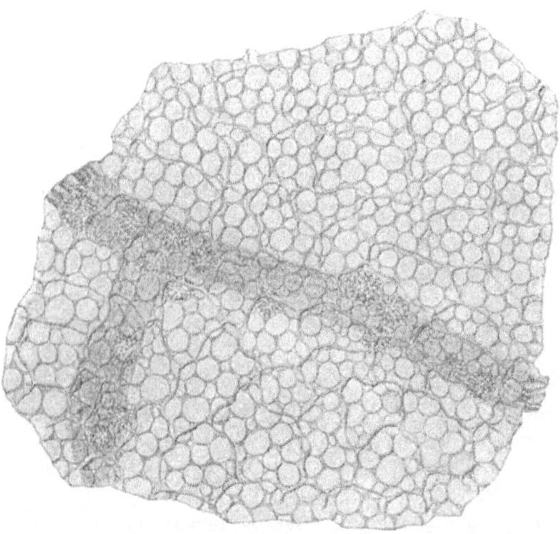

Abb. 186. Flächenansicht der Oberseite eines gebleichten Weichselblattes (*Prunus cerasus*). Vergrößerung $^{250}/_{1}$.

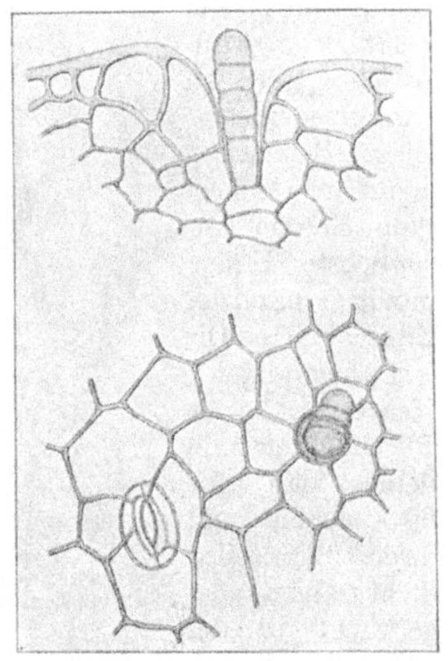

Abb. 187. Vanillewurzelkraut. Oben Querschnitt einer Haaransatzstelle; unten Flächenansicht der Epidermis der Blattunterseite mit Haar und Spaltöffnung. Vergrößerung $^{190}/_{1}$.

sind diese Basalzellen der Haare unten breit gerundet, bei *Pl. lanceolata* dagegen häufig dreieckartig zugespitzt. — Auch eingesenkte, kleine Drüsenhaare kommen allen Arten zu. Der beste Unterschied der *Pl. lanceolata* von den übrigen in Betracht kommenden Arten, die langen, vielzelligen, schlaffen Haare, die hier besonders reichlich vorkommen, ist an als Tabaksurrogat dienenden Blättern nicht mehr erkennbar.

Kirsch- und Weichselblätter (*Prunus avium* und *P. cerasus*, (Abb. 186). Im gebleichten Präparat fallen die Bestandteile dieser Blätter vor allem dadurch auf, daß über allen, auch den feinsten Nerven, reichliche und öfters reihenweise gelagerte Kristalldrusen von Kalkoxalat unverkennbar sind. Außerdem sei auf den Blattrand geachtet, der auf jedem Zahn ein höchst charakteristisches, aus vielen fächerförmig angeordneten Zellen bestehendes, großes Drüsengebilde trägt.

Vanillewurzelkraut (*Liatris odoratissima*, Abb. 187). Bezeichnend für diese wegen ihres Cumaringehaltes als Riechstoff zugesetzten Blätter des nordamerikanischen Korbblütlers sind sehr reichlich vorhandene Drüsenhaargebilde, die tief versenkt ihren Ursprung nehmen, sich als dicke, keulenförmige Zellreihe auf der Oberfläche der Epidermis erheben und in ihrem oberen Teil häufig derart umgebogen sind, daß diese flach auf der Epidermis liegt. — Im Flächenbild (gebleichtes Blatt) sehen diese Drüsenhaare kurzen und dicken Würmern ähnlich, die aus Grübchen in der Epidermis herausschauen.

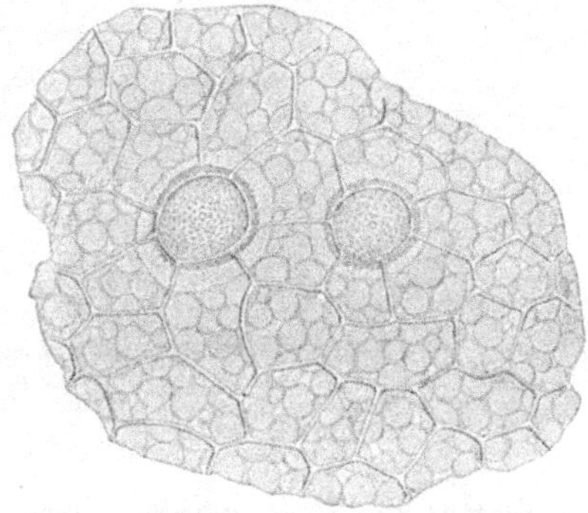

Abb. 189. Flächenansicht eines gebleichten Nesselblattes (*Urtica dioica*) mit zwei Cystolithen. — Vergrößerung $^{250}/_{1}$.

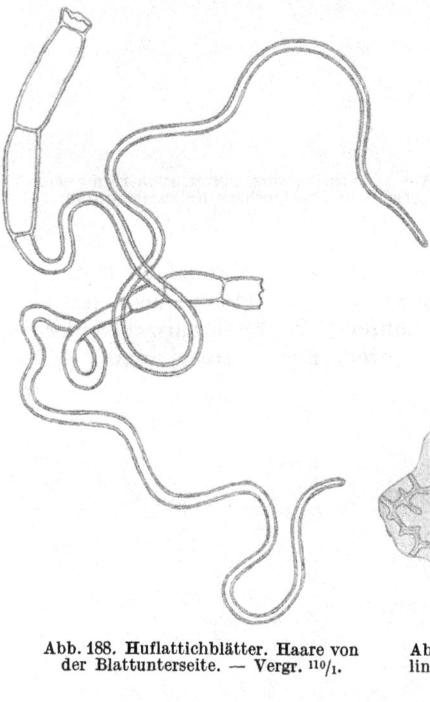

Abb. 188. Huflattichblätter. Haare von der Blattunterseite. — Vergr. $^{110}/_{1}$.

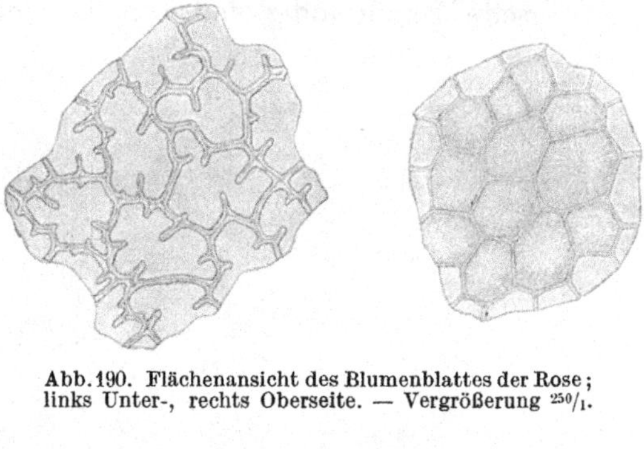

Abb. 190. Flächenansicht des Blumenblattes der Rose; links Unter-, rechts Oberseite. — Vergrößerung $^{250}/_{1}$.

Huflattichblätter (*Tussilago farfara*, Abb. 188). Huflattichblätter sind auf ihrer Unterseite mit einem dichten Filz überzogen, der aus sehr langen Haaren besteht, deren jedes einer Hundepeitsche ähnlich sieht. Ein dünnwandiger, dicker, mehrzelliger Stiel trägt einen unregelmäßig gebogenen dickerwandigen aber schmalen, sehr langen, einzelligen Endteil.

Nesselblätter (*Urtica dioica*, *U. urens*, Abb. 189). Außer den sehr großen, auf einem von Parenchymzellen gebildeten Höcker sitzenden Brennhaaren und den kleineren, aber immerhin noch sehr ansehnlichen Striegelhaaren sind es vor allem die Cystolithen, die diese Blätter aufs leichteste erkennen lassen. Dies sind Anhäufungen von Kalziumkarbonat, die ellipsoidische oder kurz walzenförmige (von oben gesehen runde) Gebilde in Epidermiszellen darstellen. Sie sind an jedem gebleichten Blattfragment sofort sichtbar; daß es sich um Ablagerungen von kohlensaurem Kalk handelt, erkennt man leicht daran, daß beim Hinzufügen von Schwefelsäure sich unter starker Gasentwicklung Gipsnadeln bilden.

Rosenblätter (*Rosa centifolia*, Abb. 190). Die sehr zarten Blumen-

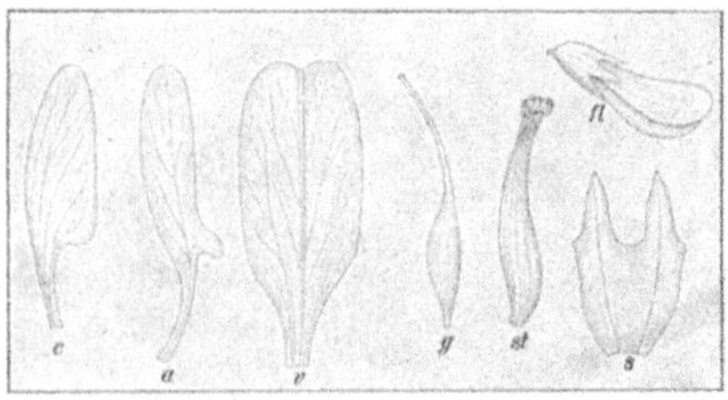

Abb. 191. Lupenbild der Steinkleeblüte. *fl* ganze Blüte; *c* Schiffchen; *a* Flügel; *v* Fahne; *g* Fruchtknoten; *st* Staubgefäße; *s* Teil der Kelchröhre. Schwach vergrößert.

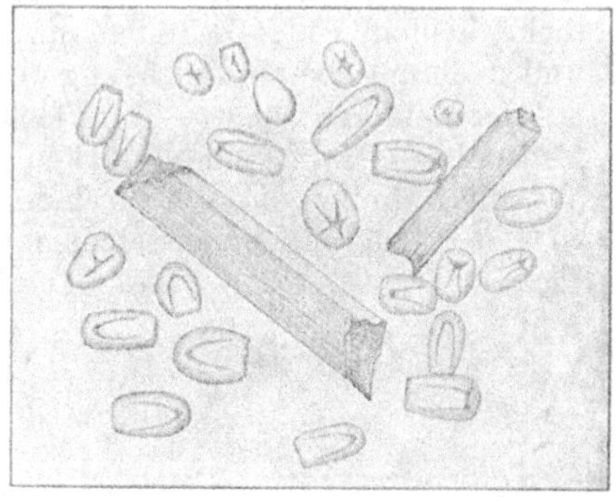

Abb. 192. Veilchenwurzelpulver. Stärkekörner und beiderseits abgebrochene Kalkoxalatkristalle. Vergrößerung $^{250}/_{1}$.

blätter der Rose werden daran erkannt, daß die Epidermis der Unterseite aus Zellen mit welligen Wandungen und angesetzten, ins Lumen hineingehenden Fortsätzen besteht, während die Epidermiszellen der Oberseite geradwandig und papillös (kegelförmig erhaben) sind. Bei

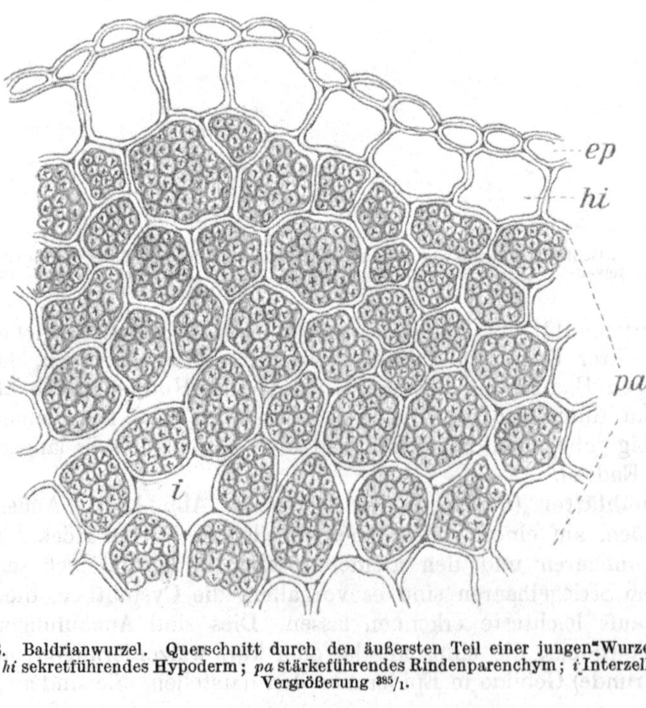

Abb. 193. Baldrianwurzel. Querschnitt durch den äußersten Teil einer jungen Wurzel. *ep* Epidermis; *hi* sekretführendes Hypoderm; *pa* stärkeführendes Rindenparenchym; *i* Interzellularräume. Vergrößerung $^{385}/_{1}$.

scharfer Einstellung erkennt man auf der Oberseite feinste Striche (Kutikularleisten), die von der Umfassungswand nach der Spitze jedes Kegels zu verlaufen, diese aber nicht erreichen.

Steinkleeblüten (*Melilotus*, hauptsächlich *officinalis* und *altissimus*, Abb. 191). Diese Blüten sind meist so weit unversehrt, daß sie in aufgeweichtem Zustand mit der Lupe untersucht werden können. Man achte vor allem auf den seitlichen, schräg nach rückwärts gerichteten Ansatz der Flügel (*a*).

Veilchenwurzelpulver (*Iris germanica*, *florentina* und *pallida*, Abb. 192). Das Pulver der *Iris*-Rhizome ist leicht kenntlich an den großen, balkenförmigen (meist zerbrochenen) Kristallen von Kalkoxalat und an den Stärkekörnern, die im typischen Bild langgestreckt, an

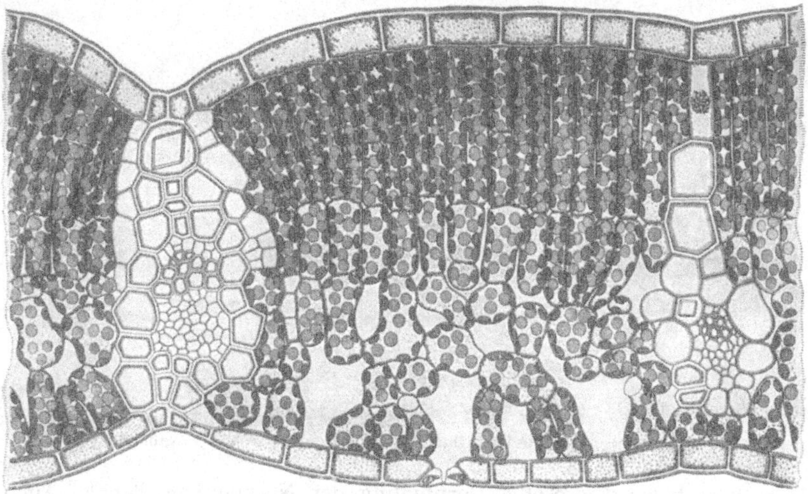

Abb. 194. Querschnitt durch das Buchenblatt. — Vergrößerung $^{500}/_{1}$. (Nach Kny.)

einem Ende gerundet, am anderen abgestutzt sind und meist hufeisenförmige Spalten aufweisen.

Baldrianwurzel (*Valeriana officinalis*, Abb. 193). Kenntlich daran, daß sich unter der kleinzelligen Epidermis ein sehr großzelliges Hypoderm befindet. Das nach innen folgende Rindenparenchym ist mit Stärke erfüllt.

Buchenblätter (*Fagus silvatica*, Abb. 194). Kenntlich an der vollkommenen Kahlheit (es werden nur ausgewachsene Blätter verwendet), den beiderseits mit einer chlorophyllfreien Zellschicht bis zu den Epidermen durchgehenden Nerven sowie dem Gehalt an Einzelkristallen und Drusen von Kalkoxalat.

Hopfenblütendolden (*Humulus lupulus*, Abb. 195 und 196). Es werden vornehmlich die bei der Brauerei entfallenden Rückstände nach Wässerung und Reinigung verwendet. Sie sind an der allgemeinen Gestalt der Brakteen mit ihren handförmig nach der Basis zu konvergierenden Nerven sowie durch die großen sitzenden Drüsenhaare kenntlich.

Goldregenblätter (*Cytisus laburnum*, Abb. 197). Neuestens wurde durch Fühner darauf hingewiesen, daß das Alkaloid Cytisin, welches im Goldregen und Stechginster (*Ulex europaea*) enthalten ist, in seinen physiologischen Wirkungen dem Nikotin überaus nahe steht. Während die vorgenannten Surrogate nur Streckungsmittel sind, ist das Laub des Goldregens ein wirklicher Tabakersatz. Proben, welche mit dem fermentierten Laub angestellt wurden, ergaben ein recht wohlschmeckendes Produkt. Es eignet sich besonders zur Verwendung in Zigarettenform und bewirkt dieselbe Beruhigung der Nerven wie Tabak. Auch die Peristaltik wird durch die Cytisuszigaretten ebenso angeregt wie durch Nikotinzigaretten.

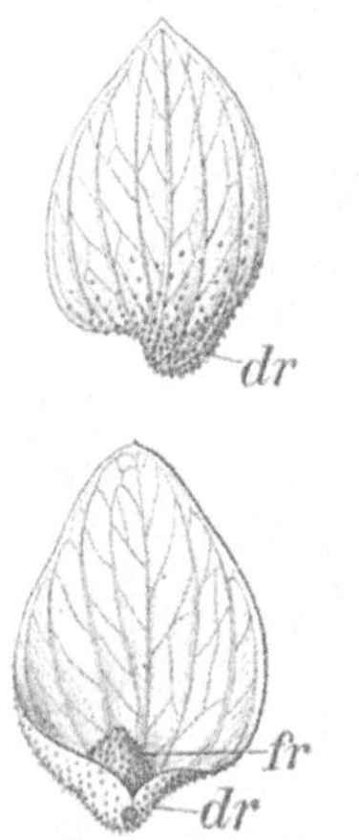

Abb. 195. Deckblätter des Hopfens. Lupenbild. (Nach Gilg.) Vergr. $^{2}/_{1}$.

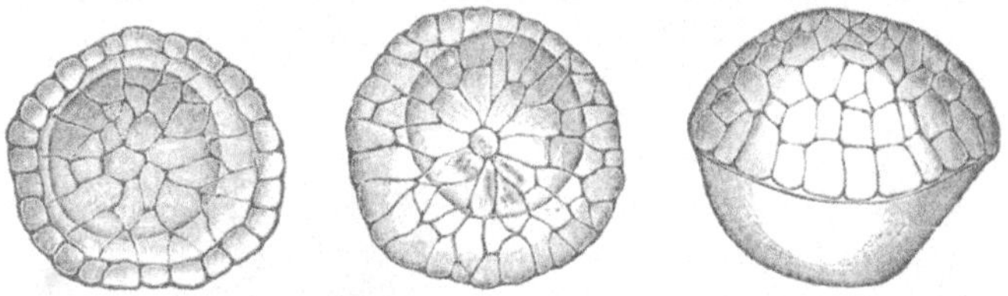

Abb. 196. Drüsenhaare der Hopfenblüten. $^{200}/_{1}$. (Nach Gilg.)

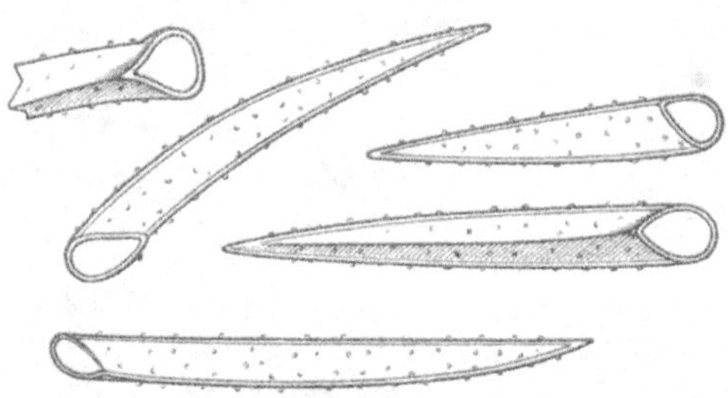

Abb. 197. Haare des Goldregenblattes. — Vergrößerung $^{500}/_{1}$.

Das Cytisusblatt ist unterseits mit anliegenden, seidenartigen Haaren versehen, die durch einen scharfen Kiel ausgezeichnet sind und mit keinem anderen mir bekannten Pflanzenhaar verwechselt werden können.

Die häufigsten Verfälschungen des Tabaks.

Kartoffelkraut (*Solanum tuberosum*). Am gebleichten Präparat durchaus dem Tabak ähnlich und insbesondere auch durch die schwarzen Krystallsandzellen ausgezeichnet, ist diese Verfälschung doch an folgenden Merkmalen sehr leicht zu erkennen: Auch die großen Haare, die beim Tabak in ein Drüsenköpfchen ausgehen, enden beim Kartoffelkraut in einfache Spitzen; bei genauer Betrachtung sieht man, daß fast alle Haare gekörnt sind, während beim Tabak nur schwache Längslinien an den untersten Zellen vorkommen; der Blattrand des Kartoffelkrauts ist mit höchst bezeichnenden, kurz kegelförmigen, zahnartigen Trichomen besetzt.

Waldmeisterkraut (*Asperula odorata*, Abb. 198). Ganz unverkennbar wird dies verbotene Parfüm durch die im Mesophyll liegenden massenhaften Raphidenbündel sowie durch den aus scharfen, aufgerichteten Zellen gebildeten Blattrand bezeichnet. Auch achte man darauf, daß die Spaltöffnungen nur von zwei dem Spalt parallel gelagerten Nebenzellen umgeben werden.

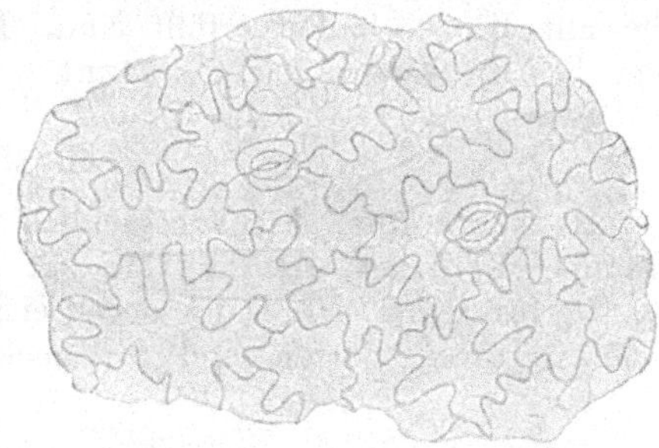

Abb. 198. Unterseite eines gebleichten Waldmeisterblattes mit zwei Raphidenbündeln. — Vergr. $^{125}/_{1}$.

d) Von Stammorganen herrührende Objekte.

Ingwer.

Ingwer ist der geschälte oder ungeschälte, getrocknete Wurzelstock der im tropischen Asien einheimischen Ingwerpflanze (*Zingiber officinale, Zingiberaceae*). Meist wird er im ganzen gehandelt und ist dann Fälschungen nicht ausgesetzt. Seltener kommt Ingwerpulver zum Verkauf.

Die Echtheit von Ingwerpulver wird an der charakteristischen Form der allermeist auch bei gebrühten Rhizomen noch im Innern er-

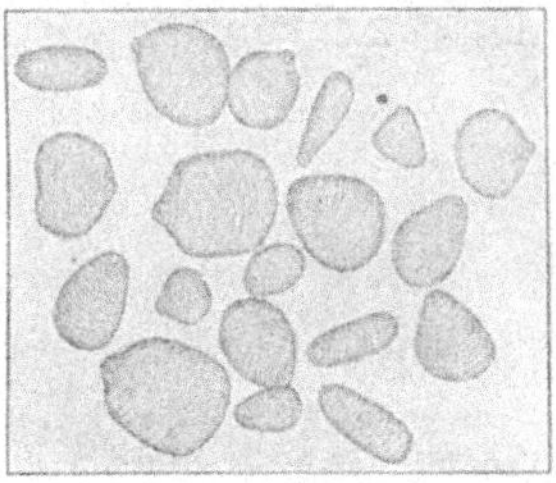

Abb. 199. Stärkekörner des Ingwers. Vergrößerung $^{250}/_{1}$.

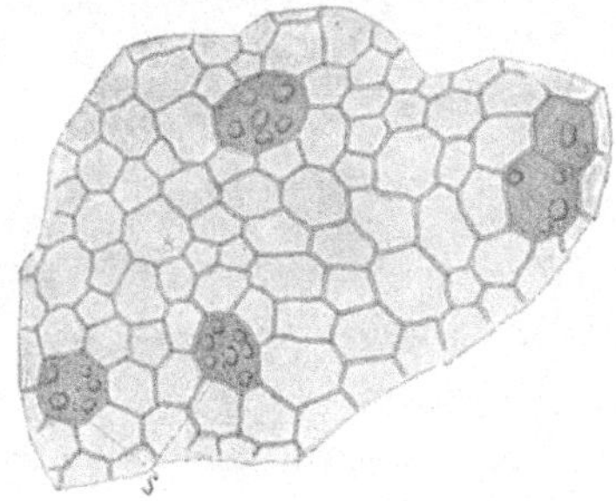

Abb. 200. Parenchym des Ingwers nach Entfernung der Stärke. *s* Sekretzellen. — Vergrößerung $^{70}/_{1}$.

haltenen Stärkekörner (Abb. 199) erkannt. Diese Körner sind relativ groß (0,02—0,04 mm lang) und geschichtet. Dabei läuft die Schichtung so, daß sie sich (mit Ausnahme der nächsten Umgebung des ganz an einem Ende gelegenen Kerns) am Rand des Stärkekorns auskeilt. Außerdem ist bei diesen Stärkekörnern zu beachten, daß sie abgeplattet sind. Die schmalen Körner, welche unsere Abb. 199 darstellt, sind von der Seite gesehene Körner. — Echte Ingwerstärke darf (von oben gesehen) nicht oder nur unbedeutend länger als breit sein.

Außer diesem charakteristischen Bestandteil des Pulvers finden sich normalerweise darin noch mit braunen Harzklumpen erfüllte Zellen (Sekretzellen, Abb. 200), einzelne große, derbwandige Netzgefäße und dickwandige Sklerenchymfasern. Wurde ungeschälter Ingwer gepulvert, so kommen auch tafelförmige, braune, inhaltlose Korkzellen vor.

Fälschungen des Ingwerpulvers sind: Mehl, Brot, Eicheln, Raps- und Leinkuchen sowie Curcumapulver. Die Stärkekörner weder der Zerealien noch der Eichel können mit denen des Ingwers verwechselt werden. Curcuma verrät sich durch die Anwesenheit gelber Partikel, die mit Kleisterballen erfüllt sind. Die Reste von Raps und Lein (vgl. S. 130) werden leicht erkannt.

Zimt.

Als Zimt kommen hauptsächlich drei verschiedene Sorten in den Handel: 1. Zimt, Zimtkassie; 2. Holzkassie oder Malabarzimt; 3. Ceylonzimt. Über die gegenseitige Verwandtschaft der Stammpflanzen dieser Sorten sind wir noch sehr ungenügend unterrichtet.

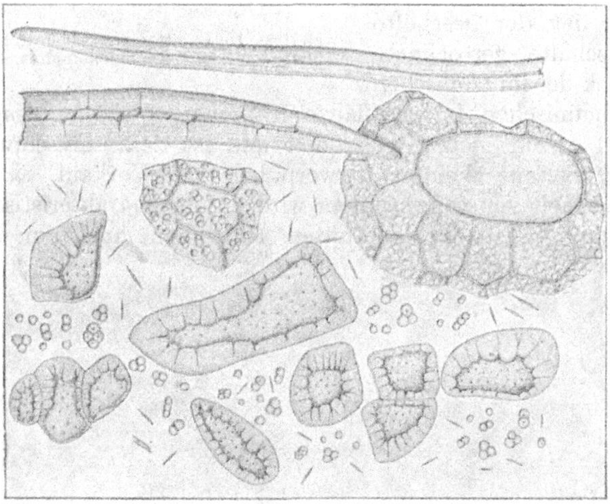

Abb. 201. Elemente des Zimtpulvers. — Vergrößerung 190/1.

Im Preis steht Ceylonzimt am höchsten, dann folgt die Zimtkassie; die billigste aber auch schlechteste Ware ist die Holzkassie. Ceylonzimt kommt seltener als Pulver im Handel vor.

Ceylonzimt unterscheidet sich von den übrigen Sorten in gepulvertem Zustand am leichtesten dadurch, daß der Kork bei Ceylonzimt regelmäßig entfernt wurde, bei den andern dagegen noch an vielen Stellen vorhanden ist. Ferner ist der Steinzellring im Innern der Ceylonware zusammenhängend, bei der Zimtkassie dagegen vielerorts durch dünnwandiges Gewebe unterbrochen. Dies Merkmal wird an mikroskopischen Querschnitten leicht aufgefunden, aber eine völlig konstante Verschiedenheit der Sorten in dieser Beziehung existiert nicht. Über gemischte Zimtpulver irgendwelche bestimmte Angaben zu machen, ist außerordentlich schwierig.

Dagegen ist es leicht, die Reinheit des Zimtpulvers zu kontrollieren, wenn es sich um Verfälschungen mit fremden Bestandteilen handelt.

Das hauptsächlichste Merkmal gepulverten echten Zimts (Abb. 201) ist, daß derselbe keinerlei größere, bei gewöhnlicher Beleuchtung deutlich erkennbare Kristalle aufweist. Wird dagegen der Polarisationsapparat angewendet, so leuchten bei gekreuzten Nikols sofort eine große Menge feinster Kristallnadeln von Kalkoxalat auf. Diese können ihrer Kürze und Kleinheit wegen nicht mit Raphiden verwechselt werden und kommen in keiner andern ähnlichen Droge vor. — Ferner sind wichtige Bestandteile des Pulvers die Stärkekörner, sowie kurze (bis über 600 μ lang und 35 μ breit bei Zimtkassie, ebenso lang, aber nur bis 30 μ breit bei Ceylonzimt) dickwandige Sklerenchymfasern und Steinzellen, die meist nur einseitig nach innen verdickte Wände aufweisen.

Die Stärke wird in einem Wasserpräparat untersucht, alles andere an Präparaten, die in Eau de Javelle gebleicht sind.

Mit diesen positiven Merkmalen des Zimtpulvers ist man imstande, auch Fälschungen zu erkennen.

Zunächst wird man bei Zimtpulver auf Fälschungen derselben Art aufmerksam sein, wie sie bei allen Gewürzen vorkommen und beim Pfeffer (S. 128—131) abgehandelt wurden. Ferner aber treten hier noch spezifische Fälschungen hinzu, von denen die mit gemahlenem Zigarrenkistenholz und mit Baumrindenpulver die wichtigsten sind.

Mit Ausnahme der Koniferenhölzer enthält alles Holzmehl die weiten, verholzten Röhren, die als „Gefäße" bekannt sind. Findet man im Zimtpulver Röhren mit starker Tüpfelung, insbesondere Wandstücke, die dicht mit sechseckigen Facetten bedeckt sind, so ist die Verfälschung mit Holzmehl bewiesen. Sind die Holzsplitter im ungebleichten Präparat eigentümlich rötlich (nicht gelb oder braun), so ist das Vorhandensein von Zigarrenkisten- (*Cedrela*-) Holz wahrscheinlich. — Koniferenholz ist an seinen charakteristischen Hoftüpfeln leicht erkennbar.

Die Verfälschung mit Rindenpulver irgendwelcher Art wird durch große Sklerenchymfasern, die denen des Zimts unähnlich sind, erkannt. Insbesondere aber bieten häufig vorkommende große Kristalle oder Kristalldrüsen von oxalsaurem Kalk einen Hinweis auf derartige Fälschung.

Die mikroskopische Unterscheidung der einheimischen Nutzhölzer.

Bevor die für die Praxis in vielen Fällen hochwichtige Bestimmung der Hölzer auf mikroskopischem Wege behandelt werden kann, müssen einige für das Verständnis wichtige Erklärungen vorausgesandt werden.

An jedem Dikotylen- und Nadelholzstamm lassen sich in drei Richtungen beliebig viele Schnitte anfertigen, wie sie in Abb. 202 dargestellt sind, nämlich: 1. Schnitte, die genau senkrecht zur Achse den Stamm durchsetzen und die Holzteile desselben quer durchschneiden (Querschnitte); 2. Schnitte, die durch die Achse des Stammes und seine Radien gehen, die also das Holz längs schneiden und Peripherie mit Achse verbinden (Radialschnitte); 3. Längsschnitte senkrecht auf die Radien, also in tangentialer Richtung (Tangentialschnitte). Jeder dieser Schnitte, die als Normalschnitte bezeichnet werden, liefert ein besonderes Bild von der Holzstruktur. Zusammen genügen sie zur vollkommenen Feststellung derselben.

Wie aus der Abb. 202 hervorgeht, zeigt der Querschnitt zunächst am deutlichsten die Jahresringe *i*, die in der Weise entstehen, daß jede neue Wachstumsperiode eine neue Holzschicht rings um die bereits vorhandenen legt und zugleich, daß im Frühjahr großporiges (dünnwandiges), im Herbst dagegen kleinporiges (dickwandiges) Gewebe gebildet wird. Wo in scharfer Trennungslinie Herbstholz und Frühjahrsholz aneinder stoßen, ist ein Jahresring. Ferner zeigt der Querschnitt am übersichtlichsten die Verteilung der Einzelelemente des Holzes.

Der radiale Längsschnitt gibt als mit den Fasern des Holzes verlaufender Schnitt zunächst ein vollständiges Bild von der Struktur der Holzelemente (ob sie Gefäße [längs verbundene Röhren mit durchbrochenen oder resorbierten Querwänden] oder Tracheiden [ebensolche, beiderseits geschlossene Zellen] oder Libriformfasern [dickwandige, langgestreckt spitz zulaufende, mit schiefen feinen Spaltenporen versehene Zellen] oder Holzparenchym [dünnwandige Parenchymzellen mit lebendem Inhalt] darstellen). Ferner aber legt dieser Längsschnitt die Markstrahlen („Spiegel"; Abb. 202 *b*, *c*) in ihrer ganzen Ausdehnung bloß.

Der tangentiale Längsschnitt liefert gleichfalls ein Bild von der Beschaffenheit der Holzelemente, schneidet aber die Markstrahlen (*d*) quer und läßt dadurch ihre Zusammensetzung klarer erkennen.

Abb. 202. Schematische Darstellung eines keilförmigen Ausschnittes aus einem Laubholz. (Nach Hartig.)

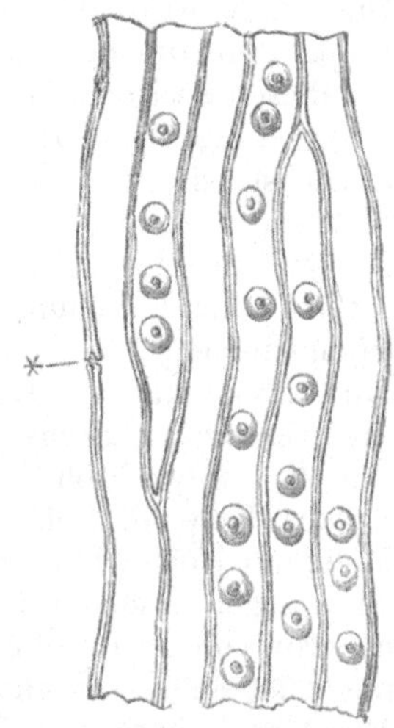

Abb. 203. Nadelholztracheiden mit Hoftüpfeln. Bei * ein Hoftüpfel durchschnitten. — Vergr. $^{160}/_{1}$. (Nach Hartig.)

Von ebensogroßer Wichtigkeit für das Studium der Holzstruktur wie die mikroskopischen Schnitte ist ferner die Mazerationsmethode, die ohne große Mühe die Holzelemente voneinander trennt, sie einzeln vollständig und charakteristisch zur Anschauung bringt. Dies geschieht in folgender Weise:

Man nimmt einen etwa streichholzdicken, 1—2 cm langen Span des Holzes, übergießt ihn in einem Reagenzglas mit 2 ccm gewöhnlicher, konzentrierter Salpetersäure, fügt einige Körnchen chlorsaures Kali hinzu und kocht kurz in offener Flamme auf. Dann wartet man einige Minuten, bis das Holz vollkommen weiß geworden ist, gießt den Inhalt des Reagenzglases in ein mit Wasser gefülltes Becherglas und nimmt von hier einige Partikel des zerfallenen Holzes heraus. Diese werden dann mit Nadeln auf dem Objektträger zerzupft.

Bei der Betrachtung unterscheidet man (z. B. im Lindenholz, das alle typischen Zellformen enthält) folgende durch das Mazerationsverfahren freigelegte Elemente:

1. Holzparenchym: Dünnwandige, durch Querwände gefächerte, langgestreckte Elemente oder als viereckige Parenchymzellen sich darstellende Teile derselben.

2. Ersatzfasern: Dünnwandige, ungeteilte (also lang spindelförmige) Elemente.

3. Libriformfasern: Dickwandige mit schiefgestellten, oft nur spärlich vorhandenen, meist einfachen spaltenförmigen Tüpfeln versehene lang spindelförmige Zellen.

4. Tracheiden: Dickwandige, behöft getüpfelte oder mit leistenförmiger Wandskulptur versehene, beiderseits geschlossene Zellen.

5. Gefäße: Dickwandige Elemente, die sich von den Tracheiden dadurch unterscheiden, daß sie zu Röhren mit durchbrochenen oder resorbierten Querwänden vereinigt sind.

Als wichtigster Unterschied der Hölzer von Nadel- und Laubbäumen (Koniferen und Dikotylen) ist bekannt, daß den Nadelhölzern die Gefäße fehlen, den Laubhölzern dagegen reichlich zukommen. Ferner sind die Tracheiden, die mit Holzparenchym allein das Nadelholz bilden, in ganz besonders charakteristischer Weise mit großen Hoftüpfeln versehen, die (vgl. Abb. 203) aus zwei genau konzentrischen Kreisen gebildet zu sein scheinen.

I. Nadelhölzer: nur aus Tracheiden und Holzparenchym[1]) gebildet; Gefäße und Holzfasern fehlen.
  A. Tracheiden mit schraubenförmiger Membranverdickung (Längsschnitt)[2]): *Eibe* (*Taxus.*)
  B. Tracheiden ohne Schraubenbänder (Längsschnitt).
    1. Mit Harzgängen im Holz (Querschnitt).
      a) Markstrahlen oben und unten eingefaßt von Zellen, deren Wände zackig verdickt sind (rad. Längsschnitt): *Kiefer* (*Pinus*).
      b) Markstrahlen ohne Einfassung von zackig verdickten Zellen.
        α) „Weiches" Holz; in der Rinde (Längsschnitt) Gruppen von Steinzellen; Jahrringgrenze ohne Holzparenchym: *Fichte* (*Picea*).
        β) „Hartes" Holz; in der Rinde einzelliegende Sklerenchymfasern; am Ende jedes Jahrrings Holzparenchym: *Lärche* (*Larix*).
    2. Ohne Harzgänge im Holze: *Tanne* (*Abies*).

II. Laubhölzer: im Holz finden sich Gefäße.
  A. Im (mazerierten) Holz fehlen die Tracheiden: dasselbe besteht nur aus Holzparenchym, Ersatzfasern, Libriformfasern und Gefäßen.
    1. Libriformfasern einfach.
      * Gefäße von zweierlei verschiedener Art, im Frühjahrsholz weite, im übrigen viel engere (Querschnitt): *Esche* (*Fraxinus*).
      ** Gefäße alle gleichartig: *Platane* (*Platanus*).
    2. Libriformfasern gefächert: *Ölbaum* (*Olea*).
  B. Im (mazerierten) Holz sind Tracheiden leicht auffindbar.
    a) Ersatzfasern und Libriformfasern fehlen (maz. Präparat).
      α) Gefäßquerwände nur mit einfachen Löchern.
        * Gefäße und Tracheiden mit Spiralen: *Weißdorn* (*Crataegus*).
        ** Gefäße mit, Tracheiden ohne Spiralen: *Birnbaum* (*Pirus*).
      β) Gefäßquerwände mit leiterförmigen Perforationen.
        * Perforation nur leiterförmig.
          § Gefäße und Tracheiden mit Spiralen: *Stechpalme* (*Ilex*).
          §§ Gefäße und Tracheiden ohne Spiralen.
            0 Jahrringe mit bloßem Auge nicht sichtbar: *Buchsbaum* (*Buxus*).
            00 Jahrringe leicht sichtbar: *Schneeball* (*Viburnum opulus*).
        ** Außer leiterförmig. auch lochförmige Perforationen: *Buche* (*Fagus*).
    b) Ersatzfasern fehlen, Libriformfasern (mit den übrigen Elementen) vorhanden (maz. Präparat).
      1. Libriformfasern gefächert: *Pfaffenkäppchen* (*Evonymus*).
      2. Libriformfasern einfach.
        α) Libriformfasern einfach getüpfelt (maz. Präparat): *Ahorn* (*Acer*).
        β) Libriformfasern mit behöften Tüpfeln.

[1]) Letzteres fehlt bei *Taxus*.

[2]) Die in Klammern gesetzten Bezeichnungen (Längsschnitt, tangent. Längsschnitt, rad. Längsschnitt, Querschnitt, maz. Präparat) bezeichnen die Art des Präparats, an dem die betreffende Beobachtung zu machen ist.

* Gefäße nach ihrer Dicke verschieden, die des Frühjahrsholzes viel weiter und größer als die des Herbstholzes (Querschnitt).
§ Große Gefäße nur dicht an der Jahresgrenze; von ihnen aus gehen die kleinen in radial geordneten Streifen durch das Sommerholz (am Querschnitt zu sehen).
0 Markstrahlen aus einer Zellreihe gebildet (tangent. Längsschnitt): *Kastanie* (*Castanea*).
00 Markstrahlen aus zwei bis vielen Zellreihen gebildet: *Eiche* (*Quercus*).
§§ Große Gefäße im Frühjahrs- und Sommerholz zerstreut, kleine im Herbstholz (Querschnitt).
0 Gefäßquerwände einfach durchbrochen (mazeriertes Präparat): *Weißbuche* (*Carpinus*).
00 Gefäßquerwände leiterförmig durchbrochen: *Haselnuß* (*Corylus*).
** Alle Gefäße gleichartig (Querschnitt): Gefäßwand mit Spiralleisten: *Kirschbaum* (*Prunus*).

c) Holzparenchym, Ersatzfasern, Libriformfasern, Tracheiden und Gefäße vorhanden (mazeriertes Präparat).
α) Alle Gefäße gleichartig, weder durch abweichende Größe noch Struktur sich unterscheidend (mazeriertes Präparat).
* Tracheiden in ihrer Lage von den Gefäßen abhängig und nur als eine Modifikation derselben erscheinend (Längsschnitt).
§ Libriform mit einfachen Tüpfeln (mazeriertes Präparat).
0 Gefäße ohne Spiralleisten:
× Lumina der Markstrahlzellen alle gleich groß (tang. Längsschnitt): *Pappel* (*Populus*).
× × Lumina der Markstrahlzellen ungleich groß; einzelne Markstrahlzellen sind viel länger als die andern: *Weide* (*Salix*).
00 Gefäße dort, wo sie an Libriform angrenzen, mit Spiralleisten (Längsschnitt): *Roßkastanie* (*Aesculus*).
§§ Libriform mit behöften Tüpfeln (maz. Präparat).
0 Gefäße ohne Spiralverdickung (mazeriertes Präparat).
× Gefäßquerwände einfach perforiert (maz. Präparat): *Walnuß* (*Juglans*).
× × Gefäßquerwände leiterförmig durchbrochen.
† Gefäßhoftüpfel 0,0017 mm breit: *Birke* (*Betula*).
†† Gefäßhoftüpfel 0,003—0,004 mm breit: *Erle* (*Alnus*).
00 Gefäße mit sehr starken Spiralverdickungen: *Linde* (*Tilia*).
** Tracheiden zur faserförmigen Modifikation gehörend, beträchtlich verdickt, unabhängig von den Gefäßen, im äußeren Teil der Jahrringe die Grundmasse bildend: *Syringe* (*Syringa*).
β) Große getüpfelte und kleine spiralig verdickte Gefäße vorhanden mazeriertes Präparat).
* Gefäße einzeln oder nur in ganz kleinen Gruppen (Querschnitt). *Akazie* (*Robinia*).
** Gefäße allermeist in Gruppen, selten einzeln: *Ulme* (*Ulmus*).

Von Bedeutung für die mikroskopische Praxis ist öfters der Nachweis, ob Bauholz im Winter (in der Ruhe) oder im Sommer (im Saft) geschlagen ist. Obgleich hier nur ein Vorurteil gegen das im Sommer geschlagene Holz vorliegt, ist solches doch im Handel minderwertig da es im Verdacht steht, leichter von Pilzen angegriffen zu werden, als in der Ruhe geschlagenes Holz.

Insbesondere die Nadelhölzer sind in der Winterruhe sehr leicht daran zu kennen, daß das gesamte Holzparenchym dann mit fettem Öl erfüllt ist, während das im Sommer geschlagene Holz solches nicht oder nur spurenweise erkennen läßt. — Behufs Untersuchung kocht man, um die Markstrahlen in großer Ausdehnung in Übersicht zu haben, feine radiale Längsschnitte mit Sudan-Glyzerin oder Alkannin (vgl. oben, S. 76). Dadurch färbt sich das fette Öl intensiv rot. In Holz, das im Sommer geschlagen ist, finden sich bei gleicher Behandlung nicht rot gefärbte Tropfen, sondern nur (und zwar sehr zerstreut) rote Schollen und Häufchen, die von Protoplasma gebildet werden.

e) Pflanzliche Fasern und Haare.

Aus dem Pflanzenreich stammen eine große Zahl von faserartigen Rohstoffen, die je nach ihrer Stärke oder Feinheit, Ausdehnung, Härte und Sprödigkeit verschiedene Verwendung als Spinnstoffe, Seilrohstoffe, Flechtstoff, Bürstenrohstoff, Baststoff, Stopfmaterial finden oder als Ausgang für Papiererzeugung dienen. Die Grenzen zwischen diesen Gruppen sind weder botanisch, noch technisch leicht zu finden.

Zunächst sei abgetrennt die Gruppe der Pflanzenhaare, d. h. Anhangsgebilde des Pflanzenkörpers, die von Natur freistehende Zellen, daher mit einer umgewandelten Außenschicht der Zellwand (Kutikula) versehen sind. Hierher gehören Baumwolle, Kapok, Pflanzenseiden, die nicht als „Fasern“ bezeichnet werden dürfen.

Alle anderen, die eigentlichen Fasern, sind Stränge von Zellen, herausgelöst aus dem Pflanzenkörper durch biologische Aufschließung (Röste) oder chemische Verfahren, bei denen beiden die mittleren Schichten zwischen aneinander liegenden Zellwänden, zunächst der Fasern einerseits und des Nachbar-(Grund-)Gewebes andererseits aufgelöst werden. Dieser Vorgang ist möglich, weil diese Schicht (pektinhaltige Mittellamelle) andere chemische Zusammensetzung aufweist als die übrigen Teile der Wände, was auch mikrochemisch z. B. bei Verwendung von Jodjodkaliumlösung auf Querschnitten hervortritt. Die Faserstränge, die als Rohstoffe verwendet werden, kommen in den Stengeln (so bei dikotylen Pflanzen), oder in Blättern (bei monokotylen) oder im Fruchtfleisch (bei der Kokosnuß) vor. Sie sind Festigungselemente des Pflanzenkörpers (Sklerenchym), treten ursprünglich im Zusammenhang mit den Gefäßbündeln, diese umgebend oder (bei den Dikotylen) nach außen sie schützend, auf. Es besteht ein grundlegender Unterschied zwischen dikotylen und monokotylen Pflanzen darin, daß die Gefäßbündel der ersteren im Kreise auf dem Stengelquerschnitt verteilt, die Faser-(Bast-)Bündel daher im Kreise außen in der Rinde gelagert sind (vgl. bei Besprechung der Holzanatomie S. 162), die der Monokotylen aber unregelmäßig über den Querschnitt verstreut sind. Da sich bei ihnen die Bastfasergruppen um das Gefäßbündel fest zusammenschließen, so enthalten vielfach die Monokotylenfasern (z. B. die Stränge aus der Kokosfrucht, wo sie ursprünglich die Gefäßstränge in einem später vertrocknenden Fruchtfleisch vorstellen, oder die Piassavefasern) deutliche Reste der nicht zu den Sklerenchymsträngen selbst gehörenden Gefäßbündelteile, deren zartere im Zustand der Handelsfasern dann ausgefallen sind und einen Hohlraum ergeben. Den Monokotylen fehlt in den hier in Frage kommenden Fällen die Stammbildung (und das Dickenwachstum), der Bau der oft starken und durch Zusammenschluß der unteren Teile einen Scheinstamm bildenden Blätter (Bastbanane „Manilahanf“) ist aber der gleiche wie bei ihren Stengeln und Schäften. Daß die Blätter und Stengel auch reine (Sklerenchym-)Faserstränge enthalten, erklärt sich daraus, daß diese entwicklungsgeschichtlich als Reste von Gefäßbündeln aufzufassen sind. Sie sind nach außen hin, den Schutz verstärkend, häufiger (Sisalhanf u. a.).

Alle gröberen Fasern, vor allem die der Monokotylen, sind „verholzt“, ergeben die dafür bezeichnenden Reaktionen (S. 75) und sind dementsprechend härter und spröder. Die der zarteren Dikotylen, so Flachs und Hanf, sind in ihren Wänden reine Zellulose, daher weicher. Hieraus ergibt sich, daß für feinere Spinnzwecke mehr diese, die anderen weniger oder erst nach einer — den „Holzstoff“ mehr oder weniger entziehenden — Vorbehandlung in Frage kommen. Die sprödesten sind die Borsten- und Bürstenfasern, die weniger groben, die für Seilerei dienenden oder für grobe Spinnzwecke geeigneten (Sisal,

Manila, Kokos); Umfang und Ausdehnung des Vorkommens kann aber gleichfalls besondere Verwendung zeitigen: Linden- und Raphiabast durch die Streifenform bei hoher Festigkeit.

Eine Übersicht über das Vorkommen und die Natur verschaffen wir uns durch Stengelquerschnitte vom Flachs- (Lein) oder Hanfstengel, die mit dem Rasiermesser leicht auszuführen sind. Sind die zur Verfügung stehenden Stengel schon trocken, so werden kurze Stücke davon einige Tage in Glyzerinalkohol (zu gleichen Teilen) eingeweicht. Alles Nähere ergibt sich aus Abb. 204.

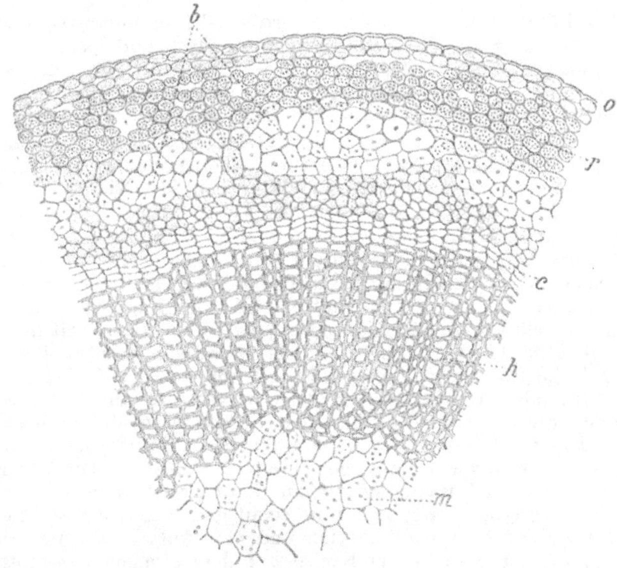

Abb. 204. Querschnitt durch den Flachstengel, drei Gefäß- bzw. Bastbündel (*b*) zeigend. *o* Oberhaut, *r* Rindenparenchym, *c* Kambium, *h* Holz, *m* Mark (zwischen *h* und *b* liegen die eiweißleitenden Siebröhren). — Vergrößerung $^{300}/_{1}$. (Nach Wiesner.)

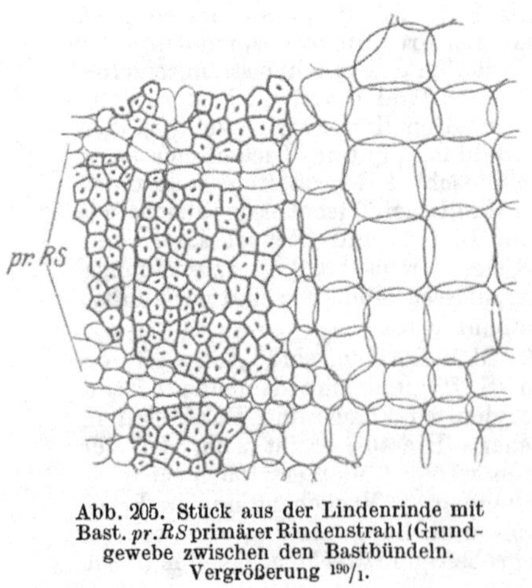

Abb. 205. Stück aus der Lindenrinde mit Bast. *pr. RS* primärer Rindenstrahl (Grundgewebe zwischen den Bastbündeln. Vergrößerung $^{190}/_{1}$.

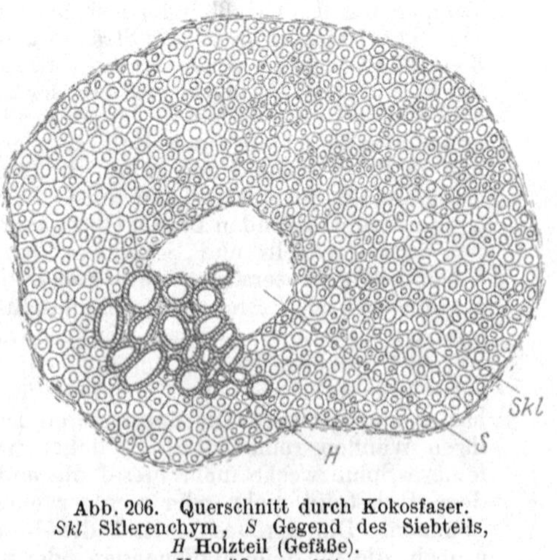

Abb. 206. Querschnitt durch Kokosfaser. *Skl* Sklerenchym, *S* Gegend des Siebteils, *H* Holzteil (Gefäße). Vergrößerung $^{100}/_{1}$.

Ganz ähnlich — nur ältere Stufen (Dickenwachstum) zeigend — ist das Bild der Fasern aus dikotylen Bäumen, z. B. der Linde, aus deren Rinde der Lindenbast in Streifen (= zusammenhängenden Bastfasermassen) stammt. Der an erweichtem Bast leicht zu erhaltende Querschnitt zeigt die Lagerung in größeren Gruppen (Abb. 205).

Zum Vergleich für das Verhalten der Monokotylen wählen wir die Kokosfaser, am besten von einer Kokosnuß abgerissen und gegebnenfalls in Glyzerinalkohol erweicht (Abb. 206). Ähnlich wie diese, aber meist nicht „geschlossen", bietet sich das Gefäß- (bzw. Faser-) Bündel bei der Piassave, wie wir sie aus Piassavebesen entnehmen und nach Erweichen kleiner Stücke gleichfalls schneiden können. Hier liegt eine enge Zusammenlagerung von Gefäßbündeln und Fasermassen vor, daher die Härte dieser holzigen Borsten (Abb. 207).

Die Unterscheidung verarbeiteter oder wesentlich aufbereiteter Fasern wird mühsamer dadurch, daß mit oder neben ihnen auch die Pflanzenhaare und die Tierhaare Beobachtung verlangen[1]).

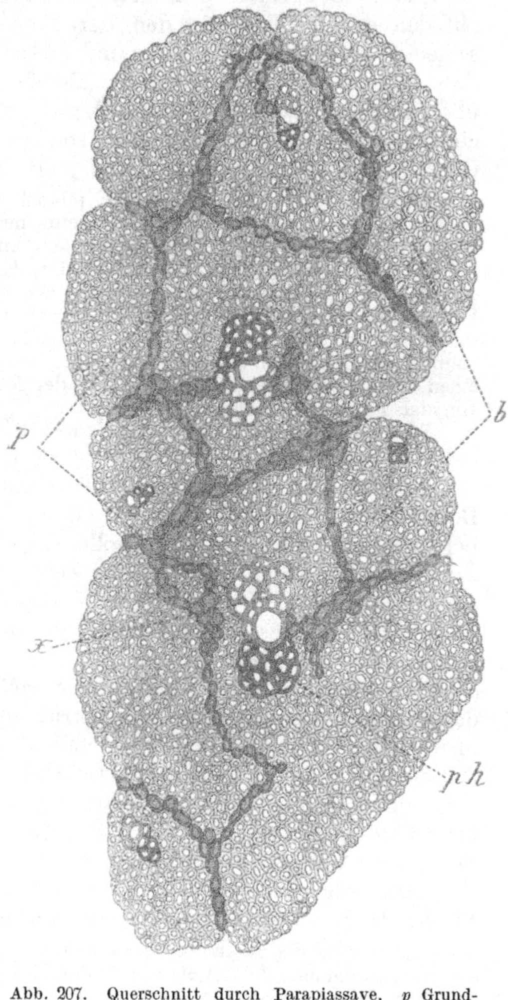

Abb. 207. Querschnitt durch Parapiassave. *p* Grundgewebe. *b* Bast, *ph* Siebteil, *x* Holzteil. (Nach Wiesner.)

Mikroskopische Unterscheidung der pflanzlichen Gespinstfasern und Pflanzenhaare.

Behufs Erkennung und Untersuchung der Gespinstfasern und Pflanzenhaare in einem Gewebe vermittelst des Mikroskops wird das Gewebe zuvor von aller Appretur durch Auswaschen befreit, die Kettenfäden (Längsfäden) und die Fäden des Einschlags (Querfäden) voneinander

[1]) Zur näheren Unterrichtung über das Gesamtgebiet sei verwiesen auf Wiesner: Rohstoffe des Pflanzenreichs, 3 Aufl., Bd. 3, und Tobler: Anleitung zur mikroskopischen Untersuchung von Pflanzenfasern, 1912, Berlin.

gesondert und jede Art geprüft. Der Faden wird mit einer Nadel zerfasert und in Wasser eingelegt betrachtet.

Aus dem Pflanzenreich stammende Stoffe werden mikroskopisch auf den ersten Blick von den tierischen (Wolle, Haare, Seide) unterschieden: die Pflanzenfasern und Pflanzenhaare sind deutliche Zellen, d. h. haben eine innere Höhlung (allenfalls mit Ausnahme der Spitze!) und (mehr oder weniger) glatte Oberfläche; Tierhaare (S. 309) haben einen markerfüllten Hohlraum und stark schuppige oder dicht geringelte Oberfläche, Seide ist massiv und glatt (S. 306).

Auch auf andere Weise ist die pflanzliche oder tierische Herkunft der Fasern leicht festzustellen: entweder brennt man sie an einer Flamme an, wobei vegetabilische Fasern mit ruhiger Flamme brennen, tierische dagegen eine rasch verlöschende Flamme geben und aufgeblähte Kohle hinterlassen. — Diese Reaktion modifiziert sich besonders durch die häufig angewandte „Beschwerung" der Fasern beim Färben. Sie läßt z. B. „leicht" gefärbte Seide ohne weiteres von stark „beschwerter" unterscheiden: die leicht gefärbten Fäden brennen überhaupt kaum, sondern blähen sich sofort, die schwer gefärbten dagegen leiten einen kaum sichtbaren Funken weiter, der fortglimmt, auch wenn der Faden von der Flamme entfernt wird.

Ferner wird jede animalische Faser durch 10 vH. Natron- oder Kalilauge im Wasserbad spätestens in $^1/_4$ Stunde gelöst, während vegetabilische Fasern intakt bleiben.

Bei der Untersuchung der pflanzlichen „Gespinstfasern" sind die Begriffe Faser und Zelle meist streng auseinander zu halten. Nur bei den Pflanzenhaaren (Baumwolle, Kapok) ist jede unter dem Mikroskop sichtbare Faser zugleich eine Zelle. In allen anderen Fällen sind die Fasern Bündel von Einzelzellen, die dauernd fest vereinigt bleiben und behufs Untersuchung der langgestreckten, dickwandigen Zellen erst durch Mazeration (in Kalilauge, Chromsäure, Salpetersäure + chlorsaurem Kali usw.) voneinander gelöst werden müssen. Es sei dabei bedacht, daß aus Gespinsten herrührende, also gebleichte Fasern, meist feiner zerteilte Bündel vorstellen, da die Bleiche eine weitere Aufschließung (s. o.) bedeutet. Der Unterschied von Faser und Zelle geht aus folgenden Längenangaben deutlich hervor: Flachsfaser ist bis 1,40 m lang, während die Einzellzelle des die Faser bildenden Zellbündels nur selten die Länge von 40 mm überschreitet. Man hüte sich, die folgenden auf die Einzelzellen bezüglichen Merkmale von Flachs, Hanf, Jute usw. an unmazerierten Fasern suchen zu wollen!

Querschnitte der Fasern, die vielfach für ihre Unterscheidung nötig sind, werden erhalten, indem man die zu untersuchenden Fäden in erweichtes Paraffin (Paraffinkerze) eindrückt, erkalten läßt, fein quer schneidet und das Paraffin mit Xylol entfernt. Bei der Betrachtung solcher Querschnitte achte man darauf, daß man eine hohe Flüssigkeitsschicht (Stützen des Deckglases durch untergelegte Deckglassplitter) oder ein dickeres Mittel (Glyzerinwasser) verwendet, damit die kleinen zylindrischen Stücke der geschnittenen Faser nicht umkippen.

Baumwolle. Die Samenhaare mehrerer *Gossypium*-Arten sind als Baumwolle bekannt. Sie (Abb. 208) stellen bandartig plattgedrückte, mehr oder weniger steil schraubenähnlich gedrehte oder wellig gebogene bzw. gekräuselte Gebilde dar. Diese für die Baumwolle höchst charakteristische Eigentümlichkeit tritt ganz besonders schön in polarisiertem Licht hervor und kann bei gekreuzten Nikols gar nicht übersehen werden. — Obgleich dies Merkmal Baumwolle von Flachs usw. in den allermeisten Fällen sehr leicht unterscheiden läßt, ist die Drehung an versponnenen Fasern manchmal schwer nachweisbar. Dann sei die mikrochemische Prüfung mit (frischem) Kupferoxydammoniak angewandt.

Um diese auszuführen, setzt man dem Präparat, während man es betrachtet, Kupferoxydammoniak zu. Man sieht nun, wie die Faser sich aufbläht. Nur von Strecke zu Strecke (vgl. (Abb. 209) finden sich tiefe Einschnürungen, die durch gefaltete Gürtel bewirkt werden. Hauptsächlich an solchen Gürteln hängend wird man bei genauester Betrachtung auch feinste Membranfetzen finden können. Die Gürtel sowohl wie die Membranfetzen werden durch die Kutikula, die die ganze Faser überzieht und im Reagens unlöslich ist, gebildet.

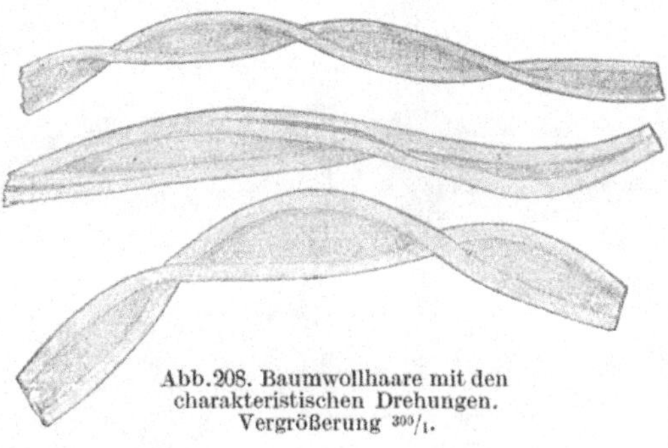

Abb. 208. Baumwollhaare mit den charakteristischen Drehungen. Vergrößerung $^{300}/_{1}$.

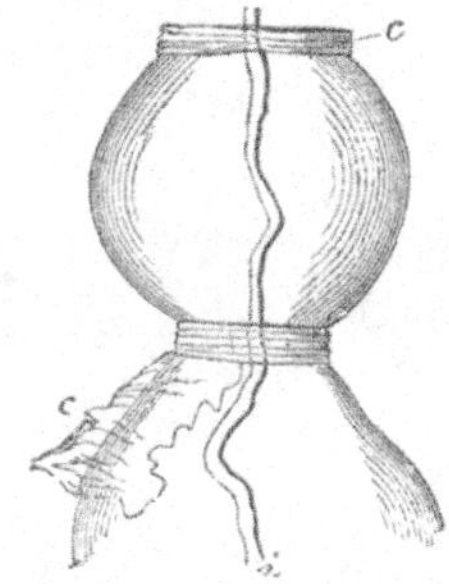

Abb. 209. Baumwollhaar mit Kupferoxydammoniak behandelt. *c* Kutikula. (Nach Wiesner.)

Eine Kutikula kommt den andern hier in Betracht zu ziehenden Gespinstfasern außer dem Kapok nicht zu, da dieselben aus dem Innern von Pflanzenorganen stammen. Deswegen wird durch den Nachweis einer solchen (beim Fehlen der dem Kapok eigenen Membranverdickungen an der Basis der Haare) die Baumwolle mit vollster Sicherheit erkannt.

Kapok. Die Samenwolle der *Ceiba pentandra* und anderer Wollbäume (*Bombacaceae*) eignet sich trotz äußerer Ähnlichkeit nicht als Ersatz der Baumwolle, sie ist zu spröde (bisweilen verholzt!) und nicht fest genug. Dagegen ist sie ein vortreffliches Stopfmaterial, wegen des steten Luftgehaltes auch im Innern der abgebrochenen Haare hervorragend für Rettungsgerät und Kissen z. B. auf Schiffen.

Man erkennt alle Sorten von Kapok (Abb. 210) leicht daran, daß die Basalteile der nur ausnahmsweise an der Spitze gedrehten Haare eine auffällige netzartige Membranverdickung aufweisen.

Flachs. Die Sklerenchymfasern von *Linum usitatissimum* sind walzenförmig, nicht oder nur wenig hin- und hergebogen, glatt, der Länge nach von einem engen Kanal (Zellhöhle) durchzogen, der bei 120facher Vergrößerung wie eine schmale Linie erscheint. Die Leinenfaser läuft in eine schmale Spitze aus. Je nach der Art der Bearbeitung und der Behandlung ist sie glatt oder rauh. Gegen alle mechanischen Beeinflussungen ist die Flachsfaserwand sehr empfindlich, auch bei der Präparation entstehen aus frischer Faser die „Verschiebungen“. Handgespinst hat gemeiniglich ein glatteres Aussehen als Maschinengarn, da die Faser bei der Bearbeitung vielfach geknickt wird und auch Längrisse (vgl. Abb. 211) erhält. In Kupferoxydammoniak quillt sie in der Baumwolle ähnlicher Weise, doch sind keine Kutikulareste dabei sichtbar, die Auflösung ist bald vollständig und gleichmäßiger. Es tritt dabei oft eine starke Längsstreifung, fast Längszerteilung der Faser auf. Bei ungebleichter Leinenfaser bleibt aber längere Zeit der dünne (gewellte) „Innenschlauch" erkennbar, selbst bei gebleichten ist das im einzelnen noch möglich und wichtig zur Unterscheidung von Hanf.

Für die in der Praxis hochwichtige und dabei schwierige Unterscheidung von Hanf sind die Querschnitte der Fasern von großer

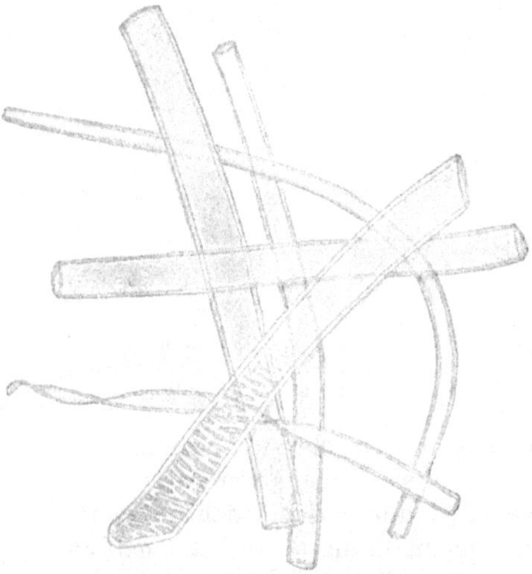

Abb. 210. Kapok. — Vergrößerung 250/1.

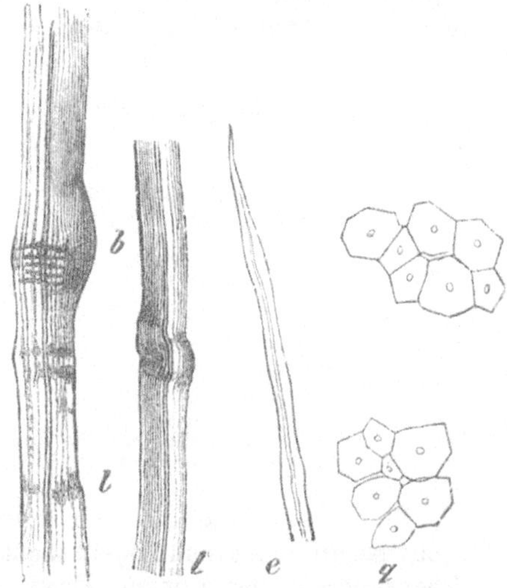

Abb. 211. Flachs. Bastzellen mit Verschiebungen und Ausbauchungen (*b*), *e* Ende einer Zelle, *q* Querschnitt von Flachsfasern. (Nach Berthold.)

Bedeutung. Sie zeigen (Abb. 211, *q*) die Bastzellen des Flachses als von geraden Linien umgrenzte Polygone.

Fügt man zu derartigen Schnitten Jod-Schwefelsäure [1]) (S. 74), so färben sie sich (abgesehen von der als gelber Punkt sichtbaren Mittelhöhle) vollständig und bis zum Rande blau. Diese Reaktion ist deswegen sehr wichtig, weil die Hanffaserquerschnitte, in gleicher Weise behandelt, von einer gelben Randlinie eingefaßt sind.

Hanf. Der Leinenfaser außerordentlich ähnlich und oft schwer von ihr unterscheidbar ist diejenige von *Cannabis sativa*. Von Wichtigkeit für die Unterscheidung ist, daß bei der Jod-Schwefelsäurefärbung (S. 74) der Querschnitte diese beim Hanf eine deutliche gelbe Randlinie zeigen. In Kupferoxydammoniak zeigt ungebleichte Hanffaser öfter Tonnenbildung als Leinenfaser, die Längsstreifung ist noch deutlicher, der innere Hohlraum erscheint nie so dünn wie bei Leinen. Im ge-

[1]) Unter das Deckglas läßt man zunächst eine wässerige Lösung von 0,3 vH. Jod und 1,3 vH. Jodkalium fließen, läßt dies Gemisch einige Minuten einwirken und fügt dann Schwefelsäure (2 Teile konz. Schwefelsäure, 1 Teil Wasser) zu.

bleichten Zustand ist das seltener, aber an einzelnen Fasern doch auch noch zu sehen, so daß mit diesem Verfahren Unterscheidung verhältnismäßig am leichtesten ist. Ferner sind die Kanten dieser Querschnitte nicht scharf, sondern gerundet. Endlich finden sich im Parenchymgewebe des Hanfs, das den Fasern stets noch anhaftet, oft gut erhaltene Kristalldrusen von Kalkoxalat und langgestreckte, mit rotbraunem Inhalt erfüllte Zellen. Diese beiden Elemente gehen dem Flachs ab. — Besonders bemerkenswert aber ist, daß das Zellumen der Hanffaserzellen wesentlich breiter ist als das nur strichförmige des Flachses: es nimmt etwa $^1/_3$ der Zellbreite ein (Abb. 212).

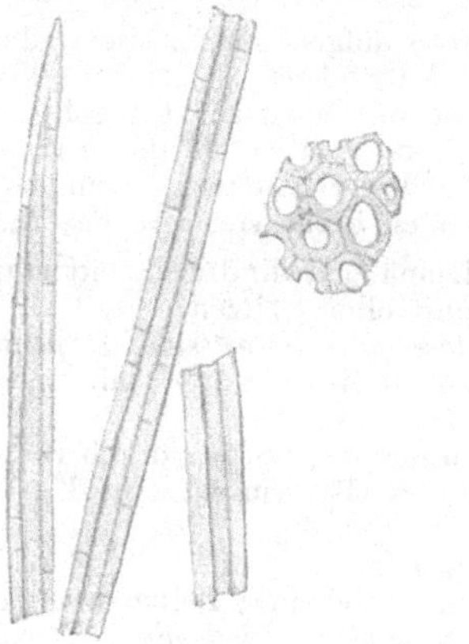

Abb. 212. Bastfaserzellen des Hanfs, rechts im Querschnitt. Vergrößerung $^{250}/_1$.

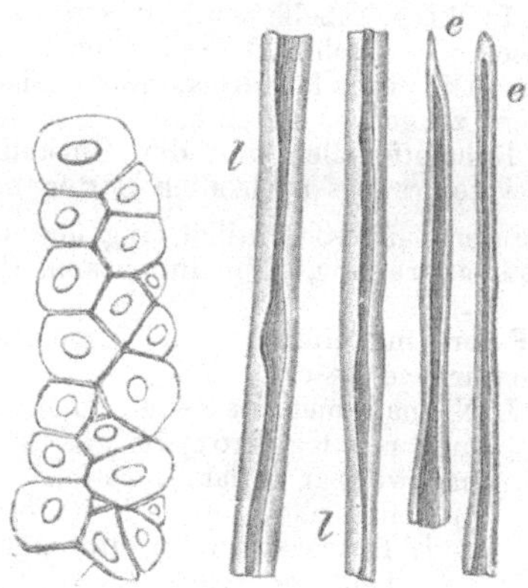

Abb. 213. Jute. *a* Querschnitt einer Faser, *l* Bastzellen mit Lumenverengerungen, *e* Endstücke von Bastzellen. (Nach Berthold.)

Jute. Bastfasern verschiedener Arten von *Corchorus* (*Tiliaceae*). Die Jutefaser hat die merkwürdige, ihre mikroskopische Erkennung vorzüglich erleichternde Eigentümlichkeit, daß die Weite des Zentralkanals (Zellumens) eine sehr verschiedene ist (vgl. Abb. 213). Bei aufmerksamer Betrachtung sieht man, daß die Wände bald sich einander nähern, bald auseinanderweichen. Der Querschnitt der Jute färbt sich mit Jod-Schwefelsäure nicht blau, sondern gelb.

Ramie, Chinagras. Dieser Textilstoff, der von *Boehmeria nivea* (*Urticaceae*) stammt ist seines Glanzes wegen sehr beliebt (z. B. zu Stickerei), auch ist er für die Herstellung der Glühstrümpfe für Gasglühlicht unentbehrlich.

Die Bastzellen der Ramie sind, was ihr Verhalten gegen Jod-Schwefelsäure betrifft, dem Flachs darin gleich, daß sie keine gelbe Randlinie haben; durch diese Eigenschaft unterscheiden sie sich auch ohne weiteres vom Hanf. Von beiden sind sie auch durch ihre ganz beträchtliche Dicke (vgl. Tabelle S. 173) ohne weiteres unterscheidbar. Auch der unregelmäßige, zusammengedrückte

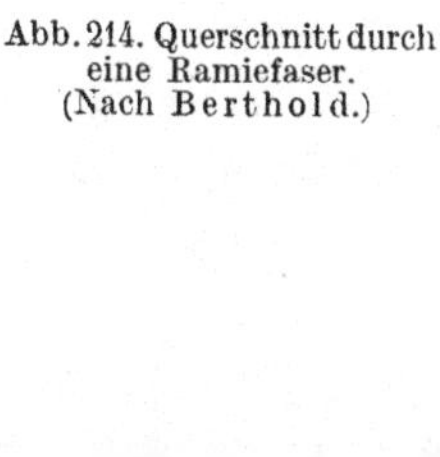

Abb. 214. Querschnitt durch eine Ramiefaser. (Nach Berthold.)

Querschnitt der Ramie (Abb. 214) ist durchaus verschieden von dem des Hanfs und Flachses.

Andere pflanzliche Textilfasern. Eine genaue Besprechung der übrigen Pflanzenfasern wird durch den folgenden Bestimmungsschlüssel, in den auch die bereits behandelten eingefügt sind, unnötig.

Für die zahlreichen oft neu auftretenden Namen und Verwendungen sei verwiesen auf das nützliche Buch von E. Schilling, die Faserstoffe des Pflanzenreiches für Weberei, Spinnerei, Seilerei, Flechterei, Papierfabrikation, für Binde-, Bürsten- und Stopfmaterial, mit ihren Namen in Ursprungsland, Handel und Wissenschaft vollständig verzeichnet. Leipzig 1924.

Übersichtstabelle der wichtigeren pflanzlichen Textilfasern.

In diese Tabelle sind diejenigen Textilfasern aufgenommen, die weder in basischem Zinkchlorid (Seide) noch in 10 vH. Natronlauge (Tierhaare) löslich sind. Die Tabelle vermag nur einige Hinweise auf oben nicht beschriebene Fasern zu geben, sie enthält — für eine Zeit wie die heutige mit ihrem Wechsel der Rohstoffquellen und den Umstellungen der Weltwirtschaft — nur einige, dabei keineswegs nach allen Sorten und Qualitäten berücksichtigte Fasern.

A. Fasern außerordentlich lang und dick, gleichmäßig zylindrisch, mit starker Längsstreifung, ohne Innenraum (Lumen) und ohne Spitzen: *Zellulose- oder Kunstseide, Stapelfaser.*

B. Fasern mit einfachem oder mehrfachem Lumen (Innenraum), mit Spitzen: natürliche Fasern.

- I. Niemals mehrere Zellen zu einer Faser zusammengekittet: durch Behandlung mit Kupferoxyd-Ammoniak oder Sudan-Glyzerin ist eine Kutikula nachweisbar (Pflanzenhaare).
  - a) Zellen ohne innere linienförmige Längsleisten.
    - 1. Haarbasis mit netzförmiger Membranverdickung; Zellen nicht oder kaum gedreht: *Kapok,* (*Ceiba, Eriodendron, Bombax*).
    - 2. Haarbasis ohne Membranverdickungen, gedrehte Fasern: *Baumwolle* (*Gossypium*).
  - b) Zellen mit inneren linienförmigen Längsleisten.
    - 1. Verdickte Haarbasis mit elliptischen Tüpfeln: *Akon* (*Calotropis*).
    - 2. Verdickte Haarbasis mit Spiralleisten: *Kamerun-Faser* (*Kikxia*).
- II. Stets mehrere oder viele Zellen zu einer Faser zusammengekittet: Zellen ohne Kutikula (Sklerenchymfasern).
  - a) Die Fasern zusammengesetzt nur aus kurzen, gehöftgetüpfelten Zellen: *Papierfasern.*
  - b) Die Fasern enthalten strichförmig getüpfelte Faserzellen oder bestehen allein aus solchen.
    - 1. Wenigstens die dickeren Fasern (mit Kalilauge mazerieren!) enthalten (Spiral- oder Netz-) Gefäße (Fasern von monokotylen Pflanzen).
      - § Veraschte Fasern zeigen auffällige, rundliche Kieselkörper.
        - † Alle Faserzellen geradwandig: *Manilahanf* (*Musa*).
        - †† Viele Faserzellen mit welligen Wänden: *Coir* (*Cocos*).
      - §§ Kieselkörper fehlen.
        - † In der Asche finden sich reichlich klumpenartige, nicht kristallische Körner von (aus Kalziumoxalat entstandenem) Kalziumoxyd: *Padang* (*Pandanus*).
        - †† In der Asche keine oder deutlich kristallische Kalziumoxydkörner.
          - = Fasern enthalten stets Parenchymzellen mit großen, prismatischen Kalkoxalat-Kristallen:
            - ! Breite der Faserzellen durchschnittl. 20 Mikra: *Agavefaser* (*Pita, Sisal-Hanf*).
            - !! Breite der Faserzellen durchschnittl. 14 Mikra: *Mauritius-Hanf* (*Fourcroya*).

= = Fasern enthalten keine größeren Kristalle: in anhängendem Parenchym höchstens Raphiden.

! Fasern mit sehr breiten Tracheen mit bandartigen, aber schmalen, über die ganze Breite weggehenden Tüpfeln: *Rohrkolben* (*Typha*).

!! Derartige Tracheen fehlen.

/ Den Fasern anhängende Grundgewebezellen mit leistenförmigen Membranverdickungen: *Bogenhanf* (*Sanseviera*).

// Den Fasern anhängende Grundgewebezellen ohne solche Verdickungen.

: Maximaldurchmesser[1]) der Zellen 8—19, meist 13 Mikra: *Neuseeländischer Flachs* (*Phormium*).

:: Maximaldurchmesser der Zellen 27—42 Mikra: *Pita, Caroá* (*Bromelia*).

2. Alle Fasern ohne Gefäße und ohne anhängende Blattoberhaut (Fasern von dikotylen Pflanzen).

§ Lumina der Zellen sich nicht auffällig verengernd und erweiternd.

+ Querschnitt der Zellen polygonal oder rundlich.

= Lumina der Faserzellen sehr verschieden: in derselben Faser dickwandige und sehr dünnwandige: *Besenginster* (*Sarothamnus*).

= = Lumina der Faserzellen alle ungefähr gleichbreit.

! Lumen eng, strichförmig, stets schmaler als $^1/_3$ der Zellbreite.

/ Aufgeweichte Fasern zeigen geradlinigen Verlauf ihrer Teile.

: Maximaldurchmesser der Zellen 12—26, meist 15—17 Mikra: *Flachs* (*Linum*).

:: Maximaldurchmesser der Zellen 30—60 Mikra: *Nessel* (*Urtica*).

// Aufgeweichte Fasern zeigen bogenförmigen, netzartig anastomosierenden Verlauf ihrer Teile: *Lindenbast* (*Tilia*).

!! Lumina weiter ($^1/_3$ der Zellbreite und mehr).

/ Zellquerschnitt mit Jodschwefelsäure blau oder grünlich gefärbt; Enden der Zellen nicht halbkugelig; Maximaldurchmesser 16—50 Mikra: *Hanf* (*Cannabis*).

// Zellquerschnitt mit Jodschwefelsäure kupferrot; Enden der Zellen halbkugelig; Maximaldurchmesser 20—42 Mikra: *Sunn* (*Crotalaria*).

+ + Querschnitte der Zellen unregelmäßig zusammengedrückt: *Ramie* (*Boehmeria*).

§§ Lumina der Bastzellen sich im Verlauf derselben Zelle auffällig verengernd und erweiternd.

α) Die Außenkontur der Zellen geht mit der Innenkontur parallel; die Bastzellen zeigen auf ihrer Außenseite Einbuchtungen und Höcker: *Chikan-Khadia* (*Sida retusa*).

β) Die Außenkontur der Bastzellen verläuft gerade; deswegen sind Außen- und Innenkontur nicht parallel.

* Lumen der Bastzellen streckenweise vollständig, ohne auch nur als Linie sichtbar zu bleiben, verschwindend.

§ Querschnitt durch Jodschwefelsäure blau gefärbt: (feiner) *Gambohanf* (*Hibiscus cannabinus*).

§§ Querschnitt mit Jodschwefelsäure rotbraun oder tief goldgelb gefärbt: *Tup-Khadia* (*Urena sinuata*).

---

[1]) Maximaldurchmesser (Maximalbreite) ist die Breite der dicksten Stellen der Sklerenchymfasern.

** Lumen der Bastzellen überall, wenn auch stellenweise nur strichförmig, sichtbar.

§ Faserbündel ohne Kalkoxalat-führendes Parenchym: *Jute* (*Corchorus*).

§§ Faserbündel, Reihen von Parenchymzellen enthaltend, die je einen Kalkoxalatkristall einschließen: *Rai-bhendá* (*Abelmoschus*).

3. Alle Fasern ohne Gefäße, aber meist mit verbindendem Grundgewebe und überdeckender Oberhaut (abgezogene Blattflächen): *Raphiabast* von *Raphia vinifera* u. a.

Untersuchung von Papier.

Zur Beurteilung der Güte von Papiersorten ist die Bestimmung der Fasern, aus denen das Papier besteht, von größter Wichtigkeit. Bisweilen werden die Papiere nach ihrem Herstellungsmaterial in folgende Klassen geordnet:

1. Klasse: Papier aus Flachs, Hanf, Manila,
2. „ „ „ Baumwolle, Halfa, Jute,
3. „ „ „ Holzzellulose und Strohzellulose,
4. „ „ „ Holzschliff,
5. „ „ „ Wolle, Haare, Seide.

Eine ganze Anzahl dieser Faserstoffe (Flachs, Hanf, Manila, Baumwolle, Jute, Wolle, Seide) werden S. 169—172 und S. 306—315 in ihrem mikroskopischen Aussehen besprochen. Der Untersucher muß sich darüber klar sein, daß bei der Papierbereitung die Fasern in viel stärkerer Weise angegriffen werden als bei der Herstellung von Textilwaren (chemisch verändert, morphologisch zerkleinert sein dürften), dann wird er nach den gemachten Angaben auch in Papier die Fasern wiedererkennen. Die oben nicht beschriebenen, für die Papierindustrie vorzüglich wichtigen Fasern sind folgende:

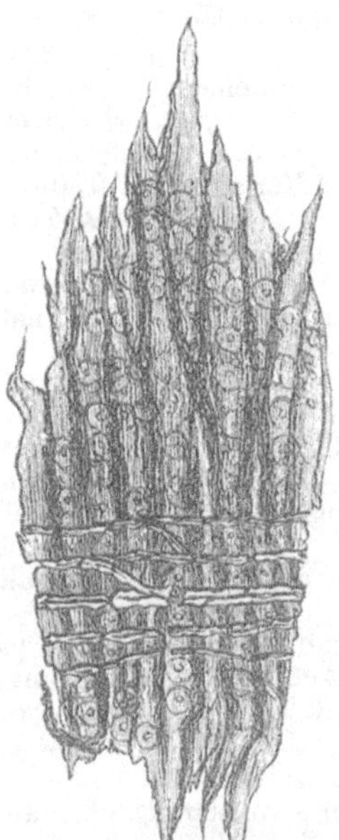

Abb. 215. Holzschliffteilchen von Nadelholz. (Nach Herzberg.)

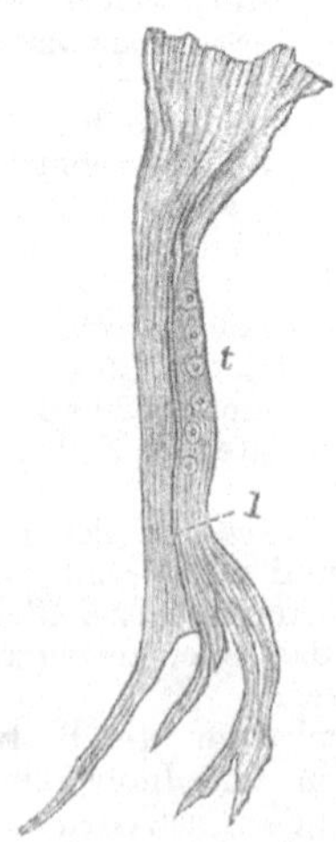

Abb. 216. Zellulosefaser aus Papier, beiderseits abgequetscht. Bei *t* eine Tüpfelreihe, *l* Lumen. — Vergr. $^{750}/_{1}$.

Holzschliff (Abb. 215). Durch mechanische Vorrichtungen zerriebenes Holz von Nadel-, selten von Laubbäumen. Die einzelnen Teilchen des Holzschliffs lassen unter dem Mikroskop allermeist die Holzstruktur noch in vollster Deutlichkeit erkennen; sie stellen kurze

Bündel von Fasern dar, deren Enden eingerissen, oft quergestutzt, fast stets in die Einzeslfasern aufgelöst sind. Auch das Markstrahlgewebe (vgl. S. 162) ist häufig in schönster Weise als zusammenhängende Bänder den Fasern querlaufende Zellen zu sehen. — Sind in den Fragmenten des Holzschliffs Gefäßröhren vorhanden, so stammt er von einem Laubbaum; dagegen zeigt das Fehlen derselben sowie das Vorhandensein der charakteristischen Hoftüpfel (vgl. Abb. 203) die Verwendung von Nadelholz als Ausgangsmaterial an.

Besonders wichtig für die Papieruntersuchung ist die S. 75 beschriebene Reaktion vermittelst Phlorogluzin-Salzsäure auf verholzte Membranen. Hat man Holzschliff zu untersuchen, so kocht man das Papier, bis es sich leicht zerfasern läßt, verteilt ein kleines Fragment auf den Objektträger mit Hilfe zweier Nadeln möglichst fein und läßt lufttrocken werden. Dann betupft man das angetrocknete Untersuchungsmaterial mit der alkoholischen Phlorogluzinlösung, bringt einen Tropfen Wasser auf das Präparat, bedeckt mit dem Deckglas. Vom Rande des Deckglases aus läßt man dann Salzsäure zufließen. Man beobachtet nun, wie alle Elemente je nach dem Grad ihrer Verholzung eine mehr oder weniger intensive Rotfärbung annehmen. Holzschliff färbt sich tief rot.

Zellulose (Abb. 216). Dieser wichtigste Papierstoff besteht aus durch chemisches Verfahren (z. B. Kochen mit Kalziumsulfit) des Holzstoffs (Lignins) entledigten Holzfasern. Der klarste mikroskopische Unterschied zwischen Holzschliff und Zellulose (Zellstoff) wird durch die soeben beschriebene Phlorogluzin-Salzsäurereaktion gegeben. Die Reaktion beruht auf der Rotfärbung des Lignins im Holzschliff: da im Zellstoff diese Verbindung ausgezogen wurde und nur Zellulose als Grundgerüst der Zellwände übrig blieb, so färbt Phlorogluzin-Salzsäure diesen Stoff nicht.

Dabei ist allerdings zu bemerken, daß manchmal unvollkommen entholzte Zellulose vorkommt, bei der einzelne Partien die Rotfärbung, wenn auch in schwacher Weise, doch noch geben.

Mikroskopisch betrachtet besteht die Zellulose aus langen, bandförmigen, nach beiden Enden allmählich spitz zulaufenden, oft hier aber auch breitgequetschten Fasern. Die Hoftüpfel des Koniferenholzes sind lange nicht mehr so deutlich zu sehen wie beim Holzschliff, doch gelingt es bei schräg fallendem Licht immer noch, sie aufzufinden. Nur im Herbstholz fehlen sie: die Fasern, die dieses zusammensetzen, führen spaltenförmige Tüpfel.

Strohzellulose (Abb. 217). Wie Holz wird auch Stroh vielerorts als Rohmaterial für die Zellulosedarstellung verwendet, und zwar ist das Stroh aller in Deutschland gebauten Getreidearten im Gebrauch. Strohzellulose ist ohne Schwierigkeit an den Epidermiszellen zu erkennen, deren Rand stets eine charakteristische Wellung (vgl. Abb. 217, *a*) besitzt. Je nach der Art des verwendeten Strohs ist diese Wellung eine etwas verschiedene: sie variiert zwischen seichten Einbuchtungen und tief einschneidenden Zickzacklinien, ist aber stets deutlich zu sehen. Die Hauptmasse der Strohzellulose wird von Sklerenchymfasern gebildet, deren Wände von Strecke zu Strecke oft fast bis zum Verschwinden des Lumens verdickt sind (Abb. 217, *b*); in geringer Menge sind dünnwandige Parenchymzellen (*c*) sowie Gefäße (*d*) vorhanden. Trotz dem verhältnismäßigen Zurücktreten des Parenchyms in der Strohzellulose ist dasselbe für die Erkennung des Faserstoffes von großer Wichtigkeit, da dünnwandiges Parenchym der sonst schwer unterscheidbaren Halfazellulose abgeht.

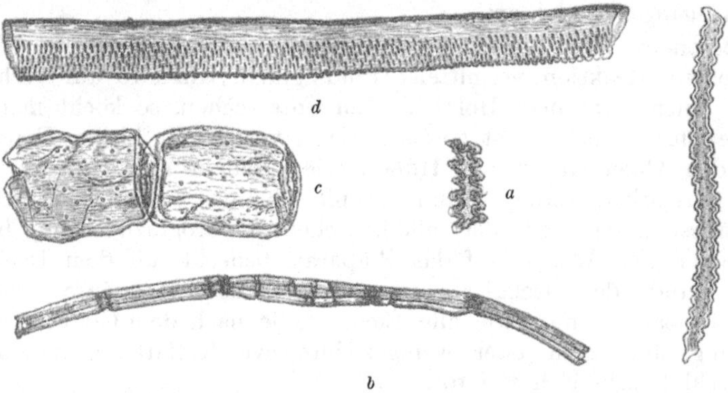

Abb. 217. Elemente der Strohzellulose. *a* Epidermiszelle, *b* Sklerenchymfaser, *c* Parenchym, *d* Gefäßstück. (Nach Herzberg.)

Halfazellulose (Alfazellulose, Abb. 218). Der auch Esparto genannte Rohstoff für diese Zellulose wird von den stielartig runden Blättern der Graminee *Stipa tenacissima*, die besonders in Südspanien

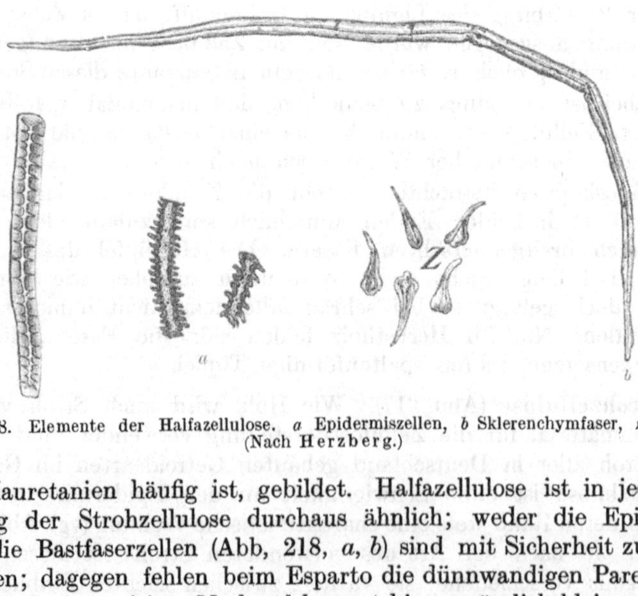

Abb. 218. Elemente der Halfazellulose. *a* Epidermiszellen, *b* Sklerenchymfaser, *z* Haare. (Nach Herzberg.)

und Mauretanien häufig ist, gebildet. Halfazellulose ist in jeder Beziehung der Strohzellulose durchaus ähnlich; weder die Epidermis- noch die Bastfaserzellen (Abb, 218, *a*, *b*) sind mit Sicherheit zu unterscheiden; dagegen fehlen beim Esparto die dünnwandigen Parenchymzellen und ein positives Merkmal kommt hinzu, nämlich kleine, krallenförmige Haargebilde (*Z*), die in keinem Espartopapier vermißt werden.

Nach folgendem Schlüssel wird man die häufiger vorkommenden vegetabilischen Papierfasern bestimmen können.

A. Bei Zusatz von 5 vH. Jod-Jodkaliumlösung gelb gefärbte Fasern.
 I. Faserbündel mit zerschlissenen Enden, Elemente stark getüpfelt, mit Phlorogluzin-Salzsäure stark rot gefärbt: *Holzschliff.*
 II. Einzelfasern oder ganz dünne Bündel; Elemente ohne starke Tüpfelung. mit Phlorogluzin-Salzsäure schwach rot gefärbt: *Jute.*

B. Bei Zusatz von 5 vH. Jod-Jodkaliumlösung fast farblos bleibende Fasern.
 I. Ohne beigemengte wellig berandete Grasepidermiszellen.
  a) Ohne Gefäßröhren: *Nadelholzzellulose.*
  b) Mit Gefäßröhren: *Laubholzzellulose.*
 II. Mit wellig berandeten Grasepidermiszellen.
  a) Mit dünnwandigen Parenchymzellen, ohne Krallenhaare: *Strohzellulose.*
  b) Ohne dünnwandige Parenchymzellen, mit Krallenhaaren: *Halfazellulose.*

C. Bei Zusatz von 5 vH. Jod-Jodkaliumlösung violett-rötlich oder bräunlich gefärbt.
 I. Bandförmige, gedrehte Haare: *Baumwolle.*
 II. Zylindrische, nichtgedrehte Fasern: *Hanf, Flachs.*

f) Einige sehr häufige und charakteristische, zufällig in Präparaten erscheinende Objekte.

In mikroskopischen Präparaten kommen je nach Umständen und insbesondere auch von der Sauberkeit des Arbeitens abhängig eine Unmenge von zufällig hineingeratenen Elementen vor, die sehr wechselnder Natur sein können. Folgende seien hier erwähnt, da sie besonders häufig sind und, wenn unbekannt, durch ihre Erscheinung besondere Aufmerksamkeit erregen.

Fasern der Putztücher. Selbst von anscheinend völlig festen Tüchern, mit denen Deckgläser und Objektträger geputzt werden, bleiben sehr häufig Fasern im Präparat. Leinenfasern werden oben S. 170, Baumwollhaare S. 169 beschrieben.

Lycopodium (Abb. 219). Die auch als „Hexenmehl" bekannten Sporen von *Lycopodium clavatum* stellen ein außerordentlich leicht bewegliches, hellgelbes Pulver dar, das z. B. in den Staub der Apotheken übergeht, wo es zum Einhüllen der Pillen dient. Die von drei ebenen (*a*) und einer gekrümmten Fläche (*b*, *c*) begrenzten Körner sind von eleganten Netzmaschen überzogen. Beigemengte Lycopodium-Sporen machen die Herkunft eines mikroskopischen Objekts aus einer Apotheke wahrscheinlich.

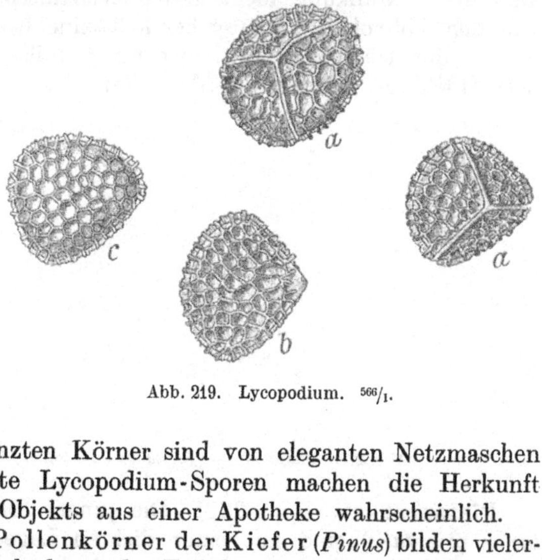

Abb. 219. Lycopodium. 566/1.

Pollenkörner. Die Pollenkörner der Kiefer (*Pinus*) bilden vielerorts im Sommer einen so bedeutenden Teil des atmosphärischen Staubes, daß sie vom Regen zu Boden gerissen, öfters Quadratmeilen als gelblicher Niederschlag überziehen („Schwefelregen“). Sie erscheinen überaus häufig in Präparaten und sind (Abb. 220) an ihren zwei Flugsäcken, die dem eigentlichen Pollenkorn anhängen, sofort erkennbar.

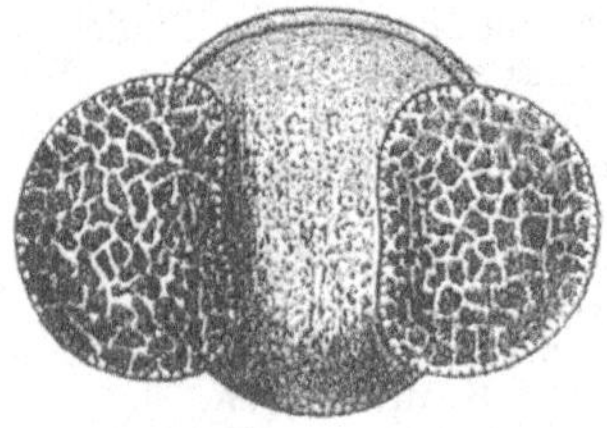

Abb. 220. Pinuspollen. — Vergr. 566/1.

Gleicherweise häufig sind zur Zeit der Getreide- und Wiesenblüte an vielen Orten die Pollenkörner der Gramineen (Abb. 221) im Staub. Sie sind unverkennbar charakterisiert durch ihre völlig glatte, kugel- oder eiförmige Gestalt und eine einzige sehr kleine, runde Austrittsstelle für den Pollenschlauch. Die Pollenkörner haben als Ursache des Heufiebers eine beträchtliche hygienische Bedeutung. Mit dem Luftstaub eingeatmet verursachen sie bei besonders disponierten Personen einen ungefährlichen, aber höchst lästigen Katarrh.

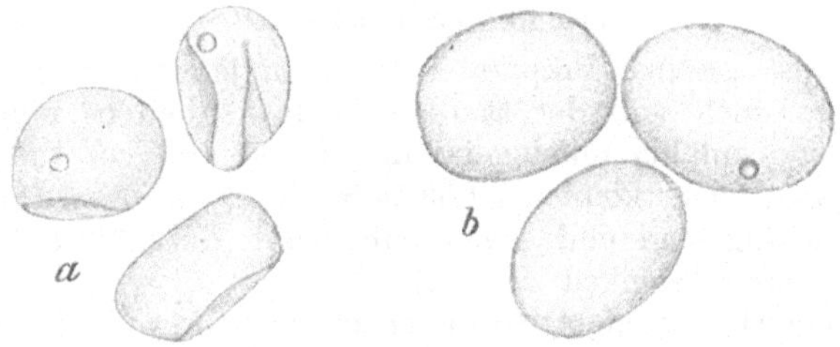

Abb. 221. Pollen des Roggens (*Secale cereale*). *a* Pollenkörner trocken, geschrumpft; *b* in verdünnter Schwefelsäure. — Vergrößerung 300/1.

Daß die Erkrankung nicht durch mechanischen Reiz, sondern durch von den Pollenkörnern ausgehende Toxine bewirkt wird, geht daraus hervor, daß sie durch ein (leider nur jeweils sehr kurze Zeit wirkendes) Antitoxin bekämpft werden kann.

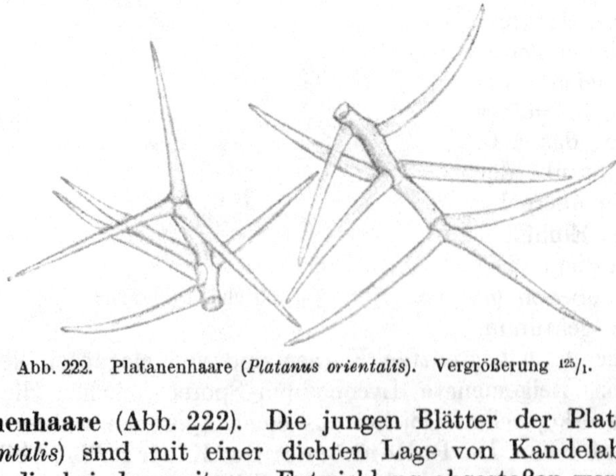

Abb. 222. Platanenhaare (*Platanus orientalis*). Vergrößerung 125/1.

Platanenhaare (Abb. 222). Die jungen Blätter der Platane (*Platanus orientalis*) sind mit einer dichten Lage von Kandelaberhaaren überdeckt, die bei der weiteren Entwicklung abgestoßen werden. Wo

Platanen als Zierbäume angepflanzt sind, stellen diese Haare zeitweise einen großen Teil des Staubes dar. Eingeatmet können sie die Schleimhäute der Luftwege stark reizen und den schon im Altertum bekannten „Platanenschnupfen“ hervorrufen.

2. Praktisch wichtige mikroskopische Objekte aus dem Reich der niedern (Zellen-) Pflanzen.

a) Höhere Pilze.

Trüffeln und ihre Verfälschungen.

Die Verwendung der Trüffeln als Speisepilze und insbesondere zur Würze von Speisen wird bedingt durch die Intensität des feinen, auch noch bei Anwendung einer relativ geringfügigen Menge zur Geltung kommenden Trüffelgeschmacks. Dementsprechend stehen diese in großem Umfang frisch und getrocknet gehandelten Pilze sehr hoch im Preis. Klagen über den berechtigten Erwartungen nicht entsprechenden oder direkt schlechten Geschmack von Trüffeln oder getrüffelten Speisen (insbesondere Wurst und Pasteten) haben in vielen Fällen die Verwendung von minderwertigen Trüffelarten oder von Unterschiebungen bzw. Verfälschungen zum Grund.

Als hochwertige Pilze, die den Preis rechtfertigen, der für Trüffel bezahlt wird, sind allein die beiden Arten *Tuber melanosporum* und *T. brumale* anzusehen. Echte, aber infolge ihres abweichenden und wesentlich schwächern Geschmacks minderwertige Trüffeln sind die besonders häufig getrocknet verkauften Spezies *Tuber aestivum* und *T. mesentericum*. Geringwertige Unterschiebungen kommen bei getrockneten Pilzen durch Verwendung des *Choeromyces gibbosus*, bei Wurstwaren durch die Morcheln, nämlich *Morchella conica, esculenta* und *Gyromitra esculenta* vor. Betrügerisch ist die Anwendung von *Scleroderma vulgare* und von *Rhizopogon*-Arten an Stelle der Trüffeln. Die mikroskopische Diagnose dieser Pilze ist leicht und sicher.

Die Untersuchung getrockneter oder als Speisezusatz verwendeter Trüffeln wird in der Weise ausgeführt, daß man aus dem Innern (nicht von der körnigwarzigen Oberfläche!) feine Schnitte macht und dieselben bei starker Vergrößerung betrachtet.

Tuber melanosporum und **T. brumale.** In feinem, wirrem Gewebe zeigen diese Arten helle, wie Löcher aussehende, runde Zellen (Asci), die eine wechselnde Zahl (meist vier) großer Sporen enthalten. Diese Sporen sind dicht mit feinen Stacheln besetzt; bei *T. melanosporum* (Abb. 223 *c*) sind die Sporen tief umbra-(fast schwarz-)braun, bei *T. brumale* (Abb. 223 *d*) kaffeebraun. Ob die verschiedene Größe der Sporen beider Arten, die ich mehrfach beobachtete, konstant ist, sei dahingestellt; von den meisten Autoren wird kein Unterschied in dieser Beziehung gemacht. — Die beiden beschriebenen Arten kommen nur im westlichsten Deutschland (Baden, Elsaß) spärlich vor; besonders in Frankreich sind sie vielerorts häufig (Perigord-Trüffel) und werden von da ausgeführt.

Tuber aestivum und **T. mesentericum** (Abb. 223 *a, b*). Äußerlich kaum, mikroskopisch im kleinsten Fragment von den vorigen Spezies verschieden. Der Bau des Innern ist übereinstimmend, aber die Sporen sind nicht mit Stacheln, sondern von einem Maschennetz stark vorspringender Leisten bedeckt. Bei *T. aestivum* sind die Maschen wesentlich weiter als bei der zweiten Art; auch beobachtet man an den Sporen von *T. mesentericum* vielfach unvollständige, durch die größeren Maschen nicht völlig durchquerende Leisten gebildete Skulptur. Beide Arten haben kaffeebraune Sporen; sie kommen gleichfalls reichlich in Frankreich, aber auch noch vielfach in Deutschland westlich der Elbe vor, haben einen nur schwach balsamischen, juchtenartigen Geruch, werden manchmal unter der Bezeichnung „hannöversche Trüffel" gehandelt, meist aber von den Perigord-Trüffeln nicht unterschieden. Sie verdienen unter keinen Umständen den hohen Preis der letztern.

Choeromyces gibbosus (Abb. 223 *e*). Mit *Tuber* verwandt, auch durch das von dichtstehenden, braunen, gewundenen Adern durchzogene Innere ähnlich, aber ohne weiteres durch die mit Stäbchen besetzten, sehr hellbraunen kugeligen Sporen verschieden. Kommt in Laub- und Nadelwäldern, unterirdisch wachsend, in ganz Deutschland vor, ist als „weiße Trüffel" bekannt und eßbar, aber durchaus minderwertig.

Scleroderma vulgare (Abb. 223 *f*). Der überall häufige Hartbovist ist systematisch mit den Trüffeln gar nicht verwandt, sondern gehört zu den

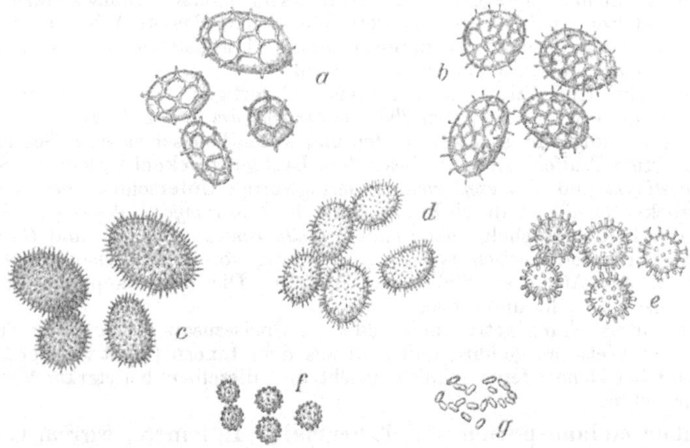

Abb. 223. Sporen der Trüffelarten und ihre Verwechselungen und Verfälschungen. *a Tuber aestivum; b T. mesentericum; c T. melanosporum; d T. brumale; e Choeromyces gibbosus; f Scleroderma vulgare; g Rhizopogon virens.* — Vergrößerung $^{375}/_{1}$.

Hymenomyceten (Gasteromyceten). Er wird, obgleich er ober- und nicht unterirdisch wächst, in unreifem Zustand häufig mit den Trüffeln verwechselt, auch nicht selten in Scheiben geschnitten und getrocknet als Trüffel verkauft. Sein Geschmack ist unangenehm und durchaus nicht trüffelartig, auch ist er giftig, da in mehreren Fällen auf seinen Genuß unangenehme Erkrankungen folgten. In manchen Gegenden soll er als Aphrodisiacum Verwendung finden. *Scleroderma* wird leicht an den kleinen, runden, warzigen, tiefschwarzen Sporen erkannt.

Rhizopogon virens (Abb. 223 *g*). Dieser Pilz und seine Verwandten kommen bei der Untersuchung von Trüffeln nur vereinzelt vor; er steht *Scleroderma* ziemlich nahe, ist aber mikroskopisch leicht durch die sehr kleinen, fast farblosen, glatten Sporen zu unterscheiden.

Morchel-Arten. In sogenannter Trüffelleberwurst werden die Trüffeln öfters durch Morcheln ersetzt. Sowohl an der etwas gallertartigen Substanz der Pilzstückchen wie auch daran, daß dieselben nach der einen Seite tiefbraun bis schwarz, nach der andern aber etwas heller gefärbt sind, wird die Unterschiebung mit Wahrscheinlichkeit erkannt. Gewißheit gibt ein mikroskopischer Querschnitt (Abb. 224), der das Hymenium des Diskomyzeten als palisadenartige Zellschicht mit eingestreuten, im Innern Sporen führenden Schläuchen zeigt.

Hausschwammuntersuchungen.

Allergrößte Bedeutung für den praktischen Mikroskopiker hat die Diagnose des Hausschwamms und der häufig mit ihm verwechselten Pilze.

In der Regel wird feucht liegendes Holz bei Luftzutritt sehr rasch zerstört (vermorscht), während es sich bei Luftabschluß (z. B. Brückenpfeiler unter Wasser, Moor-Einschlüsse) unbegrenzt zu halten pflegt. Die Holzzerstörung an der Luft wird durch Pilze, und zwar wesentlich durch *Polyporaceen* bewirkt. Die Nadelholz-Pfähle und -Zäune in unsern Gärten z. B. gehen meist durch die Angriffe des Pilzes *Lenzites sepiaria* und einiger *Polyporus*-Arten, besonders des *Polyporus vaporarius* zugrunde.

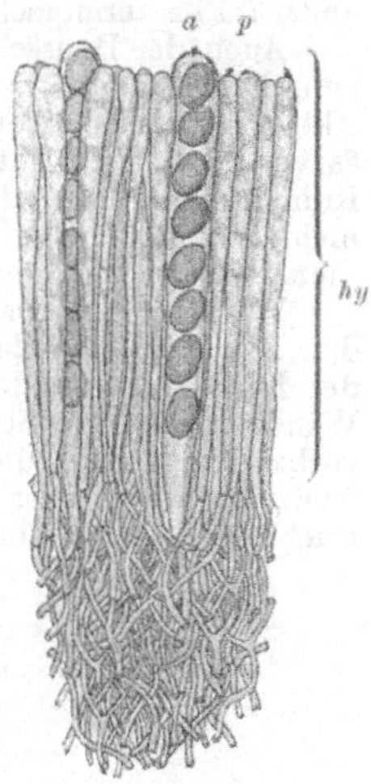

Abb. 224. Querschnitt durch das Hymenium der Frühlingsmorchel (*Gyromitra esculenta*). *a* Askus mit Sporen - *p* Paraphysen; *hy* Hymenium. Vergrößerung $^{280}/_{1}$.

Auch in Gebäuden ist Holzwerk manchmal durch das Wachstum von holzzerstörenden Pilzen bedroht; man findet in solchen Fällen am und im Holz (Unterseite der Fußbodenbretter, Balken usw.) Gebilde, die die Konsistenz von Watte, Spinngewebe oder Haut haben und sich fächer-, strang- oder faden- oder kreisförmig verbreiten. Diese Teile der Pilze sind die eigentlichen Holzzerstörer; sie können als der vegetative, der Ernährung des Organismus dienende Teil mit dem Wurzelgeflecht der höhern Pflanzen verglichen werden und heißen Myzelien. Sind die Myzelien genügend erstarkt, so treiben sie der Fortpflanzung dienende, die windbeweglichen Sporen erzeugende derbere Pilzgebilde, die Fruchtkörper.

Einteilung und Erkennung der Pilze ist fast ausschließlich von der Gestaltung ihrer Fruchtkörper abhängig; die sich gerade bei der Hausschwammdiagnose oft aufdrängenden Fragen nach den Unterschieden der holzbewohnenden *Polyporus*-Arten betreffen leider die am schwierigsten abzugrenzenden Formenkreise, die die Botanik kennt.

Immerhin vereinfacht sich die Sache sehr, wenn wir sie nur vom Standpunkt des praktischen Bedürfnisses nach den Unterschieden des Hausschwamms (*Merulius lacrymans*) einerseits, von allen übrigen in Gebäuden vorkommenden Holzpilzen anderseits betrachten.

Diese Unterscheidung aber muß aus folgenden Gründen streng durchgeführt werden:

Der Hausschwamm ist der einzige Pilz, der in gut gebauten, nicht feuchten Häusern durch Zerstörung des Holzwerks direkt gefahrdrohend ist; zugleich ist der Hausschwamm der einzige Hauspilz, dessen Entfernung nur mit großen Kosten und selten mit Sicherheit bewirkt werden kann.

Dies wird bedingt durch die außerordentlich große Wachstumsenergie des Pilzes, Hand in Hand mit der Fähigkeit, reichlich Wasser durch Veratmung der Zellulose zu gewinnen. Alle andern hier in Frage kommenden Pilze können weder was die Geschwindigkeit des Wachstums (und damit Hand in Hand gehend die Intensität der Holzzerstörung), noch was die Schwierigkeit der Ausrottung betrifft, mit dem Hausschwamm verglichen werden.

Es kommt zwar nicht selten vor, daß auch von *Polyporus*-Arten Holzwerk in einem Hause zerstört wird, ja daß diese Pilze auch Baufälligkeit bewirken. Aber dann ist nicht der Pilz, sondern die Feuchtigkeit des Hauses der Fehler, an welchem das Bauwerk zugrunde geht. Warum wundert man sich, wenn ein in feuchtem Mauerwerk liegender Balken durch *Polyporus vaporarius* vermorscht wird, während man es selbstverständlich findet, daß derselbe Pilz einen im

Garten eingerammten Pfahl binnen kurzer Zeit zerstört? Es ist der als Feuchtigkeit des Hauses sich manifestierende schlechte Baulichkeitszustand, der in allen Fällen, wo das Holzwerk nicht durch Hausschwamm, sondern durch einen andern Pilz zermorscht wird, die eigentliche Ursache der Schädigung bildet.

Auch der Hausschwamm braucht zu seiner ersten Entwicklung und Kräftigung Feuchtigkeit. Dann aber vermag er auf trockene Gegenstände (z. B. Möbel, Akten, Herbarien) überzugreifen und diese zu zerstören. Dementsprechend kommt es vor, daß auch gut gebaute, trockene Häuser durch den Hausschwamm zu Ruinen gemacht werden. Wenn *Merulius lacrymans* auftritt, ist dieser Pilz und nicht der allgemeine Baulichkeits-(Feuchtigkeits-)Zustand die maßgebende Ursache für die Vermorschung des Holzwerks.

Wer Hausschwammuntersuchungen zu machen hat, suche zunächst nach den Fruchtkörpern des Pilzes oder ihren Überresten. Dieselben finden sich an der Luft (meist an der Kellerdecke, auf der Fußbodendielung, am Grund der Wände hinter den Scheuerleisten hervorkommend usw.). — Sind Fruchtkörper vorhanden, so ist die Diagnose sehr einfach; fehlen sie aber und ist nur das unfruchtbare Myzel zu finden, so genügt es, die

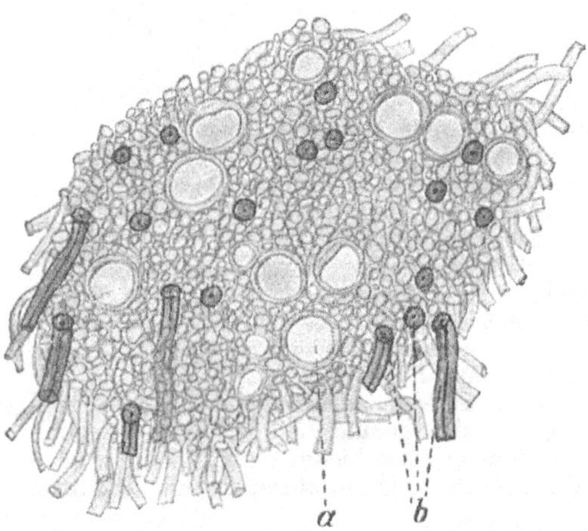

Abb. 225. Querschnitt durch einen Myzelstrang des Hausschwamms, mit Jod behandelt; *a* gefäßartige Hyphen; *b* sklerenchymfaserartige Zellen. Vergrößerung $^{375}/_{1}$.

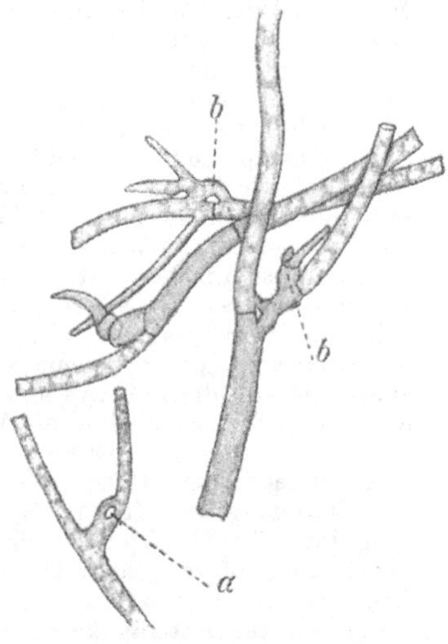

Abb. 226. Junge, in Luft gewachsene Hyphen des Hausschwamms; *a* einfache Schnallenbildung; *b* ausgesproßte Schnallen. — Vergr. $^{280}/_{1}$.

Diagnose zu stellen, ob *Merulius* (echter Hausschwamm) vorhanden ist oder die gesamte andere Gruppe. Die sichere Trennung der andern Holzpilze ist schwieriger, und zur richtigen Bestimmung der seltenen, nicht zum Hausschwamm gehörigen Arten, auch wenn sie in Fruchtkörpern vorliegen, ist öfters langjähriges und spezielles Studium der Hymenomyzeten erforderlich.

Die wichtigsten in Häusern auftretenden holzzerstörenden Pilze sind folgende:

Merulius lacrymans, Hausschwamm (Abb. 225 und 226). Fruchtkörper ziemlich dick, fleischig-lederartig, naß, meist omeletteförmig, erst weiß, dann von der Mitte aus braungelb werdend. Hymenium (sporentragende Schicht) auf der Oberfläche stumpfe Falten bildend, die später zu gewundenen und gezackten, netzförmigen, ungleich (1—2 mm) weiten Maschen sich verbinden. Sporen braun, glatt, ungleichseitig eiförmig, 10—11 μ lang, 5—6 μ breit.

Myzel sehr verschieden gestaltet, weiß oder oft (stellenweise) gelb oder rötlich. Myzelstränge in ausgetrocknetem Zustand zerbrechlich.

Geruch frisch ziemlich stark, champignonähnlich; faulende Fruchtkörper stinkend.

Diagnose im Myzelzustand: Die Myzelstränge sind bis federkieldick, im Querschnitt rundlich, frisch weiß, an der Oberfläche fein flockig, tot grau bis schwärzlich, frisch zäh-biegsam, alt spröde-zerbrechlich. Die Grundmasse besteht aus dünnwandigen Hyphen, in die eingebettet weitere dünnwandige (im Inhalt Eiweißreaktion gebende) und mehr oder weniger dickwandige Gefäße mit Querbalken und Warzen (über 25 μ weit!) und endlich dickwandige, im Durchmesser der Grundmasse gleiche, Hyphen häufig vorkommen. Diese letzteren „Faserhyphen" sind bei keinem der andern hausbewohnenden Pilze bis über 5 μ dick wie hier. — (Die früher

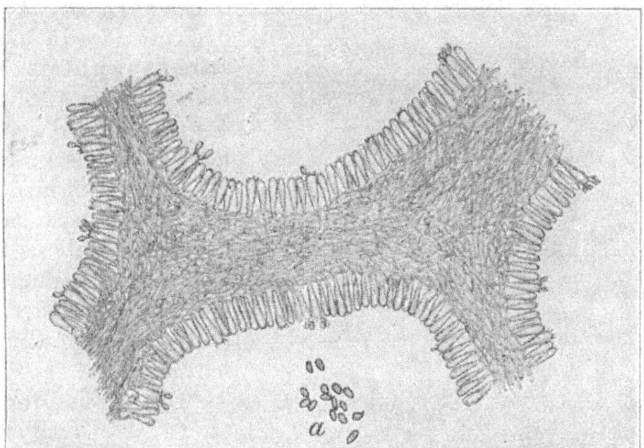

Abb. 227. *Polyporus medulla panis.* Querschnitt durch das Hymenium. *a* reife Sporen. — Vergr. $^{280}/_{1}$.

als bezeichnend angesehenen Schnallenbildungen im jungen Myzel kommen auch andern Pilzen zu!)

Hat man es nicht mit an der Untersuchungsstelle vorliegendem frischen Myzel zu tun, so erzielt man die nötigen Proben von Myzelsträngen und Myzelien leicht, indem man sich von der Grenze des äußerlich sichtbaren Pilzwachstums am Holz etwa 20 cm lange Stücke aussägt und dieselben unter einer Glasglocke feucht hält. Weiße, junge Myzelien kommen dann nach wenigen Tagen schimmelartig hervor. Myzelstränge erhält man, indem man solche Holzstücke unter der Glasglocke dicht in Holzwolle verpackt und feucht hält. Zur Untersuchung taugliche Stränge brauchen 3 bis 4 Wochen zum Wachstum.

Die Frage nach der Herkunft des Hausschwamms ist noch nicht völlig geklärt. Der sog. „wilde" Hausschwamm, der mehrfach im Wald gefunden wurde, ist bisher auf Standorte beschränkt, bei denen der Verdacht einer Infektion des Waldbodens von Häusern aus nicht von der Hand gewiesen werden kann. Dieser als *Merulius silvester* bezeichnete Pilz hat andere Temperatur-Kardinalpunkte als der echte Hausschwamm.

Hausschwamm ist nicht giftig. Direkte Gesundheitsschädigungen durch ihn sind nicht bekannt. Belästigend wirken faulende Fruchtkörper durch ihren Gestank und das Myzel dadurch, daß es Zimmer feucht macht.

Polyporus medulla panis (Abb. 227—229). Fruchtkörper dem Substrat anliegend, dauernd weiß, ziemlich trocken lederartig ausgebreitet, nicht von Myzel umgeben. Hymenium aus feinen, gleichgroßen, dichtstehenden Röhrchen (Abb. 227) gebildet (die Mündungen sind sehr klein und sehen von oben betrachtet Nadelstichen ähnlich), nach unten der lederartigen, ziemlich dicken (3—15 mm) Pilzsubstanz aufsitzend. Sporen weiß, kurz ellipsoidisch, 4—5 μ lang und wenig schmäler. Geruch schwach.

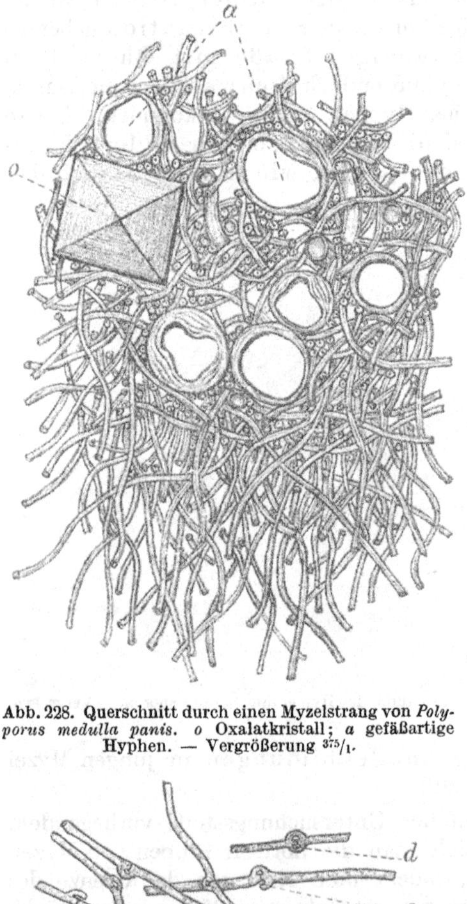

Abb. 228. Querschnitt durch einen Myzelstrang von *Polyporus medulla panis*. *o* Oxalatkristall; *a* gefäßartige Hyphen. — Vergrößerung $^{375}/_{1}$.

Myzel verschieden gestaltet, doch meist mit etwas flockigem Habitus, dauernd weiß. Myzelstränge oft sehr dick, auch ausgetrocknet zäh und elastisch. Geruch sehr schwach.

Diagnose im Myzelzustand: Die Myzelstränge (Abb. 228) zeigen in dem von dünnen Hyphen gebildeten Grundgewebe nur Röhren, aber keine dickwandigen Fasern. [An jungen Hyphen (Abb. 229) sind auswachsende Schnallenverbindungen der Zellen seltener.]

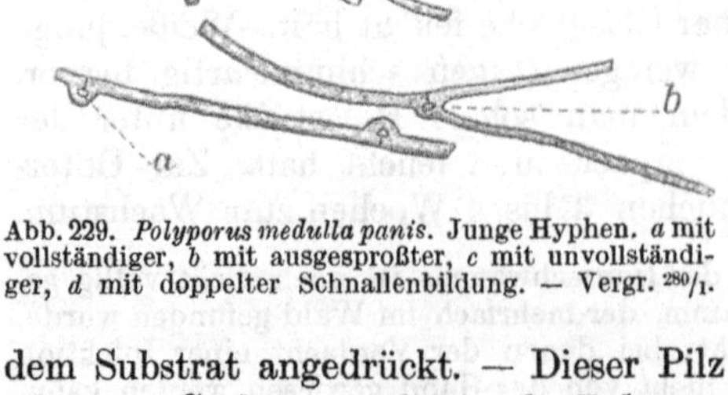

Abb. 229. *Polyporus medulla panis*. Junge Hyphen. *a* mit vollständiger, *b* mit ausgesproßter, *c* mit unvollständiger, *d* mit doppelter Schnallenbildung. — Vergr. $^{280}/_{1}$.

Myzelstränge dieses Pilzes finden sich bei den Untersuchungen an Ort und Stelle fast stets vor; junge Myzelien werden wie beim Hausschwamm gewonnen, sie kommen aber später als dort aus den Holzstücken heraus und sind hauchartig, dem Substrat angedrückt. — Dieser Pilz wird von den meisten Hausschwamm-Sachverständigen als *Polyporus vaporarius* bezeichnt; er ist demselben tatsächlich nahe verwandt.

Polyporus vaporarius. Fruchtkörper dem Substrat anliegend, dauernd weiß, hautartig, wenig feucht, flach ausgebreitet, am Rand in Myzel übergehend. Hymenium aus öfters etwas ungleichgroßen, dichtstehenden, ziemlich groben Röhrchen gebildet (Mündungen groß, eckig, oft zerschlitzt), nach einiger Zeit schmutzigweiß werdend, nach unten nur einer dünnen Unterlage (oft scheinbar dem Holz) aufsitzend. Sporen weiß, ellipsoidisch, 5—6 μ lang, 3—3,5 μ breit. Geruch sauerteigartig.

Myzel zarter, aber von dem der vorigen Art nicht immer sicher unterscheidbar. Eigentliche Myzelstränge fehlen, mindestens wesentlich dünner, selten mehr als Stricknadeldicke erreichend, auch ausgetrocknet zäh und elastisch.

Bezüglich der Kultur verhält sich *Polyporus vaporarius* wie die vorige Art, nur treibt er viel leichter Fruchtkörper. Diese sind besonders an mit Harn getränkten Holzstücken unter der Glasglocke oft schon nach drei Wochen zu erzielen.

Polyporus destructor. Fruchtkörper vom Substrat abstehend, ungestielt mit breitem Grund angewachsen (etwa ohrmuschelförmig), hellbräunlich oder weißlich, mit dunkleren Zonen auf dem Schnitt, von wässerig-fleischiger, anfangs fast käsiger Substanz. Hymenium abwärts gerichtet, aus langen Röhrchen bestehend, deren Mündungen rundlich, gezähnt oder zerschlitzt und weißlich sind. — Nicht selten sind die Fruchtkörper auch dem Substrat anliegend und bestehen fast nur aus Röhrchen; die wässerige Substanz läßt den Pilz auch in diesem Fall leicht von den beiden vorigen unterscheiden.

Diese Art wird von mehreren Autoren als häufiger Holzzerstörer in Häusern angegeben; ich habe sie bisher nur selten gefunden.

Lenzites sepiaria. Fruchtkörper ohrmuschelförmig vom Substrat abstehend, filzig-korkig, rostbraun, ungestielt, trocken. Hymenium auf der Hutunterseite blätterartig (den Lamellen der *Agaricaceae* ähnlich). Sporen weiß, zylindrisch, 6,5—7,5 μ lang, 2,5—3 μ breit.

Myzel nur an feucht liegendem Holz auf die Oberfläche kommend, erst weiß, dann bald rostbraun, oft zunderartige Massen und dicke Stränge bildend. Geruch fast fehlend.

Dieser Pilz ist schon durch die rostbraune Farbe seines Myzels ohne weiteres sowohl vom Hausschwamm wie von den oben genannten *Polyporus*-Arten verschieden. Er ist ein oft vorkommender Holzzerstörer, aber auf Nadelholz beschränkt. Infizierte Holzstücke lassen in der Kultur die Fruchtkörper sehr leicht hervorsprießen. Mikroskopisch wird das Myzel durch seine besonders stark abstehenden, mit dem Faden eine medaillonartige Figur bildenden Schnallen erkannt.

Coprinus radians. Fruchtkörper zartfleischig, aus dünnem Stiel mit schirmförmigem Hut bestehend, 2—4 cm breit, nach der Reife in schwarze Tinte zerfließend, stets aus dem besonders an Kellerdecken nicht seltenen, wergartigen, gelbbraunen oder rotgelben, oberflächlich liegenden Myzel entspringend. Dies Myzel läßt sich in großen, tuchartigen Fetzen von den Kellerwänden abreißen, es ist durch seine Farbe sehr leicht kenntlich. — *Coprinus radians* greift das Holz nicht an.

Armillaria mellea, Hallimasch. Derber Hutpilz mit breitem, oberseits braunem, schuppigem, unterseits mit weißen Lamellen besetztem Hut und blassem, über der Mitte einen flockig-häutigen Ring tragendem Stiel, nicht zerfließlich. Myzel stets auch in Form von schwärzlich berindeten, innen weißen Strängen (Rhizomorpha), die sich vielfach verzweigen, auftretend.

Die Gestalt von Rhizomorpha und Pilz ist unverkennbar. Der Hallimasch ist besonders dort gefährlich, wo auf den gewachsenen, mit Myzel infizierten Boden in Wäldern (Forsthäuser, Restaurants usw.) Dielung von Laub- oder

Nadelholz aufgelegt wird. Diese kann in kürzester Zeit vernichtet werden, ohne daß der Pilz in weiterer Höhe befindliches Holz angreift.

Lentinus squamosus. Bildet in derjenigen Form, die unter Lichtabschluß in Häusern vorzukommen pflegt, ohne weiteres kenntliche, meist rotbraune, geweihartig verzweigte, derbe Gebilde, die nur selten Hutreste tragen. Myzel weiß, strangartig oder flächenförmig ausgebreitet. Lamellen der Hüte mit gesägter Schneide.

Auch dieser Pilz ist meist auf die Kieferndielung von Kellern und Erdgeschossen beschränkt; er kommt nicht häufig vor, kann aber starke Holzzerstörungen anrichten. Kenntlich ist er und von ihm befallenes Holz am leichtesten durch süßlichen, an Perubalsam erinnernden Geruch.

Coniophora cerebella. Fruchtkörper flach dem Substrat anliegend, erst fleischig-häutig, dann beim Austrocknen knorpelig werdend und sich oft stellenweise ablösend, erst weiß, dann bald dunkelbraun mit weißem, flockigem Rand. Hymenium nach oben gekehrt, selten glatt, meist unregelmäßig kleinwarzig oder körnig; Sporen gelbbraun, breit elliptisch, 10—15 μ lang, 7—9 μ breit.

Dieser Pilz ist besonders in feuchten Kellern am Holzwerk sehr häufig anzutreffen. Das Myzel ist erst lehmgelb, wird aber bald dunkelbraun; es ist vollauf charakterisiert durch neben den dünnen Hyphen sich findende dickere Röhren, deren Scheidewände sehr elegante Schnallenverbindungen in Mehrzahl (3—6) aufweisen. Sterile Myzelien schreiten, unter der Glasglocke feucht gehalten, nach kurzer Zeit (2—3 Wochen) zur Bildung der Fruchtkörper. Das Holzwerk greift dieser Pilz öfters stark an.

Bestimmung von Pilzresten bei Pilzvergiftungen.

In vielen Fällen von Pilzvergiftung untersucht der Arzt den Mageninhalt des Erkrankten oder Verstorbenen, um die Fragen beantwortet zu erhalten, ob wirklich eine Pilzvergiftung vorliegt und welche Spezies sie bewirkt hat.

Stets liegen in den Speiseüberresten dann noch kenntliche Pilzstückchen vor. Man suche aus dem zur Untersuchung kommenden Mageninhalt die makroskopisch leicht kenntlichen Reste der Pilzhüte heraus und bringe sie in absoluten Alkohol, um sie zu härten.

a) Schwere Vergiftungen Gesunder mit ungünstigem Ausgang sind nur mit wenigen Pilzen der deutschen Flora möglich: dies sind Morcheln, die ein durch Trocknen oder Abkochen und Abgießen des Wassers (was man niemals versäumen sollte!) rasch verschwindendes Gift (Helvellasäure) enthalten, Knollenblätterpilz und Fliegenpilz.

b) Nierenleidende können durch den Genuß in frischem Zustand scharf pfefferig brennend schmeckender Reizker und Täublinge (z. B. *Lactaria torminosa, Russula emetica*) sehr gefährdet werden, weil die scharfen Bestandteile dieser Pilze durch die Nieren wieder ausgeschieden werden und diese stark reizen. Auch bei Gesunden wird nach dem Genuß von scharfschmeckenden Pilzen dieser Gattungen vorübergehende Albuminurie erzeugt.

c) Die giftigen *Boletus*-Arten (z. B. *B. Satanas*) stellen prompt wirkende Brechmittel dar, ohne daß bisher nach ihrem Genuß dauernde oder gefährlichere Gesundheitsschädigungen beobachtet wurden.

d) Über die Vergiftungen mit *Scleroderma vulgare* ist nichts bekannt, außer daß sie beobachtet wurden. Tödlichen Ausgang hatten sie nicht. — Der Gift-Pfifferling (*Cantharellus aurantiacus*), eine vielfach als giftig angegebene Art, die sich vom Pfifferling (*Canth. cibarius*) durch schwächlicheren Habitus, dunklere Färbung und stärker vortretende, sehr regelmäßig dichotome Lamellen unterscheidet, ist offenbar keine homogene Art. Formen, die hierher zu rechnen sind, werden vielfach ohne jeden Schaden gegessen; andere dagegen erregen, wie ich aus eigener Erfahrung weiß, leichtes Übelbefinden.

Für die Praxis hat allein die anatomische Kenntnis des Knollenblätterpilzes (*Amanita phalloides*) wirkliche Bedeutung, da auf seinen Genuß fast alle jedes Jahr wiederkehrenden Pilzvergiftungen zurückzuführen sind, während Morchelvergiftungen (*Gyromitra, Morchella*) seltener sind und solche mit dem allgemein als giftig bekannten, leicht kenntlichen Fliegenpilz (*Amanita muscaria*) kaum vorkommen.

Die *Amanita phalloides* (mit ihren Unterarten *A. verna* und *A. viridis*) ist deswegen höchst gefährlich, weil sie leicht mit dem Champignon

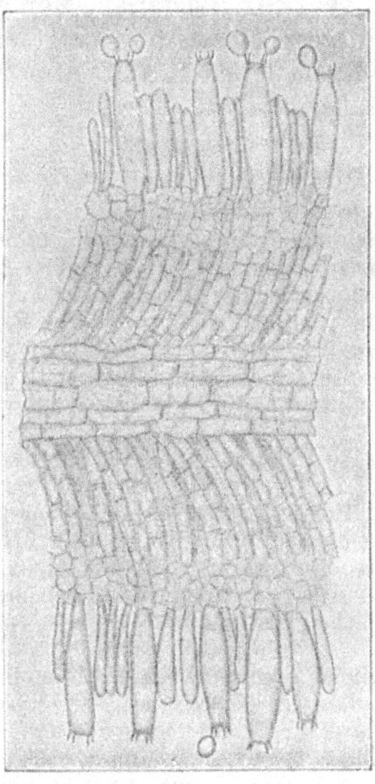

Abb. 230. Querschnitt durch die Lamelle des Knollenblätterpilzes. — Vergrößerung $^{280}/_{1}$.

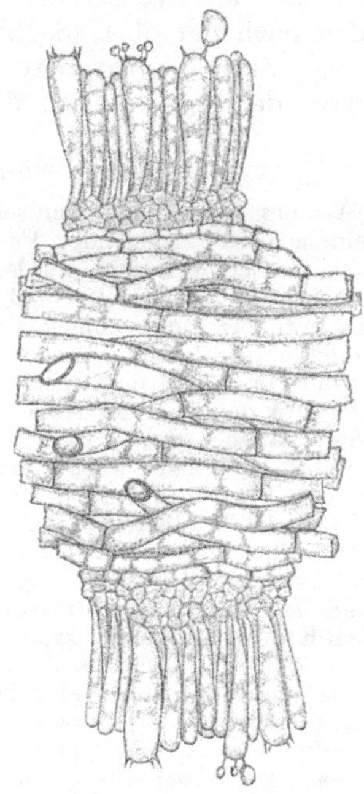

Abb. 231. Querschnitt durch eine Lamelle des Champignons. — Vergrößerung $^{280}/_{1}$.

verwechselt wird und schon in kleiner Dosis tödlich wirkt. Sie ist (wie die andern *Amanita*-Arten) leicht kenntlich daran, daß auf dem Querschnitt der Lamellen (Abb. 230) eine deutlich bogig von der Mittellinie nach außen gehende Anordnung der Hyphen vorhanden ist, während beim Champignon (Abb. 231) die gesamte Mittelschicht der Lamellen aus geraden, nicht bogig verlaufenden, breiten Hyphen sich zusammensetzt, an die nach außen, unter dem Hymenium, noch eine kleinzellige Gewebeschicht sich anschließt.

Die Schnitte, die diese Bilder zeigen, werden in einer Weise gemacht, daß man die Lamellen tangential zum Hutrand schneidet; sind im zu untersuchenden Mageninhalt keine hochroten Membranfetzen (*Amanita muscaria*) vorhanden und zeigen die Lamellen den bogigen Bau der Mittelschicht, so ist bei Pilzvergiftungen die Bestimmung des Knollenblätterpilzes gesichert.

Auf in gleicher Art angelegten Schnitten sind auch die *Lactaria*- und *Russula*-Arten kenntlich. Beide Gattungen unterscheiden sich von den übrigen Hutpilzen dadurch, daß im Grundgewebe (Mittelschicht) der Lamellen außer schmalen Hyphen Inseln sehr großer, rundlicher Zellen vorhanden sind. Fehlen bei solchem Bau mit dunklem, körnigen Inhalt versehene Milchsaftschläuche, so hat man es mit einem Täubling (Russula) zu tun; sind Milchzellen (stets reichlich) vorhanden, so stammt das Bruchstück von einem Reizker (Lactaria). Morcheln werden nach der oben (S. 181, Abb. 224) gegebenen Anweisung leicht erkannt; auch die Diagnose auf Scleroderma (oben S. 180, Abb. 223) ist nach der Sporengestalt dieses Pilzes leicht.

b) Die gewöhnlichsten Schimmelpilze.

Wo nur eine Spur organischer Nährstoffe der freien Luft ausgesetzt ist, siedeln sich bei genügender Feuchtigkeit Schimmelpilze an; wo reichlichere Mengen zu Gebote stehen, werden solche Ansiedlungen auch dem bloßen Auge erkennbar. Es „schimmelt" bald in Form lockerer weißer oder farbiger Tupfen, oder es erheben sich sammetartige Rasen oder kleine Wälder von zarten Fäden mit oder ohne Fruchtansätzen. Bei uns kennt man den Schimmel hauptsächlich vom Obst, von den Speisen in der Speisekammer und von den Kellerwänden. In den feuchten Tropengegenden schimmelt alles: Kleider, Schuhwerk, Klaviere, Wäsche usw.

Selbst im Wasser wächst der Schimmel, so auf der Haut der Fische, auf ersoffenen Fliegen, auf Fischlaich usw.

Über die Häufigkeit des Auftretens der Schimmelpilze in der atmosphärischen Luft haben wir durch Saito in Tokio sehr ausführliche Angaben erhalten. Er untersuchte während der einzelnen Monate eines ganzen Jahres die Luft des Botanischen Gartens, der Straße, der Seefläche, des Operationssaals in der chirurgischen Klinik, des Kloakenraumes des Botanischen Instituts und des Vorlesungszimmers einer Mittelschule.

Die bei sämtlichen Versuchen am häufigsten gefundenen Schimmelpilze waren *Cladosporium herbarum, Penicillium glaucum, Epicoccum purpurascens, Aspergillus glaucus, A. nidulans, Catenularia fuliginea, Mucor racemosus, Rhizopus nigricans* (*Mucor stolonifer*), *Macrosporium cladosporioides, Monilia*-Spezies und Pykniden-Bildner. *Botrytis* und *Verticillium glaucum* kamen nur in den wärmeren Monaten in der Gartenluft vor, *Heterobotrys* und *Fusarium roseum* dagegen in der kälteren Periode.

Bei trockenem Wind gibt es viele Keime, nach Regen und Schneefall wenig.

Wichtig ist es, die Bedingungen des Auftretens der Schimmelbildung in unseren Gebäuden zu kennen. In nicht gut ausgetrockneten Neubauten siedelt sich auf den Tapeten reichlich Schimmel an, der in dem Kleister seine Nahrung findet. So lange der Kalk im Mörtel nicht mit Kohlensäure gesättigt ist, scheidet sich immer noch Wasser aus den Wänden ab. Tüchtig lüften bei trockenem Ostwind! Bei feuchtem Westwind unterlasse man die Ventilation kalter Räume, da dann die Feuchtigkeit an den kalten Flächen sich niederschlägt. In Kellern müssen die Abflußkanäle einen Wasserverschluß haben, da sonst beständig kalte Luft unten abzieht und feuchte warme Luft aus den oberen Luftschächten heruntergesaugt wird. Die Eisschränke mit Türen sind nicht so sparsam wie die mit Deckelöffnung, weil beim Öffnen der ersteren fast die gesamte kalte Luft ausströmt und durch die feuchtwarme Luft der Küche ersetzt wird. Hier kann ein Schimmeln und Verschleimen der Speisen leicht eintreten, während bei jenen, da kalte Luft nicht abziehen kann, im Gegenteil die Oberflächen trockner werden. Durch Filter keimfrei gemachte Luft in kalte Keller einblasen, heißt geradezu eine Schimmelepidemie erzeugen, sofern die Luft vor der Filtration nicht trocken gemacht wurde. Dies kann geschehen, indem man sie an Eisstücken oder Kühlröhren vorbeiführt oder stark gekühlte Flüssigkeit durchstreifen läßt.

In vielen Fällen ist es wichtig, zu wissen, aus welchen Infektionsquellen die Pilzkeime der Luft herstammen, z. B. in Brauereien, die auf offenen Kühlschiffen die Bierwürze zur Abkühlung bringen. Hier leistet die „biologische Luftanalyse" gute Dienste. Man sterilisiert kleine Blechschachteln (Zigarettenschachteln) oder Glasschalen, sei es durch trockne Hitze oder durch Ausspülen mit kochendem Wasser, und setzt diese Gefäße an verschiedenen Orten je eine Stunde lang aus. Nachher nimmt man den eingefangenen Staub mit bei 30—40° flüssig gemachter Nährgelatine auf, gießt diese in einen Rollzylinder und läßt sie an den inneren Wandungen erstarren (Abb. 232).

Besonders geeignet zu solchen Luftanalysen sind die mit abwärtsgekehrter Öffnung und mit einer Schmelzrinne für Gelatine versehenen Pilzkulturgefäße nach Lindner. (Bei Warmbrunn & Quielitz, Berlin NW. 40, Heidestraße,

Abb. 232. Biologische Analyse der Luft eines Pferdestalls. Dasselbe Pilzkulturglas links nach 2 Tagen, rechts nach 6 Tagen (18.—24. II. 15.). Besonders zahlreich sind die sich schwärzenden Kolonien von *Cladosporium herbarum* angegangen. 1/3 nat. Gr.

erhältlich, ebenso die Broschüre: Der biologische Nachweis von Pilzsporen in der Luft, die Züchtung von Pilzrosen und die Herstellung von Pilzmalereien.)

Die Pilzkeime wachsen in dem gleichmäßig dünnen Wandbelag zu regelmäßigen, oft konzentrisch gezeichneten Kolonien heran. Diese Ringbildung ist bei vielen Pilzen auf den Wechsel von Tag und Nacht zurückzuführen. Eine solche Kolonie stellt eine Art Kalender dar, der aber nicht bloß auf die seit dem Auftreten des ersten Ringes verflossene Anzahl Tage, sondern auch aus den Abständen jener untereinander auf wärmeres oder kälteres Wetter schließen läßt. Endlich gibt die mehr oder minder kräftige Ausbildung der Sporenmassen an, ob ein heller oder trüber Tag gewesen. Manche Oxalsäure bildende Pilze zeigen um die Kolonie herum einen ziemlich breiten, trüben Ring, der aus lauter kleinen Kristallen von oxalsaurem Kalk besteht.

Sofern die betreffende Pilzkolonie Farbstoffe bildet, entsteht eine sog. „Pilzrose". Farblose Kolonien, wie z. B. die von *Oospora*, erscheinen seidenglänzend in der Durchsicht. Indem eine solche Pilzrose wochenlang fortwächst, bietet sie ein ausgezeichnetes Objekt dar zur täglichen Beobachtung. Allmählich trocknen die Kulturen ein und behalten dann monate-, ja auch jahrelang ihre zarte

Struktur und Farbe fast unverändert. Auch die Lebensfähigkeit der Sporen erhält sich in dem trocknen Zustand oft noch jahrelang, je nach der Pilzart.

„Pilzmalereien" kommen dadurch zustande, daß man das in Wasser verteilte Sporenmaterial bestimmter Pilze auf dem dünnen Gelatinebelag in Punkt- oder Strichmanier aufträgt, am besten mittels einer Pipette. Die Zeichnung hat man zuvor mittels eines Fettstiftes auf der Außenseite des Glases aufgetragen. Der didaktische Wert solcher Luftanalysen und Pilzkulturen liegt nicht nur in dem Anreiz zu häufigen vergleichenden Beobachtungen und zu sauberem Arbeiten, sondern vor allem auch darin, daß sie in anschaulichster Weise in die Grundbegriffe der Hygiene und Infektionslehre einführen.

Es mag hier noch erwähnt werden, daß von manchen besonders zarten Pilzgebilden leicht Schattenbildaufnahmen gemacht werden können, indem man an das Pilzkulturgefäß Gaslichtpapier mit der Hand andrückt und eine zeitlang in der Dunkelkammer Licht einwirken läßt. Als Beispiel einer solchen Aufnahme diene die nachstehende Abbildung einer älteren Kolonie von *Endomyces Magnusii*, die in Bierwürzegelatine gewachsen ist (Abb. 233).

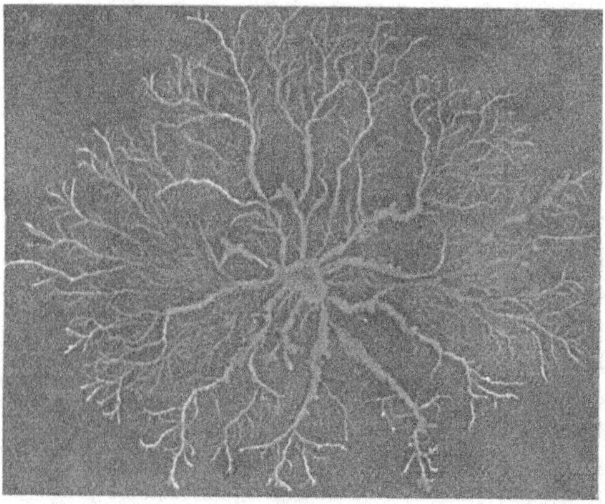

Abb. 233. Pilzrose von *Endomyces Magnusii* (Ludwig), in dünner Würzegelatine gewachsen. Schattenbildaufnahme. Nat. Größe.

Bei der Züchtung der Pilze in sog. Riesenkolonien läßt man dieselben von einem Punkt aus auf einer dicken Nährgelatineschicht in geräumigen Kolben heranwachsen.

Zu der makroskopischen Pilzkultur muß sich nun die mikroskopische gesellen. Am eindrucksvollsten werden hier jene Kulturen wirken, die wir Tag für Tag unter dem Mikroskop verfolgen können. Das ist am besten möglich bei der Anwendung der Tröpfchenkultur. Mit Hilfe einer Zeichenfeder, die man am besten an einem langen Nagel befestigt, um sie leicht sterilisieren zu können, oder mit Hilfe ausgekochter Zahnstocher trägt man auf ein flammiertes Deckgläschen 30—40 Tröpfchen einer mit Pilzsporen versetzten Nährflüssigkeit in geordneten Reihen auf; alsdann befestigt man das Deckgläschen auf einem hohlen Objektträger und verkittet beide durch einen Vaselinering. Statt mit Vaseline kann man auch mit Paraffinöl abdichten. In den kleinen Tröpfchen oder Federstrichen wächst nun der Pilz heran, von der Spore an bis zur neuen Fruchtbildung. In den Tröpfchen findet eine völlig ungestörte Entwicklung statt, die mikroskopisch in allen Einzelheiten verfolgt werden kann, ein Umstand, der die Lust zum Mikroskopieren stets rege erhält. Diese Methode ist für den Unterricht besonders empfehlenswert, ja sie ist geradezu ein Musterbeispiel der praktisch-heuristischen Lehrmethode, da jeder Schüler allmählich heranreifen sieht, was er selbst zur Aussaat gebracht. Damit die Punkt- oder Strichreihen auf dem Deckgläschen nicht verlaufen, ist es nötig, daß letzteres eine Spur fettig war. Mitunter will man aber eine Entwicklung in einer über das ganze Deckgläschen ausgebreiteten Flüssigkeitslamelle anstreben. Hierzu ist nur ein völlig entfettetes Deckgläschen zu gebrauchen. Das Entfetten geschieht durch längeres Erhitzen des Deckgläschens auf Schwarzblech. Statt weicher Vaseline oder Paraffinöls bedient man sich als Verschlußmaterial festerer Vaseline oder Wachses, die man noch flüssig als Ringwall um die Höhlung des

Objektträgers aufträgt. Das Deckgläschen wird auf diesem Ringwall einfach festgedrückt und dabei Sorge getragen, daß keine Luftkanäle nach außen vorhanden sind. In einer solchen (Abb. 234) „Adhäsionskultur" vollzieht sich die Entwicklung völlig in einer Ebene, was für die mikroskopische Beobachtung und bei mikro-photographischen Aufnahmen große Vorteile bietet. Natürlich ist die Entwicklung der Pilze, der kärglich zugemessenen Nahrung entsprechend, keine allzu üppige. Es liegt zwischen Keimung und Sporenbildung nur ein kurzer Weg; dieser aber ist umso besser zu überschauen; vor allem kann man die interessanten Vorgänge des Plasmatransportes nach den Orten der Fruchtbildung studieren. Mitunter bemerkt man auch Durchwachsungserscheinungen, die dadurch zustande kommen, daß einzelne Zellen ihre Querwände in benachbarte schwächlichere Mycelglieder auskeimen lassen. Charakteristisch für die meisten Pilzkulturen ist, daß die den Nährtropfen überschreitenden Äste auf weite Strecken hin die Flüssigkeit beiderseits mit sich hinwegführen, bis sie zur Lufthyphenbildung schreiten, wobei meist die Zellwände und Sporen einen fettigen Glanz zeigen. Das Auftreten zahlreicher kugeliger Wassertropfen, die infolge zu großen Turgors aus den Lufthyphen herausgedrückt werden, deutet darauf hin,

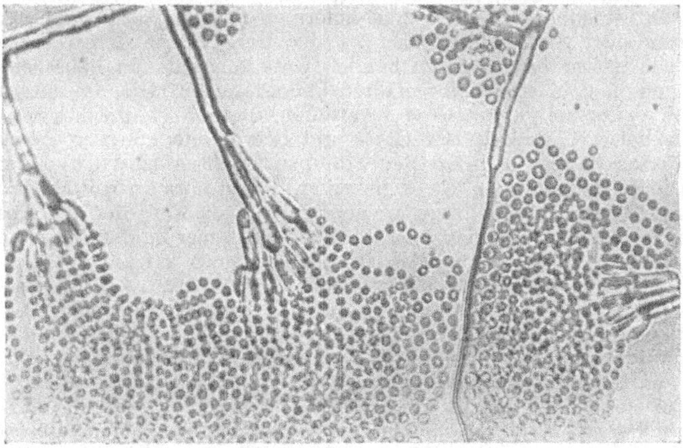

Abb. 234. Mehrere Tage alte Adhäsionskultur eines Pinselschimmels mit ungestörter Sporenkettenentwicklung. 250fach.

daß die Außenwände derselben fettig sind. Die in der Flüssigkeit verbleibenden Mycelfäden zeigen allmählich Degenerationserscheinungen. Ausscheidungen gewisser Stoffwechselprodukte führen häufig zu Kristallbildungen. Eine nicht seltene Erscheinung ist das Auftreten von Verwachsungen von Mycelfäden untereinander. Auch die sog. Schnallenbildung gehört hierher; es handelt sich bei ihr nur um ganz kurze Seitenäste einer Zelle, die sogleich mit der Nachbarzelle desselben Fadens sich vereinen. In manchen Fällen, z. B. bei *Arthrobotrys oligospora* werden schlingenartige Anastomosen angelegt zum Einfangen von Nematoden (Fadenwürmern). Bei der Anspruchslosigkeit der Pilze ist es oft gar nicht nötig, besondere Nährlösungen ihnen anzubieten. Will man z. B. sehen, welche Arten auf den unter den Spelzen der Gersten liegenden „Schüppchen" vorkommen, dann genügt es, diese winzigen trockenhäutigen Organe einfach mit etwas Wasser angefeuchtet auf die Unterseite des Deckgläschens anzuklatschen. Das Wasser laugt aus den Schüppchen genug Nahrung heraus, um etwa vorhandene Sporen zur Keimung und weiter zur Fruktifikation zu bringen.

Dauerpräparate, in denen die Pilze unverändert liegen, kann man auf folgende, allerdings etwas umständliche Weise erhalten: Man läßt die Feuchtigkeit der Tropfenkulturen soweit abdunsten, daß gerade noch genug vorhanden ist, um ein Schrumpfen zu vermeiden. Dann überschichtet man das Präparat mit einer Lösung von 0,15 vH. Wollblau oder Baumwollblau in Milchsäure und läßt diese einige Minuten einwirken. Hierauf saugt man diese Lösung vorsichtig mit Filtrierpapier ab, wobei darauf zu achten ist, daß das Pilzräschen nicht fortschwimmt, und wäscht das am besten in einem Uhrglas liegende Präparat mit Wasser nach. Hierauf wird es durch verschieden starken Alkohol und Xylol in der üblichen Weise in Kanadabalsam übergeführt.

Wenn wir uns auf bequeme Weise Schimmelpilzmaterial verschaffen wollen, brauchen wir nur irgendwelche Samen in Keimapparaten feucht aufzubewahren. Noch schneller vollzieht sich eine üppige Schimmelbildung auf frisch eingesammelten Pferdeäpfeln, die unter einer Glasglocke gehalten werden. Während in den Keimapparaten z. B. auf Gerste vorwiegend Pilze mit leicht verstäubbaren, fettigen Sporen der Gattung *Penicillium, Aspergillus, Cladosporium* u. dgl. aufkommen, ist ein Pferdeapfel in den ersten Tagen gewöhnlich mit Mucorarten (*Mucor Mucedo, Thamnidium elegans, Chaetocladium, Pilobolus*) reichlich bedeckt. Erst nach dem Zusammensinken des Mucorgeschlechtes kommen andere Familien, wie Sordarien, *Ascobolus furfuraceus,* ja sogar Hutpilze wie Coprinusarten zum Vorschein. Wieder andere Pilzformen erhalten wir, wenn wir Laub unter einer Glasglocke aufbewahren. Hier treffen wir nach einigen Tagen das *Trichothecium roseum* massenhaft in Form eines trockenen, zart rosafarbenen, feinkörnigen Belages an. Wieder andere Formen liefern in Reagenzgläsern eingesperrte Getreideähren oder Strohhalme. Hier ist der zinnoberrote *Acrostalagmus cinnabarinus* neben *Chaetomium*-Arten häufig. Gute Ausbeute an hübschen Formen liefern auch die Schälstellen an gefällten Baumstämmen. Hier ist unter anderem besonders *Epicoccum purpurascens* anzutreffen, das mit die prächtigsten farbigen Pilzrosen liefert. Zur Zeit der Obst- und Beerenreife kommen *Botrytis*- und *Monilia*-Arten häufig vor. An den Staudengewächsen fand Corda viele von den zierlichen Kunstformen, die er in seiner „Prachtflora europäischer Schimmelpilze“ in wunderschönen Bildern wiedergegeben hat. Ein jeder, der dieses Werk nur ein einziges Mal durchblättert hat, dürfte für immer im Banne der Schimmelpilzkunde gefangen gehalten werden. Endlich sei noch auf die tierbewohnenden Pilze aufmerksam gemacht. So finden sich *Empusa*-Arten auf Fliegen, Raupen, Mückenarten, Heuschrecken, Blattläusen und Käfern. Allgemein bekannt ist die Erscheinung der durch *Empusa*-Infektion an den Fensterscheiben verendeten Fliegen, die in weitem Umkreis von einem weißen Staub, den abgeschleuderten Sporen der *Empusa,* umgeben sind.

Außer den *Empusa*-Arten kommen hier noch in Frage: *Isaria farinosa* und *I. strigosa, Botrytis Bassiana* und *Cordyceps militaris,* von denen die *Isaria* z. B. unter den Maikäfern tüchtig aufräumt, während *Cordyceps* die Raupen des Kieferspinners befällt. Den hier angeführten Pilzen verdankt die Forstwirtschaft manche Schadenverhütung durch Insekten. Engere Beziehungen zwischen Pilzen und Tieren treten uns auch in Gallenbildungen entgegen, deren Innenwände vielfach mit einem dichten Pilzlager so ausgekleidet sind, daß die Larve gar nicht mit der eigentlichen Gallenwand in direkte Berührung kommt. Die Gallenpilze erzeugen in der Galle sporenähnliche, aber nicht keimungsfähige Gebilde, die zur Ernährung der Larven dienen. Sie spielen also dieselbe Rolle wie die „Kohlrabihäufchen“, die Moeller in Brasilien in den Ameisenpilzgärten auf den von den Ameisen angefertigten Blattbreikugeln angetroffen hat. Die Pilze der südamerikanischen Ameisen sowie der Termitenbauten des tropischen Asiens sind Hymenomyceten der Gattungen *Rozites* und *Volvaria.* Wie die Gallenhöhlungen, so werden auch die Bohrgänge mancher Holzkäfer von Pilzen bewohnt. Die in den Fraßgängen der Holzborkenkäfer auftretende „krümelige Substanz“ hat man als „Ambrosia“ bezeichnet, weil sie den Käfern offenbar zur Nahrung dient. Neger hat neuerdings für alle durch solche symbiontische Lebensweise ausgezeichneten Arten den Begriff „Ambrosiapilze“ aufgestellt und einige besonders interessante Fälle ausführlicher beschrieben. Die Ambrosia der *Asphondilia*-Gallmücken wird von Arten der Gattung *Macrophoma* gebildet. Neger meint, daß der Pilz wahrscheinlich schon vom Muttertier dem Ei bei der Eiablage beigegeben wird. Die Ambrosiapilze des Holzbohrkäfers *Xyloterus lineatus* und *X. dispar* konnten noch nicht näher bestimmt werden; ihnen kommt jedoch die Eigenschaft zu, auf künstlichen Nährböden Fruchtester zu bilden, ebenso wie dem *Endomyces Hylecoeti* Neger, der einem anderen Holzbohrkäfer, dem *Hylecoetus dermestoides*, sich vergesellschaftet. Die Kulturen dieses Pilzes zeichnen sich durch starken Geruch nach gekochten Äpfeln aus. Häufig fanden sich *Ceratostomella*-Arten in den Kulturen der Ambrosiapilze ein, sie gehören aber doch nicht zu diesen; ebensowenig die gelegentlich in den Fraßgängen auftretenden Hefen und Bakterien. Meist werden die Fraßgänge und Larvenwiegen im Splintholz angelegt, in dem die Ambrosiapilze leichter ihre Nahrung finden als im Kernholz. Den Larven der Holzborkenkäfer wächst dann die Ambrosia gewissermaßen in den Mund. In den Ameisenpilzgärten übernehmen meist junge „Arbeiterinnen“ die Aufgabe, das Unkraut in dem „Kohlrabibeet“ auszujäten. Als Unkrautpilze in den Termitenpilzgärten sind eine *Xylaria*-Art und *Neoskofitzia termitum* häufiger beobachtet worden.

Mucor Mucedo ist eine der verbreitetsten Arten, insbesondere auf Mist wachsend und bis mehrere Zentimeter hohe, schlaffe, seidenglänzende Rasen bildend. Die Sporangienträger dieser Art sind nicht verzweigt; die Köpfchen sind in reifem Zustand schwarz. Charakteristisch für diese Art ist, daß die im Innern der Sporangien enthaltene Blase (Columella) mit rötlichem Saft erfüllt ist. Die Sporen sind eiförmig, gelb-hellbraun, 8 μ lang und 4 μ breit.

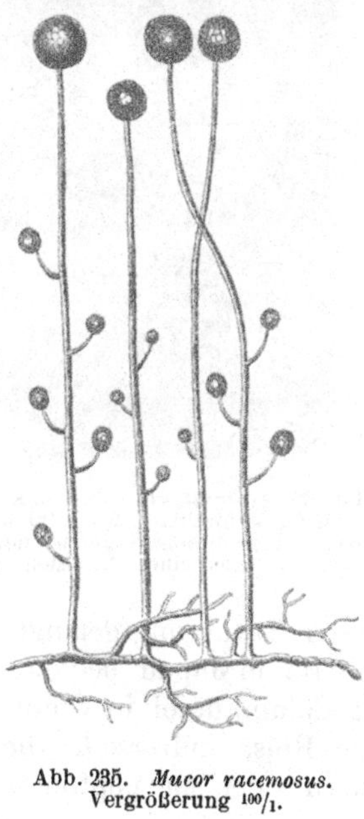

Abb. 235. *Mucor racemosus*. Vergrößerung $^{100}/_{1}$.

Mucor racemosus (Abb. 235). Dieser Köpfchenschimmel bildet auf Nahrungsmitteln aller Art, insbesondere aber auf Milch ausgebreitete, mäusegraue Rasen; er ist leicht daran zu erkennen, daß das Hauptstämmchen (Fruchtträger), das an seiner Spitze das große, kugelförmige Sporangium trägt, eine Anzahl kurzer Seitenzweige treibt, die alle ebenfalls in (kleinere) kugelige Sporangien enden. In Zuckerlösung bildet dieser Pilz Alkohol und wächst hefenartig. (Mukorhefe, Mukorgemmen.)

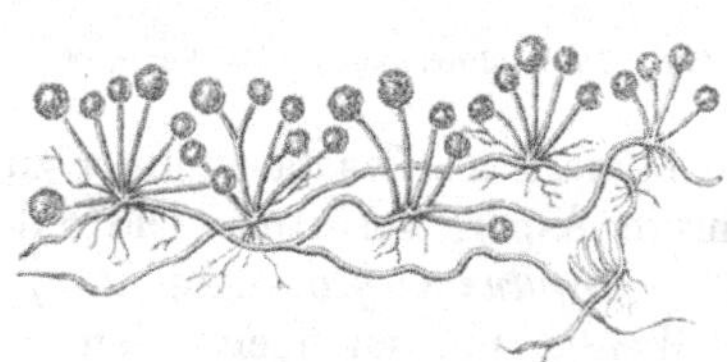

Abb. 236. *Mucor stolonifer*. — Vergr. $^{100}/_{1}$.

Rhizopus nigricans (= Mucor stolonifer) (Abb. 236). Sehr leicht kenntlich ist diese Art daran, daß bei ihr immer ein Büschel von Sporangienträgern zusammensteht und daß die Pflanze darunter ein Bündel bräunlicher, wurzelartiger Fasern ins Substrat sendet. Sporangien durch reichlich eingelagerte Kalziumoxalat-Kristalle schwarz erscheinend; Sporen unregelmäßig eckig, 10 bis 15 μ im Durchmesser, mit leistenförmigen Verdickungen. Der Pilz findet sich häufig auf faulenden Pflanzenresten, ist aber auch imstande, weichere Früchte, wie Birnen,

Erdbeeren und Tomaten, in wärmeren Ländern auch Kartoffeln und Betaten, zur Fäulnis zu bringen.

Thamnidium elegans (Abb. 237) ist ein weißer Köpfchenschimmel, der auf Brot und anderen Nahrungsmitteln sich besonders gern einfindet und dadurch charakterisiert ist, daß der Hauptsporangienträger (meist quirlig gestellte) Seitenzweige treibt, die eine große Masse kleiner Sporangien (Nebensporangien) erzeugen, die jedoch nur eine oder wenige Sporen enthalten.

Zu den Köpfchenschimmeln gehören auch die *Amylomyces*-Arten, die Diastase reichlich ausscheiden und daher das Malz bei der Verzuckerung stärkereicher Maischen ersetzen können. In französischen und belgischen Maisbrennereien ist das sog. Amyloverfahren in großartigem Maßstabe zur Anwendung gekommen.

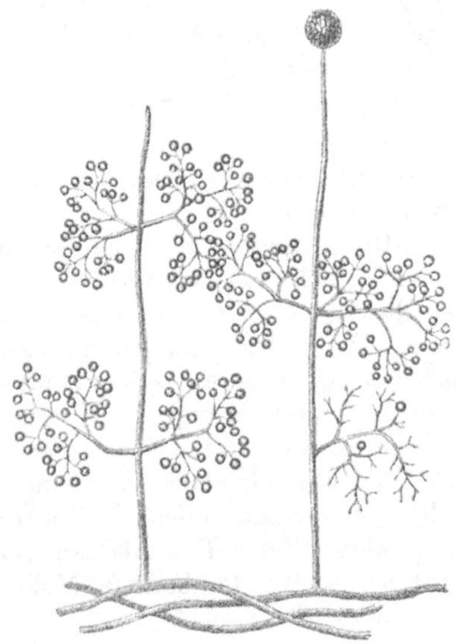

Abb. 237. *Thamnidium elegans.* — Vergr. 100/1.

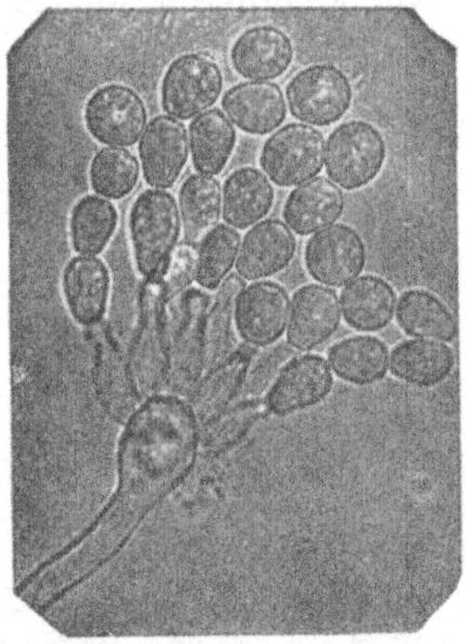

Abb. 238. *Aspergillus Oryzae.* 600/1. Kolbenförmige Anschwellung des Konidienträgers und kegelförmige Sterigmen mit Sporenketten. Aus einer Adhäsionskultur.

Ebenfalls als Diastasebildner zu technischer Bedeutung gelangt sind mehrere Aspergillusarten. Die Sakébierbrauerei in Japan bedient sich des *Aspergillus Oryzae* (Abb. 238) und die Sojabrauerei in China des *Asp. Wentii,* um einerseits den gedämpften Reis, andrerseits die gedämpfte Masse der Sojabohne zu verzuckern oder zu peptonisieren.

Aspergillus herbariorum ist mit der folgenden Art der gemeinste Schimmelpilz, an Nahrungsmitteln usw. blaugrüne Rasen bildend. Aus kriechenden, mit reichlichen Scheidewänden versehenen weißen Fäden erheben sich an der Spitze keulenförmig anschwellende Sporenträger; die obere Keule selbst ist mit kleinen, kegelförmigen Zellen (Sterigmen) allseits bedeckt, an deren Spitze in Reihen die blaugrünen Sporen abgeschnürt werden.

Zu dieser Konidienform gehören schwefelgelbe Perithezien, die man besonders leicht erhalten kann, wenn man ein aufgeschnittenes Brot befeuchtet, mit Konidien impft und dann wieder zusammenklappt. Sie enthalten Ascosporen von 5—7 μ Dicke und 8—10 μ Länge.

Penicillium crustaceum (Abb. 234) ist im makroskopischen Aussehen der vorigen Art ähnlich und, wenn möglich, noch gemeiner als diese. Die Rasen sind blau- bis graugrün, die Konidien entstehen am Ende der besenförmig verzweigten Sporenträger in Ketten an besonderen, kurzzylindrischen Sterigmen. Die Konidien sind rundlich, mit einem Durchmesser von ca. 3 μ. Eiweiß wird peptonisiert und aus Fett flüchtige Säuren und Ester gebildet. Zu diesem Schimmelpilze gehören kugelige, sich sehr langsam entwickelnde Fruchtkörper, deren Schläuche 5—6 μ lange und 4—4,5 μ dicke Sporen enthalten.

Dieser Schimmel ist die Ursache des eigenartig ranzigen, scharfen Geschmacks des Roquefort- und Gorgonzolakäses, in denen seine Sporen die bekannten grünen Adern bilden, und des Parmesankäses. Man nimmt dabei an, daß hierbei besondere Varietäten auftreten, die technisch als „Edelpilz“ bezeichnet werden.

Auf Camembert und Briekäse züchtet man zwei andere Penicillium-Arten, *P. album* und *P. candidum*.

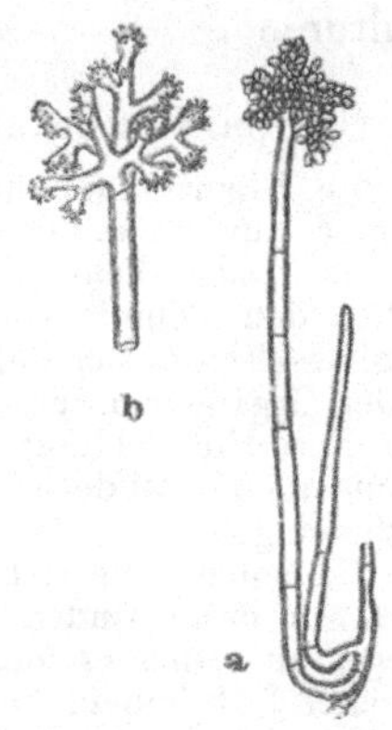

Abb. 239. *Botrytis cinerea.* *a* $^{100}/_{1}$, *b* oberer Teil von *a*, mit abgefal lenen Sporen. — Vergr. $^{200}/_{1}$. (Nach de Bary.)

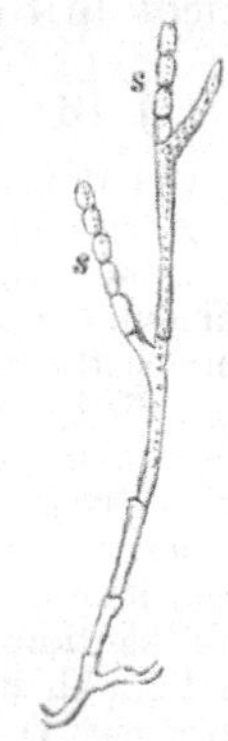

Abb. 240. *Oospora lactis.* *s* In Sporenketten umgewandelte Zweige. Vergr. $^{200}/_{1}$.

Penicillium brevicaule. Dieser Pilz, der auf dumpfigem Papier, Tapeten u. a. a. O. vorkommt, hat ein besonderes Interesse, weil er eine äußerst empfindliche Reaktion auf Arsen gibt. Seine sterilen Rasen sind je nach dem Substrat weiß bis bräunlich. Die Konidien sind gelblich, rund oder birnenförmig mit einer deutlichen Verdickung an der Abschnürungsstelle, ihre Größe beträgt etwa 6,5 μ im Durchmesser oder 6,0 $\mu \times 10$ μ nach Breite und Länge. Auf Nährböden, die Arsen in irgendeiner Form enthalten, entwickelt der Pilz einen intensiven knoblauchähnlichen Geruch (Arsenwasserstoff). Um diesen deutlich hervorzubringen, genügt bei metallischem Arsen ein Zusatz von 0,0001 g, bei Arsenverbindungen gelingt noch der Nachweis von 0,000 001 g. Das Auftreten dieses Geruches führt leicht zum Nachweis arsenhaltiger Tapeten, selbst wenn diese überklebt sind. Daß auch Tellur eine sehr ähnliche Geruchsreaktion gibt, ändert an ihrer Brauchbarkeit nicht viel.

Botrytis cinerea (Fig. 239) sind kleine graue, bei der Sporenreife bald mehr mausgraue, bald braungraue oder graugelbe Rasen, auf modernden Vegetabilien aller Art außerordentlich häufig. Die Sporen dieses Schimmels werden nicht in Ketten, sondern einzeln gebildet; sie stehen in Menge zusammen auf den Spitzen plumper Auszweigungen der Fruchtträger. Häufig ist dieser Pilz auch die Ursache von Erkrankungen verschiedener Gewächshauspflanzen; aber auch Freilandpflanzen wird er gefährlich.

Oospora lactis (Abb. 240). Diese Schimmelart ist überall dort massenhaft, wo Milch und Milchreste zu finden sind, tritt aber auch sonst auf faulenden Flüssigkeiten, besonders in Gärungsbetrieben, auf. *Oospora lactis* bildet feine, schneeweiße Räschen; sie entwickelt keine eigentlichen Fruchtträger, sondern ihre Fäden bzw. die Zweige derselben zerfallen dadurch in Sporenketten, daß die einzelnen Zellen sich zu Sporen umbilden und sich von dem Verband der Fäden leicht ablösen.

Von dieser Art gibt es viele Varietäten, die sich besonders durch biologische Eigentümlichkeiten unterscheiden. Sehr auffällig ist die Fähigkeit dieser Pilzgruppen, Alkohol als Kohlenstoffquelle gut zum Wachstum verwerten zu können. Die Gruppe bildet prachtvolle Riesenkolonien und seidenglänzende Flächenkolonien auf dünner Gelatineschicht in Rollkulturen.

c) Die wichtigsten Pilzkrankheiten der Kulturgewächse.

Um die Pilze, die Pflanzenkrankheiten hervorrufen, richtig zu erkennen, genügt es nicht immer, nur ein mikroskopisches Präparat zu untersuchen, denn sehr häufig finden sich dabei keine Fruktifikationsorgane, oder aber der Zusammenhang zwischen den gefundenen Pilzen und der vorliegenden Krankheit ist nicht klar erkennbar. Findet sich nur steriles Myzel in dem Gewebe, so genügt es oft, die betreffenden Organe (Blätter, Stengelteile usw.) in eine feuchte Kammer zu legen, um die weitere Entwicklung der Pilze zu verfolgen. Sehr viele bilden hierbei Fruktifikationsorgane, mit deren Hilfe eine Bestimmung möglich ist. Dies gilt besonders für diejenigen Pilze, die Konidien bilden, wie *Botrytis, Fusarium, Phytophthora,* sowie für solche, die sich bereits in einem fortgeschrittenen, der Fruktifikation nahen Stadium befinden. In anderen Fällen ist es dagegen nötig, den Krankheitserreger auf einer anderen Unterlage zur weiteren Entwicklung zu bringen. Dabei leisten Nährböden, die man aus den Preßsäften der betreffenden Pflanzen mit Agar oder Gelatine herstellt, oder mit einer Nährlösung getränktes Filtrierpapier sowie sterilisierte Teile der kranken Pflanze selbst gute Dienste. Als besonders geeignet haben sich auch sterilisierte Stückchen von Kartoffeln und von ausgereiften Kartoffel- oder Lupinenstengeln erwiesen. Die Kartoffelknollen begünstigen im allgemeinen das Myzelwachstum, die Stengel die Entwicklung von Konidien und anderen Sporenformen. Will man, um später Infektionsversuche zu machen, den Krankheitserreger isolieren, so entnimmt man möglichst an der Grenze des als krank erkannten Gewebes unter Vermeidung der länger erkrankten Stellen kleine Gewebestückchen, die man entweder mit flüssig gemachter Gelatine verschüttelt und in verschiedener Verdünnung, wie das bei bakteriologischen Arbeiten (vgl. S. 248) üblich ist, in Petrischalen ausgießt oder sie im ganzen auf einen festen Nährboden überträgt. Legt man eine größere Zahl solcher Kulturen an, so gelingt es in den meisten Fällen, des Krankheitserregers habhaft zu werden.

Bakterienfäule der Kartoffel (Abb. 241).

Die Bakterienfäule der Kartoffel und die mit ihr häufig im Zusammenhang stehende „Schwarzbeinigkeit“ der Kartoffelstauden gehört zu den Pflanzenkrankheiten, die fast überall leicht zur Untersuchung zu beschaffen sind. Das Charakteristische der Krankheit ist folgendes:

Im Juli oder August sieht man auf den Kartoffelfeldern einzelne oder zahlreiche Pflanzen plötzlich abwelken. Bei näherer Untersuchung zeigen die Stengel an ihrem Grunde einen Zerfall, der mit einer Schwärzung des kranken Teiles verbunden ist (daher der Name „Schwarzbeinigkeit“). Mikroskopisch zeigen sich die einzelnen Gewebeteile voneinander gelockert, und die dabei entstehenden Zwischenräume sind von lebhaft beweglichen Bakterien erfüllt. Außer dem Stengelgrunde sind die unterirdischen Stengelteile und auch oft die Knollen erkrankt. Gegen den Herbst hin tritt die Knollenfäulnis mehr in den Vordergrund und vernichtet nicht selten einen hohen Prozentsatz der Ernte. Das Fleisch der erkrankten Knolle ist weich bis breiig; die einzelnen Zellen haben ihren Zusammenhang verloren, da die eingedrungenen Bakterien durch ein von ihnen ausgeschiedenes Enzym die Zwischenzellsubstanz aufgelöst haben. Gleichzeitig werden die Zellen abgetötet, der Zellsaft tritt aus, die Wände verlieren ihre Festigkeit, und so kommt das Bild der Abb. 241 zustande. Auf diesem sieht man einige Kartoffelzellen, die durch Bakterien voneinander gelöst sind. Die Stärkekörner sind unversehrt, aber die Zellen haben ihre Gestalt verloren und machen den Eindruck schlaffer Säckchen. Außerhalb — nicht innerhalb — der Zellen sieht man zahlreiche Bakterien. In trockener Umgebung verdunstet die Feuchtigkeit rasch, und es bleibt nur die Stärke mit den Zellhäuten zurück (Bakterien-Trockenfäule); unter dem Einfluß anhaltender Nässe siedeln sich Fäulnisorganismen an, und die Gewebereste werden völlig zerstört (Naßfäule).

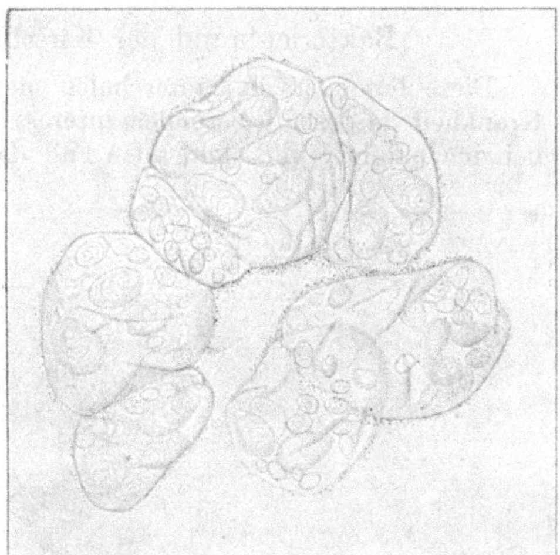

Abb. 241. Bakterienfäulnis der Kartoffel. — Vergr. $^{250}/_{1}$.

Als Erreger dieser Krankheit können verschiedene Bakterien auftreten, von denen bisher vier, nämlich *Bact. phytophthorum* (Appel), *Bact. solanisaprum* (Harrison), *Bact. atrosepticum* (v. Hall) und *Bact. xanthochlorum* (Schuster), näher untersucht sind. Diese Arten unterscheiden sich folgendermaßen:

	Größe	Verflüssigung im Gelatinestich	Geißeln
Bact. phyt.	0,9—1,6×0,75 μ	rasch, strumpffg.	3—4 peritriche
Bact. atrosept. . . .	0,8—1,6×0,4 μ	schwach	zahlreiche peritriche
Bact. solanisapr. .	1,5—3×0,6—1,4 μ	rübenfg.	2—8 peritriche
Bact. xanthochl. .	1,5—3×0,75 μ	champagnerglasfg. (Auf Agar Fluoreszenz)	1—2, selten 3 polare

Sämtliche Arten haben die Neigung, in Kultur bei höherer Temperatur Fäden zu bilden.

Die Verbreitung erfolgt meist durch Benutzung erkrankten Saatgutes; aber unter besonders ungünstigen Verhältnissen, zu denen die Verwendung zerschnittener Saatkartoffeln, ungünstige Witterungsverhältnisse u. a. m. zu rechnen sind, findet auch ein Befall vom Boden aus statt.

Die Bekämpfung beruht auf der großen Empfindlichkeit der in Frage kommenden Bakterien gegen Trockenheit einerseits und der Eigenschaft der Kartoffel, leicht Wundkork zu bilden, andererseits und besteht darin, daß man die Kartoffeln erkrankter Felder, nach sorgfältigem Entfernen der als krank kenntlichen, möglichst kühl und trocken aufbewahrt und vor ihrer Benutzung als Saatgut womöglich noch bis zur leichten Schrumpfung eintrocknen läßt. Da die dickschaligen Sorten meist widerstandsfähiger sind als die dünnschaligen, so hilft auch oft ein in dieser Richtung durchgeführter Sortenwechsel.

Bakterienbrand der Kirschbäume (Abb. 242).

Diese besonders in Baumschulen manchmal verheerend auftretende Krankheit ist deshalb besonders interessant, weil sie zurzeit den einzigen bei uns häufiger vorkommenden Fall darstellt, bei dem lebende Holz-

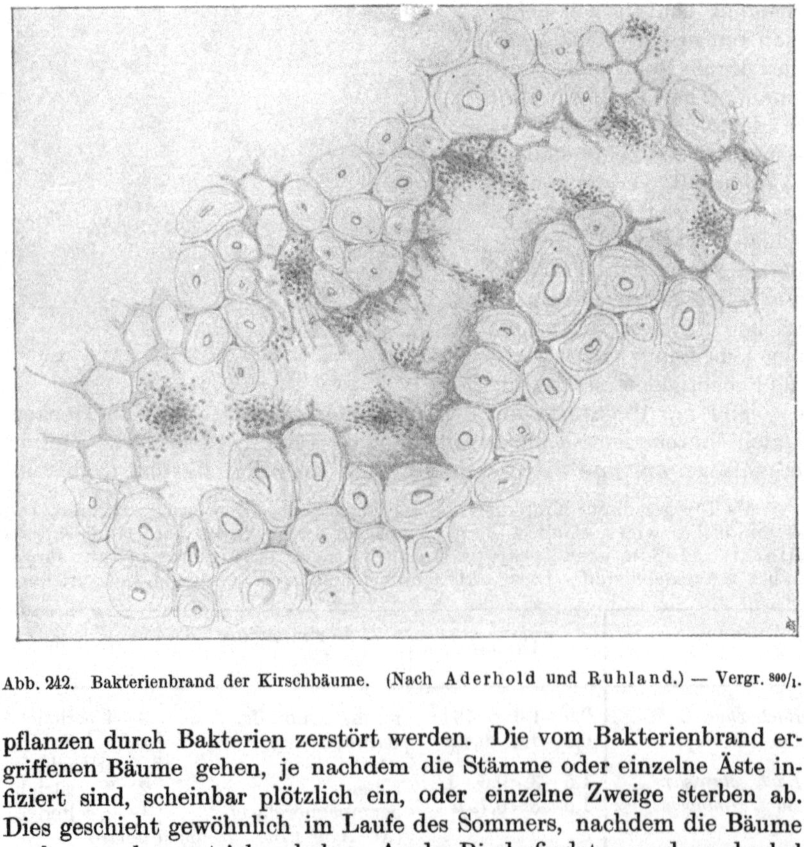

Abb. 242. Bakterienbrand der Kirschbäume. (Nach Aderhold und Ruhland.) — Vergr. 800/1.

pflanzen durch Bakterien zerstört werden. Die vom Bakterienbrand ergriffenen Bäume gehen, je nachdem die Stämme oder einzelne Äste infiziert sind, scheinbar plötzlich ein, oder einzelne Zweige sterben ab. Dies geschieht gewöhnlich im Laufe des Sommers, nachdem die Bäume noch normal ausgetrieben haben. An der Rinde findet man dann dunkel verfärbte, eingesunkene, gegen die gesunden Teile sich scharf abhebende Stellen, die sich beim Anschneiden als tot erweisen. Die abgestorbenen Stellen zeigen in der jüngsten Rinde große Lücken im Gewebe, die durch die Zerstörung der jungen Phloëmteile und ihrer Umgebung entstehen. Diese Lücken erscheinen vielfach gefächert, da die Markstrahlen der Zerstörung Widerstand leisten, und dadurch kommt eine schon dem bloßen Auge erkennbare charakteristische, netzartige Struktur zustande. Durchtränkt sind die kranken Stellen von einem anfangs gelblichgrünen, später dunkelroten Gummi, der häufig auch in Tropfen hervorquillt. Zwischen den Gummimassen und den zerstörten Gewebeteilen finden sich Massen von Bakterien (Abb. 242). Wie bei allen Bakterienkrankheiten der Pflanzen findet man die pathogene Art nur an der äußersten Zone der erkrankten Stellen, während in den schon abgestorbenen Teilen sich die verschiedenartigsten saprophytisch lebenden Arten breit machen. Die aus den brandigen Stellen der Kirschbäume von Aderhold und Ruhland isolierte und durch Versuche als Erreger der Krankheit nachgewiesene Art ist ein schlankes, lebhaft bewegliches Stäbchen von 1,6—4 μ Länge und 0,6—0,8 μ Dicke, mit mehreren polaren Geißeln. Auf 5 proz. Rohrzucker-Bouillongelatine sind die aufliegenden Kolonien dünn, saatweiß, napfartig verflüssigend, mit einer vakuoligen, schwammartig aussehenden Struktur; daher der Name *Bacillus spongiosus* Aderh. et Ruhl.

Wie weit die Krankheit auch auf andere Stein- und Kernobstsorten überzugehen vermag, ist noch nicht näher untersucht, doch leiden Apfel-, Pflaumen- und andere Obstbäume an ähnlichen Krankheitserscheinungen.

Als Gegenmittel ist das möglichst sorgfältige Ausschneiden bzw. das Entfernen und Verbrennen aller kranken Zweige und Stämme zu empfehlen. Auch ist darauf zu achten, daß die Krankheit nicht mit dem Messer des Gärtners von Baum zu Baum verschleppt wird.

Abb. 243. Von der Kohlhernie befallene Kohlrabipflanze.

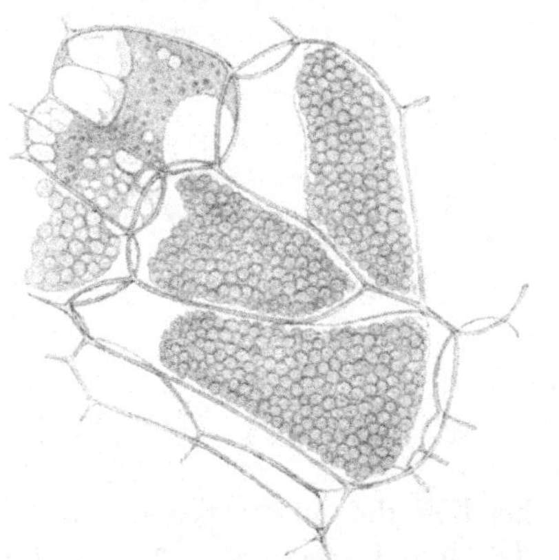

Abb. 244. Sporen von *Plasmodiophora Brassicae*. (Nach Woronin.) Vergr. 400/1.

Kohlhernie (Abb. 243 u. 244).

Sämtliche Arten der Gattung *Brassica* sowie eine Anzahl von anderen Kruziferen leiden oft an knollenförmigen Wurzelanschwellungen verschiedenster Gestalt (Abb. 243), die durch einen Schleimpilz, *Plasmodiophora Brassicae* Wornn., hervorgebracht werden. Untersucht man einen feinen Schnitt durch eine solche Anschwellung bei starker Vergrößerung, so findet man viele Zellen, die durch ihre Größe auffällig sind, dicht mit kleinsten, stark lichtbrechenden Kügelchen erfüllt. Dies sind die Sporen der *Plasmodiophora* (Abb. 244). Jede der kleinen Sporen verwandelt sich in Wasser oder feuchter Erde in eine kleine, amöbenartige, frei bewegliche, mit einer Wimper und Pseudopodien versehene Plasmamasse, die Myxamöbe. Diese dringt in junge Kohlwurzeln ein, lebt zunächst als membranloser Schmarotzer (Plasmodium) im Plasma der Wirtspflanze und teilt sich, nach völligem Heranwachsen, wieder in kleinste Partien, die sich mit Membranen umgeben und die Sporen darstellen. Durch Verwesung der Wurzeln werden die Sporen dann wieder frei.

Die beste Bekämpfung dieser Krankheit besteht darin, auf Feldern, die einmal hernienkranke Pflanzen getragen haben, mehrere Jahre hindurch andere Früchte anzubauen, bis die Sporen zugrunde gegangen sind. Auch auf etwa vorhandene kranke Pflanzen wildwachsender Kruziferen ist dabei zu achten. — Auch wirkt eine starke Düngung mit Ätzkalk der Krankheit entgegen.

Der Kartoffelkrebs (Abb. 245).

Der Kartoffelkrebs wird durch den Pilz *Synchytrium endobioticum* (*Chrysophlyctis endobiotica*) aus der Familie der *Chytridiaceen* verursacht. Dieser Pilz besitzt keine Myzelfäden. Seine Schwärmsporen

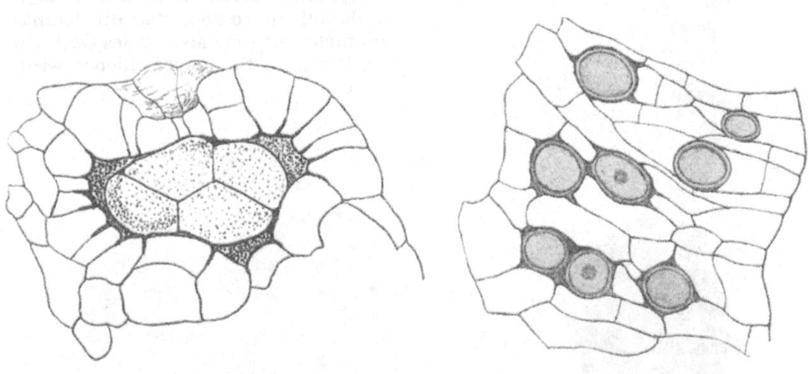

a *b*

Abb. 245. Fortpflanzungskörper von *Synchytrium endobioticum*.
a Sommerzyste mit 4 Sporangien. Vergr. $^{250}/_{1}$. *b* Dauerzyste. Vergr. $^{160}/_{1}$.

befallen die unterirdischen Ausläufer der Kartoffelpflanze und die an diesen entstehenden Knollen, indem sie vom Boden aus in das Gewebe eindringen. An den befallenen Teilen entstehen blumenkohlförmige, oft zerklüftete, im frischen Zustande gelblich-weiß gefärbte

Wucherungen, die sich von ihrer Ursprungsstelle meist leicht ablösen lassen. Häufig sind auch die Knollen ganz oder zum größeren Teil in solche Wucherungen umgebildet. Gleichzeitig mit dem Absterben des Kartoffelkrautes färben sich diese Wucherungen dunkelbraun und verrotten sehr rasch. In dem Gewebe der frischen Wucherungen erkennt man bei mikroskopischer Betrachtung zwei verschiedene Formen von Fortpflanzungskörpern, die ihre Entstehung eingedrungenen Schwärmsporen verdanken, nämlich einerseits in der Epidermis Sori mit meist mehreren dünnwandigen Sommersporangien (Abb. 245*a*), und andererseits in den tieferen Zellschichten Dauersporangien mit dicken Wänden, auch Dauerzysten oder Wintersporen genannt, die sich in der Regel in Einzahl in der Wirtszelle entwickeln (Abb. 245*b*). Letztere fallen durch ihre goldgelbe Färbung sofort in die Augen. In den Sporangien reifen die außergewöhnlich kleinen, mit einer Geißel versehenen Schwärmsporen heran. Während die Sommersporangien ihren Inhalt alsbald nach der Reifung entlassen und dadurch die Ansteckung ausbreiten, können die Dauersporangien eine Reihe von Jahren lebend im Boden überdauern, um erst spät zu keimen. So kommt es, daß der Boden noch jahrelang, nachdem sich einmal die Krankheit auf ihm gezeigt hat, vom Krebspilz verseucht sein kann.

Man wird auf die Krankheit für gewöhnlich erst bei der Ernte aufmerksam. Auch sehr stark befallene Kartoffelpflanzen, an denen sich kaum eine Knolle mehr bildet, zeigen ein üppiges, äußerlich gesundes Wachstum. Manchmal, besonders in feuchten Jahren, sind auch oberirdische Teile in der Nähe des Erdbodens befallen.

Bekämpfung. Ist einmal ein Landstück verseucht, so hilft nur der Anbau von Sorten, die von der Krankheit nicht befallen werden. Setzt man dieses Verfahren eine genügende Reihe von Jahren hindurch fort, so erlischt schließlich die Lebensfähigkeit der Dauerzysten. Allerdings weiß man noch nicht, wie lange der Erreger im Boden infektionstüchtig bleibt. Man muß jedoch mit einer Zeitdauer von mehr als 10 Jahren rechnen.

Weißer Rost der Kruziferen (Abb. 246).

Der weiße Rost der Kruziferen wird hervorgerufen durch *Cystopus candidus* Pers. Auf den verschiedensten Kruziferen verursacht dieser Pilz Deformationen, die von einfachen Krümmungen und Auftreibungen der Blätter bis zur völligen Mißgestaltung der ganzen Pflanze alle Variationen darbieten. Am häufigsten findet man den Pilz auf *Capsella bursa pastoris*, auf der seine porzellanartigen weißen Konidienpolster besonders üppig ausgebildet sind; aber auch auf den verschiedenen *Brassica*-Arten, auf dem Rettich, dem Meerrettich, der Gartenkresse, dem Goldlack und vielen anderen Arten kommt er vor. Das Myzel wächst interzellular, durch kleine Haustorien sich ernährend, und bildet in mehr oder weniger großen Polstern vereinigte Konidienlager (Abb. 246). Die Konidien entstehen perlschnurförmig an kurzen Trägern und sind untereinander durch kurze, stielartige Zwischenzellen verbunden; die Form und Größe der Lager ist eine ganz unbestimmte. Mit dem Beginne der Abschnürung der Konidien wird die Epidermis der Nährpflanze gesprengt und abgehoben. Aus den Konidien schlüpfen Schwärmsporen, die ihre Beweglichkeit durch zwei Zilien erhalten. Auf Keimlingen und anderen jüngsten Pflanzenteilen keimen diese Schwärmsporen aus und entsenden ihre Keimschläuche durch die Spaltöffnungen in das Innere des jungen Gewebes. Außerdem findet aber auch die Bildung von Oogonien statt. Dieselben finden sich in den tiefer liegenden Gewebeteilen, besonders der Stengel, wie dies an Abb. 247 zu sehen ist. An das Oogonium legt sich das Antheridium an und befruchtet die Eizelle durch einen dünnen Keimschlauch. Die daraus entstehende Oospore hat eine dicke, höckerige Membran; sie wird erst durch die Verwitterung des sie umgebenden Gewebes frei und enthält dann zahlreiche Schwärmsporen, die ebenso wie die aus den Konidien zwei Zilien haben und durch die Spaltöffnungen in Keimpflanzen und andere junge Gewebeteile eindringen.

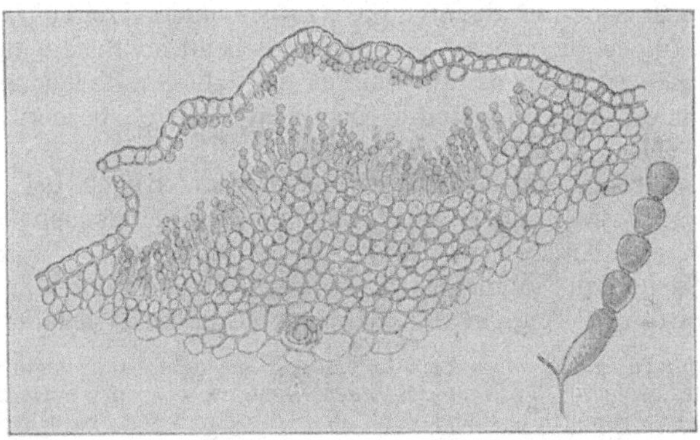

Abb. 246. *Cystopus candidus*. *A* Konidienpolster $^{70}/_{1}$; unter der sich abhebenden Epidermis sind die zahlreichen, perlschnurartig an kurzen Trägern entstehenden Konidien zu sehen. Tiefer im Gewebe liegt ein Oogonium. *B* einzelner Träger mit Konidien. Vergr. $^{300}/_{1}$.

Tritt die Krankheit auf Kulturpflanzen stark auf, so entferne man möglichst alle befallenen Pflanzenteile so früh wie möglich; ist dies nicht vollkommen durchführbar, so räume man die kranken Pflanzen ab, sobald sie absterben, und lasse keine Teile auf dem Felde liegen, damit eine Überwinterung und Neuinfektion durch die Oosporen im Frühjahre vermieden wird.

Phytophthorakrankheit der Kartoffel (Abb. 248 u. 249).

Von Juni bis August sieht man häufig auf dem Kartoffelkraut sogenannte Brandflecke entstehen, die erst gelb, dann braun, schließlich schwärzlich werden und sich rasch vergrößern. Diese Flecke sind auf der Blattunterseite, besonders bei feuchtwarmer Witterung, von einem leichten, weißlichen Schimmelanflug umgeben. Das ist die von *Phytophthora infestans* bewirkte Kartoffelkrankheit oder Kartoffelfäule, die in wenigen Tagen das Laub auf ganzen Feldern zu vernichten vermag.

Betrachtet man die bereiften, aber noch grünen Stellen mit dem Mikroskop, so sieht man, daß aus den Spaltöffnungen verzweigte

Bäumchen herauswachsen (Abb. 247 [1]), deren Äste zitronenförmige Körper tragen (Abb. 247 [2]). Diese Körper sind die Sporangien. Wird ein Sporangium in Wasser gebracht, so platzt es, und aus seinem Innern treten eine Anzahl lebhaft beweglicher, mit zwei Geißeln versehener Zoosporen, die nach einiger Zeit zur Ruhe kommen (Abb. 247 [3—6]). Sind bei nassem oder tauigem Wetter die Sporangien in Wassertropfen auf Kraut oder junge Knollen der Kartoffelpflanze gelangt, so wachsen die zur Ruhe gekommenen Schwärmsporen zu einem Schlauch aus, der die Oberhaut der Nährpflanze durchbohrt (Abb. 247 [7]), sich im Innern derselben verzweigt und nun neues Myzel und neue Fruchtträger erzeugt.

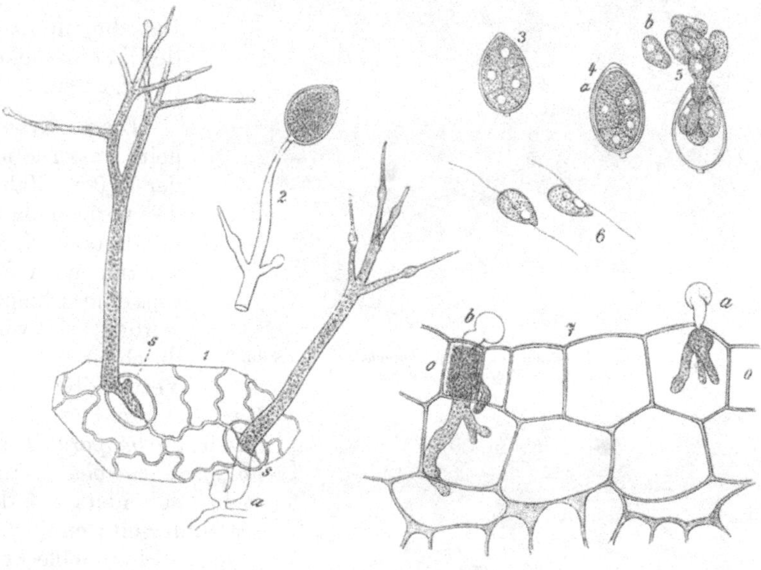

Abb. 247. Phytophthorakrankheit der Kartoffel. 1. Oberhautstückchen von der Unterseite eines Kartoffelblattes, aus dessen Spaltöffnungen die Sporangienträger des Pilzes hervorwachsen, $^{200}/_{1}$; 2. Ende eines Sporangienträgers mit reifem Sporangium, $^{300}/_{1}$; 3. Sporangium nach zweistündigem Liegen im Wasser mit beginnender, 4. mit vollendeter Teilung; 5. Entleerung der Schwärmsporen; 6. schwärmende Sporen von oben und von der Seite; 7. Eindringen der Keimschläuche durch die Oberhaut eines Kartoffelstengels. 3—7 Vergr. $^{400}/_{1}$. (Nach de Bary.)

Außer in dem Kraute lebt der Pilz aber auch noch in den Knollen, die er unter Bräunung des Gewebes zerstört. In die Knollen dringt er besonders bei nasser Witterung durch die Schale ein und wächst dann zwischen den Zellen in die Tiefe. Das Myzel ist sehr charakteristisch: es ist ohne Querwände, von unregelmäßiger, an eine knorrige Wurzel erinnernder Gestalt (Abb. 248). Bei reinem *Phytophthora*-Befall bleiben die Stärkekörner unverändert. (Man erleichtert sich den mikroskopischen Nachweis des Myzels dadurch, daß man die als krank äußerlich kenntlichen Kartoffeln durchschneidet und 1—2 Tage lang in eine feuchte Kammer legt. Dann treten an den Stellen, an denen das Myzel reichlicher ist, Konidienträger als zarte, weiße Rasen aus dem Gewebe hervor.)

Oosporen, wie bei anderen Peronosporeen, sind bis jetzt noch nicht mit Sicherheit nachgewiesen; man nimmt daher an, daß der Pilz als Myzel in den Kartoffelknollen überwintere.

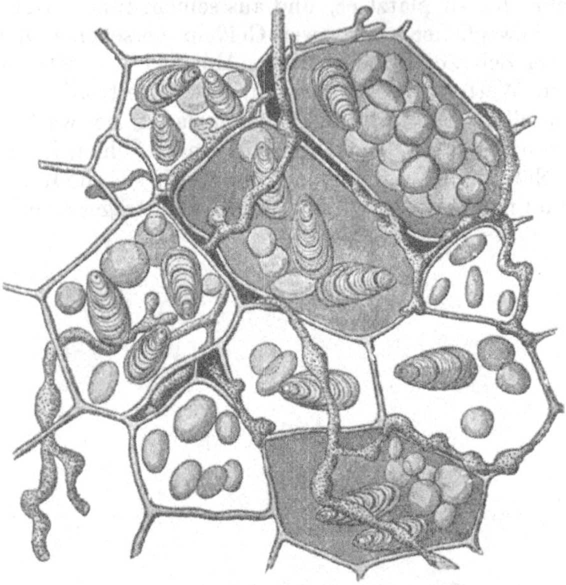

Abb. 248. Gewebe der Kartoffelknolle, von *Phytophthora*-Myzel durchwachsen. — Vergrößerung 300/1.

Zur Übersicht über die Unterscheidung der verschiedenen Kartoffelkrankheiten dient die Tabelle auf S. 205.

Falscher Mehltau des Weinstockes (Abb. 249 u. 250).

Diese Krankheit ist zu Ende der 70er Jahre des vorigen Jahrhunderts aus Nordamerika nach Europa eingeschleppt worden; sie wird durch einen nahen Verwandten des Kartoffelkrankheitspilzes, durch *Plasmopara* (*Peronospora*) *viticola*, verursacht. Besonders auf der Blattunterseite entstehen weiße Schimmelflecke (Abb. 249), während die Blattoberseite sich an den betreffenden Stellen gelblich bis braun verfärbt. Bald folgt dann ein Absterben und Abfallen der kranken Blätter, weshalb die Krankheit auch vielfach Blattfallkrankheit genannt wird. Außer den Blättern werden auch die Beerenstiele und Beeren befallen; letztere verlieren dadurch die Form und hängen als schlaffe Säckchen (sog. Lederbeeren) an den Stielen. — Die Infektion der Blätter erfolgt fast nur von der Unterseite her, wo die Spaltöffnungen als

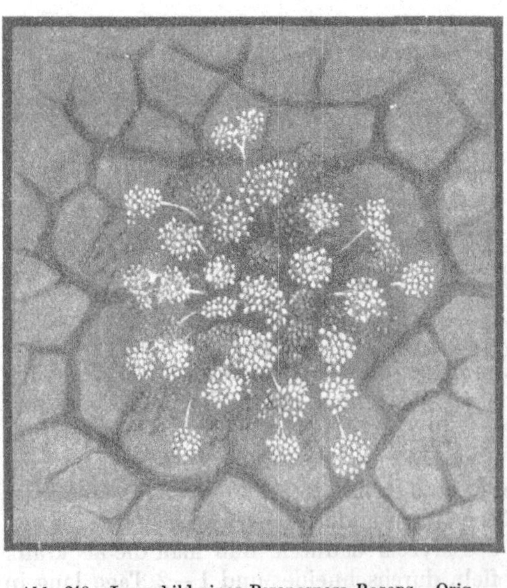

Abb. 249. Lupenbild eines Peronospora-Rasens. Orig.

Übersicht über die hauptsächlichsten Kartoffelkrankheiten.

Name der Krankheit	Ursache	Kennzeichen der Krankheit an Kraut	Kennzeichen der Krankheit an Knollen	Zeit des Auftretens	Umstände, die die Verbreitung begünstigen	Schutzmittel
Kraut- und Knollenfäule	Pilz *Phytophthora infestans*	braune Flecken, mit weißlichem Flaum umsäumt	braune Flecken im Fleisch, äußerlich als braun-bläuliche, eingesunkene Flecken kenntlich	Juli bis September	feucht-warme Witterung	Bespritzung des Krautes mit Kupferkalkbrühe
Dürrfleckenkrankheit	Pilz *Alternaria solani*	runde braune, trockene Flecke auf den Blättern	—	Juli bis September	kleine, blattbewohnende Insekten	Spritzen mit Kupferkalkbrühe
Blattrollkrankheit	unbekannt	Blätter rollen sich längs der Mittelrippe zusammen, Ertragsrückgang		—	ungünstige Witterungs- und Bodenverhältnisse, krankes Saatgut	Verwendung guten Saatgutes
Bakterienringkrankheit	Bakterien	Verkümmerung der Stengel und Blätter	Gefäßbündelring, mehr oder weniger verfärbt und erweicht	während der ganzen Vegetationsperiode	krankes Saatgut, Verwundungen der unterirdischen Teile der Pflanze	Verwendung gesunden, unzerschnittenen Saatgutes
Gefäßverpilzung	Pilz *Verticillium Fusarium*	Rollung der Blätter, Welken, Verfärbung der Gefäßbündel	Verfärbung und Verpilzung der Gefäße	Juli bis zur Ernte	krankes Saatgut, Trockenheit	Verwendung gesunden Saatgutes
Schwarzbeinigkeit und Bakterienknollenfäule	verschiedene Bakterien	Stengel am Grunde schwarz und abgestorben	Knollen sind naßfaul	am Kraut Juni — August, an den Knollen jederzeit	krankes Saatgut, feucht-warme Witterung	Verwendung gesunden, unzerschnittenen Saatgutes
Fußverpilzung	*Rhizoctonia solani*	Verkürzung der Triebspitzen und Rollung der oberen Blätter. Vermorschung des Stengelgrundes.	*Rhizoctonia*-Pocken auf der Schale	Juli bis zur Ernte	saurer Boden	noch unbekannt, wahrscheinlich gibt es widerstandsfähige Sorten
*Fusarium*fäule	Pilz, verschiedene Arten von *Fusarium*	Vermorschung und gänzliche Zerstörung der Knollen		—	Verletzungen durch Einflüsse verschiedenster Art	—
Eisenfleckigkeit	unbekannt	—	braune, rostfarbene Flecke im Fleisch	—	—	—
Schorf	*Actinomyces*-Arten	—	abnorme Korkbildung der Schale von verschiedener Form und Ausdehnung	—	alkalische Düngemittel	frische Ätzkalkdüngung bei jedesmaligem Anbau von Kartoffeln
Kartoffelkrebs	Pilz *Synchytrium endobioticum*	blumenkohlartige Wucherungen an den Knollen und seltener an den unteren Stengelteilen		Juli — Oktober	schlechte Bodenbearbeitung, zu häufiger Nachbau von Kartoffeln	Anbau widerstandsfähiger Sorten

Eingangspforten dienen. Am Rande der einige Tage nach der Infektion eintretenden Blattflecke kommen die Konidienträger zu mehreren aus den Spaltöffnungen hervor (Abb. 250) und sind dann als weißer Rasen sichtbar. Die Konidien sind eiförmig, 17—23 μ und 1,3—1,7 μ breit. Im Innern der Blätter bilden sich außerdem noch Eisporen (Oosporen) mit einer glatten, bräunlichen Haut, die 30—38 μ Durchmesser besitzen.

Diese Oosporen fallen mit den Blättern ab, überwintern, keimen im Frühjahre nach Verwitterung des sie einschließenden Blattgewebes

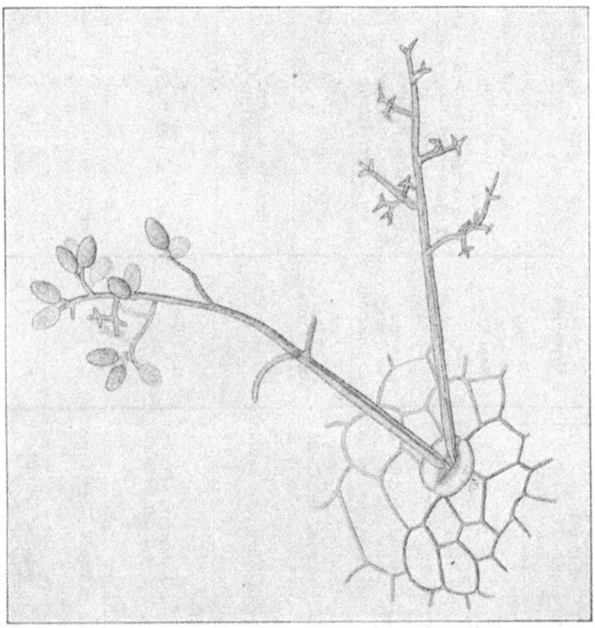

Abb. 250. Falscher Mehltau des Weinstockes. Zwei Konidienträger der *Plasmopara* kommen aus einer Spaltöffnung hervor. An dem Träger rechts sind die Konidien bereits abgefallen. $^{200}/_{1}$.

mit einem kurzen Keimschlauch, an dem eine große, bis 40 Zoosporen enthaltende Konidie gebildet wird. Diese Zoosporen gelangen auf die unteren Rebblätter und stecken diese an.

Als bestes Mittel zur Bekämpfung der Blattfallkrankheit hat sich das mehrmalige Bespritzen der Blätter mit Kupferkalkbrühe oder anderen kupferhaltigen Mitteln erwiesen. Bei der Ausführung ist darauf zu achten, daß die Blattunterseiten möglichst von der Flüssigkeit getroffen werden. — Außerdem ist im Herbste das abgefallene Laub möglichst gründlich zu vernichten, und im Frühjahre sind die Reben rechtzeitig aufzubinden, da die am Boden befindlichen Blätter am ersten befallen werden.

Taschenkrankheit der Pflaumen (Abb. 251).

Als „Narren" oder „Taschen" sind Pflaumenfrüchte (Zwetschgenfrüchte) bekannt, die keinen Stein enthalten und eine unförmige

Gestalt angenommen haben (Abb. 251 *a*). Die Krankheit ist besonders im Juni-Juli fast überall zu finden; sie wird verursacht durch *Exoascus Pruni* Fuck. Die mikroskopische Betrachtung von Schnitten durch derartig kranke Früchte lehrt, daß dieselben dicht mit einem Pilzgeflecht durchzogen sind. Wenn man gegen Ende der Pilzentwicklung die Früchte untersucht, findet man, daß die Pilzfäden nach der Oberfläche durchgebrochen sind und hier keulenförmige, dicht nebeneinander gestellte Schläuche (Asci) hervorgetrieben haben (Abb. 251 *b*); in jedem Schlauch werden acht Sporen erzeugt. Meist sind auch die den kranken Früchten zugehörigen Zweige von dem Myzel durchwuchert, und es kommt vor, daß auch sie deformiert sind. Die Überwinterung findet im Weichbaste solcher Zweige statt, aus denen das Myzel im Frühjahre wieder in die Fruchtanlagen hineinwächst.

Meist genügt zur Bekämpfung ein gründliches Absammeln und Vernichten der Taschen.

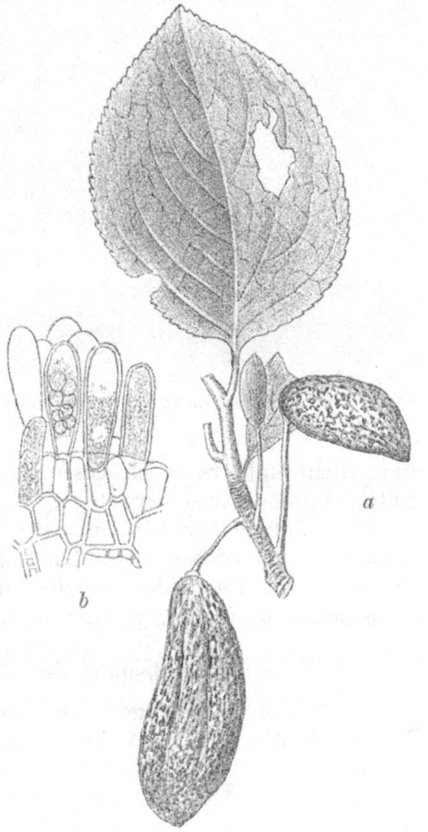

Abb. 251. *Exoascus Pruni.* *a* Zweig von *Prunus domestica* mit befallenen, krankhaft veränderten Früchten; *b* der Pilz. (Nach Sorauer.)

Fleckenkrankheiten des Klees (Abb. 252).

Die Blätter des Klees und der Luzerne sind sehr oft über und über mit zahllosen kleinen, braunen Flecken bedeckt. Diese werden hervorgerufen durch einen parasitären Scheibenpilz: *Pseudopeziza trifolii* Fuck., dessen Fruchtkörper mittels des Mikroskops leicht aufzufinden und zu erkennen sind. Das Myzel des Pilzes durchwuchert das Blattgewebe. Die Fruchtkörper werden direkt unter der Blattepidermis angelegt und kommen auf den Blattflecken sowohl aus der Ober- wie Unterseite hervor. Sie werden als Apothezien bezeichnet und bilden eine graugelbliche, wachsartig weiche, flache, runde Scheibe von $^1/_4$ bis $^1/_2$ mm Durchmesser, die aus zahllosen, dicht nebeneinander stehenden, vertikal gerichteten Sporenschläuchen besteht, zwischen denen sich fadenförmige Paraphysen befinden.

Die Schläuche sind keulenförmig und enthalten acht elliptische, einzellige, farblose Sporen, die aus den Schläuchen, sobald sie reif sind, in die Luft geschleudert werden. Durch diese Sporen wird die Verbreitung des Pilzes bewirkt. (Angeblich bringt der Pilz außer den Apothezien zeitweise auch noch eine Konidienform [*Sporonema*] mit sehr kleinen, eiförmigen, einzelligen, farblosen Konidien hervor.) Bei starkem Auftreten des Pilzes wird der Klee in seiner Entwick-

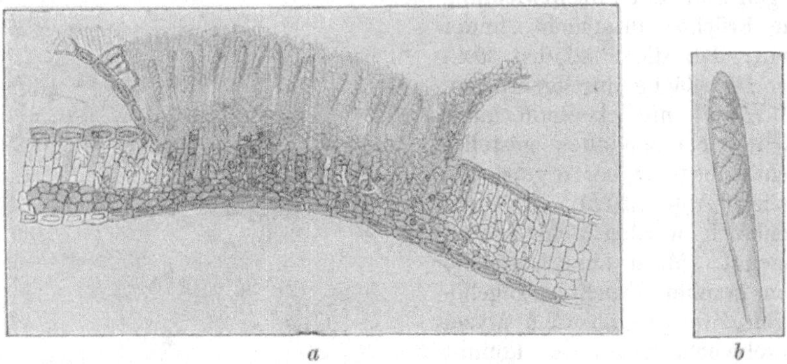

Abb. 252. *Pseudopeziza trifolii.* *a* Blattquerschnitt mit einem reifen Apothezium. $^{120}/_{1}$. *b* einzelner Schlauch mit Sporen. $^{500}/_{1}$.

lung nicht unbeträchtlich geschädigt, da die befallenen Blätter vorzeitig vergilben und verwelken.

Eine ähnliche Schädigung des Klees, die durch die zahlreichen schwarzen, glanzlosen, etwa 1 mm großen Flecken kenntlich ist, wird durch den Pilz *Phyllachora trifolii* Fuck., zu dem als Konidienform *Polythrincium trifolii* Kze. gehört, hervorgerufen.

Runzelschorf des Ahorns (Abb. 253).

Im Frühjahre gelangen die Sporen des Pilzes *Rhytisma acerinum* Fr. durch den Wind auf die jungen Blätter des Ahorns, wachsen in

Abb. 253. *Rhytisma acerinum.* Schnitt durch ein reifes Apothezium und das Blatt, auf dem es sitzt. $^{200}/_{1}$. Rechts oben ein einzelner Schlauch mit seinen acht Sporen. $^{580}/_{1}$.

dieselben hinein und erzeugen gelbe Flecke. Auf diesen treten sehr bald schwarze Punkte auf, die sich rasch vergrößern und zusammenfließen, so daß die ganzen Flecke kohlschwarz werden und nur von einem schmalen, gelben Saum umgrenzt bleiben. In diesem Stadium sind die Flecke, die die Größe eines Zweipfennigstückes haben, sehr in die Augen fallend und charakteristisch. Oft finden sich auf jedem Blatte mehrere solcher Flecke, so daß das ganze Laub der Bäume schwarz getupft erscheint. Das schwarze Aussehen rührt daher, daß sich das im Blattgewebe sehr reich entwickelnde Pilzmyzel unmittelbar unter der Epidermis als schwarzes, aus kleinzelligem Pseudoparenchym bestehendes sklerotiumartiges Stroma ausbildet. Auf den Blattflecken entstehen zunächst kleine, halbkugelige Sporenbehälter, sogenannte Pykniden, die in ihrem Innern sehr kleine, farblose, einzellige, stäbchenförmige Sporen entwickeln. (Dieser Pyknidenzustand des Pilzes wurde früher *Melasmia acerinum* Lév. genannt.) Die Pykniden verschwinden alsbald wieder, und nun beginnt die Anlage der Apothezien. Der ganze Fleck erhält ein gehirnartig gerunzeltes Aussehen; daher die Bezeichnung „Runzelschorf". Jede Runzel ist ein junges Apothezium. In demselben werden zunächst nur die vertikal gestellten, fadenförmigen, farblosen Paraphysen gebildet. In diesem Zustande befindet sich der Pilz, wenn die Blätter im Herbste abfallen. Erst im Frühjahre entwickeln sich auf den am Erdboden liegenden, faulenden Blättern in den Apothezien zwischen den Paraphysen zahlreiche keulenförmige Schläuche und in diesen je acht fadenförmige, farblose, einzellige Sporen (Abb. 253). Sobald die Apothezien reif geworden sind, was im Mai der Fall ist, öffnen sie sich in ihrer ganzen Länge. Die Sporen werden mit großer Gewalt aus den Schläuchen in die Luft geschleudert und gelangen nun auf die jungen Ahornblätter. An den verschiedenen Ahornarten treten sogenannte spezialistische, d. h. an die verschiedenen Wirtsarten angepaßte, Formen des Pilzes auf.

Man kann diese Blattfleckenkrankheit dadurch unterdrücken, daß man die am Erdboden liegenden befallenen Ahornblätter untergräbt oder zusammenharkt und entfernt und damit den Krankheitsherd beseitigt.

Mehltau des Getreides und der Gräser (Abb. 254 u. 255).

Auf den Scheiden und Blättern unserer Getreidearten und einer ganzen Anzahl von Gräsern findet man häufig weißliche, schimmelartige Flecke auf den Blattscheiden und Blättern, die anfangs spinnwebartig dünn und gleichmäßig sind; später verdichten sie sich zu bräunlichen oder grünweißen Polstern. Der weißliche Überzug besteht aus den zahlreichen farblosen Myzelfäden von *Erysiphe graminis* D. C., die die Oberfläche des Pflanzengewebes überziehen und sich durch Haustorien ernähren. Die Schädigung, die sie hierbei hervorrufen, gibt sich dadurch zu erkennen, daß die befallenen Teile mißfarbig werden und dann bald vertrocknen. Aus den Myzelfäden erheben sich zahlreiche Konidienträger, die an ihrer Spitze reihenweise ovale Konidien abschnüren (Abb. 254); diese Konidien sind sofort keimfähig und dienen der Verbreitung des Pilzes während des Sommers. Wenn dann das Myzel sich stellenweise verdichtet hat, erkennt man in den entstandenen kleinen Polstern schwarze Pünktchen, die sich unter dem

Mikroskop als die Schlauchfrüchte — Perithezien — des Pilzes zu erkennen geben; sie sind die Überwinterungsform des Mehltaues und erreichen ihre Reife erst im nächsten Frühjahre auf dem toten Substrate. Dann stellen sie kleine schwarzbraune, kugelförmige Kapseln

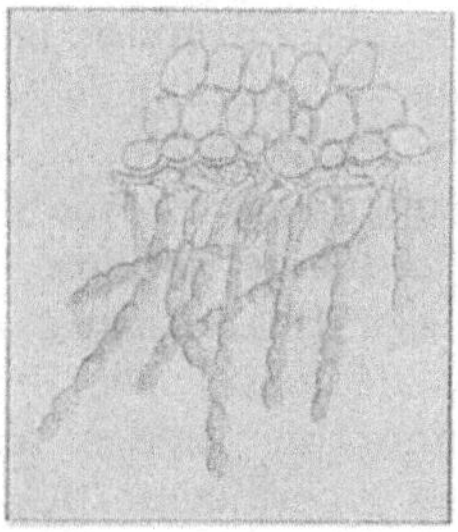

Abb. 254. *Erysiphe graminis.* Konidienform. Aus dem auf der Epidermis der Nährpflanze hinkriechenden Myzel erheben sich die Träger mit den kettenförmig sich abschnürenden Konidien.

Abb. 255. *Erysiphe graminis.* Perithezie. Kugelige Kapselfrucht mit zahlreichen braunen Stützfäden.

mit zahlreichen dunklen Anhängseln dar (Abb. 255), die mehrere Schläuche mit je vier bis acht länglichrunden, einzelligen, farblosen, ziemlich dickwandigen Sporen enthalten.

Erysiphe graminis D. C. besitzt, ähnlich wie die Rostpilze, sogenannte „spezialisierte Formen", d. h. Formen, die morphologisch nicht zu unterscheiden sind, sich aber biologisch verschieden verhalten, indem sie an bestimmte Gruppen von Nährpflanzen gebunden sind.

Echter Mehltau des Weinstockes (Abb. 256, 257 u. 258).

Der Mehltau des Weinstockes wird durch *Uncinula necator* (Schw.) Burril verursacht. Das Myzel dieses Pilzes, an dem sehr bald die Konidien (*Oidium Tuckeri* Berk., Abb. 256) entstehen, bildet zunächst weiße Flecke, überzieht aber bald flächenweise die jungen Reben, Beeren und Blätter, so daß sie wie mit Asche bestreut aussehen (daher auch der Name Äscherich). Später bräunt sich das Gewebe der erkrankten Stellen. Die Beeren werden am Weiterwachsen gehindert und platzen auf, so daß die Kerne zutage treten; später trocknen sie ein oder verfaulen, je nachdem das Wetter trocken oder feucht ist. Die mikroskopische Untersuchung ergibt ein Pilzmyzel, mit dem die Epidermis der befallenen Pflanzenteile überzogen und das durch lappige Fortsätze (Appressorien) angeheftet ist. Die Ernährung

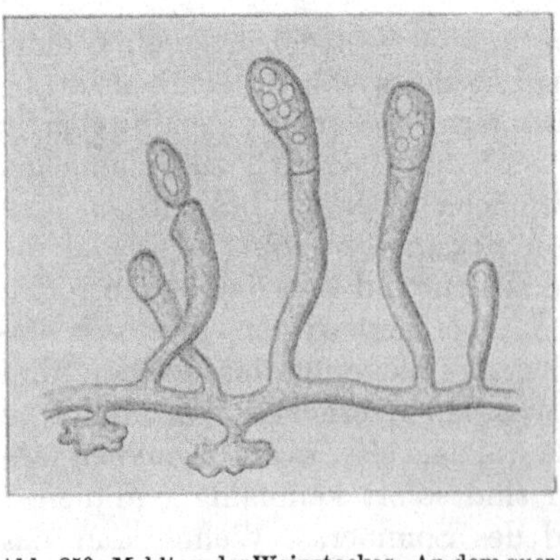

Abb. 256. Mehltau des Weinstockes. An dem querliegenden Myzelaste sind nach unten zwei Appressorien, nach oben fünf Konidienträger in verschiedenen Entwicklungsstadien zu sehen.

vollzieht sich durch die aus den Appressorien in die Zellen eindringenden Haustorien. An aufgerichteten Trägern werden eirunde Konidien in großer Menge abgeschnürt, die sehr leicht keimen und dadurch die Verbreitung des Pilzes während des Sommers besorgen. Die Überwinterung des Pilzes kann entweder durch Myzelteile oder durch Perithezien erfolgen. Die Überwinterungsmyzelien sind kräftiger als die konidienabschnürenden Pilzfäden und dadurch ausgezeichnet, daß sie unregelmäßige Haustorien zu Knäueln gehäuft tragen (Abb. 257). Diese am einjährigen Rebholze aufgefundenen Dauermyzelien wachsen im nächsten Frühjahre zu normalen Pilzfäden aus.

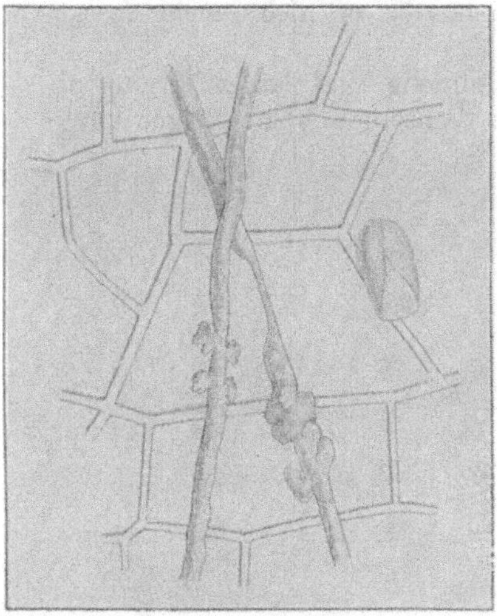

Abb. 257. Überwinterungsmyzel von *Uncinula necator*. Links eine tote Konidie.

Abb. 258. Perithezie von *Uncinula necator*. (Nach Viala.)

Die Perithezien, die bei uns bis jetzt nur selten aufgefunden wurden, sind dunkelgefärbte, runde, etwas plattgedrückte Gehäuse, die mehrere achtsporige Schläuche enthalten. Außerdem sind sie mit einfachen oder gegen das Ende zu dichotom geteilten Anhängseln, die an der Spitze eingerollt sind, versehen (Abb. 258).

Auf dem Mehltau schmarotzt ein ihm nahe verwandter Parasit, eine zu den Pyrenomyzeten gehörige *Cincinnobolus*-Art.

Die Bekämpfung des Mehltaupilzes erfolgt durch Überpudern der befallenen Blätter usw. mit Schwefelpulver. Um die überwinternden Organe zu vernichten, ist ein Anstreichen der Rebteile im ersten Frühjahre mit Eisenvitriollösung zu empfehlen. Dieses Mittel hat jedoch nur dann einen Zweck, wenn es auf weite Strecken hin angewandt wird, da es die Pflanzen nicht gegen eine spätere Infektion durch die Konidien schützt.

Wurzelschimmel oder Wurzelpilz der Reben (Abb. 259).

Unter diesen Namen versteht man im allgemeinen die durch *Rosellinia* (*Dematophora*) *necatrix* (Hart.) Berl. hervorgerufenen Wurzelerkrankungen, wenn auch bekannt ist, daß das Myzel anderer parasitischer Pilze, wie z. B. *Armillaria mellea,* ähnliche Erscheinungen hervorruft.

Das Bild, das die erkrankten Weinstöcke zeigen, ist dem der von der Reblaus befallenen ähnlich. Es erkranken meist zunächst einzelne Stöcke, von denen aus nach und nach die benachbarten angesteckt werden, so daß mehr oder weniger kreisförmige Infektionsbezirke zu erkennen sind. Die Weinstöcke selbst zeigen alle die Erscheinungen, die durch Ernährungsstörungen hervorgerufen werden; die Triebe entwickeln sich nur kümmerlich und bringen nur kleine, oft gekräuselte Blätter hervor, die leicht gelb werden und gewöhnlich viel eher als die der gesunden Stöcke abfallen. Versucht man den Stock herauszuziehen, so gibt derselbe leicht nach, da er nicht mehr festgewurzelt ist.

Die Wurzeln riechen dumpfig-schimmelig und lassen schon mit bloßem Auge einen mehr oder weniger dichten, weißen, filzigen Über-

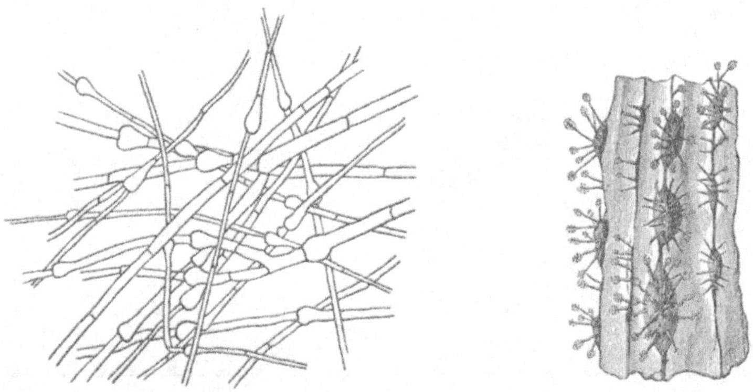

Abb. 259. *1* Myzelfäden von *Rosellinia necatrix*; stark vergrößert. (Nach K. Müller.) *2* Stück einer Rebwurzel mit sklerotienartigen Myzellagern, aus denen die büschelförmigen Konidien hervorwachsen. Vergrößerung $^5/_1$. (Nach Hartig.)

zug erkennen, der sich unter dem Mikroskop als ein Gewirr von Myzelfäden entpuppt (Abb. 259, *1*). Das Myzel ist dadurch charakterisiert, daß die älteren Zellen unterhalb der Querwände keulenförmig verdickt sind. Zunächst überziehen diese Fäden die Wurzeln als feines, schleierartiges Gespinst; später färbt sich ein Teil der Fäden dunkel und bildet Pilzstränge (Rhizomorphen), die bald auf, bald unter der Rinde verlaufen und dann, in Reihen angeordnet, wie Sklerotien nach außen hervortreten.

Diese tragen die dünnen, borstenförmigen Fruchtträger, die an ihrem oberen Teile rispig verzweigt sind und sehr kleine, farblose, eiförmige Sporen (Konidien) hervorbringen.

Später, wenn das Holz schon in Fäulniß übergeht, erscheinen Porithezien mit 8 kahnförmigen Schlauchsporen.

Die Folge der Tätigkeit der *Rosellinia necatrix* ist ein Abfaulen der Wurzeln und damit ein Absterben des Stockes durch Vertrocknung. Die Zeit, die von der Infektion bis zum Tode des Stockes vergeht, ist je nach den äußeren Verhältnissen verschieden; denn es ist ein Krankheitsverlauf von wenigen Monaten bis zu fünf oder sechs Jahren beobachtet worden. Immer aber leidet auch bei den langsam verlaufenden Fällen die Fruchtbarkeit schon nach dem ersten Jahre.

In seinem Vorkommen ist der Wurzelpilz durchaus nicht an den Weinstock gebunden, vielmehr kommt er auf den Wurzeln der verschiedensten Pflanzen vor. Bedingung für seine Entwicklung ist ein bestimmter Grad von Feuchtigkeit.

Daher ist das zuerst anzuwendende Gegenmittel möglichste Entwässerung des Bodens, und oftmals gelingt es schon hierdurch, ein Weiterumsichgreifen dieses gefährlichen Weinbergfeindes zu verhüten. Ferner sind alle Stöcke, bei denen die Krankheit weiter fortgeschritten ist, auszureißen und zu verbrennen. Bei Neuanlagen auf einmal infiziert gewesenen Böden ist möglichst alle fäulnisfähige Substanz zu vermeiden, was dadurch geschieht, daß das zu verwendende Blindholz mit möglichst wenig altem Holze geschnitten, daß der Boden von allen Wurzeln gesäubert wird, daß die Rebpfähle an ihrem unteren Ende entweder angekohlt oder mit Kupfervitriol imprägniert werden und als Dünger entweder Kunstdünger oder doch gut verwitterter Stalldünger Verwendung findet. Auch sind nicht alle Rebsorten gleich empfindlich, so daß die Möglichkeit besteht, durch geeignete Sortenwahl den Schaden zu verringern.

Mutterkorn (Abb. 260 u. 261).

Der Mutterkornpilz (*Claviceps purpurea* Tul.) kommt auf verschiedenen Gräsern, besonders aber häufig an den Ähren des Roggens vor; er tritt nacheinander in drei durchaus verschiedenen Formen auf, nämlich:

1. als **„Honigtau“** (Abb. 260). Unter Honigtau, früher *Sphacelia scgetum* Lév. benannt, versteht man Tropfen eines süßen, zähen, gelblichen Schleims in jungen Getreideähren. Nimmt man einen solchen Tropfen unter das Mikroskop, so sieht man in ihm massenhaft kleine, elliptische Zellchen schwimmen: das sind die Sporen, die von einer schimmelähnlichen Lage von Pilzfäden erzeugt werden. Die dicke Flüssigkeit, die nur bei warmen Wetter reichlich erscheint, ist Narbenflüssigkeit, die durch den vom Pilz ausgeübten Reiz reichlicher ausfließt. Die Sporen werden von Insekten, die dem Honigtau nachgehen, auf andere Blüten überführt und tragen hauptsächlich zur Verbreitung des Pilzes bei. Sie keimen unter günstigen Verhältnissen schon nach fünf bis sechs Stunden, und das aus ihnen erwachsende Myzel schnürt bereits nach acht Tagen neue Konidien ab.

2. als **Sklerotium** (vgl. Abb. 261, [1]). Das zweite Entwicklungsstadium des Mutterkornpilzes geht aus der von Pilzfäden vollkommen durchsetzten und erfüllten Fruchtknotenbasis der Getreidepflanze hervor. Es entwickelt sich ein oft über 2 cm langer Körper, der in seinem Innern aus einem pseudoparenchymatischen Pilzgewebe besteht, dessen Fäden dickwandig und mit fettem Öle erfüllt sind. Bedeckt ist dieser Kern von einer rötlichbraunen, oft rissigen Rindenschicht.

3. als **ausgebildeter Pilz** (Abb. 261). Das dritte und letzte Entwicklungsstadium tritt außerhalb des Bereiches der Getreideähre auf. Gelangt nämlich das Sklerotium auf feuchte Erde, so löst sich im

Frühjahre von der violetten Oberflächenschicht hier und da ein Läppchen ab, und an den entblößten Stellen erscheinen weiße Knöpfchen, die sich später strecken, schmutzig-violett färben und je in einen langen Stiel sowie in einen rundlichen Kopf differenzieren [1]). Diese Form ist der eigentliche *Claviceps*, ein der Klasse der *Pyrenomyceten* angehöriger Pilz. Die Köpfchen sind dicht von Wärzchen bedeckt und enthalten unter jedem Wärzchen einen eiförmigen Fruchtbehälter (Perithezie), der mit zahlreichen, gegen den Scheitel konvergierenden, linienförmigen, achtsporigen Schläuchen (Sporenschläuchen) gefüllt ist. Bei der Reife öffnet sich jede Perithezie mit einem Loche inmitten des deckenden Wärzchens. Aus dem oberen Ende des Sporenschlauches treten die fadenförmigen Sporen in Bündeln zusammenhängend aus und schieben sich durch die Perithezienöffnung nach außen. Ein

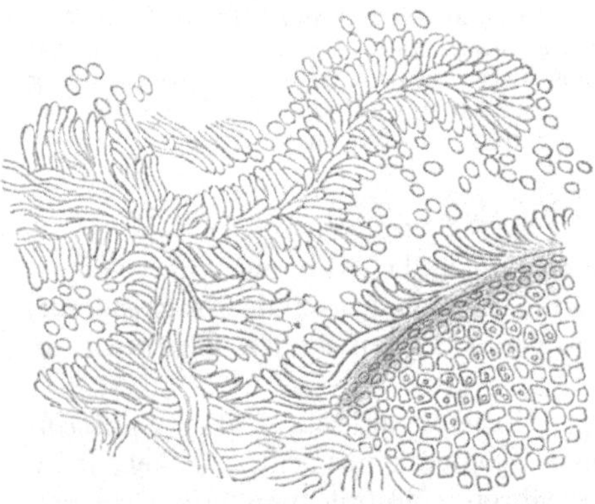

Abb. 260. Mutterkornpilz im ersten Entwicklungsstadium (Honigtau). Ein junges Sklerotium ist bedeckt mit schlauchförmigen Zellen, die ovale Sporen abschnüren. (Nach Kny.)

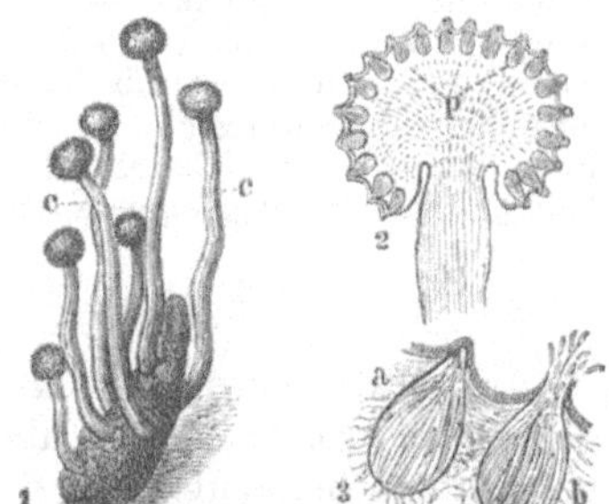

Abb. 261. Mutterkornpilz im dritten Entwicklungsstadium. 1. Sklerotium mit Pilzfrüchten (natürl. Größe). *s* Sklerotiumlager, *c* Fruchtköpfchen des Mutterkornpilzes. 2. Ein Fruchtköpfchen vergrößert im Vertikaldurchschnitt, Fruchtbehälter [Perithezien (*p*)] zeigend. 3. Perithezium, stark vergrößert, achtsporige Sporenschläuche enthaltend. *a* noch geschlossene Perithezie, *b* geöffnete Perithezie, Sporen auswerfend.

Sklerotium kann 20—30 Fruchtbehälter tragen, die mehr als eine Million Sporen entwickeln. Diese Sporen rufen auf Gräsern wieder Honigtau hervor.

Außer dem typischen *Claviceps purpurea* Tul. unterscheidet man noch einige nahe verwandte Arten, die auf Gräsern, z. B. *Molinia caerulea, Glyceria fluitans* u. a., vorkommen, aber nicht auf die Getreidearten übergehen. Andererseits kann aber das Mutterkorn des Getreides eine Reihe von Gräsern infizieren, wobei besonders hervorzuheben ist, daß auch Fälle vorkommen, in denen nur der Honigtau, nicht aber das Mutterkorn gebildet wird. Natürlich ist dieser Honigtau für Getreide ebenfalls ansteckend. Erwiesen ist die Übertragbarkeit des Roggenmutterkorns auf *Anthoxanthum odoratum, Arrhenatherum elatius, Dactylis glomerata, Hordeum morinum, Festuca pratensis, Briza media, Poa pratensis, Bromus sterilis,* Weizen und Gerste sowie einige praktisch weniger in Betracht kommende Gramineen.

Die Bekämpfung des Mutterkornpilzes hat in der Weise zu geschehen, daß man die Ernte eines mit Mutterkorn befallenen Feldes möglichst frühzeitig

[1]) Will man diese Keimung experimentell ausführen, so muß man die Sklerotien im Freien überwintern, da sie nur dann gut keimen.

vornimmt, um die Sklerotien nicht aus den Ähren ausfallen zu lassen, daß man die ausgedroschenen Mutterkornsklerotien durch gründliches Putzen von den Getreidekörnern trennt und sie tief eingräbt oder in die Jauchegruben schüttet, wo sie verfaulen. Ferner aber mähe man die in der Umgebung der Getreidefelder, z. B. an Rainen, vorhandenen wilden Gräser vor der Blüte, damit sich nicht von ihnen aus der Honigtau auf das Getreide verbreite. Wo aber Mutterkorn reichlich auftritt, sollte man es unter den heutigen Verhältnissen stets sammeln und verwerten. Man verhindert dadurch die Verbreitung und schafft gleichzeitig Nutzen.

Steinbrand des Weizens (Abb. 262*a*, *b* u. 263).

Der Steinbrand des Weizens wird hervorgerufen durch den zu den Ustilagineen gehörenden Pilz *Tilletia tritici* Wtr., bei uns seltener durch dessen nahen Verwandten *Tilletia laevis* Kühn. Die Erscheinung der Krankheit besteht darin, daß die Ähren an Stelle der normalen Körner Brandkörner (sogen. Brandbutten) tragen. Diese sind ihrer Form nach meist kürzer und dicker als die normalen, grauschwarz, und da sie dadurch dunkel durch die Spelzen schimmern, erscheint die ganze

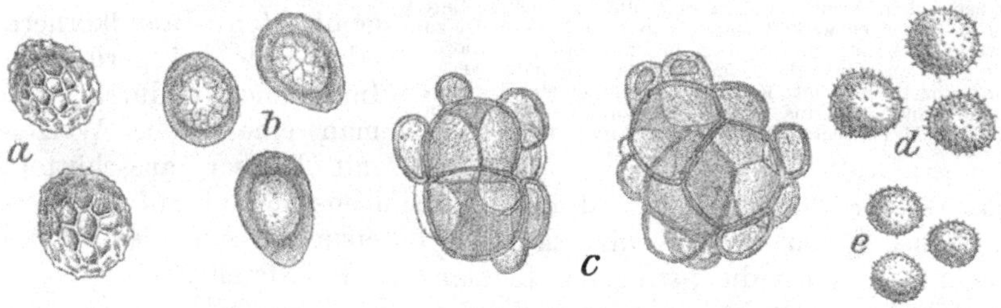

Abb. 262. Brandsporen von: *a Tilletia tritici*, *b T. laevis c Urocystis occulta*, *d Ustilago maydis*, *e U. nuda*. $^{600}/_{1}$.

Ähre meist etwas rauchgrau. Nicht immer sind alle Körner einer Ähre brandig, sondern die Erkrankung kann sich auf einzelne Körner beschränken. Angefüllt sind diese kranken Körner mit einem dunkelbraunen, sich fettig anfühlenden Pulver, das aus zahllosen Sporen des Pilzes besteht. Diese Sporen sind bei *Tilletia tritici* Wtr. (Abb. 262*a*) von netzig angeordneten Leisten besetzt, die den Rand des Kornes unter dem Mikroskop gezähnt erscheinen lassen; diejenigen von *T. laevis* Kühn (Abb. 262*b*) sind glatt; beide riechen, besonders zwischen den Fingern gerieben, unangenehm nach Heringslake (Trimethylamin). Bringt man die Sporen in Wasser ohne Nährstoffe, so keimen sie in 4 bis 5 Tagen mit einem langen, kräftigen Keimschlauch, der erst, wenn er an die Luft kommt, Konidien entwickelt. In feuchter Luft oder in feuchter Erde wird nur ein kurzer Träger ausgebildet, an dessen Scheitel ein Kranz von Konidien („Kranzkörperchen") entsteht. Häufig sind diese Konidien zu zweien durch eine Brücke verbunden. Sie keimen ihrerseits wieder und können entweder die Weizenpflanze direkt infizieren, oder aber sie bilden sekundäre Konidien, die die Infektion vermitteln. Diese verschiedenen Stadien sind in Abb. 263 wiedergegeben.

Die Übertragung des Pilzes geschieht in der Weise, daß die Brandkörner, die vor der Ernte nicht ausfallen, mit gedroschen werden und dabei ausstäuben. Die Sporen setzen sich an den Weizenkörnern fest und gelangen so wieder auf das Feld. Dort keimen sie gleichzeitig mit den Saatkörnern, die Keimschläuche ihrer Konidien wachsen in die Keimlinge hinein und leben in den heranwachsenden Pflanzen weiter, bis sie gleichzeitig mit ihrem Wirte ihre Fortpflanzungsorgane bilden.

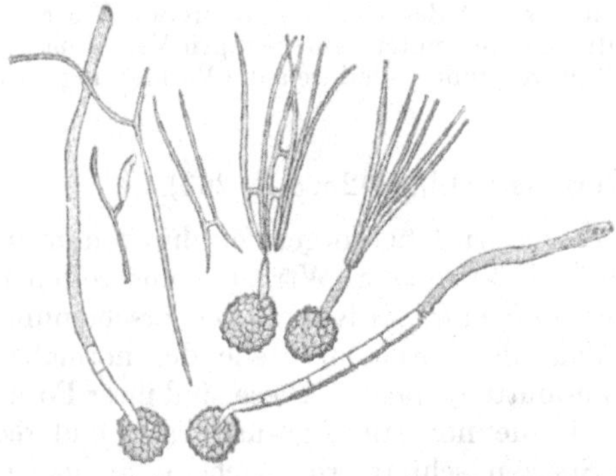

Abb. 263. *Tilletia tritici.* Unten, rechts und links, zwei Sporen, die im Wasser lange Keimschläuche getrieben haben; oben rechts zwei Sporen, die in feuchter Luft kurze Träger entwickelt haben, an denen die meist zu zweien verbundenen Konidien in kranzförmiger Anordnung stehen. Links davon ein solches Paar, dann weiter eine einzelne gekeimte Konidie und endlich eine Tochterkonidie an einem aus einer Primärkonidie entwickelten Myzelstück. (Nach v. Tubeuf.) $^{300}/_{1}$.

Ob Weizen Sporen von Steinbrand enthält, erkennt man entweder an den beigemischten Brandkörnern oder aber bei geringeren Infektionen dadurch, daß man eine Probe Weizen mit Wasser ausschüttelt, das Wasser zentrifugiert und den Zentrifugenschlamm auf das Vorhandensein von Sporen mikroskopisch untersucht. Auf diese Weise lassen sich noch die geringsten Beimengungen feststellen.

Aus diesem Überblick über die Lebensweise des Pilzes ergibt sich seine Bekämpfung, die darin besteht, daß man das Saatgut von den anhaftenden Steinbrandsporen befreit. Die üblichsten Mittel sind das Beizen des Saatgutes mit Kupfervitriollösung unter nachfolgender Kalkung, Bekrusten mit Bordelaiser Brühe, das Beizen mit 0,1proz. Formaldehydlösung (10 Minuten lang) oder mit den neueren quecksilberhaltigen Mitteln (Uspulun, Germisan). Wichtig ist bei Anwendung aller dieser Mittel, viel Flüssigkeit zu verwenden und alle aufsteigenden Brandkörner abzuschöpfen, da die geschlossenen Brandkörner nicht immer sicher abgetötet werden und noch zu Infektionen Anlaß geben können.

Flug- oder Staubbrand des Getreides (Abb. 262*e*).

Während man früher den Flugbrand der verschiedenen Getreidearten als eine einheitliche Art (*Ustilago carbo* Tul.) auffaßte, unterscheidet man jetzt eine ganze Reihe von Formen, die sich zum Teil morphologisch und biologisch so verschieden verhalten, daß sie als gute Arten angesehen werden müssen. Die hauptsächlichsten sind: *U. tritici* Jens., *U. avenae* Jens. und *U. hordei* Bref., von denen die beiden ersten auf die in ihrem Namen zum Ausdrucke kommenden Nährpflanzen und die letzte auf Gerste beschränkt sind.

Von dem Steinbrand des Weizens unterscheiden sich die Flugbrandarten dadurch, daß sie schon während des Sommers die Umhüllung des Kornes zerstören und ausstäuben.

Biologisch zerfallen sie in zwei Gruppen, nämlich in die mit Blüteninfektion und die mit Keimlingsinfektion. Die Angehörigen der ersten Gruppe keimen mit einfachem Myzel, die der letzteren mit einem konidienentwickelnden Promyzel. Zu der ersteren gehören *U. tritici* Jens. und *U. hordei* Bref., zu letzterer *U. avenae* Jens.

Die Blüteninfektion besteht darin, daß die Sporen in die Blüte hineinstäuben, sofort keimen und ihre Keimschläuche durch den Griffel in den Fruchtknoten hineinsenden. Dieser wird zunächst nicht geschädigt, sondern reift zu einem scheinbar gesunden Korn heran. In diesem läßt sich jedoch Myzel nachweisen, und zwar befindet es sich hauptsächlich im Schildchen, von wo es bei der Keimung in das dem Vegetationspunkt zunächst gelegene Gewebe hineinwächst. Im Schildchen ist es meist in Nestern vorhanden und stellt kurze, unregelmäßig gewundene, dicke Fadenstücke dar, die interzellular wachsen; in dem Keimling findet es sich dann, besonders in der Nähe der Gefäßbündel, reichlicher. In der heranwachsenden Pflanze entwickelt sich das Myzel weiter und schreitet in den Blütenständen des Weizens bzw. der Gerste zur Sporenbildung, wobei es diese in die bekannten schwärzlichen, mit den abstäubenden Sporen bedeckten Brandähren verwandelt.

Beim Haferflugbrand stäuben die Sporen zur Zeit der Blüte aus; sie gelangen in die dann geöffneten Blüten des Hafers, wo sie an den Narben und zwischen den Spelzen haften bleiben. Hier keimen sie aus und bilden teils hefeartige Sprossungen, teils dringen ihre Hyphen in das parenchymatische Gewebe der inneren Spelzenseiten ein, ohne daß der Fruchtknoten oder das heranreifende Korn geschädigt wird. Im Frühjahre, nach der Aussaat, wenn das Haferkorn keimt, wächst auch der Pilz weiter und dringt in das ganze Gewebe des Keimlings ein, gelangt in die Blütenanlagen und erzeugt seine Sporen dann in der Blüte. Im übrigen verläuft das Leben des Pilzes in der Pflanze wie bei den übrigen Brandarten.

Für die Untersuchung der verschiedenen hier erwähnten Brandarten sei darauf hingewiesen, daß *Ustilago tritici* Jens. und *hordei* ihre Keimfähigkeit nur wenige Monate behalten, während die anderen Arten bei trockener Aufbewahrung mindestens ein Jahr lang normal keimen.

Die Bekämpfung des Flugbrandes von Weizen und Gerste wird in der Weise durchgeführt, daß das Saatgut zunächst 4 Stunden lang in Wasser von 20—30° eingequollen und dann entweder 7—10 Minuten lang mit Wasser von 48—52° oder auf Trockenapparaten so weit behandelt wird, daß es ungefähr dieselbe Zeit die gleiche Temperatur annimmt.

Im übrigen sei auf die Tabelle auf S. 219 verwiesen.

Maisbrand (Abb. 263*d*).

An den verschiedensten Stellen der Maispflanze findet man häufig Beulen von verschiedenster Größe, die mit einer weißgrau glänzenden Haut überzogen und mit einem braunschwarzen Pulver angefüllt sind. An den Stengelteilen erreichen diese Brandbeulen oft die Größe eines Kinderkopfes, während sie an einzelnen Blütenteilen nur haselnußgroß und noch kleiner sind. Die Sporen des Pilzes (*Ustilago maydis* Tul.), der diese Krankheit verursacht, sind mehr oder weniger rund mit einem Durchmesser von 9—12 μ und dicht mit Stacheln bedeckt. Die Infektion kommt nicht nur durch Sporen, die dem Samen anhaften, zustande, sondern erfolgt auch an allen jüngsten Teilen, wie innerhalb der Scheiden wachsender Stengel, in den Blüten, an den Vegetationspunkten usw., wenn dort Sporen auffliegen.

Soweit durchführbar, sollte man alle Beulen ausschneiden; auch ist eine Beizung des Saatgutes mit Kupfervitriollösung und Vermeidung frischen Dunges anzuraten.

Roggenstengelbrand (Abb. 263*c*).

Der Roggenstengelbrand, hervorgerufen durch *Urocystis occulta* Rbh., tritt da und dort häufig auf. Er schädigt die Roggenpflanzen dadurch, daß er den Stengel und die in der Entwicklung begriffenen Ähren zerstört. Das Myzel, das sich nach der bei der Keimung des Saatkorns erfolgenden Infektion in der Nährpflanze entwickelt, bringt seine Sporen in Massen in den verschiedensten Teilen des Stengels und der Blätter hervor. Diese Stellen erscheinen als grauschwarz durchschimmernde, etwas verdickte Streifen, die später aufplatzen und die Sporen verstäuben. Die Sporenknäuel bestehen meist aus ein bis drei dunkleren Hauptsporen und zahlreichen helleren Nebensporen (Abb. 263*c*). Die inneren Sporen keimen leicht im Wasser zu einem kurzen Myzelstück aus, das am Ende mehrere zylindrische Konidien entwickelt. Diese Konidien keimen meist am unteren Teile seitlich aus.

Die Bekämpfung des Roggenstengelbrandes gelingt leicht mit denselben Methoden wie die des Weizensteinbrandes.

Getreiderost (Abb. 264—270).

Der Rost der Getreidearten wird von verschiedenen naheverwandten Pilzen hervorgerufen, von denen die häufigsten sind: *Puccinia graminis* Pers. (Schwarzrost), *P. dispersa* Eriks. et Henn. (Braunrost), *P. triticina* Eriks. (Weizenrost), *P. glumarum* Eriks. et Henn. (Gelbrost), *P. simplex* Eriks. et Henn. (Zwergrost), *P. coronata* Eriks. et Henn. (Kronenrost). Ihren Namen haben die Rostpilze daher, daß sie als rostrote Flecke oder Pusteln an den befallenen Getreidepflanzen erscheinen. Die Pilzfäden durchziehen erst das Gewebe der Nährpflanzen, durchbrechen dann aber in dicht geknäuelten Massen die Epidermis derselben und bilden nun erhabene, staubige Häufchen. Sieht man sich eines derselben von der häufigsten Art, *P. graminis* Pers., im Frühsommer an, so findet man (Abb. 265), daß dieselben gebildet werden von elliptischen, dünnwandigen Zellen ohne Scheidewand, mit feinstacheliger Membran, die auf dünnen Stielchen stehen. Diese Sporen, die als Uredosporen bezeichnet werden, sind sofort keimfähig und verbreiten die Krankheit, wenn sie vom Winde fortgeführt werden, über weite Strecken der Getreidefelder.

Später im Jahre bilden dann dieselben Pusteln, die erst Uredosporen hervorgebracht hatten, dickwandige, zweizellige Sporen (Abb. 266—268);

Übersicht über die hauptsächlichsten Brandarten unserer Getreidearten.

Getreideart	Art des Brandes	Name des Erregers	Beschaffenheit der Sporen	Keimung der Sporen	Farbe der Sporenmassen	Freiwerden der Sporenmassen	Art der Infektion	Bekämpfung
Weizen	Flugbrand	*Ustilago tritici*	kugelig, fein bewarzt	direkt mit Myzel (ohne Konidien) auskeimend	braun	zur Blütezeit	Blüteninfektion	Benutzung brandfreien Saatgutes. Heißwasser- oder Heißluftbehandlung nach Vorquellen (für den Züchter: rechtzeitiges Ausreißen der Brandpflanzen, isolierte Zucht brandfreier Pflanzen).
	Steinbrand	*Tilletia tritici* (*a*) und *Tilletia laevis* (*b*)	a) kugelig, durch erhabene Leisten gefeldert b) unregelmäßig, kugelig, glatt	mit Promyzel und Konidien (Kranzkörperchen)	schwarzbraun	beim Drusch	Keimlingsinfektion	Beizung des Saatgutes
Gerste	Flugbrand	*Ustilago nuda*	kugelig, fein bewarzt	direkt mit Myzel (ohne Konidien) auskeimend	braun	zur Blütezeit	Blüteninfektion	Benutzung brandfreien Saatgutes. Heißwasser- oder Heißluftbehandlung nach Vorquellen (für den Züchter: rechtzeitiges Ausreißen der Brandpflanzen, isolierte Zucht brandfreier Pflanzen).
	Hart- oder Schwarzbrand	*Ustilago hordei*	unregelmäßig, kugelig, glatt	mit Promyzel und Konidien	schwärzlich	beim Drusch	Keimlingsinfektion	Beizung des Saatgutes
Hafer	Flugbrand	*Ustilago avenae*	kugelig, fein bewarzt	mit Promyzel und Konidien	braun	zur Blütezeit	Keimlingsinfektion	Beizung des Saatgutes
	gedeckter Haferbrand	*Ustilago laevis*	unregelmäßig, kugelig, glatt	mit Promyzel und Konidien	schwärzlich	beim Drusch	Keimlingsinfektion	Beizung des Saatgutes

diese sind nicht sofort keimfähig, sondern haben die Aufgabe, den Pilz durch den Winter zu bringen. Solche Sporen werden als Teleutosporen bezeichnet.

Im Frühjahre keimen die Teleutosporen in der Weise aus (Abb. 269), daß sie durch vorgebildete Keimporen dicke, mit Scheidewänden versehene Schläuche (Promyzelien) heraussenden, an denen auf dünnen Fädchen (Sterigmen) kleine, dünnwandige Sporen (Sporidien, *sp*) entstehen.

Abb. 264. Blatt mit Uredosporenhäufchen. (Nach Eriksson.)

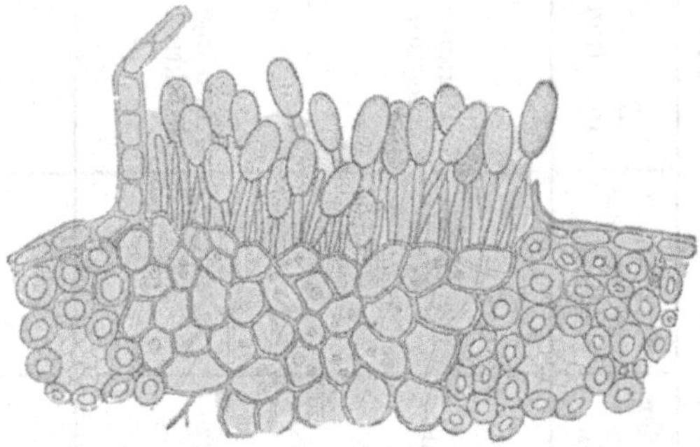

Abb. 265. Uredosporenlager von *Puccinia graminis* auf einem Roggenblatt. 250/1.

Diese Sporidien der *Puccinia graminis* Pers. keimen nun nicht wieder auf Gräsern, sondern sie kommen nur zur Entwicklung, wenn sie auf die Blätter des Berberitzen-Strauches (*Berberis vulgaris* L.)

Abb. 266. Stengel mit Teleutosporenhäufchen. (Nach Eriksson.)

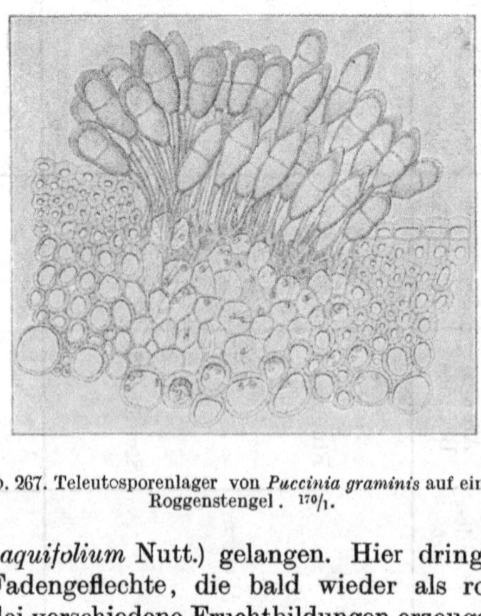

Abb. 267. Teleutosporenlager von *Puccinia graminis* auf einem Roggenstengel. 170/1.

oder der Mahonie (*Mahonia aquifolium* Nutt.) gelangen. Hier dringen sie ein und bilden dichte Fadengeflechte, die bald wieder als rote Pusteln erscheinen und zweierlei verschiedene Fruchtbildungen erzeugen.

Die wichtigsten Unterscheidungsmerkmale der Getreideroste.

	Uredo- und Teleutoform auf	Äzidienform auf	Aussehen der Uredolager	Aussehen der Teleutolager	Aussehen der Uredosporen	Aussehen der Teleutosporen	Die Teleutospore keimt
1. *P. graminis* Schwarzrost	Roggen Gerste Weizen Hafer	Berberis vulg.	2 bis 3 mm lang, beim Zusammenfließen bis 1 cm lang, strichförmig, braun bis ockerfarben	schwarzbraun, strichförmig, zusammenfließend, bisweilen bedeckt bleibend, meist kohlig, pulverig	länglich, stachelig, hellbräunlich, meist 4 Keimporen	langgestielt, spindel- oder keulenförmig, etwas eingeschn., kastanienbr., mit verdickter runder oder spitzer Spitze	Frühjahr
2. *P. dispersa* Braunrost	Roggen	Anchusa arvensis und officinalis	1 bis 1,5 mm lang, ordnungslos, braun bis ockerfarben	von der Epidermis bedeckt bleibend, glänzend, zerstreut, schwarz, meist blattunterseits	kugelrund bis elliptisch, stachelig, gelb, 8 bis 10 Keimporen	kurzgestielt, keulenförmig, unsymmetrisch	Herbst; Keimschlauch farblos
3. *P. triticina* Weizenrost (Braunrost des Weizens)	Weizen	unbekannt	1 bis 1,5 mm (an Keimpflanzen im Herbst bis 2 mm), braun-ockerfarben, ordnungslos	von der Epidermis bedeckt bleibend, glänzend, schwarz, zerstreut	kugelig bis elliptisch, Keimschl. dunkelrot	wie bei *dispersa*	Herbst; Keimschlauch farblos
4. *P. glumarum* Gelbrost	Weizen Roggen Gerste	unbekannt	0,5 bis 1 mm lang, linienförmig gereiht und oft zusammenfließend, zitronengelb	von der Epidermis bedeckt bleibend, besonders auf den Blattscheiden, lange, feine, braune bis schwarze Striche bildend	kugelig bis kurz elliptisch, stachelig, gelb, Keimschl. heller rot	kurz gestielt, unsymmetrisch keulenförmig abgeflacht oder mit zwei seitlichen Hörnern	Herbst; Keimschlauch gelb
5. *P. simplex* Zwergrost	Gerste	unbekannt	0,3 bis 0,5 mm lang, 0,1 bis 0,2 breit, ordnungslos, zitronengelb	von der Epidermis bedeckt bleibend, äußerst klein, punktförmig	kugelrund bis kurz elliptisch, gelb	gestielt, meist einzellig, asymmetrisch, sackähnlich, abgestutzt oder zugespitzt	Frühjahr; Keimschlauch blaß
6. *P. coronifera* Kronenrost	Hafer	Rhamus cathartica (nicht auf R. frangula)	lebhaft orangefarben, Epidermis blasenartig abhebend	Lager seitlich mehr oder weniger zusammenfließend, ring- oder rautenförmige Figuren bildend, lange (bis Frühjahr) von der Epidermis bedeckt bleibend.	kugelig bis kurz elliptisch, gelb, stachelig, 10 Keimporen	mit nach Zahl und Form wechselnden Krönchenfortsätzen	Frühjahr

Auf der Oberseite der Blätter (Abb. 270*b*) entstehen krugförmige Behälter, die kleinste Zellchen (Spermatien) hervorbringen. Die Bedeutung dieser Spermatien ist noch unbekannt. Auf der Unterseite dagegen entwickeln sich größere Becher, die in Reihen dichtgedrängt die Aecidiumsporen hervorbringen. Diese Aecidiumsporen sind nur auf Gräsern keimfähig und bringen von neuem Uredosporen hervor.

Wie bei keiner anderen Pilzgruppe ist hier die Spezialisierung entwickelt und studiert. So unterscheidet man zurzeit, um bei dem Beispiele von *P. graminis* Pers. zu bleiben, folgende biologische Formen dieser Art: *P. graminis Secalis, P. gr. Tritici, P. gr. Avenae, P. gr. Airae, P. gr. Agrostis, P. gr. Poae,* von denen allen durch Experimente nachgewiesen ist, daß sie verschiedene Gruppen von Nährpflanzen für die morphologisch nicht unterscheidbaren Uredosporen-Generationen haben.

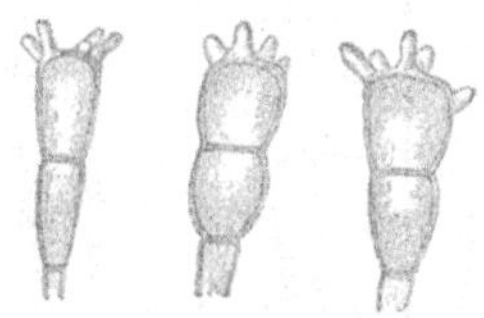

Abb. 268. Teleutosporen von *Puccinia coronata*. $^{170}/_{1}$.

Abb. 269. Keimende Teleutospore mit Promyzelien, die Sporidien (*sp*) abschnüren. Vergr. $^{400}/_{1}$.

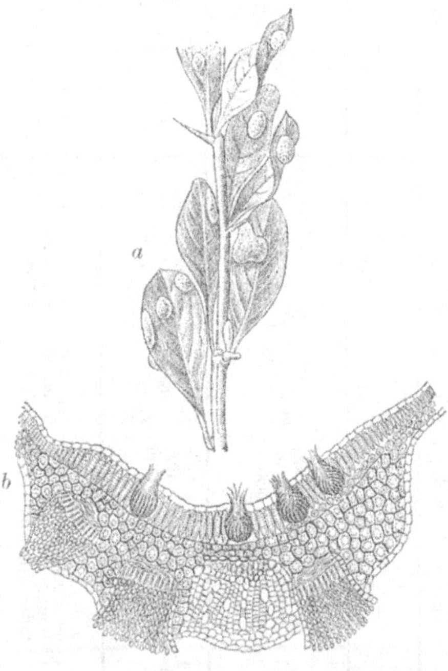

Abb. 270. *Puccinia graminis*. *a* Äzidien auf einem Zweig von *Berberis vulgaris*; *b* Durchschnitt durch ein solches Aecidium; nach oben die Spermatienbehälter, nach unten die Sporenbecher. (Nach Sorauer.)

Wie *Puccinia graminis* Pers. für ihr Aecidium die Berberitze, so benutzt *P. dispersa* Eriks. et Henn. *Anchusa arvensis* L. und *A. officinalis* L.; *P. coronata* Kleb. hat ihr Aecidium auf *Rhamnus cathartica* L. Zu den übrigen Arten ist bis jetzt ein Aecidium noch nicht bekannt geworden. Die früher als Zwischenformen der Getreideroste angesprochenen Äzidien auf *Symphytum* und *Pulmonaria* gehören zu dem auf *Bromus*-Arten beschränkten Braunrost (*P. Symphyti Bromorum* F. Müll.).

Einen Überblick über die Unterscheidungsmerkmale der einzelnen Getreiderostarten gibt die auf S. 221 abgedruckte Tabelle.

Bei Bekämpfung der Rostkrankheit ist man auf große Schwierigkeiten gestoßen. Die Verbreitung der *P. graminis* Pers. kann zwar durch Wegschaffen der *Berberis*-Sträucher eingedämmt werden; dies ist aber bei *P. dispersa* Eriks. et Henn. nicht der Fall, weil deren Aecidiumform auf verbreiteten Ackerunkräutern vorkommt. Man hat aber mit Erfolg von der Tatsache Gebrauch gemacht, daß manche Getreidesorten dem Rost starken Widerstand leisten bzw. von demselben nur wenig ergriffen werden, und baut daher in gefährdeten Lagen nur solche Sorten.

Gitterrost der Birnbäume (Abb. 271–273).

Im Sommer, etwa im Juli bis August, findet man auf den Blättern von Birnbäumen häufig große, orangerote Flecke (*Roestelia*-Form von *Gymnosporangium sabinae* Wint.), die auf der Oberseite kleine, schwarze Pünktchen zeigen. Beobachtet man diese Flecke weiter, so sieht man auf der Blattunterseite Verdickungen, aus denen

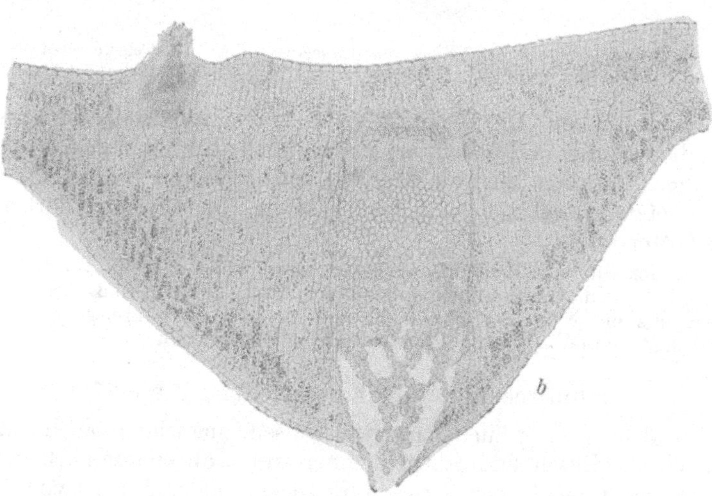

Abb. 271. *Gymnosporangium sabinae.* a Birnblätter mit Äzidien (nach Sorauer); b Querschnitt durch ein krankes Blatt; links oben Pyknide, nach unten Aecidium. 50/1.

kegelförmige Fruchtbecherchen (Äzidien) herausragen, die von einer gitterförmig durchbrochenen Haube (Peridie) bedeckt sind (Abb. 271*a*). Auf einem Querschnitt (Abb. 271*b*) durch eine solche Stelle erkennt man, daß die schwarzen Punkte krugförmige, eingesenkte Behälter (Pykniden) sind, deren Inneres mit sehr kleinen Sporen angefüllt ist. Auch in den Äzidien werden zahlreiche Sporen gebildet, die bei der Reife durch das Gitter der Peridien ins Freie gelangen. Beim Präparieren fällt die Haube leicht ab.

Außer diesen beiden Fruchtformen gehört zu unserem Pilze noch eine dritte, die auf dem Sadebaum (*Juniperus sabina* L.) zur Entwicklung gelangt. An Zweigverdickungen desselben kommen im Frühling anfangs braune Köpfchen hervor, die bei feuchtem Wetter gallertartig verquellen (Abb. 272). Die Gallertmasse besteht aus den langen, sehr leicht quellenden Stielen der Teleutosporen (Abb. 273), die bei trockenem Wetter abstäuben. Die Teleutosporen sind zweizellig, teils dünnwandig, teils dickwandig, und haben vier Keimporen; sie keimen zu kurzen Promyzelien (Basidien) aus, die ihrerseits wieder Sporen (Sporidien) tragen. Diese letzteren gelangen auf die Birnblätter und erzeugen dort wieder den Gitterrost.

Abb. 272. Teleutosporenlager von *Gymnosporangium sabinae*. Verkleinert. (Nach v. Tubeuf.)

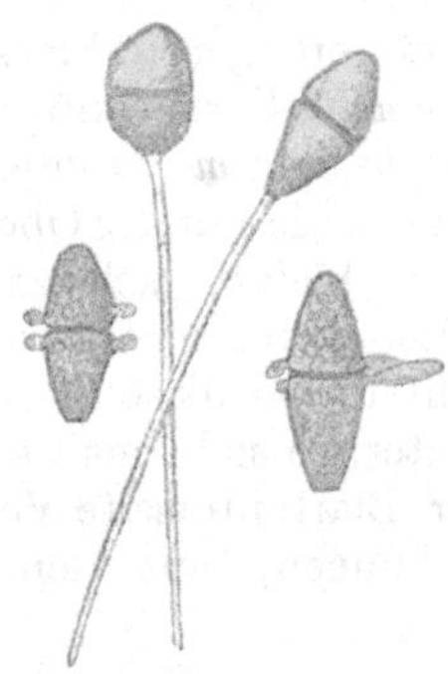

Abb. 273. Teleutosporen von *Gymnosporangium sabinae*. $^{350}/_{1}$.

Da der Pilz sich dauernd nur halten kann, wenn er beide Wirte zur Verfügung hat, ist die Bekämpfung in der Weise durchzuführen, daß man alle Sadebäume aus der Nähe der Birnbäume entfernt oder sie während des Stäubens der Teleutosporen mit einer Plane möglichst dicht deckt.

Brennfleckenkrankheit der Bohnen (Abb. 274).

An den noch grünen, unreifen Hülsen, manchmal auch auf den Stengeln der Busch- und Stangenbohnen treten oft eingesunkene braune Flecke von verschiedener Größe auf. Die Flecke sind meist von ovaler, oft auch langgestreckter Gestalt und anfangs rotbraun. Später sinkt das Gewebe ein, wird schwarzbraun und bedeckt sich mit kleinen, hellgrauen Punkten. Diese Punkte sind die Fruchtkörper eines sehr schädlichen, parasitären Pilzes: *Gloeosporium Lindemuthianum* Sacc. et Magn. Sie erweisen sich, mit dem Mikroskop betrachtet, als Konidienlager, die die Kutikula des gebräunten und zusammengeschrumpften Gewebes gesprengt haben und aus einem flachen Hyphengeflecht mit kurzen, vertikal gestellten Konidienträgern bestehen, an deren Enden Konidien abgeschnürt werden. Letztere sind einzellig, farblos, länglich-oval, von verschiedener Länge, zuweilen etwas gekrümmt. Zwischen den Konidienträgern finden sich hier und da vereinzelte, etwas weiter aus dem Konidienlager herausragende, borstenförmige Hyphen, weshalb man den Pilz auch vielfach zur Gattung *Colletotrichum* stellt. Mittels der Konidien verbreitet sich der Pilz und damit die Krankheit in feuchten Sommern sehr rasch. Das ganze abgestorbene Gewebe der Hülse ist von den Hyphen durchwuchert. Nicht selten geht

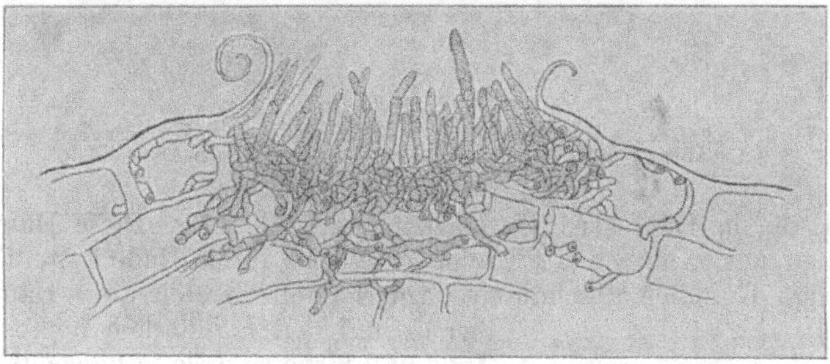

Abb. 274. *Gloeosporium Lindemuthianum.* Querschnitt durch alte Konidienlager. 250/1.

die Erkrankung auch auf die in der Hülse befindlichen Samen über. Der Wert der Hülsen, sofern dieselben als Schnittbohnen benutzt werden sollen, wird durch den Befall wesentlich herabgemindert. Durch die vom Pilz infizierten Samen pflanzt sich die Krankheit, durch feuchtes Wetter begünstigt, im nächsten Jahre fort und führt häufig zum Absterben der ganzen Pflanzen.

Um dem Übel vorzubeugen, ist daher in erster Linie darauf zu achten, nur gesundes Saatgut zu verwenden. Auch verhalten sich anscheinend die Sorten verschieden.

Moniliakrankheit der Obstbäume (Abb. 275 u. 276).

An Stein- und Kernobst kommen sehr häufig Schädigungen durch Pilze der Gattung *Sclerotinia* vor, die zu den Scheibenpilzen gehören und zu denen als Konidienform die frühere Gattung *Monilia* zu rechnen ist. Da lange Zeit diese Zugehörigkeit nicht bekannt war, hat sich der Name *Monilia* als Krankheitsbezeichnung allgemein eingebürgert und bis heute erhalten. Die in Betracht kommenden Arten sind einander nahe verwandt. Im allgemeinen ist *Sclerotinia fructigena* (Pers.) Schröt. auf Äpfeln und Birnen, *Scl. cinerea* (Bon.) Schröt. auf Kirschen und Zwetschen und *Scl. laxa* (Ehrenb.) Aderh. et Ruhl. auf Aprikosen zu finden.

Am häufigsten treten die Pilze als Erreger einer Fruchtfäule auf. Ihr Myzel durchzieht die Früchte und sendet nach außen die Konidien-

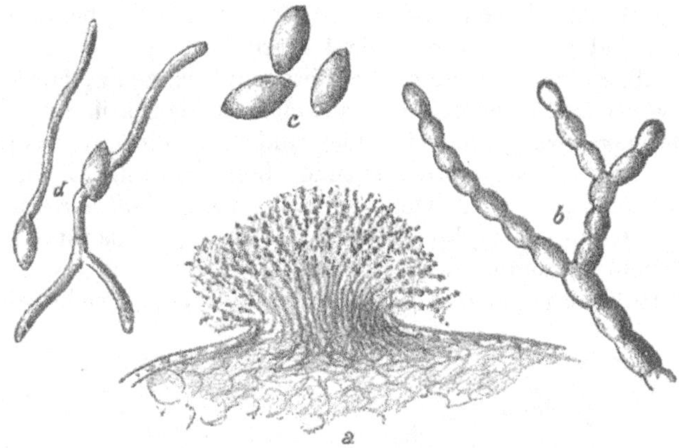

Abb. 275. *Monilia.* *a* Konidienhäufchen. *b* Myzelast, in Konidien zerfallend; 300/1. *c* Konidien; 350/1. *d* Keimung der Konidien; 300/1. (Nach Aderhold.)

träger, die in Häufchen zusammenstehen (Abb. 276). Diese Häufchen bestehen aus zahlreichen Pilzhyphen, die an ihrem Ende kettenförmig eiförmige Konidien abschnüren. Am Steinobst treten diese Häufchen regellos auf den Faulflecken heraus. Bei Apfel und Birne sind sie in konzentrischer Weise angeordnet, die durch das Tag- und Nachtwachstum bedingt wird (Abb. 275). Bei Apfelsorten, die eine besonders dicke Schale haben, kommt es nicht zur Entwicklung der Konidienpolster; vielmehr verdichtet sich das Myzel unter der Schale zu einem festen Geflecht, wodurch die angegriffenen Früchte äußerlich schwarz erscheinen (Schwarzfäule des Apfels).

Abb. 276. Birne mit ringförmig angeordneten Pilzpolstern von *Monilia fructigena.* (Nach Aderhold.)

Beim Steinobst, besonders bei der Sauerkirsche, wird außer der Fäulnis auch eine Zweigdürre hervorgerufen. Die Sporen des Pilzes gelangen auf die Blüten, besonders die Narben, zerstören diese sowie die Blüten, begünstigt durch Witterungseinflüsse, und wachsen durch die Stiele in die jungen Zweige, auf deren Oberfläche sie Konidien bilden. Die Zweige sterben ab, wobei die jungen Blätter an den Zweigen vertrocknen und so hängen bleiben. Da die Konidienbildung bei feuchtem Wetter fortdauert, ist der spätere Befall der Früchte gegeben.

Ebenso wie die abgestorbenen Blätter bleiben auch die befallenen Früchte vielfach an den Bäumen hängen, und die an ihnen ausgebildeten Konidien werden von Insekten auf gesunde Früchte übertragen. Später schrumpfen die Früchte ein und werden zu Mumien, die meist erst im nächsten Frühjahre abfallen. Auch abgefallene Früchte können mumifizieren, doch werden sie häufig von anderen Fäulniserregern befallen und völlig zerstört. Die von den Bäumen herabfallenden Mumien bleiben am Boden noch ein Jahr lang liegen. Auf ihnen entwickeln sich dann im zweiten Frühjahre die höheren Fruchtformen in Gestalt von kleinen Scheibenpilzen, die auf einem Stiele eine anfangs trichterförmige, später flache, in der Mitte etwas vertiefte Scheibe darstellen. Diese Scheiben enthalten die Schläuche mit ihren acht Sporen und dazwischen Pilzfäden (Paraphysen).

Als hauptsächlichstes Mittel gegen die *Monilia*-Schäden ist das sorgfältige Einsammeln und Vernichten aller befallenen Früchte und Fruchtmumien in Betracht zu ziehen. Außerdem wird das sorgfältige Ausschneiden der an *Monilia* abgestorbenen Zweige und das Wegfangen der die Früchte verletzenden Insekten, besonders der Wespen, durch Aufhängen von Köderflaschen in den Obstbäumen empfohlen.

Schorf- oder Fusikladiumkrankheit des Kernobstes (Abb. 277 u. 278) wird durch zwei nahe verwandte Pilze hervorgerufen. An den Äpfeln wird die Krankheit durch *Fusicladium dendriticum* Fuck., an den Birnen durch *F. pyrinum* Fuck. erzeugt, die zu der Askomyzetengattung *Venturia* gehören. Beide Pilze treten während des Sommers hauptsächlich auf den Blättern und Früchten auf in Form von rundlichen, ruß- oder samtartigen, grünlich-schwarzen Flecken, die an ihrem Rande eine mehr oder weniger deutlich dendritische Zeichnung erkennen lassen. *Fusicladium pyrinum* Fuck., seltener *dendriticum* Fuck., befällt auch oft die jungen Triebe, wobei die Rinde grindige Stellen erhält, infolge deren stark befallene Zweige nicht selten gänzlich absterben. Die Äpfel und Birnen werden durch die Schorfflecke unansehnlich (Abb. 277), erhalten zuweilen Risse, erlangen oft nicht die gewünschte Größe und bleiben dann hart, wodurch ihr Wert mehr oder weniger herabgemindert wird. Gewisse Winterbirnen, z. B. die bekannte Grumbkower Birne, haben besonders stark unter dem *Fusicladium* zu leiden. — Mit dem Mikroskop läßt sich leicht feststellen, daß sich

Abb. 277. Von *Fusicladium dendriticum* befallene Äpfel.

an den schwarzen Schorfflecken in der äußersten Zellschicht ein dichtes Pilzfadengeflecht findet, von dem sich kurze, knorrige, bräunliche Konidienträger erheben. Die Konidienträger produzieren unregelmäßig verkehrt birnenförmige, ein- bis zweizellige, bräunliche Sporen (Abb. 278), mittels deren sich der Pilz während der Sommermonate rasch verbreitet. Die Pilzfäden dringen nicht tiefer in das Fruchtfleisch ein. Letzteres erzeugt unterhalb des Fleckes eine Korkschicht, durch die das infizierte Gewebe von dem gesunden Fruchtfleisch abgegrenzt wird. Auf den abgefallenen, infizierten Blättern entwickelt der Pilz im Frühjahre mit Borsten versehene Perithezien. Dieselben enthalten Schläuche mit je acht grünlichen, meist zweizelligen Sporen.

Zur Verhütung der Krankheit empfiehlt sich, die grindigen Zweige abzuschneiden und zu verbrennen, die abgefallenen Blätter während des Winters unterzugraben und ferner sachgemäßes Bespritzen der Obstbäume mit zwei- bzw. einprozentiger Kupferkalkbrühe oder anderen Kupfermitteln.

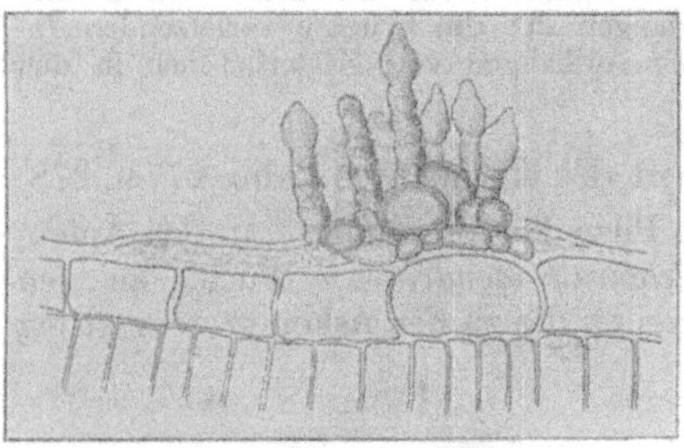

Abb. 278. Konidien von *Fusicladium dendriticum*. Schnitt durch einen Blattfleck. $^{500}/_{1}$.

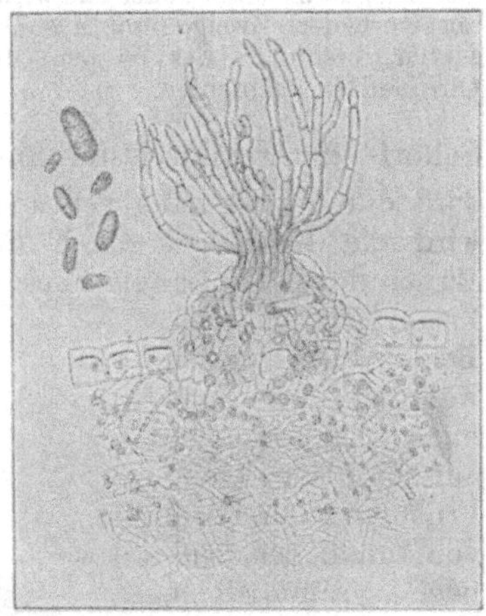

Abb. 279. *Cladosporium herbarum*. Das Parenchymgewebe wie auch die Epidermiszellen sind nach allen Richtungen von Myzel durchzogen. An einer Stelle brechen zahlreiche unregelmäßige Konidienträger hervor. $^{150}/_{1}$. Links oben einige stärker vergrößerte Sporen.

Schwärze des Getreides (Abb. 279).

Auf abgestorbenen oder aber absterbenden Pflanzenteilen, hauptsächlich krautigen Stengeln und Blättern, findet man sehr häufig grünlichbraune bis schwarzbraune, samtartige oder rußähnliche Pilzvegetationen. Dieselben werden von *Cladosporium herbarum* Lk. gebildet. Dieser Pilz lebt meist saprophytisch. Es ist indes nachgewiesen, daß er auch pathogen aufzutreten und verschiedenen Kulturpflanzen schädlich zu werden vermag. Bei der „Schwärze des Getreides" treten — durch ungünstige Witterung, namentlich andauernd feuchtes Wetter, gefördert — auf den Stengeln, Blättern und Ähren des reifen oder fast reifen Getreides schwärzliche Überzüge auf. Zuweilen geht der Pilz auch auf die Körner über. Die Behauptung, daß solche von *Cladosporium* befallenen Getreidekörner („Taumelgetreide") beim Verfüttern an das Vieh Vergiftungen hervorrufen, scheint nach neueren Erfahrungen unbegründet zu sein. — Der Pilz wächst in den oberflächlichen Zellschichten der befallenen

Pflanzenteile in Form von dicken, kurzgliedrigen, graubraunen Hyphen. Die Pilzfäden dringen aber auch in die tieferliegenden Gewebeschichten ein, sind hier jedoch ungefärbt. Aus der Oberhaut der Wirtspflanze brechen die Fruktifikationsorgane des Pilzes hervor. Dieselben bestehen aus knorrigen, braunen, septierten Konidienträgern, von denen meist mehrere zu Bündeln vereinigt sind und häufig aus einer knollenartigen Hyphenanhäufung herauswachsen (Abb. 279). Die Konidienträger schnüren an ihren Enden und an seitlichen Höckern Sporen ab. Letztere sind graubraun, mehr oder weniger oval, zwei- bis vierzellig, zuweilen auch einzellig. Ihre mäßig dicke Membran ist mit äußerst feinen Stacheln besetzt. Außer dieser gewöhnlich auftretenden Konidienfruktifikation kommen noch andere Fruchtformen des Pilzes vor, die man teils der Gattung *Pleospora*, teils *Sphaerella* zugerechnet hat. Ihre Zugehörigkeit zu *Cladosporium* ist indes nicht in befriedigender Weise erforscht.

Welkekrankheiten der Leguminosen (Abb. 280 u. 281).

Bei verschiedenen Leguminosen, besonders den Erbsen, Lupinen und Ackerbohnen, kann man im Sommer ein auffallendes Abwelken beobachten, mit dem bei Lupinen häufig ein Abwerfen der Teil-

A *Fusarium coeruleum* (Lib.) Sacc.
B „ *Martii* Ap. et Wr.
C „ *solani* (Mart. pr. p.) Ap. et Wr.
D „ *tracheiphilum* (Erw. F. Sm.) Wr.
E „ *theobromae* Ap. et Strk.
F „ *herbarum* (Cda.) Fr.
G „ *avenaceum* (Fr.) Sacc.
H „ *dimerum* Penz.
J „ *sambucinum* Fuck.
K „ *aquaeductuum* Lagerh. (vgl. S. 243).
L *Ramularia eudidyma* Wr.
M *Fusarium orthoceras* Ap. et Wr.
N „ *culmorum* (W. G. Sm.) Sacc.
O *Cylindrocarpon mali* (All.) Wr., status conidicus *Nectriae galligenae* Bres.
P *Fusarium decemcellulare* Brick
Q „ *falcatum* Ap. et Wr.
R „ *scirpi* Lamp. et Fautr.
S „ *argillaceum* (Fr.) Sacc.

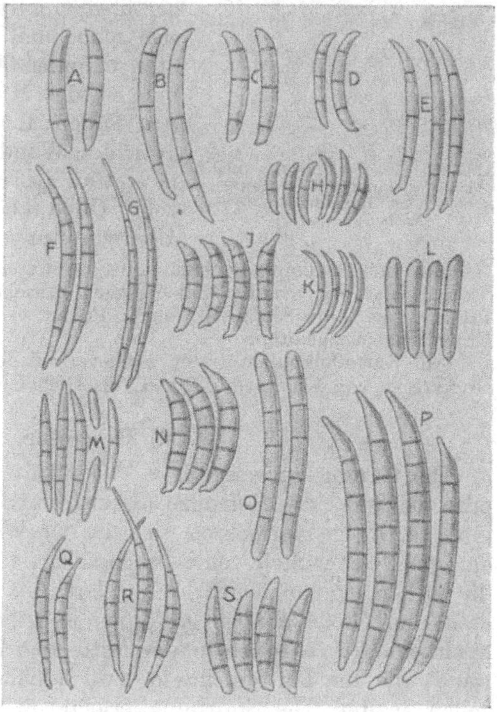

Abb. 280. Verschiedene Arten von *Fusarium* und nahestehenden Pilzen (450/1).

blättchen verbunden ist. Bei der Untersuchung der Pflanzen findet sich die Stengelbasis braun verfärbt und häufig mit Rissen versehen. Schneidet man den Stengel der Länge nach auf, so sieht man, daß die Gefäßbündel gebräunt sind. Auf Längs- und Querschnitten ist in diesen verfärbten Gefäßen mehr oder weniger reichlich Myzel sichtbar, das man häufig bis in die Blattstiele und Blattrippen verfolgen kann. In älteren Stengeln findet sich das Myzel auch vielfach außerhalb der Gefäße in dem sie umgebenden Parenchymgewebe. Legt man Abschnitte solcher Stengel feucht, so wächst das Myzel in kürzester Zeit heraus und bildet die für die Sammelgattung *Fusarium* typischen spindel- oder sichelförmigen Konidien (Abb. 280). Je nach der Art — die Krankheit kann durch verschiedene, systematisch schwer unterscheidbare Arten hervorgerufen werden — sind einzellige ovale oder mehrzellige sichelförmige Konidien vorwiegend.

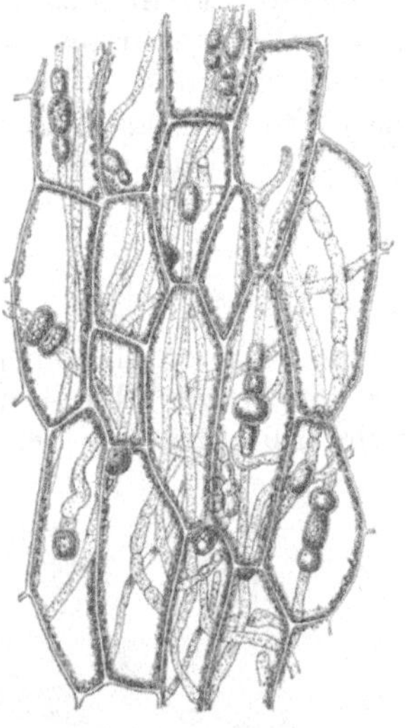

Abb. 281. *Fusarium*. Myzel und Chlamydosporen im Stengelgewebe welkekranker Leguminosen. $^{300}/_{1}$. (Nach Schikora.)

Erstere entstehen in Mehrzahl nacheinander an einfachen Myzelzweigen, die sichelförmigen, zwei- bis achtzelligen Konidien werden einzeln an den dicht zusammenstehenden Ästen ihrer büschelförmigen Träger abgeschnürt. Die Chlamydosporen, die sich manchmal am Grunde der faulenden Stengel finden (Abb. 281), gehen aus Auftreibungen des Myzels hervor, die sich aus den Fäden abgliedern und mit bräunlich gefärbten Wänden umgeben; sie stehen oft in Ketten zusammen, von denen jedes einzelne Glied keimfähig ist. Sie dienen der Überwinterung des Pilzes.

Bei der Bekämpfung kommt es im wesentlichen darauf an, schlechtes Saatgut, das als Krankheitsüberträger anzusehen ist, zu vermeiden, kranke Pflanzen oder die Stoppeln kranker Felder zu vernichten und eine geregelte Fruchtfolge einzuhalten.

Auf Kartoffelknollen treten auch verschiedene Arten Fusarium auf, z. T. als Erreger von Knollenfäule, z. T. als Gefäßbewohner. Vgl. Tabelle S. 229.

d) Hefepilze.

Die Gärung zuckerhaltiger Flüssigkeiten wird meist durch Hefepilze bewirkt; die Hefepilze (Saccharomyzeten) sind entweder Sproßpilze, d. h. sie vermehren sich in der Weise, daß jede ihrer Zellen an irgend einer Stelle eine bruchsackartige Ausstülpung treiben kann, die sich mehr und mehr vergrößert, bis sie der Mutterzelle an Gestalt und Größe ähnlich geworden ist (Abb. 282 u. 283), oder sie sind Spalthefen, d. h. etwa in der Mitte der Zelle bildet sich eine Querwand, die die Mutterzelle in zwei annähernd gleich große Tochterzellen spaltet. Die Sprossung erfolgt oft in vielfacher Wiederholung, und es bilden sich dabei durch den einige Zeit andauernden Zusammenhalt der einzelnen Zellen sogenannte „Sproßverbände“ oder „Sproßbäume“. Eine solche Vermehrung findet sich bei verschiedenen Pilzgruppen; als „Hefen“ faßt man aber nur die Formen auf, für die ein Nachweis der Zugehörigkeit zu anderen Pilzen noch nicht erbracht ist.

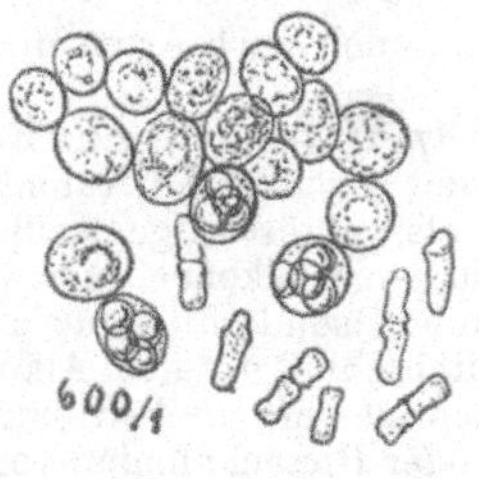

Abb. 282. Sproßhefe des *Cerevisiaetypus* und Spalthefe aus Zuckerrohrmelasse; erstere mit Sporen. $^{600}/_{1}$.

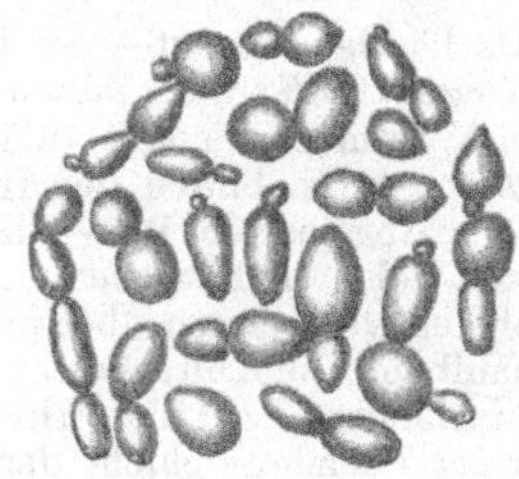

Abb. 283. *Saccharomyces ellipsoideus*. Stark vergrößert. (Nach Jörgensen.)

Man teilt die Hefen ein in „echte“ und „unechte“, je nachdem sie endogene Sporen bilden oder nicht. Die Zahl dieser Sporen ist eine recht verschiedene, ebenso auch die Zeit und die Temperatur, die zu ihrer Ausbildung nötig ist. Zu diesen Untersuchungen bedient man sich allgemein der Kultur auf Gipsblöcken, die auf einer mäßig feuchten Unterlage liegen, auf Mohrrüben u. dgl.

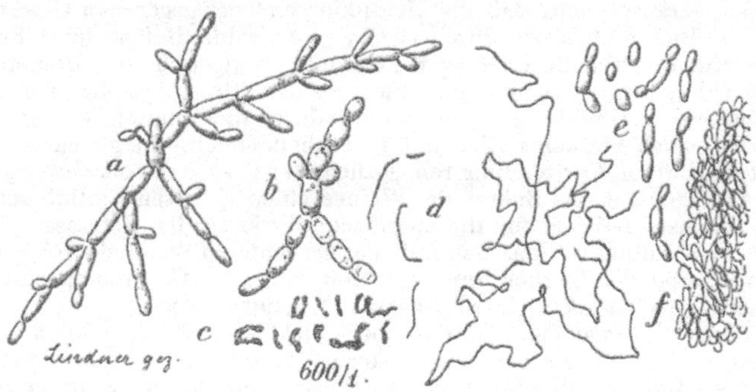

Abb. 284. Vegetation aus einer Gurkenlake (Tröpfchenkultur mit Würze). *a* Kahmhefe, *b* elliptische Hefe, *c* unbekanntes Bakterium, *d* Milchsäurebazillus, *e* pastorianusartige Hefeformen, *f* dieselben im Haufen.

Von den im Gärungsgewerbe meist benutzten und auch spontan auftretenden Formen sind drei Gruppen am wichtigsten. Erstens die des *Cerevisiae*-Typus (Abb. 282), die kugelig oder eirund sind und hauptsächlich in Brauereien und Brennereien Verwendung finden; bei ihnen unterscheidet man wieder Unterhefen und Oberhefen, je nachdem sie während ihrer Tätigkeit vorwiegend am Grunde der Flüssigkeit verbleiben und dort die „Satzhefe“ oder „Depothefe“ bilden oder nach lebhafter Schaumentwicklung am Anfang der Gärung aufsteigen und an der Oberfläche der Flüssigkeit eine „hefige“ Decke bilden, die sich abschöpfen läßt (Preßhefegewinnung nach dem sogenannten Wiener Verfahren). Zweitens die Hefen des *Ellipsoideus*-Typus (Abb. 283), dem die meisten Weinhefen angehören und die meist etwas kleiner als die der ersten Gruppe und von mehr ellipsoider Gestalt sind. Drittens die Formen des *Pastorianus*-Typus (Abb. 284) mit oft langgestreckten, wurstförmigen Zellen; sie sind als Krankheitshefen meist unerwünschte Gäste in den gärenden Flüssigkeiten.

Als häufige Begleiter der Kulturhefen treten auch noch Arten der Gattung *Mycoderma*, *Willia* und *Torula* auf.

In Weinmosten spielt anfänglich auch die *Apiculutus*-Hefe eine Rolle. Die *Mycoderma*-Arten bilden den Hauptbestandteil der sogenannten Kahmhäute, die man in halbgeleerten Bier- und Weinflaschen als gekröseartige weiße Decken auftreten sieht; sie bewirken, daß die Flüssigkeit immer alkoholärmer wird. Die Kahmhefen verbrennen aber nicht nur den Alkohol, sondern benutzen ihn zum Zellenaufbau. Die Kulturhefen vermögen bei Luftabschluß mit dem Alkohol nicht viel anzufangen, bei Luftzutritt dagegen benutzen sie ihn zur Fettbildung. Die Zellen der obersten Schicht der Strichkulturen oder Riesenkolonien von Kulturhefen sind nach beendetem Wachstum derselben durchweg fettreich. Beim Erhitzen der Zellen treten die anfänglich nur in kleinen Kügelchen vorhandenen Fett- oder richtiger Ölteilchen meist zu einem einzigen großen Öltropfen zusammen. In manchen Hefen tritt das Fett ohne weiteres in Form großer Tropfen auf; das prächtigste Beispiel bietet in dieser Beziehung die *Torula pulcherrima*, die häufig im Madengang von Äpfeln, Pflaumen u. dgl. anzutreffen ist.

Von allergrößter Wichtigkeit für die Praxis der Gärungsindustrien hat sich die Tatsache erwiesen, daß verschiedene Arten bzw. Rassen der Gärungserreger verschiedene Nebenprodukte der Gärung hervorbringen, d. h. daß neben dem Hauptprodukt (Alkohol) eine wechselnde (aber für die einzelnen Rassen bezeichnende) Menge von aroma-bestimmenden Körpern bei der Gärung sich entwickelt. Es hat sich herausgestellt, daß die „Krankheiten" der gegorenen Getränke, also speziell von Bier und Wein, durch sogenannte „wilde Hefen" (und Bakterien) bedingt werden. Deshalb wird jetzt in modern eingerichteten Brauereien mit rein gezüchteten, d. h. nur aus einer einzigen Rasse bestehenden „Sätzen" des *Saccharomyces cerevisiae* gearbeitet und dadurch nicht nur ein wohlschmeckendes, sondern auch haltbares Bier mit Sicherheit erzielt. In gleicher Weise ist man imstande, durch Verwendung rein gezüchteter Rassen des *Saccharomyces ellipsoideus* (Abb. 283) auf das Bukett des Weines einen gewissen Einfluß auszuüben.

Das schönste Beispiel für die spezifische Wirkung der Heferassen in bezug auf die Aromabildung ist, daß man mit rein gezüchteten Weinheferassen auch das Ausgangsmaterial der Bierbereitung, die Malzwürze, zur Gewinnung eines durchaus weinartigen Getränkes („Maltonwein") benutzen kann.

Ein anderes aromatisches Getränk, bei welchem eigenartige Hefen eine Rolle spielen, ist das Boa-lie. Es wird aus Zuckerlösungen, denen Blüten verschiedener Pflanzen, wie Linde, Holunder, zugesetzt werden, durch Gärung unter Druck in geschlossenen Gefäßen hergestellt. Die Hefen sind ausschließlich Blütenhefen, denen zwar ein kräftiges Gärvermögen, aber nur ein geringes Assimilationsvermögen eigentümlich ist.

Die Brauerei-, Brennerei- und Preßhefen gären und assimilieren stark, geben daher reiche Hefeernten.

In neuerer Zeit hat man nach stark assimilierenden Hefen gefahndet, nachdem man erkannt hat, daß Hefen ein ausgezeichnetes, eiweißreiches Nährpräparat liefern. Solche Hefen züchtet man auch in dünnen Melasselösungen unter Benutzung von Ammoniaksalzen als Stickstoffquelle. Man spricht heute von „Eiweißhefen" und „Fetthefen".

Weiter hat man namentlich für Kriegszwecke Gärungsverfahren ausgebildet, bei denen man Glyzerin in größeren Mengen gewinnt. „Protolgärung".

Zur Unterscheidung der Hefenrassen dienen vor allem biologische Merkmale, wie das Wachstum auf und in verschiedenen festen und flüssigen Nährböden, Zwergkolonien und Riesenkolonien, Habitusbilder bei ungestörtem Wachstum in der Tröpfchenkultur, Verhalten gegen verschiedene Temperaturen und gegen verschiedene Zuckerarten (bezüglich Vergärung und Assimilation). Alle diese Untersuchungen erfordern eine ständige mikroskopische Kontrolle in bezug auf Reinheit der Kultur.

Gegenstand mikroskopischer Untersuchung ist auch sehr häufig die Preßhefe. Dieselbe soll aus den Zellen „obergäriger" Rassen des *Saccharomyces cerevisiae* bestehen und wird in der Weise gewonnen, daß eine Maische von irgend einem stärkehaltigen Rohmaterial, Roggen, Buchweizen, Reis u. dgl., nach der Verzuckerung durch Malz und Säuerung durch Milchsäurebakterien mit Preßhefe angestellt wird. Das so hergestellte Produkt wurde früher oft mit Stärke (meist Kartoffelstärke) vor dem Abpressen vermischt. Die aus der Zuchtmaische stammenden

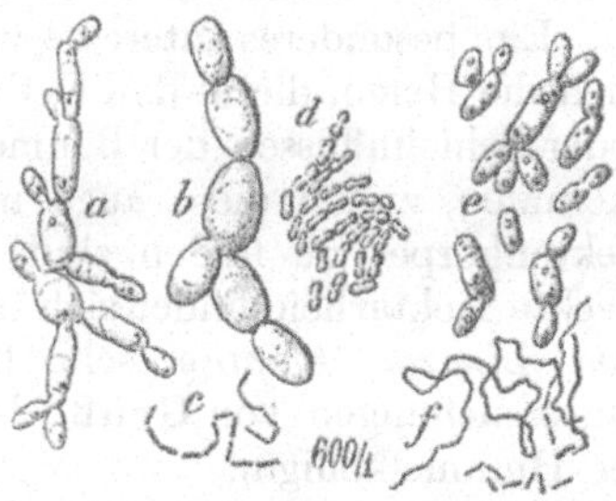

Abb. 285. Mit Kahmhefe (*a* und *e*) und Essigsäure (*d*) infizierte Preßhefe (*b*). *c* und *f* Milchsäurebakterien.

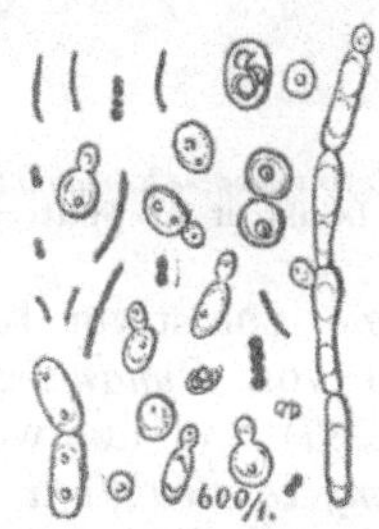

Abb. 286. Hefen und Bakterien aus armenischem Mazun.

Stärkekörner sind, weil stets deutlich angegriffen und verquollen, leicht von den zugesetzten, noch intakten Kartoffelstärkekörnern zu unterscheiden.

Aus den Maischen gewinnt man die Hefenernte durch Abschöpfen, Wässern und Abpressen; aus den klaren Würzen durch Absitzenlassen oder Zentrifugieren. Da bei dieser Herstellung eine kräftige Lüftung der gärenden Masse in Anwendung kommt, heißt das Fabrikat auch „Lufthefe". Es ist nicht leicht, Kahmhefen bei diesem Verfahren fernzuhalten. Der Nachweis der letzteren geschieht durch Stehenlassen gepreßter Hefe oder durch Oberflächenkulturen auf Würzegelatine oder mikroskopisch durch Anwendung der Tröpfchenkultur. Die Kahmhefen sind fast durchweg befähigt, selbst den Alkohol als Nährstoff zum Wachstum zu verwerten; sie können ihn zum Teil aber auch verbrennen.

In der Preßhefefabrikation ist die „flockige" Beschaffenheit der Hefe sehr wenig erwünscht. Nach Barentrecht und Henneberg sind es oft „wilde Milchsäurebakterien", die die isoliert schwimmenden Hefezellen gewissermaßen zusammenkitten.

Die zweite, fast ebenso häufige Fälschung, nämlich Versetzung der Preßhefe mit dem Abfallprodukt der Bierbrauerei, durch Natriumkarbonat „entbitterter" Unterhefe, ist schwieriger nachzuweisen. Ihre Entdeckung beruht darauf, daß obergärige Hefen die aus Raffinose bei deren Vergärung entstehende Melibiose nicht weiter verändern, während Unterhefen auch diese vergären. Immerhin kann auch das Mikroskop hier helfend eingreifen, da Abfallhefe aus

Brauereien stets sehr stark (besonders durch Partikel des Hopfens) verunreinigt zu sein pflegt. Nach Lindner gibt die richtige Preßhefe in der Tröpfchenkultur sperrige, untergärige Bierhefe, aber klumpige Häufchen.

Der Nachweis von sogenannten „Kulturhefen“ in der freien Natur ist noch nicht geglückt; nur eine der untergärigen Bierhefe in Gestalt und starker Flockenbildung sehr ähnliche Hefe wurde von Hare und Johnson auf Blättern von *Eucalyptus* gefunden. Diese Hefe erhielt wegen ihrer großen Widerstandsfähigkeit gegen hohe Temperaturen den Namen *S. thermantitonum.* Der Bodensatz dieser Hefe läßt sich wie Glaserkitt zusammenkneten.

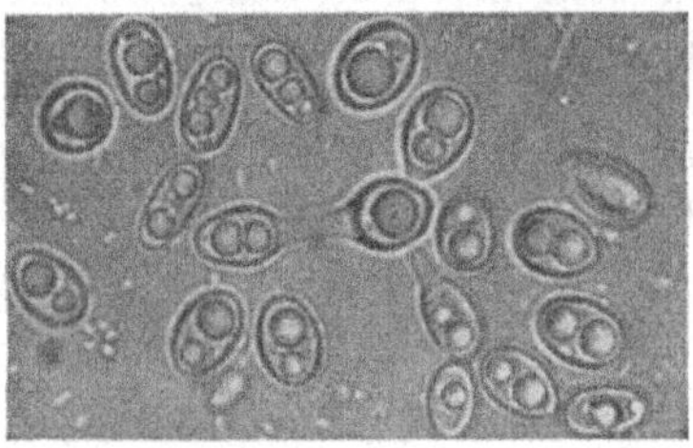

Abb. 287. *Anthomyces Reukaufii* aus dem Sporn von Leinkraut mit Fetttropfen. 600/1.

Ein besonderes Interesse verdienen die Hefen, die in den Nektarien oder Schleimflüssen der Bäume vorkommen, zumal diese auch im Insektenkörper zu finden sind. Eine seltsame, zuerst von Reukauf entdeckte Nektarhefe findet sich in den Blüten von *Cynanchum vincetoxicum, Linaria, Lamium* sehr häufig (Abb. 287) und überwintert, nach Untersuchungen von Grüß, der sie *Anthomyces Reukaufii* nannte, in der Hummelkönigin.

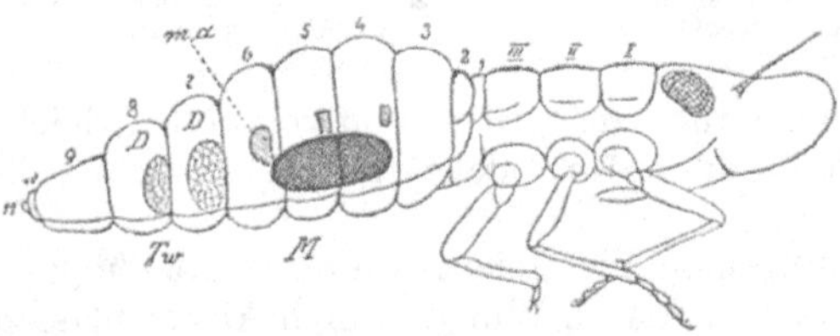

Abb. 288. Junge Larve von *Ptyelus lineatus* von der Seite. *M* Mycetom (Hefenorgan.)

Eine große Zahl Hefen hat sich sogar zur Symbiose mit Insekten verstiegen und übernimmt in diesen die Aufgabe, Bakterieninvasionen abzuhalten. Zuerst wurde eine solche symbiotische Hefe von Lindner in einer auf Myrte, Oleander und Lorbeer stets anzutreffenden *Lecanium*-Schildlaus entdeckt; später wurden zahlreiche ähnliche Symbionten von Sulč und Buchner in besonderen anatomischen Organen der Homopteren gefunden, zu welchen die Blatt- und Schildläuse, die Kokziden und Zikaden gehören (Abb. 288—291). Das Kapitel der Naturhefen und Naturgärungen ist noch wenig bearbeitet und verspricht noch reiche

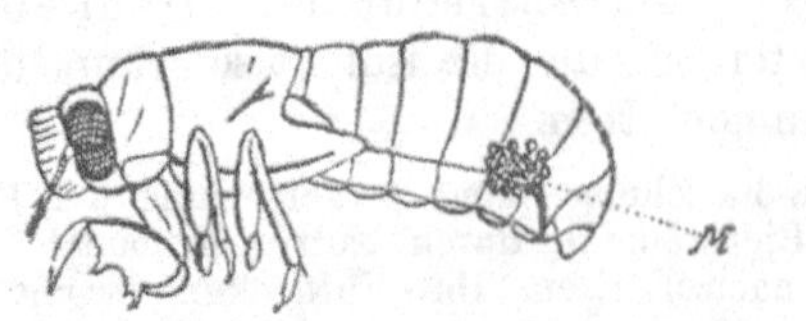

Abb. 289. Larve von *Cicada orni* mit dem bäumchenförmigen Hefenorgan Mycetom (*M*) an einem Tracheenstämmchen.

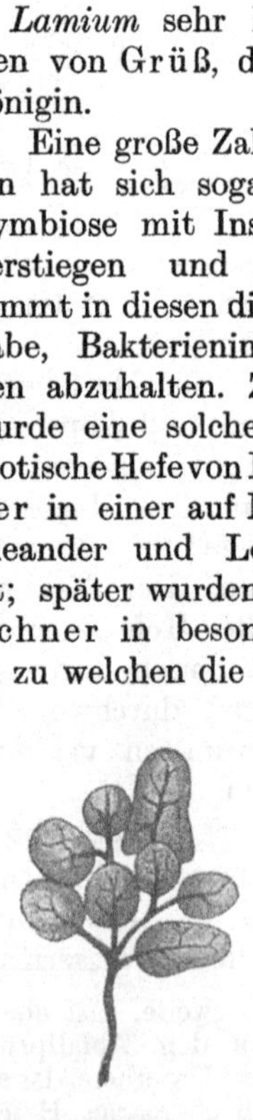

Abb. 290. Eine Endgruppe vom bäumchenförmigen Hefenorgan an Tracheenkapillaren.

Erfolge, ebenso das der pathogenen „Blastomyzeten“, die die sogenannten Blastomykosen erzeugen. Die von Leopold in frischen Krebs-

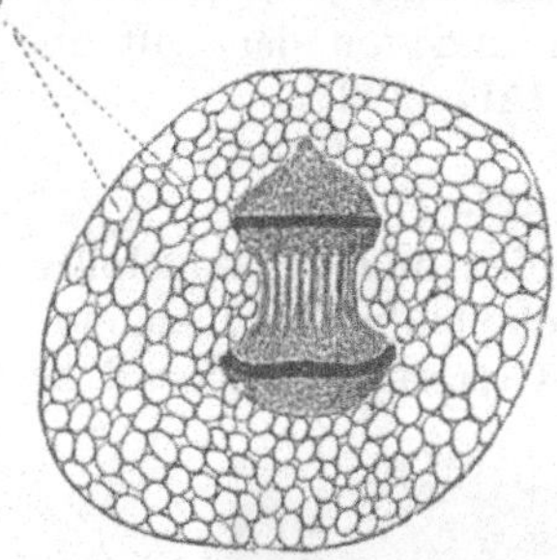

Abb. 291. Eizelle von *Coccura cornari* mit Kernteilungsfigur; letztere ganz eingeschlossen von Hefezellen (*l*).

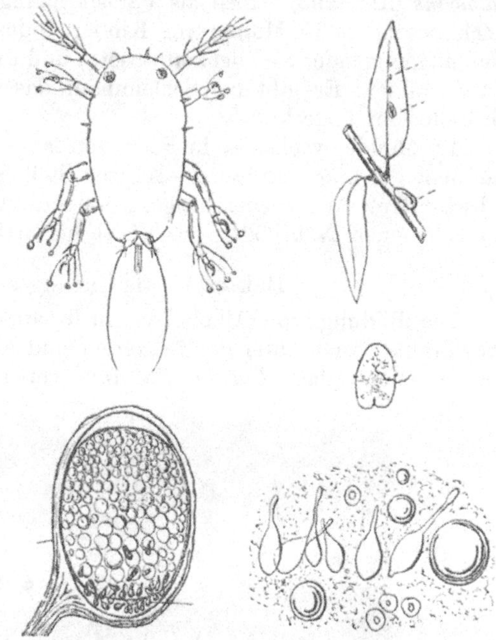

Abb. 292. Links oben: Junge, noch bewegliche *Lecanium*-Schildlaus. Rechs oben: Myrthenast mit festsitzenden jungen und alten Schildläusen. Links unten: Junges Ei, am unteren Pol schon Hefen vorhanden. Rechts: Hefen aus der zerquetschten Schildlaus neben Fetttropfen und Gerinnsel. Darüber: Abgehobene alte Schildlaus mit Saugborste.

geschwüren und in den Vorpostengeweben älterer Karzinome häufig gefundene Hefenform ist eine *Torula*-Art, die mit einer nach Lindner auf Räucherspeck und auf Räucherwaren allgemein vorkommenden *Torula* sehr nahe übereinstimmt. („Bereifte Würste“.)

Da die *Lecanium*-Hefe (sie führt vorläufig den Namen: *Saccharomyces apiculatus parasiticus*) zu jeder Jahreszeit auf den Lorbeerbäumen anzutreffen ist und für den Unterricht eines der lehrreichsten Beispiele für Symbiose abgibt, wurde sie in Abb. 292 dargestellt.

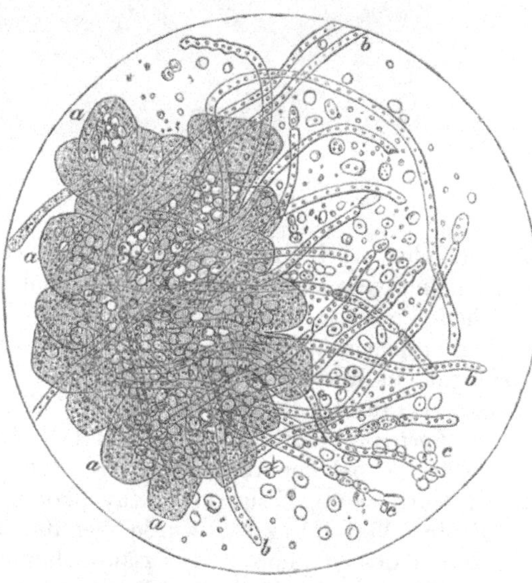

Abb. 293. Soorpilz, stark vergrößert. *a* Epithelialzellen der Mundschleimhaut, bedeckt mit den Rasen des Soorpilzes (*b*) und abgeschnürten Sprossungen desselben (*c*). (Nach Robin.)

Soorpilz.

Gleichfalls zu den Hefen rechnet man den Soorpilz *Saccharomyces albicans* (Abb. 293), einen als Parasit häufig vorkommenden Pilz, der sich besonders im Munde von Kindern oder altersschwachen Personen bei ungenügender Reinlichkeit ansetzt und die sogenannten „Schwämmchen" bildet. Er gibt der Schleimhaut das Aussehen, als wäre sie mit Käseflocken bedeckt.

Im Munde wächst er in Form von lang- oder kurzgliedrigen Fäden, an denen sich an den verschiedensten Stellen zahlreiche ovale Konidien abschnüren. Auf zuckerhaltigen, wasserarmen und von der Luft abgeschlossenen Nährböden wächst er hefeartig (Abb. 293).

Bakterien als Gärungserreger.

Die Bildung von Alkohol ist nicht auf Hefen und Schimmelpilze beschränkt; auch unter den Bakterien sind Alkoholbildner und Alkoholfresser anzutreffen. *Bacillus Fitzianus* vergärt Glyzerin vorwiegend zu

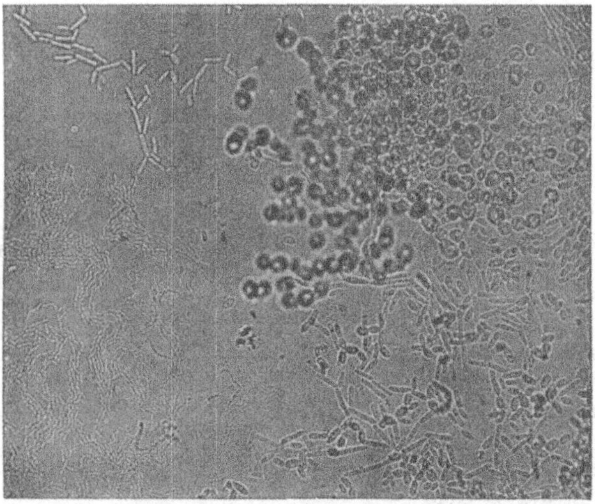

Abb. 294. Untergäriges Bier mit Kultur- und Kahmhefe sowie Essigbakterien; letztere ein zartes Häutchen auf der Unterseite der Tröpfchenkultur bildend. $^{300}/_{1}$.

Äthylalkohol. Auch Franklands *Bacillus ethaceticus* bildet aus Glyzerin, Stärke und verschiedenen Zuckern Äthylalkohol und Essigsäure. Die gleichen Produkte bildet das pathogene *Bacterium pneumoniae* aus zuckerhaltigen Nährlösungen. Kruis und Raymann fanden in gesäuertem Hefengut ein Milchsäurebakterium, das als Nebenprodukt auch Alkohol bildet. Duclaux' *Amylobacter ethylicus* bildet Äthylalkohol und Essigsäure. *Bacterium gelatinosum betae* bildet in Rübensaft Schleim, daneben eine Gärung, bei der Alkohol erzeugt wird; *Clostridium Pasteurianum* bildet Buttersäure, Essigsäure, Äthylalkohol, Kohlensäure und Wasser.

Essig. Von Kützing wurde bereits 1838 behauptet, daß die Oxydation des Alkohols zu Essigsäure durch Mikroorganismen bewirkt werde. Dies wurde durch die folgenden Untersuchungen, insbesondere von Pasteur und Hansen, bewiesen, und zwar sind es mehrere *Bac-*

terium-Arten, besonders *B. aceti* und *B. Pasteurianum*, die diese Umsetzung bewirken (Abb. 294). Auch in Sauerteig wurde ein Essiggärung hervorrufendes *Bacterium* gefunden. Die Wirkung der Essigbakterien ist die, daß sie Alkohol aufnehmen und ihn zum Teil assimilieren, zum Teil mit Hilfe des Luftsauerstoffs veratmen (verbrennen) und Essigsäure ausscheiden ($C_2H_6O + 2O = C_2H_4O_2 + H_2O$) unter vorübergehender Bildung von Azetaldehyd (Neuberg).

Bei der Weinessigfabrikation wird einem Quantum erwärmten Essigs allmählich eine steigende Menge Wein zugesetzt; der dergestalt hergestellte Essig besitzt noch das Weinaroma. In den Essigbütten des Orleansverfahrens macht sich als unliebsamer Gast neben den guten Essigsäurebakterien oft das *Bacterium xylinum* geltend, das dicke, zähschleimige Häute von einer Mächtigkeit bildet, daß ein einzelner Mann kaum imstande ist, eine solche Masse allein abzuheben. Wie Henneberg u. a. gezeigt haben, ist die Zahl der Essig- und Milchsäurebakterien, die in technischen Betrieben vorkommen, Legion. Da die Morphologie der Arten sehr einförmig ist, sind letztere mikroskopisch schwer auseinanderzuhalten, namentlich wenn man sie in einem gewöhnlichen Präparat betrachtet. Hat man sie in Tröpfchenkulturen heranwachsen lassen, dann bekommt man öfter gut unterscheidbare Habitusbilder. Die Schnellessigfabrikation beruht darauf, daß verdünnter Spiritus an Hobelspänen in Gradierfässern herabrinnt und durch die an den Spänen haftenden Bakterienmassen oxydiert wird.

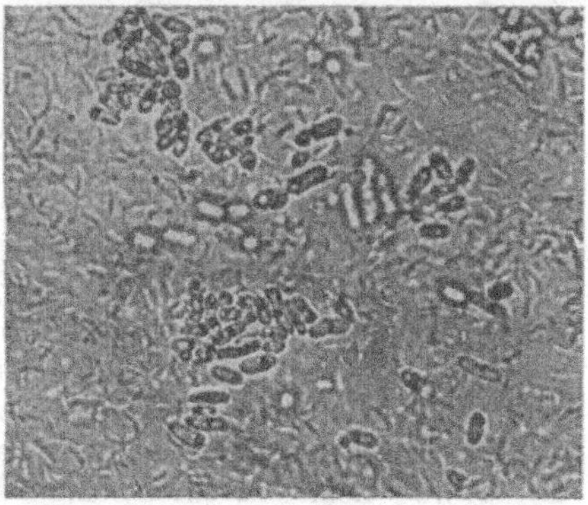

Abb. 295. Bakterien und Hefen aus Teekwaß.

Von allgemeinerem Interesse sind die Verfahren zur Herstellung von Haussessig und von Teekwaß.

In beiden Fällen spielt das *Bacterium xylinum* eine wichtige Rolle neben Hefen, die mit ihm in Symbiose leben (Abb. 295). In Rußland ist die Herstellung des Teekwaß in den Haushaltungen ziemlich allgemein üblich. Läßt man den gezuckerten Tee längere Zeit stehen, so werden durch Insekten aus Wundstellen von in Schleimgärung befindlichen Bäumen oder aus Nektarien oder Obstwunden jene Mikroben auf den Tee übertragen, und es wächst alsbald ein durchsichtiger, aber überaus zäher Schleim heran, der immer dickere Lagen auf dem Tee bildet. Diese zuletzt beinahe lederartig zähen Häute werden in regelmäßigen Zwischenräumen mit lauwarmem Wasser gewaschen und dann wieder in frischen Teeaufguß gebracht (in glasiertem Deckeltopf) und bei Zimmertemperatur stehen gelassen. Jeden zweiten und dritten Tag ist der Tee schwach säuerlich und aromatisch und prickelnd (infolge der Kohlensäureentwicklung) geworden, so daß er moselweinähnlich schmeckt und als Tischwein genossen werden kann. Läßt man den Tee oder eine Auflösung von Kandiszucker längere Zeit mit dem Pilz stehen, dann erhält man eine an Essigsäure reiche Flüssigkeit, die wie Essig verwendet wird. Das *Bacterium xylinum* siedelt sich auch öfter an Flaschenkorken oder Bierhähnen an und bildet dann oft fingerähnliche Massen, in denen das abergläubische Volk abgeschnittene Finger von Leichen vermutete (vgl. die Erzählung von Theodor Storm: „Im Brauhaus").

Durch Molekelzertrümmerung wird Milchsäure von vielen *Bacterium*-Arten aus Zucker $C_6H_{12}O_6 = 2\,C_3H_6O_3$ und anderen Kohlehydraten gebildet. Auch die Bierhefegärung ist ein zertrümmernder Prozeß: $C_6H_{12}O_6 = 2C_2H_6O + 2CO_2$. In ähnlicher Weise verlaufen die anaërobe Buttersäuregärung ($C_6H_{12}O_6 = C_4H_8O_2 + 2CO_2 + 4H$) und die gleichfalls anaërobe Gärung, die aus Zellulose Sumpfgas bildet ($C_6H_{10}O_5 + H_2O = 3CO_2 + 3CH_4$).

Für die Landwirtschaft außerordentlich wichtig sind die oxydativen Bakteriengärungen, die die alkalischen Stickstoffverbindungen in saure überführen:

$$2NH_3 + 8O + 2H_2O = 2HNO_3 + 4H_2O;\; NH_3 + 3O = HNO_2 + H_2O.$$

Von großem theoretischen Interesse sind die Oxydationsumsetzungen in den Schwefelbakterien (*Beggiatoa*):

$$SH_2 + O = S + H_2O;\; S + 3O + H_2O = H_2SO_4 \quad \text{(s. S. 241).}$$

Bezüglich der Eisenbakterien (*Crenothrix*, s. S. 240) steht nun fest, daß die Überführung der Eisenoxydul- in die Oxydverbindung allein von dem Entweichen der im Wasser gelösten Kohlensäure abhängig ist und daß ein dabei gesuchter physiologischer Prozeß, der nach der Formel $FeCO_3 = FeO + CO_2$; $2FeO + O + 3H_2O = Fe_2(OH)_6$ den Organismen Energie liefern sollte, nicht stattfindet. Mohlisch hat neuerdings Reinkulturen von *Leptothrix ochracea* erhalten, die ohne Eisen gezüchtet wurden und farblos blieben — also kein Eisenoxydulhydrat in den Scheiden ablagern konnten.

Kefir. Kuhmilch, die durch Vergärung des Milchzuckers etwa 1% Alkohol, Milchsäure und reichliche Mengen gelösten (peptonisierten) Kaseïns enthält, wird als Kefir bezeichnet; dasselbe Getränk, aus Stutenmilch hergestellt, ist der Kumys der asiatischen Nomaden.

Kefir wird in der Weise bereitet, daß man Milch über spezifischen, hauptsächlich aus einer Unmenge stäbchenartiger Spaltpilze bestehenden Körnern („Kefirkörner") ansetzt, nach einiger Zeit abzieht, mit gewöhnlicher Milch versetzt und während des bald folgenden Gerinnens durch Schütteln intensiv mit Luft mengt. Der spezifische Organismus des Kefirs scheint ein durch seine auffallende Sporenbildung bemerkenswerter *Bacillus (B. caucasicus)* zu sein; er bewirkt die Peptonisierung des Käsestoffes. Die Stäbchen dieses Spaltpilzes bilden in jedem Pol je eine große Spore, die die Stäbchenenden derart auftreiben, daß der sporentragende *Bacillus* hantel- oder schenkelknochenförmige Gestalt besitzt. Außer dem *B. caucasicus* sind in den Kefirkörnern auch noch mehrere Arten von Hefepilzen aufgefunden worden; ihre Rolle ist die Erzeugung des Alkohols aus dem Milchzucker.

Mazun ist ein in Armenien durch zahlreiche Hefenarten und Bakterien schmackhaft gemachtes Milchprodukt, das auch zu Butter und Käse verarbeitet wird.

Joghurt ist eine durch ein besonderes Milchsäurebakterium gesäuerte Milch, die bei den Bulgaren viel genossen wird und sie angeblich sehr alt werden läßt.

Ginger-Beer. — Sehr ähnlich den Kefirkörnern in ihrer Zusammensetzung aus Bakterien und Hefepilzen ist die „Gingerbeerplant", die zur Bereitung dieses fragwürdigen, neuerdings auch auf dem Kontinent um sich greifenden Getränks dient. Es wird bereitet, indem man eine 10- bis 20proz. Rohrzuckerlösung in einer geschlossenen Flasche mit den käuflichen, gelblich-hornartigen Krusten der Ingwerbier-„Pflanze" und einem Stückchen Ingwer ansetzt. Die Flüssigkeit beginnt sehr bald zu gären, wird nach 24 Stunden von dem Gärungserreger abgegossen, auf Flaschen gefüllt und rasch verbraucht. Die „Pflanze" wächst dabei zu haselnußgroßen, durchscheinenden Massen an und besteht bei mikroskopischer Betrachtung aus Bakterienstäbchen, die mit dicken Membrankapseln umgeben sind *(Bacterium vermiforme)* und zerstreuten, rundlichen Hefezellen.

e) Die wichtigsten Wasserpilze.

Bakterien-Zoogloeen (Abb. 296).

Als Zoogloea wird jede festere, mehr oder weniger gallertige, körper- oder hautartige, dem unbewaffneten Auge sichtbare Bakterienanhäufung bezeichnet. Bei der Kleinheit der Bakterienzellen muß eine ungeheure Menge vorhanden sein, um eine Zoogloea zu bilden. Diese Wuchsform kann dementsprechend nur bei besonders günstiger Ernährung der Bakterien auftreten. (Über Bakterien im allgemeinen s. S. 244.)

Die Bakterienzoogloeen stellen in verschmutzten Wasserläufen an Holz und Steinwerk usw. festsitzende, beim Zerdrücken breiartige Massen dar, die entweder kein festeres Substrat im Innern haben (die „*Zoogloea ramigera*", die lange vor der bakteriologischen Ära beschrieben wurde, wird von knorpeligen, verzweigten Bakterienlagern gebildet) oder die sich um abgestorbene Moosstengel usw. herum (Abb. 296) ansetzen. Sie können bei sehr starkem Auftreten z. B. Mühlräder als graue oder weiße Beläge dicht bedecken.

Abb. 296. Bakterien-Zoogloeen, an abgestorbenen Moosstengeln sitzend. Nat. Größe.

Zerdrückt man solche Zoogloeen und behandelt sie in der S. 250 für Bakterienpräparate angegebenen Weise, so zeigt das Mikroskop eine Unmenge meist ziemlich kurzer und dicker Stäbchen.

Crenothrix polyspora (Abb. 297)

ist ein Spaltpilz, der hauptsächlich dadurch bekannt wurde, daß er in eisenhaltigem Wasserleitungswasser (z. B. früher in Berlin) auftritt und durch Ver-

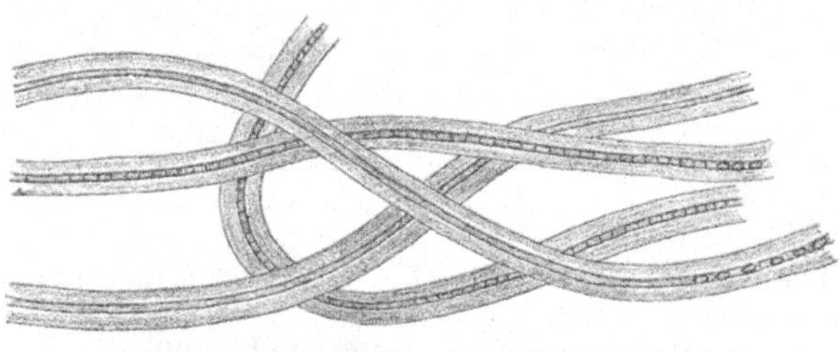

Abb. 297. *Crenothrix polyspora.* — Vergr. 750/1.

stopfen der Röhren sowie durch Abschwimmen ganzer Pilzmassen die Leitungen unbrauchbar und das Wasser für den Genuß ungeeignet macht. Die manchmal immer noch sich findende Angabe, daß *Crenothrix* in mit organischen Abfallstoffen stark verunreinigtem Wasser massenhaft vorkomme, ist unrichtig; dieser Pilz ist nur an den Eisengehalt gebunden und bevorzugt nicht fäulnisfähiges Grundwasser.

Crenothrix besteht aus einem dünnen Zellfaden, der von einer mit Eisenhydroxyd rostbraun gefärbten Gallertscheibe umgeben ist. Häufig sieht man auch Fäden, die allein noch aus der Scheide bestehen, während die Zellen ausgewandert oder abgestorben sind.

Cladothrix dichotoma (Abb. 298)

ist ein mit der vorhergehenden und der folgenden Form verwandtes Fadenbakterium, das in schwach verunreinigtem Wasser vorkommt. Es bildet lockere, stets kurze, kleine Räschen (zum Unterschied vom *Sphaerotilus*).

Kenntlich ist dieser Mikroorganismus leicht daran, daß seine Fäden locker stehen und reichliche unechte Verzweigungen aufweisen. Auch pflegen im Innern seiner Zellen häufig Körner (Volutin und Fett) vorzukommen, die bei *Sphaerotilus* meist fehlen. — Nach Angaben einiger Autoren soll Verzweigung auch bei *Sphaerotilus* vorkommen; das trifft insofern zu, als sich tatsächlich an der Basis Verzweigungen finden, die leicht übersehen werden können.

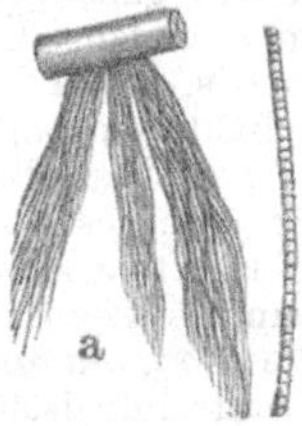

Abb. 299. *Sphaerotilus natans.* a natürl. Größe; die als einzelne, makroskopisch sichtbare Fäden gezeichneten Gebilde sind in Wirklichkeit aus sehr vielen Einzelfäden bestehende Bündel. 300/1. b Einzelfaden.

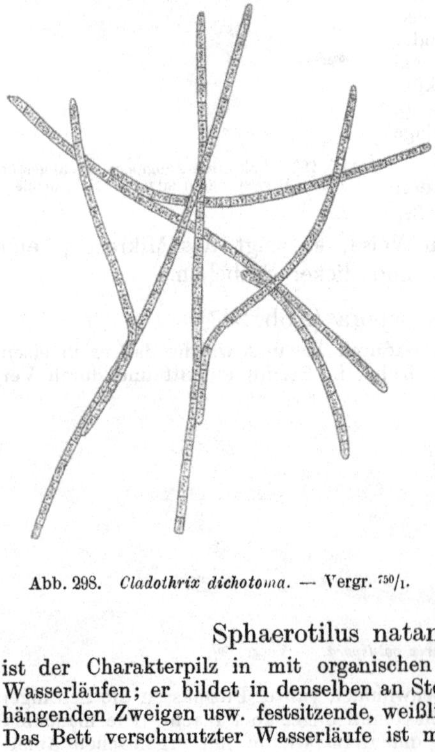

Abb. 298. *Cladothrix dichotoma.* — Vergr. 750/1.

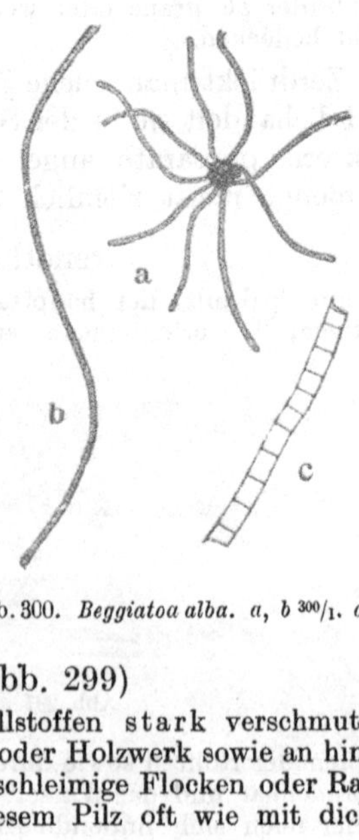

Abb. 300. *Beggiatoa alba.* *a*, *b* 300/1. *c* 720/1.

Sphaerotilus natans (Abb. 299)

ist der Charakterpilz in mit organischen Abfallstoffen stark verschmutzten Wasserläufen; er bildet in denselben an Steinen oder Holzwerk sowie an hineinhängenden Zweigen usw. festsitzende, weißliche, schleimige Flocken oder Rasen. Das Bett verschmutzter Wasserläufe ist mit diesem Pilz oft wie mit dicken, schaffellartigen Massen ausgepolstert. — In der Literatur ging *Sphaerotilus* früher meist unter den Namen *Cladothrix*, *Crenothrix* oder *Beggiatoa*; der neuerdings beschriebene *Sphaerotilus fluitans* ist von *Sph. natans* verschieden.

Sphaerotilus ist nur durch die Dicke und daran zu erkennen, daß seine Fäden keine Eigenbewegung besitzen, erst bei starker Vergrößerung deutlich sichtbar werden und dann (vgl. Abb. 299*b*) aus kleinsten Zellen zusammengesetzt sind. Ferner ist bemerkenswert, daß stets viele Fäden Büschel bilden (vgl. Abb. 299*a*). Dieser Pilz ist das einzige unbewegliche Fadenbakterium, das in Schmutzwässern in großen, makroskopisch sofort sichtbaren Rasen auftritt; er kann bei Betrachtung mit bloßem Auge nur mit *Leptomitus* (siehe unten) verwechselt werden, ist aber mikroskopisch von jenem sofort zu unterscheiden.

Beggiatoa alba (Abb. 300).

Auch dieses Fadenbakterium ist in Schmutzwässern sehr verbreitet, ohne doch in seinem Vorkommen streng an solche gebunden zu sein. *Beggiatoa* findet sich in Wasser, das Schwefelwasserstoff enthält: dies für die übrigen Organismen giftige Gas ist ihr Lebenselement. Wie nämlich die übrigen Pflanzen und Tiere kohlehaltige Substanz verbrennen und aus diesem chemischen Prozeß ihre Lebensenergie gewinnen, also als Endprodukt Kohlensäure ausscheiden, so nimmt die *Beggiatoa* Schwefelwasserstoff auf, oxydiert ihn zu regulinischem Schwefel und diesen weiter zu Schwefelsäure, die in Form von Sulfaten ausgeschieden wird (vgl. S. 304). — Für die Wasserbeurteilung wichtig ist, daß *Beggiatoa* nur im Wasser vorhandenen Schwefelwasserstoff anzeigt, der zwar meist aus den intensiven Fäulnisprozessen, die sich in Abwässern abspielen, herrührt, der aber auch anderen Quellen (z. B. Gipsreduktion) entstammen kann.

Man findet die aus Zellreihen bestehenden Fäden der *Beggiatoa* (Abb. 300*c*) gewöhnlich dicht mit Schwefeltröpfchen angefüllt (vgl. Abb. 300*a*, *b*). Ferner zeigt dieser Pilz noch die Eigenschaft deutlicher Eigenbewegung unter dem Mikroskop. Die Fadenenden machen eine pendelnde Bewegung, die bei längerem, ruhigem Betrachten des Präparats nicht übersehen werden kann. An dieser Bewegung und an den Schwefelkörnchen wird *Beggiatoa* leicht erkannt.

Leptomitus lacteus (Abb. 301).

Wie *Sphaerotilus* ist auch *Leptomitus* ein Charakterpilz für durch fäulnisfähige Substanzen verunreinigtes Wasser, in dem er als große, wollartige Rasen auftritt und oft ganze Wasserläufe auspolstert.

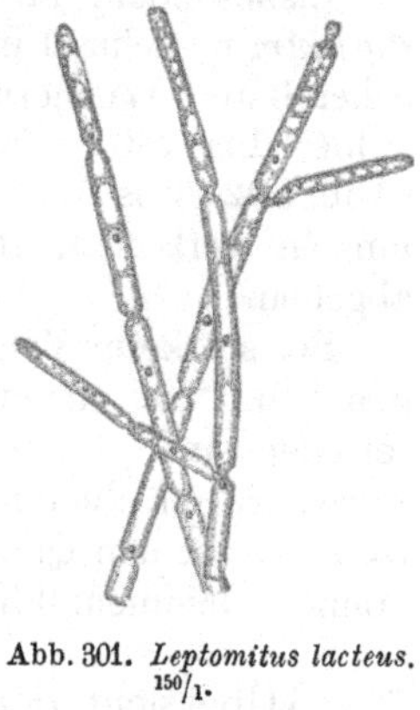

Abb. 301. *Leptomitus lacteus*. $^{150}/_{1}$.

Der Pilz ist sehr leicht daran zu erkennen, daß seine Fäden schon bei schwacher Vergrößerung ($^{80}/_{1}$) deutlich doppelte Kontur zeigen, daß sie keine Querwände aufweisen und von Zeit zu Zeit ringförmige Einschnürungen zeigen. Die Strikturen teilen die Pilzschläuche in Glieder ein; in jedem Glied sieht man bei genauerer Betrachtung einen großen, stark lichtbrechenden Körper (Zellulinkorn) liegen. Diese Körper sind mit den Einschnürungen die besten Erkennungsmerkmale des *Leptomitus*.

Saprolegnia und Achlya.

Während *Leptomitus* in Wasser wächst, das durch fäulnisfähige Stoffe verunreinigt ist, sind seine nächsten Verwandten, die ihm sehr ähnlich sehenden *Saprolegnia*- und *Achlya*-Arten, auf tierischem Nährboden vorherrschend, kommen auf solchem auch in reinem Wasser vor. Sie finden sich außerordentlich häufig auf toten Fischen und Krebsen, solche mit einem weißfilzigen oder schimmelartigen Überzug bedeckend. Von diesen Pilzen ist festgestellt, daß sie gut gehaltenen, gesunden Fischen nicht schaden bzw. sich nicht leicht auf solchen ansiedeln, daß dagegen sowohl in den Trögen, in denen Fischbrut aufgezogen wird, wie in Fischbehältern (Fischkästen) durch sie großer Schaden angerichtet werden kann. Die *Saprolegnia*- und *Achlya*-Arten befallen zunächst tote oder ermattete Exemplare, vermehren sich auf solchem Nährboden intensiv und greifen auch die lebenden Fische an, soweit diese durch Verwundungen oder Parasitenkrankheiten verletzte Hautstellen haben. Infolge mangelhafter Wartung kann so der ganze Besatz eines Fischbehälters in kurzer Zeit zugrunde gehen. In Aquarien zeigen sich diese Pilze (zusammen mit dem verwandten *Pythium*) als schimmelartige Fäden, die nicht aufgefressene Nahrungspartikel strahlenartig umgeben. Ihre Bekämpfung ist hier durch Anwendung einer Lösung von 0,025 g Kaliumpermanganat auf ein Liter Wasser möglich. — *Saprolegnia* und *Achlya* finden sich in jedem Fluß- und Teichwasser; sie sind kein Anzeichen für verdorbenes Wasser.

Die *Saprolegnia*- und *Achlya*-Arten sind von *Leptomitus* leicht durch das Fehlen der großen Zellulinkörner zu unterscheiden. In bezug auf die Strikturen, die manche als hauptsächliches Unterscheidungsmerkmal hervorheben und die *Leptomitus* allein zukommen, muß man deshalb vorsichtig sein, weil infolge Durchwachsens alter Fadenenden auch bei *Achlya* strikturenähnliche Bilder auftreten können.

Fusarium aquaeductuum (Abb. 302).

Die im Wasser vorkommenden *Fusarium*-Formen sind höchst wahrscheinlich Konidienzustände von *Nectria*-Arten. Für das einen intensiven Moschusgeruch aufweisende *F. moschatum* (*Nectria moschata*) wurde dies nachgewiesen. — *F. aquaeductuum* besitzt den Moschusgeruch nicht; es ist ein Pilz, der nicht selten in großen Massen bei Abwasseruntersuchungen beobachtet wird.

Insbesondere an Turbinen und Überfällen tritt *Fusarium aquaeductuum* manchmal in von *Leptomitus* makroskopisch nur schwer unterscheidbaren Wucherungen von grauweißer oder häufig hellkanariengelber bis roter Färbung auf. Schon bei schwacher Vergrößerung (Abb. 302*B*) ist der Pilz daran zu erkennen, daß die Fäden nicht einzeln verlaufen, sondern von knorpeligen Krusten oder Strängen abgehen.

Bei stärkerer Vergrößerung (Abb. 302*A*) sieht man die mondförmigen, ein- bis vierzelligen Konidien massenhaft im Präparat liegen, seltener sind sie noch den Pilzfäden angeheftet. Das Myzel dieses Pilzes ist reichlich mit Scheidewänden versehen; an manchen Fäden treten unter den Querwänden keulenförmige Anschwellungen auf, auch kommt Gemmenbildung im Verlauf der Fäden vor.

Übersicht der Wasserverschmutzungsstufen und ihrer Leitorganismen.

Mit fäulnisfähigen Abwässern verunreinigte Wasserläufe reinigen sich, wenn sie (ohne von neuem verschmutzt zu werden) lange genug fließen, durch die wesentlich infolge der Aufarbeitung der Abfallstoffe durch die Organismen stattfindende Mineralisierung der Verunreinigungen allmählich wieder (Selbstreinigung der Flüsse).

Bei dieser fortschreitenden Selbstreinigung kann man erkennen, daß gewisse Organismen in stark, andere in weniger bedeutend und andere in schwach verschmutztem Wasser ihre Existenzbedingungen finden. Im Laufe eines verunreinigten Flusses lösen sich diese Organismen (die man mit den Leitfossilien der geologischen Schichten verglichen und deshalb Leitorganismen genannt hat) mit fortschreitender Reinigung ab. Sie können deshalb als Indikatoren der Verunreinigungsgrade benutzt werden und haben vor den chemischen Merkmalen der Wasserverschmutzung voraus, daß ihre Vegetation an sich schon sinnfällig ist und die Durchschnittsbeschaffenheit des Wassers während einer längeren Zeit anzeigt.

Da die Abführung von Schmutzstoffen durch die Bäche insoweit erlaubt ist, als das Wasser derselben nicht „über das Gemeinübliche hinausgehend" verunreinigt wird, hat die Festsetzung einer Grenze des „Gemeinüblichen" große praktische Bedeutung.

Abb. 302. *Fusarium aquaeductuum*, *A.* Myzelfäden mit mondförmigen Konidien. Vergr. $^{500}/_{1}$. *B.* Teil des Pilzlagers. Vergr. $^{20}/_{1}$.

Von der Beobachtung ausgehend, daß industrielle Abwässer bei Anwendung aller technisch möglichen Hilfsmittel nur soweit gereinigt werden können, daß in ihnen nur noch *Leptomitus* (in geringer Menge) als Leitorganismus vorkommt, ist die Grenze der „Gemeinüblichkeit" der Wasserverschmutzung bei der durch genannten Pilz charakterisierten Stufe zu ziehen.

Diese Stufen der Wasserverunreinigung sind:

1. Wasserverpestung. — Stadium der stinkenden Fäulnis, charakterisiert durch: Mengen von *Beggiatoa* (Abb. 304) sowie durch *Bakterien-Zoogloeen* (Abb. 300) usw.

2. Starke Wasserverschmutzung. — Das Wasser ist zwar nicht an Ort und Stelle faul, aber es geht in Gläsern aufbewahrt rasch in Fäulnis über. Charakterisiert durch: *Sphaerotilus natans* (Abb. 303), *Oscillatoria Froelichii* (Abb. 324*d*).

3. Geringere Wasserverschmutzung, — Das Wasser ist beim Stehen nicht oder kaum mehr fäulnisfähig, Leitorganismen: *Leptomitus lacteus* (Abb. 301), *Fusarium aquaeductuum* (Abb. 302), *Carchesium Lachmanni* (vgl. S. 359).

4. Leichte Wasserverunreinigung. — Das Wasser nähert sich physikalisch und chemisch dem normalen Zustand. Leitorganismen: *Cladothrix dichotoma* (Abb. 302), Auftreten von *Melosira varians* (Abb. 322) gewissen Grünalgen usw.

Stufen 1 und 2 liegen oberhalb, Stufen 3 und 4 unterhalb der „das Gemeinübliche überschreitenden" Wasserverunreinigung; als charakteristisch hat nur das massenhafte Auftrefen der Leitorganismen zu gelten.

f) Bakterien.

Allgemeiner Teil.

Bakterien sind einzellige, chlorophyllfreie, sich durch Querteilung vermehrende pflanzliche Lebewesen einfachster Form (Kugelform, Stäbchenform, Schraubenform), die wegen ihrer Vermehrungsweise und nahen Beziehungen zu den Pilzen als Spaltpilze (Schizomyzeten) bezeichnet werden und zusammen mit den Spaltalgen (Schizophyzeen) im botanischen System als Spaltpflanzen (Schizophyten) zusammengefaßt werden. Im allgemeinen rechnet man zu den Bakterien nur diejenigen Formen, die keine echten Verzweigungen bilden und zählt solche Arten mit echten Verzweigungen zu den Strahlenpilzen (Streptotricheen oder Aktinomyzeten); zu den letzteren gehören aber nach medizinischer, nicht botanischer, Anschauung von wichtigeren Mikroorganismen auch der Tuberkelbazillus, Diphtheriebazillus, Rotzbazillus, doch läßt ihre auch im medizinischen Sprachgebrauch eingebürgerte Bezeichnung als Bazillus sowie ihr Verhalten im Tierkörper gegenüber den Bedenken der Systematik ihre Besprechung im Rahmen der Bakterien (im engeren Sinne) praktisch erscheinen. Der Name Bakterium ist gleichzeitig Sammelname für die ganze Gruppe und dann auch noch Sonderbezeichnung für die Stäbchenform ohne Geißeln, während Bazillus für die stäbchenförmigen Bakterien mit zerstreuten Geißeln an der Oberfläche angewandt wird. Polare Geißeln trägt die Gattung *Pseudomonas.* Die kugelförmigen Bakterien werden zur Familie der Kokkazeen, die schraubenförmigen zur Familie der Spirillazeen vereinigt. Hieran schließt sich noch die Gattung Spirochaete an (s. S. 268). Im Pflanzensystem schließen an die Bakterien die (verzweigten) Aktinomyzeten, ferner die Schimmel- oder Fadenpilze und die Sproßpilze an. Je nach dem Anwendungsbereich der Bakteriologie werden mehrere oder alle Gruppen gemeinsam oder getrennt abgehandelt; die medizinische Bakteriologie z. B., für die die Krankheitsentstehung durch Mikroorganismen die Forschungsrichtung in der Bakteriologie angibt, findet unter allen den genannten Gruppen solche „pathogener" Beschaffenheit und bezieht demnach Spaltpilze, Strahlenpilze, Sproß- und Schimmelpilze ebenso wie auch die pathogenen Protozoen in ihr bakteriologisches, besser parasitologisches, Arbeitsbereich ein.

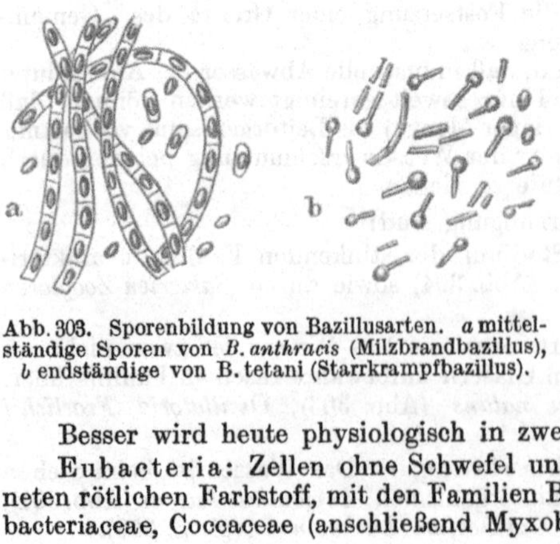

Abb. 303. Sporenbildung von Bazillusarten. *a* mittelständige Sporen von *B. anthracis* (Milzbrandbazillus), *b* endständige von B. tetani (Starrkrampfbazillus).

Eine weitere, nach des Form der Bakterien durchgeführte Einteilung der Spaltpilze unterscheidet zwei Ordnungen: 1. die Haplobakterien (echte Bakterien), die sich in Kokkazeen, Bazillazeen und Spirillazeen gliedern, und 2. die Trichobakterien (Fadenbakterien) mit den beiden Familien der Leptotrichazeen (kriechend bewegliche Zellfäden ohne Scheide) und der Cladotrichazeen (unbewegliche, in eine Scheide eingeschlossene Fäden).

Besser wird heute physiologisch in zwei Reihen geteilt:

Eubacteria: Zellen ohne Schwefel und den als Bakteriopurpurin bezeichneten rötlichen Farbstoff, mit den Familien Bacteriaceae, Spirillaceae, Chlamydobacteriaceae, Coccaceae (anschließend Myxobacteriaceae und Actinomycetaceae).

Thiobacteria: Zellen mit Schwefeleinschlüssen, farblos oder durch Bakteriopurpurin rot gefärbt, mit den Familien Beggiatoaceae und Rhodobacteriaceae.

Als wichtiges Einteilungsprinzip dient das Vorhandensein oder Fehlen 1. von Sporen (Abb. 303), 2. von Geißeln. Die Sporen sind Dauerformen der Bakterien, wesentlich widerstandsfähiger als diese selbst gegen physikalische und chemische

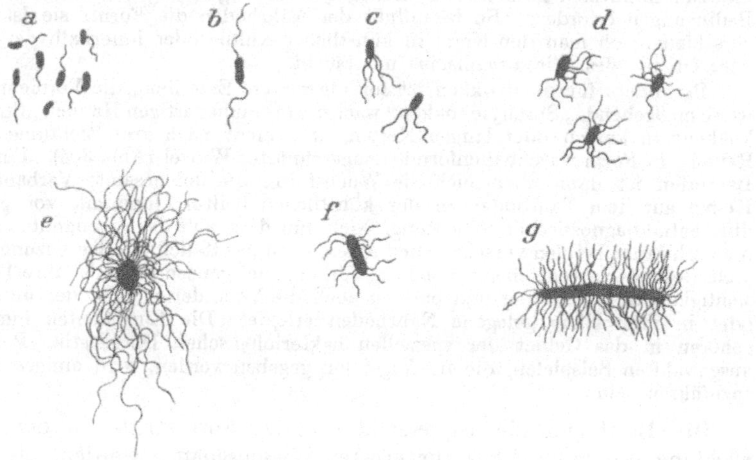

Abb. 304. Verschiedene Typen von Begeißelung. (Vergrößerung $^{1000}/_{1}$.) (Nach Gotschlich-Schürmann.)

Einflüsse, und bilden sich unter bestimmten (meist ungünstigen Ernährungs-) Bedingungen innerhalb des Bakterienleibes, um dann wiederum selbst die gleichen vegetativen Formen hervorgehen zu lassen. Geißeln weist nur ein

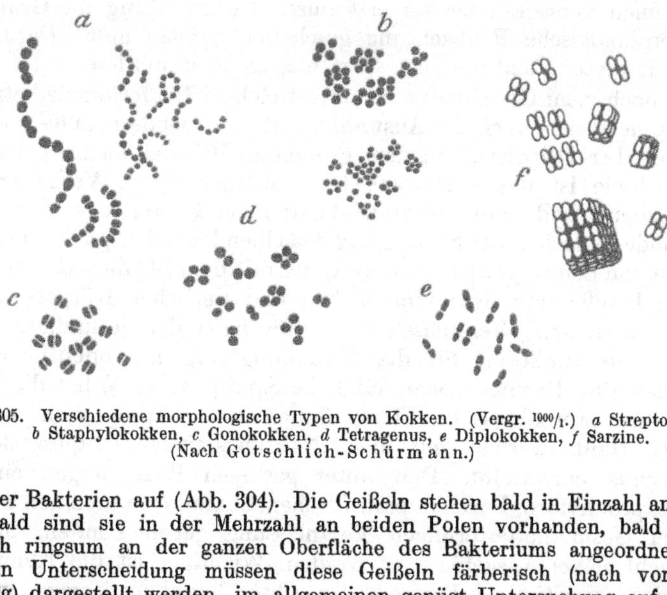

Abb. 305. Verschiedene morphologische Typen von Kokken. (Vergr. $^{1000}/_{1}$.) *a* Streptokokken, *b* Staphylokokken, *c* Gonokokken, *d* Tetragenus, *e* Diplokokken, *f* Sarzine. (Nach Gotschlich-Schürmann.)

Teil der Bakterien auf (Abb. 304). Die Geißeln stehen bald in Einzahl an einem Pol, bald sind sie in der Mehrzahl an beiden Polen vorhanden, bald finden sie sich ringsum an der ganzen Oberfläche des Bakteriums angeordnet. Zur feineren Unterscheidung müssen diese Geißeln färberisch (nach vorheriger Beizung) dargestellt werden, im allgemeinen genügt Untersuchung auf Beweglichkeit, die am einfachsten im hängenden Tropfen (s. S. 249) vorgenommen wird.

Die Form der Bakterien ist nun keineswegs unter allen Bedingungen unveränderlich die gleiche. Abgesehen von den als Alterserscheinung in den künstlichen Kulturen zu beobachtenden sogenannten Involutionsformen finden sich oft recht erhebliche Veränderungen der Größe, Auswachsen von Stäbchen zu Fäden, Verlängerung von Kokken zu Kurzstäbchen usw., die die Erkennung erschweren und zum mindesten immer die Beurteilung unter möglichst gleichartigen äußeren Bedingungen erfordern. So beeinflußt der Nährboden die Form; sie ist auch verschieden, ob man den Keim in künstlicher Kultur oder innerhalb der Säfte oder Organe des Wirtsorganismus untersucht.

Besonders für die Kokken ist für die weitere Einteilung die Vermehrungsweise maßgebend. „Staphylokokken" wachsen in traubenartigen Haufen, „Streptokokken" in kurzen oder langen Ketten, „Sarzinen" nach drei Richtungen des Raumes in Form warenballenförmig eingeschnürter Würfel (Abb. 305). Für alle Bakterien ist dann aber auch die Wuchsform, die der gesamte Verband der Keime auf dem Nährboden in der künstlichen Kultur einnimmt, von großer differentialdiagnostischer Bedeutung. Nicht nur die Größe der sogenannten Kolonien schwankt bei den verschiedenen Arten, auch das Relief, die Begrenzung zeigt viele Besonderheiten, ebenso auch die Färbung der ganzen Kolonie, ihre Durchsichtigkeit oder Trübung und endlich auch die Veränderung, die der unter ihr oder in ihrer Nähe gelegene Nährboden erleidet. Die Einzelheiten hierüber gehören in das Gebiet der speziellen bakteriologischen Diagnostik. Bei den ausgewählten Beispielen, die im folgenden gegeben werden, wird einiges davon anzuführen sein.

Die Bakteriologie ist erst durch die Fortschritte in der Entwicklung des Mikroskops zur ernsten Wissenschaft geworden. Sie wird — entgegen ihren Anfängen — heute aus praktischen Gründen oft mehr von Seiten der Mediziner als der Botaniker gefördert. Sie ist in ihrer Entwicklung bezeichnend beeinflußt von dem Kulturversuch, als dem notwendigen Mittel, einwandfreie Feststellungen da zu machen, wo die noch so sorgfältige morphologische Betrachtung bei diesen Organismen versagt, oder wo erst durch Reinzüchtung die Grundlage für morphologische Beobachtung geschaffen werden muß. Darum soll auch auf diese Züchtung hier kurz eingegangen werden.

Je nach dem Gesichtspunkt, unter welchem Bakteriologie betrieben wird, ändert sich auch die Auswahl nicht nur, sondern auch die Einteilung der Objekte. In dem genannten Beispiel der medizinischen Bakteriologie ist das pathogene bzw. nichtpathogene Verhalten ausschlaggebend und man unterscheidet die auf Kosten des Wirts nicht nur, sondern auch unter Schädigung desselben lebenden parasitischen Formen von den saprophytischen, die mit dem Abfallsmaterial innerhalb und außerhalb des menschlichen und tierischen Körpers vorliebnehmen und keine Veranlassung zu Störungen der Gesundheit geben. So sind die zahllosen für die Verdauungsvorgänge unentbehrlichen Bakterien des Darmes sogar nützliche Saprophyten, so hat die Mundhöhle ihre saprophytische Flora, finden sich Saprophyten auf der äußeren Haut, werden mit allen Nahrungsmitteln fortgesetzt dem Organismus einverleibt. Daß unter gewissen Bedingungen einzelne sonst saprophytäre Formen parasitischen Charakter annehmen können und zu Gesundheitsstörungen Veranlassung geben können, braucht hier nicht näher ausgeführt zu werden. Wichtiger ist die Kennzeichnung der parasitischen Formen, der echten Krankheitserreger, wie sie uns bei den „Infektionen" des Menschen und der Tiere begegnen und die wir erkennen müssen, einmal, um die Krankheit zu bekämpfen, dann aber, auch um die Weiterverbreitung, die Ansteckung, zu verhindern. Daß die Anwesenheit eines Parasiten allein auch innerhalb des menschlichen Körpers nicht schon Krankheit bedeutet, daß man z. B. Typhusbazillen im Stuhl klinisch gesunder, auch nie krank gewesener Personen finden kann, daß Wundstarrkrampfbazillen, Gasbrandbazillen usw. häufige Bewohner des Darmkanals sind und nur unter besonderen Bedingungen ihre schädliche Wirkung entfalten können, daß oftmals die (bakteriologische) Unterscheidung saprophytischer und parasitischer Keime schwierig oder unmöglich ist — das enthebt uns nicht der Mühe, alle bakteriologischen Möglichkeiten vom ärztlichen und hygienischen Standpunkt in jedem einzelnen Falle in Anwendung zu bringen.

Neben die angeführte und in allen Anwendungsbereichen der Bakteriologie gebräuchliche, rein morphologische Einteilung tritt die physiologische, die die Ernährungsweise der Bakterien berücksichtigt. Die Form, in welcher die für das Leben der Bakterien unentbehrlichen Elemente C, H, O, N, P, S und vielleicht auch K und Mg aufgenommen werden, ist sehr verschieden. Als „prototroph" bezeichnet man Bakterien, welche einen Nährstoff, z. B. Stickstoff, in elementarer Form aufnehmen (z. B. *Bact. radicciola*, s. S. 251); „metatroph" werden jene Bakterien genannt, welche die notwendigen Elemente nur aus gewissen Verbindungen aufnehmen können, sei es aus anorganischen Verbindungen (autotrophe Bakterien) oder aus organischen Verbindungen (heterotrophe Bakterien). Paratroph sind im Gegensatz dazu diejenigen Bakterien, die am besten im Tier- bzw. Menschenkörper gedeihen. Alle diese Eigenschaften sind teils obligat, teils fakultativ. Schon daraus ergeben sich viele Schwierigkeiten für eine ausgedehntere praktische Anwendung dieser mehr wissenschaftlich interessanten Einteilung; zumal für die paratrophen Bakterien, zu denen die pathogenen gehören, genügt die bisher hier gewonnene Kennzeichnung keineswegs.

Die Kenntnis der Ernährungsweise bzw. Ansprüche des Mikroorganismus hat aber vor allem praktisches Interesse, denn auf ihr beruhen die Methoden seiner Züchtung. Die künstliche Kultur, besonders wenn es sich darum handelt, aus einem Gemisch von Bakterien bestimmte Arten zu isolieren, hat in erster Linie ernährungsphysiologische Tatsachen zu berücksichtigen. Die Vielfältigkeit der bakteriologischen Nährböden, Kartoffel, Zucker, Serum, Agar, Gelatine, Milch, Molke, Bouillon, Glyzerin, Schwefelwasserstoff usw., sei es als Zusatz oder als Grundlage, trägt diesen Besonderheiten Rechnung. Die Kenntlichmachung von bestimmten Zersetzungen durch Zusatz von Lösungen, die durch Farbumschlag die Wirkung erkennen lassen („Indikatoren"), erweitert diesen Kreis bakterio-kultureller Diagnostik und führt z. B. zu den Elektivnährböden für die Typhus- und Ruhrdiagnostik.

Besonders wichtig auch für die Praxis der künstlichen Kultur ist die Kenntnis des Sauerstoffbedürfnisses der Bakterien, weil eine Reihe von ihnen bei Anwesenheit von freiem Sauerstoff, wie er sich in der Luft findet, nicht nur nicht wachsen kann, sondern sogar so geschädigt wird, daß sie zugrunde geht. Diese (obligaten) Anaerobier (Wundstarrkrampf-, Gasbrand-, Rauschbrandbazillus, Spirochäten usw.) müssen mit besonderen Methoden unter Luftabschluß und Verdrängung von Sauerstoff gezüchtet werden; geringste Spuren O wirken nicht unbedingt störend. Solche Bakterien entnehmen ihren Sauerstoff durch Spaltung O-haltigen Materials (Spaltatmung). Im Gegensatz dazu wachsen die Aeroben (man sagt besser aerophil und aerophob) in sauerstoffhaltiger Umgebung; manche Bakterien suchen sogar den Sauerstoffort so gierig auf, daß sie im flüssigen Nährboden vorzugsweise an der Oberfläche (mit Kahmhaut) wachsen, wie z. B. die Tuberkelbazillen und manche Diphtheriebazillen. Eine größere Anzahl von Bakterienarten vermag sowohl unter aeroben wie auch unter anaeroben Bedingungen zu wachsen.

Die Vielseitigkeit fermentativer Leistungen, die der Bakterienwelt eigentümlich ist, weist ihr die bedeutende Rolle zu, die sie einmal im ganzen Haushalt der Natur und dann auf so vielen Gebieten der Technik spielt. Das Gebiet der landwirtschaftlichen, medizinischen, hygienischen, der Gärungs- und Nahrungsmittelbakteriologie ist jedes für sich von größter Ausdehnung und Gegenstand besonderer Forschung. Auch die bakteriologische Methodik weicht naturgemäß auf den verschiedenen Gebieten entsprechend dem anderen Zwecke voneinander ab. Es sei daher hier nur ganz kurz auf einige grundlegend wichtige Methoden der Bakterienkultur und der Bakteriendiagnostik hingewiesen, und zwar besonders in Hinblick auf die medizinische Bakteriologie, der auch die meisten praktischen Beispiele entnommen werden sollen.

Das Ziel der Züchtung der Bakterien ist die Gewinnung einer Reinkultur, d. h. einer aus einer Bakterienart einheitlich zusammengesetzten Kultur. Das ist bei Bakteriengemischen als Ausgangsmaterial nicht immer leicht und wurde von Pasteur durch mühseligste, immer weiter fortgesetzte Verdünnungen in flüssigen Nährböden erreicht, indem schließlich nur ein Keim oder einige Keime der gleichen Art in einem Röhrchen übrig blieben und sich vermehrten. Von Koch wurden die festen Nährböden in Form der Gelatinenährböden eingeführt, auf denen ein getrenntes koloniales Wachstum und damit leichte Trennung gemischter Bakterienstämme zu erreichen war. Ein großer Fortschritt war der Ersatz der schon zwischen 20 und 24° schmelzenden Gelatine durch den Agar-Agar, der erst bei 98° schmilzt und bei 40° wieder fest wird und demnach der Brutschrankwärme von 37°, die gerade für viele pathogene Bakterien erforderlich ist, ausgesetzt werden kann. Agar-Agar wird aus ostindischen Algen hergestellt und als 2—3proz. Zusatz der Nährflüssigkeit zugesetzt, ist selbst kein Nährmittel für die Bakterien, sondern ausschließlich eine Nährbodengrundlage. Das Nährmittel ist die auch für flüssige Kulturen allein verwendete Nährbrühe (Fleischwasser + Kochsalz + Pepton oder gebrauchsfertige Trockenpulver, die nur in Wasser gelöst werden, z. B. die Standardnährboden nach Kuczynski [Leitz-Berlin]), in der eine große Anzahl von Bakterien sich zu vermehren vermag. Zu berücksichtigen ist jedesmal die Wasserstoffionenkonzentration (mit der Michaelisschen Indikatorenreihe zu bestimmen), an die von den verschiedenen Bakterienarten ganz verschiedene Ansprüche gestellt werden. — Als Zusätze zu diesen einfachsten Nährböden kommen die verschiedenartigsten Stoffe in Betracht: Blut, Blutserum, Traubenzucker, Milchzucker, Glyzerin, um nur einige wichtigere zu nennen. Abb. 306 zeigt eine Kulturschale, in der die festen Kulturen angelegt werden, Abb. 307 eine derartige bewachsene Platte mit einzelnen Kolonien verschiedenen Aussehens. Abb. 308 zeigt eine Stichkultur in einem Gelatineröhrchen. Die flüssigen Kulturen lassen natürlich kein koloniales Wachstum erkennen, unterscheiden sich aber auch durch ihre Beschaffenheit, Bodensatzbildung, Trübung, Flockenbildung, Kahmhautwachstum untereinander und lassen vor allem manche differentialdiagnostisch wichtige Wachstumseigentümlichkeiten besser als die Plattenkultur erkennen, so das Ketten-, Haufen-, Doppelformwachstum der verschiedenen Kokken. Unter Umständen ist auch die erste Anzucht eines Keimes im flüssigen Nährmedium und dann erst Übertragung auf den festen Nährboden erforderlich.

Auf die ungeheuer große Anzahl der Spezialnährböden kann hier nicht eingegangen werden. Einiges wird noch bei der Besprechung einiger wichtiger Bakteriengruppen angegeben werden.

Die mikroskopische Betrachtung der Bakterien findet zumeist im gefärbten Präparate statt. Die Lebendbetrachtung wird vorzugsweise zur Feststellung der Beweglichkeit geübt, und zwar mit der Methode des „hängenden Tropfens".

Der Rand eines hohlgeschliffenen Objektträgers wird mittels eines Pinsels mit Vaselin umrahmt. Dann bringt man auf ein Deckglas einen Tropfen der mikrobenhaltigen Flüssigkeit, bzw. verreibt in einem Tropfen Bouillon mit der Platinöse eine Spur von einer Kolonie von festem Nährboden. Nun dreht man den Objektträger um und preßt ihn auf das Deckgläschen auf, so daß der Tropfen frei in die Höhlung hineinhängt. Die Untersuchung geschieht bei enger Blende, und zwar zunächst bei schwacher Vergrößerung. Man stellt sich den Rand des Tropfens so ein, daß er gerade mitten durch das Gesichtsfeld zieht, bringt dann einen Tropfen Zedernholzöl auf das Deckglas und stellt sehr vorsichtig die Immersion ein. (Abb. 309.)

Abb. 306. Petri-Schale.

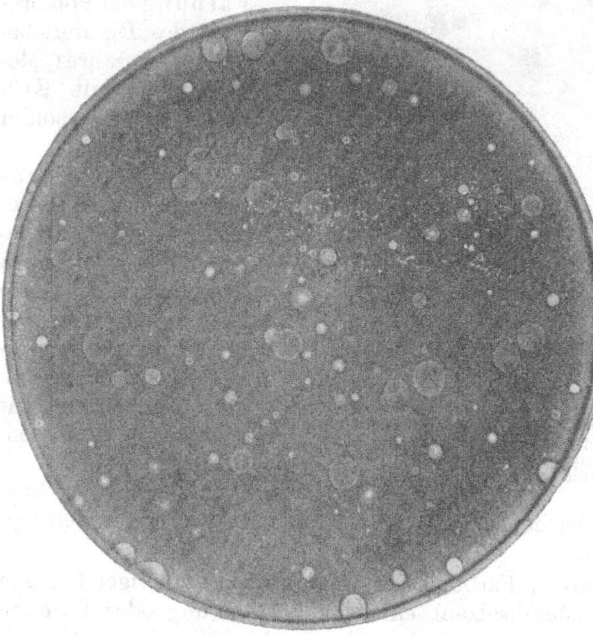

Abb. 307. Dicht besäte Kulturplatte in natürlicher Größe.

Abb. 308. Gelatinereinkultur von Bacterium coli. Natürliche Größe.

Die Eigenbewegung der Bakterien darf nicht mit Brownscher Molekularbewegung (S. 80), die auch leblosen Dingen innerhalb einer bestimmten Größenordnung zukommt, verwechselt werden. Sie unterscheidet sich dadurch, daß es zu einer ausgedehnteren Ortsveränderung des sich bewegenden Bakteriums kommt. In Reinkulturen sind oft nur einzelne Bakterien beweglich und nicht alle. Unter gewissen Ernährungsbedingungen und Temperatureinflüssen kann die Eigenbewegung Einbuße erleiden.

Zur Färbung des Bakterienpräparates, die nach Hitzefixierung des Objektrágerausstriches vorgenommen wird, werden hauptsächlich basische Anilinfarbstoffe verwandt.

Die wichtigsten Bakterienfärbungen sind

1. alkalisches Methylenblau (Loeffler),
2. Fuchsin,
3. Gramsche Färbung zur Differenzierung der Gram-positiven und Gram-negativen Bakterien (Gentianaviolett, Lugolsche Lösung, Differenzierung in Alkohol, Nachfärbung mit Fuchsin),
4. Neissersche Färbung der Polkörnchen des Diphteriebazillus (essigsaures Methylenblau mit Krystallviolett, Chrysoidin oder Vesuvin),
5. Ziehl-Neelsensche Färbung säurefester Bazillen, besonders Tuberkelbazillen (Karbolfuchsin unter Erwärmung, Entfärbung in Salzsäure-Alkohol oder Schwefelsäure, Nachfärbung mit wässeriger Methylenblaulösung),
6. Sporenfärbung nach dem gleichen Prinzip wie 5., nur nach vorheriger Beizung, z. B. mit Chromsäure,
7. Geißelfärbung, Färbung der Geißeln nach vorheriger Beizung (Tanninlösung mit Metallsalzen), entweder Versilberung oder Färbung mit Anilinfarbstoffen, deren Färbekraft durch Anilin- bzw. Karbolwasser verstärkt ist; Verfahren von Loeffler, Peppler, Zettnow).

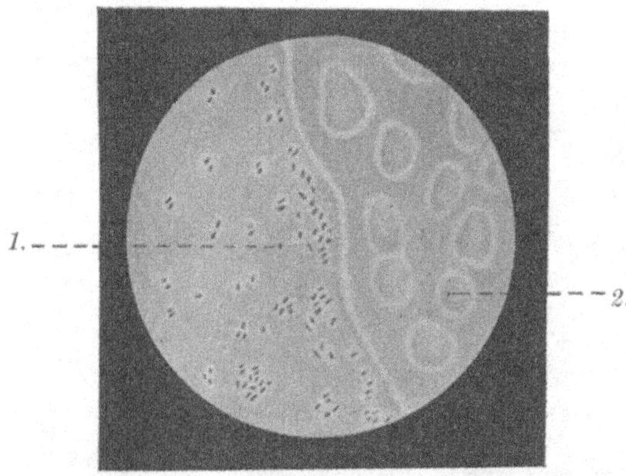

Abb. 309. Hängender Tropfen (Bact. coli) bei starker Vergrößerung $^{500}/_{1}$. *1.* Inneres des hängenden Tropfens (die einzelnen Bazillen deutlich sichtbar). *2.* Tröpfchen von Kondenswasser außerhalb des hängenden Tropfens.
(Nach Gotschlich-Schürmann.)

Die Gram-Färbung trennt folgende für die medizinische Bakteriologie wichtigen Bakterien: Gram-positiv: Staphylokokken, Streptokokken, Pneumokokken, Sarzine, Milzbrand, Diphteriebazillus, Tuberkelbazillus, Leprabazillus, Strahlenpilz (Actinomyces), Hefen, Soorpilz. — Gram-negativ: Gonokokkus, Meningokokkus, (Erreger der Genickstarre), Bacterium coli, Typhusbazillus, Paratyphusbazillus, Ruhrbazillen, Influenzabazillus, Maltafieberbazillus, Pneumoniebazillus Friedlaender, Rotzbazillus, Pestbazillus, Bac. pyocyaneus, Choleravibrio und ähnliche Vibrionen, Spirillen. — Bei manchen Bakterienarten ist das Gram-Verhalten schwankend, z. B. beim Tetanusbazillus, Bacillus proteus.

Die Aufgabe der Feststellung der Keimmenge in einem bestimmten Volumen tritt gar nicht selten an den Bakteriologen heran. Besonders wichtig ist dies für die Untersuchung des Trinkwassers, bei der nicht nur die Art, sondern auch die Menge der Bakterien von Bedeutung ist. Man mischt zu dem Zweck 1 ccm sowohl der unverdünnten wie der in verschiedenem Grade verdünnten Flüssigkeit mit verflüssigtem, auf 45° abgekühltem Agar (oder verflüssigter Gelatine), gießt die Platten aus und zählt am besten unter dem Mikroskop alle oder einen bestimmten Teil aller angewachsenen Bakterienkolonien.

Spezieller Teil.

Die im folgenden getroffene Auswahl aus der speziellen Bakteriologie betrifft einige leicht erreichbare Objekte aus der Natur (Boden und Wasser) sowie die Schilderung einiger diagnostisch wichtiger Methoden der medizinischen Bakteriologie. Es sei auf folgende Hand- und Lehrbücher hingewiesen: Kolle-Wassermann, Handbuch der pathothogenen Mikroorganismen (G. Fischer); Kraus-Uhlenhuth, Handbuch der mikrobiologischen Technik (Urban & Schwarzenberg); Lafar, Handbuch der technischen Mykologie; Loehnis, Handbuch der landwirtschaftlichen Bakteriologie 1910, Landwirtschaftlich-bakteriologisches Praktikum 1911 (Borntraeger); Heim: Lehrbuch der Bakteriologie (F. Enke).

Die **Bodenbakterien** machen den Boden durch Aufschließen der Nährstoffe sowie durch Anreichern von Stickstoff, den sie aus der Luft entnehmen, für die Pflanzenkultur geeignet. Die Bindung des Luftstickstoffes erfolgt durch die sogenannten Nitrogenbakterien, zu denen eine große Reihe freilebender Bakterien *(Bac. Pasteurianus, Azotobacter chroococcum)* und solche Bakterien gehören, welche in Knöllchen an den Wurzeln der Leguminosen parasitisch vorkommen, „Knöllchenbakterien" *(Bac. radicicola)*.

Zur mikroskopischen Prüfung der Knöllchen fertigt man aus den sauber abgespülten Knöllchen der Leguminosen gefärbte Ausstrichpräparate an. Man kann auch Schnittpräparate der Knöllchen nach den Regeln der botanischen Mikrotechnik herstellen. Nach Hiltner bringt man die Schnitte in ein Farbbad, das durch Auflösen gleicher Teile Fuchsin und Methylenblau in 1proz. Essigsäure hergestellt wird. Die Knöllchenzellen werden blau, die Bakterien rot, die Schleimfäden gar nicht gefärbt. Zur Isolierung der Knöllchenbakterien wird ein Agar mit Zusatz von sterilem Bodenextrakt und Mannit verwandt (Loehnis).

Azotobacter chroococcum findet man in Gartenerde, wenn man sie in einem Kölbchen in ziemlich dünner Schicht in Beijerinck sche Nährlösung einbringt, bestehend aus 20 Mannit, 0,2 K_2HPO_4, 5 Kreide in 1 l Leitungswasser. Bei 20—30° entsteht nach einigen Tagen ein dünnes, leicht graues Häutchen, das bald dicker, dunkler und selbst schwarz wird (Heim). Im Ausstrichpräparat sieht man die großen sarzineähnlichen Formen des Azotobakter, die feinen Stäbchen des *Bact. radiobacter*, ein den Knöllchenbakterien nahestehendes, schwach stickstoffbindendes Bakterium. Die Trennung beider ist wegen der schleimigen Beschaffenheit der Zellhäute schwierig.

Die Nitrifikation, Salpetergärung, d. h. die Oxydation von Ammoniak zu salpetriger Säure und die Oxydation der gebildeten salpetrigen Säure zu Salpetersäure, erfolgt ebenfalls durch Bakterien des Bodens. Die Nitritation wird von dem weitverbreiteten, beweglichen Bodenbakterium *Bact. nitrosomonas*, die Nitratation durch das überall im Erdboden heimische, unbewegliche *Bact.*

nitrobacter bewirkt. Die Zucht der Salpeterbakterien ist schwierig und erfordert besondere Nährböden, Gips-Magnesiaplatten nach Omelianski und Makrinoff oder den Nitritagar von Winogradski (s. Loehnis, Landwirtsch. bakteriol. Praktikum S. 129). Bei der Denitrifikation werden durch Bakterienwirkung Nitrate zu Nitriten, Nitrite zu Ammoniak und freiem Stickstoffgas, sowie Nitrate und Nitrite zu Stickstoffoxyden reduziert. Zur Reduktion von Nitrat zu Nitrit sind zahlreiche Bakterien befähigt, *Bact. denitrificans* (in Mist, Stroh, Ackererde, Schmutzwasser) bewirkt völlige Entbindung des Nitritstickstoffes (Stickstoffgärung), *Bact. coli, aerogenes, proteus* können die Nitrite auch zu Stickstoffoxyden reduzieren, andere Bakterien bilden aus Nitrit Ammoniak (Ammoniakgärung). Über die Kultur der denitrifizierenden Bodenbakterien s. Loehnis, l. c., über die dabei sich abspielenden chemischen Umsetzungen s. Baumgaertel, Grundriß d. theoret. Bakteriologie 1924, S. 130ff. Am wenigsten ist über den Chemismus der Stickstoffassimilation durch die Nitrogenbakterien bekannt. Wahrscheinlich entsteht Ammoniak als erstes Assimilationsprodukt, welches sich intrazellulär zu Aminosäuren, Polypeptiden, Peptonen usw. umsetzt.

Unter den Wasserbakterien spielen die Fadenbakterien (s. S. 239) insofern eine besondere Rolle, als sie gelegentlich infolge der Massenhaftigkeit ihres Auftretens zu mit unbewaffnetem Auge sichtbaren und auffallenden Gebilden heranwachsen können. So gibt *Crenothrix* (κρήνη = Quelle) in eisen- und manganhaltigen Wässern zur Entstehung umfangreicher, durch Einlagerung von Eisen oder Mangan rot oder braunschwarz gefärbter Massen und unter Umständen zu Störungen in der Rohrleitung Veranlassung. Die unbeweglichen Fäden haben deutliche Scheiden, innerhalb deren kleinere oder größere rundliche Sporen entstehen, die hier nicht, wie bei den Haplobakterien, Dauerformen, sondern Vermehrungszellen sind und als Konidien bezeichnet werden. Die Schwefelbakterien (Thiobakterien) decken ihren Energiebedarf aus der Veratmung von Schwefelwasserstoff (autotrophe Bakterien), sie leben in Schwefelquellen sowie überall da, wo (zumeist durch die Tätigkeit sulfatreduzierender Bakterien) Sulfate zu Schwefelwasserstoff reduziert werden, in Tümpeln und Sümpfen, auf der Zersetzung anheimfallenden Algen, dann aber auch in Fabrikabwässern, die mit Schwefelwasserstoff verunreinigt sind. Die sehr großen Bakterien bilden hier oft zusammenhängende weißgraue oder rote Schleier, sei es, daß es sich um farblose (z. B. *Beggiatoa*) oder um rote Schwefelbakterien (z. B. *Chromatium, Lamprocystis*) handelt. Diese Bakterien spalten den Schwefelwasserstoff und lagern den Schwefel in ihrem Innern ab; der ausgeschiedene Schwefel bildet kugelige, stark lichtbrechende Tröpfchen und kristallisiert in abgestorbenen Zellfäden in Form von großen monoklinen Prismen aus. Die Fäden der *Beggiatoa mirabilis* können bis zu 50 μ dick und einige Zentimeter lang werden, die anderen Arten sind kleiner, müssen aber doch noch als Riesen unter den Bakterien bezeichnet werden.

Die Reinkultur der Schwefelbakterien ist nicht ganz einfach, Rohkultur oft ausreichend, ja lehrreicher. (Die monographische Darstellung von Bavendamm [Heft 2 der „Pflanzenforschung", 1924] gibt hierüber, wie auch über die schwierige Systematik der großen Cruppe Auskunft.) Im übrigen ist ihrer unter Wasserpilzen (S. 241) gedacht worden.

Aus der großen Gruppe der **krankheitserregenden Bakterien** seien einige wenige besonders wichtige herausgegriffen und hinsichtlich ihrer Erkennbarkeit im mikroskopischen Präparate besprochen. Die übrigen bakterio-diagnostischen Methoden können daneben nur ganz kurz erwähnt werden.

Der mikroskopische Nachweis des Tuberkelbazillus wird am häufigsten und am einfachsten durch Untersuchung des Auswurfs geführt. Bei allen Fällen von sogenannter offener Lungentuberkulose treten in wechselnder Menge Tuberkelbazillen im Auswurf auf. Oft bedarf es aber sehr gründlicher Untersuchung zahlreicher Präparate von zu verschiedensten Zeiten gewonnenem Auswurf, um nicht vereinzelt auftretende Bazillen zu übersehen. Der Nachweis aber auch nur vereinzelter Tuberkelbazillen genügt zur Sicherung der Diagnose.

Die Untersuchung gestaltet sich folgendermaßen:

Man gieße den Auswurf auf einen Porzellanteller, dessen eine Hälfte von weißer, dessen andere Hälfte von schwarzer Farbe ist, und fische mit 2 ausgeglühten Präpariernadeln unter Vermeidung von Speiseresten einige stecknadelkopfgroße gelbliche Stückchen aus der Mitte der schleimig-eitrigen Massen (bzw. eine sogenannte Linse) heraus und bringe diese Teile auf einen neuen, spiegelblank gereinigten Objektträger, fasse einen unbeschickten reinen Objektträger gleicher Art mit der anderen Hand und zerreibe den Auswurf zwischen den beiden Gläsern unter energischem Drücken.

Bei dem Auseinanderziehen der Objektträger bleibt auf jedem ein feinverteiltes Präparat; dieses soll hauchartig dünn ausgestrichen sein. Die Präparate kommen nun zum Schutze gegen auffallenden Staub unter eine Glasglocke und bleiben hier so lange liegen, bis sie lufttrocken geworden sind. Wenn das geschehen ist, werden sie zwecks Fixierung dreimal mit der Schichtseite nach oben durch die Flamme gezogen. Um den Grad der Erhitzung zu kontrollieren, setzt man neben der Sputumschicht den Zeigefinger der linken Hand auf. Die Erwärmung des Glases darf nur eine solche sein, daß sie der Finger gut ertragen kann.

Das Präparat wird nunmehr in ein Schälchen mit Karbolfuchsin gelegt und in der Karbolfuchsinlösung über dem Bunsenbrenner vorsichtig erhitzt, bis aus dem Schälchen die Dämpfe aufsteigen. Man läßt zweckmäßig die heiße Karbolfuchsinlösung dann noch 4 Minuten über dem Präparat stehen; dann faßt man das Präparat mit der Pinzette, gießt das Karbolfuchsin in ein bereit stehendes Gefäß ab, zieht den Objektträger durch 3 proz. Salzsäure-Alkohol, bis das Präparat farblos erscheint und legt es für 2—3 Minuten in eine wäßrig-alkoholische Methylenblaulösung. Nach Abspülen in destilliertem Wasser wird das Präparat zwischen Fließpapierstreifen getrocknet.

Das im ganzen blau gewordene Präparat wird mit möglichst starker Vergrößerung (Immersion) betrachtet und zeigt die schlanken, ein wenig gekrümmten Tuberkelbazillen tiefrot, während alles übrige blau ist (Abb. 310, S. 257).

Sind in dem Auswurf nur wenige Tuberkelbazillen vorhanden, so empfiehlt es sich, 2—5 ccm des Auswurfes mit etwa der gleichen Menge einer 50 proz. wässerigen Lösung von Antiformin zu übergießen, durchzuschütteln, etwa eine Stunde stehen zu lassen und dann zu zentrifugieren. Antiformin ist Eau de Javelle mit einem Zusatz von Natronlauge. Es besitzt eine eminent stark lösende Eigenschaft auf organische Substanzen und hat außerdem eine schleimlösende Wirkung. Die Tuberkelbazillen, die man sich von einer Fettwachshülle umkleidet denken muß, werden aber von dem Antiformin nicht angegriffen.

Das Sediment bringt man auf den Objektträger und läßt es mit etwas Eiweißlösung (5 ccm Eiklar, 1 l Aqua dest., 1 ccm Formalin) eintrocknen. Das Präparat wird wie oben beschrieben behandelt.

Mit dem angeführten Färbeverfahren nach Ziehl-Neelsen wird eine wichtige Eigenschaft der Tuberkelbazillen, die sogenannte Säurefestigkeit (Festhalten des erst unter Erhitzen eingedrungenen Farbstoffes auch bei Behandlung mit starken Säuren), festgestellt, die auf den Reichtum an fettartigen Leibesbestandteilen der Tuberkelbazillen zurückzuführen ist. Säurefest sind fernerhin nicht nur die dem menschlichen Tuberkelbazillus nahe verwandten tierischen Tuberkelbazillen, Rinder-, Hühner-, Kaltblütertuberkelbazillen, sondern auch einige rein saprophytäre Bazillen, so der Grasbazillus, der Butterbazillus, Trompetenbazillus, der Smegmabazillus usw. Letzterer kann bisweilen bei Untersuchung des Urins zu Verwechslungen Anlaß geben. Hier muß ebenso wie zur Unterscheidung menschlicher und tierischer Tuberkelbazillen, die bisweilen bei Darmtuberkulose durchzuführen ist, unter Umständen der Tierversuch herangezogen werden, zu dem das für jede Art von Tuberkulose äußerst empfängliche Meerschweinchen und das besonders für Rindertuberkulose empfängliche Kaninchen verwandt wird. Die Impfung erfolgt unter die Haut oder in die Bauchhöhle mit dem Sputum (mit oder ohne Antiforminbehandlung), dem Urinsatz, dem Inhalt erkrankter Gelenke usw. Mehr wissenschaftliches Interesse hat die Gewinnung einer Kultur aus dem verdächtigen Material, die nach den Kochschen Grundsätzen auf flüssigen und festen, meist Glyzerin enthaltenden Nährböden vorgenommen wird. Das Wachstum tritt oft erst nach 10—14 Tagen auf und ist dann recht charakteristisch: trockene Schüppchen und später dicke gefaltete Häute.

Wie alle säurefesten Bazillen ist der Tuberkelbazillus auch Grampositiv (mit besonderer Gram-Technik) und zeigt dann häufig eine körnige Form. Nach Much gibt es eine sogenannte Granulaform des Tuberkelbazillus, die vorzugsweise mit einer modifizierten Gram-Färbung nachweisbar ist.

Der Nachweis von Gonokokken ist im frischen Stadium der Gonorrhöe verhältnismäßig einfach. Man streicht den verdächtigen Eiter möglichst dünn auf mehrere Objektträger aus, läßt die Präparate trocken werden, fixiert über der Flamme und färbt 1. mit Löfflerschem Methylenblau und 2. nach Gram. Da die Gonokokken die Eigenschaft haben, sehr schnell und reichlich auch aus dünnen Methylenblaulösungen den Farbstoff aufzunehmen, färbt man vorteilhaft mit stärker verdünnten Lösungen und nur ganz kurze Zeit; dann sind die Gonokokken meist schon tiefblau gefärbt, während die anderen Bakterien erst sehr schwachblaue Färbung aufweisen. Der Gonokokkus ist ein Diplokokkus von Semmel-, Nieren- oder Kaffeebohnenform, und zwar sind die einander zugekehrten Seiten abgeplattet, während die Außenseiten gewölbt erscheinen (Abb. 311, S. 257).

Ein wichtiges Kennzeichen ist Lagerung des Gonokokkus innerhalb der Eiterzellen. Oft findet sich ein Dutzend Doppelkokken und noch mehr in einem einzigen Eiterkörperchen; es liegen aber auch viele Exemplare außerhalb von Zellen. Dies ist besonders bei älteren Stadien der Erkrankung der Fall. Entscheidend ist aber in den meisten Fällen erst das Gram-Präparat, in dem die Kokken als Gram-negativ in der

Farbe der Gegenfärbung, also rot, erscheinen. Zur Gramschen Färbung verwendet man Anilinölwassergentianaviolett oder (das haltbarere) Karbolgentianaviolett: 10 ccm gesättigte alkoholische Gentianaviolettlösung werden mit 90 ccm $2^1/_2$ proz. Karbolsäurelösung vermischt, die in der Flamme fixierten Schnitte werden darin 1—3 Minuten gefärbt, Abspülen mit verdünnter LUGOLscher Lösung, und sie dann 1—3 Minuten auf das Präparat wirken lassen. Abfließenlassen der Jodlösung und Entfärbung durch Aufträufeln von Alkohol (am besten etwa 96 proz.) auf das schräg gestellte Präparat, bis keine blauen Farbwolken mehr abgehen, etwa $^1/_2$ Minute. Nachfärben mit verdünntem Karbolfuchsin einige Sekunden bis 1 Minute, Wasserspülung, Trocknung. Bei Untersuchung gonorrhoischen Harnröhrenausflusses kommt dann kein anderes Bakterium mehr differentialdiagnostisch in Betracht. Färberisch gleich verhalten sich im übrigen die auch äußerlich dem Gonokokkus ähnelnden Meningokokken, die Erreger der Genickstarre, die man bei dieser Erkrankung während des Lebens in der durch die sogenannte Lumbalpunktion gewonnenen Rückenmarksflüssigkeit findet. Zur Kultur des Gonokokkus wie auch des Meningokokkus benutzt man eiweißreiche Nährböden, am besten nach dem Levinthal-Prinzip hergestellte Kochblut-Agarplatten mit Asziteszusatz.

Der Diphtheriebazillus ist ein leicht gekrümmtes, zumeist ziemlich schlankes Stäbchen, daß sich oft in großen Mengen in Ausstrichen von den diphtherischen Belägen findet. Hier sowohl, wie auch in den Präparaten, die man von der Kultur herstellt, sind die Stäbchen in charakteristischer Weise gelagert, indem sich zwei oder mehrere mit einem Ende berühren und sich wie die gespreizten Finger einer Hand, wie ein V oder wie ein Y anordnen. Seltener findet sich auch Parallellagerung der Stäbchen. Die Diphtheriebazillen färben sich gut mit allen Anilinfarbstoffen, sind Gram-positiv, geben aber bei länger dauernder Alkoholeinwirkung verhältnismäßig leicht den Farbstoff wieder ab (wenig Gram-fest) und zeigen bei der Neisserschen Färbung in schwarzblauer Färbung die Polkörnchen, die häufig schon am ungefärbten Lebendpräparat im hängenden Tropfen als stärker lichtbrechende Körnchen zu erkennen sind. Der übrige Bazillenleib ist gelb bis braungelb gefärbt (s. Abb. 312, S. 257).

Die Färbung nach Neisser geschieht folgendermaßen:

Lösung a: Methylenblau 1,0, Alcohol. abs. 20,0, Acid. acet. glac. 50,0, Aq. dest. 1000,0.

Lösung b: Kristallviolett 1,0, Alcohol. abs. 10,0, Aq. dest. 300,0.

2 Teile Lösung a werden mit einem Teil Lösung b gemischt. Färbung 2—20 Sekunden. Abspülen mit Wasser. Dann Nachfärben 3—10 Sekunden mit einer Chrysoidin- oder Vesuvinlösung (2 g in 300 heißem dest. Wasser gelöst). Abspülen mit Wasser.

Die Polkörnchen sind ein wichtiges Unterscheidungsmerkmal gegenüber zahlreichen diphtherieähnlichen Bazillen. Sie treten aber in Kulturen nicht zu allen Zeiten auf, fehlen z. B. oft bei alten Kulturen. Die Untersuchung der Kulturen, die man mit den Rachenbelägen auf Löfflerschen Serumplatten anlegt, kann erstmalig nach 8, dann nach

24 und nach 48 Stunden vorgenommen werden. Das Wachstum auf den Platten ist wenig charakteristisch. Das Kulturverfahren gibt aber oft positive Resultate wo die einfache Untersuchung des Originalpräparates versagt oder zweifelhaft ausfällt. Unter Umständen muß zum Nachweis der Giftigkeit der gezüchteten Bakterien der Tierversuch herangezogen werden, der am hochempfindlichen Meerschweinchen durch Injektion der Kulturen oder auch der filtrierten Bouillon, auf der die Bazillen gewachsen sind, vorgenommen wird. Der Tod der Tiere erfolgt unter charakteristischen Erscheinungen.

Für den Nachweis der Typhus- und Ruhrbakterien im Stuhl tritt die mikroskopische Untersuchung im Originalpräparat völlig hinter der bakterio-kulturellen Diagnose zurück. Das hat darin seinen Grund, daß die normalerweise den Darm bewohnenden Colibakterien sich in ihrer Form und dem färberischen Verhalten nicht einwandfrei von den Typhus- (und ebenso Paratyphus und Ruhr-) Bakterien unterscheiden lassen. Bei allen den Bakterien der Typhus-Coli-Ruhrgruppe handelt es sich um Gram-negative Stäbchen wechselnder Länge und Breite, die erst durch Untersuchung ihrer Beweglichkeit, ihrer fermentativen Fähigkeiten usw. voneinander getrennt werden können. Die verdächtige Stuhlprobe wird unter Ausnutzung der biologischen Differenzen dieser Keime auf sogenannten bunten Platten (Endo-, Drigalskiagar) verarbeitet, auf denen die pathogenen Keime (Typhus und Ruhr) ohne Veränderung des Nährbodens als farblose Kolonien wachsen, während z. B. der Colibazillus durch Säurebildung aus dem zugefügten Zucker einen Farbumschlag des Indikators (Fuchsin, Bromthymolblau, Lackmus) bewirkt und auch selbst als gefärbte Kolonie wächst. Nach Gewinnung einer Reinkultur findet die weitere Analyse statt, die sich auf Prüfung der Beweglichkeit (Typhus, Paratyphus: beweglich — Ruhr: unbeweglich) und auf Zersetzung verschiedener Zucker in flüssigen Nährböden erstreckt. Die Kultur des Typhusbazillus gelingt besonders zu Beginn der Erkrankung verhältnismäßig leicht aus dem Blut, das durch Punktion der Armvenen gewonnen wird, ferner aus dem Urin. Im Verlauf der Krankheit siedelt sich der Typhusbazillus gern in der Gallenblase an und kann dort auch nach der Genesung erhalten bleiben. Bei völliger Gesundheit können solche Personen dauernd oder periodisch Typhusbazillen mit ihrem Stuhl ausscheiden und den Anlaß zu neuer Ausbreitung der Krankheit geben.

Die bakteriologische Untersuchung auf Typhus und Ruhr wird durch die serologische Untersuchung ergänzt. Am Ende der ersten Krankheitswoche treten im Blut Agglutinine auf, die im Reagenzglas durch die Zusammenballung von Typhusbakterien beim Zusammenbringen mit dem Patientenserum nachweisbar sind. Bei der Gruber-Widalschen Agglutinationsreaktion wird das Patientenserum in steigenden Verdünnungen mit einer Aufschwemmung von Typhus-, Paratyphus-, Ruhr-Bakterien versetzt und festgestellt, ob und in welcher Verdünnung die mit bloßem Auge oder besser mit einem Agglutinoskop zu beobachtende Zusammenballung erfolgt.

Auch der Nachweis des Choleravibrio geschieht in erster Linie mit bakterio-kultureller Methodik. Man kann aber auch gelegentlich aus einem mikroskopischen Präparat, das man aus einer Schleimflocke des Stuhles herstellt, wichtige Anhaltspunkte gewinnen. Man färbt mit verdünnter Karbolfuchsinlösung und kann dann unter Umständen die kleinen, schwach gekrümmten Bazillen — die sich nicht nach Gram

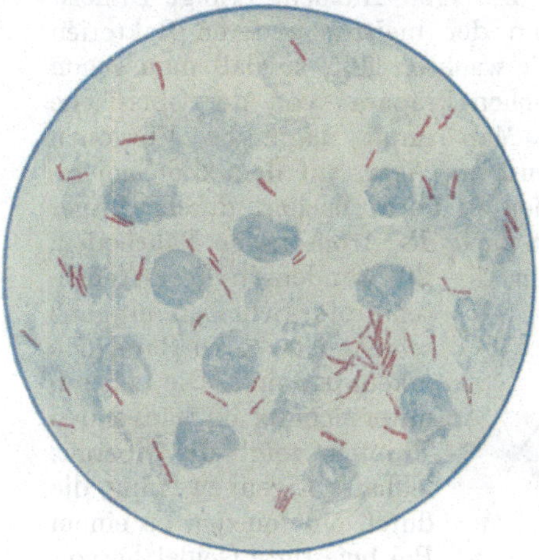

Abb. 310. Tuberkelbazillen im Sputum ohne Antiforminanreicherung. Färbung nach Ziehl-Neelsen.

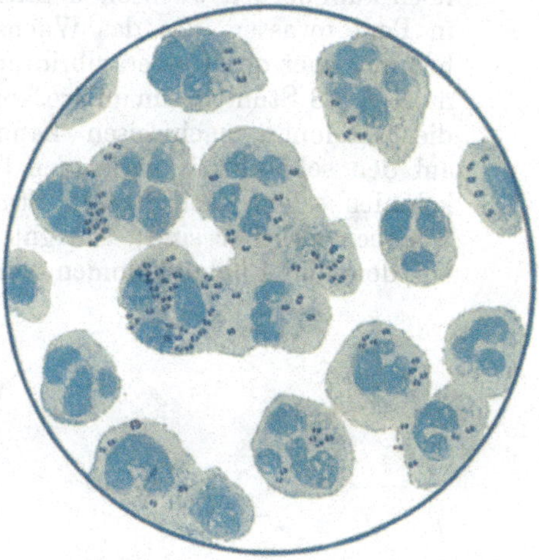

Abb. 311. Gonokokken. Färbung mit verdünntem Methylenblau. (Vergrößerung $^{500}/_{1}$.)

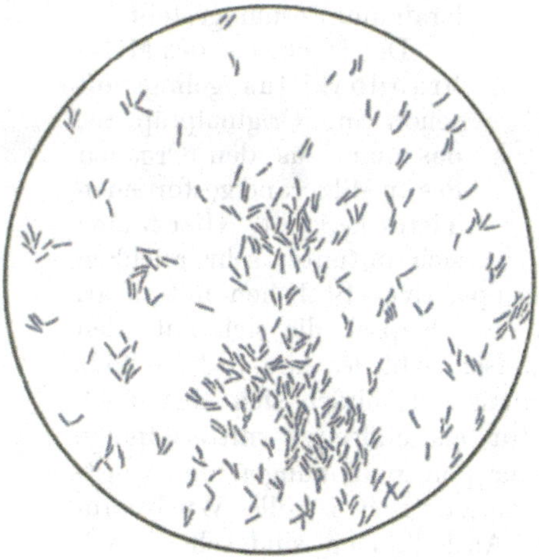

Abb. 312. Diphtheriebazillen. Neißer-Färbung. (Vergrößerung $^{500}/_{1}$.)

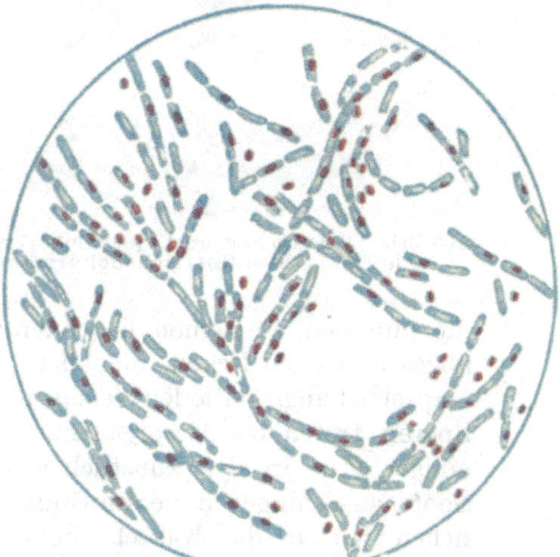

Abb. 313. Milzbrandbazillen. Sporenfärbung. (Vergr. $^{500}/_{1}$.)

Abb. 310—313 aus Gotschlich-Schürmann.

färben — in reichlicher Menge finden (Abb. 314, S. 258). Entscheidend ist der Ausfall der Kultur, bei der man sich zwei biologische Eigenschaften des Choleravibrio zunutze macht, erstens seine „Aerophilie“, die ihn an der Oberfläche der flüssigen Nährlösungen wachsen läßt, und zweitens seine Unempfindlichkeit gegen einen starken Alkaliüberschuß, derart, daß sein Wachstumsoptimum bei einer so hohen Alkaleszenz liegt, daß hierin schon die meisten anderen Bakterien nicht mehr oder nur noch kümmerlich wachsen können. Die erste Anzucht erfolgt zumeist in Peptonwasser, das das Wachstum der meisten anderen Bakterien hemmt, aber den Choleravibrio üppig wachsen läßt, so daß man schon nach 6—8 Stunden im mikroskopischen Präparat von der Oberfläche die Vibrionen nachweisen kann. Man impft dann die Vibrionen auf den sehr elektiv wirkenden Dieudonné-Agar, auf dem die Cholerakolonien schon nach 10—12 Stunden in Form flacher, durchsichtiger Scheiben sichtbar sind; sehr gut ist auch der Aronsonsche Nährboden, auf dem die Cholerakolonien binnen 15—20 Stunden in Form leuchtend roter Scheiben mit ganz schmaler, farbloser Randzone erkennbar sind. Die Lebenduntersuchung im hängenden Tropfen zeigt die überaus lebhafte Eigenbewegung, die durch eine einzige an einem Pol befestigte Geißel hervorgerufen wird. Sporen fehlen. Die endgültige Diagnose wird durch die Agglutination des isolierten Stammes mit Choleraimmunserum gestellt.

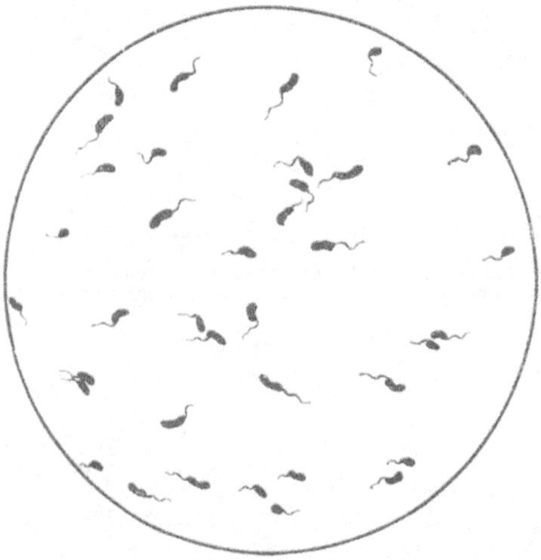

Abb. 314. Vibrio cholerae asiat. (Geißeln.) (Vergrößerung 1000/1.) (Nach Gottlich-Schürmann.)

Der Nachweis des Milzbrandbazillus gelingt oft schon im Originalpräparat, das man aus den Organen des an Milzbrand gestorbenen Tieres herstellt. Hier finden sich mitunter sehr reichlich die plumpen, in Reihen liegenden Gram-positiven Stäbchen mit scharf abgeschnittenen Ecken, umgeben von einer Kapsel, die sich mit allen Kapselfärbungsmethoden leicht nachweisen läßt (s. Abb. 313, S. 257). Sporen treten im Tierorganismus niemals auf, bilden sich aber nach einiger Zeit in der künstlichen Kultur als eiförmige mittelständige Spore aus; hingegen verschwindet unter den Bedingungen der künstlichen Kultur die Kapsel. Sehr charakteristisch ist die Wuchsform auf den festen Nährböden (Agar); die Ansiedlungen sind schon nach 5—6 Stunden erkennbar, werden später weiß, trocken glänzend, wenig oder nicht durchsichtig und sind am Rande von einem Rand von Locken und Zöpfen umgeben, derart, daß man sie mit einem Medusenhaupt verglichen hat. Sehr deutlich kommt diese Wuchsform im Klatschpräparat zur Darstellung, das man durch Auflegung eines Deckgläschens auf eine Kolonie, vorsichtiges Abheben und Färben gewinnt. Gelatine wird verflüssigt. Der Bazillus ist absolut unbeweglich. Wichtig ist ferner der Ausfall des Tierversuchs. Zu dem Zweck wird eine weiße Maus mit dem verdächtigen Material subkutan an der Schwanzwurzel geimpft. Nach 24—48 Stunden tritt der Tod ein und der Milzbrandbazillus ist meist in ungeheurer Menge schon im Ausstrichpräparat in allen Organen nachweisbar und läßt sich leicht züchten und dann einwandfrei bestimmen.

g) Algen.

Eine Anzahl leicht zu untersuchender und überall zu erhaltender pflanzlicher Organismen („Algen") finden sich im Wasser vor. Sie bedürfen meist keiner besonderen Präparation, zeigen oft nicht allein reizvolle Formen, sondern auch Bewegung und sind daher gerade auch für den Anfänger im Mikroskopieren geeignet, sich mit der Handhabung und Optik des Instrumentes vertraut zu machen.

Die Gruppe der „Algen" ist heute kein einheitlicher Begriff mehr. Die meist im Meere lebenden Rotalgen (Rhodophyceen) und Braunalgen (Phaeophyceen) kommen hier für uns weniger in Frage. Dagegen wären aus der alten Umgrenzung zu erwähnen die (blaugrünen) Schizophyceen (Cyanophyceen, Spaltalgen (vgl. S. 263), Flagellaten (die als Protisten hier unter zoologischen Objekten abgehandelt werden), die braunen Farbstoff und Kieselpanzer besitzenden Bacillariophyten (Diatomeen), die mit Zelluloseschalen und braunem Farbstoff versehenen Dinoflagellaten (Peridineen), die Conjugaten und Chlorophyceen als eigentliche Grünalgen. (Doch kommt, was beim Absterben bemerkt werden kann, Chlorophyll neben den äußerlich bemerkbaren anderen Farbstoffen auch in anderen erwähnten Gruppen vor.)

Diatomeen (Abb. 315 u. 316).

Bereits oben, Seite 57—65, sind wir Diatomeen als mikroskopischen Testobjekten begegnet; in Wasserproben sind sie außerordentlich häufig, sie bilden in Teichen und Bächen braune, schlammartige Überzüge an Steinen usw., schwimmende oder flutende Flocken oder finden sich schwebend fein im Wasser verteilt („Plankton"), so daß sie mit feinen Gazenetzen aufgefunden werden können. Sehr charakteristisch für diese Gewächse ist, daß ihre Membran vollständig verkieselt ist, so daß ihr Zellkörper in einer durchsichtigen Glasschale steckt. Diese Schalen halten deshalb auch die Glühhitze leicht aus und werden in der Weise präpariert, daß man den Diatomeenschlamm mit Kaliumchlorat und Salzsäure erwärmt und dann auf dem Platinblech weiß brennt. Solche von allen organischen Inhaltsbestandteilen gereinigte Schalen zeigen die oft sehr merkwürdige und reizende Skulptur, die bei fast allen Arten in spezifisch wechselnder Weise vorhanden ist, am deutlichsten. Eine fernere Eigentümlichkeit der *Diatomaceen*-Schale ist, daß sie aus zwei ungleich großen Teilen besteht: der größere greift wie der Deckel einer Schachtel mit den Rändern über den kleineren. Deshalb bieten die Schalen auch mindestens zwei vollkommen verschiedene Ansichten (vgl. Abb. 315 *c*, *f*), je nachdem man sie von der Seite oder von oben betrachtet.

Im lebenden Zustand zeigen die Diatomeen vielfach eine sehr auffällige Eigenbewegung, z. B. indem sie schiffchenartig bald mit dem einen, bald mit dem andern Ende vorausschwimmen. Eine sehr häufige Gattung (Abb. 315 *l*) hat von dieser Bewegung den Namen *Navicula* erhalten.

Die Einteilung der Diatomeen, die in außerordentlich vielen Arten bekannt sind, wird wesentlich nach der Skulptur und den Symmetrieverhältnissen der Schalen sowie nach ber Zahl der Chromatophoren vorgenommen. Abb. 315, *a* zeigt *Surirella splendida,* eine der größten Süßwasserdiatomeen, mit nach der Querachse unsymmetrischer Schale, ohne Knoten; bei *Meridion circulare* (*b*) sind ebensolche Schalen zu einer fächerförmigen Kolonie vereinigt: die Arten der Gattung *Nitzschia* (*c* = *N. linearis, d* = *N. acicularis*) weisen nach der Längsachse (durch

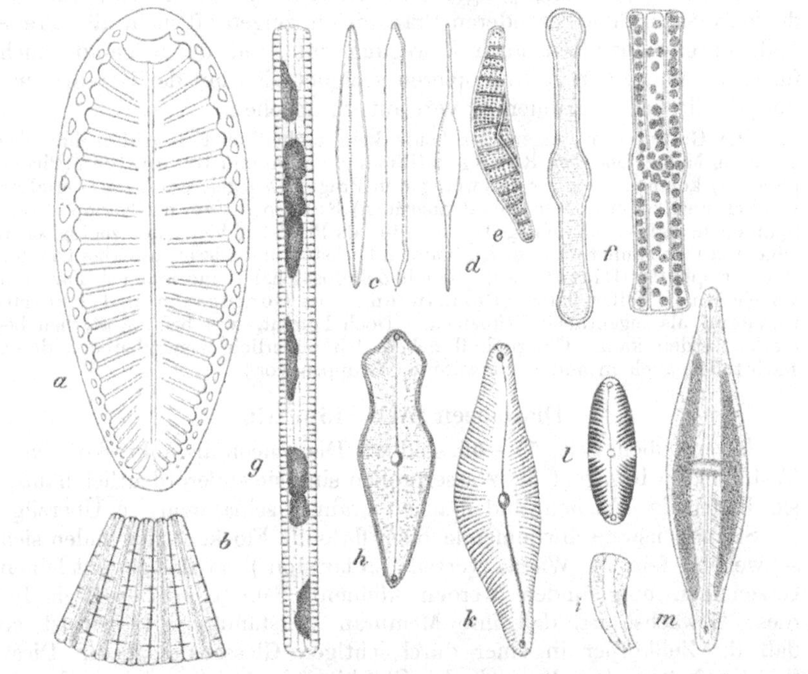

Abb. 315. Häufige Diatomeen: *a Surirella splendida, b Meridion circulare, c Nitzschia linearis, d N. acicularis, e Epithemia Zebra, f Tabellaria fenestrata, g Synedra Ulna, h Gomphonema acuminatum, i Rhoicosphenia curvata, k Cocconema Cistula, l Navicula stauroptera, m Stauroneis phoenicenteron.* Alles stark vergrößert.

eine einseitige Punktreihe) unsymmetrische, knotenlose Schalen auf; ebenso sind bei *Epithemia Zebra* (*e*) die Schalen knotenlos und nach der Längsachse unsymmetrisch, diese Asymmetrie wird aber durch Krümmung der Schale hier hervorgerufen. Schließlich sind von knotenlosen Arten noch dargestellt *Tabellaria fenestra* (*f*) mit inneren Scheidewänden und *Synedra Ulna* ohne solche, beide nach Längs- und Querachse symmetrisch gebaut.

Von den mit Knoten in den Schalen versehenen Arten seien erwähnt *Gomphonema acuminatum* (*h*) mit nach der Querachse unsymmetrischer Schale und Knoten auf beiden Schalen; *Rhoicosphenia curvata* (*i*) gleichfalls nach der Querachse unsymmetrisch, aber mit Knoten nur auf einer Schale; *Cocconema Cistula* (*k*) mit nach der

Längsachse unsymmetrischer Schale und endlich *Navicula stauroptera* (*l*) und *Stauroneïs phoenicenteron* (*m*), deren Schalen nach Längs- und Querachse symmetrisch sind. Letztere Gattung unterscheidet sich von *Navicula* durch den bindeartig verbreiterten Mittelknoten.

Oben (S. 244) wurde als für die Abwasserbeurteilung wichtig die Diatomee *Melosira varians* (Abb. 315) besonders erwähnt. Diese Form ist dadurch ausgezeichnet, daß sie in langen, fadenförmigen Kolonien lebt. Sie bietet der Betrachtung stets die Gürtelseite und läßt eine große Anzahl scheibenförmiger, kleiner Chromatophoren leicht erkennen.

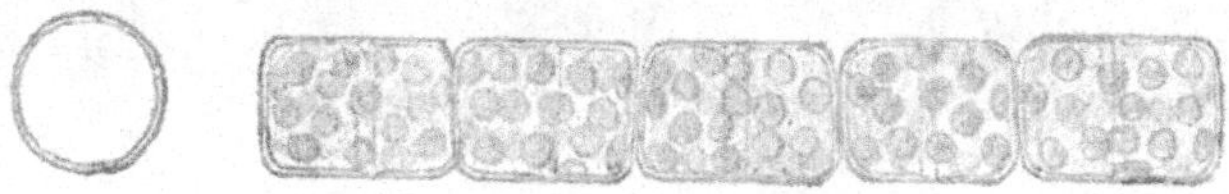

Abb. 316. *Melosira varians.* Links Schalenseite, rechts 5 Individuen von der Gürtelseite gesehen. Vergrößerung $^{450}/_{1}$.

Die kreisrunde Schalenseite hat weder Skulptur noch Knoten. — Wenn *Melosira* abgestorben ist, verändert sich die gelbbraune Farbe ihrer Chromatophoren (wie dies bei allen Diatomeen der Fall ist) rasch in Grün. Man hüte sich, die Form für eine Fadenalge zu halten!

Peridineen (Abb. 317).

Formen dieser Gruppe sind zu erhalten aus pflanzenreichen stehenden Gewässern, deren Proben man durch ein feines Gazenetz laufen läßt. Es sind oft große und geradezu künstlerisch schön gestaltete Pfänzchen. Viele sind auch im Meerwasser zu finden. Diese und weitere Süßwasserformen gehören zu der schwebenden Organismenwelt (Plankton), deren man durch Netzfischen an der Oberfläche oder in geringer Tiefe zum Teil auch im Winter habhaft wird. Meeresformen sind zum Teil Ursache des Meerleuchtens, alle Peridineen von großer Bedeutung für die Ernährung der Wassertiere.

Die Peridineen sind alle durch eine Querfurche geteilt. Eine Längsfurche teilt bisweilen den Körper weniger deutlich (Abb. 317 *g*). Um die eine eigentliche Zelle liegt ein sogenannter Periplast, der zart, strukturlos oder fein gestreift ist, außerhalb davon der bezeichnende (Zellulose-)Panzer. (Reaktion!) Dieser besteht bisweilen aus Platten (Abb. 317 *f* u. *g*), zwischen denen Nähte erkennbar sind. Auf den Platten kommen Leisten, Areolen oder Poren vor, auch Stacheln und Flügelleisten an den Kreuzungsstellen. Zur näheren Unterscheidung wird die Zusammensetzung des Panzers (aus Gürtelpanzer, oberer und unterer Schale und weiteren Unterteilen) verwendet. Eine Lockerung des Panzers zwecks näherer Untersuchung erreicht man durch verdünnte Kalilauge. Im Protoplasma des Inneren lassen sich gelbbranne Chromatophoren, Vakuolen und Kerne, auch Stärke und Fett nachweisen. (Reaktionen!) Äußerlich hängen stets zwei in den Furchen entspringende Geißeln (Abb. 317 *c* u. *d*) an, die eine liegt in der Querfurche und führt darin wellige die andere bisweilen in der Längsfurche liegende peitschenartige (der Fortbewegung dienende) Schwingungen aus. Die Vermehrung erfolgt durch Zweiteilung, wobei jede Hälfte einen Teil des Panzers ergänzt, und durch Sporenbildung. Alle Formen, vor allem die des Planktons, sind zu verschiedener Jahreszeit in Art und Menge des Auftretens sehr wechselnd, daher für die Beobachtung oft sehr reizvoll. Einzelne treten vorübergehend in so großen Mengen auf, daß Gewässer davon deutliche Färbung erhalten. — Präparate sind

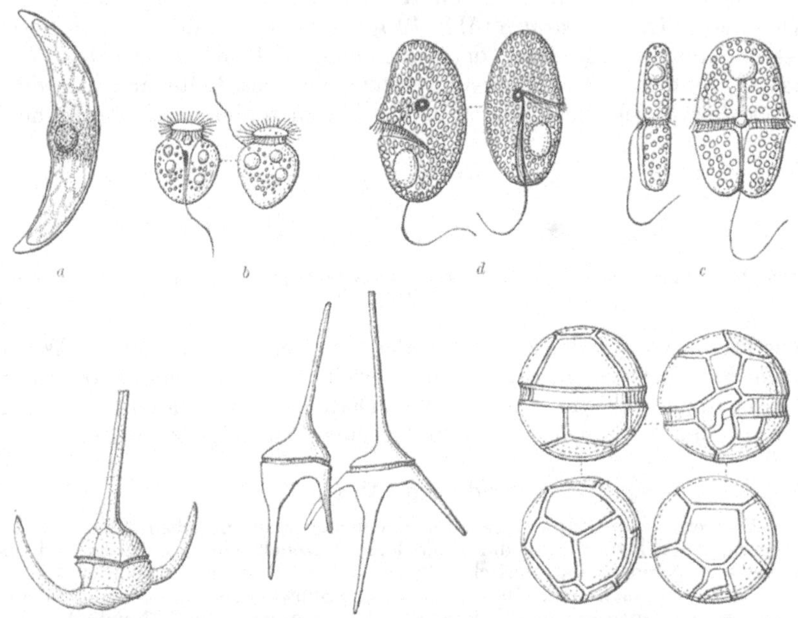

Abb. 317. Peridineen: *a Pyrocystis lunula* (Nord- und Ostsee), *b Amphidinium lacustre* (stehende Gewässer), *c Hemidinium nasutum* (Teiche), *d Gymnodinium aeruginosum* (stehende Gewässer), *e Ceratium tripus* (Meer), *f Ceratium hirundinella* (Süßwasser), *g Gonyaulax palustris* (Heidetümpel). (Nach Lindau; Vergr. etwa $^{100}/_{1}$.)

gut haltbar (bis auf die Geißeln, ähnlich wie bei Bakterien, vgl. S. 225), auch in kleinen Papierhülsen kann getrocknete Masse von Plankton, z. B. auf Glimmerplättchen, aufbewahrt werden und jederzeit für Präparate dienen.

Conjugaten und Chlorophyceen (Abb. 318).

Sie werden nach der verschiedenen Fortpflanzungsart eingeteilt; so vermehren sich z. B. die unter *a* bis *d* dargestellten Formen in der Weise geschlechtlich, daß je zwei unbewegliche Zellen sich verbinden und verschmelzen (*Conjugatae*), während die Formen *f* bis *k* eigenbewegliche Schwärmsporen entsenden.

Schöne Formen von Desmidiaceen u. a. sind durch Auspressen von Torfmoos zu erhalten, das man an feuchten Stellen der Heide, bei Mooren und Teichen findet. Man filtriere das ausgedrückte Wasser durch feine Gaze. Andere, besonders Chlorophyceen erhält man durch Untersuchung der zarten grünen Anflüge an feuchten Mauern, Blumentöpfen, Wasserbecken, Gewächshäusern, Zäunen, Baumrinden usw. — Manche fädige Formen sind mit bloßem Auge im Wasser oder als gallertige flutende Massen zu sehen.

Als häufige auffallende Formen seien hier genannt die Desmidiaceen, meist einzellige Algen, deren Zellinhalt durch eine helle Zone in zwei

Hälften geschieden ist. Die halbmondförmigen Arten gehören zur Gattung *Closterium* (Abb. 318, *a* = *Cl. Leibleinii*); die semmelförmigen Formen gehören meist zu *Cosmarium*; Abb. *b* stellt *C. Botrytis* dar. — Fäden mit sternförmigen grünen Körpern im Innern gehören zu *Zygnema* (Abb. 318, *c* = *Z. stellinum*); Fäden mit grünen Spiralbändern zu *Spirogyra* (*d* = *Sp. tenuissima*). Als Alge mit unverzweigten Fäden und ring- oder hufeisenförmigen Chromatophoren sei *Ulothrix zonata* (*e*) genannt; verzweigte Fäden mit dem Hauptstämmchen gleichartigen

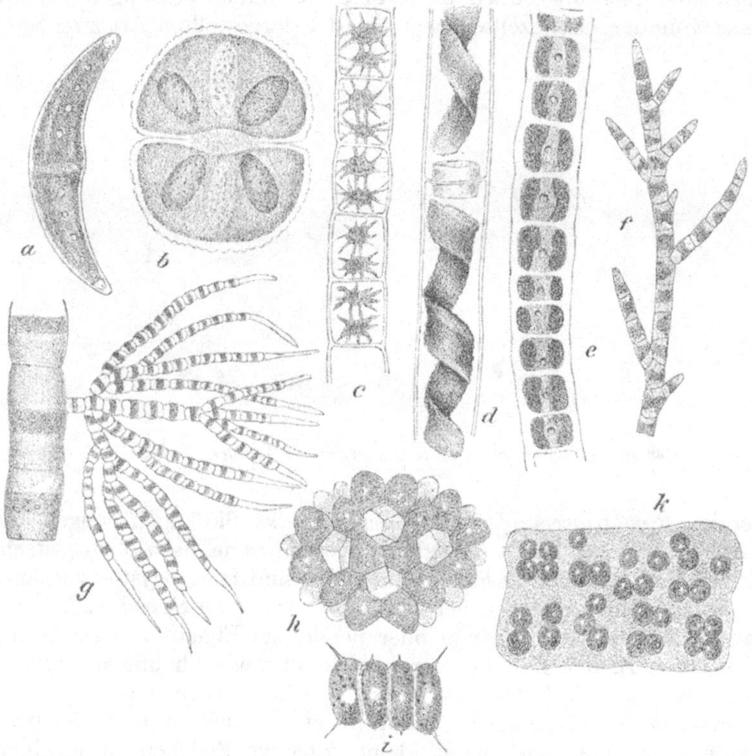

Abb. 318. Häufige Conjugaten und Chlorophyceen: *a Closterium Leibleinii*, *b Cosmarium Botrytis*, *c Zygnema stellinum*, *d Spirogyra tenuissima*, *e Ulothrix zonata*, *f Stigeoclonium tenue*, *g Draparnaldia plumosa*, *h Coelastrum sphaericum*, *i Scenedesmus quadricauda*, *k Tetraspora explanata*. Alle stark vergrößert.

Zweigen finden sich bei *Stigeoclonium* (*f* = *St. tenue*); die Zweige sind sehr viel feiner in ihrem Zellbau als das Hauptstämmchen bei *Draparnaldia* (*d* = *D. plumosa*). Bei den großen Familien der *Pallmellacae* und *Protococcaceae* sind die einzelnen Zellen selbständig, verbinden sich aber häufig zu sehr regelmäßig gestalteten Kolonien (so bei *Coelastrum* [*h*] zu hohlen Kugeln mit gitterattig durchbrochener Wand, bei *Scenedesmus* [*i* = *Sc. quadricauda*] zu regelmäßig aus vier Gliedern bestehenden, kurzen Zellreihen) oder liegen in gemeinsamer Gallerthülle, wie bei *Tetraspora explanata* (*k*).

Cyanophyceae (Abb. 319).

Diese Algenklasse umfaßt nur sehr einfache Formen, sie leitet zu den Spaltspitzen über. Als charakteristische Gewächse aus dieser Verwandtschaftsgruppe seien genannt die *Nostoc*-Arten (*a* = *N. sphaericum*) mit in gemeinsamer dicker Schleimhülle zu rosenkranzförmigen hin und hergekrümmten Fäden angeordneten Zellen, die von Strecke zu Strecke eine besonders große, blasse Zelle (*h*, Heterocyste) aufweisen. Gleiche Anordnung der Zellen weist auch *Anabaena* (*b* = *A. oscillarioides*) auf, doch sind hier die Fäden nicht in Gallerthüllen vereinigt; rechts und links von der Grenzzelle liegen bei der dargestellten Art zwei Sporen.

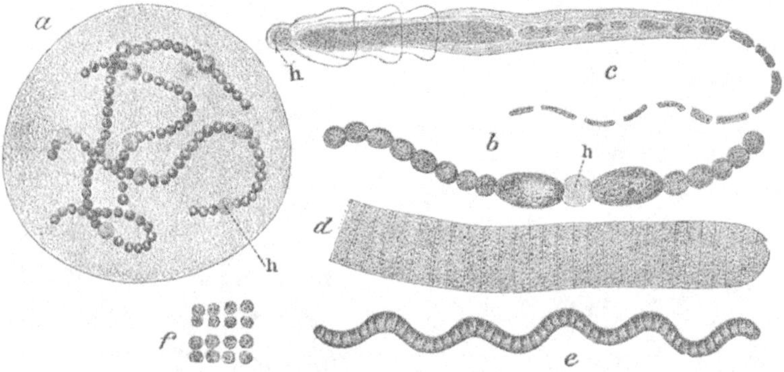

Abb. 319. Häufige Cyanophyceen. *a Nostoc sphaericum*, *b Anabaena oscillarioides*, *c Gloeotrichia natans*, *d Oscillatoria Froelichii*, *e Spirulina Jenneri*, *f Merismopoedia glauca*. Alle stark vergrößert.

Bei den *Rivulariaceen* (*c* = *Gloeotrichia natans*, die kugelförmigen Rasen s. Abb. 343) begegnen in Scheiden eingeschlossene, nach oben peitschenförmig dünn zulaufende Fäden; auch hier sind Heterocysten vorhanden.

Solche fehlen dagegen bei den *Oscillatoria*- und *Spirulina*-Arten, die häufig lebhafte, schraubende oder pendelnde Eigenbewegcng besitzen. Dies ist z. B. der Fall bei der in Schmutzwasser häufigen *Oscillatoria Froelichii* (*d*, vgl. S. 243) sowie bei *Spirulina Jenneri* (*e*). — Als Repräsentant der einzelligen Cyanophyceen sei hier auf *Merismopoedia glauca* (*f*) hingewiesen, deren kleine kugelige Zellchen in regelmäßig rechteckige Tafeln geordnet sind.

II. Objekte aus dem Tierreich.

1. Tierische Gewebe.

Objekte von Warmblütern sind möglichst frisch zu untersuchen, da Fäulnis oder Eintrocknung rasch ihre Erkennung unmöglich machen. Als Zusatzflüssigkeit beim Betrachten des Präparates empfiehlt sich die sogenannte physiologische Kochsalzlösung (0,75 proz.); auch Wasser ist oft brauchbar, indes manche Zellen, z. B. Blutkörperchen, verändern sich darin rasch. Sehr brauchbar ist Essigsäure (2—3 proz.), die alle Eiweißkörper mit Ausnahme der Kernsubstanz optisch auflöst, d. h. durchsichtig macht, Muzin niederschlägt; sie ist nie zugleich mit Kochsalzlösung zu verwenden. Kali- oder Natronlauge zerstört in 1—2 proz. Verdünnung die organischen Gewebe (nur Fett, Pigment, elastische Fasern und pflanzliche Mikroorganismen bleiben erhalten), dient also zur Heraushebung dieser, z. B. um elastische Fasern im Lungensputum, um Soorpilze im Halsbelag der Kinder sichtbar zu machen. Stärker konzentriert wirkt die Lauge weniger zerstörend auf die Gewebe. In 33¹/₃ proz. Lösung dient sie zur Isolierung glatter Muskelfasern. Kann man tierische Objekte aus äußeren Gründen nicht alsbald untersuchen, so empfiehlt sich Konservierung, die meist in Spiritus (30—60 proz.), zweckmäßiger noch in der von den pathologischen Anatomen viel gebrauchten Müllerschen Flüssigkeit (Kali bichrom. 25,0, Natrium sulf. 10,0, Aqua 1000,0), in Sublimatlösung oder in 3 proz. Formalinlösung vorgenommen wird.

Schnittpräparate von gehärteten Objekten kann man mittels eines scharfen Rasiermessers mit leichtem, gleichmäßigem Zuge mit der Hand anfertigen, wobei die Klinge des Messers mit 90 proz. Alkohol benetzt sein soll. Vorteilhaft ist es, eine größere Anzahl von Schnitten herzustellen, sie in eine Glasschale mit 90 proz. Alkohol zu übertragen und dann die dünnsten Schnitte zur mikroskopischen Untersuchung herauszusuchen.

Sind die Objekte zu klein oder bröckeln sie leicht, so empfiehlt es sich, sie in einen Einschnitt eines etwa walnußgroßen, gehärteten Leberstückes einzuklemmen und mit diesem Organ zusammen zu schneiden. Kommt man damit nicht zum Ziele, so ist es erforderlich, das Objekt in Paraffin oder Zelloidin einzubetten und mit dem Mikrotom zu schneiden.

Von frischen Objekten erhält man gute Schnitte mit dem Kohlensäuregefriermikrotom. Die Kohlensäure wird aus dem Behälter durch ein Metallrohr in die Gefrierkammer des Mikrotoms geleitet und das Gewebestück zum Gefrieren gebracht; es gelingt leicht, dünne Schnitte herzustellen, die mit einem feinen Pinsel vom Mikrotommesser abgenommen und in physiologische Kochsalzlösung übertragen werden. Sie können entweder gefärbt oder ungefärbt betrachtet werden.

Die Hilfsmittel für feinere histologische Untersuchungen (z. B. krebsverdächtigen Materiales) findet man nur in gut eingerichteten Laboratorien der Krankenanstalten und der Universitätsinstitute.

a) Oberflächenepithel.

Die äußere Bedeckung des Körpers höherer Tiere, insbesondere auch des Menschen, sowie die Auskleidung mancher seiner ausführenden Kanäle bildet ein Gewebe, bei dem Zellen von eigenartiger Form in einer überaus sparsamen Grundsubstanz liegen. Letztere, auch Kittsubstanz genannt, wird als schwarzes Linienwerk bei Behandlung mit 0,2 proz. Höllensteinlösung sichtbar. Die Zellen dieses Deckgewebes haben je nach Sitz und Funktion recht verschiedene Form; die kuglige Grundform ist durch die Druckverhältnisse und Lagerungsbeziehungen zu den nachbarlichen Zellen vorwiegend in zwei Zellformen umgewandelt: in die abgeflachte der Platten-(oder Pflaster-)epithelien und in die durch seitlichen Druck bedingte schmale der Zylinderepithelien.

Plattenephithel.

Das Plattenepithel (Abb. 320) finden wir an der ganzen Körperoberfläche sowie in den von außen leicht zugänglichen Körperausführungsgängen: im Augenbindehautsack, an den meisten Teilen der Mund- und Nasenschleimhaut, des Kehlkopfes, der Speiseröhre, der Scheide und der Harnröhre. In den Schleimhäuten ist es in weniger zahlreichen Schichten zusammengelagert als in der äußeren Haut, deshalb kommt an jener die rote Blutfarbe der gefäßreichen Unterhaut mehr zur Geltung (Lippen). Die tiefsten Schichten bestehen meist aus

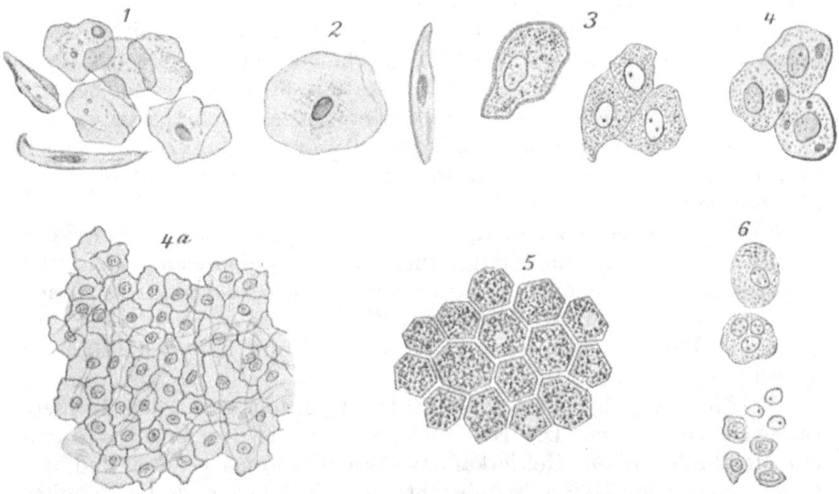

Abb. 320. Epithelformen. 1. Verhorntes Epithel der Körperoberfläche, mit dem Messer abgeschabt. 2. desgl., aus der Mundhöhle (im Innern der einen Zelle Kokken). 3. Schleimhautepithelien aus tieferer Schicht, links mit Stachelsaum, rechts im natürlichen Zusammenhang. 4. Epithel- (Endothel-)zellen der serösen Häute. 4a. Endothel der Bauchhöhle im Zusammenhang, gefärbt. 5. Netzhautepithel mit reichlichem Pigment. 6. Drüsenepithelien (Brustdrüse).

zylinderförmigen, die oberflächlicheren aus mehr kugligen Zellen mit großem, bläschenförmigem Kern, der etwa $^2/_3$ eines roten Blutkörperchens mißt. Weiter nach der Oberfläche hin flachen die Epithelien immer mehr ab; in der Hornschicht der äußeren Haut werden sie schließlich zu glatten Schüppchen aus fester, glasheller Substanz, in der kein Kern mehr erkennbar ist. Man kratze mit der senkrecht gestellten Messerklinge über die Haut des Handrückens; der feine Staub, der auf der Klinge bleibt, besteht aus kernlosen Zellen der Epidermis. Man erkennt diese Schüppchen als Zellen wieder, wenn man sie durch verdünnte (10proz.) Alkalien aufquellen läßt. Nimmt man in gleicher Weise Untersuchungsmaterial vom Zahnfleisch oder Lippenrot, so findet man noch einen Kern in der Zelle, der bei Zusatz von Natronlauge verschwindet. Essigsäure, zu dem Objekt hinzugefügt, erzeugt eine trübe Körnung der Zelleiber; hier pflegen viele Fäulnisbakterien beigemischt zu sein.

Als Varietäten der Plattenepithelien sind zu nennen die meist nur in einer Schicht gelagerten Pigmentzellen der Netzhaut des Auges (Abb. 344_5), in der Seitenansicht zylindrisch, auf dem Querschnittsbilde seckseckig, von sehr scharfen Konturen. Ferner die sogenannten Stachel- oder Riffzellen aus den untersten Schichten der Epidermis, (Abb.320_3) denen die eigenartige Kontur ihrer Zelleiber den Namen gibt.

Nägel und Haare.

Abkömmlinge des Deckepithels sind auch die Nägel und die Haare. Die ersteren stecken mit ihrem seitlichen und hinteren Rande in dem sogenannten Nagelfalz. Der weißliche Halbmond an der Wurzel bezeichnet die Matrix, d. i. den Teil, in dem die tiefsten Zellen der Epidermis, die Malpighischen Schleimzellen, unmittelbar in die eigentliche Nagelsubstanz übergehen. Der erste Ansatz zur Nagelbildung ist im vierten Monat des Embryonallebens wahrnehmbar — ein Anhalt zur Bestimmung des Alters eines Fötus. Beim ausgetragenen Neugeborenen kann man noch ohne Reagenzien erkennen, wie sich der Nagel aus kernhaltigen Zellen zusammensetzt. Beim Erwachsenen ist dies nur bei Behandlung mit Kalilauge möglich.

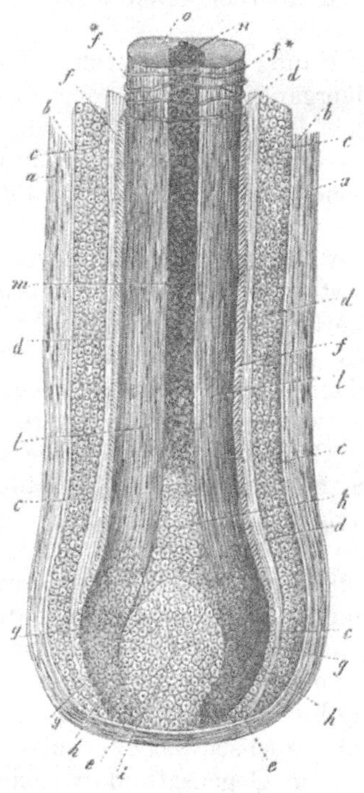

Abb. 321. Haarwurzel und Haarbalg des Menschen: *a* der bindegewebige Balg, *b* dessen glashelle Innenschicht, *c* die äußere, *d* die innere Wurzelscheide, *e* Übergang der äußeren Scheide in den Haarknopf, *f* Oberhäutchen des Haars (bei *f** in Form von Querfasern), *g* der untere Teil desselben, *h* Zellen des Haarknopfs, *i* der Haarpapille, *k* Zellen des Marks, *l* Rindenschicht, *m* lufthaltiges Mark, *n* Querschnitt des letzeren, *o* der Rinde. Schematisch, nach Frey.)

Haare (Abb. 321—330) sind als solche meist ohne weiteres erkennbar; ihre mikroskopische Struktur aber ist von Bedeutung für die Entscheidung der Frage, ob es sich um Menschenhaare von dieser oder jener Körpergegend oder um Haare von diesem oder jenem Tier handelt. Das Haar außerhalb der Haut besteht im wesentlichen aus Rindensubstanz mit Kutikula und Mark. Innerhalb derselben kommen noch mehrere Hüllen dazu, eine innere und eine äußere Wurzelscheide, bestehend aus Epithellagen, die durch eine glashelle Schicht sich voneinander scheiden. Die ganze Haarwurzel umgibt ein bindegewebiger Balg. Ausgefallene Haare sind nach unten geschlosssen, haben eine glatte, atrophische Wurzel. Ausgerissene Haare zeigen eine nach unten offene kolbige Wurzel mit Resten des Haarbalgs (Abb. 325 *b* u. *d*).

Der gerichtsärztlich wichtige Unterschied zwischen Menschenhaar und Tierhaar läßt sich wie folgt zusammenfassen:

Tier:	Mensch:
Rand gezahnt, weil die Zellen abstehen; sie sind durch schwache Salpetersäure sichtbar zu machen.	Rand glatt, weil die Kutikulazellen sehr klein sind.
Rindensubstanz schmäler als Marksubstanz.	Rindensubstanz breiter als Marksubstanz, die manchmal unterbrochen, manchmal gar nicht erkennbar ist.
Die Zellen der Marksubstanz sind deutlich erkennbar.	Die Zellen der Marksubstanz sind nur schwer als Einzelgebilde erkennbar.
Häufig unvermittelte Farbenübergänge.	Keine schroffen Farbenübergänge.

Die beifolgenden Abbildungen einiger Tierhaare (Abb. 336—328) lassen ohne weiteres die Unterschiede von menschlichen Haaren erkennen.

Ob Haare von einem bestimmten Individuum stammen, läßt sich nur durch Vergleichung von zahlreichen Proben und auch nur selten bestimmt entscheiden: Form der Durchschnittsfläche, Verhältnis des Markkanals zur Rindensubstanz, Beschaffenheit der Spitze sind neben Länge, Farbe und Kräuselung zu berücksichtigen. Wollhaare und die Haare kleiner Kinder haben eine feine Spitze, geschorene Haare sind entweder scharf durchgetrennt oder nach längerer Reibung abgerundet.

Durch die mazerierende Wirkung des Schweißes (Harnes usw.) kommt es zur Auffaserung der Rindensubstanz des Haares und zur Abspaltung einzelner Lamellen.

Bemerkenswert ist, daß bei Naheschüssen mit rauchschwachem Pulver auf behaarte Teile des Körpers die Haare ebenfalls Zersplitterungen und Auffaserungen zeigen, die durch das Auftreffen unverbrannter Pulverteilchen hervorgerufen worden sind. Kann man gleichzeitig Pulverschmauch am Haare nachweisen, so kann man an einem einzigen Haare nachweisen, daß es sich um einen aus großer Nähe abgegebenen Schuß mit rauchschwachem Pulver handelt (Abb. 329).

Im Gegensatz dazu zeigen Haare aus der Umgebung von Naheschußwunden, die durch Waffen mit Schwarzpulverladung hervorgerufen wurden, Verbrennungserscheinungen, die sich durch Kräuselung des Haares und eventuell durch Auftreten von Luftblasen im Innern des Haarschaftes verraten.

Das menschliche Haar gehört zu den widerstandsfähigsten Gebilden des Körpers, ähnlich wie der Knochen.

Hunderte von Jahren alte Haare erweisen sich — abgesehen von einer Änderung der Haarfarbe, die allmählich einen Stich in das Rotbraune bekommt, gelegentlich völlig unversehrt; doch kommt es anderseits vor, daß auch das Haar allmählich zerfällt. Die Zellen des Haares trocknen ein, die Lufträume im Innern des Haarschaftes vergrößern sich.

Abb. 330 zeigt ein Haar aus einem frühmittelalterlichen Grabe vom Albanikirchhofe in Mainz; das Haar war spröde, äußerst zerbrechlich und zeigte nach Säuberung in alkalisch gemachtem Wasser zahlreiche Lücken.

Meist zu den Plattenepithelien, zuweilen auch zu den Bindegewebszellen gerechnet werden die sogenannten Endothelzellen, die als Auskleidung der Gefäße und als durchsichtige bzw. unsichtbare Oberflächenbekleidung mancher Organe, z. B. der Lunge und des Darms, stets in einfacher Schicht vorkommen. Sie sind die charakteristi-

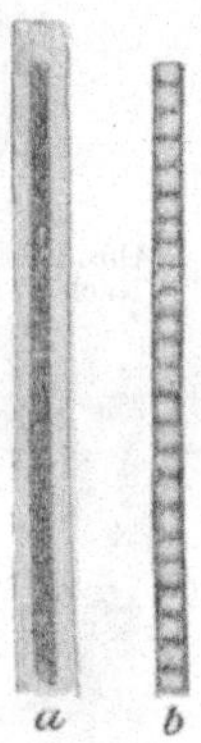

Abb. 322. *a* Hundehaar, *b* Kaninchenhaar. (Nach Straßmann.)

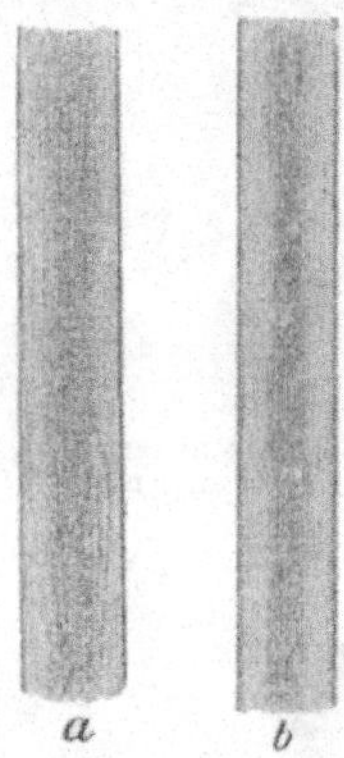

Abb. 323. Menschliches Haar. *a* Barthaar, *b* Schaft. (Nach Straßmann.)

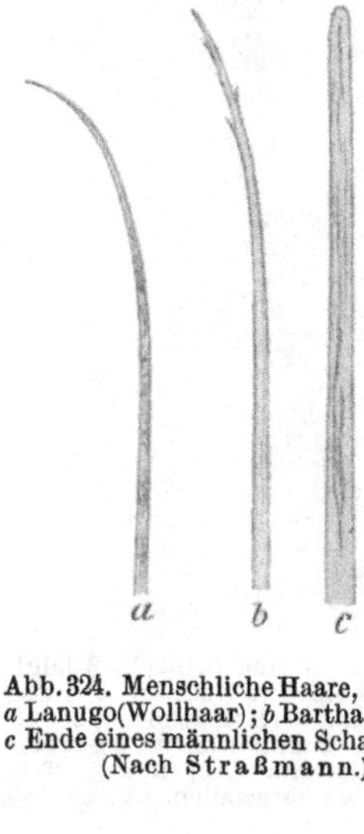

Abb. 324. Menschliche Haare, Spitzen: *a* Lanugo (Wollhaar); *b* Barthaarspitze; *c* Ende eines männlichen Schamhaars. (Nach Straßmann.)

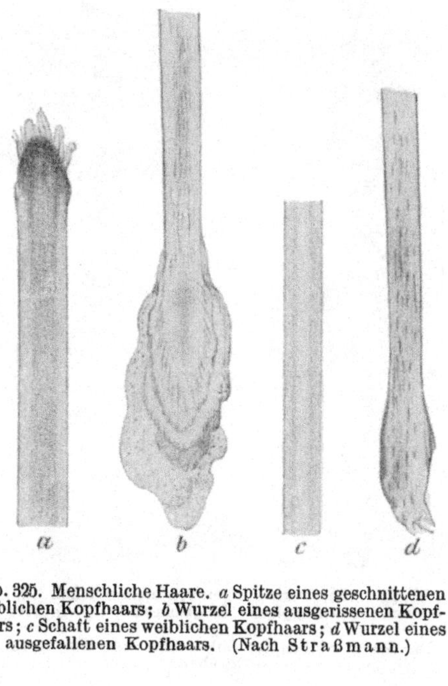

Abb. 325. Menschliche Haare. *a* Spitze eines geschnittenen weiblichen Kopfhaars; *b* Wurzel eines ausgerissenen Kopfhaars; *c* Schaft eines weiblichen Kopfhaars; *d* Wurzel eines ausgefallenen Kopfhaars. (Nach Straßmann.)

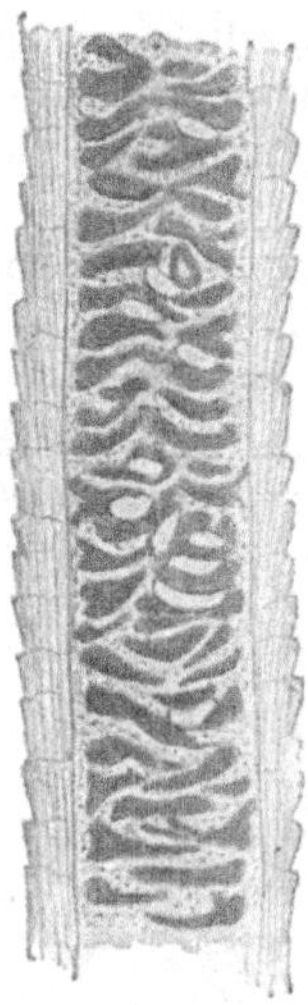

Abb. 326. Katzenhaar. (Nach Schmidtmann.)

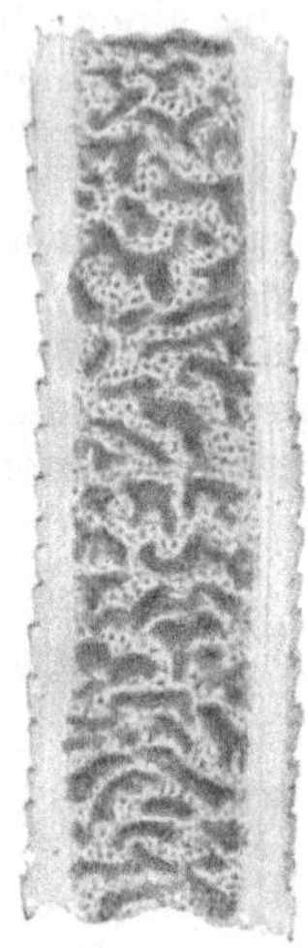

Abb. 327. Pferdehaar. (Nach Schmidtmann.)

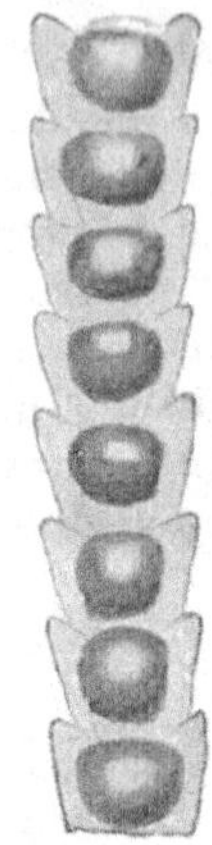

Abb. 328. Kaninchenhaar. (Nach Schmidtmann.)

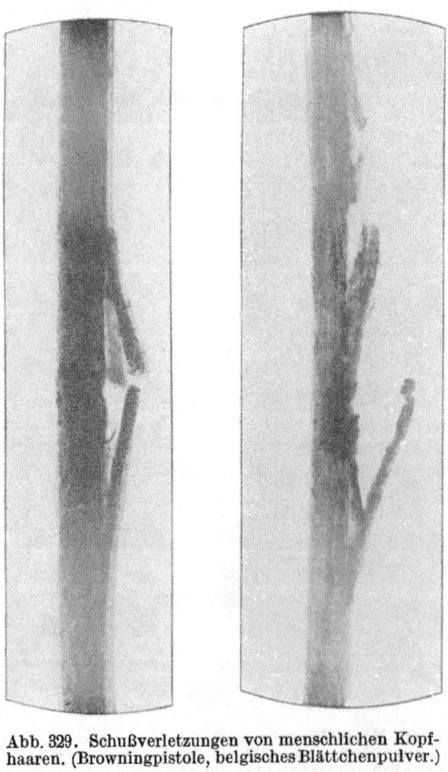

Abb. 329. Schußverletzungen von menschlichen Kopfhaaren. (Browningpistole, belgisches Blättchenpulver.)

Der Schuß ist aus der Entfernung von etwa 15 cm abgegeben.

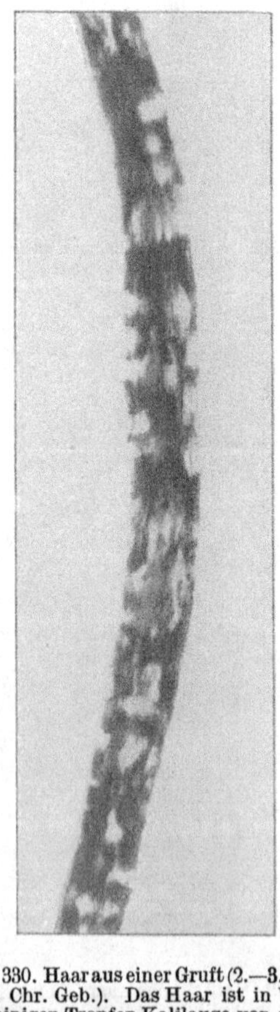

Abb. 330. Haar aus einer Gruft (2.—3. Jahrh. nach Chr. Geb.). Das Haar ist in Wasser mit einigen Tropfen Kalilauge von der angetrockneten Faulflüssigkeit gesäubert. Es weist zahlreiche Lücken auf. Teile der Rinde sind ausgefallen. Vergr. 120/1.

schen Zellen des Lungen- bzw. Brustfells, des Bauchfells, der zarten Hirnhäute. Man wird sie ohne Kenntnis der Herkunft bei Anwendung einfacher Hilfsmittel von runden Epithelien (Abb. 320 $_4$ u. $_4a$) nicht unterscheiden können. Schabt man mit dem Messer über solche Flächen, so erhält man die Endothelien als zarte Plättchen mit zackiger Umrandung und bläschenförmigem Kern. Bei Entzündung z. B. des Bauch- oder Brustfells verlieren diese Flächen ihren spiegelnden Glanz. Dann finden wir noch Entzündungsprodukte, besonders weiße Blutkörperchen, Fibrin, Bakterien.

Zylinderepithel.

Zylinderepithelien, die zweite Hauptart, kommen vornehmlich in der Schleimhaut der großen Ausführungskanäle vor, so vom Magenmunde abwärts durch den ganzen Darmkanal bis zum After, ferner in den Kanälen, die das Sekret der großen Körperdrüsen (Pankreas, Leber) zum Darm hinführen, in der Luftröhre, in der Gebärmutterhöhle u. a. O. Sie liegen stets nur in einfacher Schicht. Nur ihre Seitenansicht ergibt die charakteristische zylindrische Form, die freilich oft auch kegelförmig ist. Das breite Ende, das der Lichtung des Kanals zugekehrt ist, besitzt in manchen Organen einen doppelt konturierten Stäbchensaum (Abb. 331 *b*), den man bei Zusatz von absolutem Alkohol am ehesten zu Gesicht bekommt, der aber von anderen Reagenzien (auch von Wasser) alsbald zerstört wird. In einzelnen Organen, z. B. in der Luftröhre, in der Gebärmutter, tragen die Zylinderzellen auf einem viel schmäleren Saume feinste Härchen: Flimmerepithelien (*c*). Im Zylinderepithel der Darmschleimhaut begegnet man gelegentlich auch den sogenannten Becherzellen (*d*); in ihnen ist der periphere Teil der Zelle von einem glasigschleimigen Inhalt erfüllt, dadurch stärker aufgetrieben. Der Saum scheint ihnen zu fehlen. — Das Fußende der Zylinderepithelien läuft in eine mehr oder weniger scharfe, manchmal umgebogene Spitze aus. Ihr Zelleib, der um den ovalen Kern oft eine spindlige Verdickung in der Seitenansicht zeigt, ist meist körnig getrübt.

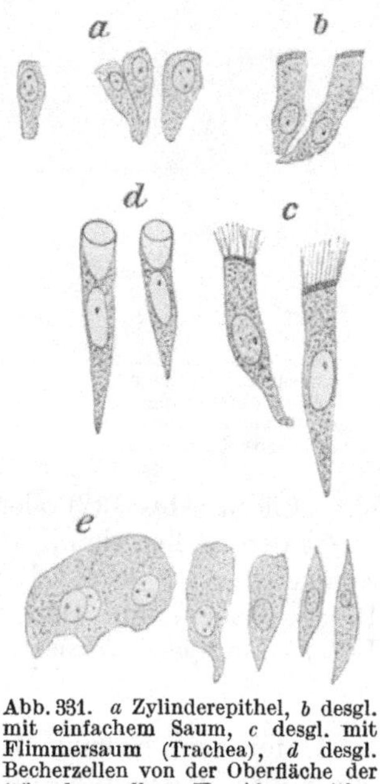

Abb. 331. *a* Zylinderepithel, *b* desgl. mit einfachem Saum, *c* desgl. mit Flimmersaum (Trachea), *d* desgl. Becherzellen von der Oberfläche der Dünndarmzellen, *e* Harnblasenepithelien von zylindrischer und spindliger Form.

Die Drüsenepithelien sind von den übrigen Epithelien nicht wesentlich verschieden; sie sind in Gestalt und Größe sogar in ein und derselben Drüse oft verschieden. Was sie als Sondergruppe charakterisiert, das ist die spezifische Funktion, und zwar liefert diese Drüse dies, jene ein anderes Produkt, z. B. die Drüsenepithelien des Magens Pepsin oder Säure, die der Leber Galle, diejenigen in der

Nachbarschaft des Mundes Speichel oder Schleim, die des Hodens Samenfäden, die der Brustdrüse Milch u. a. m. Die Drüsenepithelien sitzen immer einer Membrana propria auf, einer zarten, glashellen Schicht. Das Hauptgerüst jeder Drüse aber bildet das interstitielle Bindegewebe, das in manchen Organen, z. B. in der Leber, überaus gering, in anderen, z. B. in der Brustdrüse, sehr reichlich ist. In manchen Drüsen nimmt der ausführende Teil, meist mit Zylinderepithel ausgekleidet, neben dem sezernierenden einen großen Platz in Anspruch. Die sezernierenden Zellen haben meist rundliche oder seitlich geradlinige Gestalt. Sie ordnen sich entweder in Schlauchform (tubu-

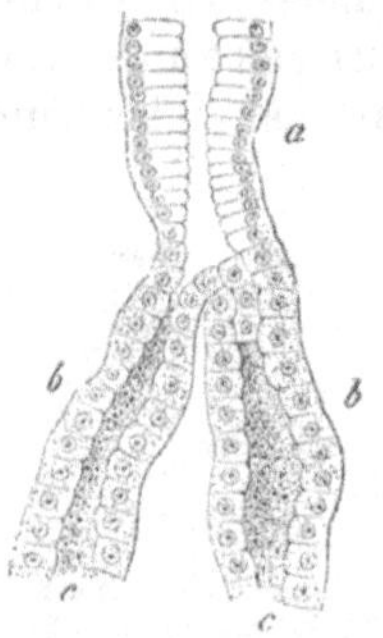

Abb. 332. Schlauchförmige (tubulöse) Drüse, *b*—*c* sezernierender Teil m. kubischem, niedrigem Epithel, *a* Ausführungsgang mit hohem Zylinderepithel. (Nach Frey.)

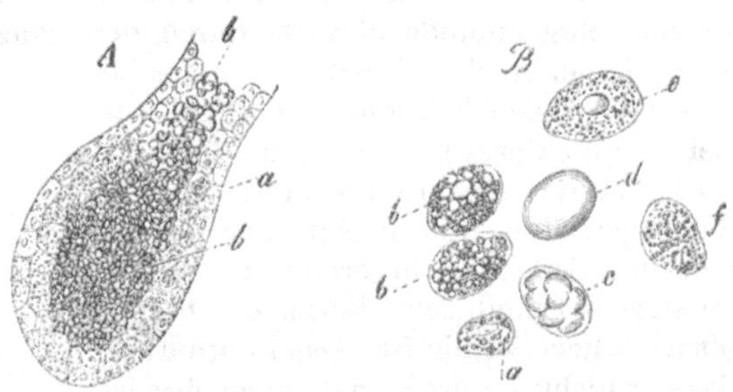

Abb. 333. *A* Das Bläschen einer Talgdrüse. *a* die der Wand anliegenden Drüsenzellen, *b* die abgestoßenen, den Hohlraum erfüllenden fetthaltigen. *B* Die Zellen in stärkerer Vergrößerung: *a* kleine, der Wand angehörige, fettärmere, *b* große, mit Fett reichlicher erfüllte, *c* Zelle mit zusammengetretenen größeren, *d* eine solche mit einem einzigen Fettropfen, *e*, *f* Zellen, deren Fett teilweise ausgetreten ist. (Nach Frey.)

löse Drüsen, Abb. 332) oder in Traubenform (azinöse Drüsen, Abb. 333). In beiden Fällen kann die Anordnung eine einfache oder eine zusammengesetzte sein. Repräsentanten der tubulösen Form sind die Brust-, Magen- und Darmdrüsen, der Hoden, solche der azinösen die Leber, die Speicheldrüsen.

b) Bindesubstanzen.

Unter dem Namen Bindesubstanzen pflegt man zusammenzufassen das Bindegewebe im engeren Sinne, das Fettgewebe, das Knorpel-, das Knochen- und Zahngewebe. Sie sind alle entwicklungsgeschichtlich verwandt, indem sie vom Mittelblatt der Embryonalanlage abstammen. Im Vergleich zu den Drüsenzellen, Muskeln, Nerven besitzen sie eine niedrige vitale Dignität. An Volumen zwar überwiegend, nehmen sie funktionell im Organismus nur die Stelle einer Stützsubstanz ein. Von dem Epithelgewebe unterscheidet sie das Vorwiegen der Interzellularsubstanz gegenüber dem eigentlichen Zellkörper. Aber das ist ein Merkmal, das oft nur durch schwierige Untersuchungsmethoden zu erkennen ist. Wer mit einfacheren Mitteln eine Entscheidung treffen muß, wird einen Unterschied darin sehen, daß die Epithelzellen in der Regel mehr als einzelnes, leicht isolierbares, selbständiges Gebilde von leicht übersehbarer Ausdehnung auftritt, während die Bindegewebszelle selten von ihren Nachbarn isolierbar und wegen ihrer faserigen Gestalt nicht immer vollständig übersehbar ist.

Bindegewebe.

In allen Teilen des tierischen Organismus findet sich die faserige Bindesubstanz, das Bindegewebe schlechtweg. Es bildet das Stützgerüst aller inneren Organe (Interstitium), begleitet die Gefäße und Nerven, umscheidet die Muskelbündel, die Drüsenabteilungen, es findet sich überall im Tierkörper. Seine Grundsubstanz besteht aus (beim Kochen) Leim (Glutin) gebenden und aus elastischen Fasern, die durch Kochen nicht verändert werden. Die ersteren sind schwach lichtbrechende, stets parallel nebeneinander herziehende, nie anastomosierende feine Fasern, die bei dichtem Zusammenliegen im Mikroskop ein graues Aussehen haben. Die elastischen Fasern, die vielfach netzartig anastomosieren, stark Licht brechen und demgemäß als schwarze,

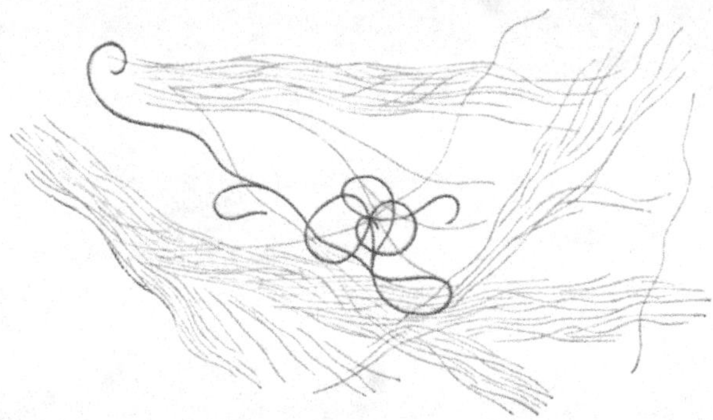

Abb. 334. Bindegewebsfasern, die zarten leimgebenden, die starken elastischen Fasern.

scharf konturierte Fäden erscheinen, ringeln sich gern und biegen sich an den Enden krummstabförmig um (Abb. 334). Der spiralige, wellige Verlauf dieser Fasern, der der Ausdruck ihrer Elastizität ist, läßt z. B. die Arterie von einer Vene deutlich unterscheiden, weil die Wandung der Vene nicht elastisch ist.

Während sich Epithelien in einer Aufschwemmung unter dem Deckgläschen für die mikroskopische Untersuchung von selbst genügend verteilen, muß man die Bindesubstanzen zerzupfen, um die einzelnen Elemente zur Anschauung zu bringen. Bei Sehnen ist das erst nach Lockerung mittels Barytwassers möglich. Leimgebende Fasern quellen in Essigsäure auf (je konzentrierter diese ist, desto mehr), d. h. sie werden ganz durchsichtig, homogen; in noch höherem Grade bewirkt dies stark verdünnte Kalilauge (1—2 proz.). Elastische Fasern bleiben unverändert. Bei Sputumuntersuchungen ist das von Wichtigkeit: die Lauge zerstört alles andere; nur die etwa vorhandenen elastischen Fasern, die auf Zerstörung von Lungengewebe hinweisen, bleiben erhalten. Sie halten auch den Eosinfarbstoff bei Behandlung mit 40 proz. Kalilauge, andere Gewebe nicht.

Wenn man Bindegewebe im dünnen Schnitt mit kernfärbenden Chemikalien (Alaunkarmin, Hämatoxylin, vgl. S. 76) behandelt, so bekommtman Kerne zu Gesicht, die sich als runde, punktförmige Gebilde darstellen, wenn das Gewebe quer zur Längsrichtung getroffen ist, dagegen länglich spindelförmig ausgezogen oder sternförmig erscheinen, wenn der Schnitt der Gewebsrichtung folgt. Es gibt auch pigmenthaltige Bindegewebszellen, z. B. im Auge.

Fettgewebe.

Unter Fettgewebe versteht man ein Bindegewebe, bei dem ein Teil der Zellen im extrauterinen Leben Fettkügelchen in seinen Protoplasmaleib aufnimmt. Diese Kügelchen verschmelzen allmählich zu großen Kugeln, die die Zellmembran ganz erfüllen Abb. 335).

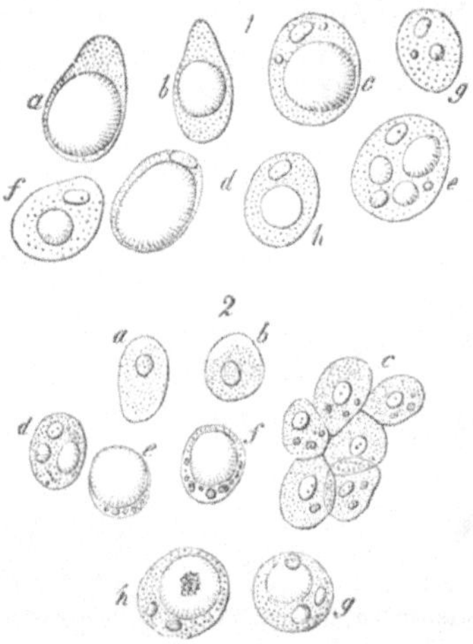

Abb. 335. Fettzellen in den verschiedensten Stadien der Entwickelung. Die große Fettkugel (*1*, *a*, *b*, *d*) ist in anderen Zellen (*f*, *c*, *g*) in mehrere kleine zerfallen. In *2* veranschaulicht *e*. *f*, *g* die exzentrische Lage des Zellkernes. (Nach Frey.)

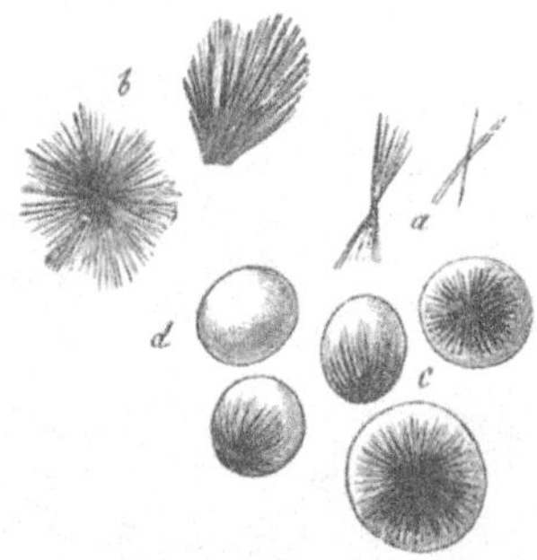

Abb. 336. Mit Krystallen versehene Fettzellen des Menschen. *a* Margarinsäurenadeln, *b* größere Gruppen, *c* die Zellen selbst mit derartigen Gruppierungen im Innern, *d* eine gewöhnliche kristallfreie Fettzelle, ganz von Fett erfüllt. (Nach Frey.)

Sie liegen in Haufen zusammen und erscheinen im Mikroskop als große, blasenartige Gebilde mit dunklem, glänzendem Rande, die mit Luftbläschen verwechselt werden können. Mit Osmiumsäure färben sie sich braun bis schwarz. Ein Kern ist an ihnen nicht erkennbar. Die Zellhülle kann man zur Ansicht bringen, wenn man das Fett entfernt durch längeres Einlegen in Äther oder durch Kochen in absolutem Alkohol und nachher in Äther. Dann zeigt sich der zusammengefallene Zellsack, in dem sich auch noch der Kern durch Färbung zur Anschauung bringen läßt. Zerreißen frische Fettzellen, so findet man die Fettkügelchen frei, einzeln oder zu größeren Kugeln zusammengeballt. An älterem Fett (Abb. 336) findet man stets Fettkristalle, z. B. im Speck. Es sind sternförmige Drusen.

Die Fettkügelchen spielen anderseits beim Zerfall von Parenchymzellen eine Rolle. Die fettige Degeneration ist, morphologisch genommen, das Hauptkennzeichen des Zelltodes. Bei diesem Prozesse des fettigen Zerfalls kommt es zur Entstehung von kleinsten Fettkügelchen, die allmählich zu großen zusammenfließen. Die großen Fettkörnchenkugeln in kranken Partien des Zentralnervensystems sind ein sehr charakteristischer Befund. Die ähnlichen Colostrumkörperchen der Brustdrüse frischentbundener Frauen sind ebenfalls fettig degenerierte, mit Fettkügelchen strotzend angefüllte Drüsenzellen, die Milchkügelchen solche, in denen die Fettkügelchen zusammengeflossen sind (Abb. 337, rechts unten).

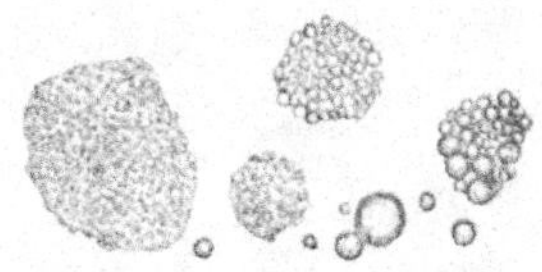

Abb. 337. Fettig degenerierte Drüsenepithelien der Brustdrüse. Colostrumkörperchen neben ausgebildeten Milchkügelchen oben links.

Enthält das Brustdrüsensekret mikroskopisch noch Colostrumkörperchen (Abb. 337), so läßt sich der Schluß ziehen, daß die Entbindung noch nicht länger als 1 bis 2 Tage her ist.

Der Vorläufer des Fettgewebes, das Schleim- oder Gallertgewebe, ist beim Erwachsenen nur noch im Glaskörper zu finden, bei Neugeborenen in dem sulzigen Gewebe des Nabelstranges (Abb. 338), beim Fötus unter der Haut an Stelle des späteren Panniculus adiposus (Unterhautfett). Seine Zwischensubstanz besteht aus Muzin, das durch Essigsäure in körnigen Fäden ausgefällt wird. Im Überschuß der Säure ist es unlöslich. Der Schleim liegt in einem Maschenwerk von stern- und spindelförmigen Zellen. — Das sogenannte retikuläre Bindegewebe besteht aus einem Netzwerk von Zellen ohne eigentliche Zwischensubstanz; es bildet im Gehirn- und Rückenmark, hier Glia genannt, und in den Lymphdrüsen das Stützgerüst.

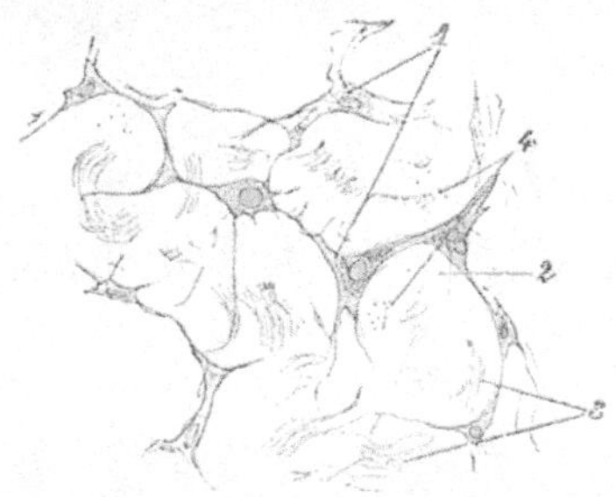

Abb. 338. Schleimgewebe der Nabelschnur. 1. Zellen; 2. Zwischensubstanz; 3. Bindegewebsbündel, meist schräg; 4. querdurchschnitten. (Nach Stöhr.) Vergr. 240/1.

Knorpelgewebe.

Knorpelgewebe ist ein im Tierkörper vielfach vorkommendes kompaktes Gewebe mit eigenartigen Zellen, die in einer besonders voluminösen, ursprünglich homogenen Grundsubstanz liegen. Je jünger die Zellen sind, wie z. B. im embryonalen Knorpel, desto einfachere Gebilde, nämlich große Zellen mit einfachem bläschenförmigen Kern, stellen sie dar; in älterem Gewebe finden wir — und das ist zur Erkennung charakteristisch — mehrere meist aneinander abgeplattete Zelleiber mit kleinem Kern in einem Hofe oder Ringe von homogener oder mehr geschichteter Substanz (Knorpelkapseln). Die ursprünglich hyaline, glasartige Zwischensubstanz bleibt entweder hyalin (so z. B. im Gelenk- oder Rippenknorpel, im Kehlkopf und Luftröhrenknorpel) — hyaliner Knorpel — oder es treten elastische Fasern in ihr auf (so in dem Knorpel des Kehldeckels, im Ohrknorpel) — elastischer Netzknorpel — oder es tritt eine bindegewebige Differenzierung ein (so z. B. in den Zwischenwirbelscheiben, in Sehneneinlagerungen) — bindegewebiger oder Faserknorpel. Über die Oberfläche zieht eine bindegewebige Haut, das Perichondrium. Mikroskopisch läßt sich Knorpelgewebe in dünnen Flachschnitten ungefärbt sehr gut untersuchen; die gewöhnlichen Kernfärbemittel (z. B. Hämatoxylin) heben

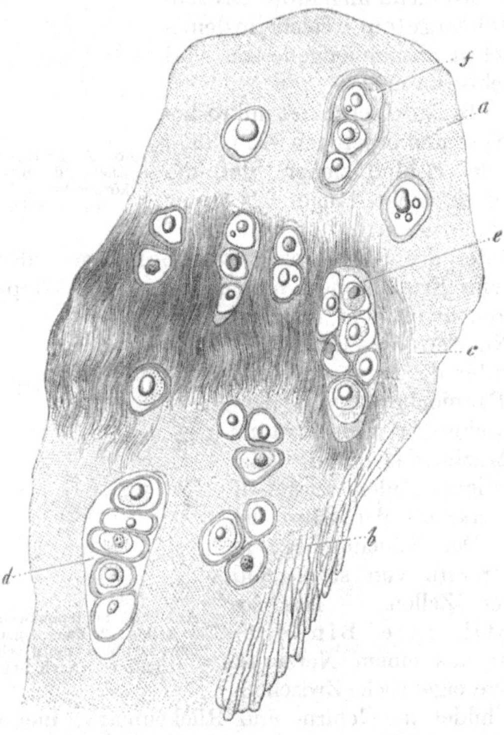

Abb. 339. Rippenknorpel eines älteren Mannes. *a* Homogene, *b* balkenförmig zerklüftete, *c* faserige Zwischensubstanz, *d*, *e* zahlreiche Zellen in einer Höhle, deren Kapsel bei *f* stark verdickt. (Nach Frey.)

indes die Struktur und besonders die Kapsel schärfer hervor. In manchen Skeletteilen bleibt das Knorpelgewebe dauernd bestehen (permanenter Knorpel), in anderen wird aus ihm vielfach schon im intrauterinen Leben Knochengewebe (transitorischer Knorpel). Siehe Abb. 339.

Knochengewebe.

Knochengewebe unterscheidet sich von jedem tierischen Gewebe, alten verkalkten Knorpel und das verwandte Zahngewebe ausgenommen, durch seine Härte. Es ist ein unschneidbares, dem Fäulnißprozeß unbegrenzten Widerstand leistendes Gewebe. Man untersucht es in geschliffenen Plättchen oder nach voraufgegangener Erweichung durch Säuren, die die erhärtenden Mineralbestandteile entfernt haben.

Vor der Entkalkung muß das Gewebe in kleinen Stücken mit Alkohol oder Müllerscher Flüssigkeit[1]) behandelt werden. Dann bringt man den Knochen in gesättigte wässerige Pikrinsäurelösung, oder in 10proz. Milchsäure oder in Ebnersche Flüssigkeit (Salzsäure 2,5, Kochsalz 2,5, Alkohol 500,0, Wasser 100,0) oder in eine Mischung von Chromsäure 1,0, Salzsäure 1,0, Wasser 100,0. Das erweichte Objekt wird dann sorgfältig gewässert und in Alkohol nochmals entwässert (gehärtet). Den so schneidbar gewordenen Knochen untersucht man ungefärbt oder nach Hämatoxylinfärbung.

In der Praxis ist das selten nötig, deshalb sei nur hervorgehoben, daß man spongiöse (schwammige) und kompakte Knochensubstanz unterscheidet. Letztere bildet die Oberflächenschicht aller Knochen und ist im Schaft der langen Röhrenknochen am reichlichsten entwickelt. Jene macht die Hauptmasse aller kurzen und platten Knochen, sowie die zentralen Partien der langen aus. Am meisten in die Augen fallende Merkmale des Knochengewebes sind die bei starker (400- bis 500facher) Vergrößerung sich als spinnenartige Gebilde darstellenden sogenannten Knochenkörperchen, in Wirklichkeit Hohlräume mit auslaufenden Kanälen, in denen die eigentlichen, aber nur schwer zur Anschauung zu bringenden Zellen liegen. Die Grundsubstanz ist wie beim Knorpel stark überwiegend; sie zeigt in der kompakten Knochensubstanz eigentümliche Struktur, die konzentrisch um kleine Kanäle geordneten Speziallamellen und die der Knochenachse parallel laufenden Grundlamellen (Abb. 340). Alle Knochen überzieht eine bindegewebige „Beinhaut" (Periost), die aus einer zellarmen, äußeren fibrösen und aus einer zellreicheren inneren Schicht besteht, deren Elemente in die Tiefe wandern und den Knochen durch Bildung neuer Substanz verdicken.

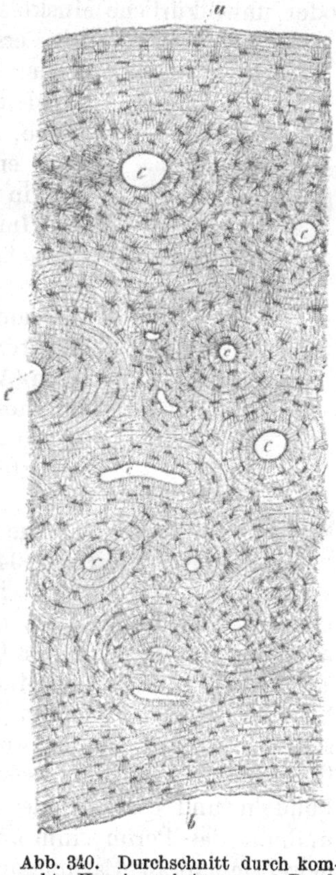

Abb. 340. Durchschnitt durch kompakte Knochensubstanz, *a*, *b* Randlamellen, um *c*, die Haversschen Kanäle, konzentrische Lamellen, in allen das kleine Kanalsystem der spinnenartigen, sog. Knochenkörperchen. (Nach Frey.)

Für die Bestimmung des Alters eines Individuums ist es gelegentlich wichtig zu wissen, daß das Mark in der zentralen Markhöhle der langen Röhrenknochen bei Embryonen und Kindern rot aussieht (lymphoides Knochenmark); seine wesentlichen Bestandteile sind farblose Zellen verschiedenster Form. Das Mark Erwachsener ist gelb (Fettmark) und enthält ausschließlich Fettzellen. Bei alten oder abgezehrten Personen ist das Mark von gallertigem Aussehen. Hier sei auch erwähnt, daß ein Knochenkern von 0,5 cm Durchmesser in der Knorpelsubstanz des unteren Oberschenkelendes beim Fötus auf Reife des Individuums schließen läßt.

[1]) Vgl. S. 233.

Das dem Knochengewebe nahe verwandte Zahngewebe kommt für mikroskopische Untersuchung zur Aufklärung von Verwechselungen nicht in Betracht, da es durch seine Härte und die äußere Form mit bloßem Auge erkennbar ist.

c) Muskelgewebe.

Muskelgewebe ist ein weiches langfaseriges Gewebe, das die Eigentümlichkeit hat, sich unter dem Einfluß der motorischen Nerven vorübergehend zu verkürzen. Man unterscheidet glatte oder unwillkürliche Muskulatur und quergestreifte oder willkürliche. Die erstere findet sich vornehmlich in der Wand des ganzen Verdauungskanals, der Gefäße, der Harnausführungsgänge, der Eileiter, am mächtigsten aber entwickelt in der Gebärmutter und in der Vorsteherdrüse.

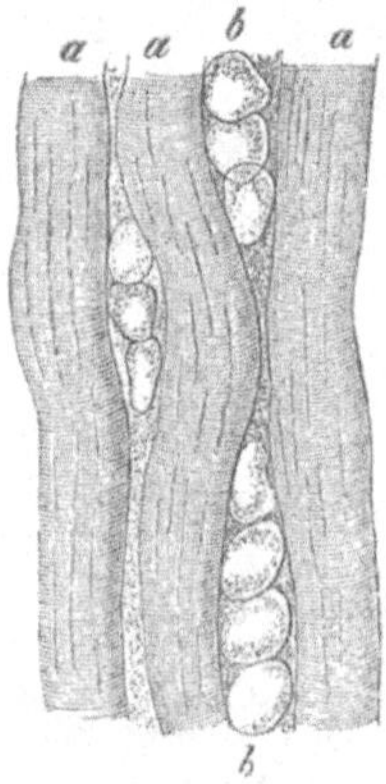

Abb. 341. Fettzellendurchwachsener menschlicher Muskel. *a* Muskelbündel, *b* Reihen der Fettzellen. (Nach Frey.)

Im ungefärbten Zupfpräparat oder im gefärbten Flachschnitt untersucht, erweist sich die glatte Muskulatur zusammengesetzt aus langen Fasern mit eigentümlich stäbchenförmigem, langem Kern (Abb. 342). Das Zerzupfen gelingt am ehesten, wenn man das Gewebe mit 33 proz. Kalilauge behandelt. Auf Querschnitten erscheint auch die glatte Muskelfaser mit ihrem Kern als Rundzelle.

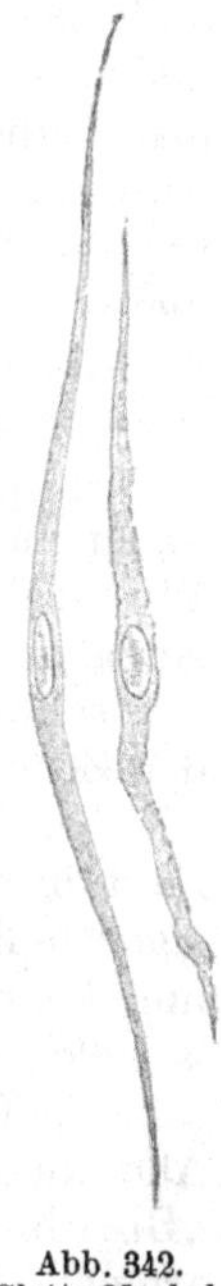

Abb. 342. Glatte Muskelfasern. (Nach Stöhr.) Vergr. $^{240}/_{1}$.

Die quergestreifte Muskulatur (Abb. 341) macht den wesentlichen Bestandteil der Bewegungsorgane aus; aus ihr bestehen die Muskeln des Rumpfes, der Extremitäten, aber auch einiger innerer Organe, so der Zunge und des Zwerchfells. Die großen Muskeln, durch eine bindegewebige Scheide (Faszie) von den Nachbarmuskeln getrennt und selbst von einer bindegewebigen Hülle zusammengehalten (Perimysium externum), setzen sich zusammen aus Muskelbündeln und diese wieder aus Muskelfasern. Die Bündel umhüllt das Perimysium internum, die Muskelfasern eine feine Bindegewebsmembran (Sarkolemm). Innerhalb der Muskelfaser liegen die Muskelfibrillen, auf den Querschnitten als sogenannte Cohnheimsche Felder erkennbar; sie werden getrennt durch das Sarkoplasma. Die Muskelfaser zeigt dunkle Querstreifen, die doppelt lichtbrechend sind (anisotrope Substanz) und hellere, die einfach lichtbrechend sind (isotrope Substanz). Unter dem Einfluß geeigneter chemischer Mittel (z. B. Chromsäurelösung) zerfasert die Muskelfaser der Länge nach in Fibrillen.

Die nicht willkürliche, aber doch quergestreifte Muskulatur des Herzens nimmt morphologisch dadurch eine Sonderstellung ein, daß die Fasern schmäler sind, keine Hülle haben, untereinander netzartig verbunden sind und daß oberhalb und unterhalb der Muskelkerne kleine Pigmentanhäufungen liegen (Abb. 343). An ihnen ist die Querstreifung besonders deutlich. — Zwischen den Bündeln können Fettzellen liegen (fettdurchwachsen), Abb. 341; Fettkügelchen innerhalb der Muskelfasern sind ein Zeichen von krankhafter Entartung. Solche Veränderungen

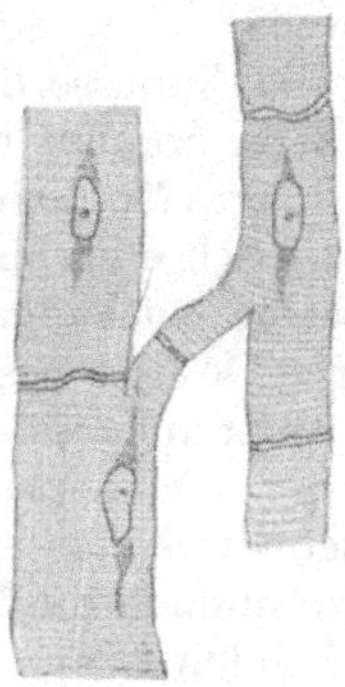

Abb. 343. Zwei Herzmuskelfasern mit Anastomose und Pigment oberhalb und unterhalbder Kerne.

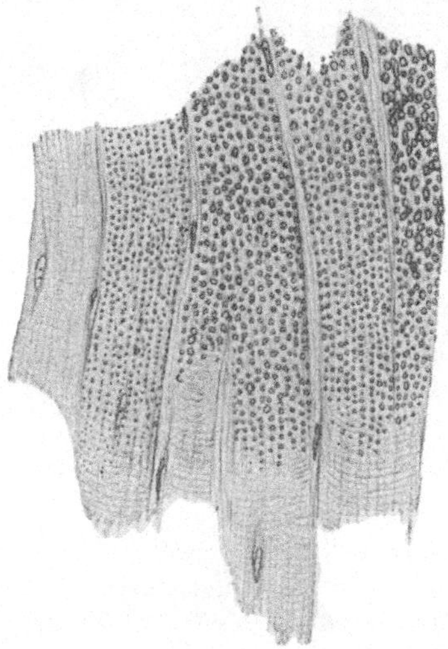

Abb. 344. Fettig degenerierter Herzmuskel.(Nach Ribbert.) Vergr. $^{400}/_{1}$. Die einzelnen Muskelfasern zeigen verschiedene Grade der Entartung. Feine in deutlichen Längsreihen gestellte und größere mehr oder weniger unregelmäßig gelagerte Tröpfchen. Frisches Präparat.

kommen besonders vor bei schweren anämischen Zuständen, bei Infektionskrankheiten (Typhus, Diphtherie), namentlich bei der Phosphorvergiftung (Abb. 344).

d) Nervengewebe.

Das Nervengewebe besteht aus zwei funktionell wie morphologisch sehr verschiedenen Elementen: aus den Leitungsbahnen darstellenden Nervenfasern und aus den selbsttätigen Ganglienzellen, denen das S. 239 erwähnte Gliagewebe als Stützgerüst dient. Die Nervenzelle samt ihren Fortsätzen bezeichnet man als Neuron.

Die Ganglienzellen, vornehmlich in der grauen Substanz des Zentralnervensystems, sind erst sichtbar, wenn man sie in 1 proz. Kalibichromatlösung 8—14 Tage zum Zupfen vorbereitet und das Zupfpräparat mit Hämatoxylin färbt. Sie sind erkennbar an dem großen, feingekörnten, meist pigmentierten Zelleibe, der einen großen bläschenförmigen Kern mit einem Kernkörperchen enthält. Jede Zelle hat eine Anzahl Ausläufer, von denen zwei, der Neurit und der Dendrit, physiologisch besondere Bedeutung haben. Nur die groben Verzweigungen lassen sich mit einfachen Mitteln sichtbar machen, die feineren gehen beim Zupfen zugrunde. Der Neurit geht in die peripheren Nerven über;

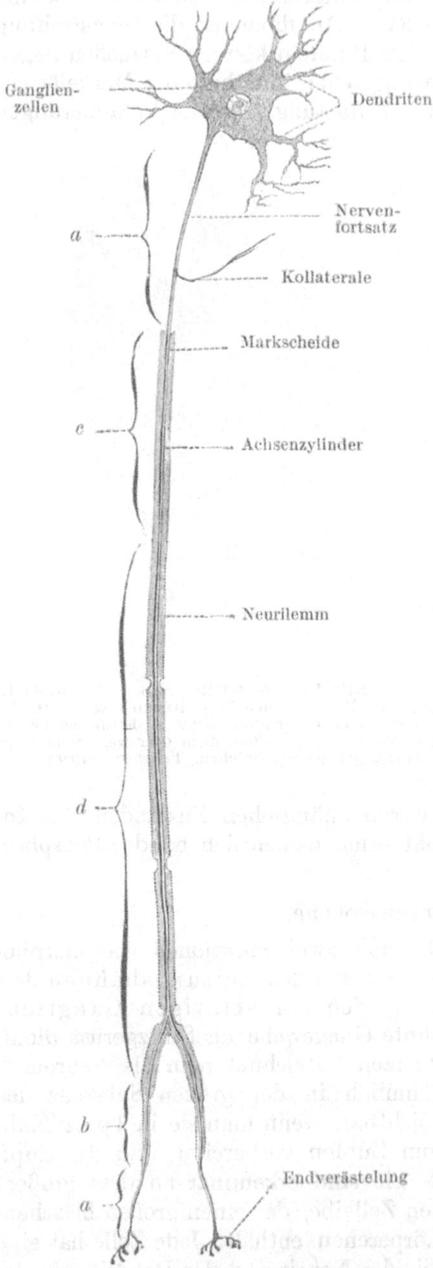

Abb. 345. Schematische Darstellung eines Neuron. (Nach Stöhr.) *a* nackter Nervenfortsatz, *b* vom Neurilemm bekleidet, *c* von der Markscheide umgeben, *d* von beiden Hüllen überzogen.

die feinsten Verästelungen des Dendriten (Telodendrien) legen sich an die der Nachbarganglien und besorgen lediglich durch Kontakt die nervöse Leitung, indem sie die Dendriten der Nachbarzellen gewissermaßen umspinnen, Verhältnisse, die nur durch sehr schwierige histologische Arbeit zur Anschauung gebracht werden können. Das Nervengewebe ist so empfindlich gegen alle Einflüsse, daß nur mit besonderer Sorgfalt geübte, sehr komplizierte Methoden und auch nur an frischestem Material, brauchbare Untersuchungsergebnisse liefern. Deshalb beschränken wir uns hier auf das Gesagte.

Der Neurit (Achsenzylinderfortsatz) setzt sich aus feinsten Fibrillen zusammen und stellt den eigentlich leitenden Teil der Nerven dar. Nerven, die nur aus dem Achsenzylinder bestehen, nennt man nackte Achsenzylinder; meist sind sie aber von einer schützenden, ernährenden Hülle aus fettiger, stark lichtbrechender Substanz, der Markscheide, umgeben; solche Nerven kommen lediglich in der weißen Substanz des Zentralnervensystems vor. Die peripheren Nerven haben außerdem meist noch eine kernhaltige Scheide (S c h w a n n sche Scheide, Neurilemm), die in bestimmten Abschnitten Einschnürungen (sogenannte R a n v i e r sche Schnürringe) erkennen läßt (Abb. 345).

Innerhalb des quergestreiften Muskels endigen die Nervenfasern in Form einer End- oder Sohlenplatte, auf der sich die Nervenenden hirschgeweihförmig ausbreiten. Die Endplatte besitzt zahlreiche Kerne.

2. Vom menschlichen Körper stammende Objekte.

a) Blut[1]).

Das in den Blutgefäßen kreisende, durch die Kraft des Herzens fortbewegte Blut kommt seiner Aufgabe als wichtigstes Transportmittel von Nährstoffen im weitesten Sinne dadurch nach, daß es einmal den für die Verbrennungsvorgänge erforderlichen Sauerstoff mit Hilfe geformter Bestandteile, der roten Blutkörperchen, aus der Atmungsluft aufnimmt und an den Verbrauchsstellen in den Geweben abgibt, und daß es andererseits die mit der Nahrung aufgenommenen und im Darm aufgesogenen Nahrungsstoffe in löslicher Form in sich aufnimmt und in seiner Flüssigkeit den Verwendungsstellen zuführt. Man hat demnach zwischen Blutflüssigkeit (Plasma) und geformten Bestandteilen zu unterscheiden, zu denen außer den genannten roten Blutzellen (Erythrozyten) auch die sogenannten weißen (Leukozyten) gehören, die ebenso wie die roten von bestimmten Geweben des Körpers gebildet und in das Blut abgegeben werden und den mannigfachsten Aufgaben teils innerhalb der Blutbahn, teils nach Austritt in die Gewebe (Entzündung) dienen. Zu den festen Bestandteilen gehören ferner noch die sogenannten Blutplättchen, keine selbständigen Zellen, sondern Bruchstücke solcher, denen wahrscheinlich eine gewisse für die Blutgerinnung wichtige Fermentwirkung zukommt. Das mit Sauerstoff beladene Blut, das sich in den Schlagadern (Arterien) bewegt, unterscheidet sich durch seine heller rote Farbe von dem in den Adern (Venen) kreisenden dunkler roten Blut; die Abgabe des Sauerstoffes findet in den zwischen den Arterien und Venen eingeschalteten Haargefäßen (Kapillaren) statt. Bei einer Reihe von Vergiftungen ist der Sauerstoffwechsel in verschiedenster Weise gestört, teils indem andere Bindungen an den sonst sauerstoffbindenden Bestandteil des roten Blutkörperchens (Hämoglobin) herantreten, z. B. Kohlendioxyd-, Blausäurevergiftung, so daß der Sauerstoff verdrängt wird, teils indem eine abnorme Bindung des Sauerstoffs in Form von Methämoglobin erfolgt (Kali chloricum, Nitrobenzol, Anilinverbindungen usw.), die sich in einer Braunfärbung, in schwersten Fällen einer schokoladenbraunen Färbung, des Blutes äußert. Bei Zerstörung der roten Blutkörperchen (Saponinsubstanzen, Morcheln, Arsenwasserstoff, Schlangengifte, Verbrennungen) kommt es zum Übertritt von Hämoglobin aus den Blutkörperchen (Hämolyse) in das Plasma (Hämoglobinämie), die sich in einer Veränderung der Farbe des Serums (im Verlauf der Gerinnung abgepreßte Blutflüssigkeit) kundgibt und mit bloßem Auge erkennbar und durch spektroskopische Untersuchung analysierbar ist. Abnormer Fettgehalt des Blutes (Lipämie) kann dem Serum eine milchige Beschaffenheit verleihen. Armut an roten Blutkörperchen (Anämie) bzw. Verwässerung des Blutes (Hydrämie) führt zur Aufhellung des leichter flüssigen Blutes. Bei Übertritt von Gallenfarbstoffen färbt sich das Serum dunkler gelb bis zur intensiven Braunschwarzfärbung.

Die Untersuchung der geformten Bestandteile des Blutes besteht 1. in der Feststellung der absoluten Zahl jeder einzelnen Art und der gegenseitigen Mengeverhältnisse und 2. in der Betrachtung ihrer Gestalt. Die absoluten Zahlen werden am frischen und unfixierten, mit bestimmten Lösungen verdünnten Blut in besonderen Zählkammern festgestellt, die Betrachtung der Form und Feststellung der gegenseitigen Mengenverhältnisse erfolgt im Objektträgerpräparat mit und ohne Fixierung und Färbung.

Das frische, ungefärbte Blutpräparat, das durch Einbringung eines kleinen, Tropfens Blut zwischen Deckglas und Objektträger her-

---

[1]) Die einschlägigen Lehrbücher von Nägeli, Blutkrankheiten und Blutdiagnostik (Berlin: Julius Springer) und von v. Domarus: Methodik d. Blutuntersuchung (J. Springer).

gestellt wird (Nativpräparat) zeigt die roten Blutkörperchen als runde, teils einzeln, teils in sogenannter Geldrollenform gelagerte, bei starker Abblendung schwach gelb bis gelblichrot gefärbte, annähernd gleich große Scheiben (Abb. 346). Die beiderseitige tellerförmige Eindellung ist bei Profilbetrachtung in der Kontur, bei der en face-Betrachtung durch einen Unterschied in der Schattierung mehr oder minder deutlich zu erkennen. Die Blutkörperchen des Menschen und der Säugetiere besitzen normalerweise in dem Zustand, in dem sie im Blute kreisen, keinen Kern; kernhaltige rote Blutzellen finden sich in

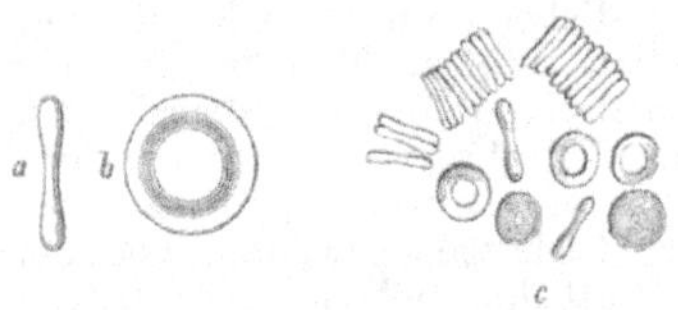

Abb. 346. Blutkörperchen. *a* auf der Kante, *b* flachliegend. Vergr. 800/1. *c* Freiliegend und geldrollenähnlich aufgereiht. Vergrößerung 400/1.

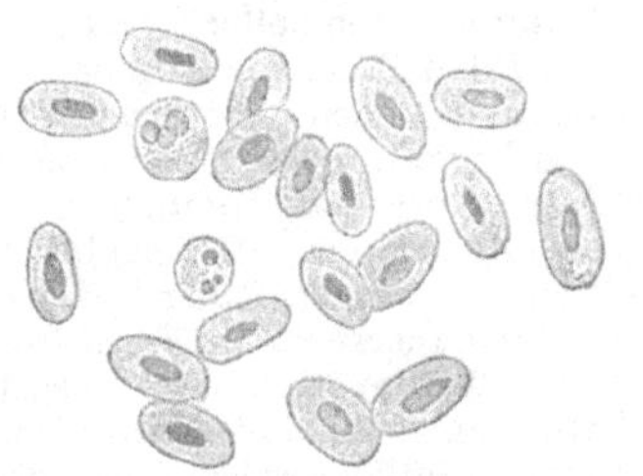

Abb. 347. Froschblut.

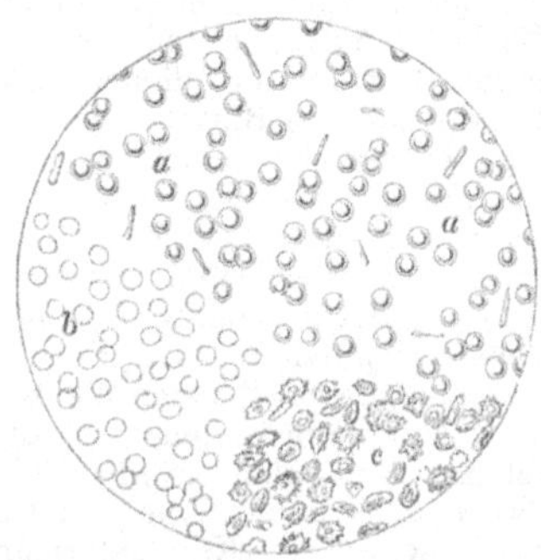

Abb 348. Rote Blutzellen. *a* im frischen Blute, *b* nach der Einwirkung des Wassers, *c* im eingetrockneten Blute. Vergrößerung 200/1.

den Blutbildungsstellen (Knochenmark) und treten nur bei krankhaften Zuständen ins Blut über. Hingegen sind die Blutkörperchen von Fischen, Amphibien und Vögeln stets kernhaltig; sie unterscheiden sich außerdem durch ihre Form von denen der Säugetiere, so ist das Blutkörperchen von Frosch und Taube oval (Abb. 347). Die Größe der Blutkörperchen einiger Tiere und des Menschen ist folgende:

	μ		μ
Elefant	= 9,4	Katze	= 6,5
Mensch	= 7,7	Rind	= 5,8
Hund	= 4,3	Schaf	= 5,0
Kaninchen	= 6,9	Ziege	= 4,1

Beim Stehenlassen des Nativpräparates machen sich bald Veränderungen bemerkbar. Nach 5—10 Minuten zeigen sich mit eintretender Gerinnung Fibrinfäden. Mit beginnender Eintrocknung des Tropfens nehmen die Blutkörperchen Stechapfel-, Maulbeer-, Biskuit-, Kugelform an (s. Abb. 348 a, b); bei Zusatz von Wasser trennt sich das Hämoglobin von dem Gerüst (Stroma) und es bleiben die farblosen, zart konturierten Schattenbilder übrig (Abb. 348 c). — Wichtig ist das Nativpräparat besonders für die Erkennung der bei Anämien vorkommenden Unterschiede der Größe der einzelnen Blutkörperchen und des Gehalts an Hämoglobin. Für die weißen Blutzellen und die Blutplättchen ist die Betrachtung im Nativpräparat von geringerer Bedeutung, obwohl Geübte auch hier die einzelnen Formen der Leukozyten voneinander unterscheiden können und auch die Blutplättchen als mattgraue, rundliche, oft traubenartig zusammenhängende Gebilde zu erkennen sind.

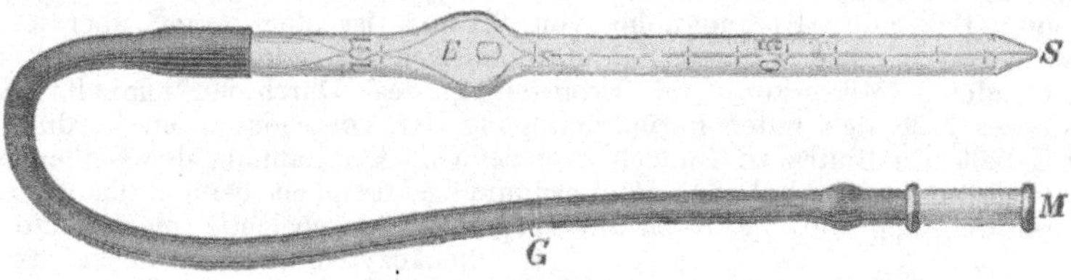

Abb. 349. Mischpipette für rote Blutkörperchen nach Thoma. (Nach Nägeli.)

Die Leukozyten treten nach Auslaugung der Erythrozyten besonders deutlich hervor; speziell zu Zwecken der Zählung werden sie mit Farblösungen, z. B. wässeriger Methylenblaulösung (S. 77), angefärbt. Auf dem heizbaren Objekttisch lassen sich Lebensäußerungen der Leukozyten beobachten, Bewegungen, Aufnahme von Fremdkörpern (Phagozytose).

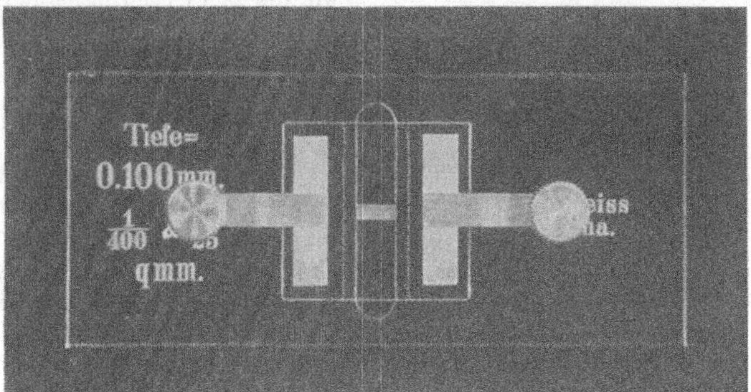

Abb. 350. Zählkammer von Bürker. (Nach Nägeli.)

Das Prinzip aller Verfahren der Blutkörperchenzählung ist, daß ein mikroskopisch übersehbarer, abgeschlossener Raum von bekanntem Inhalt mit einer Blutverdünnung bestimmter Konzentration gefüllt wird, dann die Zahl der Blutzellen unter dem Mikroskope bestimmt und durch einfache Multiplikation der Gehalt eines Kubikmillimeters unverdünnten Blutes berechnet wird.

Für die Erythrozytenzählung verwendet man als Verdünnungsflüssigkeit am besten die Hayemsche Lösung (Hydrarg. bichlor. 0,5 oder besser 0,1, Natr. sulfur 5,0, Natr. chlor. 1,0, Aq. dest. 200,0). Zum Verdünnen dient die Mischpipette von Thoma (Abb. 349), die eine Verdünnung von 1 : 100 oder 1 : 200

gestattet, je nachdem man Blut bis zur Marke 0,5 oder 1,0 aufsaugt und dann die Pipette mit der Verdünnungsflüssigkeit bis zur Marke 101 füllt. Die Glasperle in der Ampulle befördert beim Schütteln die Mischung. Dann wird ein Tropfen (nach Abblasen des schlechter gemischten Teils in der Kapillare) in die Mitte der Zählkammer gebracht und schnell das Deckglas angedrückt (Thoma-Zeiß-Kammer) bzw. an den Rand des schon vorher aufgelegten Deckglases gebracht, so daß er durch Kapillarattraktion eindringt (Bürker-Kammer, Abb. 350). Auf dem Grunde der Thoma-Zeiß-Kammer (Abb. 351) ist eine mikroskopische Gitterzeichnung eingraviert mit Quadraten von $^1/_{20}$ mm Seite, demnach $^1/_{400}$ qmm Fläche. Bei einer Kammerhöhe von 0,1 mm ist der Raum über einem Quadrat = $^1/_{4000}$ ccm. Durch Zählung zahlreicher Quadrate unter dem stark abgeblendeten Mikroskop und Ermittelung des Durchschnittsinhalts eines Quadrates läßt sich unter Berücksichtigung der vorgenommenen Verdünnung der Gehalt des Blutes an Blutzellen errechnen. Die Zählung der weißen Blutzellen gestaltet sich ähnlich. Als Verdünnungsflüssigkeit benutzt man 1 proz. Essigsäurelösung, die die roten Blutkörperchen durchsichtig macht und die Leukozytenkerne deutlicher erscheinen läßt, am besten mit Zusatz eines Farbstoffes (Acid. acet. glac. 3,0, 1 proz. wässerige Gentianaviolettlösung 3,0, Aq. dest. 300,0). Wegen der geringeren Zahl der weißen Blutzellen wird auch die Verdünnung geringer gewählt und die Mschung in einer besonderen Pipette im Verhältnis 1:10 vorgenommen. — Die Methoden der Kammerzählung der Plättchen sind schwierig und ungenau, wie die zahlreichen bisher angegebenen Methoden der Plättchenzählung überhaupt. Sie dienen nur zur ungefähren Erkennung der (allein wichtigen) großen Veränderungen der Zahl.

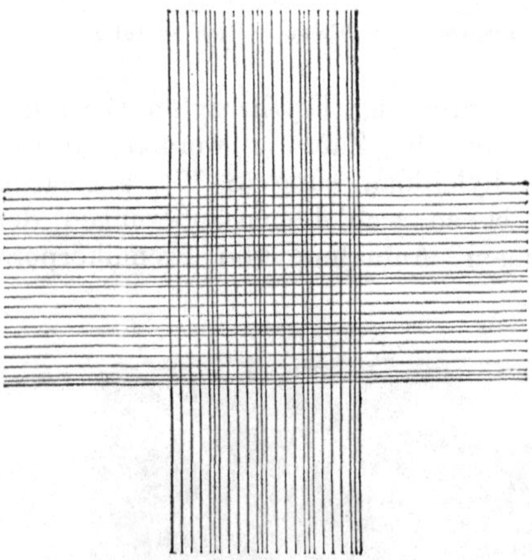

Abb. 351. Netzteilung nach Thoma (20mal vergrößert). (Nach Nägeli.)

Die Zahl der roten Blutkörperchen beträgt normalerweise beim Manne 5, beim Weibe 4,5 Millionen im Kubikmillimeter, doch kommen noch unter physiologischen Bedingungen nicht unbedeutende Abweichungen von diesem Mittel vor, z. B. bei Höhenklima Erhöhung der Zahlen. Die Durchschnittszahl der Leukozyten liegt bei Kindern um 10000, bei Erwachsenen um 8000 pro Kubikmillimeter mit sehr erheblichen physiologischen Schwankungen.

Ergänzt wird bei der Blutuntersuchung die Zählung durch die klinisch wichtigen Methoden der Hämoglobinbestimmung (daraus Berechnung des sogenannten Färbeindexes), der Refraktometer- bzw. Interferometerbestimmung des Bluteiweißes, der Viskosimetrie usw., die hier keine Besprechung finden können.

Zum mindesten kurz muß aber auf die Herstellung von Ausstrichpräparaten und Färbung derselben eingegangen werden, da sie die wichtigste Methode zur Erkennung zahlreicher krankhafter Veränderungen darstellt, Ganz besonders gilt dies für die Erkennung der verschiedenen Formen der weißen Blutzellen, einer Feststellung, die die unumgänglich notwendige Ergänzung der Feststellung der Gesamtzahl ist. Dann gestattet aber auch die Betrachtung des gefärbten Präparates den Nachweis, bzw. das genaue Studium zahlreicher Parasiten.

Ausstrichpräparate lassen sich auf dem Objektträger oder dem Deckgläschen anfertigen. Vorbedingung ist Befreiung des Glases von jeglichem Fett, am besten durch Aufbewahrung in Äther und Alkohol $\widehat{aa}$, Die Unterseite eines Deckgläschens wird mit dem hervorquellenden. etwa kleinstecknadelkopfgroßen Blutstropfen aus dem Finger des Patienten in Berührung gebracht und ohne Druck, nur durch Kapillarität zwischen zwei Deckgläschen ausgebreitet. Ist die gleichmäßige Ver-

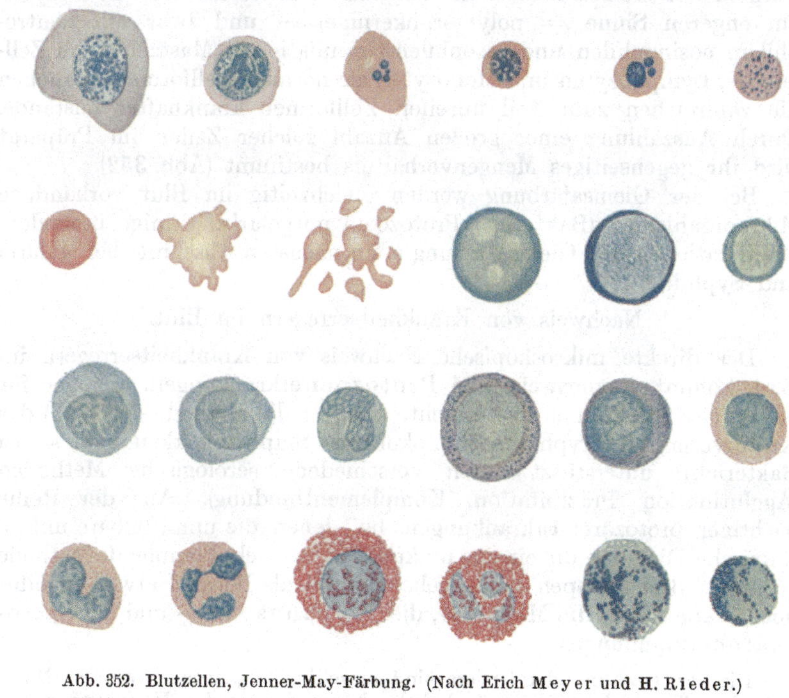

Abb. 352. Blutzellen, Jenner-May-Färbung. (Nach Erich Meyer und H. Rieder.)

teilung erzielt, so zieht man die beiden Deckgläschen mit einem sanften Zug ohne Gewalt auseinander, am besten übereck. Bei dem Objektträgerpräparat kommt der Tropfen auf den Objektträger und wird mit der Kante eines zweiten, der als Schieber dient, oder mit der Kante eines Deckgläschens sorgfältig verteilt. Nach der Trocknung an der Luft erfolgt Fixierung entweder in absolutem Methylalkohol (3 Min.) oder in einer metylalkoholhaltigen Farblösung z. B. May-Grunwaldsche Fösung (eosinsaures Methylenblau). Die gebräuchlichste und allen anderen überlegene Färbung ist die nach Giemsa:

1. Herstellung einer verdünnten Giemsalösung; 15—16 Tropfen auf 10 ccm Aq. dest.
2. Präparat mit May-Grunwaldscher Lösung unterschichten (im Uhrschälchen oder Blockglas), Dauer 3 Minuten.

3. Zufließenlassen von Aq. dest. in genau gleicher Menge wie die Farblösung. Nach 1 Minute tritt die Färbung ein.

4. Abheben des Deckgläschens, auf die Kante stellen über Fließpapier. Abwischen der Farblösung auf der nicht bestrichenen Seite.

5. Präparat mit bestrichener Seite nach unten wird mit der Giemsalösung (s. Nr. 1) unterschichtet, 10—12 Minuten.

6. Kräftiges Abspülen mit Wasserstrahl.

Zur Färbung besonderer Gebilde (Spirochäten, Trypanosomen, Kapseln der Malariahalbmonde) setzt man zu 10 ccm der Giemsalösung 1—2 Tropfen einer 1 proz. Kaliumkarbonatlösung zu.

An derart gefärbten Präparaten lassen sich die verschiedensten Formen der weißen Blutzellen voneinander unterscheiden: Leukozyten (im engeren Sinne = polymorphkernige) — und zwar mit neutrophilen, eosinophilen und basophilen Granulationen (Mastzellen) im Zellleib —, Lymphozyten und Monozyten als normale Zellformen; daneben die zahlreichen zum Teil unreifen Zellformen krankhafter Zustände. Durch Auszählung einer großen Anzahl solcher Zellen im Präparat wird ihr gegenseitiges Mengenverhältnis bestimmt (Abb. 352).

Bei der Giemsafärbung werden gleichzeitig im Blut vorhandene Mikroorganismen (Bakterien, Protozoen) mitgefärbt. Einige besondere Modifikationen der Giemsafärbung s. im nächsten Abschnitt bei Malaria und Syphilis.

Nachweis von Krankheitserregern im Blut.

Der direkte mikroskopische Nachweis von Krankheitserregern im Blut kommt vorzugsweise bei Protozoenerkrankungen, weniger für bakterielle Infektionen in Betracht. Hier ist die Methode der Wahl das Kulturverfahren (Typhus, Streptokokken, Staphylokokken usw. s. bei Bakterien), unterstützt durch verschiedene serologische Methoden (Agglutination, Präzipitation, Komplementbindung). Aus der Reihe wichtiger protozärer Erkrankungen, bei denen die unmittelbare mikroskopische Diagnose die einzige praktisch in Betracht kommende Methode ist, seien drei Gruppen herausgehoben und als Beispiel etwas ausführlicher dargestellt: die Malaria-, die Trypanosomen- und die Spirochätenerkrankungen.

Die Protozoen oder Urtiere sind einzellige Organismen, wie ihr Name sagt, dem Tierreich zugehörig und dadurch von den zu den Protophyten, den einzelligen Pflanzen, gehörigen Bakterien unterschieden. Wenn die Spirochäten hier unter die Protozoen gerechnet werden, muß erwähnt werden, daß diese Zuordnung nicht unbestritten ist, daß aber viele Gründe die gemeinsame Besprechung praktisch erscheinen lassen. Im mikroskopischen Präparat unterscheidet sich die Spirochätengruppe grundsätzlich von den anderen Protozoengruppen durch den Mangel eines geformten Kernes; das Kernmaterial ist hier entweder diffus verteilt oder in einer Reihe von Körnchen in verschiedener Anordnung abgelagert. Hier finden sich Berührungspunkte mit den Bakterien, die ebenfalls keinen echten Kern besitzen, bei denen auch eine ähnliche Verteilung von Kernsubstanzen angenommen wird. Malariaparasiten (Plasmodien) und Trypanosomen haben scharf gegeneinander abgegrenzten Protoplasmaleib und Kern bzw. Kerne, die sich am besten mit der Giemsafärbung im Ausstrich oder im dicken Tropfen darstellen lassen.

Methode des dicken Tropfens nach Schilling: Man entnimmt einen Tropfen Blut aus dem Ohrläppchen und fängt es direkt mit einem in Alkohol-Äther entfetteten Objektträger auf. Den Tropfen läßt man an der Luft antrocknen, wobei er schrumpft (1—2 Stunden), dann wird er mit einer verdünnten Giemsalösung übergossen (1 Tropfen auf 1 ccm Aq. dest.); dabei muß das Präparat horizontal liegen. Nach 2—3 Minuten treten gelbe Hämoglobinwolken auf (Hämolyse). Nun schwemmt man die alte Lösung durch Nachgießen von einer Seite her mit frisch bereiteter dünner Lösung (1 Tropfen auf 2 ccm Aq. dest.) ab. Dann färbt man mit neuer Lösung (1 Tropfen auf 1 ccm Aq. dest.) 30—34 Minuten nach. Abspülen mit Wasser, Aufstellen zum Trocknen. Immersionsbetrachtung.

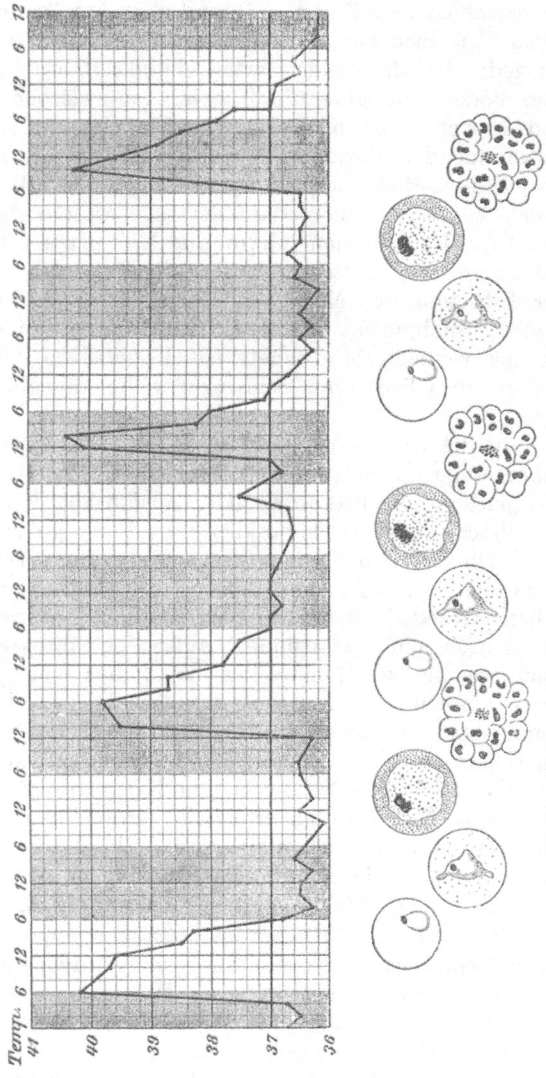

Abb. 353. Tertiana, leicht anteponierend. (Nach Hartmann-Schilling.)

Die Diagnose der Malaria beschränkt sich im wesentlichen auf die mikroskopischen Untersuchungen des gefärbten Blutausstriches, das den Malariaerreger in seinen drei Arten und in seinen verschiedenen Entwicklungsstadien innerhalb der roten Blutzellen erkennen läßt — bzw. des dicken Tropfens —, wo der Erreger nach Auflösung der Blutzellen frei im Gesichtsfeld liegt. Bei Trypanosomen und Spirochäten tritt noch die Untersuchung im Lebendpräparat hinzu, die oft auch für sich allein ausreicht, um aus Form und Bewegungsart diese Organismen zu erkennen. Die drei Arten der menschlichen Malaria sind klinisch durch die verschiedenen Fiebertypen und auch zum Teil durch den Krankheitsverlauf unterschieden. Bei der durch das *Plasmodium vivax* hervorgerufenen Malaria tertiana tritt das Fieber in 48stündigen Phasen auf, also am 1., 3., 5. Tage usw., bei der Malaria quartana (*Plasmodium malariae* Laveran) liegen die Anfälle 72 Stunden auseinander, während bei der schwersten Form der tropischen Malaria (*Plasmodium immaculatum*) die Fieberkurve unregelmäßiger verläuft. Da die Fieberanfälle mit einem ganz bestimmten Entwicklungsstadium der Parasiten zusammenhängen und sich die Entwicklung innerhalb der roten Blutkörperchen vollzieht, begegnet man bei Blutentnahmen zu verschiedenen Zeiten während des Anfalls und zwischen den Anfällen verschiedenen Entwicklungsformen, die in ihrer Art wiederum für jede der drei Malariaarten charakteristisch sind. Abb. 353 gibt eine Vorstellung über die Beziehungen zwischen Entwicklungsstadium und Fieberkurve am Beispiel der in unseren Breiten am häufigsten vorkommenden Form der Malaria tertiana. Es ist hier aber nur ein Entwicklungskreis dargestellt, die ungeschlechtliche Schizogonie. Daneben kommt es im Verlauf der sogenannten Gamogonie zur Bildung von Geschlechtsformen (Mikro- und Makrogametozyten), die nach Aufnahme in den Zwischenwirt dort reifen, sich befruchten und neue zur Infektion des Menschen fähige Ausgangsformen bilden. Erfolgt keine Aufnahme in den Zwischenwirt, so kann der Makrogametozyt, die als weiblich bezeichnete Geschlechtsform, durch Parthenogenese die ersten Glieder der Schizogoniereihe, die Schizonten, hervorgehen lassen.

Auf die Unterscheidung der einzelnen Malariaarten kann hier nicht näher eingegangen werden (s. Einzelheiten in Hartmann-Schilling: Die pathogenen Protozoen oder ausführlich Ziemann: Malaria, im Handbuch der Tropenkrankheiten). Von großer Bedeutung ist hier wie auch bei den Trypanosmen- und einem Teil der Spirochätenerkrankungen die genaue Kenntnis des Zwischenwirts als des eigentlichen Krankheitsüberträgers, da eine direkte Übertragung von Mensch zu Mensch nicht stattfindet, außer bei direkter Überimpfung von Blut, wie sie zu Heilzwecken bei Fällen von progressiver Paralyse vorgenommen wird. Die Verbreitung einiger für die Malaria in Betracht kommender Mückenarten ist auch in unseren Breiten nicht unbeträchtlich und eine Zunahme von Neuerkrankungen hier erworbener Malaria war nach der durch den Krieg erfolgten Einschleppung der Krankheit und dadurch erfolgten Verseuchung der Zwischenwirte zu erwarten und ist auch eingetreten. Die Überträger der Malaria, die Anophelinen, gehören mit den Culicinen zu den Culiciden. Die wichtigsten Unterscheidungsmerkmale sind unter Abb. 354 angegeben.

Die durch den Stich des Insekts aufgenommenen Geschlechtsformen machen innerhalb von 11 Tagen ihre Entwicklung zum Sporozoiden durch und zwar größtenteils im Magen, bzw. der Magenwand. Erst die reifen Formen wandern in die Speicheldrüsen und werden durch den Biß auf den Menschen übertragen. Bis zum ersten Anfall vergehen, je nach der Art verschieden, 9—19 Tage.

Die Trypanosomen, begeißelte, langgestreckte Organismen mit einem Hauptkern und einem Geißelkern, sind die Erreger der menschlichen Schlafkrankheit (*Tr. gambiense* und *rhodensiense*), der Nagana oder Tsetsekrankheit der Rinder, Pferde, Schafe, Antilopen usw. (*Tr. brucei*), der Surra der Pferde, Rinder, Kamele, Elefanten, Hunde usw. (*Tr.*

evansi), der Beschälseuche der Pferde, Dourine (*Tr. equiperdum*) und einiger weiterer Krankheiten, finden sich aber auch, ohne Krankheits-

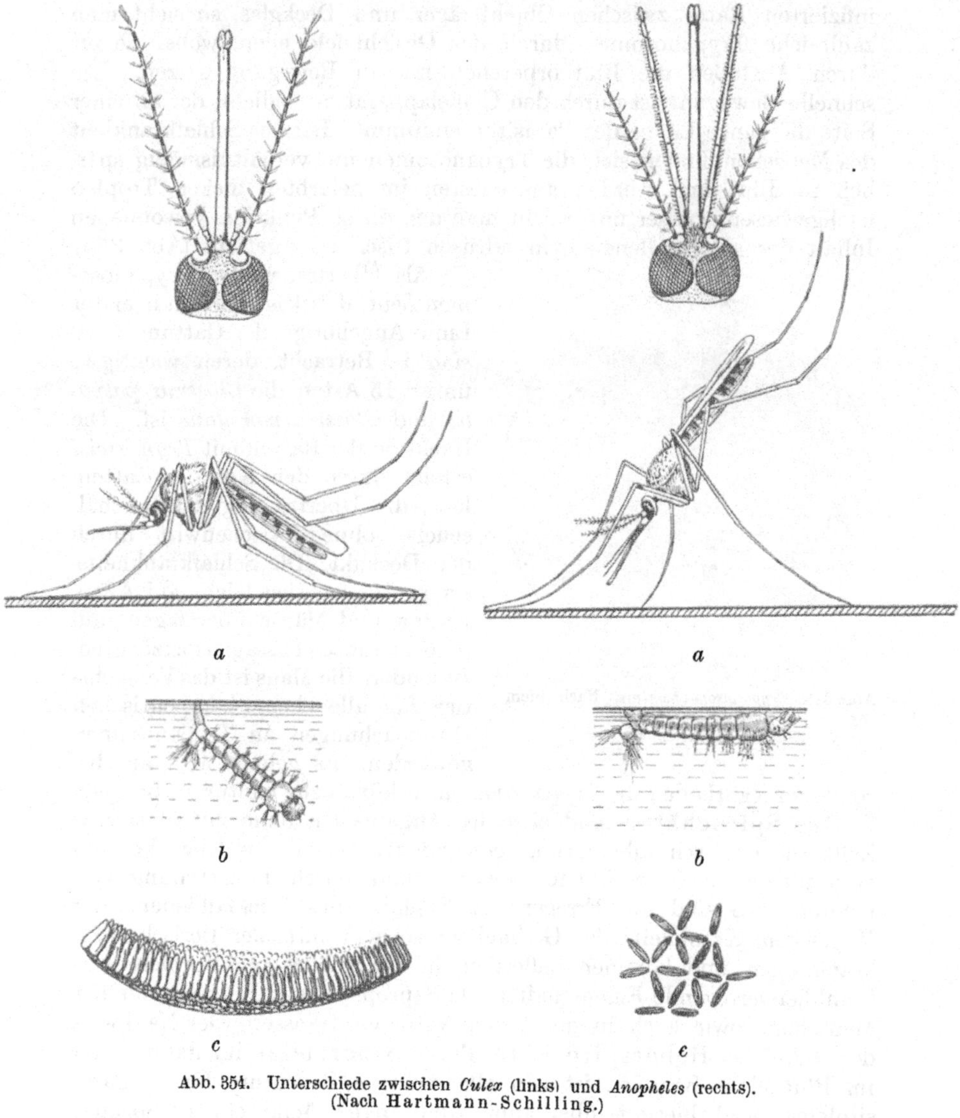

Abb. 354. Unterschiede zwischen *Culex* (links) und *Anopheles* (rechts). (Nach Hartmann-Schilling.)

Culex.

Eier: keulenförmig, werden in „Schiffchen" abgelegt (*c*).

Larven: mit Atemröhre am Hinterende, hängen schräg von der Wasserfläche abwärts (*b*).

Imagines: Palpen der ♀ kurz, sitzen „mit krummem Rücken parallel zur Unterlage. (Nur *Anoph. culicifacies* ahmt diese Art zu sitzen nach.)

Anopheles.

Eier: bootförmig, mit seitlichen Luftkammern, werden einzeln abgelegt (*c*).

Larven: ohne Atemröhre, schwimmen flach an der Oberfläche des Wassers (*b*).

Imagines: Rüssel, Thorax und Abdomen bilden eine gerade Linie, sitzen schräg zur Unterlage, wie ein schief eingeschlagener Nagel. Palpen der ♀ mindestens ebenso lang wie der Stechrüssel.

erscheinungen hervorzurufen, oft in ungeheuren Mengen z. B. im Blut der Ratten (*Tr. lewisi*) in allen Weltteilen und können in dieser Form am einfachsten studiert werden. Bringt man einen Tropfen Blut einer infizierten Ratte zwischen Objektträger und Deckglas, so sieht man zahlreiche Trypanosomen durch das Gesichtsfeld eilen, wobei sie oft durch Anstoßen die Blutkörperchen mit in Bewegung setzen. Die schnelle Bewegung ist durch den Geißelapparat ermöglicht, der an einer Seite die ganze Länge des Parasiten einnimmt. Bei der Schlafkrankheit des Menschen finden sich die Trypanosomen nur verhältnismäßig spärlich im Blut und werden am ehesten im gefärbten dicken Tropfen nachgewiesen; besser untersucht man den durch Punktion gewonnenen Inhalt der geschwollenen Lymphdrüsen frisch oder gefärbt (Abb. 355).

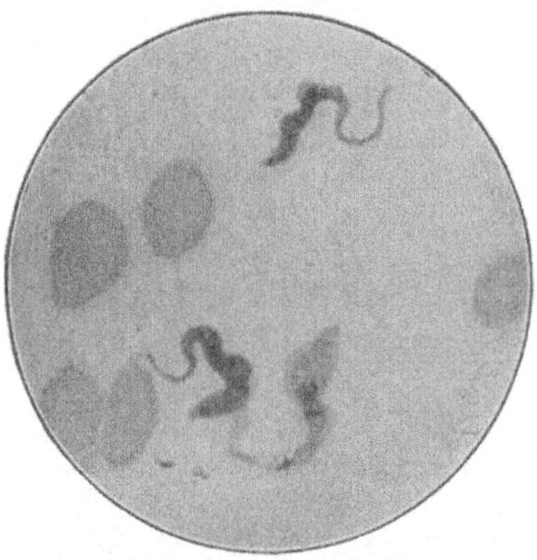

Abb. 355. *Trypanosoma hominis*. Nach einem Präparat von Nocht. (Nach Lenhartz-Meyer.)

Als Überträger der Trypanosomen Zentralafrikas kommen in erster Linie Angehörige der Gattung *Glossina* in Betracht, deren wichtigste unter 15 Arten die *Glossina palpalis* und *Glossina morsitans* ist. Die Infektion der Ratten mit *Tryp. lewisi* erfolgt durch den Kot der Rattenlaus, die Übertragung der Beschälseuche ohne Zwischenwirt durch den Deckakt. Die Schlafkrankheitserreger lassen sich leicht auf Affen, Ratten und Mäuse übertragen und in sogenannten Passagen fortzüchten. Besonders die Maus ist das Versuchstier für alle chemotherapeutischen Untersuchungen an Trypanosomen geworden. Es gelingt auch auf besonderen Nährböden die Trypanosomen in künstliche Kultur zu bringen.

Die Spirochäten sind einzellige Organismen ohne differenzierten Zellkern, von schraubenförmig gewundener Gestalt, welche sich um eine ideale Achse rotierend bewegen und durch Längsteilung vermehren. Sie sind die Erreger der Syphilis, des Rückfallfiebers, der Weilschen Krankheit, des Gelbfiebers sowie zahlreicher tierischer Erkrankungen und kommen außerdem in verschiedensten Formen ohne krankheitserregende Eigenschaften als Saprophyten, z. B. im Munde des Menschen, sowie auch in der freien Natur vor (Wasser). Der Nachweis der Rückfallfieberspirochäte durch Obermeier im Jahre 1868 im Blut eines Kranken ist von allgemeinster Bedeutung für die Parasitologie, weil hiermit überhaupt zum ersten Male ein pathogener Mikroorganismus beim Menschen einwandfrei als Krankheitserreger erwiesen wurde. Während des Fieberanfalls gelingt der Nachweis im frischen Präparat verhältnismäßig leicht. Die Bewegungen der Spirochäten (bzw. Spirosomen nach Hartmann) sind äußerst energisch und versetzen häufig (wie Trypanosomen) die Blutkörperchen in wackelnde Bewegung, wodurch die Erkennung der feinen Gebilde erleichtert wird.

Wir unterscheiden das europäische Rückfallfieber, für dessen Übertragung blutsaugende Insekten, wahrscheinlich Läuse, in Betracht kommen und das afrikanische Rückfallfieber, das durch eine Zecke übertragen wird. Die Spirochäten lassen sich leicht auf Affen und (mitunter nur nach Affenpassage) auf Mäuse und Ratten übertragen, was unter Umständen von diagnostischer Bedeutung sein kann, da sich die Erreger im Blut dieser Tiere sehr viel zahlreicher vorfinden als bei manchen Formen der menschlichen Erkrankung, besonders der afrikanischen Form.

Der Erreger der Syphilis, das 1905 von Schaudinn entdeckte *Treponema pallidum* (Abb. 356), gemeinhin auch *Spirochaete pallida* genannt, läßt sich verhältnismäßig leicht bei frischen Krankheitsausbrüchen der Haut nachweisen, während der Nachweis im Blut praktisch nicht in Betracht kommt. Die einfachste Methode ist die der Dunkelfelduntersuchung, während die der Untersuchung des gefärbten Präparates erst in zweiter Linie in Frage kommt, da sie den diagnostisch wichtigen Fortbewegungstypus nicht erkennen läßt. Die Betrachtung der Form allein, wie sie sich aus dem gefärbten Präparat ergibt, kann nicht zuverlässig genug vor Verwechselungen mit saprophytären (harmlos schmarotzenden) Spirochätenformen schützen. Gewöhnlich unterscheiden sich die Syphiliserreger in derartig gefärbten Präparaten, die von sogenannten Primäraffekten — Ulcus durum, harter Schanker — oder von sogenannten nässenden Papeln, Ausbrüchen der sekundären Syphilis, gewonnen werden, durch die große Zartheit von den übrigen Spirochäten.

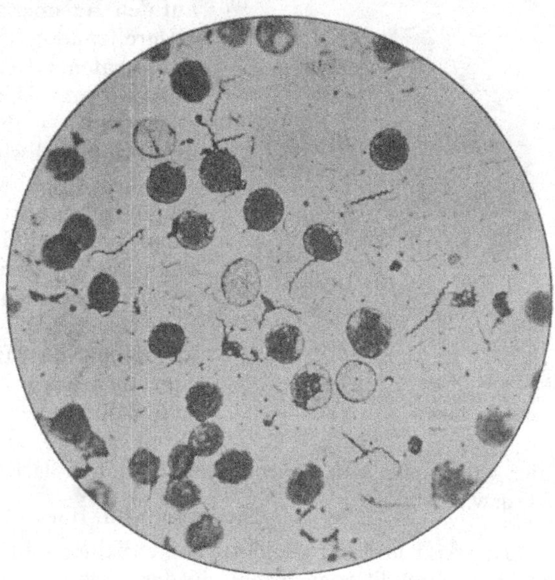

Abb. 356. *Spirochaete pallida.* (Nach Mulzer.)

Zur Dunkelfelduntersuchung wird vom Rande der Geschwüre oder Papeln nach kräftigem Abreiben der Oberfläche von dem austretenden Sekret (Reizserum) ein Tropfen mit einer Pasteurpipette (an einem Ende kapillar ausgezogenes Glasrohr) aufgenommen, eventuell nach Verdünnung mit angewärmter Ringerscher Lösung, auf einen Objektträger ausgeblasen und mit einem Deckgläschen zugedeckt. Bei sofortiger Einstellung im Dunkelfeld sieht man oft sehr zahlreiche feine Spirochäten mit ihren eigenartigen Spiralen sich fortbewegen.

Steht kein Dunkelfeld zur Verfügung, so kann man die Burrische Tuschemethode anwenden. Man verdünnt beste Ausziehtusche im Verhältnis 1 : 9 mit Wasser, läßt die gröbsten Partikel sich absetzen (bzw. zentrifugiert zur Beschleunigung des Absetzens) und mischt auf dem Objektträger einen Tropfen Tusche mit einem Tropfen des zu untersuchenden Sekrets und untersucht den Ausstrich im gewöhnlichen Mikroskop. Alle körperlichen Elemente erscheinen dann als helle Figuren, gleichsam von den Tuschekörnchen ausgespart (Abb. 357).

Die *Spirochaete pallida* ist verhältnismäßig schwer färbbar; es empfiehlt sich, nach M. Zuelzer in Osmiumdampf zu fixieren und nach Giemsa zu färben: 15 Tropfen auf 25 ccm Aq. dest. + 25 Tropfen Kaliumkarbonat 24 Stunden bei Zimmertemperatur. Andere Spirochäten lassen sich hingegen schon mit einfacher Methylenblaulösung gut darstellen, so die Formen, die im Verein mit den fusiformen Stäbchen in ungeheuren Mengen bei der Plaut-Vinzentschen Angina gewöhnlich auf den Halsmandeln auftreten und dort tiefgreifende geschwürige Veränderungen hervorrufen. Hier genügt ein Ausstrichpräparat mit Methylenblau gefärbt zur Diagnose. — Kulturen aller Spirochätenarten sind schwierig und dienen ebensowenig wie Übertragungen auf Tiere (Syphiliserreger auf Affen und Kaninchen) praktisch-diagnostischen, sondern vorzugsweise wissenschaftlichen Zwecken. — Zur Untersuchung saprophytärer Spirochäten verschiedenster Art dient die Entnahme des Inhalts kariöser Zähne oder auch des Belages der Mundschleimhaut-Zahngrenze bei wenig gepflegtem Munde. Eine einfache Färbung kann hier zahlreiche Mundspirochäten erkennen lassen (*Sp. dentium, buccalis* usw.).

Abb. 357. *Spirochaete pallida*; ein Gesichtsfeld. Vergr. 1000/1. „Tuscheverfahren." (Reizserum aus einem Primäraffekt.) (Nach Lenhartz-Meyer.)

Nachweis von Blut.

Der Arzt und der gerichtliche Mediziner sehen sich oft der Aufgabe gegenübergestellt, den Nachweis der Anwesenheit von Blut zu führen, sei es, daß es sich darum handelt, um die — oft mit bloßem Auge nicht sichtbare — Beimengung von Blut z. B. zum Stuhl oder Urin zu erweisen oder verdächtige Spuren als Blutspuren zu erkennen; die Wahl der Methoden ist hier natürlich eine verschiedene und richtet sich auch nach dem Zustand des zu untersuchenden Materials. Während z. B. der Nachweis von Blut im Urin zumeist ohne weiteres durch die mikroskopische Betrachtung gelingt, bedarf der Nachweis im Stuhl ganz anderer, vor allem chemischer Methoden (s. beides später). Genügt hier für die klinische Fragestellung der Nachweis des Blutes als solcher, so geht die Aufgabe der gerichtlich-medizinischen Untersuchung über die einfache Erkennung des Blutes hinaus und muß sich zumeist auch auf die Identifizierung der betreffenden Blutart erstrecken. Hierzu dient der sogenannte biologische Blutnachweis, eine immunbiologische Methode, auf die wegen ihrer großen Bedeutung später kurz einzugehen sein wird.

Die einfachste Methode für die Erkennung eingetrockneten Blutes ist die Betrachtung im Mikroskop im auffallenden Licht mit Hilfe des Zeißschen Vertikalilluminators oder des Leitzschen Opakilluminators.

Dieser Apparat (S. 86) wird statt des Objektivs an den Tubus des Mikroskops angeschraubt; er birgt eine planparallele, geschliffene Glasplatte, die um ihre horizontale Achse drehbar ist und mittels der es möglich ist, nach Art des Augenspiegels das Licht unter einem Winkel von 45° direkt auf das Objekt zu werfen. Bisweilen empfiehlt es sich, vorher eine kleine Blutkruste, am besten mit dem Objekt, an dem sie klebt, oder indem man sie abschabt, in 30proz. Kalilauge oder in eine Flüssigkeit, die 300 Teile Wasser, 100 Teile Glyzerin, 2 Teile Kochsalz und 1 Teil Sublimat, enthält, zu tauchen.

Die Erkennung des Blutes ist auf diese Weise natürlich nur möglich, wenn die Blutkörperchen nicht bereits zugrunde gegangen; hier müssen die umfassenderen Methoden des Nachweises des Blutfarbstoffes in seinen verschiedenen Abänderungen einsetzen. Erkennt man bei der mikroskopischen Untersuchung, daß die Blutscheiben oval und kernhaltig sind, so ist damit der Beweis erbracht, daß es sich nicht um das Blut eines Säugetiers, auch nicht um Menschenblut handelt, sondern daß Vogel-, Amphibien- oder Fischblut vorliegt.

Die mikroskopisch-chemischen Methoden des Nachweises des Blutfarbstoffes (Hämoglobin) beruhen auf der Überführung desselben in bestimmte kristallinische Formen. Die älteste Methode ist die Bildung salzsauren Hämins, das in sogenannten Teichmannschen Kristallen auskristallisiert.

Abb. 358. Teichmannsche Häminkristalle. Vergrößerung $^{400}/_{1}$.

Dazu nehme man eine Spur von dem blutverdächtigen, getrockneten Objekt, füge zwei Tropfen wasserfreie Essigsäure, sogenannten Eisessig (er muß am Glasstabe in der Flamme brennen), und ein kleinstes Körnchen (0,01 g) Kochsalz hinzu und erwärme es (auf dem Objektträger) vorsichtig. So erhält man die Häminkristalle (Abb. 358), kleine rhombische Täfelchen oder Stäbchen, die im verdunkelten Gesichtsfelde wie Sterne leuchten und bei Zusatz von Kalilauge sich auflösen. Rost oder Fett, sowie Erhitzung über 140° verhindern die Bildung der Kristalle. Fett kann man aber durch Aether sulf. vorher entfernen.

Neuerdings ist diese Methode fast völlig in den Hintergrund getreten gegenüber einer andern, die auf die Darstellung der Hämochromogenkristalle abzielt. Diese Kristalle, die die verschiedensten Formen besitzen (rhombische Tafeln, Nadeln, Drusen, büschelförmig angeordnete Nadeln) erhält man, wenn man einer Spur frischen oder eingetrockneten Blutes Pyridin hinzusetzt und dann einen Tropfen Schwefelammonium hinzufügt, das ganze mit dem Deckglas bedeckt und mikroskopisch untersucht.

Sehr schöne Kristalle erhält man auch, wenn man je einen Tropfen Pyridin und Hydrazinsulfat der Blutspur hinzufügt, mit dem Deckglas das Objekt bedeckt und nunmehr über der Sparflamme des Bunsenbrenners das Präparat erwärmt, bis Gasblasen aufsteigen.

Beim mikroskopisch-chemischen Blutnachweis hat man die Wahl zwischen Farbreaktionen (Guajak, Benzidin, s. später kurz bei: Blut im Stuhl) und der Wasserstoffsuperoxydmethode. Bei letzterer wird die Peroxydase des Blutes durch O-Abspaltung aus dem Wasserstoffsuperoxyd nachgewiesen. Durch die stürmische Bildung eines weißen Schaumes macht sich besonders auf dunklen Grunde die Anwesenheit von Blut in der mit reinem H_2O_2 benetzten Stelle deutlich kenntlich.

Die wichtigste Ergänzung aller dieser Methoden ist der spektroskopische Nachweis des Hämoglobins bzw. seiner Derivate.

Die spektroskopische Untersuchung der Auflösung eines Blutfleckens in destilliertem Wasser geschieht folgendermaßen: Man füllt diese in ein Reagenzglas, besser in ein planparalleles, flaches Fläschchen und macht sich eine Kontrollösung mit eigenem Blut, die man mit destilliertem Wasser so lange verdünnt, bis die Farbe in beiden Gläschen gleich ist. Die Verdünnung darf indes nicht so weit gehen, daß die Oxyhämoglobinstreifen, zwei dunkle Bänder in Gelb und Grün des Spektrums und Verdunkelung des violetten Endes, verschwinden. 1:50 ist die zweckmäßigste Verdünnung. Enthält die Auflösung des verdächtigen Fleckens Blut, dann muß sie das Hämoglobinspektrum ergeben oder das des Methämoglobins, nämlich außer den beiden Absorptionsstreifen des Oxyhämoglobins ein drittes schmales Band zwischen C und D. Hat man aber das Spektralbild des Oxyhämoglobins, so kann man durch Zusatz von frischem (!) Schwefelammonium oder noch besser von Schwefelnatrium (1:5) das Bild des reduzierten Hämoglobins schaffen. Die beiden Ränder rücken in ein breites, scharfbegrenztes zusammen, das, $^2/_3$ des Raumes zwischen D und E füllend, an der Grenze von Gelb und Grün liegt, doch ist meist noch ein schmales Band in Gelb erkennbar. Es geht bei Schütteln mit Luft rasch wieder zurück zum Oxyhämoglobinspektrum.

Hat man ein Hämoglobinspektrum, so ist ein verdächtiger Fleck als Blutfleck erwiesen; nur das Spektrum ammoniakalischer Karminlösung hat ähnliche Absorptionsstreifen, an denen indes die Reaktion auf Schwefelammonium ausbleibt.

Aber das Hämoglobin ist nur in noch wasserlöslichen Blutspuren nachweisbar. Für unlösliche ältere Flecke muß man auf das Spektrum eines Derivats des Hämoglobins, auf das des reduzierten Hämatins (Hämochromogen Hoppe-Seyler) achten. Dazu setzt man 10proz. Sodalösung oder 10proz. Natronlauge zu den Blutspuren und erhält so eine rote bis braune Lösung mit einem Schatten ungefähr an der Stelle des Absorptionsbandes des reduzierten Hämoglobins, das aber mehr nach dem roten Ende des Spektrums verschoben ist. Fügt man zu dieser Lösung Schwefelammonium, so geht der breite Schatten in zwei Streifen über, die denen des Oxyhämoglobins ähnlich, nur dem Violett etwas näher liegen. Auch dieses Hämochromogenspektrum ist unbedingt beweisend für Blut.

Neuerdings wird das Rieglersche Reagens empfohlen (5,0 Hydrazinsulfat in 100 ccm 10proz. Natronlauge, darauf Zusatz von 100 ccm 96proz. Alkohol, nach 2stündigem Stehen zu filtrieren). Bringt man das Reagens mit Blut zusammen, so entsteht eine purpurrote Lösung von Hämochromogen; schüttelt man die Lösung mit Luft durch, so färbt sich die Lösung unter Bildung alkalischen Hämatins gelblichbraun. Bei ruhigem Stehen erhält sie ihre rote Farbe wieder.

Ist die zu untersuchende Blutmenge nur eine geringe, z. B. ein angetrockneter Tropfen, so wird man sich keine Lösung im Reagenzglase herstellen und diese spektroskopieren, denn die Lösung würde zu dünn ausfallen und das Spektrum würde nur undeutlich sein.

Für solche Fälle empfiehlt sich die Anwendung des Mikrospektroskopes, mit dessen Hilfe gerichtlich-medizinische Blutuntersuchungen heutzutage fast ausschließlich ausgeführt werden.

Man bringt auf den Objektträger unter das Mikroskop ein Schüppchen Blut oder eine mit Blut getränkte Stoffaser, fügt einen Tropfen Pyridin hinzu und bedeckt das Ganze mit einem Deckgläschen.

Mit Hilfe des Mikrospektroskopes wird man jetzt nur den schwachen Schatten des alkalischen Hämatins wahrnehmen; läßt man zu dem Objekt nunmehr einen Tropfen Schwefelammon hinzufließen, so ändert das Objekt seine Farbe. Es wird leuchtend rot und läßt nunmehr die beiden charakteristischen Streifen des Hämochromogens im Mikrospektroskop erkennen.

Aus z. T. verkohltem Blut erhält man mittels konzentrierter Schwefelsäure das zweistreifige Spektrum des sauren Hämatoporphyrins; fällt man durch Zusatz von Wasser und Neutralisieren mit Ammoniak das Hämatoporphyrin aus, filtriert und löst den Filterrückstand mit einer Mischung von Ammoniak und Alcohol. absolut. āā, so erhält man das alkalische Hämatoporphyrin in Lösung, das ein charakteristisches vierstreifiges Spektrum gibt; auch diese Probe läßt sich mit dem Mikrospektroskop einfach und sicher ausüben, indem man das Objekt zunächst mit einem Tröpfchen konzentrierter Schwefelsäure behandelt, dann mit Fließpapier am Rande des Präparates die Schwefelsäure absaugt und Pyridin zufließen läßt. Man erhält dann ebenfalls die Streifen des sauren und alkalischen Hämatoporphyrins, sofern sich an dem untersuchten Objekte Blutfarbstoff befindet.

In diesem Zusammenhang sei ganz kurz auf den spektroskopischen Nachweis der Blutveränderung der Kohlenoxydvergiftung (s. o.) hingewiesen. Verdünnt man einige Tropfen Kohlenoxydblut mit Wasser, so zeigt diese Mischung im Spektroskop zwei den Streifen des Oxyhämoglobins sehr ähnliche, jedoch ganz wenig gegen das violette Ende des Spektrums verschobene Streifen zwischen Grün und Gelb. Dieselben unterscheiden sich von den Oxyhämoglobinstreifen dadurch, daß sie bei Zusatz von Schwefelammonium nicht verschwinden. — Der diagnostische Wert dieser Blutuntersuchungen bei Kohlenoxydvergiftung darf übrigens nicht überschätzt werden. Der menschliche Organismus reagiert oft so intensiv auf die Aufnahme dieses Gases, daß Vergiftungserscheinungen auftreten, ohne daß sich das Gift chemisch oder spektroskopisch nachweisen ließe.

Beim biologischen Blutnachweis handelt es sich, wie bereits gesagt, um die Erkennung der betreffenden Art, Mensch oder Tier, von der das fragliche Blut stammt.

Die Grundlage der hier in erster Linie in Betracht kommenden Präzipitinreaktion ist die Tatsache der Spezifität des Eiweißes, speziell für diesen Fall des Bluteiweißes, jeder einzelnen Tierart und der Spezifität des durch Immunisierung mit einem derartigen Eiweiß erzeugten Antikörpers, so daß die beim Zusammenbringen beider Körper eintretende Niederschlagsbildung (Präzipitation) eine spezifische Reaktion ist. Die Reaktion ist so empfindlich, daß die geringen Mengen Eiweiß, die beispielsweise bei der Extraktion eines Blutflecks mit physiologischer Kochsalzlösung in Lösung gehen, ausreichen. Zur Anstellung der Reaktion ist eine derartige, eventuell durch Berkefeldfilter klar filtrierte Lösung und eine Auswahl Immunsera, die gegen die in Frage kommenden Blutsorten eingestellt sind nötig. Die zu prüfende Eiweißlösung soll etwa so stark verdünnt sein, daß sie bei durchfallendem Licht fast farblos ist, soll aber beim Schütteln noch starke Schaumbildung zeigen und sich bei Anwendung der Kochprobe ganz leicht trüben. Schichtet man Eiweißlösung und Antiserum — dieses am besten in steigenden Verdünnungen — übereinander, so bildet sich meistens sofort, spätestens nach 1—2 Minuten, an der Berührungsstelle eine hauchartige Trübung. — Mit dieser Methode gelingt die Unterscheidung des Bluteiweißes nicht verwandter Tierarten ohne weiteres, sie versagt hingegen bei verwandten Arten, wie Mensch und höheren Affen, Hase und Kaninchen, falls man nicht die besondere Vorsicht anwendet und durch gegenseitige Immunisierung (also Hase mit Kaninchenblut und umgekehrt) gewonnenes Antiserum verwendet; unter diesen Umständen erhalten wir auch in diesen Fällen streng artspezifische Reaktionen. — Bekanntlich steht diese von Uhlenhuth eingeführte Reaktion in großem Umfange im Dienste der Bekämpfung der Nahrungsmittelverfälschung (Nachweis von Pferdefleisch usw. in Würsten, Beimengung minderwertigen Fleisches anderer Tiere zu Hackfleisch usw.). Einzelheiten siehe in der Darstellung von Uhlenhuth und Weidanz sowie in zahlreichen Lehr- und Handbüchern der immunbiologischen Technik.

Von gewissem medizinischem Interesse ist eine biologische Blutreaktion, die Exythrozytenagglutination, die die gegenseitige Einwirkung von Serum und Blutkörperchen verschiedener Individuen betrifft und bei der Auswahl eines Blutspenders zum Zwecke der Blutübertragung in Anwendung kommt. Sie sei hier als mikroskopische Methode kurz erwähnt. Seit man weiß, daß gelegentlich schwere Zufälle bei Blutübertragungen dadurch zustande kommen, daß das Blutserum des Empfängers die Blutkörperchen des Spenders zusammenballt (agglutiniert), prüft man unter dem Mikroskop durch Mischen beider Bestandteile den Vorgang, um im positiven Fall den Spender auszuschalten. Diese Methode hat auch eine gewisse rassenbiologische Bedeutung, da sich rassenmäßig verschiedene Ausprägung bestimmter agglutinatorischer Bluttypen festlegen ließen.

b) Stuhl.

Bei der Stuhluntersuchung ergänzt die mikroskopische Untersuchung die makrokopische Betrachtung und chemische Untersuchung. Sie bezieht sich — hinsichtlich des Nachweises krankhafter Zustände — vor allem auf den Nachweis krankheitserregender Parasiten einerseits und abnorm verdauter bzw. nicht verdauter Nahrungsbestandteile andererseits.

Die Bestandteile der Darmentleerungen sind (nach Schmidt und Straßburger)

1. Nahrungsreste, bzw. Nahrungsschlacken,
2. Reste der in den Darmkanal entleerten Sekrete,
3. Mikroorganismen,
4. geformte und ungeformte Produkte der Darmwand (Wandzellen, Schleim usw.),
5. zufällige Bestandteile, z. B. Sandkörner, Haare, Parasiten, Steine, z. B. Gallensteine, usw.

Die makrokopische Betrachtung wird im Verein mit dem Krankheitsbild zumeist die wichtigsten Hinweise geben, in welcher Richtung sich die Untersuchung vorzugsweise zu erstrecken hat, ob z. B. eine Infektionskrankheit vorliegt, bei der die Erreger mit dem Stuhl ausgeschieden werden (Cholera, Typhus, Ruhr, Darmtuberkulose), ob Verdauungsstörungen vorliegen, z. B. verhinderter Gallenzufluß, der das Auftreten unverdauter Fettbestandteile der Nahrung im Gefolge hat, ob eine Wurmerkrankung anzunehmen ist, die zum Auftreten von Würmern oder ihrer Eier im Stuhl führt, usw. Dementsprechend ändert sich auch die mikroskopische Untersuchungsweise, bzw. die Vorbereitung, die man mit dem Stuhl vornimmt. Verhältnismäßig einfach ist der Nachweis von Wurmeiern im Stuhl. Man verreibt nach Tellmann erbengroße Partikelchen des Stuhls mit einem Gemisch von Salzsäure und Äther zu gleichen Teilen, filtriert durch ein feines Haarsieb und schleudert in einer Zentrifuge aus, oder man verreibt kleine Mengen Stuhls mit einer konzentrierten Kochsalzlösung, läßt das Gemisch im Spitzglase stehen, worauf sich die Eier in kurzer Zeit an der Oberfläche ansammeln. Die Betrachtung erfolgt bei Abblendung des Kondensors im ungefärbten Objektträger-Deckglaspräparat. Die Form der einzelnen Eier ist so ckarakteristisch, daß man bei einiger Übung ohne weiteres die Diagnose stellen kann, auf die hier im einzelnen nicht eingegangen werden kann.

Schwieriger ist die Lebenduntersuchung von Protozoen des Darmkanals. Sie setzt die Verwendung ganz frisch entleerten oder besser mittels eines Glasstäbchens aus dem Mastdarm entnommenen Darminhalts voraus. Das Material wird mit angewärmter physiologischer Kochsalzlösung auf dem Objektträger verrieben und ohne Druck mit dem Deckgläschen zugedeckt. Zum Studium der Bewegungen der Protozoen empfiehlt sich die Verwendung eines heizbaren Objekttisches. Die klinisch wichtigste Diagnose betrifft die Ruhramöbe, *Entamoeba histolytica* oder *tetragena*, den Erreger der tropischen Ruhr (im Gegensatz zur Bazillenruhr, hervorgerufen von *Bact. dysenteriae* Shiga-Kruse, Flexner, Strong usw.), die in der reifen Form, also als echte Amöbe, und im Zystenstadium im Stuhl zu finden ist. Da aber normalerweise im menschlichen Darm Amöben vorkommen, deren wichtigste die *Entamoeba coli* ist, bedarf es genauer Beachtung der unterschiedlichen Merkmale. Neben den Amöben ist auf das Vorkommen von geißeltragenden Protozoen (Flagellaten) zu achten (*Cercomonas*, *Trichomonas*, *Lamblia* usw.), sowie auf Wimperinfusorien (*Balantidium coli*), die zumeist harmlose Schmarotzer sind, aber gelegentlich auch zu Erkrankungen Veranlassung geben können.

Zum Studium der feineren Struktur muß die Feuchtfixierung z. B. mit Sublimatalkohol (Schaudinn) und nachfolgende Giemsafärbung vorgenommen werden. Gemisch von $^2/_3$ konzentrierter wässeriger Sublimatlösung und $^1/_3$ 96 proz. Alkohol. Die noch feuchten Ausstriche läßt man mit der Schicht nach unten in die Fixierungsflüssigkeit fallen, taucht sie dann (mit einer Hornpinzette) unter, dreht sie um läßt sie $^1/_2$—10 Minuten in der Lösung. Dann 5 Minuten in verdünnte wässerige Jodkalilösung, Abspülen in Wasser, Überführen in 0,2 proz. Natriumthiosulfatlösung auf 5 Minuten, gut in Wasser abspülen, Färben in frisch bereiteter Giemsalösung (Grübler-Leipzig), 1—2 Tropfen auf je 1 ccm Wasser $^1/_2$—24 Stunden (nach Jollos).

Für den Nachweis krankheitserregender Bakterien treten die Methoden der direkten mikroskopischen Untersuchung hinter den Kulturmethoden an Bedeutung zurück. Bakterien kommen in großer Menge in jedem normalen Stuhl vor; man nimmt an, daß ungefähr $^1/_3$ der Trockensubstanz aus Mikroorganismen besteht. Im normalen Stuhl überwiegen die Gram-negativen Colistäbchen; daneben finden sich Gram-positive Kokken, Gram-positive Stäbchen, teils in langen Fäden, teils kurz, gedrungen, spindelförmig. Die große Mannigfaltigkeit der Formen verhindert zumeist die Erkennung etwaiger Beimengungen krankheitserregender Keime.

Das Auftreten von Nahrungsresten bzw. Nahrungsschlacken im Stuhl ist nicht nur von der Art der aufgenommenen Nahrung, sondern auch von der Verdauung abhängig. So findet man normalerweise wenig Muskelfasern, sehr selten Stärkekörner, häufiger von Salat, Spinat und Obst stammende Pflanzenzellen, Milchreste in gelbweißlichen Flocken und Fett, mehr in Kristall- als Tröpfchenform. Erhebliche Vermehrung von Muskelfasern und Auftreten sonst nur selten vorhandener ungelöster Stärke spricht für eine ernstere Verdauungsstörung. Ist der Zutritt der Galle verhindert, so zeigt der Stuhl eine lehmartige Beschaffenheit und grauweißliche Farbe: mikroskopisch finden sich neben geringen Nahrungsresten massenhaft büschelartig angeordnete kleine, plumpe Kristalle, die aus Kalk- und Magnesiaseifen bestehen, in Säuren nicht löslich sind, sich aber lösen, wenn man nach dem Zusatz konzentrierter Essigsäure den Objektträger vorsichtig erwärmt (s. Abb. 359). Ist der Zufluß des Sekretes der Bauchspeicheldrüse behindert, so finden sich neben Fetttropfen zahllose unverdaute Fleischreste. Zu achten ist ferner auf Beimengungen von Schleim, Blut, Eiterzellen, Gewebsfetzen usw.

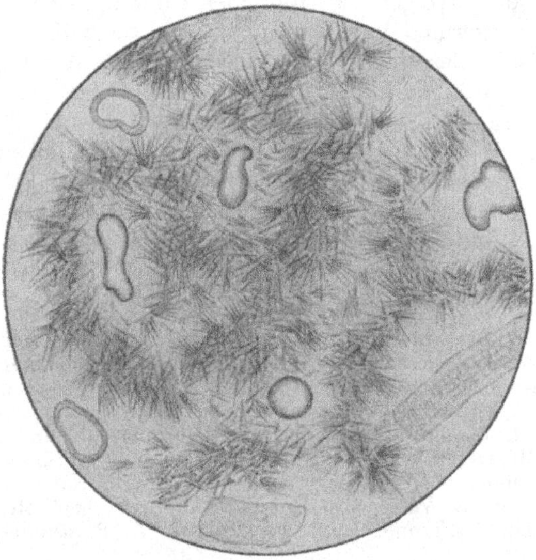

Abb. 359. Stuhl bei Gallenverschluß. Massenhaft Seifenkristalle, einzelne Fetttropfen, zwei Bruchstücke von Muskelfasern. (Nach Lenhartz-Meyer.)

Wegen der großen Bedeutung sei auf den chemischen Nachweis von Blut im Stuhl kurz eingegangen. Bei geringfügigeren Blutungen, z. B. bei Magengeschwür, wird die Farbe des Stuhls nicht verändert, so daß wir auf chemische Methoden angewiesen sind. Bei diesen handelt es sich um die Überführung leicht oxydabler Substanzen (Guajakolsäure, Benzidin, Phenolphthalein u. a. m.) in höhere, anders gefärbte Oxydationsstufen, die der Blutfarbstoff bei Anwesenheit von aktivem Sauerstoff bewirkt. Die Benzidinprobe wird folgendermaßen angestellt:

Eine erbsengroße Menge von Stuhl wird mit mehreren Kubikzentimetern Wasser verrührt, aufgekocht, abgekühlt. Andererseits löst man eine Messerspitze voll Benzidin (Kahlbaum oder Merck) in einigen Kubikzentimetern Eisessig in der Kälte auf. In einem mit Essigsäure gereinigten Reagenzglas mischt man 10—20 Tropfen der Benzidineisessiglösung mit 2 ccm frischem Merckschen Wasserstoffsuperoxyd, überzeugt sich, daß keine erhebliche Grünfärbung auftritt und gibt dann erst 3—4 Tropfen der Stuhlaufschwemmung hinzu. Bei Gegenwart von Blut (auch in Spuren) tritt Grün- oder Grünblau färbung ein. — (Methode von O. und R. Adler in der Ausführung von Schlesinger und Holst.)

c) Harn.

Auch beim Harn muß neben der mikroskopischen Untersuchung immer eine chemische bzw. physikalisch-chemische Prüfung vorgenommen werden. So ist vor allem die Bestimmung der durchschnittlichen Tagesmenge (bei Männern 1500—2000, bei Frauen 1000—1500 ccm) und des spezifischen Gewichts (1012—1024) von großer Bedeutung. Vermehrung der Harnmenge kommt vor bei stark vermehrter Ausscheidung harnfähiger Stoffe, z. B. bei Zuckerausscheidung, bei der Aufsaugung von Flüssigkeitsansammlungen im Körper (Ödemen), bei Schrumpfniere, beim sogenannten Diabetes insipidus im Anschluß an enorm vermehrte Wasseraufnahme infolge starken Durstgefühles, usw. Verminderung derselben tritt bei Fieber, akuten Nierenentzündungen, starken Durchfällen, starken Schweißen usw. auf. Das spezifische Gewicht erhöht sich bei großem Zucker-, Kochsalz- und Eiweißgehalt und ist bei Diabetes insipidus, Schrumpfniere zugleich mit der Vermehrung der Urinmenge erniedrigt.

Wichtig ist ferner Reaktion und Aussehen des Urins. Frisch gelassener gesunder Urin reagiert sauer und ist klar. Die Trübung sauren Urins kann bedingt sein durch harnsaure Salze; sie ist nicht krankhaft und schwindet beim Erwärmen im Reagenzglase. Ist sie dadurch nicht zu beseitigen, so ist sie bedingt durch zellige Bestandteile oder Schleim und hier tritt das Mikroskop in sein Recht.

Alkalische Reaktion eines klaren Urins ist selten, gelegentlich wird sie nach reichlichen Mahlzeiten durch kohlensaure und pflanzensaure Salze hervorgerufen; Abkühlung kann in solchem Urin eine Trübung durch Erdphosphate bewirken, die auf Säurezusatz schwindet. Alkalisch und trüber, oft stinkend, ist der Urin bei alter Harnblasenentzündung.

Das Aussehen, die Farbe des Urins kann gelegentlich schon auf Vergiftungen oder gewisse Arzneidarreichung oder manche Krankheiten hinweisen. Die Farbe ist:

hellgelb bei normalem Urin Gesunder,

dunkelgelb bis braunrot nach reichlicher Mahlzeit und im Fieber: „hochgestellter Urin“,

wasserhell beim Fötus, Neugeborenen, bei reichlicher Menge,

blau bei innerlichem Methylenblaugebrauch,

dunkelgelb bis braun mit gelbem Schaum beim Schütteln bei Erkrankung der Gallenwege (Ikterus),

braunschwarz bei Karbol- und Benzolvergiftung, sowie bei Anwendung von Bärentraubentee, Hydrochinon, Teerpräparaten, von Naphthalin.

gelb-grünlich nach Rhabarber- und Sennagenuß, Antipyrin- und Thallinvergiftung.

hellrot bei Nieren-(Quetschung) und manchen Blasenblutungen und bei Pyramidongebrauch (hell-purpurrot),

dunkelrot bei Blutungen aus Varicen der Harnblase,

granatrot (Hämotoporphyrinurie) bei Sulfonal-Trionalvergiftung und bei der oft durch starke Erkältung ausgelösten paroxysmatischen Hämoglobinurie,

graubraun (Methämoglobinurie) bei der Kalichloricum- und Anilinvergiftung.

Auch der Geruch des Urins ist zu beachten, z. B. nach Bittermandeln bei Vergiftung mit Nitrobenzol (Mirbanöl).

Auf den quantitativen und qualitativen Nachweis der wichtigsten krankhaften Beimengungen des Harns, des Eiweißes und des Zuckers kann hier nicht eingegangen werden. Mit der Bestimmung des Zuckergehaltes des Gesamturins und der chemischen Untersuchung auf Azetonkörper, die als Zeichen der sogenannten Azidose nach längerer Kohlenhydratentziehung der Nahrung auftreten können, ist die Harnuntersuchung beim Diabetes im wesentlichen abgeschlossen, handelt es sich hier doch um keine Erkrankung der Nieren, die mit abnormer Durchlässigkeit für Zucker einhergeht, sondern um eine Allgemeinerkrankung auf Grund von Stoffwechselstörungen innersekretorischer Art, die anfänglich zu einer Überladung des Blutes mit Zucker und erst infolge davon zu einer Ausscheidung durch dem Harn führt. Anders liegen die Dinge bei der Eiweißausscheidung, die stets den Verdacht auf eine Erkrankung der Nieren selbst mit einer Störung der Durchlässigkeitsverhältnisse gegenüber dem Bluteiweiß erwecken muß. Hier tritt die mikroskopische Untersuchung in ihr Recht, indem sie die chemische durch den Nachweis abnormer aus den Nieren oder aus den abführenden Harnwegen stammender Harnbestandteile ergänzt.

Zur mikroskopischen Untersuchung des Harns entnimmt man entweder Proben vom Bodensatz, wie er sich gelegentlich von selbst absetzt oder man fängt frei herumschwimmende Teilchen, z. B. die sogenannten Tripperfäden bei chronischer Gonorrhoe, mit einer Pipette ab oder aber — in den meisten Fällen — man zentrifugiert den Urin und untersucht das Sediment im frischen Präparat. Man findet hierin organisierte und nicht organisierte Bestandteile krankhafter und nicht-krankhafter Art. So sind ohne Bedeutung spärliche Schleimfäden, wie sie sich beim Stehen des normalen Urins absetzen können, ver-

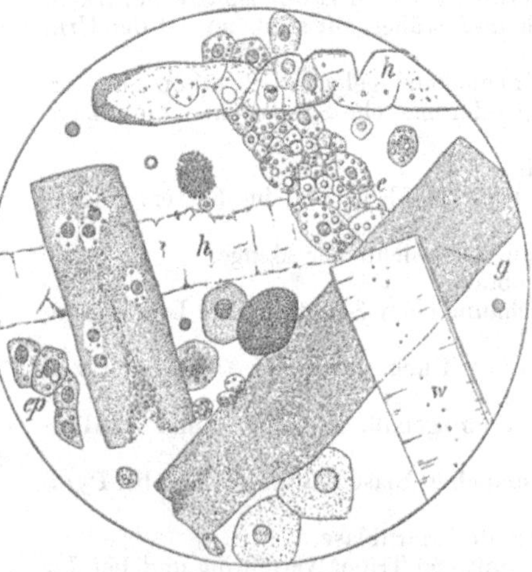

Abb. 360. Formbestandteile bei schwerer akuter (anfangs stark blutiger) Nephritis. *h* hyaliner, *g* körniger, *w* Wachszylinder, *e* Epithelschlauch, *ep* freiliegende Nierenepithelien; außerdem zwei feingekörnte, gleichmäßig verfettete Nierenepithelien. Vergrößerung $^{350}/_{1}$.

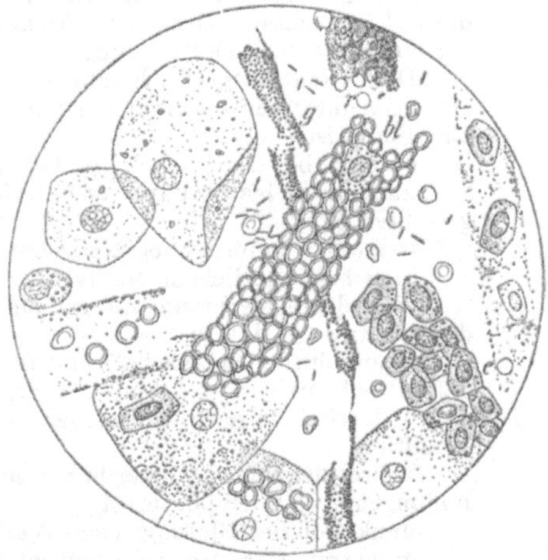

Abb. 361. Formbestandteile bei akuter hämorrhag Nephritis. Kleine und große Plattenepithelien, am Rand hyaliner Zylinder; *g* feingranulierter Zylinder, *bl* roter Blutkörperchenzylinder, *e* Kanälchenepithelien (zylinderartig gruppiert). Vergrößerung $^{350}/_{1}$.

(Nach Lenhartz-Meyer.)

einzelte weiße Blutzellen und Deckzellen der Schleimhaut (Epithelien) während ihr reichlicheres Auftreten schon eine Störung anzeigt.

Von organisierten Bestandteilen des Harnsediments unterscheiden wir:

1. Epithelzellen, die man besonders reichlich bei allen akuten und chronischen Katarrhen der Blase und der Harnwege findet. Die Unterscheidung nach Herkunftsort (Blase, Harnleiter, Nierenbecken) ist oft sehr schwierig. Es sind große oft vieleckige oder an den Ecken abgerundete, meist platte etwas geblähte Zellen mit großem gewöhnlich scharf hervortretenden, leicht gekörntem Kern. Die von den Nieren stammenden Epithelzellen lassen sich von den Zellen dann besonders leicht unterscheiden, wenn sie in Form von Schläuchen, als sogen. Epithelzylinder im Urin auftreten, oft mit kleinsten Fettkügelchen angefüllt.

2. Rote Blutkörperchen treten bei Nieren- und Blasenblutungen auf und zeigen in frischem sauren Urin normale Größe; später kommt es zum Austritt des Hämoglobins und Quellung bzw. Schrumpfung. Über den Sitz der Blutung entscheidet außer den klinischen Zeichen das gleichzeitige Auftreten anderer organisierter Gebilde, so spricht für Nierenblutung das Vorhandensein

von Harnzylindern und Nierenepithelien, besonders aber die Anordnung der Blutzellen zu sogenannten Blutzylindern.

3. Weiße Blutzellen — gelapptkernige Leukozyten oft in großen Klumpen zusammenliegend und besonders deutlich nach Färbung mit Anilinfarben kenntlich — treten in größter Menge bei eitriger Entzündungen der Blase und Harnleiter in geringerer Menge aber auch bei entzündlichen Nierenerkrankungen, hier bisweilen den Harnzylindern angelagert auf.

4. Harnzylinder (Abb. 360, 361). — Walzenförmige Gebilde von verschiedener Länge und Dicke im Harn von Nierenkranken. Unterschieden werden meist drei Arten derselben, nämlich:

a) Hyaline Harnzylinder (Abb. 360, *h*). — Homogen, glashell, meist gerade, seltener leicht gebogen, sehr verschieden lang und breit. Um diese Gebilde deutlich, leicht braun zu sehen bzw. zu finden, lasse man etwas Jodtinktur seitlich unter das Deckglas fließen.

b) Granulierte Harnzylinder (Abb. 360, *g*; 361 *g*). — Unterscheiden sich von den hyalinen Zylindern dadurch, daß sie gekörnt sind, und zwar kann diese Granulierung bald fein, bald grob sein. Auch die aus Blutkörperchen oder aus Epithelzellen der Nierenkanäle gebildeten Zylinder werden unter die granulierten als besondere Abarten gerechnet.

c) Wachsartige Harnzylinder (Abb. 360, *w*). — Die seltenste Form der Harnzylinder, den hyalinen Zylindern nicht unähnlich, aber durch ihr durchscheinendes Gefüge sowie die scharfen, stark lichtbrechenden Umrisse unterschieden. Wachsartige Zylinder zeichnen sich meist durch eine große Breite aus; sie sind in der Regel gegen Säuren, die die hyalinen Zylinder verschwinden lassen, sehr widerstandsfähig.

Neben diesen wichtigsten Bestandteilen finden sich gelegentlich Samenbestandteile, Schleimfäden, Gewebsfetzen und häufig Parasiten verschiedenster Art. Hier ist besonders wichtig das Auftreten von Tuberkelbazillen, das oftmals leichter durch den Tierversuch als durch das mikroskopische Präparat festgestellt wird, von Gonokokken, Bakterium coli, Streptokokken, Typhusbazillen usw. Hier treten neben der Bakterioskopie die übrigen bakteriologischen Untersuchungsmethoden in ihr Recht. Auch Wurmeier und Würmer können im Urin gefunden werden.

Nichtorganisierte Bestandteile des Harnsediments.

Das Sediment des Harnes wird allein und dann mit Salzsäure angesäuert auf den Objektträger gegeben, oder man läßt Harn auf dem Objektträger verdunsten.

1. Harnsäure (Abb. 362) nimmt verschiedene Formen an. Sie bildet bald rhombische, glatte, durchsichtige, oft orange, bräunlich oder gelb gefärbte Tafeln, bald mit abgerundeten stumpfen Winkeln,

Abb. 362. Harnsäurekristallformen.

Abb. 363. Saures harnsaures Natron.

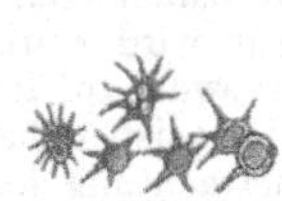

Abb. 364. Saures harnsaures Ammon.

Abb. 365. Hippursäure.

bald mit spindelförmigen Verlängerungen. Aus der alkalischen Lösung mittels Salzsäure auf dem Objektträger abgeschieden, bildet sie mitunter Hantel- und Drusenform. Bald nimmt die Harnsäure die Form von Wetzsteinen an, bald vereinigt sie ihre Prismen zu besenähnlichen Büscheln, von denen je zwei mit ihrer Basis zusammenhängen.

2. Saures harnsaures Natron (Abb. 363) bildet unregelmäßige Gruppen kleiner Körnchen.

3. Saures harnsaures Ammon (Abb. 364) in Form kleiner, runder, mit Spitzen besetzter, vereinzelter oder in Gruppen zusammenliegender Körnchen.

4. Hippursäure (Abb. 365) bildet, aus kaltem Harne allmählich ausgeschieden, halbdurchsichtige rhombische, vierseitige Prismen und Säulen mit der Grundform des Rhombenoktaeders, an den Enden in zwei oder vier Flächen auslaufend.

5. Phosphorsaure Ammon-Magnesia (Tripelphosphat) (Abb. 366) gewöhnlich in rhombischen, sargdeckelähnlichen Kristallen, die sich durch ihre leichte Löslichkeit in verdünnter Essigsäure von der oxalsauren Kalkerde unterscheiden.

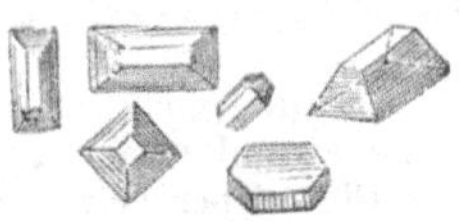

Abb. 366. Phosphorsaure Ammon-Magnesia.

Abb. 367. Oxalsaure Kalkerde.

6. Oxalsaure Kalkerde (Abb. 367) in Gestalt kleiner, durchsichtiger quadratoktaedrischer Kristalle, den Briefkuverts ähnlich oder sanduhrförmig.

7. Harnstoff mit Chlornatrium gibt Kristalle, an denen die Kreuzform vorherrschend ist.

d) Der Auswurf.

Der Auswurf des Menschen hat nach dem jeweils vorliegenden Krankheitsprozeß eine verschiedene Beschaffenheit.

Er ist wechselnd nach Menge, Farbe, Zähigkeit und Geruch.

Sehr reichlich kann der Auswurf sein bei Lungenbrand, bei Erweiterung der Bronchien (Bronchiektasen), bei Eiteransammlungen im Brustfellraum, die in die Luftwege durchbrechen.

Die Farbe ist glashell oder mehr gelblich, je nach dem Schleim- und Eitergehalt. Man unterscheidet schleimige, schleimig-eitrige, rein eitrige Sputa.

Blutigrot ist der Auswurf bei Lungenblutungen (z. B. aus tuberkulösen Lungenkavernen, Lungeninfarkten bei Herzfehlern, Durchbruch eines Aneurysmas in die Luftwege).

Rostfarben ist er bei der Lungenentzündung, bei verzögerter Lösung kann er durch Umwandlung des Blutfarbstoffs einen gelben oder grasgrünen Farbenton annehmen.

Ockergelb erscheint er bei Durchbruch von Leberherden (z. B. Echinococcus) in die Lungen; himbeergeleeartig (blutig-schleimig) bei Neubildungen in den Lungen oder Bronchien (Lungenkrebs).

Die Zähigkeit wird durch den beigefügten Schleim bedingt; ganz dünnflüssig ist der Auswurf (pflaumenbrühartig) bei Lungenödem.

Der Geruch ist meist ein fader oder süßlicher; bei Lungenbrand stinkend faulig.

Nach der Betrachtung im Speiglase wird der Auswurf auf einen tiefen halb weißen, halb schwarzen Porzellanteller ausgeschüttet und mit Hilfe von Präpariernadeln ausgebreitet und untersucht.

Die miproskopische Untersuchung darf bei nicht eindeutigem klinischen Befunde niemals unterlassen werden; bei sicherer Diagnose wird sie das Ergebnis bestätigen, häufig wesentlich ergänzen und dadurch einen besseren Einblick in den Krankheitsvorgang gewähren. Gröbere Partikel können ohne Zusatz auf den Objektträger gebracht, mit dem Deckglas bedeckt und untersucht werden.

Ohne wesentliche Bedeutung ist der Befund von weißen Blutkörperchen, die sich in jedem Auswurf reichlich finden; von Plattenepithelien, die der Schleimhaut des Mundes entstammen, von Zylinderepithelien und Flimmerepithelien, die bei akutem Katarrh durch starke Hustenstöße zutage gefördert werden können; von sogenannten Alveolarepithelien, d. h. großen runden oder ovalen Zellen mit bläschenförmigem Kern, deren Protoplasma mit stark lichtbrechendem Fett und Myelinkügelchen gefüllt ist — häufig beherbergen dieselben Kohlepigment — von Bakterien der Mundhöhle, insbesondere *Leptothrix*-Fäden.

Von wesentlicher Bedeutung ist der Befund von Curschmannschen Spiralen. Sie kommen fast ausschließlich im Auswurf Asthmakranker vor und sind häufig schon mit bloßem Auge als geschlängelte Fädchen von grauweißer oder graugelber Farbe, öfter auch als sagokorngroße durchscheinende Gebilde erkennbar.

Bringt man ein solches Gebilde unter das Mikroskop, nachdem man es vorher unter sanftem Druck mit einem Deckgläschen bedeckt hat, so ergibt sich, daß es sich aus spiralig oder korkzieherartig gewundenen Mucinfäden zusammensetzt. In der Achse verläuft der sogenannte Zentralfaden.

Man nimmt an, daß die Spiralen in den feineren Verzweigungen der Luftwege durch eine exsudative Bronchiolitis gebildet werden; durch die Ausbreitung des krankhaften Prozesses über einen großen Abschnitt der Lunge kommt es zu den Erscheinungen der Kurzatmigkeit (Dyspnoe). Mit dem Aushusten der Spiralen geht der asthmatische Anfall in der Regel vorüber.

Sehr häufig finden sich im Sputum bei Bronchialasthma die Charcot-Leydenschen Kristalle, die aber auch unter anderen Bedingungen im Sputum (fibrinöse Bronchitis) sowie in Blut und Milz (Leukämie) auftreten können. Es sind dies spitz ausgezogene, stark lichtbrechende, Oktaeder verschiedener Größe, die sich höchstwahrscheinlich beim Zellzerfall bilden (auch nach Stehenlassen im Asthmasputum, wo sie vorher fehlten, auftreten können). Sie lösen sich leicht in warmem Wasser, Säuren und Alkalien, nicht in Alkohol. Als dritter wichtiger Bestandteil des Asthmasputums sind die oft sehr reichlichen eosinophilen Leukozyten zu nennen, die sich von Fettkörnchenzellen schon ungefärbten Präparat durch die gleichmäßige Größe und Anordnung ihrer Granula sowie durch den gelblichen Farbenton unterscheiden lassen.

Bei Stauungszuständen chronischer Art, also besonders bei Herzfehlern (Abb. 368) finden sich im Auswurf die sogenannten Herzfehlerzellen, dies sind Wander- bzw. Alveolarwandzellen, die ein gelblichbraunes Pigment enthalten, das aus dem Hämoglobin gebildet ist (Hämosiderin) und die Berlinerblau-Reaktion gibt.

Man streicht ein pigmentiertes Flöckchen des Auswurfs mit einer Glasnadel aus und läßt das Präparat trocken werden. Dann 2 Minuten in 2 proz. Ferrocyankaliumlösung und darauf in $^1/_2$ proz. Salzsäurelösung. Die Mehrzahl der Pigmentzellen zeigt dann eine Blaufärbung (Eisenreaktion) der Körnchen.

Daneben sieht man nicht selten mit Kohlepigment beladene Zellen.

Fibrinabgüsse der Bronchien, gelegentlich baumförmig verästelt, kommen bei echter Lungenentzündung (fibrinöser Pneumonie), und dann bei fibrinöser Bronchitis oft sehr reichlich vor.

Elastische Fasern finden sich bei zerstörenden Prozessen des Lungengewebes, Tuberkulose, Lungenabzeß, seltener bei Lungenbrand. Sie kommen bald als vereinzelte, häufiger zu zierlichem Netzwerk angeordnete, stark lichtbrechende Fasern vor, die gegen Säuren und Alkalien äußerst widerstandsfähig sind und durch diese Eigenschaft von ähnlichen Gebilden, besonders den Bindegewebsfasern, unterschieden werden können (Abb. 369).

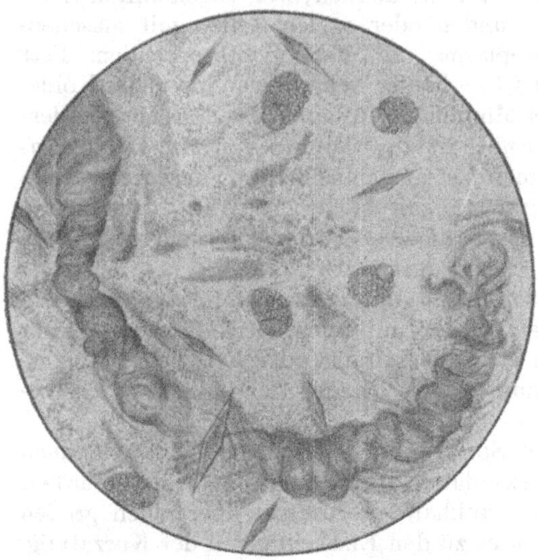

Abb. 368. Asthma spirale mit eosinophilen Zellen und Charcot-Leydenschen Kristallen (schwache Vergrößerung). (Nach Lenhartz-Meyer.)

Man kann zum Nachweis der elastischen Fasern den ganzen Auswurf mit der gleichen Menge 10 vH. Kalilauge kochen, dann mit Wasser verdünnen und im Spitzglas absetzen lassen.

Fettsäurekristalle kommen in Form gebogener Nadeln vor in den widrig riechenden sogenannten Dittrichschen Pfröpfen bei fötider Bronchitis, Lungengangrän. Von elastischen Fasern lassen sie sich dadurch unterscheiden, daß sie nie verästelt sind; beim Erwärmen schmelzen sie.

Seltener finden sich **Hämatoidin-, Cholestearin- und Tyrosinkristalle.**

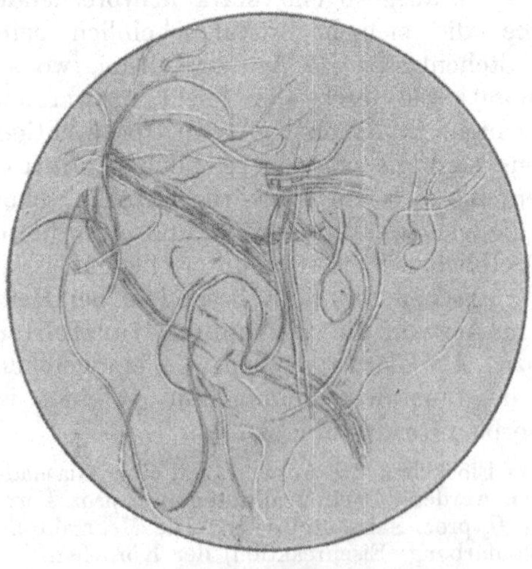

Abb. 369. Elastische Fasern im Sputum. (Nach Lenhartz-Meyer.)

Die häufigsten **Bakterien**, die sich im Auswurf finden, sind:

Der **Tuberkelbazillus**; der **Fränkelsche Pneumokokkus**, der Erreger der krupösen Lungenentzündung, der aber gelegentlich auch als harmloser Parasit im Munde gesunder Personen vorkommt; der **Influenzabazillus**; der **Streptokokkus** und **Staphylokokkus**; in selteneren Fällen **Milzbrandbazillen** (z. B. bei Lumpensammlern), **Typhusbazillen**, **Pestbazillen** usw.

3. Vom tierischen Körper stammende Objekte.

a) Milch.

Milch von Kühen ist die bekannte emulsionsartige Flüssigkeit, die verschiedene Salze, Milchzucker, Kaseïn enthält, und in der Fett (Butter) in Gestalt sehr kleiner, unter dem Mikroskop scharf begrenzter, homogener, durchsichtiger Kügelchen schwimmt. Jedes Fettkügelchen ist mit einer Kaseïnhülle umgeben, die das Zusammenfließen des Fettes verhindert. Unter dem Mikroskop erscheint die Milch als eine klare Flüssigkeit mit den darin suspendierten Fettkügelchen (Abb. 370). In der abgekochten Milch finden sich neben den kleinen Fettkügelchen wenige, drei- bis zehnmal größere Kügelchen oder gestaltlose Fettpartikel.

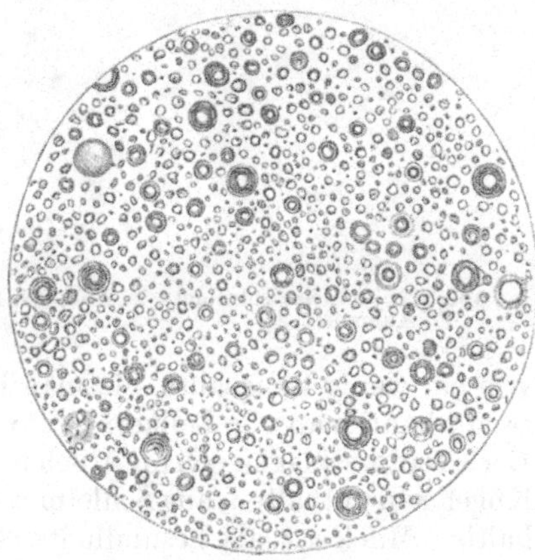

Abb. 370. Milch. Vergrößerung 200/1.

In der Ruhe scheidet sich die Milch in zwei Schichten, in eine untere fettarme und in eine obere fettreiche, gewöhnlich Rahm oder Sahne genannt. Die von dem Rahme gesonderte, sogenannte Magermilch zeigt unter dem Mikroskop weit weniger Fettkügelchen, und diese sind meist klein. Es treten also die größeren Fettkügelchen beim ruhigen Stehen der Milch zuerst an die Oberfläche. Der Milchrahm bietet daher dem Auge sehr große Fettkügelchen.

Die dickliche, gelbliche Milch, die jedes Säugetier (also auch die Kuh) einige Tage vor und in den ersten Tagen nach dem Gebären gibt, heißt *Colostrum*, Kolostrummilch. Sie ist von fadem Geschmacke, enthält Eiweiß, weniger Kaseïn und Milchzucker, besonders aber die Kolostrumkugeln, die meist als die mit Fett erfüllten Zellen der Milchdrüsenschleimhaut angesprochen werden. Unter dem Mikroskop erscheinen die Fettkügelchen der Kolostrummilch gewöhnlich weniger scharf begrenzt, von sehr verschiedener Größe, in Gruppen darin herumschwimmend, und daneben findet man einzelne große, nicht völlig kugelrunde, trübe Buttermassen mit körniger Oberfläche, jene Kolostrumkügelchen. Diese sammeln sich beim Stehen der Milch an der Oberfläche und bilden eine dunkelgelbe Rahmschicht. Die Kolostrummilch hat meist eine blaßgelbe oder gar gelbe Farbe. Sie ist zwar nicht gesundheitsschädlich, denn sie äußert nur eine den Stuhlgang gelind vermehrende Wirkung, sie ist aber als menschliches Genußmittel nicht geeignet und schon wegen ihrer Farbe nicht appetitlich.

Infolge exsudativer Prozesse im Euter oder infolge einiger epidemischer Rinderkrankheiten kommt in der Milch Eiter vor. Die Eiterkörperchen sind den Butterkügelchen ähnlich, aber im Umfange etwas größer, matt granuliert und enthalten einen Kern, oder sie bilden granulierte Körperchen mit unregelmäßigem Rande, löslich in Ätznatronlauge, unlöslich in Äther. Nach Tinktion der Milch mit Anilinfarbstoffen und einstündigem Stehen lassen sich die Eiterkörperchen unter dem Mikroskop leicht erkennen. Am schnellsten wird man eine Färbung der Eiterkörperchen und aller anderen Zellen und Zellreste erreichen, wenn man an den Rand des mikroskopischen Präparates ein Tröpfchen wässeriger Methylenblaulösung bringt und an der entgegengesetzten Seite mit einem kleinen Streifen Fließpapier etwas absaugt. Auch durch Zusatz

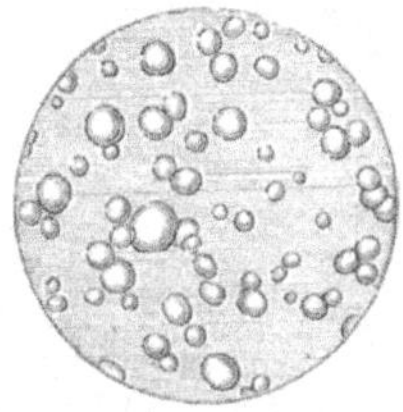

Abb. 371. Teilweise entrahmte Kuhmilch. 500/1.

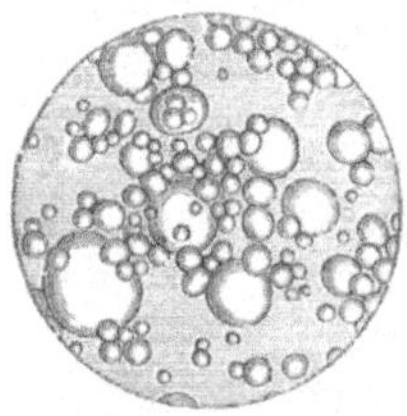

Abb. 372. Sahne. 500/1.

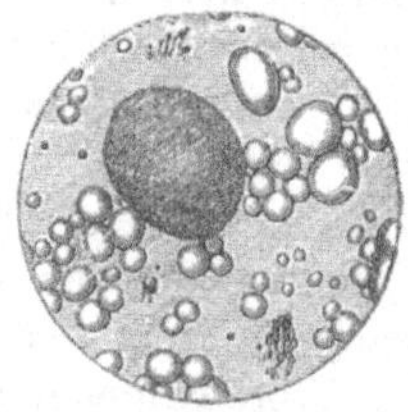

Abb. 373. Kolostrum. 500/1.

von ein wenig Essigsäure, die man in gleicher Weise unter das Deckglas saugt, kann man alle Zellkerne sehr schnell deutlich hervortreten lassen. Bei Eiterausschlägen soll die Milch mikroskopisch kleine maulbeerähnliche Kügelchen enthalten, aus Schleim und Eiter bestehend. Eine solche eiterhaltige Milch ist als gesundheitsschädlich zu beurteilen.

Abgesehen von der viel geübten Verdünnung der Milch mit Wasser sollen auch direkte Verfälschungen beobachtet sein. So soll der Milch gelegentlich Stärkemehlschleim und in anderen Fällen zerriebenes Schafhirn, das vorher von Blut befreit wird, beigemischt worden sein. Es sind dies wahrscheinlich Märchen; jedenfalls spielen derartige Verfälschungen keine Rolle, da sie nur ganz vereinzelt passiert sein können. Der Nachweis der genannten Verfälschungen kann sehr leicht geschehen: so läßt sich Stärkekleister durch Zusatz von Jodlösung sofort nachweisen, da die Milch dann nicht wie gewöhnlich eine gelbe, sondern eine grüne oder blaugrüne Farbe annehmen wird; Gehirnsubstanz in der Milch würde ein sehr verändertes mikroskopisches Bild liefern, da die myelinhaltigen Scheiden der Nervenfasern auch nach der Zerstörung ein wechselndes, aber insofern sehr charakteristisches Aussehen zeigen, als die Massen stets doppelte Konturierung erkennen lassen (siehe Abb. 374).

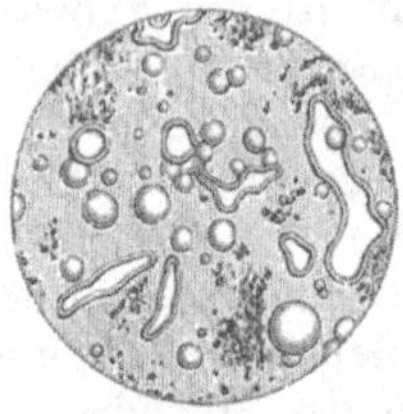

Abb. 374. Milch mit Gehirnsubstanz. 500/1.

b) Tierische Gespinstfasern.

Seide und ihr Ersatz.

Die Seide ist das zu Fäden ausgezogene, erhärtete Sekret der Spinndrüsen verschiedener Raupen. Man unterscheidet die gewöhnliche, von *Bombyx mori* stammende Seide von der in neuerer Zeit sehr viel verarbeiteten Tussahseide, die von verschiedenen Saturnia-Arten (besonders dem chinesischen Eichenspinner) geliefert wird. Seide besteht (Abb. 375 u. 376) aus zwei parallel laufenden und fest zusammengeklebten, glänzenden, walzenförmigen, soliden, strukturlosen Fäden meist gleichförmiger Lichtbrechung. Diese Zweiteiligkeit des Seidenfadens erklärt sich durch den Bau der Spinndrüsen, die in Form von langen Schläuchen zu beiden Seiten des Darms der Raupe liegen und auf einem Kegel unterhalb der Mundhöhle dicht nebeneinander ausmünden. Der Mangel einer Innenhöhle unterscheidet die Seide von allen anderen (pflanzlichen) Gespinstfasern; nur die Kunstseide (vgl. S. 308) ist gleichfalls solid.

Bei roher Seide ist die aus Fibroïn bestehende Zentralfaser von einem dicken, hauptsächlich aus Seidenleim (Serizin) bestehenden

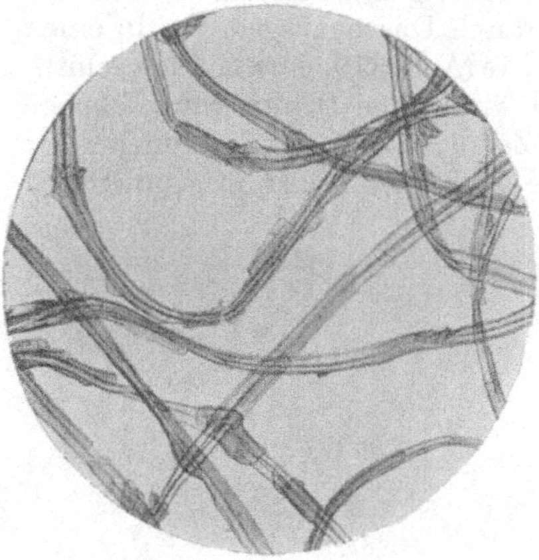

Abb. 375. Rohseide. (Nach Herzog.) 75/1.

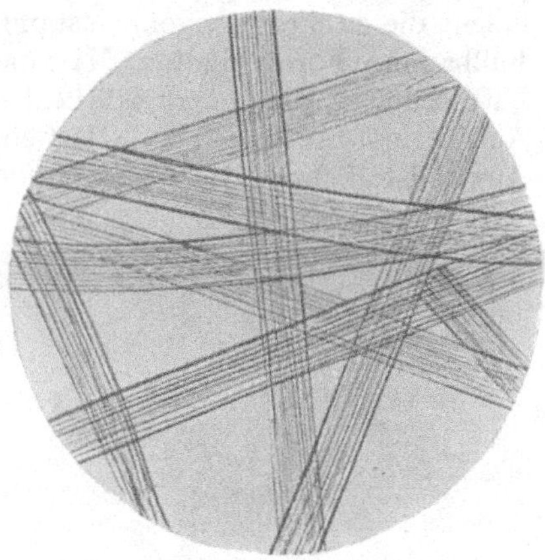

Abb. 376. Viskoseseide von Küttner. (Nach Herzog.) 75/1.

Mantel umgeben, der bei der Verarbeitung durch neutrale Seifen gelöst und entfernt wird, weil er die Färbbarkeit und den Glanz der Faser beeinträchtigt. Ist diese Lösung nur unvollkommen erfolgt, so

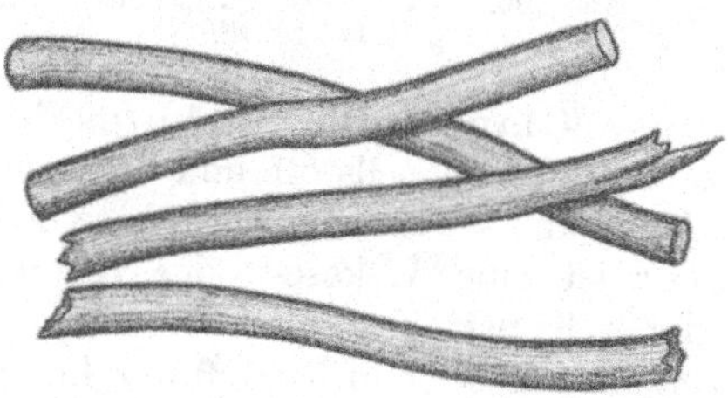

Abb. 377. Seide, verarbeitet.

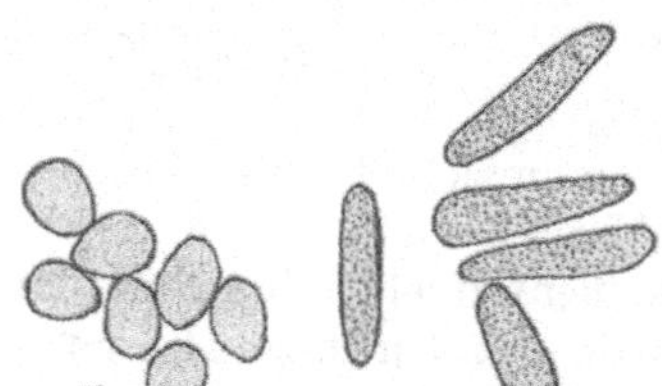

Abb. 378. Querschnitte von Seide. *a* Seide von Maulbeerspinner, *b* Seide von Chin. Eichenspinner (Tussah).

können auf dem Seidenfaden Schollen (Abb. 375) oder Querlinien zurückbleiben, die ihm eine Ähnlichkeit mit tierischen Haaren verleihen.

Verarbeitete Seide (Abb. 377) zeigt die Doppelung des Fadens entweder gar nicht mehr oder nur auf kurze Strecken, weil mit Weglösung des Serizins die Einzelfäden sich trennen.

Tussahseide ist der gewöhnlichen Seide deswegen unterlegen, weil sie von Natur stark (bräunlich) gefärbt ist und deswegen nur zu dunkler gefärbten Fabrikaten verarbeitet werden kann. Mikroskopisch sind die beiden Hauptsorten sehr leicht zu unterscheiden. Gewöhnliche Seide (Abb. 378*a*) hat einen rundlichen, Tussahseide (Abb. 378*b*) dagegen ihres bandförmigen Baues wegen einen sehr langgestreckten Querschnitt. Zur Untersuchung bette man den Seidenfaden in Paraffin ein und mache senkrecht (nicht schief) geführte Schnitte.

Kunstseide. Im Wettbewerb mit der echten Seide erscheinen heute die zahlreichen als Kunstseide bezeichneten Erzeugnisse, die mikroskopischer Untersuchung zum Vergleich unterliegen sollen. Alle sind Kunstfäden, die in dickflüssigem Zustand durch Düsen ausgepreßt, in einem Fällbad ihre Form erhalten. Nitroseide (Abb. 379) entsteht aus gelöster Nitrozellulose, die Feuergefährlichkeit wird durch Denitrierung behoben. Auch Azetatseide (Abb. 381) ist ein Zelluloseabkömmling ähnlicher Art. Aus Zellstoff (bzw. Holz) herrührende Zellulose, gelöst in Kupferoxyd-

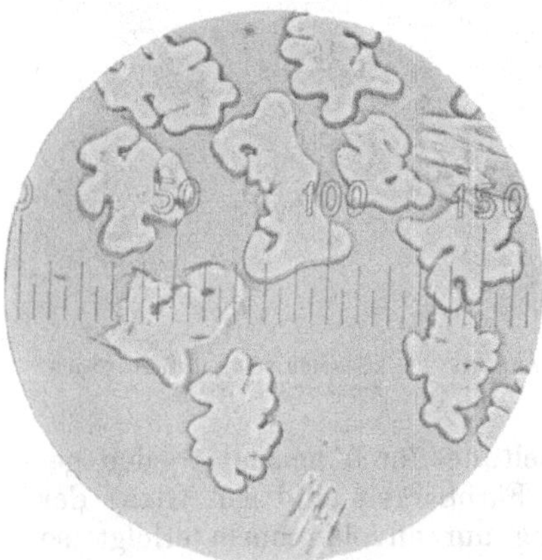

Abb. 379. Nitroseide, Querschnitt. (Nach Herzog.) $^{315}/_{1}$.

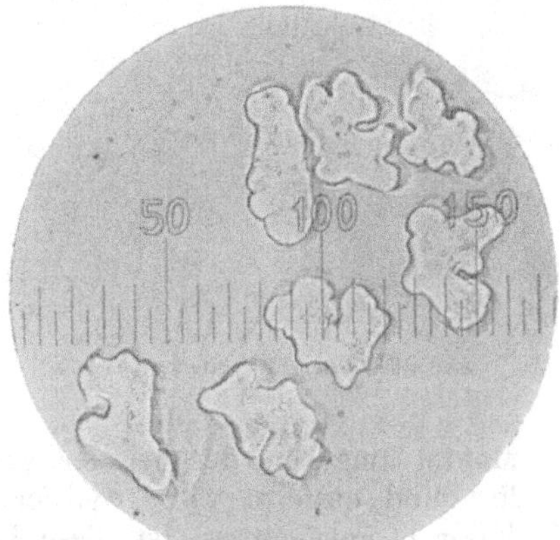

Abb. 380. Viskoseseide, Querschnitt. (Nach Herzog.) $^{315}/_{1}$.

ammoniak, gibt die Kupferzellulose (Glanzstoff). Viskoseseide (Abb. 378 u. 380) wird durch Merzerisation von Zellstoff und Schwefelkohlentoffbehandlung gewonnen. Auch aus Gelatine werden seidenartige Fäden erzeugt. Stapelfaser ist eine Viskose- oder Kupferzellulose, die im Gegensatz zu anderen Kunstseiden ohne Vereinigung der bei der Herstellung austretenden Einzelfasern in bestimmter Länge (Stapel) in den Handel kommt.

Kunstseiden unterscheiden sich von natürlichen zunächst oft durch geringere Festigkeit, höheren Glanz, stärkere Quellung im Wasser (die durch Zusatz von Glyzerin, Alkohol und anderen wasserentziehenden Mitteln im mikroskopischen Präparat rückgängig gemacht werden kann), größere Härte, doch ist die Kunstseideerzeugung dauernd bemüht, solche Unterschiede auszugleichen. Bei Verbrennung riecht echte Seide wie Haar oder Horn, Kunstseide wie Papier, Azetatseide hat etwas sauren Geruch. Beschwerte echte Seide riecht der Kunstseide ähnlicher. Sicherer ist schon die Unterscheidung im Polarisationsmikroskop.

Echte Seide, eingebettet in Anilin, zeigt bei Einstellung ihrer Längsrichtung senkrecht zur Polarisationsebene des Objekttischnikols infolge der Übereinstimmung des Brechungsexponenten mit dem des Anilins fast keine Sichtbarkeit, erreicht dagegen bei Drehen des Objekttisches bis zur Parallelstellung die größte Sichtbarkeit. Bei Kunstseide, deren Brechungsexponent erheblich unter dem des Anilins liegt, bleiben die Fasern in beiden Lagen deutlich sichtbar. Bei ihr tritt außerdem oft (nicht bei Gelatine- und Azetatseide!) ein Farbwechsel während der Drehung über dem Objekttischnikol auf (Pleochroismus), besonders nach Färbung (auch Überfärbung bereits gefärbter Kunstseide) mit Kongorot. Auf diesem Wege sind manche Mischgewebe von echter und künstlicher Seide zu untersuchen.

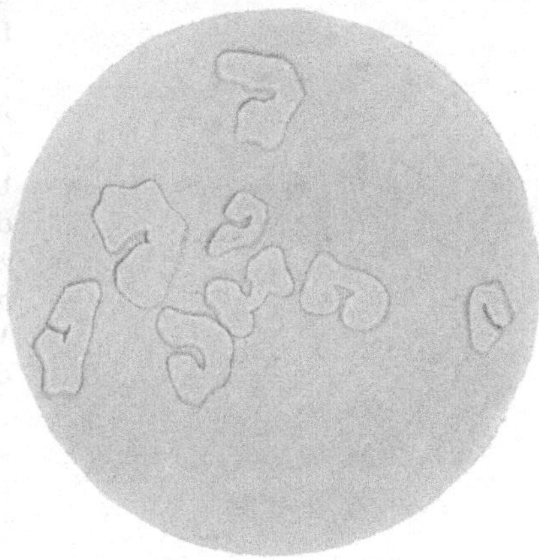

Abb. 381. Azetatseide, Querschnitt. (Nach Herzog.) $^{173}/_{1}$.

Mit Chlorzinkjod wird Kunstseide oft rotviolett bis schwarz, echte Seide, aber auch Azetatseide und Gelatineseide, gelb bis gelbbraun. Chromsäure und Pikrinsäure färben wohl echte Seide, aber Kunstseide nicht. Eingehendere und mikroskopische Betrachtung zeigt, daß die Rißstellen (des ungezwirnten Fadens!) der Kunstseide zerfasert, die (des Einzelfadens) der echten Seide glatt sind. Die heute immer wichtiger werdenden Querschnitte der Kunstseide erhält man ohne Schwierigkeit, wenn man kleine Bündel in Paraffin (Schmelzp. 60°) einbettet. Zu diesem Zwecke zieht man die Bündelchen mehrfach durch erhitztes Paraffin, preßt sie danach zusammen, um das überflüssige Paraffin zu entfernen, läßt erkalten und schneidet dann mit Rasiermesser. Vorherige Färbung mit wässeriger Safraninlösung ist vorteilhaft, Untersuchung erfolgt in Kanadabalsam. Die Querschnitte der Kunstseiden sind viel unregelmäßiger im Umriß als die der echten, da die Fäden oft auffallende Längsstreifen auf der Oberfläche tragen (Doppelfäden kommen nicht vor wie bei echter Seide). Im übrigen vgl. Abb 379 bis 381. (Für weiteres sei auf Herzog, Mikroskop. Untersuchung der Seide und der Kunstseide, Berlin 1924, verwiesen.)

Tierische Haare.

Da die Haare der Tiere einerseits infolge ihrer Festigkeit und Elastizität, anderseits wegen der leichten Verfilzbarkeit, zu Kleiderstoffen oder anderen Gebrauchsartikeln vielfach verwendet werden, die Haare der einzelnen Tierarten aber von verschiedenem Werte sind, so ist es nötig, sie unterscheiden zu können. Dies kann nur durch sorgfältige mikroskopische Vergleichung geschehen.

Man unterscheidet bei den meisten Säugetieren zwei verschiedene

Arten von Haaren, das **Grannen-**, **Borsten-** oder **Stichelhaar** und das **Pelz-**, **Flaum-** oder **Wollhaar**. Während das erstere beim Sommerkleid sehr im Übergewicht ist, entwickelt sich das Wollhaar in beträchtlicher Menge zum Winter, um im Sommer wieder abgestoßen zu werden. Nur zur Zeit des Haarwechsels tritt das Wollhaar an die Oberfläche, für gewöhnlich wird es von dem längeren Stichelhaar bedeckt. Allerdings haben die Menschen und auch die Natur es verstanden, bei einer Reihe von Tieren (Schafe, Kamele) das Wollhaar fast ausschließlich zu entwickeln. In solchen Fällen spricht man von „Wolle"; die Einzelelemente stehen bei ihr sehr dicht beieinander, sind fein, aber fest und stark gekräuselt und deshalb sehr elastisch. Die Kräuselung in Verbindung mit dem sogenannten Fettschweiß vereinigt die benachbarten Haare zu „Stapeln", und auch diese hängen untereinander so fest zusammen, daß beim Scheren des ganzen Tieres die abgeschnittene Wolle zu einer gemeinsamen Masse, dem „Vließe", vereinigt bleibt.

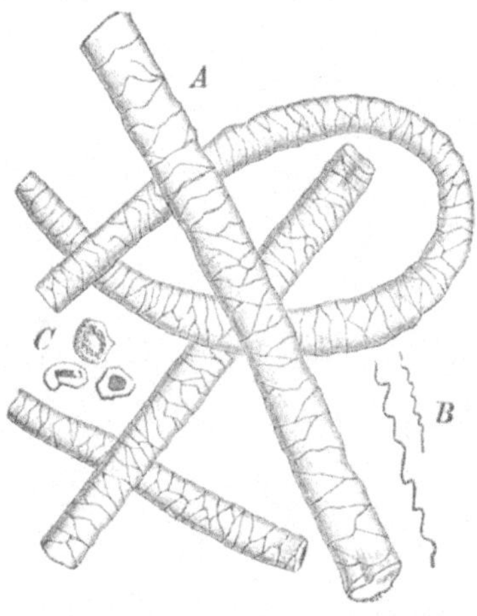

Abb. 382. Schafwolle $^{200}/_{1}$. *A* Seiten-, *C* Querschnittansicht, *B* Fasern in nat. Größe, gekräuselt. (Nach **Hanausek**.)

Die Einzelelemente der **Wolle** sind wie die meisten Säugetierhaare annähernd zylindrische, von einem Markstrang der Länge nach durchzogene Gebilde, bedeckt mit ziegelartig übereinander greifenden Schüppchen, die sich bei geringer Vergrößerung durch dicht und unregelmäßig nebeneinander liegende Linien oder Risse kennzeichnen (Abb. 382).

Von den für die Beurteilung des Wertes der Schafwolle wichtigen Fragen werden nur zwei auf mikroskopischem Wege entschieden, nämlich die **Feinheit** und die **Treue** des Haars. Je feiner ein Haar, desto wertvoller (innerhalb gewisser Grenzen) und desto gekräuselter ist es auch. Nach **Hanausek** und **Hoyer** gilt folgende Tabelle:

Namen	Dicke in μ ($^1/_{1000}$ mm)	Bögen pro cm Länge
Superelekta	15—17	über 11
Elekta	17—20	9—11
Prima	20—23	7—9
Sekunda . . . :	23—27	6—7
Tertia	27—33	5—6
Quarta	33—40	4—5

Unter **Treue** des Haares versteht man, daß alle seine Teile gleiche Dicke (und damit auch gleiche Kräuselung) aufweisen. „Untreue" (abgesetzte) Wolle wird während schlechter Ernährungs- oder Krankheitsperioden des Schafes gebildet.

Außer zahlreichen Schafrassen liefern noch Ziegen und Kamele brauchbare Wolle. Von der Angoraziege, die besonders in Kleinasien und Südafrika gezüchtet wird, stammt die Mohair- oder Angorawolle, die sich durch seidenartigen Glanz auszeichnet. Sie ist in ihrem Bau der Schafwolle verwandt, unterscheidet sich aber leicht von ihr durch die Eigentümlichkeit, daß die Kutikularplättchen die Breite fast der ganzen Haaroberfläche einnehmen. Dementsprechend findet man die Mohairwolle (Abb. 383) fast nur mit großzackigen Querlinien überdeckt, während die bei der Schafwolle so häufigen schräg gestellten Verbindungslinien (vgl. Abb. 382) fehlen.

Das Vließ des zweihöckerigen Kamels sowie des Dromedars wird in gleicher Weise wie die Wolle der neuweltlichen Kamelarten, des Lamas und seiner Verwandten, benutzt. Vor allem zu nennen ist die

Vicuñawolle (Abb. 384). Das Wollhaar der *Auchenia vicuña*, einer wild lebenden Kamelart Südamerikas, ist ein zartes, flaumartiges, zimmetfarbenes Haar, in der Struktur der Schafwolle ziemlich ähnlich.

Abb. 383. Mohairwolle. 200/1.

Abb. 384. Vicuñawolle. 200/1.

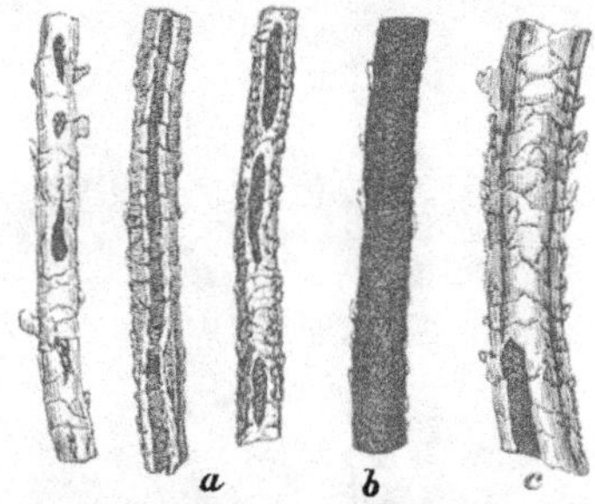

Abb. 385. Alpakawolle. *a* u. *b* 100/1. *c* 200/1 *a* u. *c* weiße, *b* schwarze.

Es ist gemeiniglich mit einzelnen dreifach stärkeren Haaren gemischt, die unter dem Mikroskop schwarz erscheinen. Die Vicuñawolle ist 40—50 mm lang, 12 μ dick, feinschuppig und etwas gekräuselt.

Alpakawolle (Abb. 385). Während die alten Peruaner sich das große und starke Lama (*Auchenia lama*) aus der Wildform, dem Guanako, als Last- und Reittier züchteten, gewannen sie wahrscheinlich aus derselben Wildform auch eine Wollform, das niedriggebaute Alpaka (*Auchenia paca*). Wie bei den meisten Haustieren variiert die Färbung der Haare beträchtlich, so daß die rohe Wolle entweder weiß (geschätzte Qualität) oder schwarz, oder braun, oder auch gefleckt ist. Die Struktur ist der Schafwolle ähnlich, doch ist der Markstrang der Haare von Strecke zu Strecke unterbrochen. — Schwarze Alpakahaare sind in ihrer Struktur schwer klar zu erkennen.

Bei den übrigen Säugetieren kommen an und für sich stets die beiden Arten der Haare, Stichel- und Wollhaare, in Betracht, aber bei der Untersuchung von Pelzen usw. ist im Auge zu behalten, daß bei vielen Fellen die Stichelhaare erst sorgfältig entfernt werden, so daß nur die Wollhaare das Pelzwerk ausmachen.

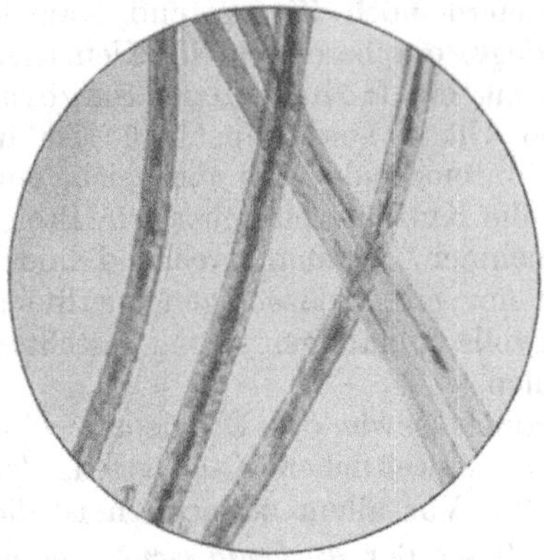

Abb. 386. Nutria.

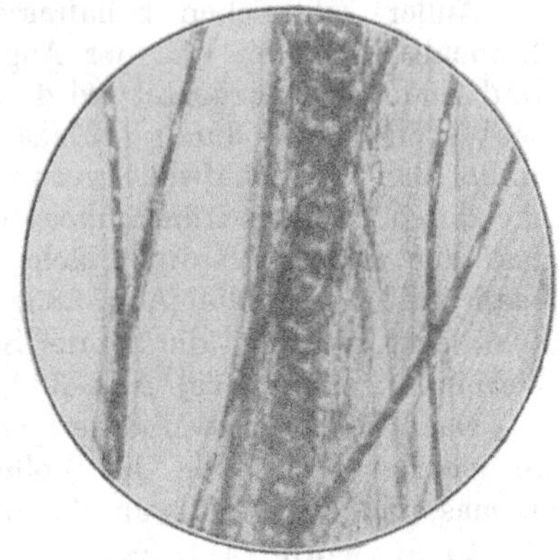

Abb. 387. Biber, gefärbt, hochgeschoren.

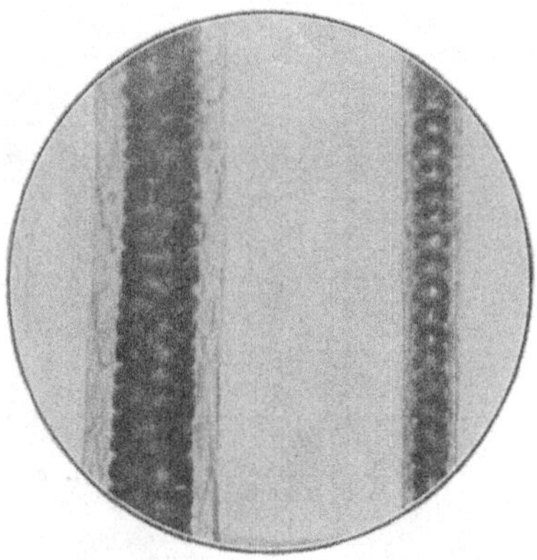

Abb. 388. Zobel, naturell.

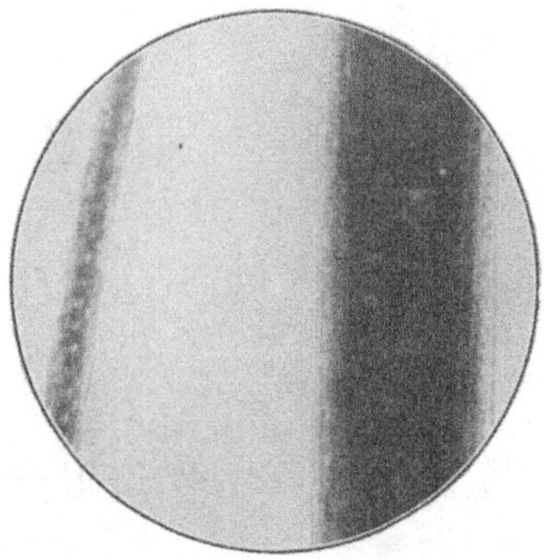

Abb. 389. Zobel, geblendet.

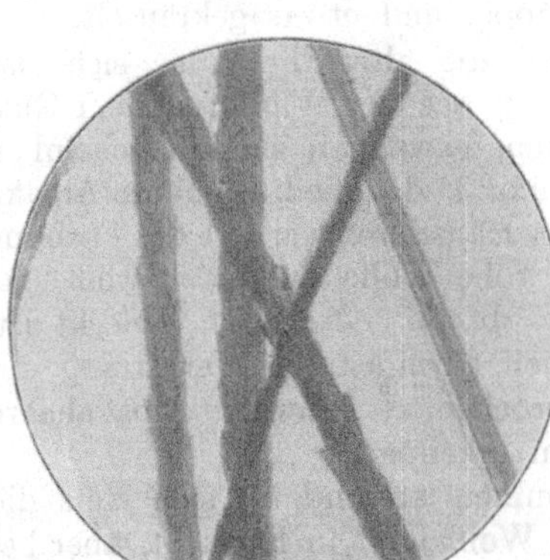

Abb. 390. Sealskin.

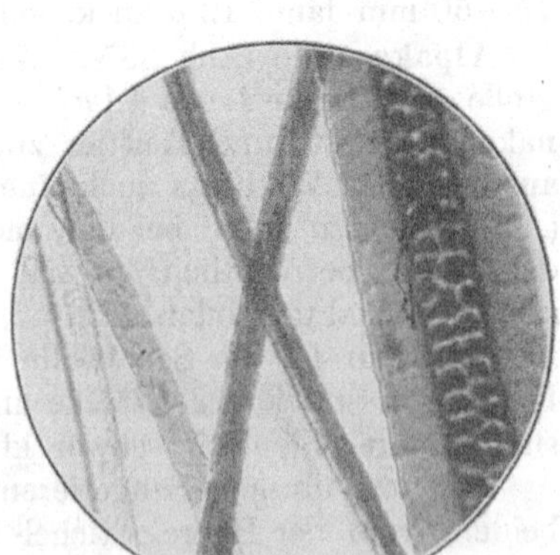

Abb. 391. Opossum (*Didelphys*), gefärbt.

Vergr. $^{200}/_{1}$. — Phot. K. Pritzsche.

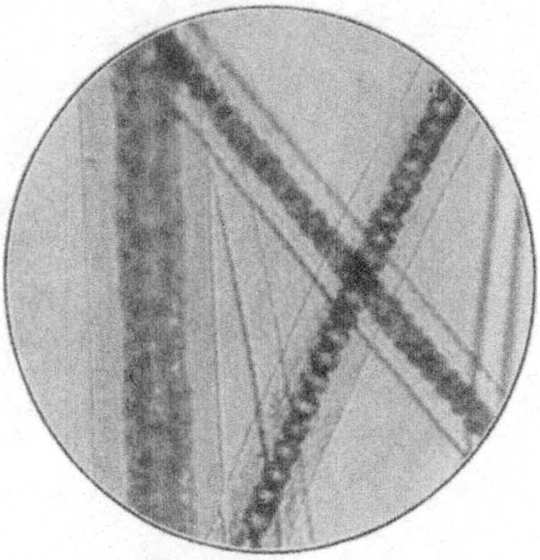

Abb. 392. Austral. Opossum (Känguruh).

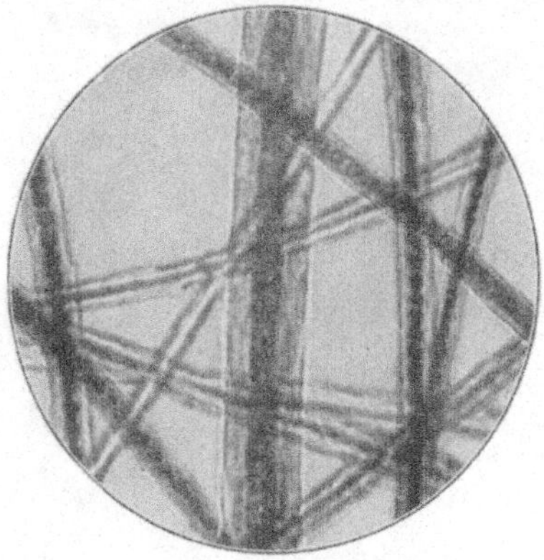

Abb. 393. Nerz, naturell.

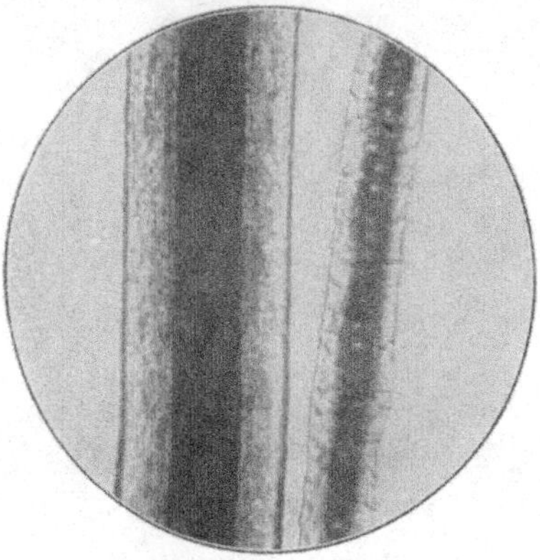

Abb. 394. Seefuchs, gefärbt.

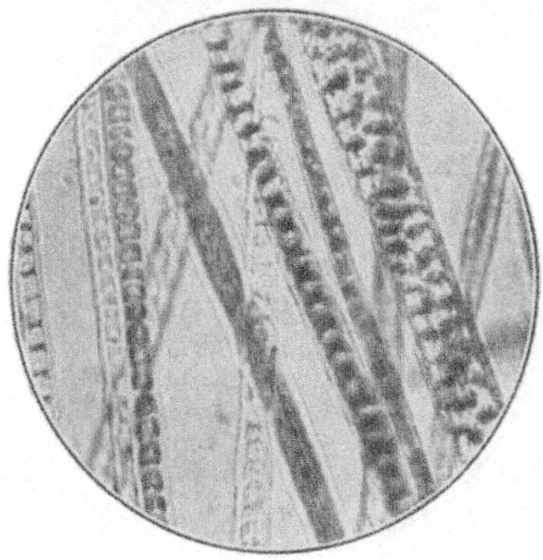

Abb. 395. Bastard-Chinchilla.

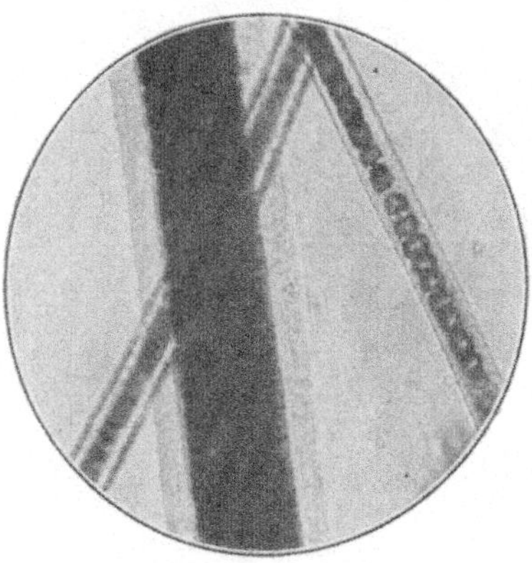

Abb. 396. Bisam.

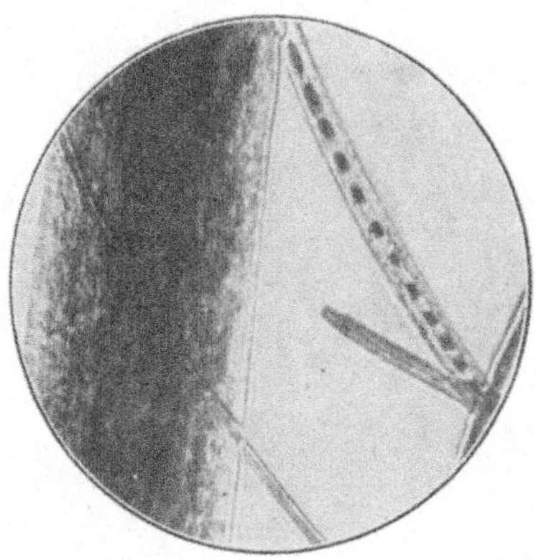

Abb. 397. Luchs.

Vergr. 200/1. — Phot. K. Pritzsche.

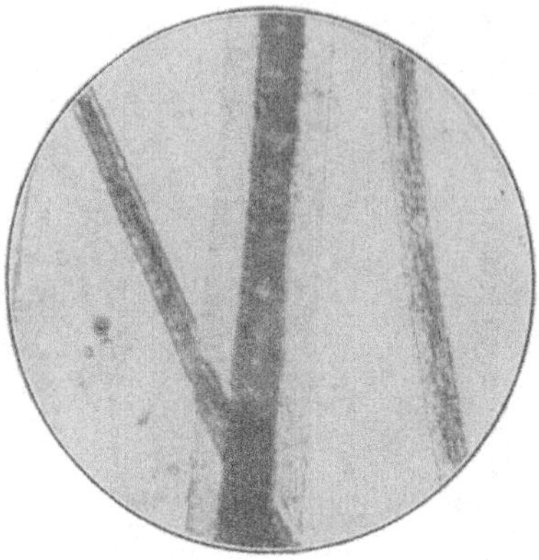

Abb. 398. Schupp (Waschbär).

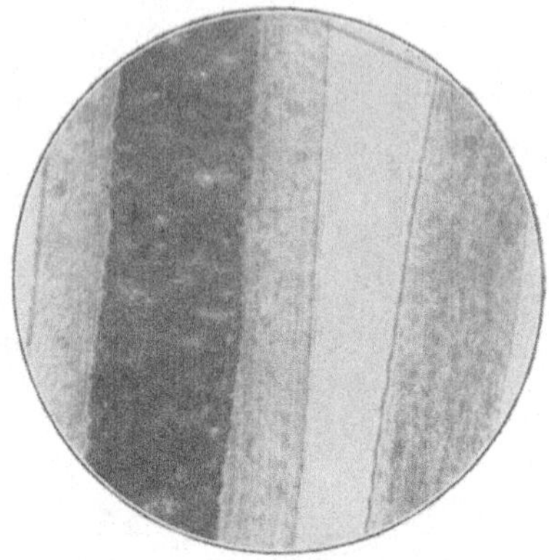

Abb. 399. Sibir. Murmeltier, nach Nerz gefärbt.

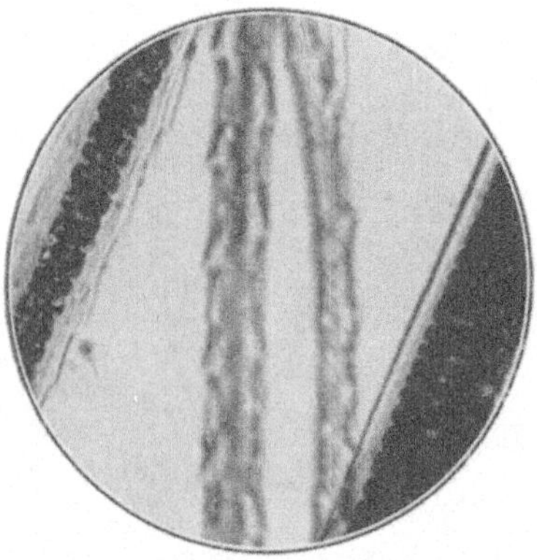

Abb. 400. Colinsky.

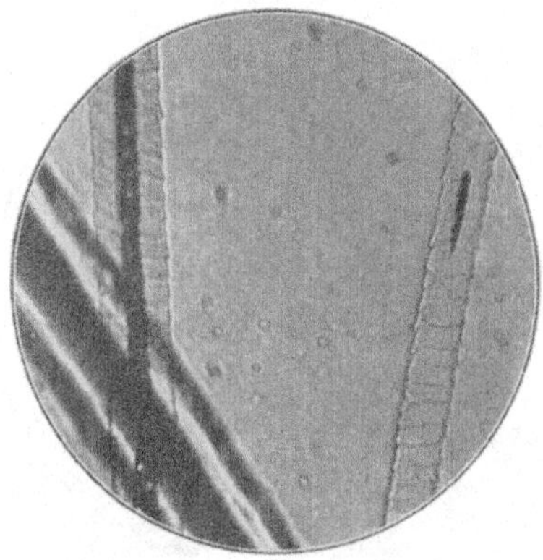

Abb. 401. Wolf.

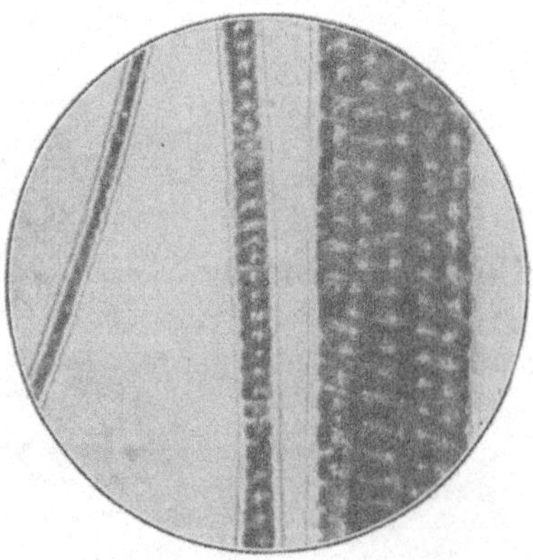

Abb. 402. Kaninchen, weiß.

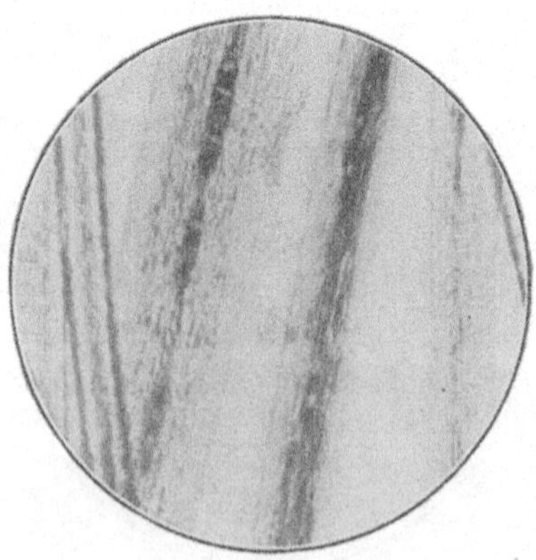

Abb. 403. Hamster.

Vergr. 200/1. — Phot. K. Pritzsche.

Da es nun hier hauptsächlich darauf ankommt, brauchbares Material für die zuverlässige Bestimmung von Fellen, die bereits zu Pelzwerk verarbeitet sind, zu liefern, so geben wir in den vorstehenden Mikrophotogrammen nicht das ursprüngliche Haarkleid des betreffenden Tieres wieder, sondern das daraus hergestellte Pelzwerk. Und zwar haben wir es für nötig gehalten, auch die sogenannten geblendeten Felle neben den natürlichen zu berücksichtigen. Außer den Steckfarben, zu denen man Gallustinten verwendet, die das Haar undurchsichtig schwarz färben, gebraucht man zur Nachahmung wertvollerer Pelze oder zur Aufbesserung zu hell gefärbter Zobelfelle sogenannte Streichfarben. Da der Nachweis solcher streichgefärbter Pelze von den Fachleuten als unter Umständen sehr schwierig bezeichnet wird, während die mit Steckfarben behandelten Stücke leicht zu erkennen sind, so haben wir auch diesem imitierten bzw. aufgebesserten Pelzwerk unser besonderes Augenmerk gewidmet.

Prüfung eines Gewebes.

Unter Berücksichtigung der oben (S. 168—174) über die pflanzlichen Textilfasern gemachten Ausführungen wird die Untersuchung eines Gewebes in folgender Weise bewirkt:

Zunächst kocht man einen etwa 10 cm langen Streifen mit destilliertem Wasser 20 Minuten lang, um alle wasserlöslichen Bestandteile zu entfernen. Dann trocknet man im Wärmeschrank vollkommen.

Darauf wird der Streifen quer durchgeschnitten, die eine Hälfte zur mikroskopischen Untersuchung aufbewahrt, die andere dagegen als Vorprüfung chemisch behandelt. Zu diesem Zwecke teilt man die letztere wieder in zwei Teile, die wie folgt geprüft werden:

1. Das erste und zweite Stückchen wird mit basischem Zinkchlorid[1]) gekocht, dann ausgewaschen und getrocknet. — In diesem Reagens löst sich nur Seide.

2. Das zweite der sub 1 mit Zinkchlorid gekochten Stückchen wird mit zehnprozentiger Natronlauge gekocht; dies Reagens löst die Wolle, und so bleiben nur Pflanzenfasern und Kunstseide übrig.

Auf diese Weise verschafft man sich zuerst einen Überblick über die als Webmaterial verwandten Fasern; dann löst man sowohl in den mit den Reagentien vorbehandelten wie in dem intakt gebliebenen Stückchen (wie S. 168 angegeben) Kette und Einschlag und geht zur mikroskopischen Untersuchung über. Die einzelnen Bestandteile werden nach den im Vorstehenden gegebenen Anweisungen erkannt.

4. Mikroskopische Objekte von niederen Tieren.

a) Tierische Parasiten des Menschen.

Insekten.

Flöhe sind Insekten, die sich durch die Ausbildung der hinteren Extremitäten als Sprungbeine, das Fehlen der Flügel und durch stechend-saugende Mundwerkzeuge auszeichnen. Sie leben vom Blut vieler Säuge-

[1]) Klare Flüssigkeit, erhalten durch Kochen einer Zinkchloridlösung von 1,7 spez. Gewicht mit überschüssigem Zinkoxyd.

tiere und Vögel. Man unterscheidet zahlreiche Arten, die meist auf ganz bestimmte Wirtstiere beschränkt sind; so ist der uns peinigende Floh nicht identisch mit dem Hundefloh, sondern spezifisch von ihm unterschieden. Es ist aber deshalb nicht etwa ausgeschlossen, daß ein Hundefloh den Menschen anzapft, er hält sich nur auf dem menschlichen Körper nicht dauernd auf.

Der Menschenfloh (*Pulex irritans*) ist Kosmopolit. Das Männchen (Abb. 404), wie bei allen Flöhen an dem eigentümlichen, deutlich durchschimmernden Begattungsapparat kenntlich, mißt 2 bis 2,5 mm und das Weibchen 3 bis 4 mm in der Länge. Die Beine sind stets etwas heller als der Körper.

Der Hundefloh (*Pulex canis*), von dem wir in Abb. 405 ein Weibchen abbilden, mißt im männlichen Geschlecht 2 mm, im weiblichen 3 mm. Er ist leicht zu erkennen, da er an der Unterseite des Kopfes jederseits 7 bis 9 spitze zahnartige Stacheln trägt, ebenso am Hinter-

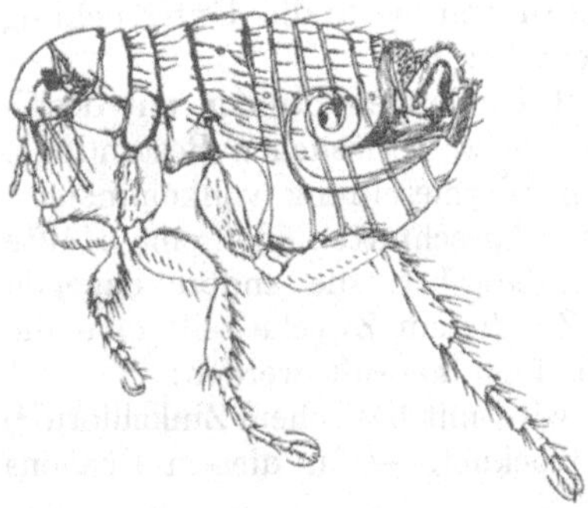

Abb. 404. *Pulex irritans* ♂. (Nach Taschenberg.)

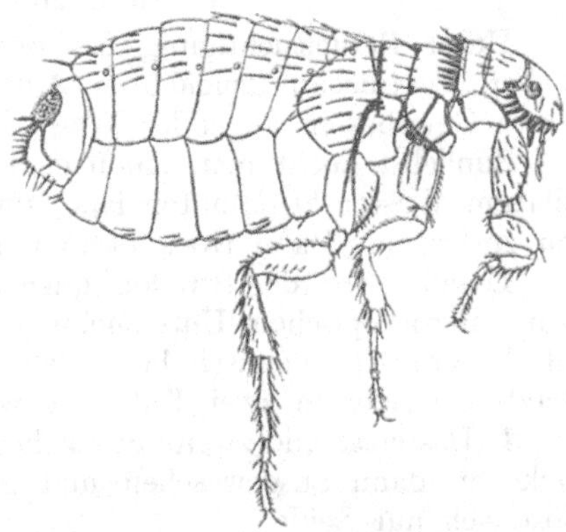

Abb. 405. *Pulex canis* ♀. (Nach Taschenberg.)

rande des Pronotum. Er ist nachgewiesen auf Hund, Fuchs, Hyäne, Marder, Wildkatze, Tiger, Waschbär und Hase.

Die tonnenförmigen weißen Eier werden in Kehricht, Dielenritzen usw. abgelegt, in ihnen entwickeln sich fußlose 14gliedrige Larven, die sich nach 11 Tagen verpuppen und nach weiteren 11 Tagen zum geschlechtsreifen Floh werden.

Als weitere blutsaugende Parasiten des Menschen spielen drei weitverbreitete und unter Umständen recht häufige, ja gemeine Läuse, die wie die Wanzen zu den Schnabelkerfen gehören, eine bedeutende Rolle.

Als erste sei die kleinste dieser Formen genannt, die **Filzlaus** (*Phthirius pubis*, Abb. 406). — Diese, kleinen Hautschüppchen ähnlich sehende, Laus ist im männlichen Geschlecht etwa 1 mm, im weiblichen etwa $1^1/_2$ mm lang und fast ebenso breit; sie findet sich vorzüglich zwischen den Schamhaaren, aber bei lange dauernder Infektion siedelt sie sich auch in der Umgebung der Haare der Brust, der Achselhöhle, des Bartes und der Augenbrauen, doch nie zwischen den Kopfhaaren an. Sie hält sich mit Hilfe ihrer Krallenfüße sehr fest. Die etwa $^1/_2$ mm langen Eier (sog. Nisse) werden reihenweise (bis zu 10 Stück) an die Haare angeheftet. — Wird durch Einreiben mit Salizyltalg, besser mit grauer Salbe oder Sublimatlösung leicht vertrieben.

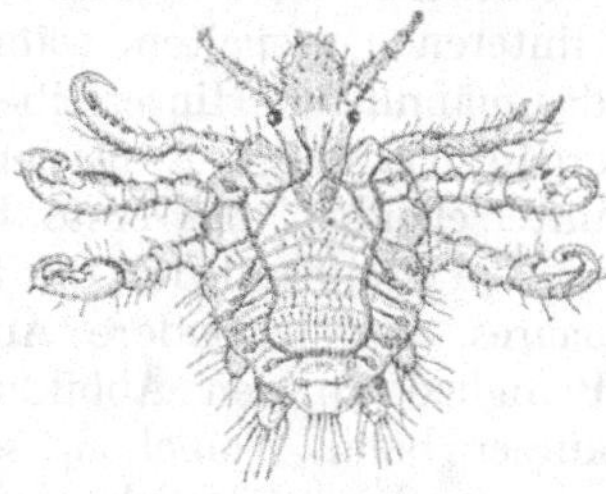

Abb. 406. Filzlaus. Vergr. $^{25}/_1$. (Nach Landois.)

Dagegen lebt die **Kopflaus** (*Pediculus capitis*) hauptsächlich zwischen den Kopfhaaren und klebt ihre Nisse nur an diese. Sie wird im männlichen Geschlecht bis zu 2 mm, im weiblichen bis zu 3 mm lang. In ihrem Bau gleicht sie in hohem Maße der Kleiderlaus, die wir etwas ausführlicher schildern werden, es sind aber deutliche Artunterschiede vorhanden, so ist die Bauchseite des Hinterleibes der weiblichen Kopflaus stets stärker beborstet als bei der Kleiderlaus und im 4. Hinterleibssegment fehlen die Längsmuskeln der Bauchseite, die bei der Kleiderlaus in allen Hinterleibssegmenten vorhanden sind. Die Eier werden in gleichgerichteten Reihen durch eine regelmäßig verteilte Kittmasse an den Haaren befestigt.

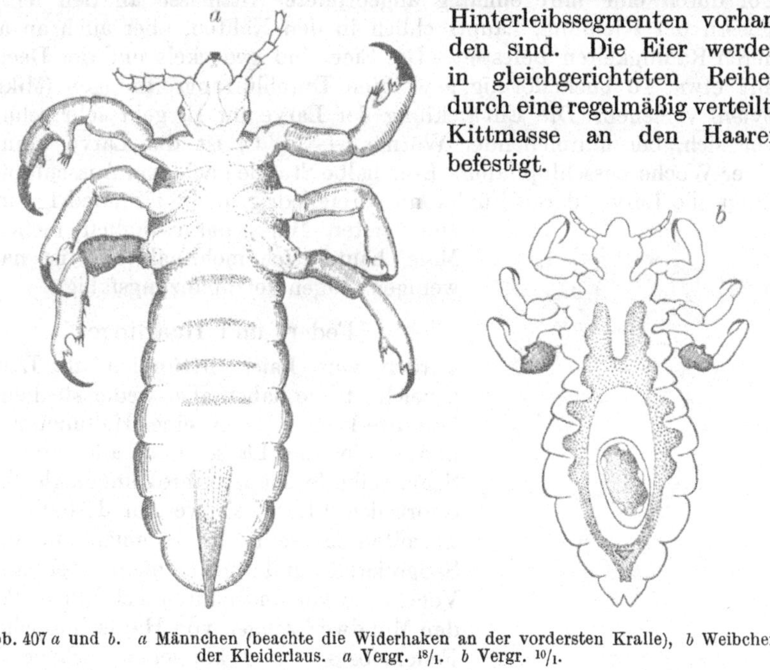

Abb. 407 *a* und *b*. *a* Männchen (beachte die Widerhaken an der vordersten Kralle), *b* Weibchen der Kleiderlaus. *a* Vergr. $^{18}/_1$. *b* Vergr. $^{10}/_1$.

Die wichtigste Art ist die **Kleiderlaus** (*Pediculus vestimenti*, Abb. 407 *a* u. *b*), weil sie als Überträger des Flecktyphus für den Menschen sehr gefährlich wird. Deutschland hat es sich daher während des letzten Krieges viele Millionen kosten lassen, um die Läuseplage, d. h. das häufige und massenhafte Vorkommen der Kleiderläuse, nach Kräften zu bekämpfen.

Die Kleiderlaus ist stets, also auch in ihren kleinsten Exemplaren größer als die Kopflaus, das Männchen wird bis zu 4 mm, das Weibchen bis zu 5 mm lang. Im reifen Zustande ist der Hinterleib des Weibchens stets weniger schlank als der des Männchens und am Hinterende gespalten, während aus dem abgerundeten letzten Segment des männlichen Hinterleibes meist das zugespitzte chitinige Begattungsorgan hervorragt. Außerdem lassen sich die Geschlechter an den Beinen unterscheiden: das erste Beinpaar des Männchens endigt in eine gewaltige Greifhand, für die beim Weibchen am Femur des dritten Beinpaares eine besondere Angriffsstelle vorhanden ist, das betreffende Beinglied (in den Abbildungen schraffiert) ist nicht nur dicker und kürzer beim Weibchen, sondern auch noch durch einen Vorsprung ausgezeichnet, der das Abrutschen der großen mit rückwärts gerichteten Widerhaken versehenen Kralle verhindert. Es ist sehr sonderbar, daß diese recht auffallenden Bildungen von sämtlichen bisherigen Beobachtern übersehen werden konnten.

Die Eier sind etwa 0,8 mm lang und werden mit dem spitzeren Pol durch eine unregelmäßig angeordnete Kittmasse an den feinen Fasern der Kleidung, hauptsächlich in den Nähten, aber auch an anderen Rauhigkeiten befestigt. Die Eier sind gedeckelt und der Deckel mit etwa 16 buckelförmig gewölbten Durchlüftungsöffnungen (Mikropylen) versehen. Die Entwicklung der Larve im Ei geht sehr schnell vor sich, bei hinreichender Wärme (+ 37° C) ist die Larve binnen einer Woche ausschlüpffähig. Eine halbe Stunde nach dem Ausschlüpfen saugt die Larve, deren Fühler nur dreigliedrig, nicht fünfgliedrig sind, zum ersten Male, dann täglich mehrere Male, häutet sich mehrmals und ist nach wenigen Tagen fortpflanzungsfähig.

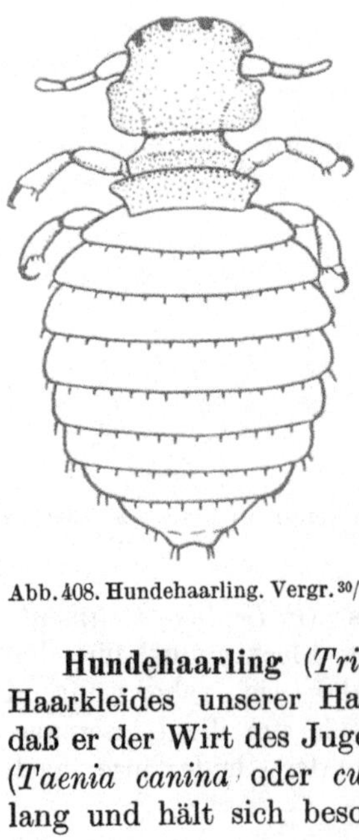
Abb. 408. Hundehaarling. Vergr. 30/1.

Feder- und Haarlinge.

werden vom Laien irrtümlich als Läuse bezeichnet, sie haben aber weder stechende Mundwerkzeuge noch eine Halbmetamorphose wie die Läuse und alle anderen Schnabelkerfe, sondern ihre Jungen gleichen sofort den Eltern, sie werden deshalb den Termiten zugesellt. Sie kommen auf allen Säugetieren und noch mehr bei allen Vogelarten vor und nähren sich mit beißenden Mundwerkzeugen von Hautschüppchen, Federsubstanz und ähnlichem. Einer der bekanntesten Vertreter dieser als Mallophagen bezeichneten Sippe ist der

Hundehaarling (*Trichodectes canis*, Abb. 408), ein Bewohner des Haarkleides unserer Haushunde, und dadurch besonders interessant, daß er der Wirt des Jugendstadiums des eigentlichen Hundebandwurms (*Taenia canina* oder *cucumerina*) ist. Das Tierchen wird bis 2 mm lang und hält sich besonders gern am Halse der Hunde auf.

Ein ebenso leicht zu beschaffendes Untersuchungsobjekt liefert das Haushuhn, in dessen Gefieder der Hühnerfederling (*Philopterus hologaster*) fast regelmäßig vorkommt.

Als Verwandte dieser Mallophagen seien noch die 2 mm großen **Holz-** und **Bücherläuse** erwähnt (*Troctes divinatorius* und *Atropos pulsatorius*), die leicht an ihren stark verdickten Oberschenkeln zu erkennen sind. Sie leben von feinsten Pilzrasen, die sich in alten Büchern oder an Tapeten oder an Polstermaterial angesiedelt haben und werden gelegentlich in ähnlicher Weise, wie wir es weiter unten von gewissen Milben zu melden haben, als eine lästige Zimmerplage empfunden.

Milben.

Taubenzecke (*Argas reflexus*, Abb. 409). Lebt versteckt in Taubennestern und ihrer Umgebung, überfällt die Vögel nachts, um etwa eine halbe Stunde lang Blut zu saugen. Wenn nach Abschaffung der Tauben die Schläge zugemauert werden, wandern die Zecken weiter und suchen in der Not auch den Menschen auf. Es sind eine ganze Reihe von Fällen dieser Art bekannt geworden, wobei gelegentlich auch ernste Schädigungen zur Beobachtung kamen. Das Tier ist schmutziggrau, von der Oberseite gesehen mosaikartig gefleckt, etwa 5 mm breit und 7 mm lang. Nach längerem Fasten, das es jahrelang erträgt, ist es flach, nach dem Saugen linsenförmig aufgetrieben; es hat wie alle Spinnentiere vier Beinpaare.

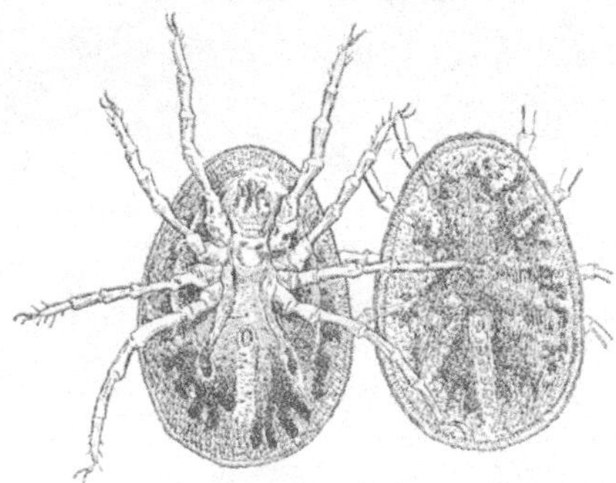

Abb. 409. Taubenzecken. Vergr. $^4/_1$. (Nach Alt.)

Krätzmilbe (*Sarcoptes scabiei*, Abb. 410). Männchen 0,2—0,3 mm lang, Weibchen 0,3—0,4 mm lang. Ist die Ursache der Krätze, die nicht allein bei Menschen, sondern auch z. B. bei Schafen, Pferden, Katzen, Kaninchen usw. vorkommt und von diesen Tieren auf den Menschen übertragen werden kann. Betrachtet man von der Milbe befallene Stellen (besonders gern siedelt sie sich zwischen den Fingern, am Ellbogen- und Kniegelenk an) mit der Lupe, so sieht man in der Haut meist gerade, bis mehrere Zentimeter lange Linien, die an einem Ende ein weißes Pünktchen erkennen lassen. Dies sind die von dem Weibchen der Krätzmilbe gegrabenen Gänge, an deren Ende sich das Tier selbst befindet. Es kann mit einer Nadel herausgestochen werden und erscheint unter dem Mikroskop ungefähr elliptisch, mit vier Beinpaaren, deren hintere in je zwei lange Borsten ausgehen. — Wird durch Einreiben von Perubalsam vertilgt.

Haarbalgmilbe (*Demodex folliculorum*, Abb. 411). Eine 0,3 bis 0,4 mm kleine Form, die nach den Angaben einiger Forscher sich bei der Hälfte aller Menschen findet. Streicht man mit einem stumpfen

Messer aus Holz oder Knochen unter mäßigem Drucke über die Haut an Nase, Stirn, Wangen, Brust usw. eines mit der Haarbalgmilbe Behafteten, so drückt man dabei aus den Ausführungsgängen der Talgdrüsen die Milbe heraus, die auch in den Haarbälgen zwischen Haarschaft und Wurzelscheide wohnt. Das auf die angegebene Weise Zusammengeschabte wird mit etwas Wasser auf das Objektglas gebracht. Die Milbe ist borsten- und haarlos und hat wie alle saugenden Milben einen kleinen Saugrüssel und zwei Haftzangen. Das jüngere Tier, die Larve, hat drei paar winziger Fußstummel, das erwachsene vier Paar stummelförmige Beine. Diese Parasiten sitzen im Innern der Talgdrüsen und Haarbälge mit dem Kopf nach innen, mit dem Hinterteile nach außen. An ihrem Wohnsitze legen sie auch ihre Eier. Sie sind gemeiniglich ein Bild vom Ernährungszustande des Menschen, auf dem sie leben, denn sie sind dick und rund bei gesunden wohlgenährten, dagegen schmal und mager bei mageren Menschen; sie rufen

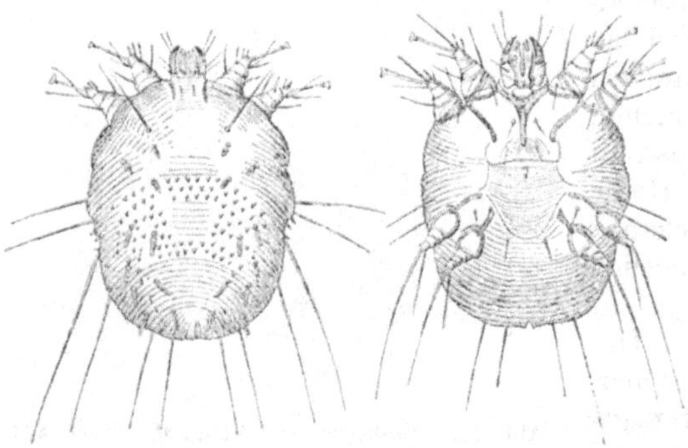

Abb. 410. Krätzmilbe. Weibchen von oben und unten gesehen. Vergr. $^{50}/_{1}$. (Nach Gudden.)

Abb. 411. Haarbalgmilbe. Vergr. $^{100}/_{1}$. (Nach Mégnin.)

im allgemeinen keine Krankheitserscheinungen hervor, bei Hund und Katze erzeugen sie aber einen Ausschlag, die sogenannte *Acarus*-Räude, die sehr schwer heilbar ist.

Erntemilbe (*Leptus autumnalis*). Unter dieser Bezeichnung segelt von alters her eine winzige 0,2 mm lange rote Milbe, die nur drei Beinpaare hat und sich dadurch als Larvenform ausweist. Die zugehörige Geschlechtsform ist gar nicht mit Sicherheit bekannt, es wird aber wohl *Trombidium holosericeum* sein. Die Menschen, die von ihr im Juli und im August beim Aufenthalt in Gärten belästigt werden, besonders Frauen und Kinder, kennen meist nur das von dem Parasiten herrührende Jucken; das Tier selber wird infolge seiner Kleinheit ganz übersehen, auch ist durch unbewußtes Kratzen der Übeltäter meist schon entfernt, wenn man ernstlich nach ihm ausschaut. Die Larven findet man im Hochsommer, besonders im Juli und August, an den Örtlichkeiten, wo sie vorkommen, in großer Anzahl und zwar hauptsächlich auf irgendwelchen kleinen Erhöhungen des Erdbodens: auf der Spitze kleiner Steine, an den Rändern niedrig wachsender Blätter, an abgebrochenen Aststückchen. Sie bilden hier oft förmliche

Klumpen, die in steter Bewegung sind und auf irgendwelche vorbeistreifenden Tiere warten. Man hat sie außer am Menschen auf Hasen und Kaninchen, auf den verschiedenen Mäusearten, auf Hamster, Igel, Maulwurf, Spitzmäusen, Fledermäusen, Hund, Katze und neuerdings auch auf dem Haushuhn nachgewiesen. Sie haben bewaffnete Kieferfühler, zwischen denen die Mundöffnung liegt, aus dieser tritt ein langer, dünner Saugrüssel hervor, der in die Haut (nicht in die Ausführungsgänge der Hautdrüsen) eingebohrt wird, im Umkreise eine Entzündung hervorruft und die zufließenden Säfte (kein Blut) aufsaugt. Bei den Tieren konnte keine Giftdrüse nachgewiesen werden, bei einem Blutsauger würde eine die Gerinnung des Blutes verhindernde Drüse nicht zu entbehren sein.

Wir geben in Abb. 412 eine Darstellung der freilebenden Milbe, aus der außer der Körperform der wesentlichste Charakter, das Vorhandensein von drei Krallen, deutlich zu ersehen ist. In Abb. 413 geben wir

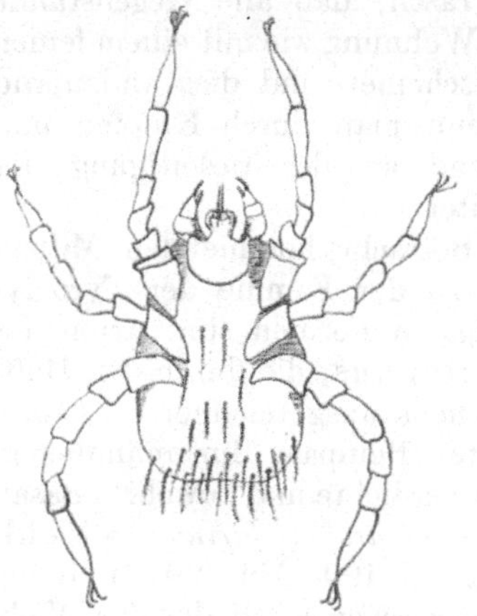

Abb. 412. *Leptus autumnalis* (Larve von *Trombidium holosericeum*), freilebendes Stadium.

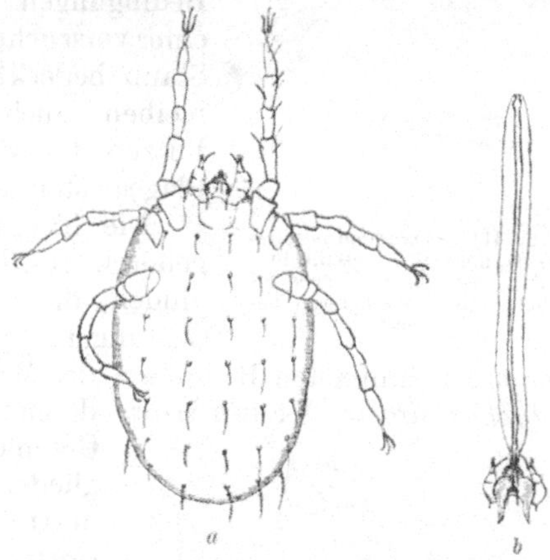

Abb. 413. *a* Larve von *Trombidium holosericeum*, parasitierendes Stadium; *b* Mundteile (zwischen den stechenden Mandibeln ist das chitinige Schlundrohr hervorgestülpt).

die vollgesogene Milbe und die Mundteile wieder und in Abb. 414 die durch Häutung anfangs November aus dieser entstehende vierbeinige Form, die durch ihre starke Behaarung, die Bewehrung mit zwei Krallen und durch ihre Körperform der als *Trombidium holosericeum* beschriebenen Milbe sehr viel ähnlicher geworden ist. Da die Geschlechtsorgane in diesem Stadium noch fehlen, ist zum Frühjahr eine nochmalige Häutung zu erwarten, die bisher noch nicht beobachtet wurde.

Diese kleinen, schwer sichtbaren Peiniger, die vielleicht zu mehreren Arten gehören, sind weit verbreitet, in Frankreich als Vendageur, d'Aoûtat, Rouget bekannt, in Japan als Aka mushi, in Mexiko als Teasa huate, in Guyana als Pou d'Ajouti, in Martinique als Bête rouge und in Kuba als Colorado. Sie sind auch in Deutschland weit verbreitet; Klagen über die von ihnen verursachten, den Befallenen rätselhaften Beulen, besonders in den Kniebeugen und in der Schamgegend, kommen z. B. im mittleren und unteren Saaletal ganz regelmäßig jedes Jahr den Ärzten vor.

Vogelmilbe (*Dermanyssus gallinae*, Abb. 415). Ein 0,6—0,7 mm langer Schmarotzer auf Hühnern, der in vielen Varietäten auf allen Arten von Geflügel, auch auf Kanarienvögeln, vorkommt. Gelegentlich geht sie auch an den Menschen und erzeugt juckende Beulen.

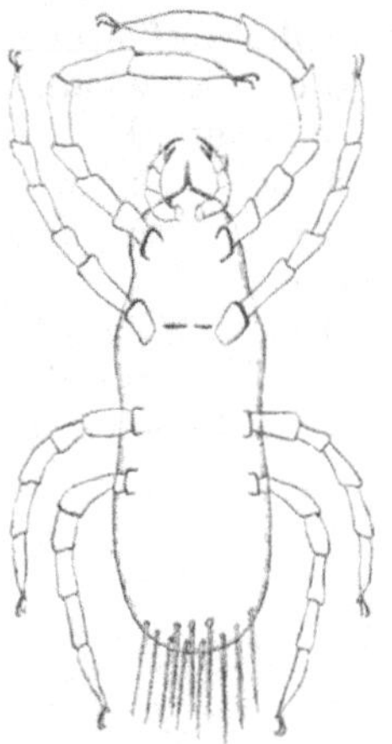

Abb. 414. *Trombidium holosericeum*, noch nicht geschlechtsreif. Der ganze Körper ist dicht mit Fiederborsten bedeckt.

Hausmilben. Zum Schluß müssen wir einer Reihe von sehr winzigen Milben gedenken, die in unseren Wohnungen gelegentlich als eine entsetzliche und schwer zu beseitigende Plage auftreten, obwohl die Tierchen keine Schmarotzer sind. Sie leben von tierischen und pflanzlichen Abfällen und vermehren sich unter günstigen Bedingungen so rasch, daß alle Gegenstände einer verseuchten Wohnung wie mit einem feinen Staub bedeckt erscheinen und dies andauernd bleiben, auch wenn man durch Klopfen und Putzen fortwährend an der Beseitigung der Plagegeister arbeitet.

Die hier in Betracht kommenden Milben gehören sämtlich zu der Familie der Tyroglyphiden; die häufigsten Formen sind Arten der Gattungen: Tyroglyphus, die durch den Haftnapf am hintersten Beinpaare des Männchens ausgezeichnet ist (*Tyroglyphus siro* = Käsemilbe, deren erstes Beinpaar im männlichen Geschlecht verdickte und bewehrte Basalglieder hat), *Aleurobius farinae* = Mehlmilbe, vgl. S. 100, Abb. 96, und der Gattung *Glycyphagus*, bei der das Weibchen am Hinterleibsende eine zapfenförmige vorspringende Kopulationsröhre besitzt (*Glycyphagus spinipes* = Pflaumenmilbe, *Glycyphagus domesticus* = Hausmilbe).

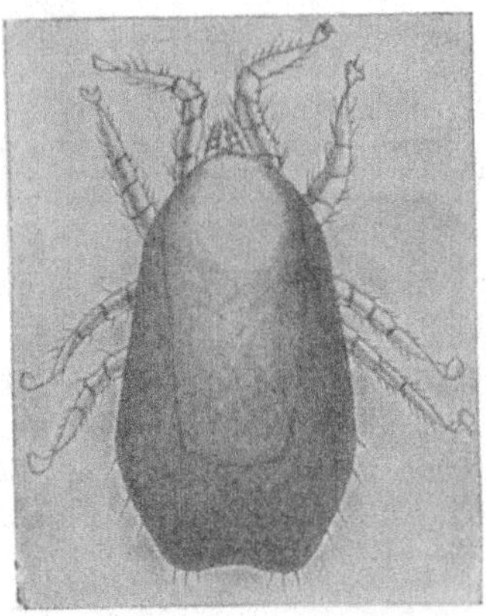

Abb. 415. *Dermanyssus gallinae*. Vergr. 40/1. (Nach Berlese.)

Die Milben leben im Mehl oder Mehlkleister, zwischen Käseabfällen oder getrocknetem Obst, besonders aber in nicht genügend entfetteten Pferdehaaren und in anderem Polstermaterial, das aus dem Pflanzenreiche stammt, wie Seegras, Kapok, Fiber, Crin d'Afrique oder Coir. Besonders letzteres, ein aus der Faser der Kokosnuß gewonnener Faserstoff, sollte nur nach wirksamster Desinfektion zur Polsterung von Möbeln verwendet werden dürfen. Da dies natürlicherweise nicht stets geschieht, so kann es nicht wundernehmen, wenn auch in reinlichst gehaltenen Wohnungen plötzlich

Legionen der kleinen Achtbeiner aus einem Polsterstück hervorbrechen, sich überall hin verbreiten und immer neuen Nachschüben Platz machen.

Das schlimmste bei dieser Milbenplage ist die große Widerstandsfähigkeit der Milben gegen fast alle Desinfektionsmittel und Gifte. Als brauchbar hat sich nur die Anwendung von Schwefelkohlenstoffdämpfen und von Blausäure erwiesen.

Würmer.

Trichine (*Trichina spiralis*, Abb. 416—420).

Es ist zu unterscheiden zwischen Darmtrichinen, das ist die geschlechtsreife Generation, die nur eine kurze Lebensdauer hat und an und für sich keine Krankheitserscheinungen hervorruft, und Muskeltrichinen, das sind deren Larven, die eine geraume Anzahl von Jahren in den Muskelfasern verschiedener Säugetiere leben können und die bei der Invasion in die Muskelfaser des Menschen sehr bedenkliche Zustände hervorrufen.

Die Larven leben stets in demselben Wirtstiere wie ihre Eltern, werden aber häufig in einer anderen Tierart geschlechtsreif. Das erklärt sich, wenn man in Betracht zieht, daß die Trichinen vorkommen bei Mensch, Ratte, Schwein, Katze, Hund, Fuchs, Marder und Bär; diese Arten stehen vielfach in dem Wechselverhältnis zueinander, daß die eine Art von der anderen verzehrt wird.

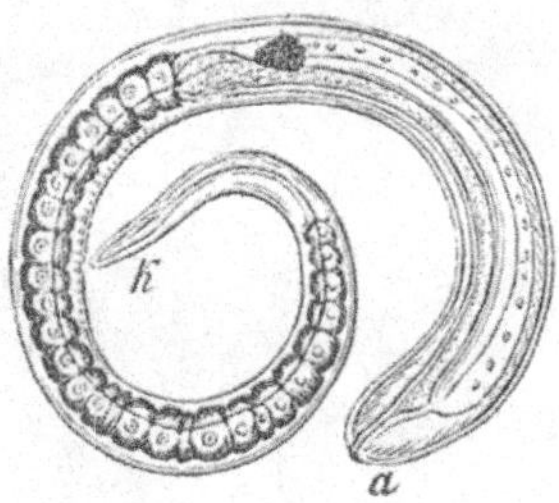

Abb. 416. Weibliche Trichine. Vergr. $^{200}/_{1}$.

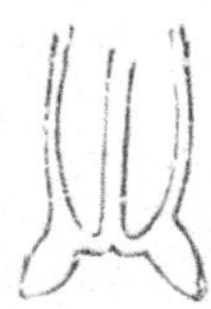

Abb. 417. Zapfen am hinteren Körperpol der männlichen Trichine, stark vergr.

Die Darmtrichinen, die aus den Kapseln der Muskelfaser durch Wirkung der Magensäfte frei werden, sind gestreckt, mit etwas spitz zulaufendem Vorderende (siehe Abb. 416, *k*); nach dem Hinterende (*a*) nehmen sie an Dicke zu und endigen stumpf abgerundet. Die Männchen haben am Hinterende zwei Haken oder Zapfen (Abb. 417) neben der Öffnung der Kloake. Die äußere Decke des Wurmkörpers besteht aus einer sehr durchsichtigen, glatten, strukturlosen, nur sehr leicht geringelten Haut (Kutikula). Unter dieser Decke liegt der einschichtige Hautmuskelschlauch. Im Innern des vorderen oder dünneren Teiles des Körpers liegt der perlschnurartige Munddarm, der sich nach hinten allmählich erweitert und bei stärkerer Verdickung der Wandung deutliche Zellen zeigt. Hieran schließt das schlauchförmige Darmrohr, das am hinteren Körperpol seine Ausmündung hat. Der hintere Teil des Körpers enthält außerdem die Zeugungsapparate. Bei dem Weibchen erstreckt sich der Ausführungsgang der Geschlechtsdrüse bis innerhalb des ersten Drittels der Körperlänge und hat hier, also am Vorderteile des Körpers, seine Öffnung.

Männchen und Weibchen finden sich nur wenige Tage nach der Infektion nebeneinander im Darminhalt vor. Sie besitzen dann etwa die gleiche Größe, die Männchen sind 1 mm, die Weibchen 1,5 mm lang. Nach zwei bis drei Tagen haben die Männchen die Begattung vollzogen und sterben ab, während die Weibchen, die nun bis zu 3,5 mm Länge heranwachsen, sich mit dem vorderen Körperteil in die Darmzellen einbohren, wobei die Geschlechtsöffnung in Lymphräume zu liegen kommt. Schon nach sieben Tagen beginnt das Gebären der ersten Jungen, die etwa 0,1 mm lang sind und mit dem Blutstrome in das intermuskuläre Bindegewebe transportiert werden, von wo aus sie sich in die Muskelfasern selbst einbohren.

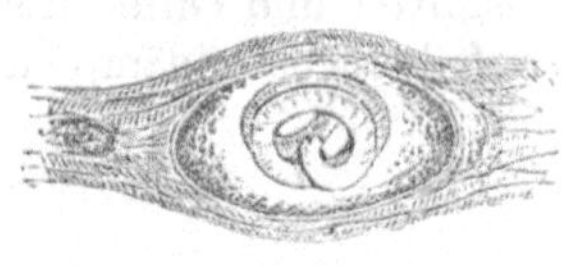

Abb. 418. Eingekapselte Trichine.

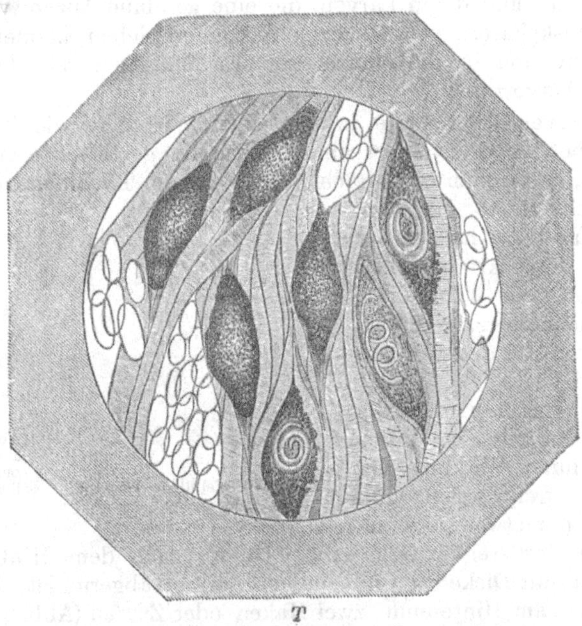

Abb. 419. Fleischfasern mit Fettzellen und mit älteren und jüngeren Trichineneinkapselungen.

Hier ruft ihr Erscheinen eigentümliche Veränderungen hervor: die Querstreifung verschwindet, die Kerne vermehren und vergrößern sich, das ganze Sarkoplasma mit dem umhüllenden Sarkolemm nimmt ein glasiges Aussehen an, es wandern in diese homogene Masse an den beiden Enden Bindegewebszellen vom intermuskulären Bindegewebe aus ein und bilden eine zitronenförmige Kapsel im Umkreise der jungen Larve, die nach beendeter Wanderung auf das zehnfache ihrer ursprünglichen Größe herangewachsen ist und sich während dieses Wachstums allmählich spiralig eingerollt hat. Die Kapseln sind etwa 0,4 mm lang und 0,2—0,3 mm breit, gelegentlich auch beinahe kugelig, wie z. B. in der Bärenmuskelfaser. Nach Monaten fangen die Kapseln an, von den Polen aus allmählich zu verkalken, schließlich erstreckt sich die Verkalkung auch auf den Wurm selber; in der Kaninchenmuskulatur tritt dieses Absterben durch Verkalkung schon nach wenigen Jahren ein, in den Schweinsmuskeln aber erst nach 11 Jahren, beim Menschen sogar erst nach 25 Jahren.

Die Kapsel oder Zyste der Muskeltrichine (Abb. 418) hat eine ovale Form. In ihrer Mitte liegt die Trichine spiralig eingerollt. Unter dem Mikroskope erscheint die Kapsel, wenn ihre Verkalkung noch nicht vorgeschritten ist, hell und durchsichtig und man kann darin den Wurm deutlich sehen. An jedem Ende des Ovals findet sich ein stumpfer, etwas dunklerer Ansatz, so daß die Kapsel mit den Umrissen eines menschlichen Auges Ähnlichkeit hat. Hat die Ablagerung von Kalksalzen in der Kapselhülle zugenommen, so erscheint die Kapsel unter dem Mikroskop bei durchfallendem Lichte dunkel und ist nicht mehr durchsichtig. Häufig sind dann die Ansätze der Kapsel von kleinen Fettzellen umlagert. Legt man ein dünnes Stück Fleisch mit verkreideten Kapseln in mäßig verdünnte Essigsäure oder Salzsäure, so erfolgt die Lösung der Kalkschale, und die Kapsel wird wieder durchsichtig.

Die Trichine könnte mit bloßem Auge sicher erkannt werden, wäre sie nicht zu durchsichtig. Die verkalkten Kapseln lassen sich bei auffallendem Lichte, weil sie weißlich sind, mit bloßen Augen erkennen.

Von den Muskeln, die die Trichinen vorzugsweise aufsuchen, sind zu nennen: das Zwerchfell, die Augenmuskeln, die Kaumuskeln, die Muskeln der Bauchwand und die Interkostalmuskeln. Mit Proben aus diesen Teilen, besonders aus der Gegend von Sehnenanheftungen entnommen, also schon mit fünf Fleischproben, kann der mikroskopischen Fleischbeschau völlig genügt werden.

Von jeder Probe nimmt man zwei, höchstens drei feine Scheibchen, nach der Länge der Fleischfaser mit einer krummen Schere abgeschnitten und mittels der Präpariernadeln zerfasert, legt sie in mäßiger Distanz nebeneinander auf ein starkes, farbloses Objektglas und gibt, wenn das Fleisch nicht frisch und saftig ist, einen Tropfen Wasser darauf. Auf das sorgsam ausgebreitete Objekt legt man einen zweiten dünnen Objektträger und drückt beide Gläser so gegeneinander, daß die Fleischscheibchen zu einer sehr dünnen, durchsichtigen Schicht ausgedehnt werden. Bedient man sich hier eines Kompressoriums, so ist man der Mühe des anhaltenden Pressens der Objektgläser mit den Fingern enthoben.

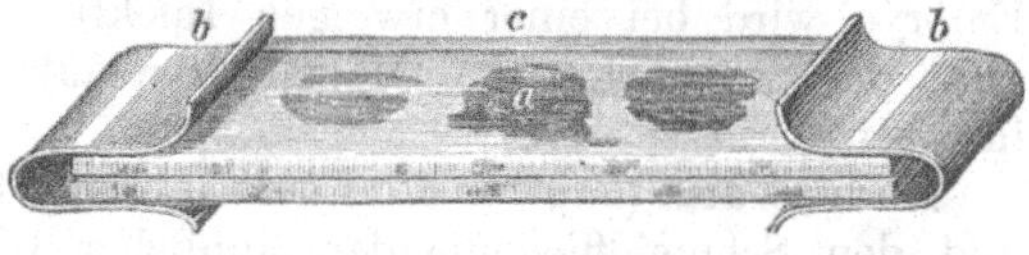

Abb. 420. Fleischobjekt *a*, zwischen zwei Objektgläsern (*c*) flachgepreßt mittels zweier Blechkompressoren (*b*, *b*).

Aus mäßig starkem Weißblech läßt man sich 2,5—3 cm breite und 3,5 bis 4,5 cm lange rechteckige Stücke schneiden und diese biegt man mit einer passenden Drahtzange in eine Form, wie sie Abb. 420 zeigt. Die Klemmbiegung muß von der Weite sein, daß die Biegung enger ist als die Dicke der beiden übereinander gelegten Objektgläser.

Die Betrachtung wird hauptsächlich bei 40- bis höchstens 80facher Vergrößerung vorgenommen. Freie oder in der noch durchsichtigen

Kapsel befindliche Trichinen werden hierbei teils im Fleische, teils in der um das Objekt befindlichen Flüssigkeit, die beim Drücken des Fleisches gewöhnlich ausfließt, sofort erkannt werden. Verkalkte Kapseln erscheinen als dunkle undurchsichtige Körper. In diesem Falle zerfasert man das Objekt mit den Präpariernadeln, gibt einen Tropfen Essigsäure darauf und legt es nach einigen Minuten gepreßt wieder unter das Mikroskop.

Die Vorbeugungsmittel gegen die Trichinen und die durch ihre Einwanderung in die Muskeln erzeugte Krankheit, die Trichinose, sind von zweierlei Art, nämlich erstens die obligatorische Trichinenschau, der jedes geschlachtete Schwein unterzogen wird, und zweitens das Vermeiden rohen oder nicht genügend gar gekochten bzw. gebratenen Fleisches. Auch durch Einpökeln des Fleisches mit reichlich Salz ohne Wasserzusatz sowie durch energische Heißräucherung, bei der 50° im Innern der Fleischwaren erzielt werden, sowie bei Abkühlung unter —20° sterben die Trichinen ab. Das jetzt meist übliche schwache Pökeln, sowie die „Schnellräucherung" tötet die Trichinen dagegen nicht.

Gewisse Ähnlichkeit mit den eingekapselten Trichinen in Vorkommen und Aussehen haben die Miescherschen oder Raineyschen Schläuche, die zu den Sporozoen gehören und bei diesen auf S. 333 ihre Behandlung erfahren.

Andere Eingeweide-Nematoden.

Spulwurm (*Ascaris lumbricoides*). Ein fußlanges, gelbliches oder rötliches Tier, das besonders bei Kindern im Dünndarm oft in ziemlicher Menge sich findet. Das Weibchen bringt jährlich etwa 60 Millionen Eier hervor. Diese (0,05 bis 0,06 mm dick) sind mit einer festen Schale, die außerdem noch mit braunen Buckeln bedeckt ist, versehen (Abb. 421*a*). Die äußere bucklige Schicht schützt das Ei vor dem Verdautwerden seitens der Magensäfte. Aus feuchter Erde, in der sich die Eier, die im frisch abgegangenen Kot noch keine Furchung (Zellteilung) zeigen, im Laufe von etwa 50 Tagen entwickelt haben, kommen die Embryonen in den Organismus des Menschen. Im Wasser entwickeln sich diese Embryonen ebenfalls, aber die braune Außenschale geht verloren und der Embryo wird bei einer etwaigen Infektion mittels des Trinkwassers samt der Schale von den Magensäften aufgelöst und damit unschädlich gemacht.

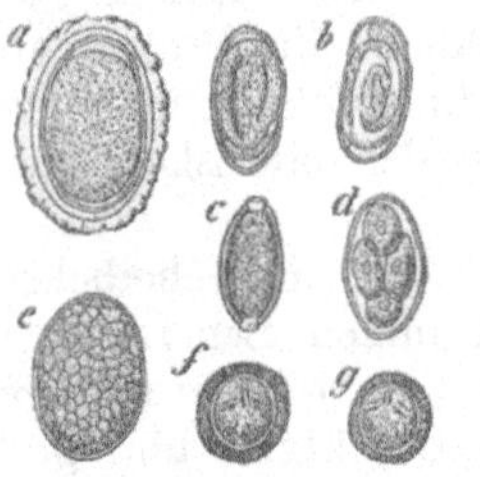

Abb. 421. Eier von *a Ascaris*, *b Oxyuris*, *c Trichocephalus*, *d Anchylostomum*, *e Bothriocephalus*, *f Taenia saginata*, *g Taenia solium*. (Nach Leuckart.) Stark vergr.

Madenwurm (*Oxyuris vermicularis*, Abb. 422). Ein bis 1 cm langer und den Schmeißfliegenmaden ähnlicher Wurm, der sich häufig zu Tausenden im menschlichen Enddarm findet. Bei dieser Art findet die Entwicklung des Embryos bereits im Wurmkörper statt, so daß die Eier schon beim Verlassen des menschlichen Körpers wieder zu einer neuen Infektion imstande sind, sie brauchen dazu nur durch den Mund wieder aufgenommen zu werden. Das Ei ist in Abb. 421, *b* dargestellt, zeigt nur etwa die halbe Länge wie das des Spulwurms (Dicke: 0,02—0,025 mm), glatte Schale und im Innern den bereits ausgebildeten, in seiner Wurmgestalt deutlich erkennbaren Embryo. — An und für sich bedingt das Vorhandensein dieser Würmer im Enddarm keine besonderen Beschwerden, aber sie haben die Eigentümlichkeit, während der Nachtruhe aus dem After hervorzukriechen; hier rufen sie Reizzustände hervor, zumal wenn sie bei weiblichen Personen in die Geschlechtswege hineinwandern. Sie werden so nicht selten die Veranlassung zu schwerer unbewußter Onanie bei ganz jugendlichen Personen und müssen deshalb stets sehr ernst genommen werden. Die Bekämpfung besteht in erster Linie in der Verhinderung von neuen Infektionen.

Abb. 422. *Oxyuris vermicularis*, Weibchen und Männchen. $^{12}/_{1}$. (Nach Leuckart.)

Peitschenwurm (*Trichocephalus dispar*, Abb. 423). Ein bis $^{1}/_{2}$ cm langer und 1 mm dicker, fadenförmiger Wurm. Derselbe ist nur selten in größerer Menge vorhanden, meist sitzen wenige Exemplare besonders im Blinddarm des Menschen. Die Eier (Abb. 421, *c*) werden mit den Fäzes an die Außenwelt befördert; sie entwickeln sich in feuchter Erde und Wasser und gelangen wahrscheinlich mit dem letzteren oder vielleicht mit Salat in den Körper.

Grubenwurm (*Anchylostomum duodenale*, Abb. 424). Ein höchst gefährlicher Eingeweidewurm der wärmeren Klimate, der durch italienische Tunnelarbeiter auch nach Deutschland verschleppt wurde und besonders in Bergwerken und Ziegeleien hier und da epidemisch auftritt. Dieser Wurm wird bis 18 mm lang; seine Mundkapsel (Abb. 424, *c*) ist mit vier scharfen, krallenförmigen Haken und zwei schwächeren Zähnen versehen. Mit Hilfe dieser Waffen setzt er sich im Dünndarm fest und saugt hier Blut. Er wechselt dabei häufig den Platz, die einmal geschlagenen Wunden bluten lange nach, wodurch gefährliche Chlorosen hervorgerufen werden. Ein Ei dieses Parasiten ist in Abb. 421, *d* und 424, *e* dargestellt; es entwickelt in den Fäzes oder in Erde bei genügender Feuchtigkeit und Wärme oder im Wasser selber schon in wenigen Tagen einen Embryo, der eine Zeitlang im Wasser lebt und entweder mit dem Trinkwasser und feuchter Erde oder auch durch die Haut in den Menschen gelangt.

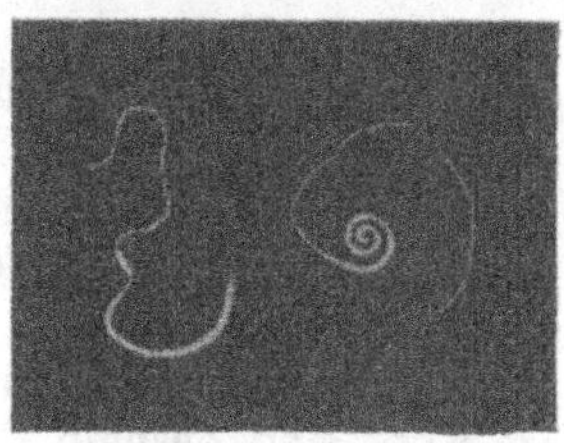

a b

Abb. 423. *Trichocephalus dispar*, *a* Männchen, *b* Weibchen. Nat. Größe u. schwach vergrößert. (Nach Leuckart.)

Erkennung der Anchylostomiasis oder Dochmiose. — Die „Bergmannskrankheit" ist gegenwärtig eine weitverbreitete Krankheit unter den Bergleuten in Westfalen. Sie äußert sich in allgemeiner Blässe des Gesichts und der sichtbaren Schleimhäute. Die Leute sind grauweiß im Gesicht und an den Ohren; die Lippen, das Zahnfleisch sind blaß, die Augenbindehäute weiß; trotzdem sind die Träger des

Parasiten oft noch kräftig, lange Zeit frei von Beschwerden, nur in schwereren Fällen klagen sie über Müdigkeit. Die Krankheit verläuft ohne Milzschwellung; Herzfehler, Nierenleiden sind auszuschließen.

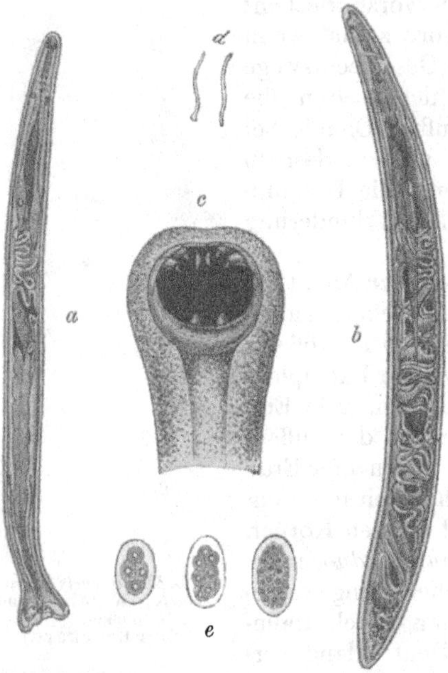

Abb. 424. *Anchylostemum duodenale*, *a* Männchen. *b* Weibchen, *c* Kopf, *d* natürl. Größe, *e* Eier. (Nach Leuckart.)

Die Diagnose der Krankheit wird gesichert durch die mikroskopische Feststellung der *Anchylostomum*-Eier (Abb. 421, *d* und 424, *e*) im Stuhl. Diese sind hinsichtlich der Größe und Umhüllung mit Eiern von *Oxyuris vermicularis* (Abb. 421, *b*) zu verwechseln. Die Untersuchung der Fäzes muß möglichst frisch vorgenommen werden. Von weichem Stuhl nimmt man eine dünne, für das bloße Auge gut durchsichtige Schicht, trockenen Stuhl verdünnt man mit destilliertem Wasser. Vergrößerung mindestens 300fach. Bei negativem Ergebnis ist mindestens dreimaliges Untersuchen an verschiedenen Tagen nötig. Auch nach erfolgreicher Kur gehen oft noch zwei Wochen lang Eier ab, die so lange in den Darmfalten hängen bleiben.

Bandwürmer.

Von der Wurmgruppe der Cestoden sind eine große Anzahl von Arten bekannt geworden, die obligate Darmschmarotzer der verschiedensten Tiere sind. Alle Bandwürmer haben gemeinsam die Eigenschaft, daß sie nicht als einzelne Tiere, sondern als Tierkolonien betrachtet werden müssen in der Weise, daß das vorderste Glied (der Kopf, *Scolex*) die Mutter darstellt, von der die übrigen Tiere (die Einzelglieder, Proglottiden) durch terminale Knospung gebildet werden. Die Glieder am Kopf sind deshalb die zuletzt entstandenen, sie sind stets unentwickelt (nicht geschlechtsreif). In der Mitte des Tieres finden sich in jedem Glied männliche und weibliche Geschlechtsorgane; in dieser Region findet die Befruchtung der Eier statt. Die hintern Glieder, die allmählich abgestoßen und mit dem Kot des Wirtes entleert werden oder auch gelegentlich den Darm selbständig verlassen, enthalten die befruchteten Eier in ungeheuer großer Zahl. Ein Glied des Schweinebandwurms enthält ungefähr 50000 Eier, ein ganzer Bandwurm von 1500 Gliedern also gegen 75000000.

Diese große Übermenge von Eiern ist für die Erhaltung der Bandwurmarten notwendig, da die Weiterentwicklung derselben manchen Widrigkeiten ausgesetzt ist. Die Eier entwickeln sich nämlich nur weiter, wenn sie in den Magen eines geeigneten, meist durchaus spezifischen Zwischenwirts gelangen. Für den Schweinebandwurm (*T. solium*) ist dieser Zwischenwirt meist das Schwein, doch kann die Entwicklung im Gegensatz zu dem Rinderbandwurm auch im Menschen selbst erfolgen. Aus diesem Grunde ist der Mensch mit einem Schweinebandwurm für sich und seine Umgebung eine Gefahr, denn die Finne kann sich im Auge oder im Gehirn festsetzen und schwere Krankheitszustände hervorrufen, ja das Leben des Trägers gefährden.

Frißt ein Schwein Bandwurmeier enthaltenden Kot, so wird zunächst die dicke Schale der Eier (Abb. 421, *g*) gelöst; die in ihnen enthaltenen, schon entwickelten Embryonen werden frei und bohren sich mittels der sechs Embryonalhäkchen in die Darmwand des Zwischenwirts. Sie werden durch das Blut nun an die verschiedensten Stellen des Körpers geschwemmt und entwickeln sich zu Finnen.

Die Finne der Schweine (der Blasenwurm) wohnt zwischen den Muskelfasern dieser Tiere und bildet mit unbewaffnetem Auge leicht erkennbare weiße oder halbdurchsichtige mehr oder weniger walzenförmige, senfkorn- bis erbsengroße Blasen innerhalb einer häutigen weißen Kapsel, die mit dem umgebenden Fleische verwachsen ist. In dem Fleische der Schweine, der Rinder (Finnen von *T. saginata*, Abb. 425) und anderer Tiere, auch im Fleische des Menschen findet man die Finnen häufig in unzähliger Menge. Nimmt man die Finne aus ihrer Umgebung heraus und bringt sie in lauwarmes Wasser, so streckt sie nach und nach Kopf und Hals aus ihrem blasenförmigen Körper (Schwanzblase) heraus. Unter dem Mikroskop findet man an dem Kopfe schon bei schwacher Vergrößerung vier wulstige, in ihrer Mitte vertiefte Erhabenheiten, Saugnäpfe (Abb. 425), und bei der Schweinefinne inmitten derselben einen Hakenkranz (Abb. 426). Gelangt die Finne lebend in den menschlichen Magen, was beim Genusse rohen Schweine- und Rindfleisches oder roher Wurst, oder nicht genügend gekochten oder geräucherten Fleisches geschehen kann, so entwickelt sie sich hier wieder zum Bandwurm, indem der Kopf sich an die Wandung der Verdauungswege ansaugt, die Blase verliert und nun Glied auf Glied von seinem Halsteil abschnürt. Die so entstehenden bandförmigen Glieder (Proglottiden) werden größer und größer, so daß ein aus vielen Hunderten von Proglottiden bestehender Bandwurm eine Länge von 3 m erreicht.

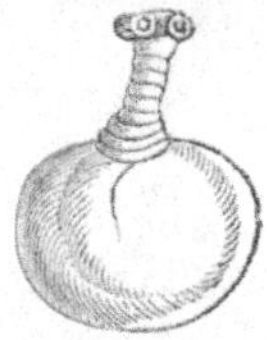

Abb. 425. Die im Rind vorkommende Finne der *Taenia saginata* mit ausgestülptem Kopf (*Scolex*). Vergr. $^2/_1$.

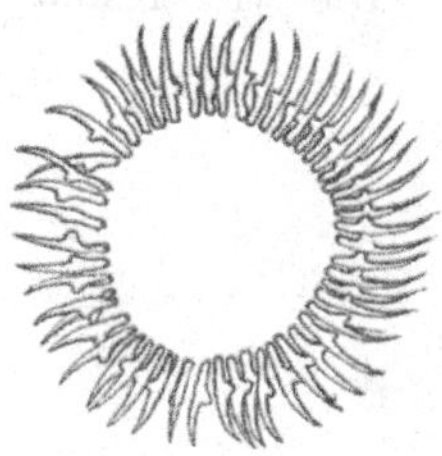

Abb. 426. Hakenkranz des Schweinebandwurmes. Vergr. $^{50}/_1$.

Der Kopf des Schweinebandwurms (*Taenia solium*) hat eine Breite von etwa 1 mm, der darauffolgende ungegliederte Hals eine Länge von 10—15 mm, die folgenden Proglottiden oder Glieder je eine Länge von 0,1 bis 13,0 mm, und zwar sind sie um so weniger lang, je näher sie dem Kopfe liegen. Die Breite der Glieder steht in einem gleichen Verhältnisse und beträgt 1,3 bis 6,3 mm. Das Bandwurmei, 0,02 bis 0,03 mm im Durchmesser, erscheint unter dem Mikroskop als ein braunes, kugelig ovales Körperchen. Gelangen diese Eier in den Magen oder Darmkanal des Schweins, so schlüpfen die Embryonen wieder aus in Form kleiner wasserheller Bläschen mit vier bis sechs paarweise angeordneten Häkchen, die sich mittels dieser Häkchen in die Darmzotten einbohren, in den Blutstrom kommen und durch diesen an irgendeinen für ihre Weiterentwicklung günstigen Ort (Muskel, Leber, Lunge, Gehirn usw.) gelangen.

Bei anderen Bandwurmarten findet sich ein ähnlicher Generationswechsel

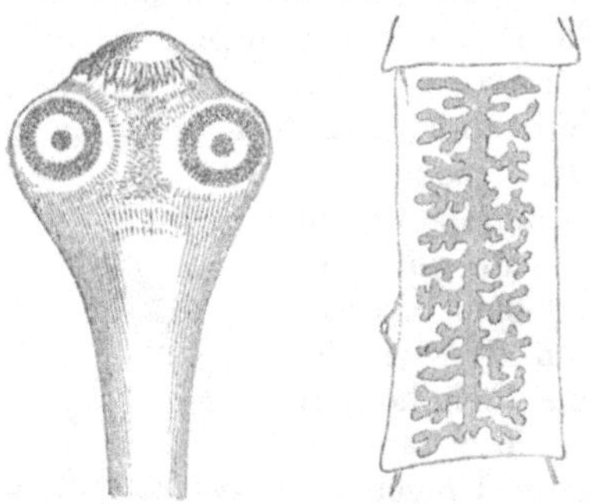

Abb. 427. *Taenia solium.* Kopf und ein überreifes Glied mit Uterus und Geschlechtsporus. $^3/_1$.

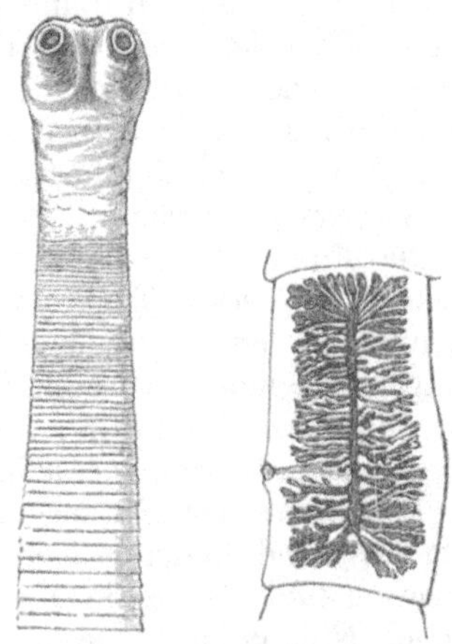

Abb. 428. *Taenia saginata.* Kopf und überreifes Glied mit Uterus und Geschlechtsporus. $^2/_1$. (Nach Braun.)

und Entwicklungsverlauf. Bei Untersuchung eines Bandwurms auf Anwesenheit des Kopfendes und des Fleisches auf Vorkommen von Finnen genügt einfach die Lupe, zur Erkennung der Eier eine 50fache Vergrößerung.

Die wichtigsten Bandwürmer der Menschen sind:

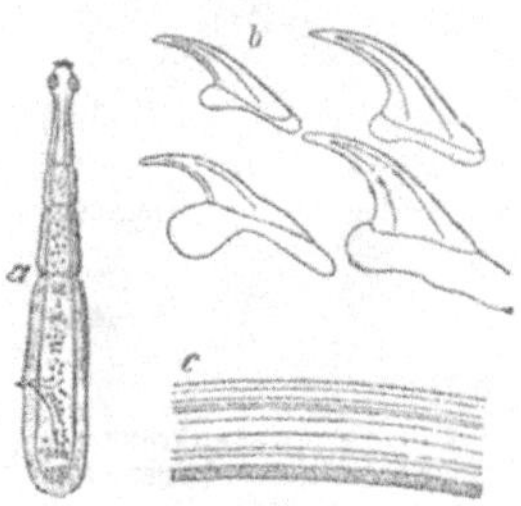

Abb. 429. *a Taenia echinococcus* des Hundes, *b* Haken, *c* Membranstück einer Echinokokkusblase. (Nach Leuckart.)

a) Taenia solium, der Schweinebandwurm; diese Art wurde als Paradigma der Bandwurmentwicklung im vorhergehenden beschrieben.

b) Taenia saginata, der Rinderbandwurm; unterscheidet sich von *T. solium* durch das Fehlen des Hakenkranzes am Kopf und die kräftige Muskulatur der Saugnäpfe (Abb. 428). Die Proglottiden der beiden Arten unterscheiden sich insofern, als die Verästelung des Uterus bei *T. saginata* eine viel reichere ist als bei *T. solium* (vgl. Abb. 427 und 428), auch sind die abgegangenen Glieder muskelkräftiger und daher beweglicher. Sie kriechen nämlich aus dem Kot hervor und klettern selbständig an Grashalmen herauf, wodurch es allein verständlich wird, daß sich Rinder mit diesen Abgängen des menschlichen Darmes infizieren können.

c) **Taenia echinococcus,** der Hundebandwurm (Abb. 429). Im Gegensatz zu den beiden vorher besprochenen Arten, bei denen die geschlechtsreifen Würmer im Menschen, die Finnen dagegen in Haustieren leben, ist bei *T. echinococcus* der Mensch der Finnenträger (Zwischenwirt), während die entwickelten Schmarotzer oft zu Tausenden im Darm des Hundes sich finden. Der ausgebildete Wurm besteht nur aus drei bis vier Gliedern, deren hinterstes in reifem Zustand länger ist als der ganze übrige Körper, es wird 3 bis 5 mm lang. Durch allzugroße Hundefreundschaft (Anlecken usw.) werden die Eier auf den Menschen übertragen und entwickeln sich in ihm, besonders in der Leber, doch auch in andern Organen zu Finnen, die im Gegensatz zu den vorher besprochenen Formen meist zu großen, manchmal 1 kg schweren Wasserblasen heranwachsen und schwere Leiden verursachen, auch den Tod der Betroffenen herbeiführen können. Bemerkenswert an ihnen ist die Fähigkeit, durch Knospung der inneren Wandschicht (Abb. 429, *c*) nicht nur einen Skolex, sondern viele Hunderte zu bilden, die ihrerseits wiederum dieselbe Fortpflanzungsfähigkeit haben, so daß schließlich aus dem einen Bandwurmei Tausende von Skolizes, also Bandwurmammen entstehen.

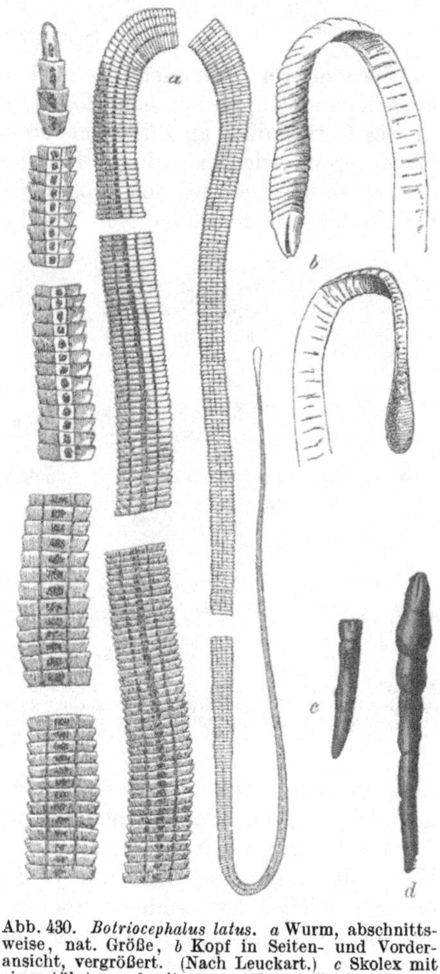

Abb. 430. *Botriocephalus latus.* *a* Wurm, abschnittsweise, nat. Größe, *b* Kopf in Seiten- und Vorderansicht, vergrößert. (Nach Leuckart.) *c* Skolex mit eingestülptem, *d* mit ausgestülptem Vorderteil. 2/1. (Nach Hofer.)

d) **Botriocephalus latus** (Abb. 430). Ein Schmarotzer, dessen wurm- und nicht blasenförmige Larve in der Leibeshöhle von Copepoden lebt, deren Skolex nicht gleich zur Bandwurmkette auswächst, wenn er von einem Fisch aufgenommen wird, sondern hier erst zu einem freien Skolex wird, indem er den winzigen blasenförmigen Anhang verliert. Dieser Skolex findet sich in der Muskulatur des Flußbarsches, einiger Forellenarten, der Quappe und des Hechtes Ostpreußens, besonders des Kurischen Haffs. Dementsprechend kommt auch der Bandwurm besonders in den Ostseeprovinzen, aber auch in den Westkantonen der Schweiz und den angrenzenden Teilen Frankreichs oft im Menschen vor. Er wächst bis zu 9 m mit 3000 bis 4000 kurzen (3,5 mm) und breiten (10 bis 20 mm) Gliedern. Der flache Kopf besitzt an den Seiten zwei Sauggruben. Die charakteristischen Eier dieses Wurms sind Abb. 421, *e* dargestellt.

Sporozoen.

Sporentierchen nennen wir nach Leuckarts Vorschlag eine parasitisch lebende Sippe der Einzelligen, die im Laufe ihres Entwicklungskreises festwandige, an Pflanzensporen erinnernde Fortpflanzungskörper produzieren. Die Ausbildung der Sporen findet ihre Erklärung darin, daß diese Keime mit den Abgängen der Wirtstiere oder anderswie mehr oder weniger lange Zeit ins Freie, sei es ins Wasser oder aufs

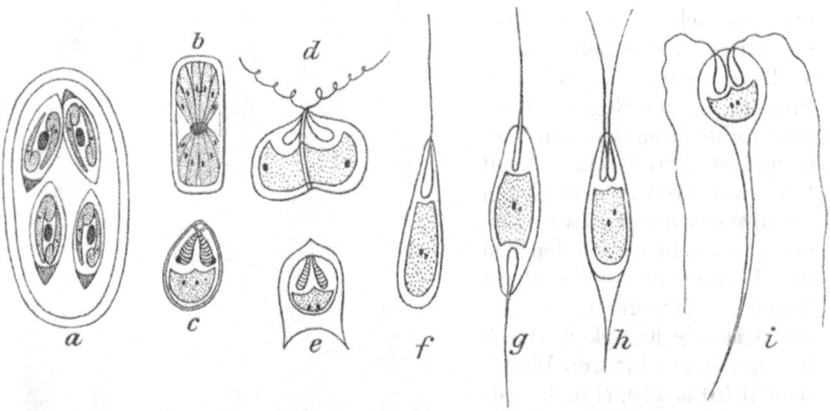

Abb. 431. Sporozoenkeime. *a* Cyste von Coccidium oviforme mit vier Sporen, in jeder Spore zwei Keime und ein Restkörper. *b* Gregarinenspore mit zahlreichen Keimen. *c—i* verschiedenartige Sporen von Myxosporidien, teils mit Spiralfaden innerhalb der Polkapsel, teils mit vorgeschnelltem Spiralfaden.

Land gelangen, wo sie ungeschützt zugrunde gehen würden. Es kann uns daher nicht Wunder nehmen, daß diejenigen Sporozoenformen, die im Blute parasitieren und durch blutsaugende Tiere auf andere Wirte übertragen werden, wie z. B. die Malariaparasiten, die Ausbildung solcher festwandiger Sporen unterlassen. Die verschiedenen Gruppen der Sporozoen begegnen uns im gewöhnlichen Leben recht häufig, da unsere Haustiere vielfach davon heimgesucht werden. Um einen Vertreter der Gregarinen kennen zu lernen, braucht man nur einen Regenwurm zu öffnen und ein Stückchen von den sog. Samenblasen unter das Mikroskop zu nehmen — man wird stets zahllose Sporen einer *Monocystis*-Art zu Gesicht bekommen. Eine Gregarinenspore ist in Abb. 431, *b* abgebildet.

Coccidien-Sporen sind nicht selten, aber doch nicht so regelmäßig als die vorgenannten zu finden. Wenn unter den Kaninchen oder Meerschweinchen einer Zucht viel Todesfälle auftreten, hat man

Aussicht, im Darm und in der Leber der Tiere Zysten mit Sporen von *Coccidium oviforme* nachweisen zu können. In der Sporenhülle liegen zwei Keime und ein sog. Restkörper (siehe Abb. 431, *a*).

Besonders häufig und artenreich trifft man Vertreter der Myxosporidien bei unseren Fischen. An den Kiemen, in der Haut, in der Schwimmblase, in den Nieren usw. entwickeln sich häufig kleine Geschwülste, deren Inhalt, wie man durch mikroskopische Untersuchung leicht feststellen kann, aus vielen Tausenden von absonderlich geformten Sporen besteht. Wir bilden in Abb. 431, *c*—*i* eine Reihe verschiedenartiger Sporen ab und erkennen an ihnen trotz der Verschiedenartigkeit stets dieselben Bestandteile, nämlich einen protoplasmatischen Zellkörper (den eigentlichen Keim) und einen oder zwei kleine birnförmige Gebilde, die entweder einen Spiralfaden im Innern erkennen lassen (*c* und *e*) oder aber je einen fadenförmigen Fortsatz nach außen entsendet haben (*d*, *f*, *g*, *h* und *i*). Dies sind die sog. Polkapseln, die unter bestimmten Umständen, z. B. beim Einwirken der Magensäfte, ihren Spiralfaden hervorschnellen, der sich dann in die Schleimhaut des Wirtes einbohrt und so die Spore vor Anker legt. Die Hülle dieser Sporen besteht aus zwei Hälften (s. Abb. 431, *d*), die sich allmählich trennen, so daß dann der amöboid bewegliche Keim in benachbarte Epithelzellen einwandern kann. Dieser wächst an den ihm zusagenden Stellen zu einem Synzytium von ziemlich beträchtlicher Größe aus, in dem sich nach und nach kleinere scharf umgrenzte Partien unterscheiden lassen. Diese zeigen zuerst eine Vermehrung der stärker färbbaren Kernsubstanzen (Abb. 432, *a*) und dann eine Teilung, die zur Bildung der bereits beschriebenen Sporen führt (Abb. 432, *b*).

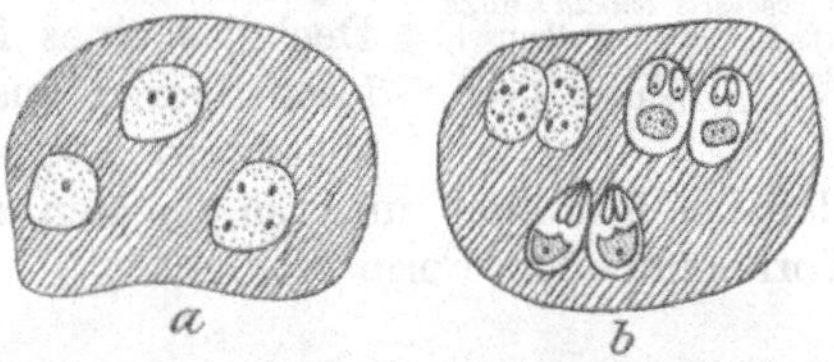

Abb. 432. Entwickelung der Sporen in dem Synzytium der Myxosporidien. (Schematisch.)

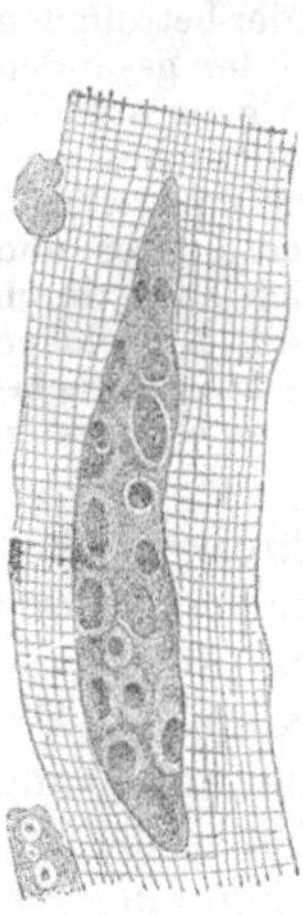
Abb. 433. Junge *Sarcocystis tenella* vom Schaf (0,047 mm lang). (Nach Bertram.)

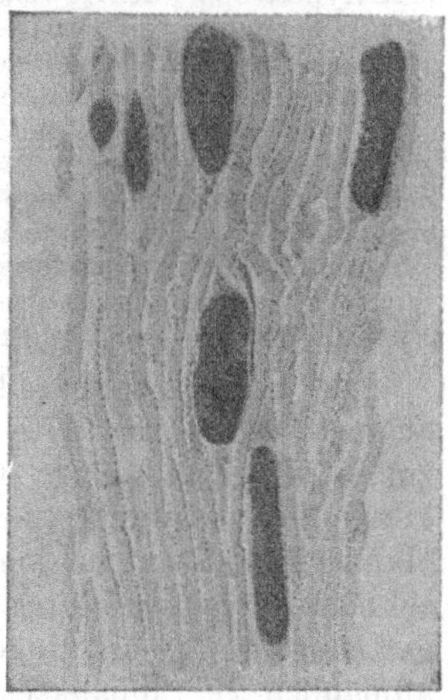
Abb. 434. Längsschnitt durch einen Muskel vom Schwein mit *Sarcocystis Miescheriana*. (Nach Braun.)

Solche Synzytien mit Sporen sind auch die in der Muskulatur der Schweine und Schafe, aber auch bei anderen Säugetieren und auch bei Vögeln vorkommenden und seit langem bekannten Miescherschen

Schläuche mit den Raineyschen Körperchen, die wir heute als Sarkosporidien bezeichnen (Abb. 433). Sie sind von ansehnlicher aber verschiedener Größe (man trifft Schläuche von $1^1/_2$ mm, aber auch von 4 mm, ja von 4 cm Länge) und infolge ihrer weißlichen Färbung bereits mit unbewaffnetem Auge zu erkennen. Unter dem Mikroskop, bei durchfallendem Lichte, erscheinen sie dunkler als die Fleischfaser (Abb. 434), sehr stark mit den Schläuchen durchsetztes Muskelfleisch sieht graustreifig und mißfarben aus. Ein kräftiger Druck auf das Deckglas eines frischen Präparates läßt die zahllosen Sporen aus dem platzenden Synzytium heraustreten; Abb. 435 gibt die sichelförmigen Sporen der bei fast allen unseren Schafen in der Muskulatur des Schlundes vorkommenden Form wieder.

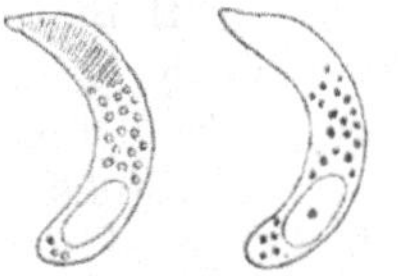

Abb. 435. Sporen von *Sarcocystis tenella:* links frisch mit Polkapsel, rechts gefärbt. (Nach Laveran und Mesnil.)

b) Beispiele von wichtigen, durch Tiere hervorgerufenen Pflanzenkrankheiten.

Stockkrankheit des Roggens. (Abb. 436—437.)

Diese Krankheit wird hervorgerufen durch ein zu den Rundwürmern gehöriges Älchen, *Tylenchus dipsaci,* dessen Larven vom Boden aus in die unteren Stengelteile und Blätter der Roggenpflanze einwandern und in ihrer Umgebung eine Hypertrophie der Gewebe verursachen. Die Parenchymzellen der betroffenen Gewebepartien vergrößern sich und teilen sich reichlicher als bei den gesunden Pflanzen, während das Längenwachstum des ganzen Organes fast ganz aufhört. Hierdurch bekommen die befallenen Pflanzen ein sehr charakteristisches Aussehen, das darin besteht, daß der Stengelgrund sich verdickt und oft eine zwiebelartige Gestalt annimmt. Auch die unteren Blattscheiden werden breiter und nehmen eine mehr fleischige Konsistenz an; ihre Gestalt zeigt sich auch durch eintretende Verkürzung und meist vorhandene Kräuselung verändert. An solchen Pflanzen ist die Bewurzelung nur schwach ausgebildet; auch das Längenwachstum leidet, so daß oft die Ähren in der Scheide stecken bleiben. Die erkrankten Pflanzen werden meist frühzeitig gelb und sterben ab.

Die Älchen (Abb. 436) finden wir leicht in mikroskopischen Schnitten. Sie sind 1—1,5 mm lang, drehrund, an beiden Enden zugespitzt; ihre Länge verhält sich zur Breite wie 40—45:1, die Länge des Schwanzes beträgt $^1/_{16}$—$^1/_{17}$ von der des Körpers. Die Männchen haben eine mehr plötzliche Verjüngung des Schwanzes und sind ausgezeichnet durch die „Bursa“, eine auf beiden Seiten der Begattungsöffnung vorspringende Hautfalte. Die Weibchen haben ein mehr allmählich verschmälertes Hinterende. — Der am Vorderende befindliche Mund erweitert sich zur Mundhöhle, durch die ein am Hinterende verdickter Mundstachel läuft, der durch besondere Muskeln vorgeschoben und zurückgezogen werden kann. Die sich an die Mundhöhle anschließende Speiseröhre dient gleichzeitig als Saugrohr, sie besitzt eine besondere Anschwellung, den Ösophagalbulbus, der als Pumpe dient. Sie setzt sich in den Darm fort, der am Schwanzanfange mündet. Beim Männchen finden sich in der Kloake zwei Chitinvorsprünge, die Spikula; beim Weibchen mündet der Eileiter gesondert von dem Darmausgang in der Vulva. Die Fortpflanzung geschieht auf geschlechtlichem Wege.

Außer den geschlechtsreifen Tieren findet man in den kranken Pflanzenteilen häufig auch die Eier, die in den Hohlräumen zwischen den Parenchymzellen liegen (Abb. 437). Aus diesen Eiern schlüpfen

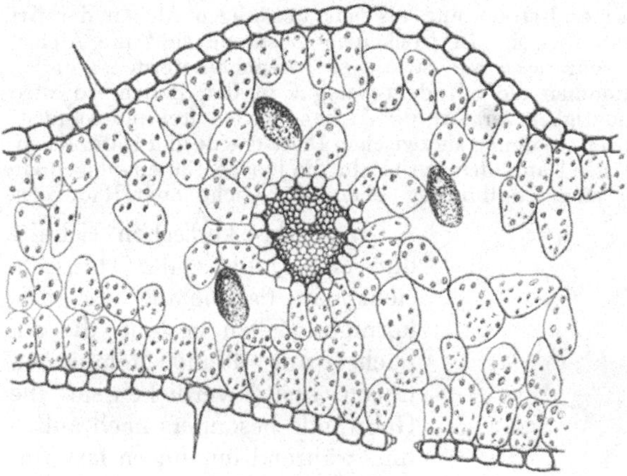

Abb. 437. Querschnitt durch ein krankes Roggenblatt mit drei Eiern von *Tylenchus dipsaci.*

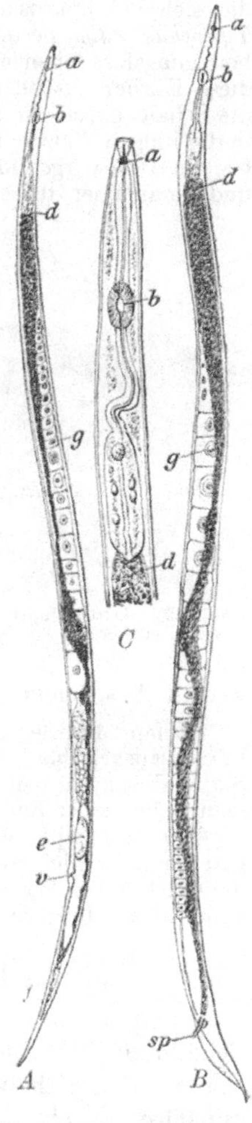

Abb. 436. *Tylenchus dipsaci.* *A* Weibchen, *B* Männchen, *C* Vorderende, stärker vergrößert. — *a* Mundstachel, *b* Bulbus, *d* Darm, *e* Ei, *g* Geschlechtsorgane, *sp* Spikula, *v* Vulva, *f* Enddarm. (Nach Ritzema Bos.) *A* u. *B* etwa $^{100}/_{1}$, *C* $^{250}/_{1}$.

die Larven, die später ebenso wie die erwachsenen Tiere in den Boden gehen und von da aus in neue Nährpflanzen einwandern können.

Im trockenen Boden können die Älchen lange Zeit scheintot liegen. Da eine solche Eintrocknung in den oberen Schichten oft eintritt, ist die Verschleppung durch oberflächliche Bodenbearbeitung, durch Wind und ähnliche Umstände leicht möglich. Andauernd in feuchter Erde, gehen die Tiere allmählich aus Nahrungsmangel zugrunde; auch können sie häufigeren Wechsel zwischen Trockenheit und Nässe nicht gut vertragen.

Außer auf Roggen geht *Tylenchus dipsaci* auch auf eine große Anzahl anderer Pflanzen über und erzeugt auf ähnliche Weise die Stockkrankheit des Hafers, des Klees, des Buchweizens, eine Krankheit der Pferdebohne, der Zwiebel und Hyazinthe und auch die Nematodenfäule der Kartoffel.

Als Bekämpfungsmittel bedient man sich des Anbaues sogenannter „Fangpflanzen", als deren geeignetste in der Regel die Pflanzenart anzusehen ist, die auf dem verseuchten Stück zuletzt angebaut und erkrankt war. In diese gehen die Älchen leicht hinein und steigen ziemlich weit in die Höhe; durch tiefes Abmähen oder Ausreißen und gründliches Vernichten der herangewachsenen Pflanzen kann man die größte Menge der Älchen von den Feldern entfernen. Auch eine gute Düngung, die das Wachstum der Pflanzen beschleunigt, sowie tiefes Umpflügen, das die Älchen in die tieferen, feuchten Bodenschichten bringt, und der Anbau von Hackfrüchten tragen zur Verminderung des Befalles bei.

Gicht- oder Radekrankheit des Weizens. (Abb. 438).

Auf Weizenfeldern findet man in den Ähren meist etwas zurückgebliebener Pflanzen, deren Blätter häufig gedreht und etwas verdickt sind, Körner, die den Steinbrandkörnern ähnlich sind. Dieselben haben eine dicke, ziemlich feste Schale und enthalten in ihrem Innern eine weißliche, zerkrümelnde Substanz, die sich bei mikroskopischer Betrachtung als aus unzähligen Älchen der Art *Tylenchus tritici* bestehend erweist. In trockenem Zustande sind die Älchen bewegungslos, leben aber sehr rasch auf, sobald sie befeuchtet werden. Fallen diese Körner aus oder kommen sie mit dem Saatgut in den Boden, so wird die Schale durch die Feuchtigkeit zerstört, die Älchen werden frei und wandern in die jungen Weizenpflanzen, in denen sie zwischen Blattscheide und Halm leben, bis die Ähre vorgebildet ist. Dann dringen sie in die jungen Blütenanlagen ein und veranlassen diese zu einer Gallbildung, eben dem Gicht- oder Radekorn.

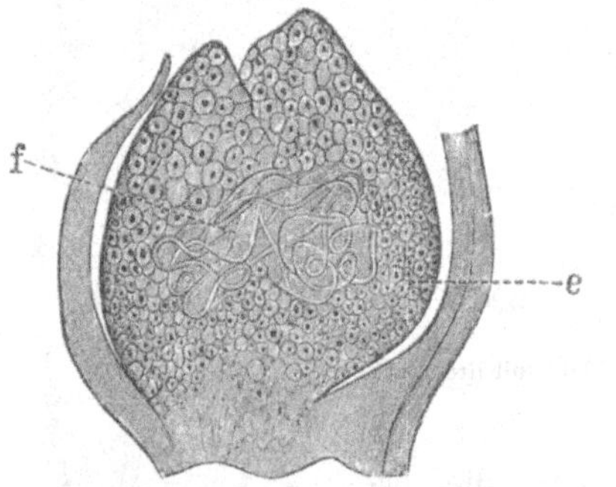

Abb. 438. Durchschnitt durch ein Radekorn. *e* Gewebewucherung, *f* Älchen. (Nach Prillieux.)

Im mikroskopischen Schnitt durch eine junge Galle (Abb. 438) sieht man, daß sie aus sehr großkernigen Zellen besteht, die zunächst nur dünne Membranen haben. Später verdicken sich die Gallwände besonders nach außen hin, während im Innern fast nur noch Älchen zu finden sind. Die inzwischen herangewachsenen und geschlechtsreif gewordenen Männchen sind 2—2,3 mm, die Weibchen 2,5—5 mm lang und ähneln in ihrem Körperbau den vorhin beschriebenen Älchen der Stockkrankheit.

Anfang Juni legen die Weibchen in der Galle zahlreiche Eier, aus denen die Larven auskriechen. Diese sind es, die man in den reifen Gichtkörnern findet. Sie sind außerordentlich widerstandsfähig gegen Trockenheit, Hitze und Kälte; man kann daher Radekörner jahrelang als Demonstrationsobjekte aufbewahren.

Die Bekämpfung dieser Krankheit besteht in guter Reinigung des Saatgutes und Vernichten der abgesiebten Gichtkörner. Außerdem muß man Felder, die radekranken Weizen getragen haben, tief umpflügen und für einen rationellen Fruchtwechsel Sorge tragen.

Nematodenkrankheit der Zuckerrübe (Abb. 439).

Ebenfalls zu den Rundwürmern gehört einer der schlimmsten Schädlinge der Zuckerrübe, die Rübennematode, *Heterodera Schachtii*. Sie ist der Urheber der Rübenmüdigkeit, einer Krankheit, die sich zunächst durch plötzliches Welken der Blätter im Sonnenlicht und Wiederaufrichten des Krautes während der Nacht bemerkbar macht. Das Abwelken beginnt bei den äußeren Blättern, die nach einiger Zeit zu vergilben anfangen nnd schließlich vertrocknen, so daß zuletzt nur noch die Herzblätter erhalten bleiben. Die Ernteerträge gehen infolgedessen sowohl nach der Gewichtsmenge wie nach dem Zuckergehalte der Rüben mit jedem Jahre mehr zurück. Aus den Eiern des Schädlings entschlüpfen etwa 0,5 mm lange, vorn stumpfe und hinten spitze Larven (Abb. 439 *A*), bei denen sich schon ein kräftiger Mundstachel erkennen läßt. Dieser ist am hinteren Ende mit drei deutlichen Anschwellungen versehen und dient der Larve beim Eindringen in die Seitenwurzeln der Rübe als Werkzeug. Die eingewanderten Tiere häuten sich mehrmals und bekommen das Aussehen einer Flasche mit abgerundetem Boden und breitem Hals

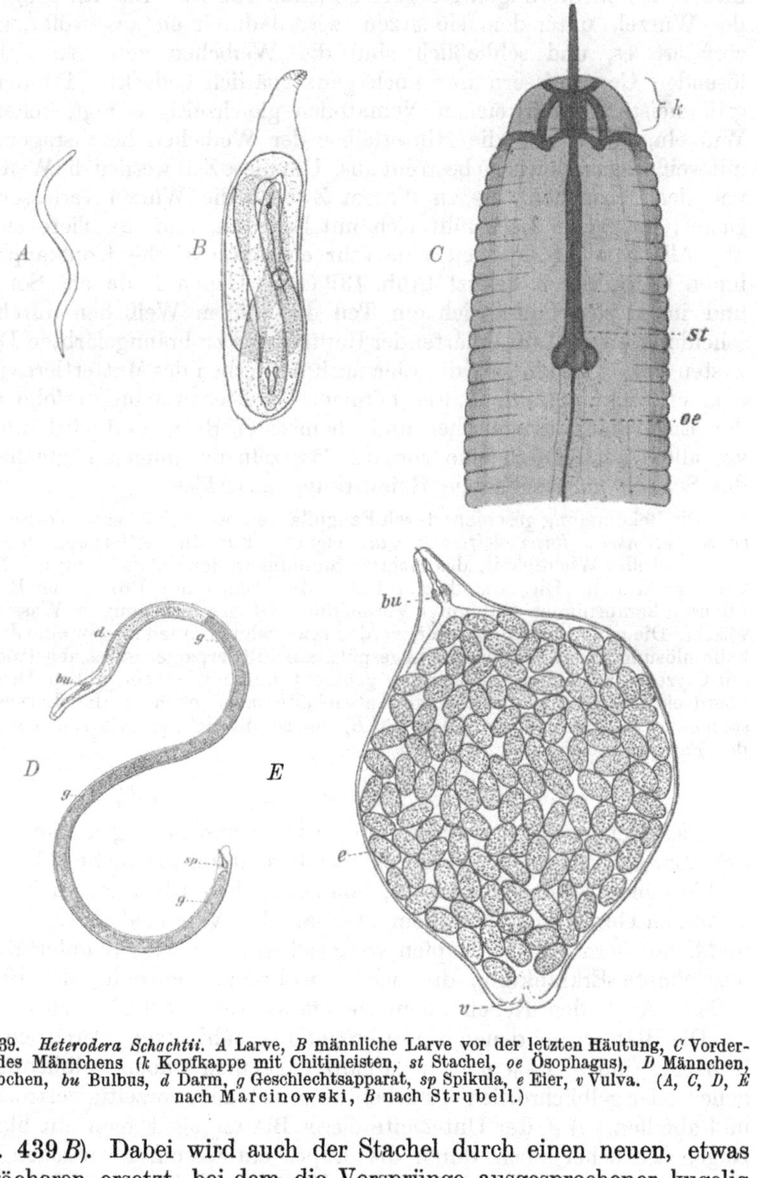

Abb. 439. *Heterodera Schachtii.* *A* Larve, *B* männliche Larve vor der letzten Häutung, *C* Vorderende des Männchens (*k* Kopfkappe mit Chitinleisten, *st* Stachel, *oe* Ösophagus), *D* Männchen, *E* Weibchen, *bu* Bulbus, *d* Darm, *g* Geschlechtsapparat, *sp* Spikula, *e* Eier, *v* Vulva. (*A, C, D, E* nach Marcinowski, *B* nach Strubell.)

(Abb. 439 *B*). Dabei wird auch der Stachel durch einen neuen, etwas schwächeren ersetzt, bei dem die Vorsprünge ausgesprochener kugelig sind als bei dem der Larve (Abb. 439 *C*). Diese Form ist aber noch nicht die endgültige, sondern es tritt nunmehr eine auch in der äußeren Gestalt deutlich kenntliche Differenzierung der Geschlechter ein. Das fadenförmige, etwa 1 mm lange Männchen (Abb. 439 *D*) verläßt die letzte Larvenhaut, in der es aufgewunden lag (Abb. 439 *B*); die von nun an unbeweglich festsitzenden Weibchen schwellen zu dicken, zitronenförmigen Körpern an (Abb. 439 *E*). Das Rindengewebe der Wurzel, unter dem sie sitzen, wird dadurch emporgewölbt, später zerfasert es, und schließlich sind die Weibchen von den sich ablösenden Gewebefasern nur noch ganz spärlich bedeckt. Da der Angriff meist von zahlreichen Nematoden gleichzeitig erfolgt, sehen die Wurzeln, aus denen die Hinterleiber der Weibchen herausragen, wie mit weißen Quarzkörnern bestreut aus. Um diese Zeit werden die Weibchen von den Männchen, die zu diesem Zwecke die Wurzel verlassen, begattet; ihr ganzer Leib füllt sich mit Eiern an, und die Tiere sterben ab. Alle Stadien besitzen eine sehr charakteristische Kopfkappe, die innen Chitinleisten besitzt (Abb. 439 *C*, *k*). Gegen Ende des Sommers und im Herbst bildet sich ein Teil der weißen Weibchen durch Abscheidung an der Luft erhärtender Hautsekrete zu braungefärbten Dauerzysten um, in denen sich die Eier nach Absterben des Muttertieres jahrelang entwicklungsfähig halten können. Die Eientwicklung erfolgt unter der Einwirkung thermischer und chemischer Reize und wird offenbar vor allem auch durch eine von den Wurzeln der jungen Wirtspflanzen des Schädlings ausgehende Reizwirkung ausgelöst.

Die Bekämpfung geschieht durch Fangpflanzen, wozu sich besonders Sommerrübsen *(Brassica Rapa oleifera annua)* eignet. Für die Entfernung desselben ist von großer Wichtigkeit, das richtige Stadium in der Entwicklung der Nematoden zu treffen. Dieses stellt man fest, indem man einige Proben der Rübsenpflanzen herausnimmt und unter Vermeidung heftiger Bewegung im Wasser auswäscht. Die gewaschenen Wurzeln werden etwa zehn Minuten lang in eine Jodjodkaliumlösung gelegt, mit Wasser abgespült, auf Filtrierpapier etwas abgetrocknet, mit Glyzerin auf einen Objektträger gebracht und mit einem großen Deckglas überdeckt. Findet man dabei vollentwickelte, aber noch in der Larvenhaut steckende männliche Tiere (Abb. 439 *B*), so ist die richtige Zeit zum Zerstören der Fangpflanzen gekommen.

Spinnmilben *[Tetranychidae]* (Abb. 440).

Diese gehören zu den verbreitetsten Pflanzenschädlingen. Sie sind in der Auswahl der Pflanzen, die sie befallen, durchaus nicht wählerisch und kommen sowohl an Gräsern, Bohnen, Rüben wie auch an anderen krautigen Gewächsen, vor allem aber an den verschiedensten Bäumen und Sträuchern vor. An Hopfen verursachen sie eine als „Kupferbräune" bezeichnete Erkrankung, die sich in rotbrauner Färbung der Blätter äußert. Auch den Reben fügen sie oft schweren Schaden zu.

Die Blätter, an denen sie in größerer Anzahl sitzen, verfärben sich frühzeitig, indem sie je nach der Pflanzenart einen grauen, gelblichbräunlichen oder gelblichrötlichen Farbenton annehmen, vorzeitig vertrocknen und abfallen. Auf der Unterseite dieser Blätter sieht man mit bloßem Auge, deutlicher noch durch die Lupe, ein Gespinst, zwischen dem man außer zahlreichen abgestreiften Häuten und den weißlichen Eiern die zu den Milben gehörige „Spinne" in den verschiedensten Altersstadien findet.

Aus den Eiern geht zunächst eine 6füßige Larve hervor, aus der sich nach einem Ruhestadium die 8füßige Nymphe entwickelt. Nach einem weiteren Ruhestadium erscheinen sodann die geschlechtsreifen männlichen und weiblichen Tiere.

Das ausgewachsene Tier ist 200—400 μ lang, oval, gelblich bis rötlich gefärbt, meist dunkel gefleckt, die ♀ stets größer als die ♂. Bei auffallendem Lichte sieht man deutlich beiderseits je einen roten Augenfleck, der bei durchfallendem Licht jedoch unsichtbar wird. An allen Tarsengliedern sind die für die ganze Familie charakteristischen vier Haftborsten zu erkennen. Im übrigen ist der feinere Bau der Tarsen für die Gattungen kennzeichnend. *Paratetranychus* besitzt eine Klaue und darunter ein aus 4—6 Borsten gebildetes Empodium. Bei den anderen Gattungen ist nur das Empodium erhalten, das bei *Schizotetranychus* die Form einer 2spaltigen, kräftigen Klaue besitzt, bei *Tetranychus* und *Epitetranychus* als 4teilige, in sehr feine Spitzen endende Klaue erscheint. Kennzeichnend ist ferner die Ausbildung der paarig im vordersten Körperabschnitt gelegenen Atmungsorgane, der sogenannten Kragentracheen, die teils einfach, teils verzweigt sind, und des männlichen Kopulationsorgans, das bei der Lindenspinnmilbe (*Tetranychus telarius* L.) schlank und gerade, bei den anderen Arten hakenförmig gekrümmt ist. Die im Herbst gelblichrote bis zinnoberrote Färbung annehmenden ♀ überwintern entweder zwischen Rindenspalten und an geeigneten Plätzen des Bodens, von wo aus die Neubesiedelung der Nährpflanzen im Frühjahre erfolgt, oder legen an die Triebe der Nährpflanzen ihre rotgefärbten Wintereier ab.

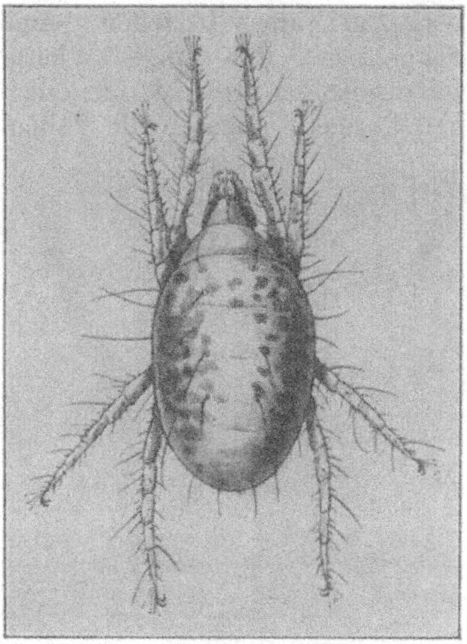

Abb. 440. Spinnmilbenweibchen. $^{60}/_{1}$. (Nach Fulmeck.)

Die Bekämpfung ist noch nicht gründlich erforscht, doch kann man durch Bespritzen des Bodens und der Holzteile von Bäumen und Sträuchern vor dem Austreiben mit einer 10—16proz. Eisenvitriollösung sowie durch häufigeres Bespritzen der Pflanzen während des Sommers mit Wasser die Ausbreitung der Roten Spinne einigermaßen verhindern.

Weinblattmilben (Abb. 441 u. 442).

Eine der verbreitetsten Weinstockkrankheiten ist die sogenannte Phytoptosis, die durch die zur Gruppe der Gallmilben gehörige Weinblattmilbe, *Eriophyes (Phytoptus) vitis*, hervorgerufen wird. Diese Tiere siedeln sich auf der Unterseite, seltener auf der Oberseite der Blätter an und veranlassen durch einen von ihnen ausgehenden Reiz eine eigentümliche Ausstülpung der Epidermiszellen zu schlauchförmigen, hin- und hergebogenen, manchmal verästelten Haaren (Abb. 441).

Diese Gallenhaare stehen in Vielzahl zusammen, dichte, filzartige Flecke bildend, die bei auffallendem Lichte seidenartig glänzen. Anfänglich sind diese Filzflecke, die sogenannten Erineen [1]), weiß, werden aber später grau, gelb oder rötlichbraun. Auf der entgegengesetzten Seite stülpt sich das Blatt zu einem runzeligen, bald mehr flachen, bald mehr erhabenen Höcker aus (Abb. 442).

Die Milben, die diese Mißbildung hervorrufen und die während des ganzen Sommers in ihnen leben, sind dem bloßen Auge nicht sichtbar. Ihre Größe beträgt etwa 0,15—0,2 mm; sie sind von lang walzenförmiger Gestalt, nach hinten allmählich, nach vorn rascher verschmälert. Der ganze Hinterleib ist geringelt, am vorderen Teile befinden sich zwei Paar Beine, die aus je drei Gliedern mit zwei borstigen Tarsen bestehen. Am Saugrüssel erblickt man zwei zarte Saugborsten (die umgewandelten Kiefer), mit denen das Tier die Pflanzenzellen ansticht, um aus ihnen Nahrung zu entnehmen, ohne daß übrigens dadurch die Zellen sichtbar geschädigt würden.

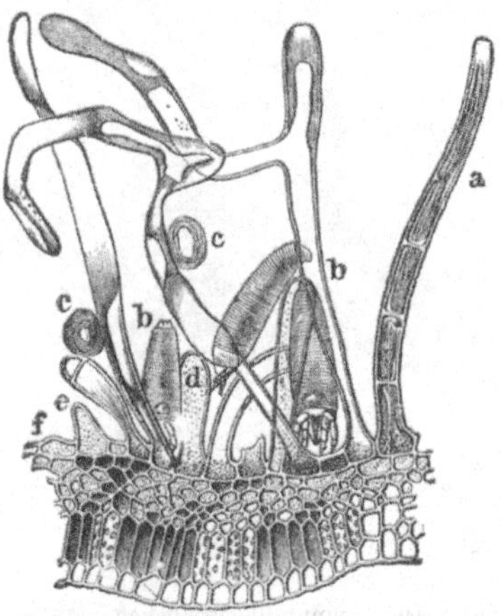

Abb. 441. Querschnitt durch ein Erineum des Rebblattes mit Milben (*b*), Eiern derselben (*c*) und verschieden gestalteten Haaren (*a*, *d*, *e*, *f*). (Nach Briosi.)

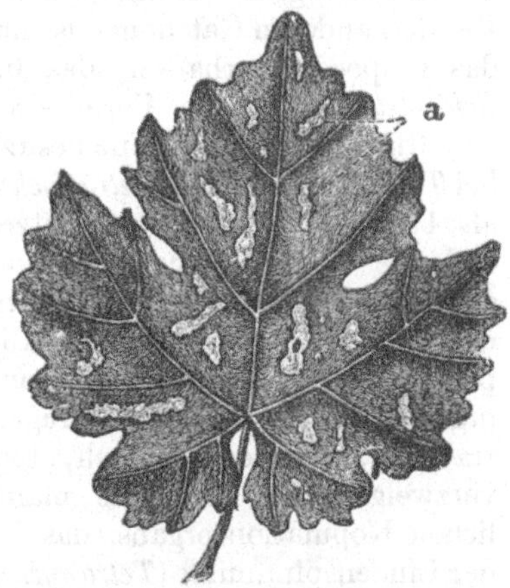

Abb. 442. Rebblatt, von Weinblattmilben befallen. Es sind viele „Erineum“-Flecke (z. B. bei *a*) auf der Unterseite entstanden. $^1/_2$ der natürlichen Größe.

Die Milben legen im Laufe des Sommers in ihrem Aufenthaltsorte einige ovale Eier, aus denen bald die jungen Milben ausschlüpfen, um ihrerseits wieder für Nachkommenschaft zu sorgen. Im Herbste wandern die Milben aus und suchen Rindenrisse, Zweigecken und vor allem Knospen auf, in denen sie den Winter überdauern, um mit beginnendem Frühjahre wieder in die sich entfaltenden Blätter einzuwandern.

Wenn die Phytopten nicht in besonders großer Zahl auftreten, sind sie für den Weinbau ohne Schaden, da die Blätter in ihrer assimilatorischen Tätigkeit nicht gestört werden. Bei starkem Befall jedoch werden die Blätter stark verkrüppelt, auch werden die Blüten und Fruchtknoten nicht verschont.

Als Gegenmittel wendet man das Absammeln und Vernichten der befallenen Blätter sowie Bestreichen der Stämme und Zweige mit Kalk oder Eisenvitriollösung oder Bespritzung mit Schwefelkalkbrühe während des Winters oder ersten Frühjahrs mit Vorteil an.

---

[1]) Der Name Erineum stammt noch aus der Zeit, in der man diese Erscheinung als von Pilzen hervorgerufen auffaßte, die Persoon unter dem Gattungsnamen *Erineum* vereinigte.

Blutlaus (Abb. 443—447).

Die Blutlaus *(Schizoneura lanigera)* ist einer der schlimmsten Feinde der Apfelkultur und kommt seltener auch auf Birnbäumen und verwandten Kernobstarten vor. Sie lebt besonders gern auf jungen Trieben des Apfelbaumes in großen, mit weißer Wachswolle bedeckten Familien (Abb. 447). Nimmt man die Tiere ab und zerdrückt sie, so entsteht ein blutroter Fleck (daher der Name). Mit langem Saugrüssel stechen die etwa 2 mm großen, braungelb bis braunrot gefärbten Läuse durch die Rinde der Apfelzweige bis zum Splint und saugen den Saft. Wo dieser Rüssel eindringt, entsteht im Kambium eine Wucherung, die, mehr und mehr sich vergrößernd, schließlich die Rinde auftreibt und sprengt. Dichte Siedlungen der Blutläuse bilden aus lauter Einzelknollen bestehende, wie große Geschwüre aussehende Verdickungen der Zweige, die sog. Blutlauskrebse.

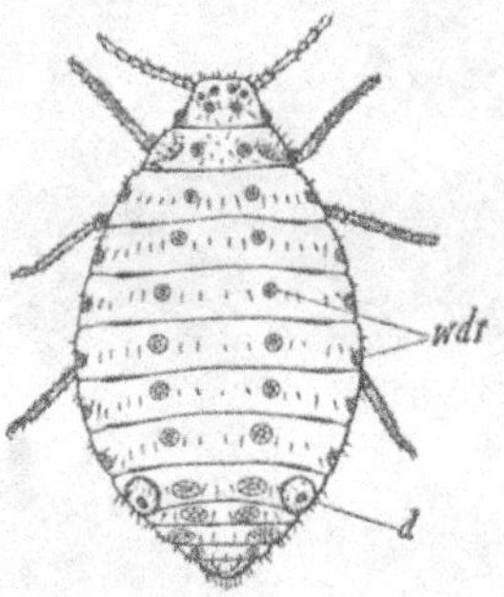

Abb. 443. Erwachsene, ungeflügelte Blutlaus. Rückenansicht. 16/1. (Nach Börner.)

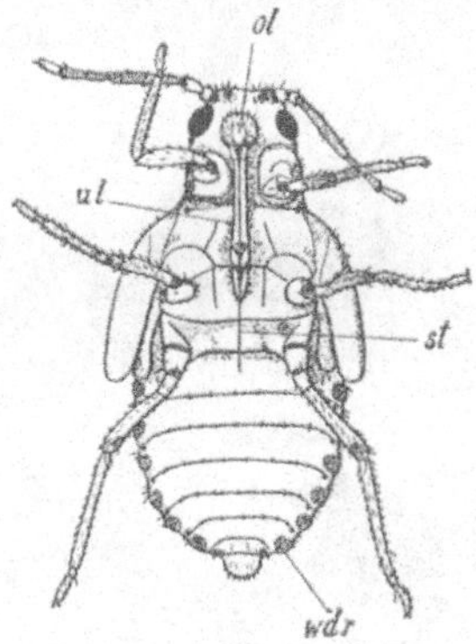

Abb. 444. dto. Bauchansicht.

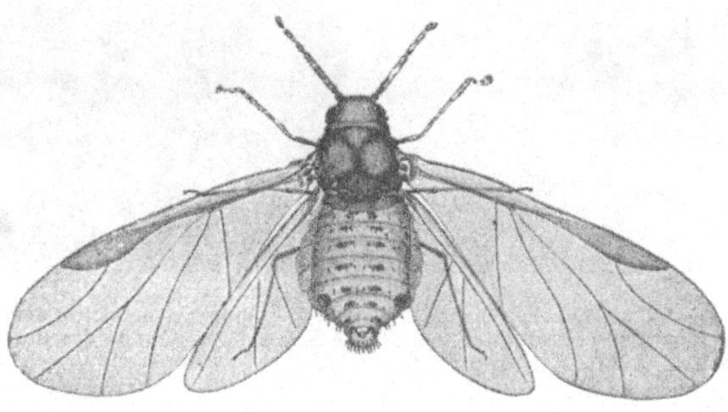

Abb. 445. Geflügelte Blutlaus. Rückenansicht. 25/1. (Nach Börner.)

In Mitteleuropa vermehren sich die Blutläuse nur durch jungfräuliche, ungeflügelte (Abb. 443 u. 444) oder geflügelte (Abb. 445) Tiere, von denen erstere 30—40, letztere eine geringere Anzahl Junge lebend gebären. Die jungen Blutläuse sind stets flügellos und wie ihre Mütter mit einem Saugrüssel versehen. Sie sind sehr beweglich und können sich über die Krone der befallenen Bäume ausbreiten oder auf benachbarte Bäume überwandern. Sind sie aber festgesaugt, so verlassen sie ihren Platz meist nur noch nach einer Häutung, deren sie vier durchmachen. Nach der 4. Häutung sind sie erwachsen und werden Mütter, ohne befruchtet zu sein. Die geflügelten Blutläuse sehen anfangs genau so aus wie die flügellosen; nach der 3. Häutung treten an den Schultern des 2. und 3. Brustringes kurze Flügelstummel auf, die mit der 4. Häutung zu den Flügeln der Blutlausfliege auswachsen. Die ungeflügelten Blutläuse gibt es das ganze Jahr über; sie sind auch die einzigen bei uns teils in den Rindenritzen des Stammes und der Äste, teils unterirdisch an den Wurzeln überwinternden Blutläuse, die im Frühling ihr Zerstörungswerk mit erwachendem Saftstrom des Apfelbaumes beginnen. Die geflügelten sind im Frühsommer selten, können dann aber die Seuche ihrer Flugfähigkeit wegen weit verschleppen, da sie echte Blut-

Abb. 446. Blatt der amerikanischen Rüster, mit einer Rollgalle der Blutlaus-Stammmutter. (Nach E. Patsch.)

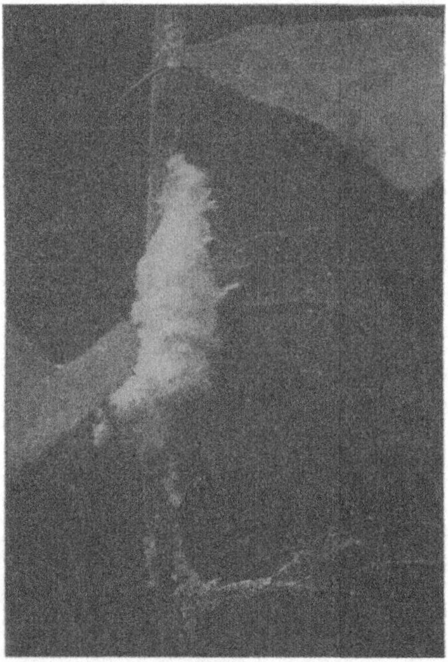

Abb. 447. Junger Apfelbaumzweig mit Blutlauskolonie. Die Kolonie am Grunde des untersten Blattes ist von ihrer Wolle befreit worden.

lausjunge mit Saugrüssel erzeugen. Anders die im Nachsommer und Herbst auftretenden geflügelten. Diese Tiere verlassen nämlich den Apfelbaum (und überhaupt das Kernobst) und siedeln auf Ulmenarten über, wo sie Mütter winziger, flügelloser, der Stechborsten und des Rüssels entbehrender Männchen und Weibchen werden, von denen letztere nach erfolgter Befruchtung in den Ritzen der alten, borkigen Rinde je ein Winterei ablegen. Die heimischen Ulmenarten (Berg-, Feld- und Flatterulme) sind aber für die Nachkommenschaft der Blutlaus ungeeignet, da man auf ihnen in Europa noch niemals Blutlausgallen, sondern nur die ähnlichen Gallen verwandter Blutlausarten *(Schizoneura ulmi, soror, patchiae)* beobachtet hat. Mangels geeigneter Brutpflanzen geht also anscheinend die Nachkommenschaft der hochsommerlichen Blutlausfliegen in Europa regelmäßig zugrunde. In Nordamerika aber kriechen auf der amerikanischen Rüster *(Ulmus americana)* aus dem Winterei der Blutlaus Junglarven aus, die Rollgallen auf den Blättern erzeugen (Abb. 446), die denen der genannten europäischen *Schizoneura*-Arten ähnlich sehen. Sie gebären in diesen Rollgallen zahlreiche Junge, die teils ungeflügelt bleiben und eine zweite Gallenbildnergeneration hervorbringen, teils Flügel erhalten und auf den Apfelbaum oder andere Kernobstgewächse zurückfliegen. Die 2. Gallengeneration pflegt meist ganz geflügelt zu werden und damit die Entwicklung der Blutlaus auf der amerikanischen Rüster zum Abschluß zu bringen.

Mikroskopisch sind an den flügellosen Formen die Felderung und Anordnung der Wachsdrüsen (Abb. 443 u. 444 *wdr.*) und die auf niedrigen Buckeln mündenden Rückendrüsen (Siphonen, Abb. 443 *d*), an der Blutlausfliege die einmal gegabelte Mittelader der Vorderflügel und die eigenartige Ringelung der Fühler zu beachten, die, wie bei den ungeflügelten, 5gliedrig sind.

Reblaus *[Phylloxera vastatrix (Peritymbia)]* (Abb. 448).

Das Tier wurde anfangs der sechziger Jahre mit amerikanischen Reben nach Europa eingeschleppt. Zuerst wurde es im Jahre 1868 im unteren Rhônetal nachgewiesen, nachdem man schon einige Jahre eine in erschreckender Weise überhandnehmende, bis dahin unbekannte Erkrankung der Weinstöcke beobachtet hatte. Seit dieser Zeit hat sich die Seuche in unerhört rascher Weise über die sämtlichen Weinbaugebiete ausgebreitet, überall ungeheuren Schaden verursachend. Frankreich allein hat eine Einbuße erlitten, die mit zwölf Milliarden Francs nicht zu hoch geschätzt wird. Aber auch andere Länder sind in ähnlicher Weise in ihrem wirtschaftlichen Wohlstande geschädigt, und wenn wir in Deutschland noch verhältnismäßig weniger zu leiden haben, so verdanken wir dies einzig und allein der straffen Durchführung des sogenannten Vernichtungsverfahrens.

Das äußere Krankheitsbild besteht im Auftreten sogenannter Reblausherde, die dadurch charakterisiert sind, daß mehr oder weniger kreisförmige Stellen in den Weinbergen auftreten, in denen die einzelnen Stöcke allmählich zurückgehen, wobei die im Innern liegenden Stöcke am meisten in Mitleidenschaft gezogen sind. An den Wurzeln kranker Stöcke finden sich die Läuse, die durch ihr Saugen an den jüngeren Wurzeln die „Nodositäten", an den älteren die „Tuberositäten" veranlassen.

Gleich der Blutlaus vermehrt sich die Reblaus in den deutschen Weinbergen wohl nur auf jungfräuliche Art, gebiert aber nicht lebende Junge, sondern legt unbefruchtete Eier an den Wurzeln des Rebstockes ab. Wenn die im Hochsommer geschlüpften Jungläuse der letzten Wurzelreblausgeneration aus dem Winterschlafe erwacht sind, wachsen sie (bei uns im Verlaufe des Mai) unter 4maliger Häutung zu flügellosen, bis etwa $1^3/_4$ mm großen, gelbgrünlichen Läusen von birnenförmigem Umriß heran, die von Ende Mai ab ihre erst hellgelbgrünen, später olivgrünen bis etwa 150 Eier ablegen. Ihr Wachstum erfolgt in der Regel an verholzten Rebwurzeln; selten siedeln einzelne Tierchen dieser Wintergeneration nach einer Häutung auf eine junge Rebwurzel über und erzeugen an dieser eine birnen- oder bohnenförmige oder unregelmäßig gestaltete Kambiumgalle (Nodosität). Ihre

Nachkommen befallen aber mit Vorliebe die jungen Rebwurzeln, so daß man mit fortschreitender Jahreszeit mehr und mehr Nodositäten, namentlich in den oberen Erdschichten, findet. Ist die Wüchsigkeit der Rebe durch die Laus schon zu sehr geschwächt, dann fristen oft

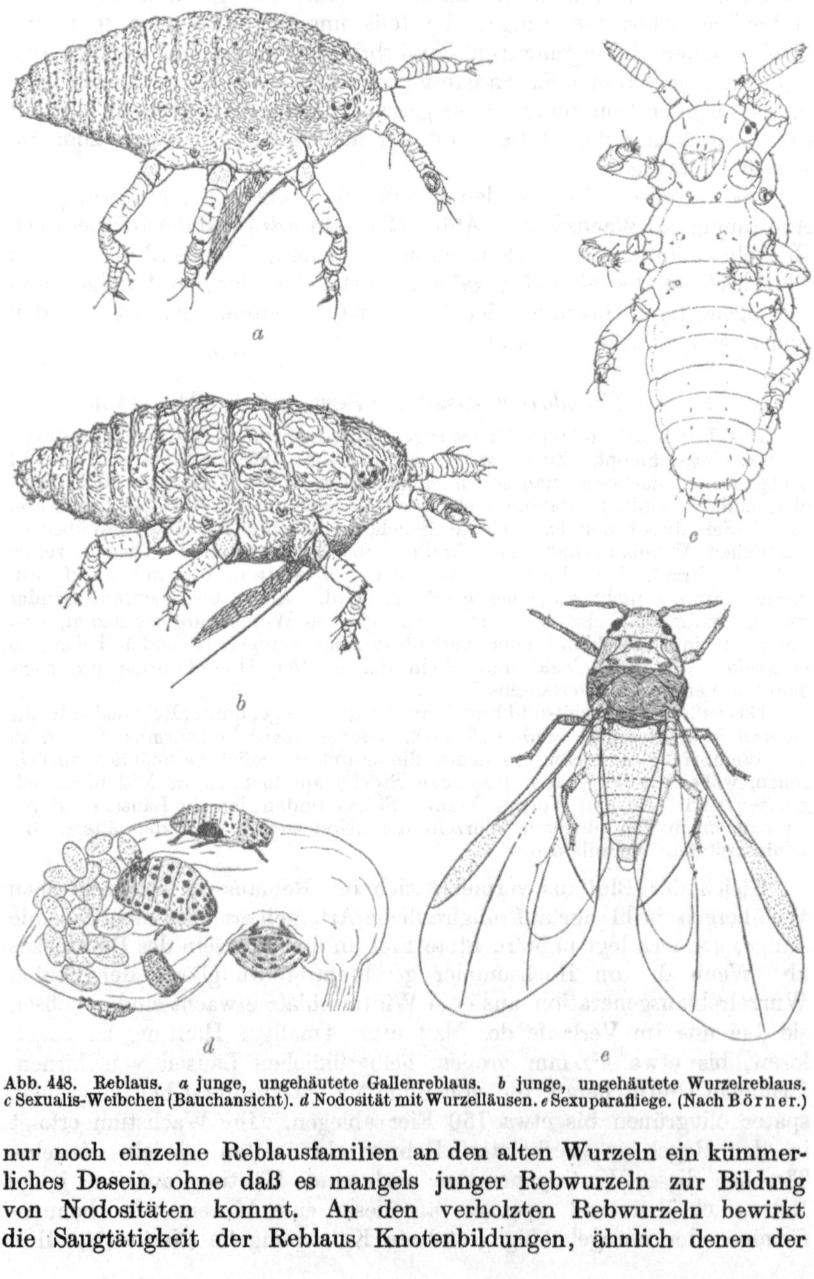

Abb. 448. Reblaus. *a* junge, ungehäutete Gallenreblaus. *b* junge, ungehäutete Wurzelreblaus. *c* Sexualis-Weibchen (Bauchansicht). *d* Nodosität mit Wurzelläusen. *e* Sexuparafliege. (Nach Börner.)

nur noch einzelne Reblausfamilien an den alten Wurzeln ein kümmerliches Dasein, ohne daß es mangels junger Rebwurzeln zur Bildung von Nodositäten kommt. An den verholzten Rebwurzeln bewirkt die Saugtätigkeit der Reblaus Knotenbildungen, ähnlich denen der

Blutlaus vom Apfelbaum; man nennt sie Tuberositäten. Im Laufe der wärmeren Jahreszeit wachsen in Deutschland einschließlich der überwinterten 4 bis 5 Generationen heran, und dieser Kreislauf wiederholt sich Jahr um Jahr, ohne daß andere Reblausformen an den Rebenwurzeln zur Fortpflanzung gelangen. Es entwickeln sich aber im Sommer (in Deutschland meist erst im August und September) in den Familien der flügellosen Wurzelläuse Reblausfliegen, die in ihren ersten drei Jugendzuständen flügellos sind und mit der dritten Häutung als Nymphe (Abb. 448 *d*) Flügelstummel erhalten. Diese Reblausfliegen kommen aus der Erde an die Oberfläche und legen an den Blättern der Rebe unterseits oder am Blattstiel oder unter der Rinde des mehrjährigen Holzes ihre ockerfarbenen, verschieden großen Eierchen ab, aus denen winzige, wie jene der Blattlaus stechborsten-, rüssel- und afterlose Männchen und Weibchen ausschlüpfen. Meist sind die etwas größeren Reblausfliegen Mütter der Weibchen, die etwas kleineren Mütter der Männchen, seltener legt dieselbe Reblausfliege Eier beiderlei Geschlechts. Männchen und Weibchen (Abb. 448 *c*) werden erst nach den 4 schwer wahrnehmbaren Häutungen beweglich und zugleich geschlechtsreif. Das befruchtete Weibchen legt ein einziges „Winterei" unter der rissigen Rinde des mehrjährigen Rebholzes ab. In Deutschland geht die Brut der Reblausfliegen in der Regel infolge zu kühler Hochsommerwitterung zugrunde, weshalb hier die aus dem Winterei ausschlüpfende Reblausform im Freien noch nicht beobachtet worden ist. Diese in Südeuropa häufige Reblausform siedelt sich an einem jungen Rebenblatte oberseits an und erzeugt hier durch ihren Stich eine erbsenförmige Galle, deren oberseitige Öffnung durch feine Börstchen verschlossen ist. Erwachsen, legt sie, die sog. Stammmutter oder Fundatrix, an 150—250 Eier in der Galle ab, aus denen teils neue Gallenrebläuse, teils solche Jungläuse ausschlüpfen, die an die Wurzeln des Rebstockes hinabwandern und hier zu etwa schon vorhandenen Wurzelreblausfamilien hinzutreten oder neue Kolonien gründen.

In Südeuropa folgen diese Blattgallenbildner in 8—12 Generationen aufeinander, deren letzte mit den abfallenden Blättern im Herbste zugrunde geht; in Deutschland sind die blattgallenbildenden Rebläuse nur von Börner in Gewächshäusern gezüchtet worden. Eine derartige Zucht hat vom Frühjahre 1910 bis in den Winter 1916/17 hinein 67 jungfräuliche Generationen hervorgebracht.

Die feinen mikroskopischen Unterschiede zwischen den jungen blattbewohnenden (*a*) und den wurzelbewohnenden (*b*) Rebläusen zeigt Abb. 448. Man beachte auch die dreigliedrigen Fühler, deren drittes großes Glied ein großes Riechorgan besitzt, die aus drei feinen Punkten gebildeten Seitenaugen der flügellosen Form, in Abb. 448 *d* die Anordnung der Rückenplättchen bei Jungläusen, erwachsenen und Nymphen, bei den geflügelten (*e*) die Aderung der Vorderflügel, die das Tier in der Ruhe wagerecht zusammengeschoben trägt.

Außer der vorbeschriebenen Reblausform kommt in den wärmeren außerdeutschen Weinbaugebieten noch eine zweite Reblaus *Phylloxera (Peritymbia) vitifolii* vor. Dieselbe ist von *vastatrix* vor allem durch die Fähigkeit zum Befall der meisten *vastatrix*-immunen Unterlagsreben unterschieden und zeigt als Junglaus durchschnittlich etwas kürzere Stechborsten als jene.

Die Bekämpfung der Reblaus liegt in Deutschland in den Händen der Landesregierungen, die in den Weinbau treibenden Gegenden einen besonderen Überwachungsdienst organisiert haben. Jeder Fall der Auffindung der Reblaus oder einer reblausverdächtigen Stelle im Weinberge muß daher der Behörde angezeigt werden. Infolge des starken Umsichgreifens der Reblaus in manchen Teilen Deutschlands wird jetzt damit begonnen, an Stelle der wurzelechten Europäerreben Pfropfreben zu pflanzen, bei denen man als Unterlage reblausimmune amerikanische Reben oder deren Hybriden benutzt.

San-José-Schildlaus (Abb. 449—453).

Die San José-Schildlaus (*Aspidiotus perniciosus*), die austernförmige Schildlaus (*A. ostreiformis*), die rote Obstschildlaus (*Epidiaspis betulae*, früher *Diaspis fallax*) und die Kommaschildlaus (*Lepidosaphes ulmi*, früher

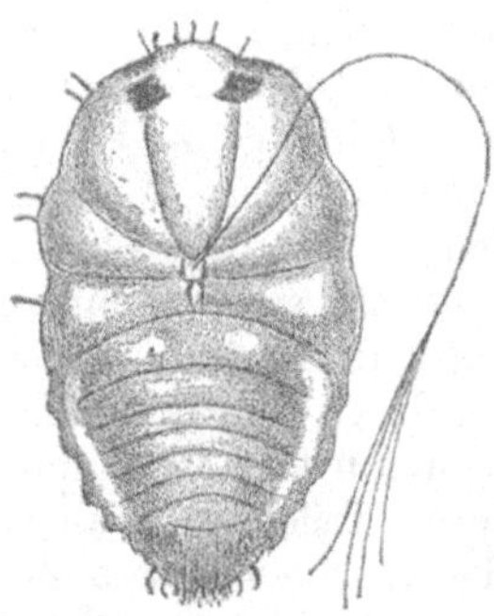

Abb. 449. Männchen der San José-Schildlaus nach der ersten Häutung. 50/1. (Nach Denkschrift des Kaiserl. Gesundheitsamtes.)

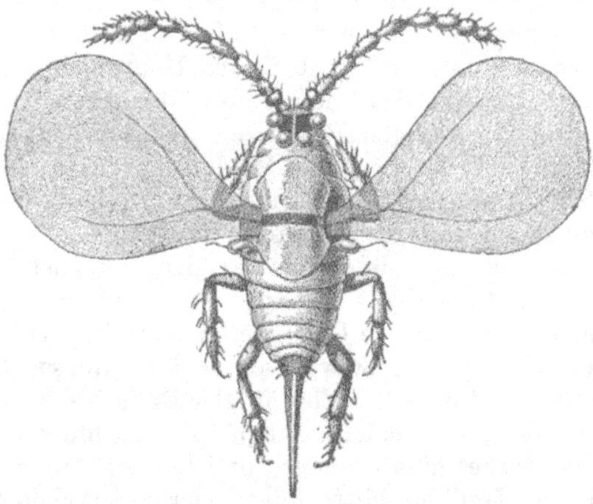

Abb. 450. Geflügeltes Männchen der José-Schildlaus. 50/1. (Nach Denkschrift des Kaiserl. Gesundheitsamtes.)

Mytilaspis pomorum) sind die zu den Schildläusen (*Coccidae*) gehörigen Arten, die wegen ihrer bedeutenden Schädlichkeit für den Obstbau besonderer Erwähnung bedürfen.

Alle sind sie dadurch ausgezeichnet, daß die Weibchen Wachs ausschwitzen, aus dem sich ein Schild bildet, der das Tier bedeckt. Während *A. perniciosus*, *A. ostreiformis* und *Epidiaspis betulae* einen runden Schild haben, ist derjenige von *Lepidosaphes ulmi* kommaartig gekrümmt, so daß diese Art schon an der Form des Schildes zu erkennen ist.

Die Schädigung, die durch diese Schildläuse hervorgerufen wird, besteht darin, daß große Kolonien sich an den Zweigen der Obstbäume festsetzen, ihre Saugrüssel durch die Rinde hindurch bis zum Kambium einsenken und durch das beständige Saugen die Entwicklung des Baumes zunächst hemmen, oft aber auch sein Absterben bedingen. Auf dem Querschnitt eines solchen angegriffenen Zweiges ist das Kambium an einzelnen Stellen abgestorben, so daß nur noch ein partielles Dickenwachstum erfolgen kann. Auch auf den Früchten kommt die Laus vor und kann durch den Versand derselben verschleppt werden.

Die Entwicklungsgeschichte der San José-Laus, die in Amerika eingehend studiert wurde, ist folgende: Im Frühjahre findet man an den Zweigen der Bäume fast völlig entwickelte Weibchen, die unter ihrem Schild den Winter überdauert haben. Bis Mai sind dieselben am Ende ihrer Entwicklung angelangt und beginnen nunmehr lebendige Junge (Larven) zu gebären, was sie etwa bis Mitte oder Ende Juni fortsetzen. Diese Larven lassen zunächst einen Unterschied der Geschlechter nicht erkennen; sie sind etwa $^1/_4$ mm lang, $^1/_{10}$ mm breit, von gelblicher Farbe, haben hellrote Augen, ein fünfgliedriges Fühlerpaar und einen kräftigen Saugrüssel. Nur wenige Stunden vermögen sie umherzulaufen, und meist saugen sie sich bald in der Nähe des Muttertieres fest. Es beginnt nun auf dem Rücken die Ausscheidung einer wachsartigen Masse, die, zusammenfließend, den Schild bildet. Am zwölften Tage nach der Geburt häutet sich die Larve zum erstenmal, und nunmehr differenzieren sich deutlich Männchen und Weibchen. Beide Geschlechter haben Fühler und Beine abgeworfen, die Männchen (Abb. 449) sind etwas größer als die Weibchen, haben große, rote Augen und eine ovale Gestalt, die Weibchen sind annähernd rund und augenlos; beide aber haben einen kräftigen, langen Saugrüssel. Während das Weibchen damit am Ende seiner Formentwicklung steht, häutet sich das Männchen am 18. Tage zum zweitenmale,

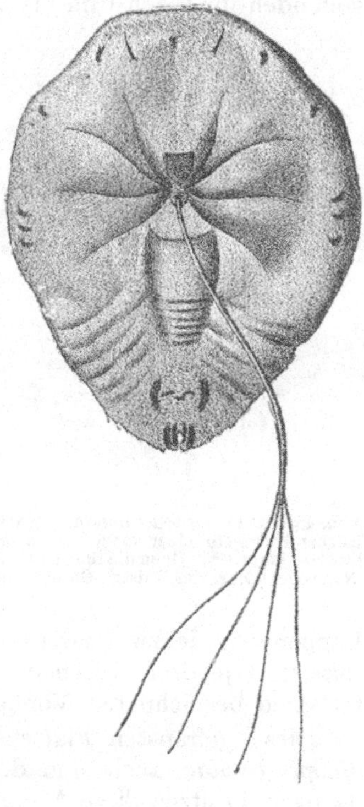

Abb. 451. Weibchen der San José-Schildlaus nach der zweiten Häutung. Vom Saugrüssel ist die Mitte weggelassen. Etwa $^{50}/_1$. (Nach Denkschrift d. Kaiserl. Gesundheitsamtes.)

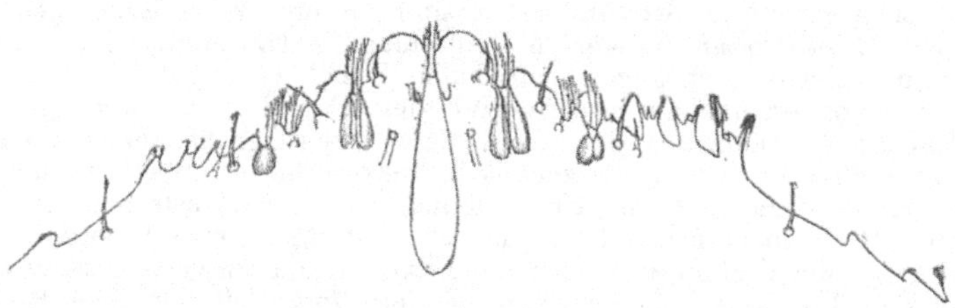

Abb. 452. Schematische Darstellung der letzten Körpereinschnitte einer erwachsenen weiblichen San José-Schildlaus. Vergr. $^{570}/_1$. (Nach Denkschrift des Kaiserl. Gesundheitsamtes.)

wobei zunächst die Vorpuppe erscheint, aus der in den nächsten zwei Tagen die Puppe hervorgeht. Dieselbe läßt schon deutlich Beine, Flügel und Fühleranlagen erkennen. Etwa am sechsten Tage des Puppenstadiums schlüpfen die fliegenartigen, geflügelten Männchen aus. Sie sind orangefarben mit dunklerem Kopf, stark ausgebildeten Fühlern, haben ein mit dunklem Querband versehenes Brustschild, große, gelbgrün schillernde Flügel und ein auffallend großes, konisches Geschlechtswerkzeug (Abb. 450).

Die weiblichen Tiere häuten sich ebenfalls ein zweites Mal und vollenden ihr Wachstum bis zum 30. Tage nach ihrer Geburt. Sie haben dann eine annähernd kreisförmige Gestalt (Abb. 451) und sind bedeckt mit einem etwa 1,5—2 mm großen runden Schild von grauer Farbe, der in der Mitte einen helleren Buckel zeigt.

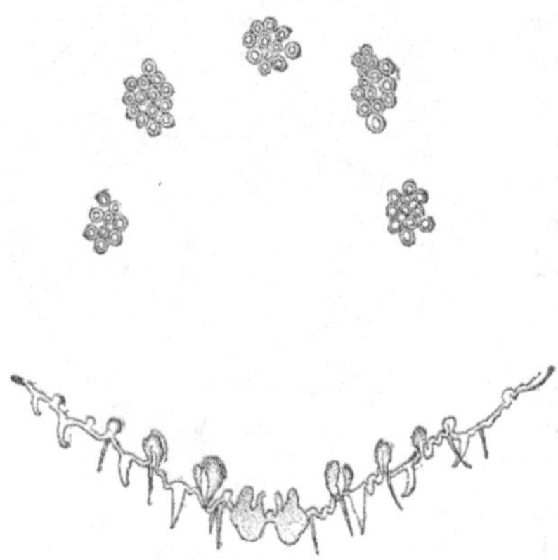

Abb. 453. Schematische Darstellung der letzten Körperabschnitte einer erwachsenen *Epidiaspis betulae*. Vergr. $^{570}/_{1}$. Oben die fünf Drüsengruppen. (Nach Denkschr. des Kaiserl. Gesundheitsamtes.)

Zur genauen Bestimmung ist der letzte Körperabschnitt von größter Wichtigkeit (Abb. 452). Derselbe ist bei jeder Art in charakteristischer Weise mit Einschnitten, Drüsenhaaren und Dornen versehen. Für *A. perniciosus* sind die sogenannten gefransten Platten ein Erkennungsmerkmal. Dieselben sind Haarbildungen, die mit Zähnen oder Fransen versehen sind; ein Paar von ihnen steht zwischen dem mittleren Lappenpaar, je zwei zwischen dem ersten und zweiten Lappen jederseits und je drei zwischen dem zweiten Lappen und den als Körperfortsätze bezeichneten Vorsprüngen am weiteren Rande.

Diese gefransten Platten fehlen *Aspidiotus ostreiformis* und *Epidiaspis betulae*, auch sind deren Körperabschnitte anders ausgebildet; dagegen besitzen diese Arten auf dem Bauche vier bezw. fünf Gruppen runder Drüsen (Filièren, Abb. 453), die sich bei *A. perniciosus* nicht finden. Auch sonst sind zwischen diesen Arten noch einige Unterschiede, die ihre genaue Feststellung erleichtern.

Die oben genannten Schildlausarten sind in ihrer Verbreitung recht verschieden. *A. ostreiformis* ist eine in Deutschland weitverbreitete Art, die besonders in schlecht gepflegten Baumschulen Schaden verursacht; *Epidiaspis betulae* ist besonders in Frankreich und Westdeutschland zu finden und schädigt vor allem die Birnbäume. *A. perniciosus*, deren ursprüngliche Heimat das nördliche China zu sein scheint, ist zurzeit in Europa nicht festgestellt, ihr Verbreitungsgebiet ist Japan, China, Nordamerika, Hawaii und Australien. In diesen Ländern tritt sie so verheerend auf, daß in Deutschland eine Verordnung erlassen ist, die die Einfuhr von lebenden Pflanzen und frischem Obst aus den von der San José-Laus heimgesuchten Ländern zum Teil von dem Resultat einer fachmännischen Untersuchung abhängig macht, zum Teil untersagt. Mit der Durchführung dieser Verordnung sind von der Regierung ernannte Sachverständige betraut, die die an der Zollgrenze eintreffenden Obst- und Pflanzensendungen einer eingehenden Untersuchung unterziehen.

Als Abwehrmittel gegen alle Schildläuse bewähren sich am besten Petroleumemulsion (und zwar in nicht verdünntem Zustande) und Schwefelkalkbrühe; auch ist durch Abbürsten und nachherigen Kalkanstrich bei weniger starkem Auftreten schon ein Erfolg zu erzielen.

Blasenfüße [Physopoda] (Abb. 454).

Die Ordnung der Blasenfüße (*Physopoda* oder *Thysanoptera*) umfaßt zahlreiche Arten, die auf den verschiedensten Pflanzen vorkommen und daher zur Untersuchung leicht zu beschaffen sind. Eine der häufigsten und während des ganzen Jahres zu erlangenden Arten ist *Thrips* (*Parthenothrips*) *dracaenae* (Abb. 454), die sich auf den verschiedensten Gewächshauspflanzen findet und durch ihr Saugen an den Blättern mißfarbige Flecke erzeugt.

Diese Art ist etwa 1 mm lang und ziemlich dickleibig. Kopf und Vorderleib sind gelbbraun, Hinterleib dunkel- bis schwarzbraun, die drei letzten Segmente gelbbraun; die gelblichen Fühler sind 7gliederig, außer den ersten beiden Gliedern sehr dünn; die Beine sind licht braungelb; die Flügel sind sehr lang, so daß sie das Hinterende überragen; die Oberflügel sind weiß mit zwei dunklen Querbinden. Außer

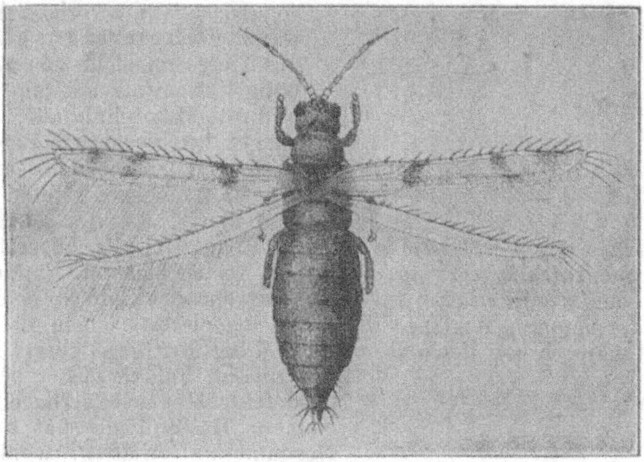

Abb. 454. Gewächshaus-Blasenfuß (*Thrips dracaenae*). $^{15}/_{1}$. (Nach Fulmeck.)

der mit dem Rande parallel laufenden Ringader besitzen sie eine Längsader, von der im ersten Viertel ein kurzer Seitenast abzweigt. Vorder- und Hinterflügel sind nach hinten mit Fransen, nach vorn mit Borsten besetzt; an den hinteren Abdominalsegmenten befinden sich ebenfalls einige kräftige Borsten.

Eine weitere, in Gewächshäusern sehr häufige Art ist die sog. „schwarze Fliege" der Gärtner (*Heliothrips haemorrhoidalis*), deren ♀ im Gegensatz zu der vorigen Art mit einem Legestachel versehen ist. Das Tier ist 1—1,3 mm lang, schwarzbraun, Hinterleib vom 8. Ring an rotbraun, Fühler, Flügel und Beine gelblich.

Auch auf Getreide kommen verschiedene Arten der Ordnung vor, die meist unter dem Namen *Thrips cerealium* zusammengefaßt werden. Die häufigsten hierher gehörigen Arten sind *Limothrips denticornis*, *Limothrips cerealium*, *Aptinothrips rufus*, *Haplothrips aculeatus*. Sie verursachen Lückenhaftigkeit der Ähre und Rispen und Weißährigkeit und Weißrispigkeit.

Gelbe Weizenmücke [*Contarinia* oder *Diplosis tritici*] (Abb. 455).

Sie ist eine Gallmücke, die aber (gewöhnlich wenigstens) nicht eigentliche Gallen hervorbringt. Das Tier ist 1—1,5 mm lang, an allen Teilen mit flaumartigen Härchen bedeckt, rotgelb. Das Männchen hat Fühler, die $1^1/_2$ mal, das Weibchen solche, die $^3/_5$ mal so lang sind wie der Körper. Das Weibchen legt die Eier in Mehrzahl (meist 10) in die jungen Blüten, besonders des Weizens und Roggens. Die ausgeschlüpften, erst glashellen, dann gelben, 3 mm langen Maden haben zwei kurze Fühler. Sie kriechen in den Blüten umher und nähren sich von Blütenstaub sowie vom jungen, milchigen Korn. Dadurch werden die befallenen Ähren taub. Der Schaden ist oft sehr beträchtlich.

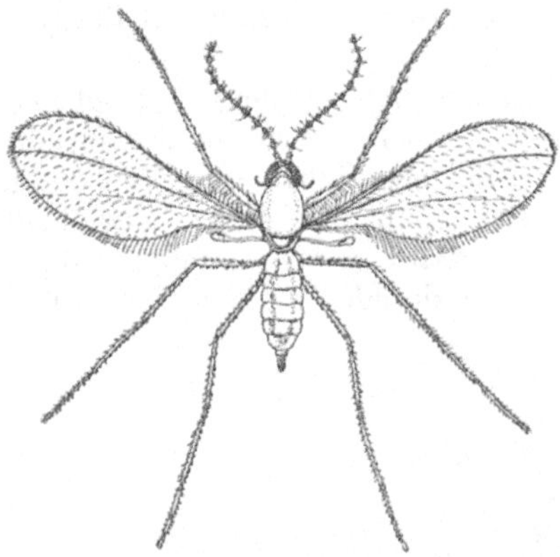

Abb. 455. Gelbe Weizenmücke (*Contarinia tritici*). Vergr. $^{10}/_1$. (Nach Brehm.)

Weizengallmücke, Hessenfliege [*Mayetiola destructor*].

Diese ist der vorigen Art nahe verwandt, doch ganz anders gefärbt. Länge des Tieres ungefähr 2,5—3,5 mm; Färbung tiefschwarz mit blutrotem Bauch und roter Längslinie auf dem Rücken; Flügel durch schwarze Behaarung grau aussehend. Männchen etwas kleiner als das Weibchen, Fühler des ersteren 20gliederig, die des letzteren 17gliederig. Die Eier werden an Getreide (Weizen, Roggen, Gerste) abgesetzt; gelblichweiße Maden entwickeln sich aus denselben, nisten sich im Grunde der Blattscheiden ein und zerstören hier das weiche Gewebe des Halmes, so daß derselbe umfällt. Tönnchenpuppen glänzend braun, abgeplattet, einem Leinsamenkorn ähnlich und dadurch von den walzenförmigen der Fritfliege unterschieden. Ein von diesem Feldverwüster befallenes Getreidefeld sieht wie verhagelt aus. Den Namen „Hessenfliege" hat die Mücke in Nordamerika erhalten, wohin sie 1776 durch hessische Soldtruppen mit Stroh verschleppt sein soll.

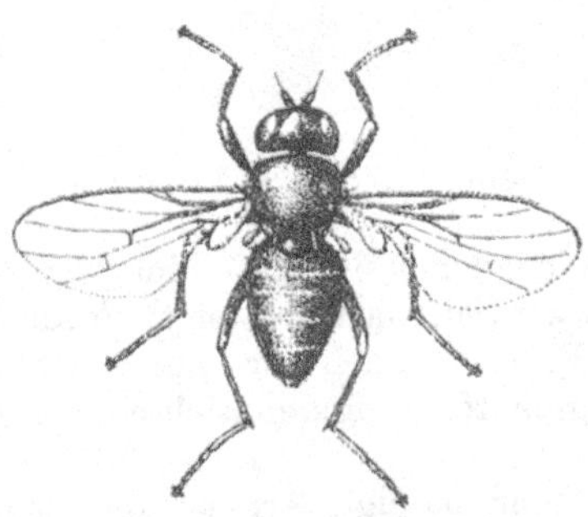

Abb. 456. Gelbe Halmfliege (*Chlorops pumilionis* oder *taeniopus*). Vergr. $^3/_1$. (Nach Brehm.)

Gelbe Halmfliege oder Weizenfliege [*Chlorops pumilionis* oder *taeniopus*] (Abb. 456).

Dieses auch Grünauge genannte Tier ist 3—5 mm lang. Es hat glashelle Flügel, ist im ganzen gelb und hat auf dem Kopfe ein schwarzes Dreieck, auf dem Rücken des Bruststückes drei schwarze Längsstreifen und am Hinterleibe dunkle Querbänder. Das Weibchen legt seine Eier an die obersten Blätter der jungen Weizen-, Roggen- und Gerstenpflanzen, aber auch Wiesengräser zu der Zeit, wenn die Bildung der Ähre beginnt. Die aus ihnen schlüpfende weiße Made frißt, von der Ähre bis zum obersten Knoten absteigend, eine erst helle, dann gebräunte Furche. Am Grunde derselben findet man später die 4—6 mm lange, braune Tonnenpuppe. Der geschädigte Halmteil schwillt an, ohne weiter in die Länge zu wachsen; oft treten bandartige Mißbildungen oder Krümmungen infolge der Verletzung auf; die in der Scheide steckenbleibende Ähre bleibt taub oder bringt nur verkümmerte Körner. Aus den Puppen dieser Sommergeneration gehen Fliegen hervor, die im Herbste ihre Eier an die junge

Wintersaat legen. Die aus diesen ausschlüpfenden Larven zerstören durch ihren Fraß während des Herbstes, Winters und Frühjahrs das Herzblatt der jungen Pflanze, wobei diese am Grunde zwiebelartig anschwillt.

Fritfliege *[Oscinis frit]* (Abb. 457).

Durch das Auftreten der Fritfliege werden Getreidearten, so Roggen, Gerste, Hafer, auch Gemüse u. a. geschädigt. Die jungen Pflänzchen sterben gewöhnlich vom Herz aus ab. Da zur Flugzeit der zweiten Generation keine jungen Pflanzen da sind, werden die Eier an die jungen Körner abgesetzt, die von den Larven ausgesogen und hohl (schwedisch „frit") werden.

Die Fritfliege ist eine etwa 2—3 mm lange Fliege, mit schwarzem, metallisch glänzendem Körper, glashellen, graugeäderten Flügeln und schwarzen Beinen, deren Fußglieder gelblich gefärbt sind; die Fühler sind mit weißflimmerndem Flaum bedeckt. Sie erlebt im Laufe des Sommers drei Generationen, und zwar legt sie zum erstenmal im Frühjahre ihre weißen Eier an die Unterseite und hinter die Scheiden der Blätter junger Getreidepflanzen. Die aus diesen nach kurzer Zeit auskriechenden Larven sind 2—3 mm lang, vorn spitz, hinten stumpf

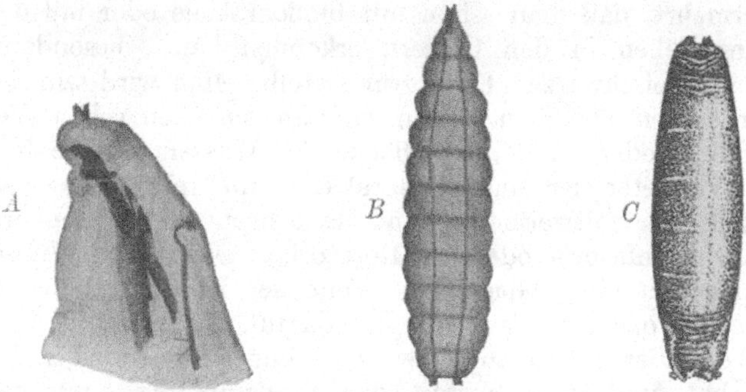

Abb. 457. Fritfliege. *A* Vorderende der Larve mit Mundhaken. *B* Larve. *C* Tönnchenpuppe. (Nach Wahl.)

mit zwei deutlichen Höckern (Abb. 457 *B*). Als Unterscheidungsmerkmal für die Fritfliegenlarve von der der Hessenfliege sind die sog. Mundhaken wichtig, die sich im Innern des Kopfendes befinden (Abb. 457 *A*). Sie stellen die chitinisierten Mandibeln des eingestülpten Kopfes (mit dem anschließenden Pharynx) der Larve dar, der sich bei der Verwandlung zur Puppe nach außen stülpt. Die Scheinpuppen sind hellbraune Tönnchen von walzenförmiger Gestalt (Abb. 457 *C*). Im Juni und Juli erscheint die zweite Generation und im September die dritte, die beide der ersten gleichen. Die dritte Generation überwintert als Larve und verpuppt sich erst im nächsten Frühjahre.

Als hauptsächlichstes Bekämpfungsmittel gilt eine im Herbste möglichst spät, im Frühjahre möglichst früh ausgeführte Saat, durch die es zu vermeiden gelingt, daß die Flugzeit mit dem Sprossen des Getreides zusammenfällt.

c) Urtiere (Protozoa).

Der Körper der Urtiere besteht nur aus einer einzigen Zelle, die aber bereits eine hohe Differenzierung haben kann und zwar nicht nur in physiologischer Hinsicht, sondern auch in der Ausgestaltung organartiger Bildungen. Die am meisten ausgebildeten Formen von ihnen sind die Wimperinfusorien oder auch nur Infusorien, d. h. Aufgußtierchen genannten. Diese findet man nämlich in großer Menge, wenn man auf Heu oder ähnliche Pflanzenteile warmes Wasser gießt und den Aufguß eine Zeitlang in der Sonne stehen läßt. Die an den Pflanzenteilen befindlichen Dauerzustände der Tierchen schlüpfen aus den umschließenden Hüllen und vermehren sich lebhaft, weil sie zusagende Lebensbedingungen finden. Sie kommen aber auch überall im süßen und im Meerwasser vor, nur muß man nicht meinen, man brauche nur irgendwoher ein Tröpfchen Wasser unter das Mikroskop zu bringen, um die verschiedensten Formen der Urtiere zu Gesicht zu bekommen.

Will man sich Urtiere zur Untersuchung verschaffen, so setzt man sich in kleineren und größeren verdeckbaren Glasgefäßen sog. Kulturen an, d. h. man entnimmt verschiedenen Gräben oder Teichen etwas Bodenschlamm, modernde Blätter oder kleine Zweigstücke, tut soviel Wasser darauf, daß alles von Wasser bedeckt ist und läßt die zugedeckten Gläser in der Sonne stehen. Nach wenigen Tagen haben sich die mit den Proben in das Glas gebrachten vereinzelten Urtiere derart vermehrt, daß man schon mit bloßem Auge oder mit der Lupe ein reiches Leben in den Gläsern erkennen kann, besonders wenn man sie auf tiefschwarzen Untergrund stellt. Man wird winzige weißliche Körperchen auf dem Boden langsam kriechen sehen (Vertreter der Sarcodina) oder an der Oberfläche des Wassers farbige Häutchen antreffen (Vertreter der Mastigophora) oder im freien Wasser schwimmende, sich nur zeitweise hier und da festsetzende Wesen erblicken (Vertreter der Infusoria oder der Rotatoria). Ganz nach Wunsch entnimmt man mit einer Glaspipette Teile der Kultur auf den Objektträger, deckt vorsichtig das Deckglas darauf, das man durch Vorbeistreichen der vier Ecken an einer Wachskugel mit winzigen Füßchen versehen hat, und durchmustert das Präparat. Es kann natürlich nicht Aufgabe unseres Handbuches sein, die große Menge der Lebewesen unseres Süß- oder gar auch des Seewassers aufzuzählen, hier sollen nur einige häufige und überall vorkommende Vertreter aus den einzelnen Gruppen erwähnt und abgebildet werden, damit der Liebhaber sich einigermaßen orientieren kann; zur genaueren Bestimmung sei empfohlen: Schoenichen-Kalberlah, Einfachste Lebensformen des Tier- und Pflanzenreiches, 4. Aufl., Braunschweig 1909.

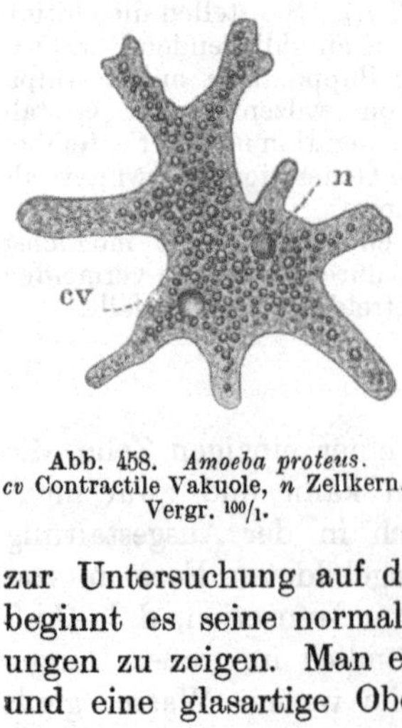

Abb. 458. *Amoeba proteus*. *cv* Contractile Vakuole, *n* Zellkern. Vergr. 100/1.

Sarcodina oder Rhizopoda.

1. *Amoeba proteus* (Abb. 458). — Dieses im Schlamm stehender Gewässer überall zu findende Tierchen zieht sich zu einem etwa 0,5 mm großen kugligen oder eiförmigen Schleimklumpen zusammen, wenn man es zur Untersuchung auf den Objektträger bringt. Erst nach und nach beginnt es seine normale Körperform anzunehmen und seine Bewegungen zu zeigen. Man erkennt dann ein körniges Innere (Endoplasma) und eine glasartige Oberflächenschicht (Ektoplasma). Diese letztere

schickt breit-zungenförmige Fortsätze aus, die sich öfters in gablige Ausläufer teilen, wobei das körnige Endoplasma in die Ausläufer, die man Pseudopodien = Scheinfüßchen nennt, nachströmt. Diese Bewegung erstreckt sich auf das gesamte Protoplasma des Körpers, so daß das Tier sich in der Richtung der vorgestreckten Scheinfüßchen unter Einziehung anderer fortbewegt. Hat einer dieser Ausläufer z. B. eine kleine Alge gefunden, so fließt das ganze Protoplasma unter Einziehung der übrigen Pseudopodien nach der Nahrung hin, umschließt dieselbe und verdaut, was daran verdaulich ist. Dann kriecht die Amöbe, neue Pseudopodien ausschickend, weiter, indem sie die unverdaulichen Reste wieder ausstößt. Im ungefärbten Körper erkennt man nur schwer den Kern, deutlicher ein Bläschen, das sich von Zeit zu Zeit zusammenzieht und Flüssigkeit aus dem Protoplasma entfernt.

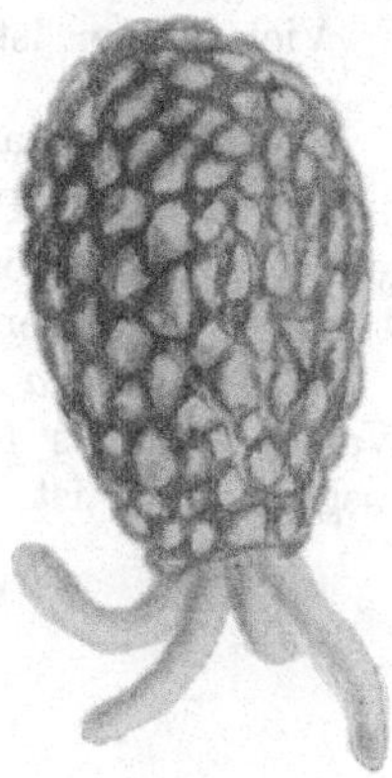

Abb. 459. *Difflugia lobostoma*. Vergr. $^{200}/_{1}$.

2. *Difflugia lobostoma*, Abb. 459. Von der Amöbe unterscheidet sich diese *Difflugia*, die mit mehreren Verwandten gleichfalls im Schlamm von Teichen und Gräben, besonders in Sumpfwasser lebt, durch die Bildung eines regelmäßigen, aus kleinsten Fremdkörpern zusammengekitteten Gehäuses. Zum Bau dieser Urne verwendet das Tierchen die gerade in seiner Umgebung vorhandenen Materialien, also Quarzkörnchen, Spongiennadeln, Diatomeenschalen oder ähnliches, in unserem Falle (Abb. 459) sind Quarzsandkörnchen benutzt. Aus der 3—6lappigen Öffnung des urnenartigen Panzers werden nur die dicken fingerförmigen Pseudopodien hervorgestreckt, der Protoplasmakörper selbst mit dem Kern und der kontraktilen Vakuole bleibt stets innerhalb des Panzers verborgen.

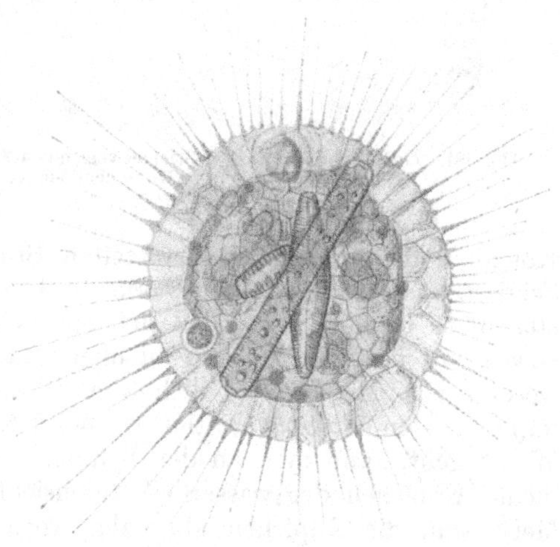

Abb. 460. *Actinosphaerium eichhorni*, im Endoplasma: gefressene Diatomeen; im Ektoplasma, oben — Nahrungsvakuole mit gefangenem Rädertier, rechts unten — sich füllende Vakuole, links oben — soeben entleerte Vakuole.

Andere Rhizopoden bauen Gehäuse aus Materialien, die sie im Wasser gelöst aufnehmen und abscheiden, dies sind die Foraminiferen und die Radiolarien des Meerwassers, von denen die ersteren Kalk, die letzteren Kieselsäure zum Aufbau der überaus zierlichen Gehäuse verwenden. Beide bilden Pseudopodien, die strahlenförmig den Körper umgeben. Im Süßwasser finden sich ebenfalls Formen mit senkrecht vom kugligen Körper ausstrahlenden zarten Pseudopodien, d. s. die Sonnentierchen, von denen das 1 mm große

3. *Actinosphaerium eichhorni* (Abb. 460) genannt und abgebildet sei. Die Pseudopodien sind 3—4mal länger als der Körperdurchmesser, die oft zahlreichen Vakuolen liegen im Ektoplasma.

Viel kleiner ist *Actinophrys sol.*

Flagellata oder Mastigophora (Geißeltierchen).

An Stelle der Pseudopodien ein, zwei oder mehrere elastisch schwingende, peitschenförmige Fortsätze (Geißeln), das Ektoplasma zu beständiger Form erstarrt. Neigen zu Koloniebildung.

4. *Anthophysa vegetans* (Abb. 461). Ein besonders in verdorbenem Wasser häufiges Geißeltier, das durch eigentümliche Koloniebildung ausgezeichnet ist. Etwa 60 Einzelindividuen bilden köpfchenförmige

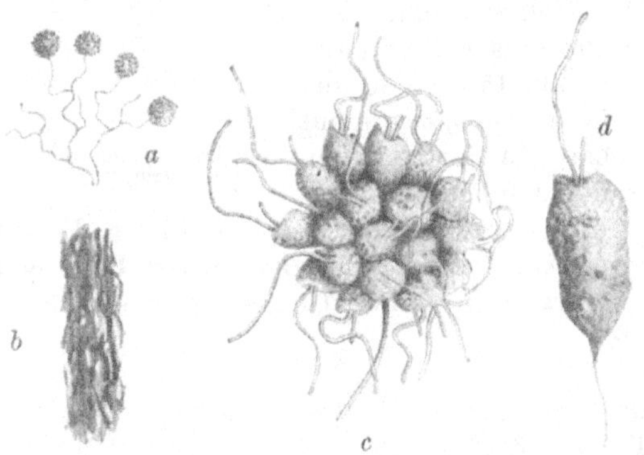

Abb. 461. *Anthophysa vegetans.* *a* Stielgezweig mit 4 Köpfchen. $^{100}/_{1}$; *b* altes Stielstück. $^{600}/_{1}$; *c* Köpfchenkolonie. $^{600}/_{1}$; *d* Einzelindividuen. $^{1000}/_{1}$.

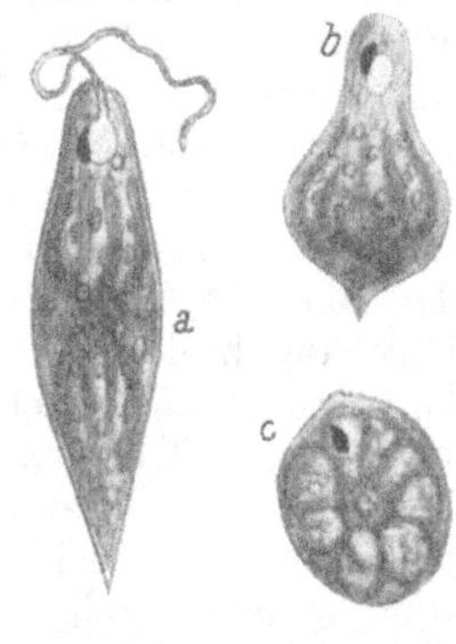

Abb. 462. *Euglena viridis.* $^{500}/_{1}$. *a* freischwimmend, *b* sich zusammenziehend, *c* abgerundet, beides bei Eintrocknen des Wassers.

Kolonien, die auf dicken verästelten Stielen sitzen. Verdünnt man Schmutzwasser mit Brunnenwasser und läßt die Mischung an der Luft stehen, so bemerkt man, daß sich nach einigen Tagen die Wände des Glases mit braunen Flocken zu überkleiden beginnen. Diese Flocken werden von Massen der dichotom verzweigten, mit Eisenhydroxyd imprägnierten *Antophysa*-Stielen gebildet; wenn man vorsichtig zu Werke geht, kann man an den Spitzen der Zweige dieses Stielgerüstes dichte Köpfchen der wasserhell durchsichtigen Tierchen sitzen sehen. Meist sind die Köpfchen aber abgebrochen und schwärmen als glashelle Kugeln, lebhaft sich drehend, im Wasser umher. Die *Antophysa* hat zwei ungleich lange Geißeln, eine Haupt- und eine Nebengeißel.

5. *Euglena viridis* (Abb. 462). Gleichfalls in verdorbenem Wasser sehr häufig und dieses (zusammen mit anderen Chlorophyll führenden Infusorien) oft intensiv grün färbend sind die *Euglena*-Arten. Sie sind alle langgestreckt, meist mehr oder weniger ausgesprochen spindelförmig; sie führen an ihrem Vorderende eine einzige lange Geißel und in der Nähe der Basis derselben einen roten Punkt (Stigma oder

Augenfleck). Bemerkenswert erscheint, daß *Euglena* beinahe stets mit Chlorophyll versehen ist (bei *E. viridis* ist ein ungefähr sternförmiger Chlorophyllkörper in der Mitte der Zelle vorhanden, bei anderen Arten sind Körner dieses Farbstoffs zu sehen) und dementsprechend sich gewöhnlich durch Kohlensäureassimilation ernährt, daß aber trotzdem ein Schlund vorhanden ist, so daß das Tierchen eventuell (an dunklen Orten) sich auch durch Verschlingen fester Nahrung ernähren kann.

6. *Chlamydomonas monadina* (Abb. 463). Kleine, grün gefärbte Zellen, ähnlich den Schwärmsporen mancher Algen, die an ihrem vordern Ende je zwei lange, gleichgroße Geißeln tragen, mit deren Hilfe sie sich rasch bewegen. Auch hier ist ein roter „Augenfleck" in der Nähe des Vorderendes vorhanden (*Oc*), außerdem ein sogenanntes Pyrenoid, eiweißhaltige Körper, in diesem Fall hufeisenförmig. Die *Chlamydomonas*-Arten, speziell *Chl. monadina*, sind außerordentlich widerstandsfähig gegen Eintrocknen. Sie leben in rasch sich verlierendem Wasser (z. B. in Regentümpeln, Dachrinnen usw.), während der Trockenheit in Dauerzustände übergehend, bei Benetzung aber sofort wieder zum beweglichen Zustand zurückkehrend. Die Einzelschwärmer kopulieren auch gelegentlich.

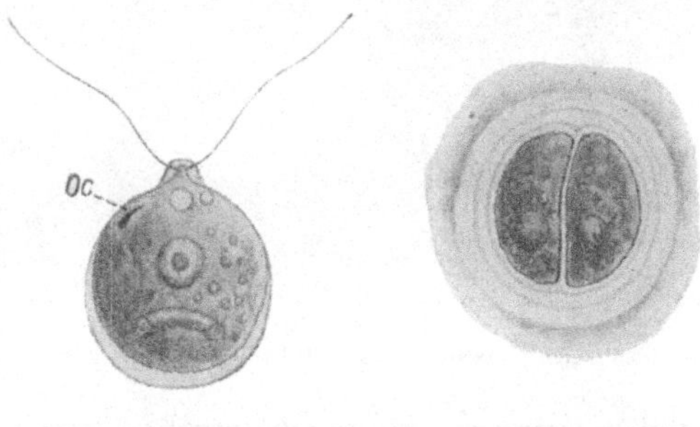

Abb. 463. *Chlamydomonas monadina.* $^{1000}/_1$. Freischwimmend und von einer Gallerthülle umgeben in Teilung.

7. *Gonium pectorale* (Abb. 464). Denkt man sich vier *Chlamydomonas*-Exemplare zu einer flächenförmigen Kolonie mit den Hinterenden der Zellen vereinigt, so daß sie kleine, grüne, lebhaft bewegliche Scheibchen bilden, so haben wir einen Vertreter der Gattung *Gonium*, den man als *G. tetras* bezeichnet; eine andere Art, deren Scheibe von 16 Individuen gebildet wird, heißt *Gonium pectorale* (siehe Abb. 464). Die Einzelindividuen sind durch Protoplasmabrücken miteinander verbunden und in einer kaum sichtbaren Gallertmasse eingeschlossen (Abb. 464, *Gall.*). Chromatophor (*Oc*) und kontraktile Vakuole (*cv*) sind deutlich zu erkennen. — Ähnliche Flagellatenkolonien sind die Arten der Gattungen *Pandorina* und

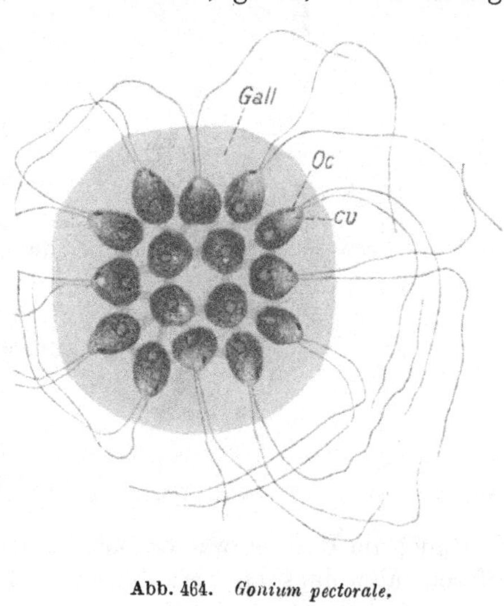

Abb. 464. *Gonium pectorale.*

Eudorina, die den Übergang bilden zu der Gattung *Volvox*. Diese stellen beinahe 1 mm große Gallerthohlkugeln dar mit vielen Tausenden von Einzelindividuen, von denen aber nur einige wenige die Teilungsfähigkeit behalten haben.

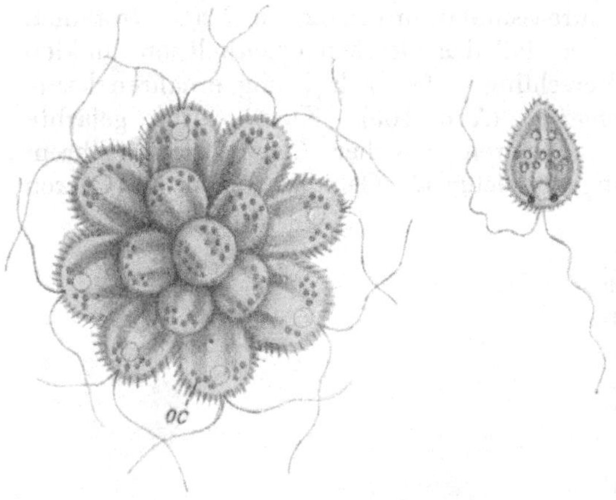

Abb. 465. *Synura uvella*. Kolonie und Einzeltier.

8. *Synura uvella* (Abb. 465). Während bei den unter 5 bis 7 aufgezählten Mastigophoren grüner Farbstoff vorhanden war, führt *Synura* einen sehr charakteristischen goldbraunen. Auch dies Tierchen ist in Wiesengräben und Teichen sehr häufig; es besteht aus einer ziemlich großen Anzahl von ungefähr keilförmigen Zellen, die mit je zwei Geißeln und zwei braunen Chromatophoren versehen sind und, mit den Hinterteilen zusammenhängend, kugelige, rasch rollend bewegliche Kolonien bilden.

9. *Ceratium hirundinella* (Abb. 466). Als Vertreter der besonders im Meerwasser auftretenden und auch den Algen zugerechneten *Dinoflagellata* (*Peridineen*, vgl. S. 261) sei die Süßwasserform *Ceratium hirundinella* hier angeführt. Man findet die etwa $^1/_2$ mm langen Tierchen, die düster gefärbt sind, recht häufig im Plankton größerer Seen; sie sind durch ihre vier hornartigen Stacheln sowie durch ihre hübsch fazettenartig skulpturierten Schalen ausgezeichnet. Allen Dinoflagellaten ist eigentümlich, daß sie im Äquator ihres Körpers eine Furche besitzen, in der eine quer gestellte, schwer sichtbare Geißel sich bewegt. Ferner kommt ihnen auch noch eine Längsfurche mit einer Geißel zu.

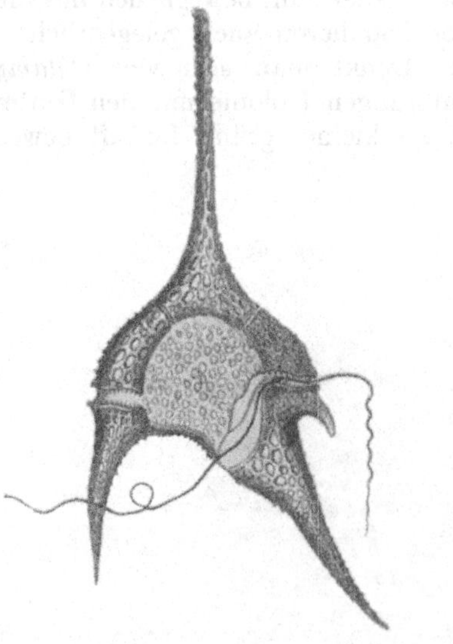

Abb. 466. *Ceratium hirundinella*. Vergr. $^{300}/_1$.

Ciliata.

10. *Coleps hirtus* (Abb. 467). *Coleps* findet sich in Wasserproben der verschiedensten Art, insbesondere auch im Brunnenwasser, das durch die Anwesenheit dieses Wimperinfusors allerdings als verunreinigt mit organischem Detritus gebrand-

markt wird. Der ganze Körper ist ellipsoidisch gestaltet, an beiden Enden quer gestutzt (so daß der Umriß ungefähr tonnenförmig wird). Der Körper ist von einem Panzer umhüllt, der aus zahlreichen nicht verwachsenen Stücken besteht, die von Poren zum Durchtritt der langen Zilien durchbrochen sind. Am Hinterende vier Dornen. *Coleps* ist bald farblos, bald grün gefärbt; seine Zilien sind alle gleichartig.

11. *Prorodon teres* (Abb. 468). Wie alle folgenden panzerlos, häufig in Tümpeln und Gräben, besonders in stehendem Torfwasser. Körper zylindrisch, beiderseits breit abgerundet. Am einen Ende die deutliche Mundöffnung (*Md*), die sich nach dem Körperinnern zu fortsetzt in einen von zarten Stäbchen gebildeten Schlund (*oe*). Gegenüber der Mundöffnung der weniger deutliche Zellafter, in dessen unmittelbarer Nähe eine große sehr regelmäßig pulsierende Vakuole, neben ihr kleinere Vakuolen. Die Tierchen bewegen sich sehr rasch, rastlos um die Längsachse drehend und kreiselnd, zuweilen sich überschlagend.

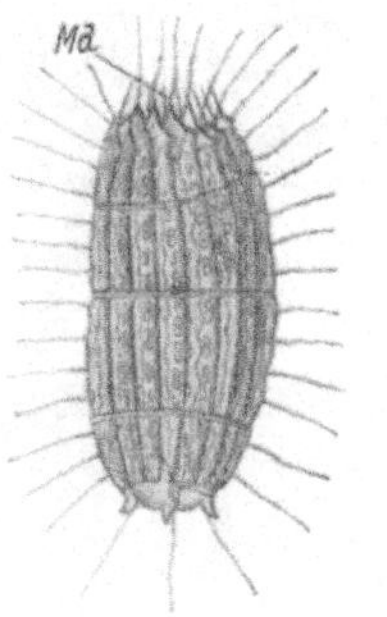

Abb. 467. *Coleps hirtus.* Vergr. $^{500}/_{1}$. *Md* Mund.

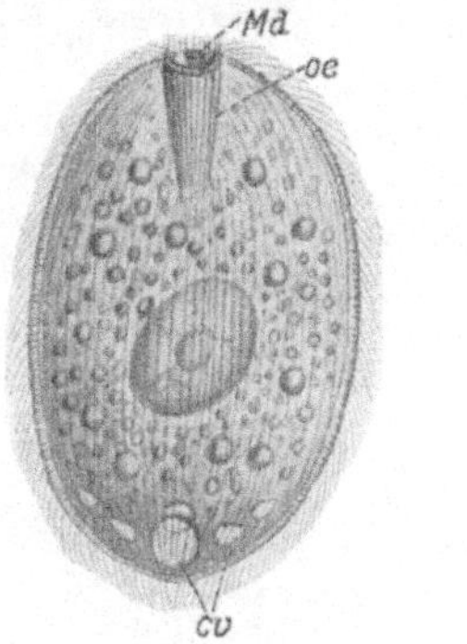

Abb. 468. *Prorodon teres.* Vergrößerung $^{300}/_{1}$. *cv* pulsierende Vakuolen, *Md* Mundöffnung, *oe* Schlund.

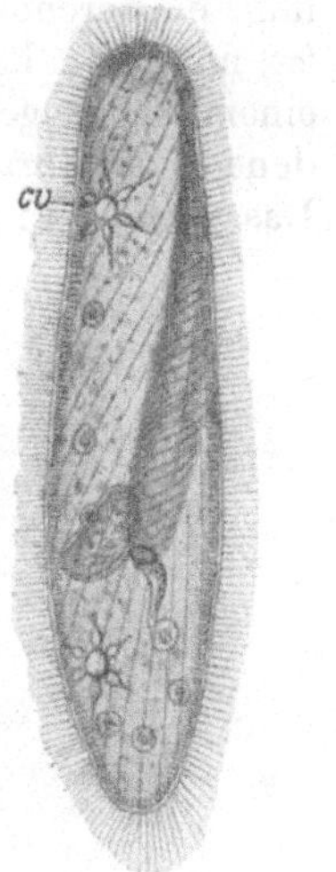

Abb. 469. *Paramaecium caudatum.* Vergr. $^{300}/_{1}$.

12. *Paramaecium caudatum* (Abb. 469). Die als Pantoffeltierchen allgemein bekannten Tiere sind mit mehreren nahe verwandten Arten ständige Bewohner der Wassergräben. Der Körper ist lang spindelförmig, annähernd drehrund. Vom Vorderende zieht sich eine tiefe Furche bis über die Mitte des Tieres hinweg, am Ende dieser Furche befindet sich die Mundöffnung. In deren Nähe der eiförmige Großkern und diesem dicht angelagert der stark lichtbrechende Kleinkern. Je eine Vakuole im Vorder- und Hinterende, mit radienartig angeordneten Zuführungskanälen. Die Zilien des Hinterendes verlängert, das ganze Ektoplasma mit winzigen senkrecht zur Oberfläche angeordneten stark lichtbrechenden Stäbchen durchsetzt, die sich als starre Borsten nach außen entladen können (sog. Trichozysten).

13. *Chilodon cucullulus* (Abb. 470). Körper abgeplattet, Vorderende schnabelartig seitwärts gekrümmt, von der Schnabelspitze läuft ein

bogig gekrümmter Wimperstreifen bis zum Mundrande. Von diesem Wimperstreifen aus gehen im spitzen Winkel Zilienreihen ab, die parallel den Körperrändern verlaufen. Schlundrohr gerade und lang, von feinen Stäbchen fischreusenartig gestützt. Zahlreiche Vakuolen. Bewegung langsam, gleitend, selten um die Längsachse drehend. Von sehr wechselnder Größe, besonders groß zwischen Algen, von denen die Tiere leben.

14. *Stentor roeseli* (Abb. 471). Körper drehrund, nach vorn trichterförmig verbreitert. Der spiralige Rand dieser Verbreiterung mit längeren Zilien besetzt, die einen Strudel nach der Mundöffnung (*Md*) erzeugen. Schlundrohr gewunden, Kern (*Ma*) lang, wurmförmig, pulsierende Vakuole (*cv*) mit einem kurzen und einem sehr langen, gewundenen Zuführungskanal. Das etwa $^1/_2$ mm lange,

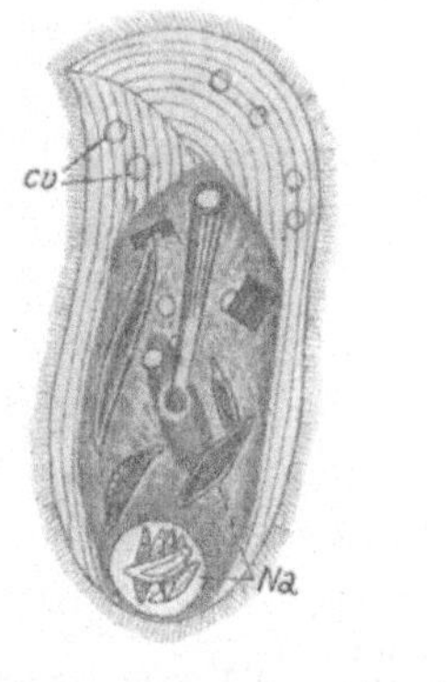

Abb. 470. *Chilodon cucullulus*. Vergr. $^{250}/_1$. Mit zahlreichen Diatomeen im Innern. *Na* Nahrungsvakuole.

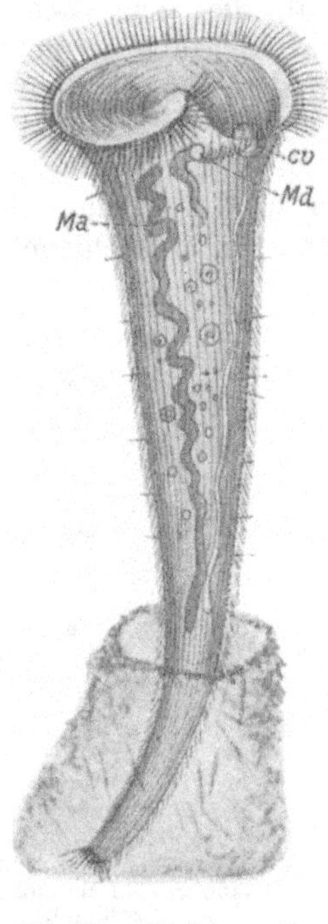

Abb. 471. *Stentor roeseli*. Vergr. $^{200}/_1$.

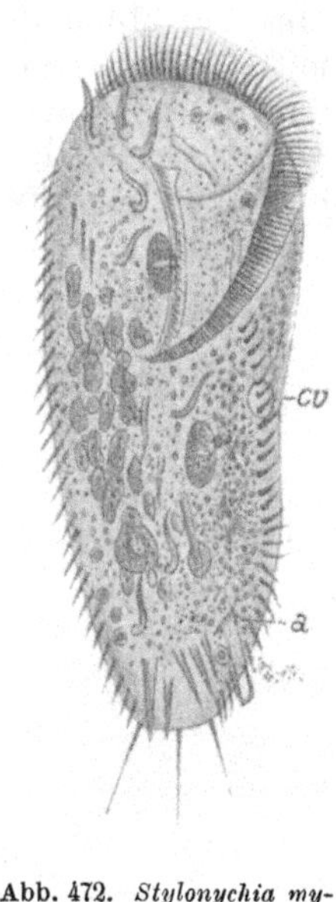

Abb. 472. *Stylonychia mytilus*. Vergr. $^{200}/_1$. Aus dem Zellafter (*a*) wird gerade eine leere Diatomeenschale ausgestoßen.

also mit bloßem Auge wahrnehmbare Tier sitzt mit dem Fußende in einer selbst abgeschiedenen Gallertmasse fest.

15. *Stylonychia mytilus* (Abb. 472). Mazeriert man bei 40—60° C z. B. einen Säugetierschädel, so bildet sich auf dem Wasser eine Kahmhaut, unter dem Mikroskop entpuppt sich diese als eine ungeheuere Ansammlung von Infusorien und zwar solchen, die stark abgeplattet und auf der Bauchseite mit verschieden großen Fortsätzen (Zilien und Cirrhen) bewehrt sind. Unter diesen sog. hypotrichen Infusorien ist *Stylonychia mytilus* die häufigste Form. — Körper starr, vorn breiter als hinten, am Vorderende ein durch dichtstehende lange Wimpern begrenztes Peristomfeld. Bewegung stoßweise, zuweilen drehend. Die Tiere stehen oft lange still, dann laufen sie wieder auf einer Unterlage entlang.

16. *Euplotes patella* (Abb. 473). Ein anderes hypotriches Infusor

von demselben Wohnort. Beinahe ebenso breit als lang, am Vorderende der Bauchseite sechs große Cirrhen, fünf ähnliche am Afterfeld und vier, wovon zwei bewimpert, am Hinterende. Eine kontraktile Vakuole in der Höhe des Afters. Der Großkern wurstförmig. Bewegung schnell und anhaltend, schwankend.

17. *Vorticella nebulifera* (Abb. 474). Der Körper der sehr artenreichen Glockentierchen ist meist birnförmig, die Zilienbekleidung fehlt bis auf einen Kranz am Vorderende, der das Peristomfeld umgrenzt und einziehbar ist. Durch die Bewegung dieser Zilien wird der Körper, der auf einem langen dehnbaren Stiele sitzt, vorwärts bewegt und die Nah-

Abb. 473. *Euplotes patella*. Vergr. $^{250}/_{1}$. *cv* pulsierende Vakuole, *n* Großkern.

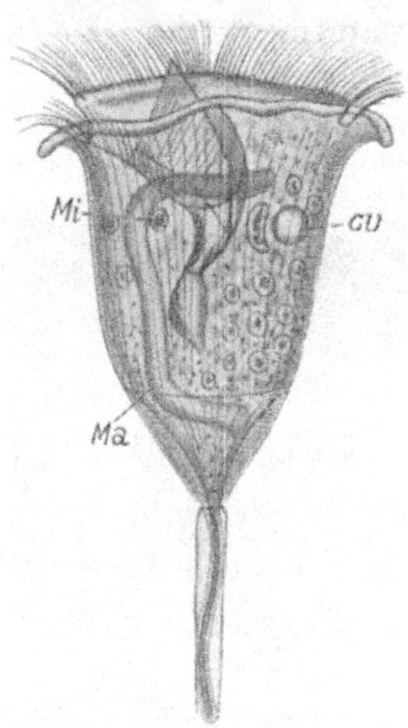

Abb. 474. *Vorticella nebulifera*. Vergr. $^{400}/_{1}$. *Ma* Großkern, *Mi* Kleinkern, nur ein kleiner Teil des Stiels wurde dargestellt.

Abb. 475. *Epistylis umbellaria*.

rung dem Körper zugestrudelt. Wird der Wimperkranz eingezogen, so schnellt der Körper infolge der Elastizität eines im Stiele befindlichen spiralig angeordneten Fadens bis zum Fußpunkte des Stieles, der sich spiralig aufrollt, zurück. Neben dem hufeisenförmigen, wurstförmigen Großkern (*Ma*) ein stark lichtbrechender Kleinkern (*Mi*). Eine pulsierende Vakuole. Die abgebildete Art meist im klaren Wasser. Die Glockentierchen pflanzen sich fort durch Teilung und die so entstandenen Tiere bleiben nebeneinander sitzen, so daß sie immer kolonieweise vorkommen. Bei einigen Formen dieser Sippe erstreckt sie sich aber nicht auf den Stiel oder doch nur auf einen kleinen Teil desselben, so daß der Stiel eine baumförmige Verästelung erfährt, an der die Glockentierchen büschelweise sitzen.

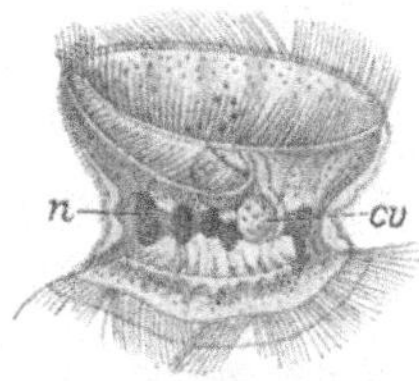

Abb. 476. *Trichodina pediculus*.

18. Eine solche Form ist *Epistylis umbellaria* (Abb. 475). Baumförmig verästelter Stiel starr. (Ähnlich, aber mit zusammenziehbarem Stiel, ist das S. 243 erwähnte *Carchesium*.) Die Teilung führt auch zur Bildung von sehr kleinen Individuen (*Mi*), die sich vom Stiel los-

lösen, frei umherschwimmen und mit einem festsitzenden Köpfchen verschmelzen.

19. *Trichodina peliculus* (Abb. 476). Winzig klein, sehr häufig auf Süßwasserpolypen (*Hydra*) gleitet das Infusor wie ein Schlittschuhläufer vermittels eines an einer Fußscheibe angeordneten Cilienkranzes auf der Oberfläche der Polypen umher.

d) Rädertierchen.

Bei der Untersuchung der Wasserproben, in denen wir vorstehend kurz beschriebene Protozoen fanden, begegnen uns gelegentlich auch andere infusorienartige Organismen, die ebenfalls im Wassertropfen infolge Wimperbewegung ihre Kreise ziehen, und die auch

Abb. 478. *Colurus bicuspidatus.* Vergr. $^{200}/_{1}$. Männchen von der rechten, Weibchen von der linken Seite.

Abb. 477. *Rotifer macrocerus.* Vergr. $^{150}/_{1}$.

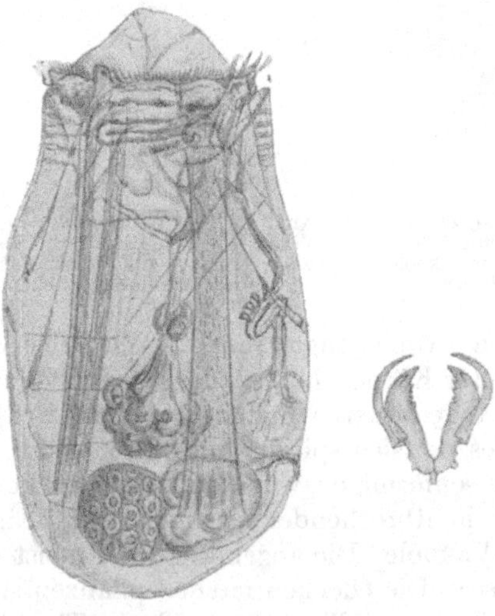

Abb. 479. *Asplanchna priodonta.* Weibchen $^{75}/_{1}$. Den Kauapparat isoliert in stärkerer Vergr. $^{125}/_{1}$.

noch in der Mitte des vorigen Jahrhunderts als Infusorien angesprochen und beschrieben wurden, obwohl sie in ihrem Innern deutlich Organe, wie Magen, Darm, Exkretionsgefäße, Geschlechtsorgane usw. erkennen lassen. Man hielt sie damals für besonders hoch entwickelte Arten und versuchte die bei ihnen erkannten Organsysteme in den „weniger hoch entwickelten“ Infusorien wiederzufinden. Heute betrachten wir die Rädertiere als sehr primitive Wurmformen.

Ihren Namen haben die Rädertiere von einem auf die Umgebung der Mundöffnung beschränkten Wimperapparat, der zurückziehbar ist und im ausgestreckten Zustande zur Fortbewegung und zum Herbeistrudeln von Nahrung benutzt wird. Der Wimperapparat besteht aus zwei Zilienreihen, einer äußeren und einer inneren. Sehr charakteristisch für das mikroskopische Bild eines Rädertiers ist ferner ein eigentümlicher, chitiniger Kauapparat, der meist in lebhafter Bewegung ist, siehe Abb. 479. Es finden sich meistens weibliche Rädertiere und zu vielen Zeiten kommen überhaupt nur solche vor, die sich dann parthenogonisch fortpflanzen, d. h. unbefruchtete Eier heranreifen lassen zu jungen Rädertieren. Wenn die Männchen auftreten, sind sie bei vielen Arten bedeutend kleiner als die Weibchen und auch unentwickelter, sie haben vor allem keinen Verdauungsapparat.

Die Rädertiere können das Austrocknen ohne Schaden vertragen. Will man sie schön ausgestreckt erhalten und den Räderapparat gut beobachten, so setze man dem Wassertropfen ganz allmählich einen Tropfen schwacher Kokainlösung zu.

Als häufig vorkommende charakteristische Vertreter dieser interessanten Familie seien erwähnt

Rotifer macrocerus (Abb. 477). Wie alle Arten der Gattung *Rotifer* ohne Panzerung, mit langem kontraktilen Rüssel, an dessen Basis zwei Augenflecke sichtbar werden. Der Körper geht in einen deutlich gegliederten Schwanz über, dessen Glieder teleskopartig eingezogen werden können. Am Ende des letzten Gliedes befinden sich drei Enddornen, deren Drüsensekret ein Festhaften erlaubt. Körper hyalin, mit ausgestrecktem Schwanz $^1/_4$ mm lang. In freiem Wasser stehender Gewässer.

Colurus bicuspidatus (Abb. 478) mag als Beispiel für eine gepanzerte Rädertierart dienen. Der Panzer besteht aus zwei seitlichen Platten, die in der Rückenlinie miteinander bis auf einen tiefen Ausschnitt am Kopf- und Schwanzende verwachsen sind, aber ventral auseinanderklaffen. Zwei Augen. Länge des Weibchens 0,8 mm. Männchen viel kleiner.

Asplanchna priodonta (Abb. 479). Als Beispiel für ein fußloses Rädertier. Darmlos, mit unpaarem Ovar, im Nacken ein großes Auge. Das Sommerei entwickelt sich im mütterlichen Körper zum Embryo. Das Winterei ist durch blasige Vorsprünge ausgezeichnet. Schwimmt langsam in kleinen Kreisen in grünem Wasser, frißt Algen und andere Rädertiere.

Plankton-Untersuchungen von Fischgewässern,

Unter Plankton versteht man die im Wasser schwebende Flora und Fauna eines Gewässers. Die pflanzlichen Bestandteile des Planktons sind im wesentlichen Algen; das tierische Plankton setzt sich hauptsächlich aus Protozoen, Rädertieren, Krustazeen und Insektenlarven zusammen. Als Fischnahrung kommen fast allein die großen Bestandteile des tierischen Planktons, vor allem die Krustazeen in Frage. Ein Gewässer, das reich, ja überreich an Algen und Protozoen, aber arm an Krustazeen ist, taugt schlecht zur Fischzucht.

Rationelle Fischzucht ist nur möglich, wenn der Teichwirt die Zahl der fressenden Mäuler der vorhandenen Quantität von Fischnahrung anpaßt. Die Untersuchung des Planktons und die Messung seiner Menge hat also für die Praxis große Bedeutung, insbesondere deswegen, weil eine rasche Vermehrung der wichtigen Krustazeen durch Zufuhr modernder, stickstoffreicher Substanzen (Mist, Jauche usw.) leicht erzielbar ist, weil durch solche Düngung die Pflanzennahrung (Algen) der Krebschen in ihrem Wachstum gefördert wird.

Zur Ausführung von Planktonuntersuchungen ist ein Planktonnetz[1]) aus seidener Müllergaze erforderlich; zur Not kann an seine Stelle auch ein Sack aus dem billigen Nesseltuch, der an einem Ring von 20 mm Durchmesser befestigt ist und unten in einen stumpfen mit Klammern geschlossenen Zipfel endet, treten.

Dies Netz wird an einer von Meter zu Meter mit Knoten versehenen Schnur so weit ins Wasser gelassen, daß es den Grund des Teiches fast berührt und dann mit mäßiger Geschwindigkeit (nicht zu rasch!) heraufgezogen. Der Planktoninhalt der filtrierten Wassersäule sammelt sich schließlich im Zipfel (oder im Messinguntersatz des gekauften) Planktonnetzes; er wird in eine Flasche mit dem Rest des Wassers herausgelassen und mit einigen Tropfen Formalin versetzt. Um Durchschnittsproben des Teichplanktons zu gewinnen, wiederhole man diesen Vorgang unter steter Notierung der Meterzahl der filtrierten Wassersäulen noch an zehn bis zwölf möglichst verschiedenen Stellen und füge das weiter gewonnene Plankton dem ersten zu.

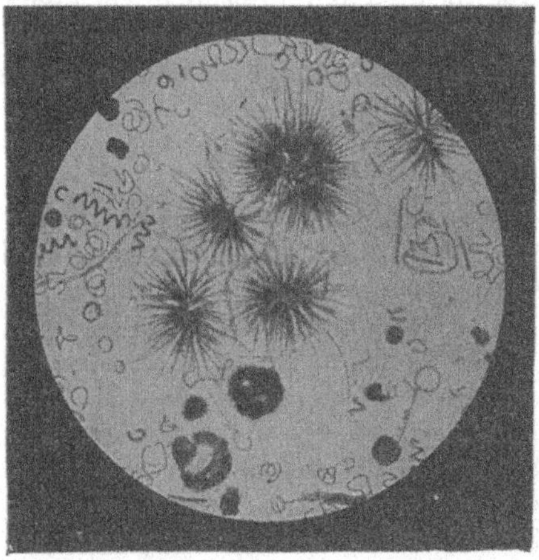

Abb. 480. Pflanzliches Plankton, aus verschiedenen Blaualgen (*Clathrocystis, Gloeotrychia, Anabaena*) zusammengesetzt. (Nach Walter.)

Die Gesamtausbeute wird mit schwacher Vergrößerung (es genügt das oben S. 54 abgebildete Trichinenmikroskop) untersucht, indem man aus der gut umgeschüttelten Flasche mit der Pipette einen Tropfen Wasser aufsaugt, ihn auf den Objektträger bringt, mit dem Deckglas bedeckt und betrachtet.

Das fast wertlose pflanzliche (Abb. 480) und Protozoenplankton (Abb. 481) ist durch Farbe und Gestalt der Einzelteile ohne weiteres von dem wertvollen aus höhern Tieren gebildeten Plankton (Abb. 482) zu unterscheiden; auch eine Mengenabschätzung wird auf diese einfache Weise bei einiger Übung innerhalb der für die Praxis nötigen Genauigkeit leicht erreicht.

Zu wesentlich zuverlässigeren Resultaten aber gelangt man durch Volummessung des Planktons. Diese wird ausgeführt, indem man den gesamten Inhalt der mit Formalin versetzten Flasche in ein Meßgefäß bringt, umschüttelt und dann zwölf Stunden lang ruhig stehen läßt.

Die Planktonbestandteile fallen dann nach Schwere geordnet nieder, und zwar bilden die unterste Schicht die wertvollen Krustazeen, dann kommen schichtweise folgend die Rädertiere, Flagellaten und Diatomeen, während die schalenlosen Algen oben bleiben. Wenn man die zwischen den Individuen befindliche Wassermenge vernachlässigt, kann das Volum der einzelnen Gattungen von Planktonorganismen direkt abgelesen werden.

Eine Berechnung des gefundenen Volums auf das Kubikmeter Wasser ist leicht ausführbar. Hat man ein Netz von 20 cm Öffnungsdurchmesser benutzt, so beträgt die Fläche der Öffnung 314 qcm = zirka $^1/_{32}$ eines Quadratmeters.

[1]) Zu beziehen von E. Thum, Leipzig, Johannisallee 3.

Wurden nur Netzzüge von je 1 m Länge ausgeführt und ist deren Zahl bekannt, so multipliziert man das gefundene durchschnittliche Planktonvolum pro Netzzug mit 32 und hat damit den Wert für 1 cbm Wasser.

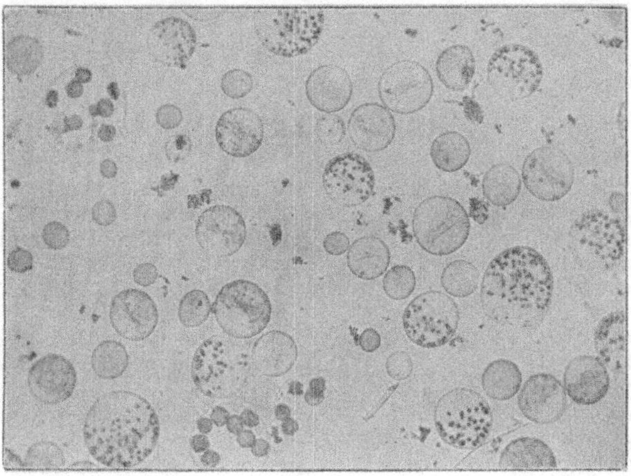

Abb. 481. Protozoen-Plankton, aus *Volvox* bestehend. (Nach Walter.)

Für im Juni oder Juli, dem Höhepunkt der Planktonentwicklung, vorgenommene Untersuchungen gelten nach Walter folgende Aufstellungen:

1. Teiche von sehr geringer oder geringer (Fisch-) Produktivität besitzen einen Gehalt von tierischem Plankton bis zu 5 ccm pro Kubikmeter Wasser.

2. Solche von mittlerer Produktivität besitzen einen Gehalt an tierischem Plankton von 5—15 ccm pro Kubikmeter.

3. Gute und sehr gute Produktivität werden durch die Zahlen 15—50 ccm tierisches Plankton pro Kubikmeter Wasser gekennzeichnet.

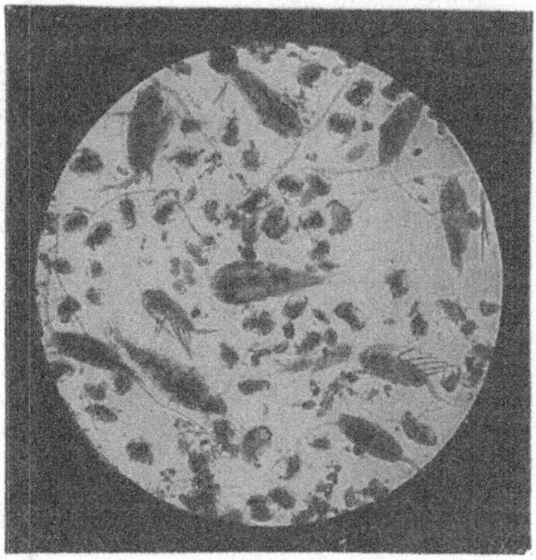

Abb. 482. Krustazeen-Plankton, bestehend aus zwei Arten Hüpferlingen (*Cyclops* und *Diaptomus*) und Rüsselkrebsen (*Bosmina*). (Nach Walter.)

4. In stark gedüngten Gewässern (Dorfteiche usw.) kann der Gehalt an wertvollem tierischen Plankton noch weit höher (bis 250 ccm) steigen; derartige Gewässer bringen aber häufig die Gefahr mit sich, daß bei großer Hitze Fäulnisvorgänge im Wasser einsetzen. Dann (sowie bei Auftreten einer Eisdecke im Winter) vermindert sich der Sauerstoffgehalt des Wassers rasch und die Fische ersticken.

Sachverzeichnis.

Made in the USA
Monee, IL
10 September 2026

62771011R00216